U0258907

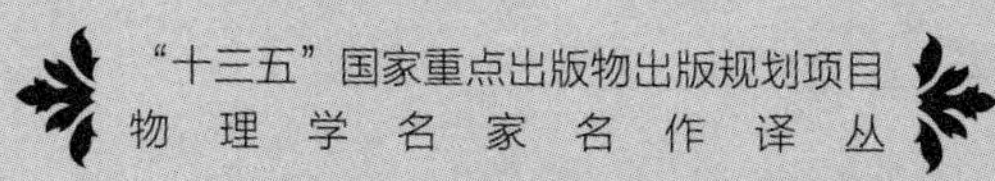

［德］O·贝恩克/［德］K·克朗宁格/［德］G·肖特/［德］T·肖纳-赛德涅斯 编
朱永生/胡红波 译

高能物理数据分析
统计方法实用指南

Data Analysis in High Energy Physics: A Practical Guide to Statistical Methods

中国科学技术大学出版社

安徽省版权局著作权合同登记号:12171792 号

图书在版编目(CIP)数据

高能物理数据分析:统计方法实用指南/(德)贝恩克等编;朱永生,胡红波译.—合肥:中国科学技术大学出版社,2019.1
(物理学名家名作译丛)
"十三五"国家重点出版物出版规划项目
ISBN 978-7-312-04584-4

Ⅰ.高… Ⅱ.①贝… ②朱… ③胡… Ⅲ.高能物理学—数据—分析 Ⅳ.O572

中国版本图书馆 CIP 数据核字(2018)第 258514 号

出版 中国科学技术大学出版社
安徽省合肥市金寨路 96 号,230026
http://press.ustc.edu.cn
https://zgkxjsdxcbs.tmall.com
印刷 合肥华苑印刷包装有限公司
发行 中国科学技术大学出版社
经销 全国新华书店
开本 710 mm×1000 mm 1/16
印张 25.25
字数 516 千
版次 2019 年 1 月第 1 版
印次 2019 年 1 月第 1 次印刷
定价 78.00 元

内 容 简 介

本书介绍高能物理、粒子天体物理实验统计分析的相关知识，原书(英文版)由长期在欧洲核子研究中心(CERN)、美国费米国家加速器实验室(FNAL)、德国电子同步加速器中心(DESY)等国际高能物理研究中心各著名合作组从事数据分析的专家合作撰写。

本书共分12章，包括基本概念、参数估计、假设检验、区间估计、分类、去弥散、约束拟合、系统不确定性的处理、理论不确定性、高能物理中常用的统计方法、分析演练和天文学中的应用。

本书特点鲜明，讨论的各个专题在高能物理、粒子天体物理实验分析中具有普遍意义，每一章的撰写人都是擅长相应专题的专家，基本上反映了相应领域实验统计分析的国际水准。论述结合了精心选择的真实实验研究中的实例，内容具有针对性和实用性。“分析演练”这一章将全书的内容综合地应用于(简化了的)实验分析，对于掌握实验分析的完整过程和提升实际分析能力具有立竿见影的效果。各章末尾附有专门设计的习题；提示和解答以及求解所需的软件可以在Wiley出版社的网页上查到。这将有助于进一步加深对本书内容的理解。

本书适合从大学本科生到高级研究人员不同水平的广泛读者群，对于从事粒子物理和核物理、粒子和核天体物理、宇宙线物理和宇宙学、探测器研究的数据分析工作者有参考意义，可供实验物理工作者和高等院校相关专业师生、理论物理研究人员、工程技术人员参考。

译者的话

《高能物理数据分析：统计方法实用指南》（*Data Analysis in High Energy Physics*：*A Practical Guide to Statistical Methods*）是一部特色鲜明的著作，它是由15位欧美专家合作撰写的。由于高能物理、粒子天体物理的研究需要庞大、精密的设备和长期的观测、测量，其经费和人才数量的需求非一国之力所能承担，国际合作成为不可避免的选择。多国专家合作撰写关于数据分析的书籍，反映了这一国际合作的一个侧面。原书作者们长期在欧洲核子研究中心（CERN）、美国费米国家加速器实验室（FNAL）、德国电子同步加速器中心（DESY）等国际高能物理研究中心各著名合作组从事实验研究和数据分析，同时又是德、美、英、荷等国著名高等学府的教学、研究人员。他们在科研、教学领域中均有所长。因此，本书讨论的各个专题涵盖了高能物理、粒子天体物理实验分析中所需的统计学基本知识、统计方法和技巧，同时兼顾了相应领域的特殊需要。每一章的撰写人都是擅长相应专题的专家，对于相应专题的内容进行了较为详尽的讨论，同时兼顾了与其他专题的联系并相互引证。本书基本上反映了相应领域统计分析的国际水准。本书的论述结合了精心选择的真实实验研究的实例，内容具有针对性和实用性。“分析演练”这一章将全书的内容综合地应用于（简化了的）实验分析，对于掌握实验分析的完整过程和提升实际分析能力具有立竿见影的效果，这在其他图书中是不多见的。各章的末尾附有专门设计的习题；提示和解答以及解题所需的软件可在Wiley出版社的网页上查到。这将有助于进一步加深对于本书内容的理解。（Wiley出版社的网页上还刊登了原书的勘误表，订正了其中的一些错误。我们在书中据此做了相应的订正。）

本书第9章和第12章由胡红波翻译，其余部分由朱永生翻译。为了尽可能准确、完整地表述原文的含义，我们采用了直译与意译相结合的方法。对于重要的或相对冷僻的科技术语，首次出现时除汉译之外还保留了英文原文以便对照。此外，在某些必要的地方，以译者注的方式增加了一些说明，以帮助读者理解原文的含义。

本书的出版得到了中国科学院高能物理研究所的资助;在本书翻译过程中,与就职于该研究所的宁洁(Caitriana Nicholson)博士就一些物理概念和科技术语进行了有益的讨论,在此一并表示感谢。

尽管我们做了很大的努力,但囿于水平,书中存在不足甚至错漏之处在所难免,诚望得到专家和读者的批评指正。

朱永生　胡红波

2018 年 2 月

前　言

统计推断在科学研究中有着至关重要的作用。事实上,许多结果只能借助于复杂的统计方法才能获得。在实验粒子物理领域,数据分析工作的每一个步骤基本上都用到了统计推断方法。

近年来,人们研发了大量新的统计方法和复杂的软件包来实现统计推断,从事高能物理研究的科学家需要大力提升和丰富自身的统计学知识,从而这一领域的教育和文献成为急迫的需求。出版本书的目的正在于为实现此目标作出贡献。本书适合从大学生到高级研究人员不同水平的广泛读者群,目的在于为高能物理中常见的、具有典型意义的不同统计分析任务提供全面而实用的方法建议。为此,本书分成12章,不同的一位专家或两位专家组成的小团队分别撰写自己擅长的以下专题:

- **基本概念**　引入数据统计分析的基本要素,诸如概率密度函数及其性质、理论分布(高斯分布、泊松分布……)和概率的概念(频率概率和贝叶斯概率)。

以下各章阐述依据实验数据推断出结果所使用的基本工具:

- **参数估计**　阐述如何依据实验数据的拟合来确定一个理论模型的最优参数值,例如,如何估计信号的强度。
- **假设检验**　建立一种架构,用以在不同的假设之间作出抉择,比如"数据可以解释为仅仅由于已知本底源的涨落"或"理论模型可以很好地描述实验数据"。
- **区间估计**　讨论如何确定参数值的置信(或信度)区间,例如信号强度的上限。

以下各章处理经常遇到的但更为困难的任务:

- **分类**　提供各种不同的方法来对不同类别的事例作出最优的鉴别,例如,利用多变量数据输入将信号从本底中鉴别出来。这些方法对于提高测量的灵敏度极为有用,例如,找出数据中淹没在本底里的信号并对它进行测量。

- **去弥散**　描述对测量数据进行修正的策略和方法,原始数据不可避免地受到探测器偏差、接受度和分辨率等效应的影响而使得测量数据发生畸变,去弥散方法对于不同(原始)分布的测量是特别有用的。

- **约束拟合**　描述如何利用物理约束,比如能量-动量守恒,来改善测量结果或测定未知参数。

系统不确定性的确定对于任何测量而言都是一个关键任务,这项工作通常在数据分析的最后阶段进行。系统不确定性的分析往往会被忽视,但我们认为,利用两章的篇幅来加以讨论是十分值得的:

- **系统不确定性的处理**　阐述如何检测和避免系统不确定性的来源,以及如何估计它们的影响。

- **理论不确定性**　阐述不同理论的不确定性,特别是强作用理论。

作为结束,本书最后三章的内容是:

- **高能物理中常用的统计方法**　介绍各种不同的实用分析工具和方法,例如估计样本不同成分的样板方法和矩阵方法,通过总体检验来确定分析流程的偏差。

- **分析演练**　通过两个完整的分析案例——寻找新粒子和测量该假想的新粒子的性质来概要地呈现本书的内容。

- **天文学中的应用**　带领我们在天文学领域中进行一番旅行,通过几个案例阐述该研究领域中复杂的数据分析技巧。

在所有这些章节中,我们作出了精心的努力,以使叙述和素材具有实用性和具体性,为此目的,许多专门设计的案例被插进了各章的正文之中。各章的末尾附有专门的习题,以帮助读者进一步加深对本书内容的理解。这些习题的提示和解答,以及求解所需的一些软件可以在Wiley出版社的网页上查到。同时,我们也希望收集读者对于本书的反馈、订正和其他相关信息,详见 www.wiley.com。

多位人士对本书作出了贡献,我们希望表达对他们的由衷感谢。首先我们要感谢各个章节的撰稿人提供了高质量的素材。除此之外,本书的成功出版还有赖于多位同仁的贡献,诸如参与本书的讨论、提供专家意见、回答我们的问题等等,我们无法在此一一列出他们的姓名。

Katarina Brock 花费了大量时间对所有的插图进行了编辑和修饰，并使用了统一的布局格式。Wiley 出版社的 Konrad Kieling 为本书的排版提供了有价值的支持；该社的 Vera Palmer 和 Ulrike Werner 对于本书出版过程中遇到的所有问题都给予了持久的支持。我们感谢 Tatsuya Nakada 允许我们使用他的习题资料。

最后，我们衷心感谢我们的朋友、伙伴和家人们，他们在本书非常费神地诞生的冗长时间里和关键时刻显示了极大的耐心。没有他们的支持和宽容，就没有今天本书的问世。

我们欢迎对于本书的任何评论、批评和问题，请通过电子邮件发送给：

olaf.behnke@desy.de；

kevin.kroeninger@phys.uni-goettingen.de；

thomas.schoerner@desy.de；

gregory.schott@cern.ch。

Olaf Behnke

Kevin Kröninger

Thomas Schörner-Sadenius

Grégory Schott

2012 年 11 月

目　　次

第1章　基本概念

1.1 引　　言

粒子物理中到处是随机现象。不论是两个粒子发生碰撞，还是单个粒子发生衰变，我们都不可能确切地预言即将产生什么现象，而只能给出出现各种不同结果的概率。尽管我们能够对不稳定粒子的寿命以很高的精度进行测量，例如，τ 轻子寿命的测量值为(0.290 ± 0.001)ps，但我们无法确切地说出一个特定的 τ 轻子将在何时发生衰变：它可能比上述测量值长，也可能比它短。尽管我们知道 τ 轻子不同衰变道的发生概率，但我们无法预言一个特定的 τ 轻子将衰变为一个电子，还是一个 μ 子，或是不同的强子。

因此，在粒子进入探测器系统后，它们在漂移室气体分子中或半导体硅的价带中，随机地激发出电子，这些电子将被收集并在后继的随机过程中进一步放大。光子和光电倍增管的行为在最基本的量子水平上是随机的。我们用以研究基本粒子性质的实验结果是完全随机的，因此，对于加速器的建造者、实验分析者以及他们所给出的实验结果的理解而言，至关重要的是必须具备关于随机现象的充分完备的知识。

经典物理中的情况并非如此，它们的结果具有确定性和可预期性。拉普拉斯设想存在一个精灵，它知道宇宙中一切粒子的坐标和速度，从而能够预言将来会产生的所有现象。但是在当今的物理学中，这个精灵是有缺陷的，不仅因为量子力学中不确定性的存在导致不可能同时确定坐标和速度，而且由于混沌系统的存在，我们对于随机性有了更深刻的理解。为了对炮弹的飞行路径或彗星的轨迹作出预言，作为常识可以认为，我们关于初始条件不完备的信息使得对于此后的运动轨迹的预言有相当大的不精确性，而对初始条件有更完备的信息将改善预言的精确程度，而且这种过程可以无休止地继续下去，从而逼近我们希望获得的精确预言值。现在我们知道，即便对于某些相当简单的系统，比如复摆，这一点也无法做到。

在我们的实验中，概率现象会以两种方式之一的形式呈现出来。在一个 μ 子进入一个探测器后，它会以某一概率在漂移室内产生一个信号，与之相应的计算是一种**预言**。反之，漂移室内的一个信号可能以某一概率由一个 μ 子或某个其他粒子或随机噪声产生。对该信号的产生来源的诠释称为**统计推断**过程。预言是在实验之前进行的,而统计推断是在实验之后进行的。在这两个过程中,我们利用了同一个数学工具——**概率**,这偶然会引起某种困惑。但是推断的统计过程对于实验分析而言至关重要,虽然这看起来似乎不那么明显。事实上,这正是本书讨论的主要内容。

1.2 概率密度函数

随机过程的结果可以用一个或几个变量描述。这类变量可以是**离散变量**,也可以是**连续变量**;离散变量可以**定量描述**,也可以**定性描述**。例如,当一个 τ 轻子发生衰变时,它可能产生一个 μ 子、一个电子或几个强子,这是一种定性的差别;一个 τ 轻子衰变可能产生一个、三个或五个带电粒子,这是一种定量且离散的差别。可见能量(不计及中微子能量)会在 0 到 1 777 MeV 之间,这是一种定量且连续的变量。

对于变量 x 的概率预期,我们用函数 $f(x)$ 来表示。若 x 是一个离散变量,则 $f(x)$ 自身是一个概率值。若 x 是一个连续变量,则 $f(x)$ 具有 $1/x$ 的量纲,即 $\int f(x)\mathrm{d}x$ 是无量纲的概率值,$f(x)$ 称为**概率密度函数**(probability density function,pdf[①])。显然,存在无限多种不同的 pdf,通常利用少数几个特征量来表征特定的 pdf 的性质。

1.2.1 期望值

如果变量 x 是一个定量化的变量,则对于任意函数 $g(x)$,可以计算**均值**

$$E(g) = \int g(x)f(x)\mathrm{d}x \quad 或 \quad E(g) = \sum g(x)f(x), \tag{1.1}$$

其中积分(适用于连续变量 x)或求和(适用于离散变量 x)遍及所有可能的 x 值。$E(g)$ 称为**期望值**。有时它也记为 $\langle g\rangle$,如同量子力学中的记号。它给定的是函数 $g(x)$ 的均值,但它不一定是 $g(x)$ 的最可几值,特别当 x 是离散变量时。

1.2.2 矩

对任意 pdf $f(x)$,可对变量 x 的整数次幂进行期望值运算。这些期望值称为(代数)**矩**,定义为

$$a_n = E(x^n)。 \tag{1.2}$$

一阶矩 a_1 称为**均值**,更确切地说是分布的**算术平均**,通常写为 μ,也常写成 $\overline{x}$。在

① QCD 理论中的部分子密度函数 PDF 也使用同样的缩写,因此 pdf 在这两种意义下都会使用。

变量 x 是以某种已知的形状围绕一个特定点分布的情形下，它是表征**位置**的一个关键参量。

与此相反的情形是，我们关心的是分布的形状，而对绝对位置不怎么感兴趣。在这种情形下，更适当的是利用**中心矩**：

$$m_n = E[(x-\mu)^n]。\tag{1.3}$$

1.2.2.1　*方差*

二阶中心矩称为**方差**，它的平方根则称为**标准差**：

$$V(x) = \sigma^2 = m_2 = E[(x-\mu)^2]。\tag{1.4}$$

方差是表征分布宽度的一种测度。方差通常易于用代数方法进行处理，而标准差 σ 与变量 x 具有相同的维度，利用方差还是标准差 σ 取决于个人的选择。泛泛地说，统计学家倾向于使用方差，而物理学家倾向于使用标准差。

1.2.2.2　*偏度和峰度*

三阶中心矩和四阶中心矩是构造用来描述分布形状的两个量，分别称为**偏度**(skew)和**峰度**(kurtosis 或 curtosis)：

$$\gamma_1 = \frac{m_3}{\sigma^3},\tag{1.5}$$

$$\gamma_2 = \frac{m_4}{\sigma^4} - 3,\tag{1.6}$$

式中 σ 的幂次使得偏度和峰度成为无量纲的量，并与分布的宽度和位置无关。任意对称分布的偏度等于0，分布的高端有长的尾巴，对应于偏度为正值，而分布的低端有长的尾巴，对应于偏度为负值。泊松分布的偏度为正值，而量能器记录到的能量谱的偏度为负值。按峰度的定义，高斯分布的峰度等于0，这是式(1.6)中出现数字3的原因。峰度为正值的分布(称为**尖峰态**分布)比与之对应的高斯分布有更宽的尾巴；反过来，更集中于中心部位的分布(称为**低峰态**分布)的峰度为负值。布雷特-魏格纳(Breit-Wigner)分布和学生分布 t 的峰度为正值，均匀分布的峰度为负值。

1.2.2.3　*协方差和关联系数*

设我们有一个 pdf $f(x,y)$，它是两个随机变量 x 和 y 的函数。这时，不但能够定义变量 x 和 y 各自的矩，还可以定义变量 x 和 y 的联合矩，特别是**协方差**定义为

$$\mathrm{cov}[x,y] = E(xy) - E(x)E(y)。\tag{1.7}$$

若联合 pdf 是因子化的，即 $f(x,y) = f_x(x) \cdot f_y(y)$，则 x 与 y 相互独立，协方差等于0(但相反的说法未必成立：协方差等于0是 x 与 y 相互独立的必要条件，但不是充分条件)。

协方差的一种无量纲表示形式是**关联系数** ρ，其定义为

$$\rho = \frac{\mathrm{cov}[x,y]}{\sigma_x\sigma_y}。\tag{1.8}$$

关联系数的数值在 0(不相关联)和 1(完全关联)之间。关联系数的符号可正可负:在一群学生中,身高和体重之间可能存在正的关联,而学习成绩和酒精消耗量之间可能存在负的关联。

如果存在两个以上的变量 $x_1, x_2, \cdots, x_N$,则可以定义**协方差矩阵**和**关联矩阵**:

$$V_{ij} = \mathrm{cov}[x_i, x_j] = E(x_i x_j) - E(x_i)E(x_j), \tag{1.9}$$

$$\rho_{ij} = \frac{V_{ij}}{\sigma_i \sigma_j}, \tag{1.10}$$

其中 V_{ii} 就等于 σ_i^2。

1.2.2.4　边沿分布和投影

在数学上,任一 pdf $f(x, y)$ 是两个变量 x 和 y 的函数。这两个变量在性质上可以是相似的,例如,它们可以是一个高能光子转换所产生的两个电子的能量;两个变量在性质上也可以是不同的,例如,可以是粒子在物质中发生散射时的位置和方向。

通常,我们实际感兴趣的是其中的一个参数(比如 x),而另一个变量(比如 y)仅仅是一个**冗余参数**(nuisance parameter)。我们希望消除二维函数(或散点图)中的多余信息。有两种途径可以达到此目的:一种是 $f(x, y)$ 在 x 方向上的**投影** $f(x)|_y$,它等于特定 y 的 $f(x, y)$ 值;另一种是**边沿分布** $f(x) = \int f(x, y)\mathrm{d}y$,通过 $f(x, y)$ 对 y 的积分求得。

投影对于显示函数的行为有帮助。除此之外,若要作特定 y 值的投影图,应当有合理的理由。在计算边沿分布时,要求 x 的分布和 y 的分布都正确地归一化。

1.2.2.5　其他性质

除了上面讨论到的性质之外,还有许多其他性质可以引用,是否引用要根据我们的需要以及所从事的研究领域的惯常做法。

均值并不总是表征位置的最好测度。**最可几值**(mode)是 pdf $f(x)$ 达到极大时对应的 x 值,如果你想引用变量 x 的典型值,可以使用它。**中位数**或**中值**是变量 x 的一个中间值,其含义是 x 的一半数据处于中位数以上,一半数据处于中位数以下。它对于描述偏度很大的分布(特别是财务收益)的行为十分有用,在这种情形下,x 值低端处的涨落会导致均值发生显著的变化。

利用**分位数**来表征分布的离散程度对于非高斯分布是特别有用的,上侧**四分位数**(quartiles)表示高于该值的数据占 25%,下侧四分位数表示低于该值的数据占 25%。有时,也使用**十分位数**(deciles)和**百分位数**(percentiles)。

1.2.3　相关的函数

累积分布函数(cumulative distribution function, cdf)定义为

$$F(a) = \int_{-\infty}^{a} f(x)\mathrm{d}x \quad 或 \quad F(a) = \sum f(x_i)\Theta(a - x_i), \tag{1.11}$$

其中 Θ 是 **Heaviside 函数**或**阶跃函数**（当 $x \geqslant 0$ 时，$\Theta(x)=1$；当 $x<0$ 时，$\Theta(x)=0$），它等于变量 x 的取值从下界直到 a 所对应的概率，有时候人们会用到它。

特征函数定义为

$$\phi(u) = E(e^{iux}) = \int e^{iux} f(x) dx。\tag{1.12}$$

它是 pdf 的傅里叶变换（差一个因子 2π），有十分有用的性质，因此有时候会用到。

1.3 理论分布

概率密度函数是一个数学函数，它包含一个或多个描述我们关心的随机性物理量行为的变量。这些变量可以是离散型整数或连续型实数。它也包含一个或多个参数。以下我们用 x 标志实数型随机变量，用 r 标志整数型随机变量。对于特定的 pdf，其参数一般有其传统的符号，对于通用的参数，我们用符号 θ 表示。因此，通常将函数记为 $f(x;\theta)$ 或 $f(x|\theta)$，以将随机变量 x 与可调节的参数 θ 区分开来。某些人倾向于使用记号 $f(x;\theta)$，而记号 $f(x|\theta)$ 的好处是与 1.4.4.1 节中描述的条件概率的记号相匹配。

许多常用的 pdf 用来模拟各种随机过程的结果：一部分是基于物理动机，一部分是基于数学原理，还有一些仅仅是某些特定情况下可以使用的经验形式。

最频繁使用的是**高斯分布**或**正态分布**。**泊松分布**也经常用到，**二项分布**也不少见。所以我们对这三种分布进行详细的介绍，尔后对其他一些分布做简要的阐述。

1.3.1 高斯分布

连续随机变量 x 的**高斯分布**或**正态分布**的 pdf 为

$$f(x;\mu,\sigma) = \frac{1}{\sqrt{2\pi}\sigma} e^{-(x-\mu)^2/(2\sigma^2)}。\tag{1.13}$$

它有两个参数。该函数关于其位置参数 μ 对称，μ 是该分布的均值、最可几值和中位数。其尺度参数 σ 是该分布的标准差。所以存在一个唯一的高斯函数，称为**标准高斯分布**或**标准正态分布**，记为 $f(x,0,1)$，如图 1.1 所示。其他任意高斯函数可以从标准高斯分布出发，将位置和尺度参数分别转化为 μ 和 σ 来求得。高斯分布有时记为 $N(x;\mu,\sigma)$。

高斯分布是普遍存在的，因此被命名为“正态分布”，它源自**中心极限定理**，后者告知我们，任意一种分布与其自身进行多次卷积运算，所得到的分布趋近于高斯分布[①]。文献[1]的附录 2 给出了该定理的证明。

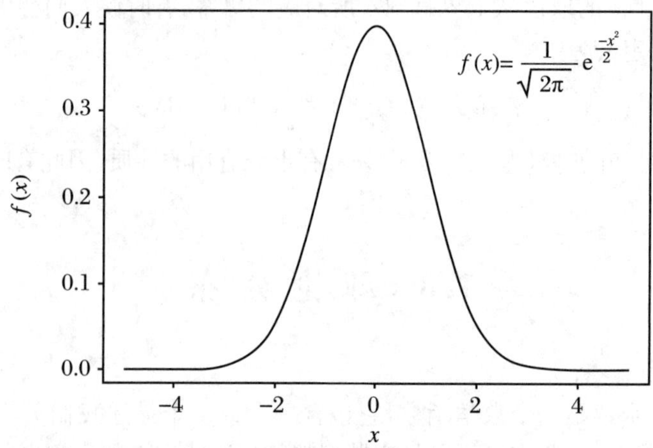

图 1.1　标准高斯分布或标准正态分布

高斯分布的随机数在模拟计算中被频繁地使用,其相应的随机数产生子在许多软件系统中可以获得。如果你没有现成的高斯分布随机数产生子,可以用以下方法自己产生标准高斯分布随机数:首先产生[0,1]区间均匀分布的两个随机数 u_1,u_2,令 $\theta=2\pi u_1, r=\sqrt{-2\ln u_2}$,则 $r\cos\theta$ 和 $r\sin\theta$ 是两个相互独立的标准高斯分布随机数。

由两个相互独立的标准高斯函数的乘积给出一个二维分布函数

$$f(x,y;\mu_x,\mu_y,\sigma_x,\sigma_y) = \frac{1}{2\pi\sigma_x\sigma_y}\exp\left\{-\frac{1}{2}\left[\left(\frac{x-\mu_x}{\sigma_x}\right)^2+\left(\frac{y-\mu_y}{\sigma_y}\right)^2\right]\right\}, \tag{1.14}$$

但二维高斯分布的二次型普遍形式在其指数项中必须包含交叉项,并表示为

$$\begin{aligned} & f(x,y;\mu_x,\mu_y,\sigma_x,\sigma_y,\rho) \\ &= \frac{1}{2\pi\sigma_x\sigma_y\sqrt{1-\rho^2}}\exp\left\{-\frac{1}{2(1-\rho)^2}\left[\left(\frac{x-\mu_x}{\sigma_x}\right)^2\right.\right. \\ &\quad \left.\left.-\frac{2\rho(x-\mu_x)(y-\mu_y)}{\sigma_x\sigma_y}+\left(\frac{y-\mu_y}{\sigma_y}\right)^2\right]\right\}, \end{aligned} \tag{1.15}$$

其中参数 ρ 是变量 x 与 y 的关联系数。对于 N 个变量的情形,我们使用向量 $\boldsymbol{x}$ 来表示 N 维随机变量,多维高斯分布函数可以用矩阵记号简洁地表示为

$$f(\boldsymbol{x};\boldsymbol{\mu},\boldsymbol{V}) = \frac{1}{(2\pi)^{N/2}\,|\,\boldsymbol{V}\,|^{1/2}}e^{-\frac{1}{2}(\boldsymbol{x}-\boldsymbol{\mu})^{\mathrm{T}}\boldsymbol{V}^{-1}(\boldsymbol{x}-\boldsymbol{\mu})}, \tag{1.16}$$

---

① 译者注:中心极限定理更易于理解的表述是,独立同分布、期望值为 μ 和标准差 σ 为有限值的随机变量 $x_1,x_2,\cdots,x_n$ 之和 $x=\sum_{i=1}^{n}x_i$,当 n 充分大时趋近于高斯分布 $N(x;\mu,\sigma/\sqrt{n})$。

这里 $\boldsymbol{V}$ 是 1.2.2.3 节中提到的协方差矩阵。

误差函数和**余误差函数**(complementary error function)与累积高斯分布函数有紧密的联系：

$$\mathrm{erf}(y)=\frac{2}{\sqrt{\pi}}\int_0^y \mathrm{e}^{-x^2}\mathrm{d}x,\tag{1.17}$$

$$\mathrm{erfc}(y)=\frac{2}{\sqrt{\pi}}\int_y^\infty \mathrm{e}^{-x^2}\mathrm{d}x。\tag{1.18}$$

它们的主要用途是计算高斯分布的 p 值(见 1.3.4.6 节的讨论)。高斯分布的随机变量值落在其均值周围一个标准差("1σ")区间内的概率等于 68%,它可直接通过计算 $\mathrm{erf}(y=1/\sqrt{2})$ 求得①。反之,一个高斯随机过程中获得 1σ 区间之外的变量值的概率则等于 32%。给定一个均值为 10.2、标准差为 3.1 的高斯随机过程,如果我们面对一个特定的测量值,比如说 13.3,那么该测量值是否由这样的高斯随机过程所产生是很不确定的。人们可以说,该测量值所对应的 p 值,即该高斯随机过程产生这样一个远离均值的测量值的概率是 32%。与之相反,如果测量值不是 13.3 而是 25.7,那么与均值的偏离将不是 1σ 而是 5σ,这时 p 值仅为 5.7×10^{-7}。在关于是否发现新粒子或新现象的讨论中,会回归到这样的问题,p 值等于 5.7×10^{-7}的一项发现称为"5σ 结果"②。这一结果的含义可参见表 1.1。对于实际计算,可以利用编程语言 R[2] 中的函数 pnorm 和 qnorm 或 ROOT[3] 中的 Tmath::Prob,更容易获得精确结果。

表 1.1　偏差 1σ 到 5σ 所对应的双侧高斯分布 p 值

偏差	1σ	2σ	3σ	4σ	5σ
p 值/%	31.7	4.56	0.270	0.006 33	0.000 057 3

1.3.2　泊松分布

泊松分布的定义为

$$f(n;\nu)=\frac{\nu^n}{n!}\mathrm{e}^{-\nu},\tag{1.19}$$

它描述了期望值为 ν、发生事件数为 n 的概率分布,其中 n 为非负离散型整数,ν 是大于 0 的实数。盖革计数器在一定时间间隔内的计数、被马踢死的普鲁士骑兵人数都是泊松变量的典型例子[4]。图 1.2 显示了一些值为 ν、标准差 $\sigma=\sqrt{\nu}$的泊松分布。标准差等于均值的平方根这一性质对于泊松过程所产生的分布具有关键性的意义。它的重要性在于,实验所获取的大多数样本(包括直方图各子区间内的事

① 译者注:原文 $\mathrm{erf}(y=1)$有误。

② 应当指出,单侧 p 值和双侧 p 值之间存在细微的差异。关于这一问题,将在第 3 章详加讨论。

例数)具有这样的性质。

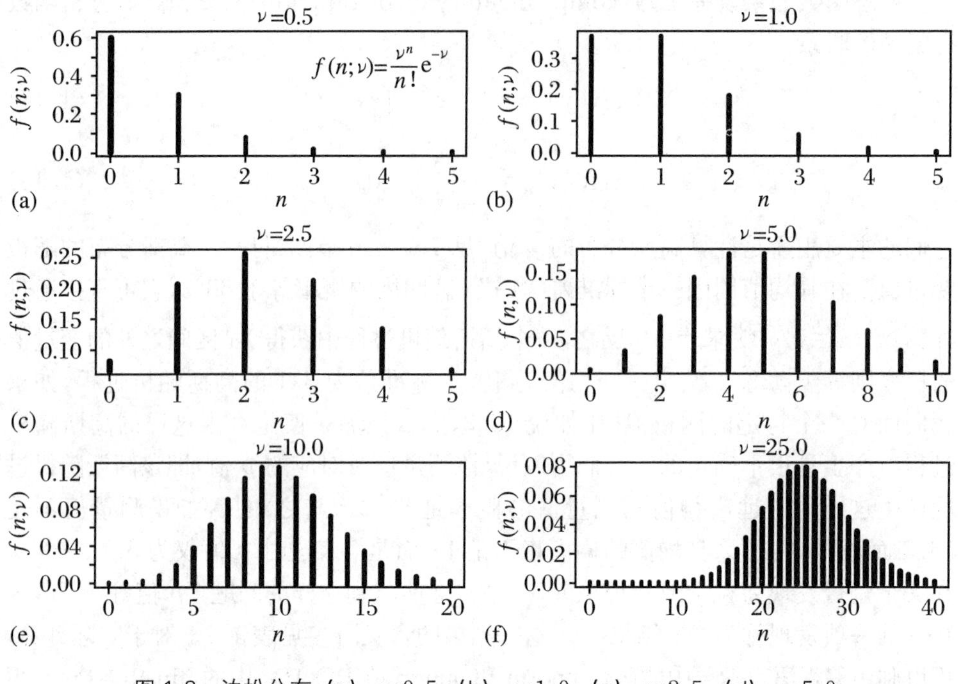

图 1.2 泊松分布:(a) $\nu=0.5$; (b) $\nu=1.0$; (c) $\nu=2.5$; (d) $\nu=5.0$; (e) $\nu=10.0$; (f) $\nu=25.0$

例 1.1 宇宙线 μ 子计数。设计一个实验用来测量宇宙线 μ 子,一轮实验中 μ 子的事例率期望值为 0.45。这意味着在一轮实验中,有 64%的概率观测不到 μ 子,有 29%的概率观测到一个 μ 子,有 6%的概率观测到两个 μ 子,而观测到三个 μ 子的概率则小于 1%。

1.3.3 二项分布

二项分布描述的问题可以陈述如下:投掷一枚硬币若干次,正面朝上和反面朝上各有多少次?在 N 次投掷中,成功(正面朝上)次数为 r 的概率由下式给定:

$$f(r;N,p)=\frac{N!}{r!(N-r)!}p^r(1-p)^{n-r}, \tag{1.20}$$

其中 p 是一次投掷成功的**本征概率**(intrinsic probability)。有时我们用符号 q 代替 $1-p$,这样式(1.20)看起来形式更简洁。二项分布的均值为 Np,标准差为 $\sigma=\sqrt{Np(1-p)}=\sqrt{Npq}$。因子 $N!/[r!(N-r)!]$是 N 次投掷中有 r 个成功事件的可能方式,通常表示为$\binom{N}{r}$。

例1.2 径迹室。实验中一个带电粒子穿过一组6个径迹室，后者用来测量粒子的位置。每一径迹室测量粒子的效率为95%。如果要求所有6个径迹室都记录到粒子的击中才能确定一条重建的径迹，则这一系统的效率显然为$0.95^6 = 73.5\%$。如果认为记录到5个或5个以上的击中即可确定径迹，则效率为96.7%。如果仅要求击中数至少等于4，则径迹效率为99.8%。

如果二项分布的p很小，则二项分布可以用均值Np的泊松分布作为近似①。这一性质在蒙特卡洛样本的分析中经常用到。例如，我们产生了1 000 000个蒙特卡洛事例，其中100个落入直方图的某个特定子区间内，严格地说，这是一个二项分布事件而不是泊松分布事件。在实际情形中，可以使用泊松误差$\sqrt{100}$而不用二项分布误差$\sqrt{1\ 000\ 000\times 0.000\ 1\times 0.999\ 9}$。这种近似在$p$不很小的情形下不可使用。如果一个触发装置对于10个事例能产生9次触发，则触发效率为90%，但其误差不是$\sqrt{9}/10 = 30\%$，而是$\sqrt{0.9\times 0.1/10} = 9.5\%$（在这种情形下，计算的一种捷径是将丢失的一个事例近似地视为泊松变量，其误差为10%，近似正确）。

若N很大而p不很小，则二项分布近似于高斯分布。

如果一次投掷（随机试验）的可能结果不止2种，而是n种，每种结果出现的本征概率为$\{p_1, p_2, \cdots, p_n\}$，那么第1种结果出现$r_1$次，第2种结果出现$r_2$次……第$n$种结果出现$r_n$次的总概率为

$$f(r_1, r_2, \cdots, r_n; N, p_1, p_2, \cdots, p_n) = \frac{N!}{\prod r_i!}\prod p_i^{r_i}。\tag{1.21}$$

该分布称为**多项分布**。

1.3.4 其他分布

可能的分布函数很多很多，我们来讨论其中可能经常会遇到的一些分布。

1.3.4.1 均匀分布

均匀分布，也称为长方形分布，在范围$-a/2$到$+a/2$内的概率为常数，该范围的宽度为a；如果该范围的中心不为0，而是某个别的常数，则只需将上述分布做一平移即可。对于中心值为0的均匀分布，其均值显然为0，而标准差为$a/\sqrt{12}$。这一性质可用于描迹仪的位置测量：如果一块长方形闪烁体产生一个信号，这表明一条径迹穿过了该闪烁体，但具体位置不知道。合理的假定是粒子的击中位置服从均匀分布。

上述情况可能与结果的某种系统误差的考虑相关，这一点在8.4.1.2节也有所讨论。比如，如果你做一个实验需要过夜，对事例以某种效率E_1进行计数，到第二天早上发现设备的某个单元出故障而失效，对事例的计数效率变成E_2，但失效

① 二项分布在$N\to\infty$，$p\to 0$且Np等于常数的极限情形下，可导出泊松分布。

的具体时间不清楚,那么计数效率应当考虑为$(E_1+E_2)/2\pm(|E_1-E_2|)/\sqrt{12}$。均匀分布也可应用于理论模型对于结果的预期值:当(且仅当)两种模型对结果给出不同的预期值时,它们代表了两个极端的结果,而你对于真值位于这两个极端值之间的何处没有了解,那么你有理由将两个极端值的均值作为预期值,而以两者之差除以$\sqrt{12}$作为(系统)误差。

1.3.4.2 柯西分布(即布雷特-魏格纳分布或洛伦兹分布)

在核物理和粒子物理中,当形成一个质量为 M、宽度为 Γ 的共振态时,产生的截面随能量 E 的变化关系用函数

$$f(E;M,\Gamma)=\frac{1}{2\pi}\frac{\Gamma}{(E-M)^2+(\Gamma/2)^2} \tag{1.22}$$

描述。它可以改写为更简洁的无量纲形式:

$$f(x)=\frac{1}{\pi}\frac{1}{1+x^2}, \tag{1.23}$$

其中 $x=(E-M)/(\Gamma/2)$。该函数称为**柯西分布**(也称**布雷特-魏格纳分布**或**洛伦兹分布**)。该分布的均值为 M,它的方差不存在,因为积分 $\int x^2 f(x)\mathrm{d}x$ 发散。如果需要对该函数与高斯函数进行对比,则可以利用**半高宽**(full width at half maximum,FWHM),柯西分布的 FWHM 等于 Γ,而高斯分布的 FWHM 则是 $2\sqrt{2\ln 2}\sigma\approx 2.35\sigma$。

当宽度 Γ 远大于 E 的测量误差时,该分布可用来拟合共振峰的形状。它也可以作为经验曲线用来拟合近似于高斯型但有长尾巴的一组数据。当数据一部分的测量精度比其余数据差时,数据的分布情况常常如此。虽然双高斯曲线可能对这样的数据有较好的拟合效果,但利用柯西分布拟合常常也能得到拟合度合理的结果而无需增加额外的参数。

1.3.4.3 朗道分布

当一个带电粒子飞过一个原子附近时,由于电磁场的变化,原子外围电子获得能量。这一能量可以相当大,少数情况下甚至大到能产生 δ 射线。朗道[5]给出了计算带电粒子能量损失概率分布的公式

$$f(\lambda)=\frac{1}{\pi}\int_0^\infty \mathrm{e}^{-u\ln u-\lambda u}\sin\pi u\,\mathrm{d}u, \tag{1.24}$$

式中 $\lambda=(\Delta-\Delta_0)/\xi$。这里 Δ 是能量损失,Δ_0 是位置参数,ξ 是尺度参数,Δ_0 和 ξ 由带电粒子穿过的物质种类决定。**朗道分布**的峰值位于 Δ_0,峰值以下分布曲线迅速下降,但在峰值以上有很长的尾巴。分布的形状如图 1.3 所示。

朗道分布的数学性质令人不悦。它的一些积分发散,例如,与柯西分布一样,它的方差不存在,比柯西分布更糟的是,甚至它的均值也不存在。为了避免由此带来的麻烦,可以根据实际情况对于能量损失设定一个上限,因为一个粒子不可能损

失100%的能量。

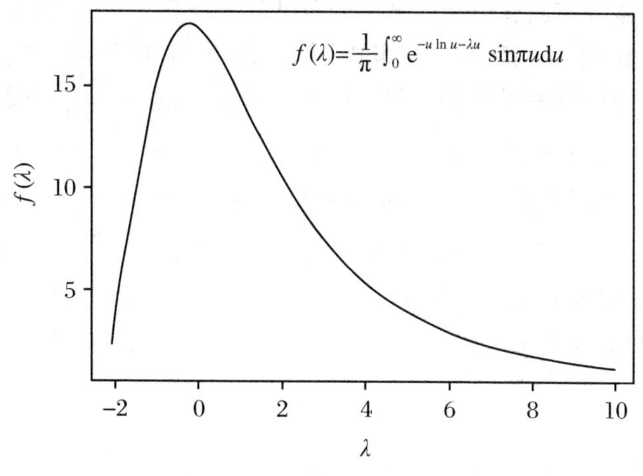

图 1.3 朗道分布

有些地方会将函数 $1/(\sqrt{2\pi})e^{-1/(2\lambda)+e^{-\lambda}}$ 称为"朗道分布",这一说法并不正确,因为它只是朗道分布的一种近似[6],而且不是一种好的近似。

1.3.4.4 负二项分布

我们来考虑与熟知的二项分布类似但又略有变化的一种情况。与二项分布类似,设一个随机过程成功的概率为 p,失败的概率为 $q\equiv1-p$,该随机试验重复多次。但现在我们不求重复次数为常数 n 的情形下成功次数为 r 的概率,而是求失败次数为固定值 k 的情形下成功次数为 r 的概率。此概率用下式描述:

$$f(r;k,p)=\frac{(k+r-1)!}{r!(k-1)!}q^kp^r。\tag{1.25}$$

它等于失败次数为 $k-1$、成功次数为 r 的一切可能排列且第 k 次失败的概率。组合因子也可写为 $(-1)^r\binom{-k}{r}$,因此被命名为**负二项分布**。式(1.25)容易推广到非整数值的形式:

$$f(r;k,p)=\frac{\Gamma(k+r)}{\Gamma(k)r!}q^kp^r。\tag{1.26}$$

不过非整数值形式的负二项分布的物理含义并不清楚。式中 Γ 是伽马函数,定义为

$$\Gamma(k)=\int_0^{\infty}e^{-t}t^{k-1}dt。\tag{1.27}$$

负二项分布的均值为 $\mu=(p/q)k$,方差为 $V=(p/q^2)k$。在 k 很大、p 很小且 $pk\equiv\mu$ 的情形下,负二项分布趋近于均值为 μ 的泊松分布。

1.3.4.5 t 分布

从高斯分布随机变量中抽取 n 个样本值 $\{x_1,x_2,\cdots,x_n\}$,将 x_i 与高斯分布均

值之差除以标准差求得所谓的**普尔量**(pull),普尔量的分布称为**普尔分布**(pull distribution)。该分布趋近于标准高斯分布,即$\mu=0$和$\sigma=1$的高斯分布。实验的普尔分布是否趋近于标准高斯分布可以用来检验实验中使用的误差值是否正确。通常,高斯分布的均值是未知的,可以用 n 个样本值的平均作为近似来计算普尔量,这样求得的普尔分布的标准差比 1 略小,差一个乘因子$\sqrt{(n-1)/n}$。

如果高斯分布的标准差σ值也未知,则可以用估计值$\hat{\sigma}$代替。在μ已知的情形下,$\hat{\sigma}=\sqrt{\overline{(x-\mu)^2}}$.若$\mu$未知,则有$\hat{\sigma}=\sqrt{n/(n-1)\overline{(x-\bar{x})^2}}$。在这种情形下,特别对于小 n 值的情形,这并不是一个好的估计量,因为利用测量值与均值之差除以这个较差的估计量$\hat{\sigma}$,量

$$t=\frac{x-\mu}{\hat{\sigma}} \tag{1.28}$$

并不服从高斯分布,而服从自由度为 $n-1$ 的 t 分布,自由度为 n 的 t **分布**的概率密度函数是

$$f(t;n)=\frac{\Gamma\left(\frac{n+1}{2}\right)}{\sqrt{n\pi}\Gamma\left(\frac{n}{2}\right)}\frac{1}{\left(1+\frac{t^2}{n}\right)^{\frac{n+1}{2}}}。 \tag{1.29}$$

当 n 充分大时,该分布趋近于标准高斯分布;但对于小 n 值的情形,该分布有比高斯分布更宽的尾巴(图 1.4),原因在于若$\hat{\sigma}$过低估计了σ值,则会产生比较大的 t 值。t 分布的均值显然等于 0,但其方差并不等于标准高斯分布的方差 1,而是 $n/(n-2)$。

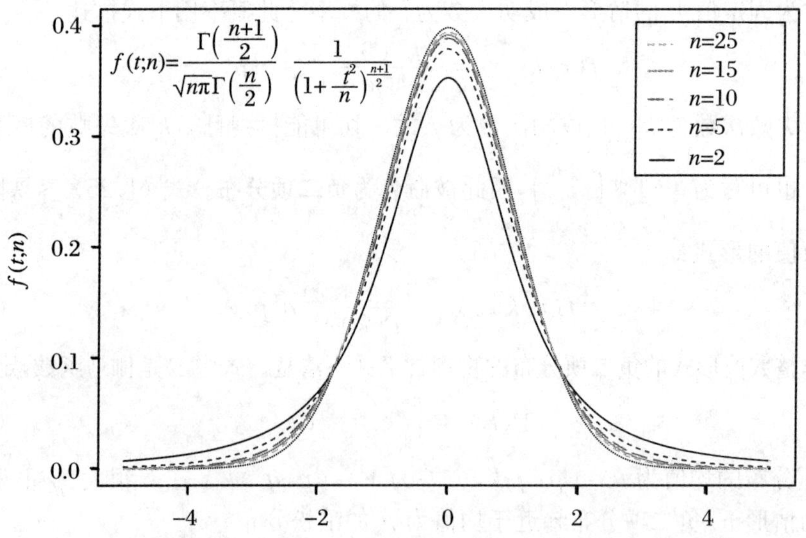

图 1.4　$n=2,5,10,15,25$(对应于 $f(t=0;n)$的值从小到大的五条曲线)的 t 分布。图中的点线(标准高斯分布)对应于 $f(t=0)$的值最大的第六条曲线

例 1.3　闪烁体的光产额。一个工厂生产了 5 个闪烁体样品，光产额的测定值为 1.23，1.42，1.35，1.29 和 1.40。第二个工厂提供的一个样品比较便宜，但光产额为 1.19。根据这些数据，是否有理由相信，比较便宜的样品有比较差的光产额？

第一个工厂生产的闪烁体样品光产额的样本均值是 1.338，估计的标准差是 0.079，所以便宜样品的光产额比样本均值低 1.90 个标准差。如果是高斯分布，则出现这样一个远离均值的测量值的概率仅为 2.9%，所以这是一个很强的证据，说明便宜的产品光产额品质不好。但对于自由度为 4 的 t 分布，相应的概率为 6.5%（查阅 t 分布表，或用编程语言 R 中的函数 pt(x, ndf) 计算），因此，便宜的产品光产额品质不好的证据被弱化了。

1.3.4.6　χ^2 分布

当描述某个已知函数 $g(x)$ 与一组 n 对测量值 $\{(x_i, y_i)\}$ 的一致性时，构建总的平方偏差是很有帮助的：

$$\chi^2 = \sum_{i=1}^{n}\left[\frac{y_i - g(x_i)}{\sigma_i}\right]^2, \tag{1.30}$$

式中 σ_i 是第 i 次测量的高斯误差。如果所有测量的高斯误差相同，那么因子 σ_i（现在下标 i 可以略去）可以写到求和号之外。

式(1.30)右边的每一项的贡献具有 1 的量级，所以毫不奇怪，自由度为 n 的 χ^2 分布的概率密度的期望值为 $E[f(\chi^2;n)] = n$。自由度为 n 的 χ^2 **分布**的概率密度由下式给定：

$$f(\chi^2;n) = \frac{2^{-\frac{n}{2}}}{\Gamma(n/2)}\chi^{n-2}e^{-\chi^2/2}。 \tag{1.31}$$

若干个 n 值对应的概率密度函数示于图 1.5。

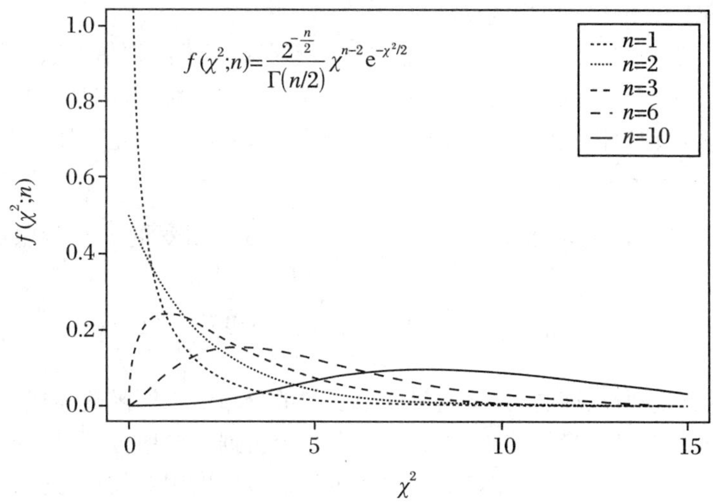

图 1.5　$n = 1,2,3,6,10$ 的 χ^2 分布

当需要考虑一组(带有误差的)测量值与一特定模型的预期值是否相一致这一类问题时,χ^2 分布得到极为广泛的应用。这一问题通常利用**累积 χ^2 分布**加以处理。对于一个给定的 χ^2 值,其对应的累积 χ^2 分布值等于 $1-p$,这里 p 即 1.3.1 节中提到的高斯分布的 p 值,它等于(假定模型是正确的)测量值所对应的 χ^2 值大于或等于给定的 χ^2 值的概率。如果测量值所对应的 χ^2 值大于 n,那么 p 值很小,这意味着这组测量值可以用该模型来描述,但产生如此大的不一致性的概率会很小,因此有理由怀疑模型的正确性或数据的准确性,或者两者皆在怀疑之列。χ^2 分布 $f(\chi^2;n)$ 的均值为 n,标准差为 $\sqrt{2n}$。当 n 充分大时,基于中心极限定理,χ^2 分布收敛于高斯分布,但收敛速度相当缓慢。因此,这种近似并不经常使用。对于 p 值,通常应当通过程序包 ROOT 中的函数 Tmath::Prob 或程序包 R 中的函数 pchisq 计算求得其精确值。

如果模型含有自由参数 θ 且没有给定值,则需要通过数据的拟合来求得,那么同样可以利用 χ^2 函数来检验,此时的 n 等于数据点的数目减去待拟合参数的个数,它称为**自由度**。严格而言,仅当模型为线性模型(即参数的线性函数)时,这种说法才是正确的。在实际情况中,线性模型往往或者是严格正确的,或者是好的近似;但在某些场合下这些条件并不满足,于是用此方法计算得到的 p 值不正确。

例 1.4　电阻测量。对电阻 R 随着温度 T 变化的函数关系做了一系列共 10 次测量。温度的控制十分精确,但电阻的测量精度仅为 2 Ω。理论模型预期电阻 R 值为 $(10.3\pm0.047T)\Omega$。测量的 χ^2 值是 25.1。试对此测量作出评估。

在这种情形下,$n=10$。利用程序包 R 中的函数 pchisq 可算出当 $n=10$ 时,χ^2 值大到 25.1 的概率为 0.5%。看起来很难相信这样的模型能够真实地描述实验数据。(这并不一定意味着理论模型完全错误,也可能是因为数据测量得不好,或者对测量精度的估计过于乐观。)

偶尔会观测到非常小的 χ^2 值:$\chi^2\ll n$。不存在标准的评估方法来拒绝这样的测量结果,但是应当以心存疑问的态度来对待这样的结果,考虑是不是看到了测量数据后才确定理论模型的公式("回顾性预测"),或者测量误差估计过大。

1.3.4.7　对数正态分布

如果变量 x 的对数服从高斯分布 $f(\ln x;\mu,\sigma)$,则变量 x 自身服从**对数正态分布**

$$f(x;\mu,\sigma)=\frac{1}{x\sigma\sqrt{2\pi}}\exp\left\{-\left[\frac{(\ln x-\mu)^2}{2\sigma^2}\right]\right\}。\tag{1.32}$$

如中心极限定理所预期的,大量随机变量之和的分布由高斯函数描述,任意一个变量如果是大量随机变量的乘积,且其中没有一个占据主导地位,则该变量服从对数正态分布。例如,一个电子在量能器中产生的信号可以用对数正态分布来描述,因为一部分能量损失于不灵敏物质,一部分能量损失于光子的产生,一部分能量损失于中子的产生,如此等等。对数正态分布的均值是 $e^{\mu+\sigma^2/2}$,标准差为

$e^{\mu+\sigma^2/2}\sqrt{e^{\sigma^2}-1}$。

1.3.4.8　威布尔分布

威布尔分布(Weibull distribution)的概率密度函数是

$$f(x;\alpha,\beta) = \alpha\beta(\alpha x)^{\beta-1}e^{-(\alpha x)^\beta}。\tag{1.33}$$

该函数的形状是从 0 点开始上升到峰值,然后重新回落到 0 点。它起初用来描述电灯泡的失效时间。当使用时间很短(新的电灯泡)时,失效可能性很小;当使用时间很长(电灯泡几乎都已坏了)时,失效可能性也很小。用威布尔分布来描述寿命比简单的指数衰减定律更符合实际情况,在指数衰减定律下,失效概率是一个常数。

威布尔分布中的参数 α 是一个尺度因子,参数 β 则决定形状。$\beta=1$ 对应于简单的指数衰减定律;$\beta>1$ 对应于失效概率随着时间的增加而增大,然后呈现尖锐的峰形这样的行为;$\beta<1$ 则可描述失效概率随着时间的增加而下降这样的行为,这也许是由于对电灯泡做了前期的老化处理。图 1.6 显示了威布尔分布的若干例子。威布尔分布的均值是$(1/\alpha)\Gamma[1+(1/\beta)]$,方差是$(1/\alpha^2)\{\Gamma[1+(2/\beta)]-\Gamma[1+(1/\beta)]^2\}$。在某些问题中,需要用 $x-x_0$ 来替代 x,其中 x_0 是位置参数。

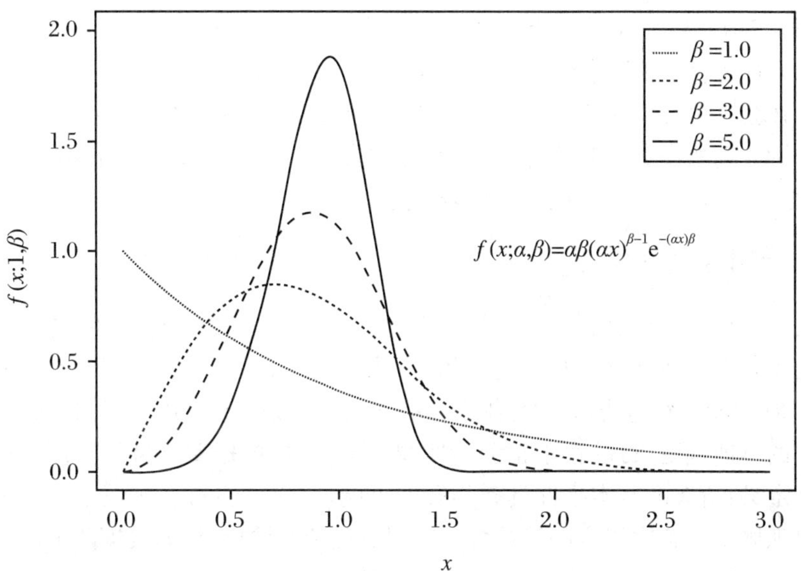

图 1.6　$\alpha=1.0,\beta=1.0,2.0,3.0,5.0$ 的威布尔分布。β 值越大,峰越尖锐

1.4 概　　率

我们每天都在使用概率这一概念。作为物理学家在工作中会使用它,在日常生活中我们也会使用它。有时概率是一个精确的计算问题,比如,当我们购买保险单或决定是否发表物理结果的时候;有时概率更多是一种直觉,比如,当我们早晨上班时决定是否需要带伞。

尽管我们非常熟悉概率这一概念,但仔细想来,原来事情相当微妙。从学术性而言,概率的不同定义并不总是相互兼容的。

1.4.1 概率的数学定义

令 A 是一个事件,根据**柯尔莫哥洛夫公理**[7],概率 $P(A)$是满足以下三个条件的一个数值:

(1) $P(A)\geqslant 0$;

(2) $P(U)=1$,其中 U 是事件A 的全集,即样本空间;

(3) 对任意不相容事件 A,B,即 $A\cap B=\varnothing$,有 $P(A\cup B)=P(A)+P(B)$。

依据上述公理可导出关于概率的一系列定理和性质的整个体系。但是这一理论并没有告诉我们概率这一数值究竟有什么含义。这对于数学家而言并不成为一个问题,但是,这无助于我们正确地应用概率这一概念。

1.4.2 概率的古典定义

投掷一枚硬币,正面朝上和反面朝上的概率都是 1/2。对称性决定了投掷不可能出现其他任何结果。与此类似的是,从一副扑克牌中抽出一张特定的牌的机会必定是 1/52。在这类等可能事件的基础上,拉普拉斯、帕斯卡及其同辈人建立了概率的早期理论,目的在于帮助赌博联谊会。**“古典概率”**可以通过一种基本的对称性定义:所有的基本事件具有相等的可能性(例如投掷一个骰子,六个面有相同的出现概率),利用组合的计数可推广到更复杂的情形(例如投掷两个骰子)。

遗憾的是,这一定义不能推广到连续变量的情形,因为这种情形下不存在这样的基本对称性。如果你随机地画一条通过某个特定点的直线,这既可以按照端点坐标的均匀分布来画,也可以通过角度在 0°到360°之间的均匀分布来画,两者的结果是截然不同的。因此这一方法导向死胡同。

1.4.3 概率的频率定义

概率的古典定义存在的问题导致维恩(Venn)和冯 · 米泽斯(von Mises)[8]及

其同辈人提出概率的另一个定义:概率等于频率的极限。如果在相同的条件下重复进行 N 次随机试验,事件 A 的出现次数$N(A)$所占的比例当 $N\to\infty$时的极限值定义为**频率概率**:

$$P(A)=\lim_{N\to\infty}\frac{N(A)}{N},\tag{1.34}$$

这是普遍认可的、在基础课程和教科书中进行教授的概率定义。这一定义当然也满足柯尔莫哥洛夫公理。

对于古典概率适用的情形,古典概率的定义同样满足柯尔莫哥洛夫公理。但它与频率概率存在重要的哲理性的差别。概率 $P(A)$并不是事件A 的某种本征性质,它还取决于抽样的方式,即取决于所有可能的结果的总体是怎样构成的。

以下是利用冯·米泽斯频率概率的一个例子:人寿保险公司判定,一位投保的男性客户在 40 至 41 岁死亡的概率是 1.1%。这是一个可检验的硬性数字,它对于保险费的正确调整是极其重要的。但这并不是该客户的本征概率,你不能说如同他的身高和体重那样,这一客户在 40 至 41 岁死亡的概率为 1.1%是他的固有属性。这一顾客不仅属于投保 40 岁的男性总体,还属于许多其他总体:40 岁的男性、不抽烟的 40 岁男性、不抽烟的职业驯狮人等等。对于不同的总体,这一概率值是截然不同的。

所以,对于存在多个可能的总体的情形,除非指定了一个特定的总体,否则 $P(A)$的值是不确定的。还有不存在总体的情形,即事件具有唯一性。宇宙大爆炸就是一个明显的例子,不过还可以找到更贴近日常生活的例子,比如明天下雨的概率 P(明天下雨) 有多大? 因为只有一个明天,明天或是下雨或是不下雨,所以 P(明天下雨) 或是 0,或是 1。冯·米泽斯认为对于此类问题进行进一步的讨论都是不科学的。在 1.5.2 节中,将对这一问题进行更深入的讨论,并给出解决方案。

1.4.4 概率的贝叶斯定义

de Finetti 等人[9] 以另一种方式延续了概率的古典定义存在的问题。de Finetti的出发点是刺激的:他认为“概率并不存在”。概率不具有客观性,它只是人类头脑创造出来的一种概念。

de Finetti 解释道,对于事件 A 的发生概率,每个人都可以定义他的**个人概率**(personal probability)(或称**信度**,degree-of-belief) $P(A)$,方法是通过打赌决定一种可能性:如果事件 A 不发生,你损失 1 欧元;如果事件 A 发生,你赢得 G 欧元。如果 $P(A)>1/(1+G)$,你接受这一赌注;如果 $P(A)<1/(1+G)$,你拒绝接受这一赌注。

事实上,这样的个人概率我们在日常生活中经常使用:当你决定早上上班时是否带雨伞时,你的决定是基于你认为今天将要下雨这样的个人概率(“代价”是 (a) 淋雨;(b) 多带一把伞)。但是我的个人概率无需与你的个人概率相同,也无需与任何别人的个人概率相同。因此个人概率称为**主观概率**。主观概率通常也称为**贝叶斯概率**,因为它利用了贝叶斯定理[10]。

贝叶斯定理是一个简单但具有基本意义的结果,它对现在使用的所有概率定义都适用。

1.4.4.1 贝叶斯定理

设 A 和 B 是两个事件,并引入条件概率 $P(A|B)$,其意义是在事件 B 发生的条件下事件 A 发生的概率(例如,在一张牌花色为黑色的情形下,它是黑桃 6 的概率等于 1/26)。

事件 A 和 B 同时发生的概率 $P(A\cap B)$ 显然是 $P(A|B)P(B)$,它也等于 $P(B|A)P(A)$。由两者的相等性立即导出以下关系式:

$$P(A \mid B)=\frac{P(B \mid A)}{P(B)}P(A)。\tag{1.35}$$

该关系式称为**贝叶斯定理**,可用于著名的出租车涂色问题。

例 1.5 出租车涂色问题。某城市 15%的出租车涂黄色,85%的涂绿色。一辆出租车涉嫌出事故后逃逸,一目击者称涉嫌出租车是黄色车。警察判定,目击者陈述的颜色正确率为 80%,错误率为 20%。问肇事出租车为黄色的概率多大?

算法很简单:只需要将相关的数字代入贝叶斯定理即可。需要指出,分母中的 $P(B)$ 可以写为 $P(B|A)P(A)+P(B|\bar{A})[1-P(A)]$,其中 $\bar{A}$ 表示"非 A"。如果出租车的颜色用 Y 或 G 表示,目击者看到的肇事车的颜色用 y 或 g 表示,则有

$$\begin{aligned}P(Y \mid y) &= \frac{P(y \mid Y)}{P(y \mid Y)P(Y)+P(y \mid G)P(G)}P(Y)\\ &= \frac{0.8}{0.8\times 0.15+0.2\times 0.8}\times 0.15 = 0.4。\end{aligned}$$

因此,虽然目击者说肇事车是黄色的,但更可能(概率 60%)像是绿色车。

在贝叶斯统计范式下使用贝叶斯定理,虽然公式的形式相同,但其中的 B 代表的是试验的结果,而 A 代表某种理论。$P(B|A)$ 表示在理论 A 正确情形下事件 B 发生的概率,而 $P(A)$ 是试验进行之前你认为理论是正确的个人概率,它称为**先验概率**(prior probability)。$P(A|B)$ 表示根据试验结果导出的理论为正确的概率,称为**后验概率**(posterior probability)。在频率统计范式下,先验概率 $P(A)$ 和后验概率 $P(A|B)$ 是没有意义的。

贝叶斯定理的结果是严谨的。如果在某个理论中,某种特定的结果是禁戒的,即 $P(B|A)=0$,那么观测的结果必定是理论不正确的而应当抛弃。如果某个理论倾向于出现某种结果,那么观测到这一结果就增加了我们对该理论的信度,虽然在任何情况下这一信度的增量被该结果的观测概率所减弱。

1.5 统计推断和测量

标准的概率计算都是从理论出发导出数据的。它所提出的问题是,在这种或那种条件下,某种特定的随机事件的发生概率有多大。

统计推断则是与之相反的过程:从数据出发导出理论。理论模型中包含某个(或若干个)参数 θ,该模型预言了获得某个结果(或一组结果)x 的概率。当 x 为某一特定的观测值时,它对参数 θ 能告诉我们什么样的信息?举一个简单的例子,一个能量为 $E_{\mathrm{true}} \equiv \theta$ 的粒子在量能器中的能量测量值为 $E_{\mathrm{meas}} \equiv x$。一个不那么简单的例子是,如果存在一个质量为 m_{H} 的希格斯粒子,它将会产生一组事例,它们具有不同的衰变道和各自特定的特征。

1.5.1 似然函数

在我们进行一种测量时,给定模型参数 θ 情形下获得结果为 x 的概率表示为 $f(x;\theta)$,它也可以写为**似然函数** $L(x;\theta)$。这种变化纯粹是一种描述方式的变化,函数的实际形式是相同的。以泊松分布为例,考虑期望值为3.4、观测到5个事例的概率,我们可以写出 $f(5;3.4) \equiv L(5;3.4) \equiv (3.4^5/5!)\mathrm{e}^{-3.4}$。

给定观测值 x,似然函数 $L(x;\theta)$告诉你的是该 θ 值情形下产生该观测值 x 的概率,这反过来告诉你关于将一个特定的 θ 值视为参数真值这一做法的合理性的某种信息。上述陈述中的后一种说法看起来含糊不清,我们在后面将对此以适当的详尽程度加以解释。

在实际情形中,我们通常使用似然函数的对数,比如,我们有一组相互独立的 n 个观测结果 $\boldsymbol{x}=\{x_1, x_2, \cdots, x_n\}$,则可记 $\ln L(\boldsymbol{x};\theta)=\sum_i \ln f(x_i;\theta)$,求和的运算要比求积的运算容易处理。

似然原理可陈述如下:如果有了观测结果 $\boldsymbol{x}$,那么似然函数 $L(\boldsymbol{x};\theta)$包含了关于参数 θ 的全部观测信息。该原理被一部分人视为无可辩驳的公理,而另一部分人则认为并不恰当。贝叶斯统计推断一般满足公理假说,而频率统计推断一般违背公理假说,因为频率统计必须同时考虑到可能获得的所有观测结果的总体。

1.5.2 频率统计推断

如冯·米泽斯所指出的,明天下雨的概率或者是0,或者是1,没有别的可能性。但是,你可以对一些其他事件建立与此非常类似的总体。假设大气压下降且云正在聚集,当地的天气预报(或许出自专业气象学者,或许出自你祖母左肘的疼痛)预报要下雨。如果你考察一下这类特定预报的历史记录,并数一数预报正确的次数,那么这就给出了频率统计意义上的概率值。所以,尽管你不能说"明天或许会下雨",但你可以说,"明天会下雨"这一说法很可能是对的。

确实,如果你的天气预报员在10次中有9次预报正确,你就可以说,"明天会下雨"这一说法有90%的概率是正确的。需要强调的是,90%这一数字并不仅仅是下雨这一事件的性质,而是以天气预报形式呈现的总体的性质。

现在,我们将这一方法应用于对测量值的诠释。假设已知你的测量过程给出的结果是 x,它与真值 μ 的偏离可以用已知的标准差 σ 的高斯概率分布描述。于是,对于根据多年的对撞束数据测定的顶夸克质量,或者对于利用实验室工作台测量获得的电阻值,你可以报道如下的结果:

$$x \pm \sigma。 \tag{1.36}$$

这样的表述看起来似乎可以说 μ 落入 $[x-\sigma, x+\sigma]$ 内的概率是68%,但这一说法并不正确。若我们报道顶夸克质量 m_t 为 (173.2 ± 0.9) GeV,则 m_t 要么落入 $[172.3, 174.1]$ GeV 范围内,要么落入此范围之外。这是因为我们的测量是一种随机值,而不是真值。所以,在频率统计的范式下对结果 m_t 表述为 (173.2 ± 0.9) GeV 的解释是,"$172.3 < m_t[\text{GeV}] < 174.1$"有68%的机会是正确的。与此含义相同的另一种说法是"$172.3 < m_t[\text{GeV}] < 174.1$"有68%的**置信水平**。在结果的表述中,对精度和置信水平之间需要进行权衡。你可以更安全地表述测量结果,比如"$171.4 < m_t[\text{GeV}] < 175.0$"有95%的置信水平。在某些特定情形下,给出单侧限值(上限或下限)可能更为恰当。

1.5.3 贝叶斯统计推断

贝叶斯统计推断不需要上述费神的诠释。贝叶斯统计推断包含如下要点:

- $\pi(\theta)$ 是描述个人对于参数 θ 的先验信度。
- 当获得的测量结果为 x 时,根据贝叶斯定理,我的后验信度 $f(\theta|x) = f(x|\theta)/[f(x)\pi(\theta)]$,其中 $f(x) = \int f(x \mid \theta)\pi(\theta)\mathrm{d}\theta$。
- 后验信度 $f(\theta|x)$ 的分母 $f(x)$ 中不包含参数 θ,所以可以记作 $f(\theta|x) \propto f(x|\theta)\pi(\theta)$。
- 如果 $\pi(\theta)$ 取为常数值的均匀分布,则有 $f(\theta|x) \propto f(x|\theta)$。
- $f(\theta|x)$ 与 $f(x|\theta)$ 之间的比例常数可通过归一化确定。

特别地,对于高斯型的测量值,似然函数等同于贝叶斯诠释(假定先验信度为均匀分布)下的后验概率 $f(\mu|x) = 1/(\sigma\sqrt{2\pi})\mathrm{e}^{-(x-\mu)^2/(2\sigma^2)}$。将似然函数 $L(x;\mu)$ 视为参数 μ 的 pdf 这一诠释对于高斯型的测量值似乎特别具有合理性,但我们必须记住,这种说法仅在贝叶斯统计下成立,而对频率统计并不成立。事实上,将贝叶斯统计和频率统计描述为有差异和相互竞争的思想学派并不正确。确实,将某些统计学家归属于贝叶斯学派或频率学派可能是公正的,但我们大多数人

只是采用了最适于解决所面临问题的方法而已。当然，必须注意的是，不要使用所选定的统计范式不适用的概念。

均匀分布 $\pi(\theta)$ = 常数存在一个问题：如果 θ 的数值域为无穷大，则为了使 $\int\pi(\theta)\mathrm{d}\theta = 1$ 成立，常数必定趋向于0。在这种情形下，可以不要求 $\pi(\theta)$ 具有归一性，这称为**非正当先验分布**(improper prior)①，但是要求后验分布具有归一性。

由进一步的测量值获得的信息可以灵活地归并到这样的贝叶斯统计推断架构之中。第一个试验求得的后验分布可以用作第二个试验的先验分布，第二个试验的后验分布可以用作第三个试验的先验分布，如此等等(各个试验如何先后排序无关紧要)。

1.5.3.1 不同先验分布的使用

用均匀分布作为先验分布具有简单性，但容易引起误导。首先，它可能并不代表你真实的个人信度。考察不同于标准模型的某种理论所预言的某种假想粒子 X，假定你确信 X 粒子存在。如果你使用 $\pi(m_X)$ = 常数，这就意味着，你预期 m_X 落入1到2 GeV范围内的先验概率与落入100 001到100 002 GeV范围内的先验概率是相同的，这种想法，坦率地说无法令人信服(这就面临如下的抉择：你所进行的试验究竟是应当探测质量在1到2 GeV范围内的 X 粒子，还是探测质量在100 001到100 002 GeV范围内的 X 粒子)。

其次，均匀分布先验密度也不能解决参数变换的问题。如果角度参数 θ 具有均匀分布的pdf，那么 $\cos\theta$ 的分布是极不均匀的，$\sin\theta$ 和 $\tan\theta$ 的分布也各不相同。利用均匀分布先验密度，你不能声称你的分析是客观的，因为选择哪一个变量具有均匀分布将影响到你的分析结果。

如果有机会利用实验数据对结果作出某种约束，那么先验分布的选择对分析结果的效应可以被减小。假设我们将 m_X 的均匀先验分布改变为 $\ln m_X$ 的均匀先验分布(后者相应于 m_X 的先验密度正比于 $1/m_X$)。如果实验测量的灵敏范围是 m_X 从100到200 GeV，那么先验密度的上述改变相当大；但如果灵敏范围是 m_X 从171到173 GeV，则先验密度的变化很小。当我们写出表达式 $\sigma_{\ln x} = \sigma_x/x$ 时，在通常的统计数据中，这样的差异是可以忽略的。

所以，一个稳健的实验测量应当不(那么)依赖于先验分布的选择。这称为**稳健测量**。当你提供一个贝叶斯统计推断的结果时，应当利用下列选项之一来证明其合理性：

- 选择不同的先验分布，所得结果不存在明显的差异，以证明结果具有稳健性；

---

① 玩笑归玩笑，不宜往其他地方想。(译者注：prior的另一含义涉及修道院的一类神职人员，improper prior亦可指行为不当的这类神职人员。)

• 以某种方式证明先验分布是正确的,或者证明对于正确的变量,其先验分布确实是均匀分布;

• 说明你选择的先验分布代表了你的个人信念。

但是,仅仅说“我们使用均匀分布作为先验分布”不是合理的做法。

1.5.3.2 Jeffreys 先验分布

Jeffreys[11]尝试通过某种规则来选择先验分布。他的论据基于如下的理念:任何不偏不倚的先验分布应该是“无信息的”,它不应该偏向于任何特定的数值。

泛泛地讲,如果对数似然函数 $\ln L(x;\theta)$ 呈现为平滑的尖峰,那么实验数据告知了你关于参数 θ 的某些信息;如果对数似然函数呈现的只是很宽的分布,那么它对参数 θ 的确定没有多大帮助。一个分布的“峰度”可以利用二阶导数(带负号)来表示。在一个尖峰的峰值处或其邻域,$-(\partial^2 \ln L)/(\partial\theta^2)$ 应当是一个大的正值。

现在让我们“忘记”所做的测量而回到实验测量之前,并且询问:给定某个 θ 值,我们根据一个实验测量值,预期能获得什么样的平均结果?这样一个量称为**费希尔信息量**:

$$I(\theta) = -E\left(\frac{\partial^2 \ln L}{\partial\theta^2}\right), \tag{1.37}$$

其中期望值运算是括号中的量乘上 $f(x;\theta)$ 并在变量 x 的空间内求积分(θ 是给定值)。大的 $I(\theta)$ 值意味着,如果你进行实验测量,它可能会提供关于参数 θ 真值的有用知识;而小的 $I(\theta)$ 值则告诉你,实验测量将不能告诉你关于参数 θ 的多少信息,因而不值得去做。容易证明以下关系式成立(例如参见文献[1]中的式(5.8)):

$$I(\theta) = E\left[\left(\frac{\partial \ln L}{\partial\theta}\right)^2\right]。 \tag{1.38}$$

Jeffreys 对于“我们应当利用 θ, $\ln\theta$ 还是 $\sqrt{\theta}$ 作为基本变量”这一问题作出了以下的答复:我们选择的基本变量函数形式应当使得它的信息量不随 θ 值而变化。也就是说,他规定了一种变换关系 $\theta'(\theta)$,使得 $-(\partial^2 \ln L)/\partial\theta'^2$ 等于常数。从费希尔信息量的观点来看,$\theta'(\theta)$ 这一变量对于任意 θ 值都是相等的,如果该变量的先验分布选择为均匀分布,显然是公平而不偏不倚的。

在实际使用中,无需找到 θ' 的显式表示。如果 $\pi(\theta')$ 是 θ' 的均匀先验分布,根据定义,$I(\theta')$ 亦等于常数,于是有以下关系:

$$\begin{aligned} \pi(\theta) &= \pi(\theta')\left|\frac{\partial\theta'}{\partial\theta}\right| \propto \sqrt{E\left[\left(\frac{\partial \ln L}{\partial\theta'}\right)^2\right]}\left|\frac{\partial\theta'}{\partial\theta}\right| \\ &= \sqrt{E\left[\left(\frac{\partial \ln L}{\partial\theta'}\frac{\partial\theta'}{\partial\theta}\right)^2\right]} = \sqrt{E\left[\left(\frac{\partial \ln L}{\partial\theta}\right)^2\right]} \\ &= \sqrt{I(\theta)}。 \end{aligned} \tag{1.39}$$

这意味着,对任意 θ 值,应当采用的 **Jeffreys 先验分布**为 $\pi(\theta)=\sqrt{I(\theta)}$。对于位置参数,Jeffreys 先验分布确实是$(-\infty,\infty)$范围内的均匀分布,但对于尺度参数,Jeffreys 先验分布正比于 $1/\theta$,而与此等价的是,如果利用 $\ln\theta$ 作为基本函数形式,则先验分布也是均匀分布。对于泊松分布的均值 $\theta=\mu$,先验分布是 $1/\sqrt{\theta}$。

Jeffreys 方法建立在如下理念的基础之上:先验分布不应当对结果有任何的预先判断,它应当尽可能地"无信息"。但是该方法同时也提供了对结果给出唯一答案的途径。由于你可能需要利用不同的先验分布,按照 Jeffreys 方法,无论选择 ν 还是 $\sqrt{\nu}$ 作为基本参数,都不会改变最终的结果。这就是为什么 Jeffreys 先验分布常常被冠名为"客观"先验分布的原因,因为先验分布的个人选择对于结果的影响被消除了。

Jeffreys 方法推广到多于一个参数的情形相当困难,但并非不可能,其推广的方法称为**参照先验分布**(reference prior)[12]。

虽然 Jeffreys 方法提供了一条获得明确的先验分布形式的途径,但并没有被普遍地采用。部分原因是某些人过于懒惰,不愿意对他们所中意的变量考虑使用均匀分布之外的任何先验分布;部分原因是 Jeffreys 方法难以应用到多于一个变量的情形;部分原因是 Jeffreys 先验分布违背了似然原理;部分原因是 Jeffreys 先验分布不依赖于似然函数,从而不依赖于实验方法,在这种情形下,对于 ATLAS 通过 $H\to\gamma\gamma$ 确定希格斯粒子质量和 CMS 通过 $H\to W^+W^-$ 确定希格斯粒子质量这样两个实验,需要利用不同的先验分布。

1.5.3.3 什么是正确的先验分布?

所以问题来了,如果必须作出选择,贝叶斯统计分析中究竟应当利用什么样的先验分布?答案是明确的:无论如何,先验分布应该是你的个人信念。尽管先验分布带有主观性,但它不应该是任意选定的。你所测量的物理量或与此相近的物理量的其他数据和其他实验测量,都可以作为参考。咨询(理论)同行会是有益的,如果这样做,那么范围应当广泛一些。

对习惯于希望问题能有唯一正确答案的物理学家而言,"探求正确的先验分布"成为一个问题,而统计学家对此问题有更恰当的理解。对于一个问题,不存在唯一正确的先验分布,而是存在一系列相对合理的先验分布,应当做的是,利用所有这些先验分布来检验实验结果的稳健性。如果结果是稳定的,那么选择哪一种先验分布无关紧要。如果结果不稳定,那么实验测量不能告诉你任何有意义的信息。

1.6 习　题

习题 1.1　均匀分布。利用积分运算,证明宽度为 w 的均匀分布的标准差等于 $w/\sqrt{12}$。

习题 1.2　泊松分布(1)。证明泊松分布的特征函数为 $\varphi(u) = e^{\lambda(e^{iu}-1)}$。利用相互独立的随机变量之和的特征函数等于它们各自的特征函数之积这一性质,证明均值为 λ_1 和 λ_2 的两个泊松分布的卷积等于均值为 $\lambda_1 + \lambda_2$ 的泊松分布。同时,在不使用特征函数的情形下证明该结果。

习题 1.3　泊松分布(2)。一泊松分布的均值为 3.7。手算获得不多于两个事例的概率。然后,利用程序包 R 中的 ppois 或 ROOT 中的 poisson_cdf,或者你喜欢用的数学程序来计算这一概率。

习题 1.4　贝叶斯定理。设存在某个目标 X,它可能在 N 个地点中的每一处以同等概率被发现。利用贝叶斯定理证明:如果你对于目标 X 存在的先验信度是 P,调查表明在某一地点没有找到目标 X,那么这使得你的信度改变为 $P' = (N-1)/[(N-P)P]$。如果 $N=10$,而且在 9 个地点没有找到目标 X,试计算先验信度为 0.9 和 0.99 情形下的后验信度并加以对比。

习题 1.5　p 值。对于高斯分布,找出对应于 p 值等于 10%,5% 和 1% 的标准偏差数。考虑单侧和双侧 p 值两种情形。

习题 1.6　Jeffreys 先验分布。证明正文中对均值为 ν 的泊松分布所给出的 Jeffreys 先验分布的结果。步骤如下:写出对数似然函数;求二阶导数并取其负值;再计算期望值并取其平方根。

参 考 文 献

[1] Barlow R J. Statistics: A Guide to the Use of Statistical Methods in the Physical Sciences [M]. John Wiley & Sons, 1989.

[2] R Development Core Team. R: A Language and Environment for Statistical Computing [Z]. R Foundation for Statistical Computing, 2011.

[3] Antcheva I, et al. ROOT: A C++ framework for petabyte data storage, statistical analysis and visualization. Comput [J]. Phys. Commun., 2009, 180: 2499.

[4] von Bortkewitsch L. Das Gesetz der kleinen Zahlen [J]. Monatsh. Math., 1898, 9: 39.

[5] Landau L D. On the energy loss of fast particles by ionization [J]. J. Phys. (USSR), 1944, 8: 201.

[6] Kolbig K S, Schorr B. A program package for the Landau distribution [J]. Comp. Phys. Commun., 1984, 31: 97. Erratum: Comp. Phys. Commun., 2008, 178: 972.

[7] Kolmogorov A N. Foundations of the Theory of Probability [M]. Chelsea Publishing Company, 1950.

[8] von Mises R. Probability, Statistics and Truth [M]. Dover Publications, 1957.

[9] de Finetti B. Theory of Probability [M]. John Wiley & Sons, 1974.

[10] Bayes T. An essay towards solving a problem in the doctrine of chances [J]. Philos. Trans. R. Soc., 1763, 53: 370.

[11] Jeffreys H. Theory of Probability [M]. Oxford University Press, 1966.

[12] Berger J O, Bernardo J M, Sun D. The formal definition of reference priors [J]. Ann. Stat., 2009, 37: 905.

(撰稿人: Roger Barlow)

第2章 参数估计

2.1 高能物理中的参数估计:引言

依据观察到的实验数据的分布进行参数估计,这一过程也称为**拟合**,它是实验高能物理最基本的数据分析任务之一,几乎可以应用于实验测量的每一个步骤中。例如在对撞实验中,一个典型的实验目的是鉴别两束入射粒子发生硬碰撞时所产生的新粒子。首先,一项任务是根据探测器的原始信息重建每一次碰撞。碰撞产生的粒子的轨迹和动量通过粒子在探测器里的诸多击中的径迹拟合确定。其次,为了获得好的拟合结果,探测器必须进行良好的刻度,例如,各子探测器的位置和能量响应必须精确地知道。通常,利用物理数据获取阶段或试验束实验阶段记录到的粒子的庞大数据集,通过相关的探测器参数的拟合来进行刻度工作。最后,依据大量事例所获得的谱分布进行分析。比如,通过拟合探测到的衰变子粒子的不变质量分布,可以推断出新粒子的质量、宽度和信号强度。典型地,谱分布同时包含信号和本底事例,这两者的贡献需同时拟合。所获得的结果可以与其他实验的结果进行合并。这种合并也可以通过拟合方法来完成。

2.2 参数估计:定义和性质

参数估计包含两个基本要素:一个是参数真值最优近似的估计("最优推测"),称为参数的**点估计**;另一个是对所估计参数值的**不确定性**的估计,它通常表述为**置信区间**。两种最普遍使用的频率统计参数估计方法是**极大似然法**和**最小二乘法**,将在2.3节和2.4节中详加讨论。参数估计的贝叶斯方法则在2.6节阐述。本章中对于置信区间的讨论限于利用函数来拟合实验数据的情形,特别是估计拟合参数的标准差,而一般情况下的参数估计问题将在第4章进行深入的讨论。

假设我们已经有一组 N 个观测值数据 $\boldsymbol{x}=(x_1,x_2,\cdots,x_N)$，这 N 个观测值 x_i 相互独立，每一个都服从未知的概率密度函数 $f(x)$。我们可以尝试来估计函数 $f(\boldsymbol{x})$ 的特征，比如均值以及函数的散布性质，或者假设概率密度具有特定的函数形式 $f(x;\boldsymbol{\theta})$，其中 $\boldsymbol{\theta}=(\theta_1,\theta_2,\cdots,\theta_m)$ 是未知(待定)的 m 维参数向量。例如，函数 f 可以是一条直线，其待定参数是截距和斜率。

所谓的**估计量**是观测数据 x 的函数，它给出了参数向量 $\boldsymbol{\theta}$ 的估计值 $\hat{\boldsymbol{\theta}}$。

估计量的构建可以有不同的方法，通常我们应当选择性能最优的方法。估计量最重要的性质可列举如下：

- **一致性**。当测量次数 N 增大时，若估计量 $\hat{\boldsymbol{\theta}}$ 收敛到参数的真值，则称 $\hat{\boldsymbol{\theta}}$ 是**一致估计量**(或渐近一致估计量)：

$$\lim_{N\to\infty}\hat{\boldsymbol{\theta}} = \boldsymbol{\theta}。\tag{2.1}$$

- **偏差**(bias)。偏差 $\boldsymbol{b}$ 定义为估计量 $\hat{\boldsymbol{\theta}}$ 的期望值与参数真值 $\boldsymbol{\theta}$ 之差：

$$\boldsymbol{b} = E(\hat{\boldsymbol{\theta}}) - \boldsymbol{\theta}。\tag{2.2}$$

期望值是对无限多次类似实验的结果进行计算的。当 $\boldsymbol{b}=0$ 时，称为**无偏估计量**。如果估计量 $\hat{\boldsymbol{\theta}}$ 有已知的偏差 $\boldsymbol{b}$，则可以构建新的无偏估计量 $\hat{\boldsymbol{\theta}}'=\hat{\boldsymbol{\theta}}-\boldsymbol{b}$。

- **有效性**。如果估计量 $\hat{\boldsymbol{\theta}}$ 的方差 $V(\hat{\boldsymbol{\theta}})$ 很小，则称为**有效估计量**。在相当一般的条件下，参数 $\boldsymbol{\theta}$ 的无偏估计量的最小可能方差由 Rao-Cramér-Frechet 的**最小方差界**(minimum-variancebound，**MVB**)给定：

$$V(\hat{\boldsymbol{\theta}}) \geqslant \boldsymbol{I}(\boldsymbol{\theta})^{-1}，\quad 其中\quad I_{jk}(\boldsymbol{\theta}) = -E\left[\sum_{i=1}^{N}\frac{\partial^2\ln f(x_i;\boldsymbol{\theta})}{\partial\theta_j\partial\theta_k}\right]，\tag{2.3}$$

式中的求和遍及所有事例的数据，它们被认为是相互独立的，并具有概率密度函数 $f(x;\boldsymbol{\theta})$。观测数据 x 的变量域必须不依赖于参数 $\boldsymbol{\theta}$。量 $I_{jk}(\boldsymbol{\theta})$ 称为**信息矩阵**，可表示为

$$I_{jk}(\boldsymbol{\theta}) = -N\int\frac{\partial^2\ln f}{\partial\theta_j\partial\theta_k}f\mathrm{d}x = N\int\frac{\partial\ln f}{\partial\theta_j}\frac{\partial\ln f}{\partial\theta_k}f\mathrm{d}x = N\int\frac{1}{f}\frac{\partial f}{\partial\theta_j}\frac{\partial f}{\partial\theta_k}\mathrm{d}x。\tag{2.4}$$

式 (2.4) 中三个积分表达式中的任意一个都可以用来确定信息矩阵。对于一维参数，$I(\theta)$ 称为**信息量**(参见 1.5.3.2 节式 (1.37))。文献 [1] 和 [2] 给出了对于 MVB 的证明。

例 2.1 估计量的性质。对于单个未知参数的拟合，一个简单的示例是根据 N 个记录到的衰变时间 $t_1,t_2,\cdots,t_N$ 来估计粒子的平均寿命 τ。表 2.1 给出了平均寿命 τ 的三个估计量的一些性质。一般而言，不存在“理想”或“最优”的估计量。特别是，许多情形下最有效的估计量是略有偏差的。在估计量形式确定了后，估计量的性质(是否具有一致性、无偏性和有效性)是严格可知的。然而，在许多情形下，这些性质只能利用所谓的**总体检验**(ensemble tests)进行估计，这种方法将在 4.3.5节讨论，并在 10.5 节中从更广阔的视角阐述。总体检验通常在蒙特卡洛模

拟的基础上进行。

表 2.1　粒子平均寿命的三个估计量及其性质

估计量	一致性	无偏性	有效性
$\hat{\tau}=\dfrac{t_1+t_2+\cdots+t_N}{N}$	有	有	有
$\hat{\tau}=\dfrac{t_1+t_2+\cdots+t_N}{N-1}$	有	无	无
$\hat{\tau}=t_1$	无	有	无

2.3　极大似然法

假设我们已经有一组 N 个观测值数据 $\boldsymbol{x}=(x_1,x_2,\cdots,x_N)$,这 N 个观测值 x_i 相互独立,每一个都具有概率密度函数 $f(x;\boldsymbol{\theta})$,其中 $\boldsymbol{\theta}=(\theta_1,\theta_2,\cdots,\theta_m)$ 是一组 m 个未知参数,有待根据测量值来确定。观测值 x 的联合概率密度函数由**似然函数**给定:

$$L(\boldsymbol{x};\boldsymbol{\theta})=\prod_{i=1}^{N}f(x_i;\boldsymbol{\theta})。\tag{2.5}$$

参数 $\boldsymbol{\theta}$ 的**极大似然估计**(maximum-likelihood estimate,MLE)是使似然函数 $L(\boldsymbol{x};\boldsymbol{\theta})$ 达到其**全域极大**所对应的参数值 $\hat{\boldsymbol{\theta}}$。该方法的直观推理如下:若我们假定概率密度函数的形式及其参数的估计值是正确的,那么我们可以预期,它所对应的似然函数值应当高于错误的参数值对应的似然函数值。对于放射性衰变服从指数衰变律 $f(t;\tau)=\mathrm{e}^{-t/\tau}/\tau$ 的情形,极大似然原理的阐释如图 2.1 所示。在时刻 $t=1$ 观测到一次衰变。图中画出了三个假想的寿命参数值对应的似然函数 $L(t;\tau)=f(t;\tau)$ 与观测到的衰变时间 t 的函数关系。在观测到的衰变时间 $t=1$ 的情形下,$\tau=1$ 对应的似然函数值比 $\tau=50$(似然函数几乎是平直曲线)和 $\tau=0.2$(似然函数是迅速下降的曲线)对应的似然函数值要大得多。事实上,$\hat{\tau}=1$ 确实是寿命的极大似然解。

极大似然法可以追溯到费希尔的工作,参见文献 [3-4]。

2.3.1　极大似然解

参数的估计值 $\hat{\boldsymbol{\theta}}$ 是使似然函数 $L(\boldsymbol{x};\boldsymbol{\theta})$ 达到其全域极大来找到的。在实际情形中,通常利用似然函数的对数(**对数似然函数**)更便于计算,方法是寻找对数似然

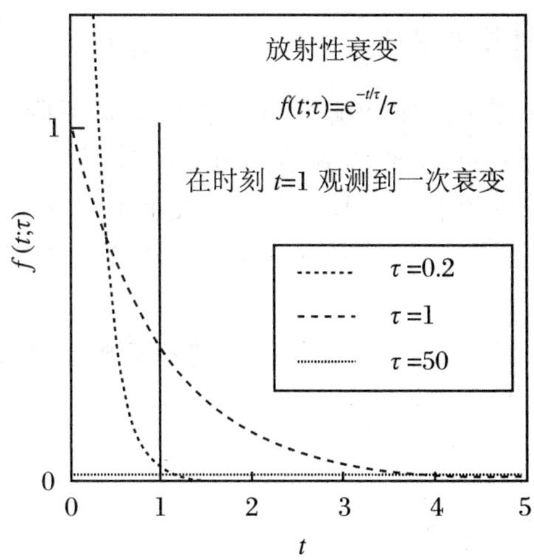

图 2.1 在时刻 $t=1$ 观测到一次衰变(如图中直线所示),三个寿命参数值对应的似然函数曲线 $L(t;\tau)=f(t;\tau)$

函数负值的极小①:

$$-\ln L(\boldsymbol{x};\boldsymbol{\theta})=-\sum_{i=1}^{N}\ln f(x_i;\boldsymbol{\theta})。\tag{2.6}$$

除非极小值位于 $\boldsymbol{\theta}$ 值容许域的边界处,存在极小值的**必要条件**是对数似然函数负值应满足如下 m 个方程:

$$-\frac{\partial\ln L(\boldsymbol{x};\hat{\boldsymbol{\theta}})}{\partial\theta_j}=0,\quad j=1,2,\cdots,m。\tag{2.7}$$

似然函数必须利用归一化概率密度函数 $f(x;\boldsymbol{\theta})$来构建,即

$$\int f(x;\boldsymbol{\theta})\mathrm{d}x=1\quad\Rightarrow\quad\int L(\boldsymbol{x};\boldsymbol{\theta})\mathrm{d}x_1\mathrm{d}x_2\cdots\mathrm{d}x_m=1。\tag{2.8}$$

换句话说,似然函数的积分必须不依赖于参数 $\boldsymbol{\theta}$。

除非是特殊情况(例如下面将要讨论的 2.3.3.1 节、2.4.1 节和例 2.2),m 个参数的对数似然函数负值的极小很难找到其作为测量值 x 函数的解析形式,通常需要利用数值方法求解。在 2.4.2 节中我们给出了数值算法的一个实例。数值方法求极小化在实际中是经常使用的,我们推荐读者使用标准化的计算工具。在高能物理中,广泛利用 MINUIT 程序包[5]来进行参数估计,该程序包含若干个内置的极小化算法。关于数值极小化方法的一般性讨论超出了本书的范围,建议读者阅读专门的文献,例如文献[6]。

---

① 利用求和运算比求积运算要方便得多。利用对数似然函数的另一个理由在于,我们经常要处理变化非常迅速、变化量达到多个数量级且包含待拟合参数的函数 $f(x;\boldsymbol{\theta})$,比如高斯函数,这种情形下仅在参数估计量真值附近一个很小的范围内似然函数为非 0 值,而此时对数似然函数仍然能够精确地计算。

2.3.2 极大似然估计量的性质

如 2.1 节所述,在测量次数 N 趋近无穷大的渐近极限之下,极大似然估计量是一致估计量,即对于每一参数 θ,其估计值 $\hat{\theta}$ 收敛于 θ 的真值。在渐近极限之下,MLE 是无偏的,并达到最小方差界[2-3],这表示不可能有别的更有效的估计量存在。但是,对于测量次数 N 为有限值的情形,MLE 一般是有偏估计量,其偏差正比于 $1/N$。

MLE 的另一个重要性质是**参数变换下的不变性**。如果我们进行参数变换 $\psi = g(\theta)$,则极大似然估计 $\hat{\psi}$ 由下式给定:

$$\hat{\psi} = g(\hat{\theta})。\tag{2.9}$$

2.3.3 极大似然法与贝叶斯统计

需要强调指出,似然函数并不是参数 $\boldsymbol{\theta}$ 的概率密度函数。在贝叶斯统计范式(见 1.4.4 节)中,"概率密度函数"定义为后验分布 $p(\boldsymbol{\theta};x)$,它等于似然函数与参数的先验概率 $\pi(\boldsymbol{\theta})$ 的乘积(见 1.4.4.1 节中的贝叶斯定理,即式 (1.35)):

$$p(\boldsymbol{\theta};x) = \frac{L(x;\boldsymbol{\theta})\pi(\boldsymbol{\theta})}{\int L(x;\boldsymbol{\theta})\pi(\boldsymbol{\theta})\mathrm{d}\boldsymbol{\theta}}。\tag{2.10}$$

在贝叶斯统计中,当参数的先验概率为均匀分布时,参数的 MLE 与后验分布的极大值相对应。贝叶斯参数估计将在 2.6 节做进一步的详细讨论。

2.3.3.1 具有高斯误差的测量值的均值

极大似然估计的经典和示范性的应用是量 θ 的 N 次测量的求平均。我们假定,单次测量值 x_i 是以高斯分布(已知宽度为 σ_i)围绕着未知真值 θ 的随机值。于是,概率密度函数由下式给定:

$$f(x_i;\theta,\sigma_i) = \frac{1}{\sqrt{2\pi}\sigma_i}\mathrm{e}^{-(x_i-\theta)^2/(2\sigma_i^2)}。\tag{2.11}$$

由此导出似然函数

$$L(\theta) = \prod_{i=1}^{N}\frac{1}{\sqrt{2\pi}\sigma_i}\mathrm{e}^{-(x_i-\theta)^2/(2\sigma_i^2)}。\tag{2.12}$$

对数似然函数则为

$$\ln L(\theta) = -\frac{1}{2}\sum_{i=1}^{N}\frac{(x_i-\theta)^2}{\sigma_i^2} + \text{constant}。\tag{2.13}$$

该式是一个抛物线方程。由于(除常数项外)只有负数项,该抛物线在某个(待寻找的) $\hat{\theta}$ 值处达到极大。同时,它具有常数值的二阶导数 $h = \partial^2 \ln L/\partial\theta^2$。因此对数似然函数可以改写为

$$\ln L(\theta) = \ln L(\hat{\theta}) - \frac{h}{2}(\theta-\hat{\theta})^2,\tag{2.14}$$

由此得到

$$L(\theta) \propto \mathrm{e}^{-\frac{h}{2}(\theta-\hat{\theta})^2}。\tag{2.15}$$

这意味着，对于重复性试验[①]，估计的均值 $\hat{\theta}$ 将是围绕着参数 θ 真值、以方差 h^{-1} 分布的高斯函数。高斯函数的宽度决定了标准差（不确定性）$\sigma_{\hat{\theta}}$，它可由下式确定：

$$\sigma_{\hat{\theta}} = h^{-1/2} = \left(-\frac{\partial^2 \ln L}{\partial \theta^2}\right)^{-1/2},\tag{2.16}$$

或者如图 2.2 所示，根据 $\ln L$ 由其极大值下降 1/2 的位置来确定：

$$\ln L(\hat{\theta} \pm \sigma_{\hat{\theta}}) - \ln L(\hat{\theta}) = -1/2。\tag{2.17}$$

对于求均值问题，$\hat{\theta}$ 和 $\sigma_{\hat{\theta}}$ 可由下列两式求得解析解：

$$\frac{\partial \ln L}{\partial \theta} = 0 = \sum_{i=1}^{N} \frac{(x_i - \theta)}{\sigma_i^2} = \sum_{i=1}^{N} \frac{x_i}{\sigma_i^2} - \theta \sum_{i=1}^{N} \frac{1}{\sigma_i^2}$$

$$\Rightarrow \quad \hat{\theta} = \sum_{i=1}^{N}\left(\frac{x_i}{\sigma_i^2}\right) \Big/ \sum_{i=1}^{N}\left(\frac{1}{\sigma_i^2}\right),\tag{2.18}$$

$$h = -\frac{\partial^2 \ln L}{\partial \theta^2} = \sum_{i=1}^{N} \frac{1}{\sigma_i^2} \quad \Rightarrow \quad \sigma_{\hat{\theta}} = h^{-1/2} = \left(\sum_{i=1}^{N} \frac{1}{\sigma_i^2}\right)^{-1/2}。\tag{2.19}$$

式(2.18)和式(2.19)的结果即是众所周知的加权平均公式。

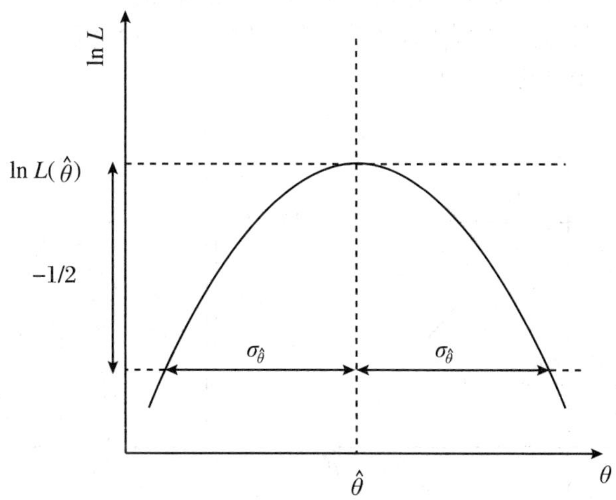

图 2.2　具有高斯误差的测量值的均值问题中，典型的 $\ln L$ 曲线。（严格的）不确定性 $\sigma_{\hat{\theta}}$ 可根据 $\ln L$ 由其极大值减去 1/2 所对应的两个点的位置获取

应当指出，由式(2.19)求得的 $\sigma_{\hat{\theta}}$ 是严格的不确定性，而对于最一般的极大似然估计量的情形，只能通过下一节讨论的方法来估计不确定性（用 $\hat{\sigma}_{\hat{\theta}}$ 或别的符号

---

① 重复试验表示在相同的条件下进行的一组相互独立的测量结果。

标记估计的不确定性)。式(2.19)的 $\sigma_{\hat{\theta}}$ 结果也可利用线性映射(linear mapping)原理(如式(2.18)所示,由测量值 x_i 映射到估计量 $\hat{\theta}$)以及误差传递公式导出。此外还容易证明,方差 $\hat{\sigma}_{\hat{\theta}}$ 达到了式(2.3) 所示的最小方差界。不确定性 $\sigma_{\hat{\theta}}$ 应当在频率统计的意义上加以理解:对于重复试验,每次试验获得的估计区间 $[\hat{\theta}-\sigma_{\hat{\theta}},\hat{\theta}+\sigma_{\hat{\theta}}]$有 68%的机会包含 θ 真值,这一点由式(2.15)的高斯型似然函数中 θ 与 $\hat{\theta}$ 之间存在的对称性立即可知。

2.3.4　极大似然估计量的方差

一般而言,对于小样本问题,似然函数具有非高斯型的分布。图 2.3 是单个参数情形下似然函数的图示。这里显示的是记录到 2 个事例(图 2.3(a))和 8 个事例(图 2.3(b))情形下服从概率密度 $f(x;\theta)=e^{-x/\theta}/\theta$ 的指数型衰变的对数似然函数。图中实线表示利用 $L(\boldsymbol{x};\theta)=\prod_{i=1}^{N}e^{-x_i/\theta}/\theta$ 求得的严格的对数似然函数,虚线表示利用对数似然函数在极大值 $\hat{\theta}$ 邻域的泰勒展开求得的抛物线。这些抛物线表示的是似然函数的**局域高斯近似**。显然,对于仅有 2 个观测事例的情形,在 $\ln L$ 由其极大值下降 0.5 所对应的范围内,所获得的抛物线是严格的似然函数的很差的近似。但是,对于有 8 个观测事例的情形,相应范围内的高斯近似与严格的似然函数的行为已经相当接近。这表明,随着观测事例数的增加,似然函数收敛于高斯分布,这是由**中心极限定理**决定的。

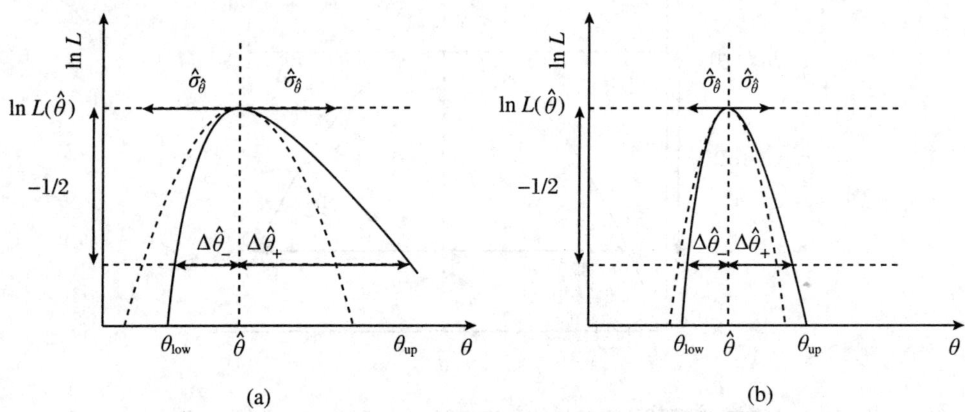

图 2.3　记录到 2 个事例(图(a))和 8 个事例(图(b))情形下指数型衰变的典型对数似然函数 $\ln L$ 的曲线。图中实线表示严格的对数似然函数,虚线表示极大值 $\hat{\theta}$ 附近的局域高斯近似。图中还标出了估计的对称高斯误差 $\hat{\sigma}_{\hat{\theta}}$ 和根据 $\Delta\ln L=-0.5$ 导出的负误差 $\Delta\hat{\theta}_-$、正误差 $\Delta\hat{\theta}_+$ (见式(2.24))

可以证明(参见文献[2]),对任意概率密度 $f(x;\boldsymbol{\theta})$,随着观测事例数的增加,似然函数趋近于多维高斯分布①：

$$L \propto e^{-\frac{1}{2}(\boldsymbol{\theta}-\hat{\boldsymbol{\theta}})^{T}\boldsymbol{H}(\boldsymbol{\theta}-\hat{\boldsymbol{\theta}})}, \tag{2.20}$$

并且极大似然估计的方差达到最小方差界：

$$\boldsymbol{V}(\hat{\boldsymbol{\theta}}) \to \boldsymbol{I}(\boldsymbol{\theta})^{-1}, \quad I_{jk}(\boldsymbol{\theta}) = -E\left(\frac{\partial^2 \ln L}{\partial\theta_j \partial\theta_k}\right) \equiv \boldsymbol{H}。 \tag{2.21}$$

对于有限次测量的情形，假定高斯分布是足够好的近似，可以利用下式来估计参数向量的协方差矩阵 $\boldsymbol{V}(\hat{\boldsymbol{\theta}})$：

$$\hat{\boldsymbol{V}}(\hat{\boldsymbol{\theta}}) = \left[-\frac{\partial^2 \ln L(\boldsymbol{x};\boldsymbol{\theta})}{\partial \boldsymbol{\theta}^2}\bigg|_{\boldsymbol{\theta}=\hat{\boldsymbol{\theta}}}\right]^{-1} = \boldsymbol{H}^{-1}, \tag{2.22}$$

式中黑塞矩阵 $\boldsymbol{H}$，即对数似然函数的二阶导数的负值在参数向量的估计值处计算。单个参数 $\hat{\theta}_j$ 的标准差用下式估计：

$$\hat{\sigma}_{\hat{\theta}_j} = \sqrt{\hat{V}_{jj}(\hat{\boldsymbol{\theta}})}。 \tag{2.23}$$

估计不确定性的另一种途径(对于高斯分布的情形，该方法与黑塞矩阵方法求得的不确定性的数值是相等的，见 2.3.3.1 节的讨论)是利用 $\boldsymbol{\theta}'$ 值的**等值轮廓**(contour)：

$$\Delta \ln L \equiv \ln L(\boldsymbol{\theta}') - \ln L_{\max} = -1/2 \tag{2.24}$$

其中该等值轮廓在 θ_j 轴上的两个极值确定了参数 θ_j 的近似 1σ(即 68%②)置信区间。与此类似，可以利用等值轮廓

$$\Delta \ln L = -s^2/2 \tag{2.25}$$

来确定 $s \cdot \sigma$ 置信区间。

利用式(2.23)和式(2.24)这两种方法确定的 1σ 区间如图 2.3 所示。式(2.24)的方法需要找到 $\Delta \ln L = -0.5$ 的两个点 $\theta_{\text{low}} = \hat{\theta} - \Delta\hat{\theta}_-$ 和 $\theta_{\text{up}} = \hat{\theta} + \Delta\hat{\theta}_+$。由此确定参数 θ 的 68%置信区间，该区间通常关于 $\hat{\theta}$ 是不对称的。$\Delta\hat{\theta}_-$ 和 $\Delta\hat{\theta}_+$ 通常分别称为**负不确定性**和**正不确定性**。从图 2.3 可以看到，它们与基于局域高斯近似公式(2.23)确定的对称不确定性 $\hat{\sigma}_{\hat{\theta}}$ 有明显的差别。

在本章中，若利用 $\Delta \ln L = -0.5$ 方法计算不确定性，我们引用测量值及其不确定性的常用记号，则有以下形式：

$$\theta = \hat{\theta}^{+\Delta\hat{\theta}_+}_{-\Delta\hat{\theta}_-}; \tag{2.26}$$

若利用局域高斯近似方法计算不确定性，则记为

$$\theta = \hat{\theta} \pm \hat{\sigma}_{\hat{\theta}}。 \tag{2.27}$$

---

① 对于单参数的情形，是一维高斯分布。

② 更准确地，1σ 区间的置信水平为 68.27%，2σ 区间的置信水平为 95.45%。在本书中，它们分别被缩简为 68%和 95%。

如果在 $\ln L$ 下降 1/2 的区域内似然函数的局域高斯近似并不那么好,则 68% 置信区间$[\hat{\theta}-\hat{\sigma}_{\hat{\theta}}, \hat{\theta}+\hat{\sigma}_{\hat{\theta}}]$就非常不精确。但是基于 $\Delta\ln L=-0.5$ 确定的区间有比较好的**涵盖概率**(参见第 4 章),这需要感谢似然函数在参数 $\theta \to \theta'$ 的任意单调变换中所具有的不变性。对于非高斯型的似然函数,总是能够找到一种 $\theta \to \theta'$ 变换,使得 $L(\theta')$ 成为高斯型。这样 $\ln L$ 下降 1/2 的两个 θ' 值确定了 θ' 的 1σ 置信区间,再通过反变换 $\theta' \to \theta$ 可确定 θ 的 1σ 置信区间。在实际计算中,我们可以"忘掉"θ' 而直接在参数 θ 的空间内确定不确定性。

例 2.2　指数型衰变。指数型(放射性)衰变的极大似然拟合前面已经提及,这里我们以一种完整的方式加以讨论。在时刻 t 观测到一次衰变的概率密度函数由下式给定:

$$f(t;\tau)=\frac{1}{\tau}\mathrm{e}^{-t/\tau}。\tag{2.28}$$

待估计的参数是粒子衰变寿命 τ。依据 N 个测量值 t_i,极大似然拟合在于找出似然函数的极大值:

$$\ln L=\sum_{i=1}^{N}\ln f(t_i;\tau)=\sum_{i=1}^{N}\left(-\ln\tau-\frac{t_i}{\tau}\right)。\tag{2.29}$$

为此,使对数似然函数关于 τ 的一阶导数等于 0:

$$\frac{\partial\ln L}{\partial\tau}=-\frac{N}{\tau}+\sum_{i=1}^{N}\frac{t_i}{\tau^2}=0。\tag{2.30}$$

可求得寿命 τ 的估计:

$$\hat{\tau}=\frac{1}{N}\sum_{i=1}^{N}t_i。\tag{2.31}$$

在此特例中,极大似然估计量与样本均值一致。还可以证明,$\hat{\tau}$ 是 τ 的无偏估计量。基于似然函数的局域高斯近似(参见式(2.23)),$\hat{\tau}$ 的不确定性的估计为

$$\hat{\sigma}_{\hat{\tau}}=\sqrt{\hat{V}(\hat{\tau})}=\left(-\left.\frac{\partial^2\ln L}{\partial\tau^2}\right|_{\tau=\hat{\tau}}\right)^{-1/2}=\left(\frac{2}{\hat{\tau}^3}\sum_{i=1}^{N}t_i-\frac{N}{\hat{\tau}^2}\right)^{-1/2}=\frac{\hat{\tau}}{\sqrt{N}}。\tag{2.32}$$

表 2.2 列出了 $\hat{\tau}=1$、观测到 2 次和 8 次衰变情形下的不确定性 $\hat{\sigma}_{\hat{\tau}}$ 的数值。

表 2.2

N	$\hat{\sigma}_{\hat{\tau}}$	$\Delta\hat{\tau}_-$	$\Delta\hat{\tau}_+$
2	0.70	0.47	1.30
8	0.35	0.32	0.47

表 2.2 中还列出了根据 $\ln L$ 从极大值下降 1/2 对应的两个点所确定的负不确定性 $\Delta\hat{\tau}_-$ 和正不确定性 $\Delta\hat{\tau}_+$。如前面已经讨论过的,它们可以用来确定参数 τ 的 68%置信水平(CL)区间$[\hat{\tau}-\Delta\hat{\tau}_-, \hat{\tau}+\Delta\hat{\tau}_+]$,该区间比用 $\sigma_{\hat{\tau}}$ 确定的 68%置信区间更可靠。在图 2.3 中,以通用参数 θ 代表寿命参数 τ,对不同的不确定性进行了

比较。当仅观测到2个衰变事例时,负的和正的不确定性与 $\hat{\sigma}_{\hat{\tau}}$ 有明显差异;但当观测到8个衰变事例时,这种差异就已经不大了。

2.3.4.1 用 χ^2 函数分位数计算置信域

为了计算式(2.25)定义的置信域,需要利用似然比

$$\lambda(\boldsymbol{\theta}) = \frac{L(\boldsymbol{x};\boldsymbol{\theta})}{L(\boldsymbol{x};\hat{\boldsymbol{\theta}})}。\tag{2.33}$$

在大样本极限下,似然函数趋近于高斯型,$-2\ln\lambda(\boldsymbol{\theta})$服从自由度为 m 的 χ^2 分布(**Wilks 定理**)。于是可以利用 χ^2 分布的分位数 $\chi^2_{1-\alpha}$来计算 $1-\alpha$ 置信域。这些分位数所定义的 $-2\ln\lambda(\boldsymbol{\theta})$的增量与 $\boldsymbol{\theta}$ 置信域的边界相对应。分位数的值可由 $F^{-1}_{\chi^2}(1-\alpha,m)$求得,后者是自由度为 m 的 χ^2 分布的累积分布函数 F_{χ^2} 的倒数。在 ROOT 程序系统中,$F^{-1}_{\chi^2}(1-\alpha,m)$用函数 ROOT::Math::Chisquared_quantile(p,ndf)进行计算。例如,对于单个参数的情形,1σ 区间(即 $1-\alpha=68\%$)可由下式算得:

$$\begin{aligned}-\ln\lambda(\theta_{\text{low}} \equiv \hat{\theta} - \Delta\hat{\theta}_-) &= -\ln\lambda(\theta_{\text{up}} \equiv \hat{\theta} + \Delta\hat{\theta}_+)\\ &= \frac{1}{2}F^{-1}_{\chi^2}(0.68,1) = 0.5。\end{aligned}\tag{2.34}$$

对于两个参数的情形,给定置信水平的二维(θ_1,θ_2)置信域在(θ_1,θ_2)标绘中的等值轮廓,可以通过寻找与之对应的 $-2\ln\lambda(\theta_1,\theta_2)$函数值来求得。例如,68% 等值轮廓由满足下式的所有(θ_1,θ_2)值组成:

$$-\ln\lambda(\theta_1,\theta_2) = \frac{1}{2}F^{-1}_{\chi^2}(0.68,2) = 1.15。\tag{2.35}$$

对于多维的情形,亦可利用黑塞矩阵估计方差来求得多维的置信域,但如同单参数的情形,这种近似下求得的置信域关于 $\hat{\boldsymbol{\theta}}$ 是对称的,而且可能不那么精确。

2.3.4.2 侧向轮廓化似然函数

对于似然函数依赖于多个参数但仅对其中的一个参数 μ 及其不确定性感兴趣的场合,可以利用所谓的**侧向轮廓化似然比**(profile likelihood ratio),其定义为

$$\lambda(\mu) = \frac{L(x;\mu,\hat{\hat{\boldsymbol{\theta}}})}{L(x;\hat{\mu},\hat{\boldsymbol{\theta}})}。\tag{2.36}$$

在上式的分子中,对于给定的参数值 μ,参数 $\boldsymbol{\theta}$ 拟合到它的极大似然估计$\hat{\hat{\boldsymbol{\theta}}}$;在分母中,对参数 μ 和 θ 同时进行估计,$\hat{\mu}$ 和 $\hat{\boldsymbol{\theta}}$ 是似然函数 L 全域极大对应的参数值。前面已经提到的原理依然适用,即 $-2\ln\lambda(\mu)$的渐近分布服从 χ^2 分布,μ 的置信区间可以利用式(2.25)来求得。但现在似然比的计算变得更为复杂,因为每次在给定 μ 值下的计算都需要对其他参数 $\boldsymbol{\theta}$ 进行极小化。在依据极大似然拟合来估计不确定性的问题中,这一**侧向轮廓化似然函数方法**是十分流行的;在高能物理中,它利用 MINUIT 程序包[5]中的 **Minos 方法**来实现。为了找出多于一个参数的

置信域,仍然可以构建一个多维的似然比 $\ln\lambda(\boldsymbol{\theta})$,但对其中所有不感兴趣的参数做了侧向轮廓化处理。在这种情形下,$-2\ln\lambda$ 是 $\chi^2(m)$ 变量,其中 m 是我们感兴趣的参数的数目。利用侧向轮廓化似然函数方法求得的置信区间通常是可靠的,虽然大多数情况下仅仅在大样本渐近限条件下才能达到严格的涵盖概率(参见 4.3.4 节的相关讨论)。

2.3.5 最小方差界和实验设计

如前面提到的,随着事例数 N 的增加,极大似然估计渐近地逼近理论最小方差界(MVB),后者由信息量的倒数给定(参见式(2.3))。信息量的倒数与 $1/N$ 成正比,利用这一性质可以确定为了达到所希望的统计精度需要记录多少个事例。该计算可以在实验进行之前完成,它只需要相关的 pdf 的知识,因而对于实验设计极为有用。下面的例子取自文献[8]。

例 2.3 μ 子弱衰变信息量的计算。对于 μ 子弱衰变 $\mu^+ \to e^+ + \nu_e + \bar{\nu}_\mu$,一个正电子相对于 μ 子自旋方向以角度 α 方向发射的概率密度为

$$f(x;\theta) = \frac{1+\theta x}{2}, \quad 其中 \quad x = \cos\alpha。$$

我们的目的是确定极化参数 θ。利用关系 $\partial f/\partial\theta = x/2$,由式(2.3)可知一个事例的信息量为

$$\begin{aligned} I(\theta) &= \int_{-1}^{1} \frac{1}{f}\left(\frac{\partial f}{\partial \theta}\right)^2 \mathrm{d}x = \int_{-1}^{1} \frac{x^2}{2(1+\theta x)}\mathrm{d}x \\ &= \frac{1}{2\theta^3}\left[\ln\left(\frac{1+\theta}{1-\theta}\right) - 2\theta\right]。 \end{aligned}$$

因此,N 个事例对应的最小方差界等于

$$V(\hat{\theta}) \geqslant I(\theta)^{-1} = \frac{1}{N}\frac{2\theta^3}{\ln\left(\frac{1+\theta}{1-\theta}\right) - 2\theta}。 \tag{2.37}$$

假定真值为 $\theta = 1/3$。由此求得

$$V(\hat{\theta}) \geqslant \frac{2.8}{N}。$$

于是,若我们希望参数估计值具有 1% 的相对统计精度,则这对应于 $V(\hat{\theta}) = 1/300^2$,假定达到了最小方差界,这就要求至少记录到 $N = 2.52\times10^5$ 个事例。当然,一般情形下系统不确定性也必须加以考虑。如果系统不确定性也可以事先估计,那么总的不确定性可以由系统不确定性与统计不确定性的平方相加来求得。

为了计算信息量,必须对于参数真值具有某种知识,例如这种知识来源于理论预期,或来源于先前的测量。如果这两种知识都不具备,则可以计算信息量与参数真值的函数关系,这样能够获得实验对于不同参数真值的测量灵敏度的概念。对于我们讨论的示例,图 2.4 显示了式(2.37)的方差下界 $I(\theta)^{-1}$ 与 θ 的函数关系。

这里事例数选择为 $N=1$。方差在 $\theta=0$ 处达到极大，尔后随着 θ 的增大而减小。

高能物理实验中的测量通常是极其复杂的，其概率密度函数难以解析地计算。在这种情形下，利用所谓的**总体检验**是一种有效的替代方案，它将在 4.3.5 节和 10.5 节中详加解释。

总体检验基于模拟事例的总体，容许对于几乎每一种实验情况都能估计其不确定性。当概率密度已知时，对于任意的事例数 N，总体检验也可用来确定极大似然估计究竟离达到 MVB 的有效估计量有多远。

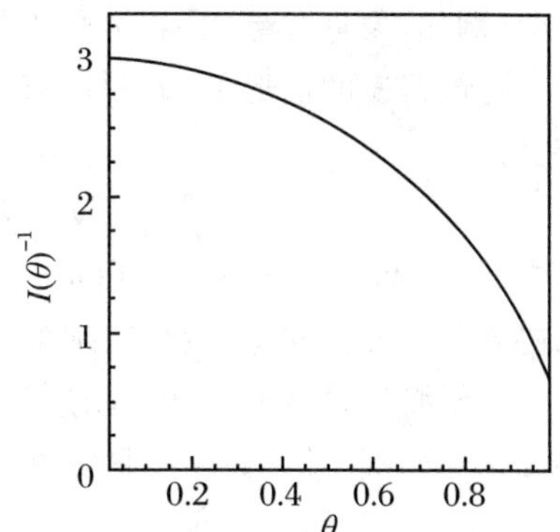

图2.4 μ 子弱衰变信息量倒数 $I(\theta)^{-1}$ 与极化参数 θ 的函数关系，记录到的事例数为 1

2.4 最小二乘法

最小二乘法是一种极为流行的方法。自从高斯在 1795 年将它引入，它已成为对实验观测数据拟合模型参数的使用最广泛的工具。在最小二乘法的最简形式中，存在两个变量 x 和 y，一组没有不确定性的测量值 $x_i(i=1,2,\cdots,N)$，以及相应的一组不确定性为 σ_i 的测量值 y_i。变量 x 和 y 之间的关系用形式已知的函数 $f(x;\boldsymbol{\theta})$ 描述。函数 f 依赖于未知的 m 维参数向量 $\boldsymbol{\theta}$，后者正是待估计的物理量。以粒子轨迹的确定为例，为了确定粒子的飞行方向，我们测量粒子在探测器中对应于已知水平位置 x_i 的垂直位置 y_i。变量 y 也可以是向量，例如在不同时刻测量的粒子三维位置(这里变量 x 是时间)。

确定参数值的最小二乘法是使**残差平方和** χ^2 达到极小(参见 1.3.4.6 节式(1.30))：

$$\chi^2 = \sum_{i=1}^{N}\left[\frac{y_i - f(x_i;\boldsymbol{\theta})}{\sigma_i}\right]^2, \tag{2.38}$$

χ^2 达到极小对应的参数值 $\hat{\boldsymbol{\theta}}$ 即是问题的解。这等同于求解一组 m 个方程：

$$\frac{\partial\chi^2}{\partial\theta_j} = 0, \tag{2.39}$$

把式(2.38)代入，立即有

$$-2\sum_{i=1}^{N}\frac{1}{\sigma_i^2}\frac{\partial f(x_i;\boldsymbol{\theta})}{\partial\theta_j}[y_i - f(x_i;\boldsymbol{\theta})] = 0。 \tag{2.40}$$

当不确定性 σ_i 对所有的测量值 y_i 相同时，σ_i 可以从求和号中移出成为公共的尺度因子，则它对于 $\hat{\boldsymbol{\theta}}$ 的确定不起作用(但对 $\hat{\boldsymbol{\theta}}$ 的方差的确定仍起作用)。可以证明(例如,参见文献[2]的 7.2.4 节),方程组(2.39)的一个根是 $\boldsymbol{\theta}$ 的一致估计量。

在最普遍的情形下,各测量值之间是相互关联的,普适的最小二乘函数由下式定义:

$$\chi^2 = [\boldsymbol{y} - \boldsymbol{f}(\boldsymbol{\theta})]^{\mathrm{T}} \boldsymbol{V}^{-1} [\boldsymbol{y} - \boldsymbol{f}(\boldsymbol{\theta})], \tag{2.41}$$

其中 $\boldsymbol{y} = (y_1, y_2, \cdots, y_N)$,$\boldsymbol{f}(\boldsymbol{\theta}) = (f(x_1;\boldsymbol{\theta}), f(x_2;\boldsymbol{\theta}), \cdots, f(x_N;\boldsymbol{\theta}))$,$\boldsymbol{V}$ 表示 $\boldsymbol{y}$ 的协方差矩阵。同样,最小二乘解是一组 m 个方程(2.39)的解。

对于测量值具有已知的高斯型不确定性的情形,由最小二乘法与极大似然法得到相同的解。例如,以测量值互不关联的情形为例,似然函数可写为

$$\begin{aligned} L &= \prod_{i=1}^{N} \frac{1}{\sqrt{2\pi}\sigma_i} \exp\left\{-\frac{[y_i - f(x_i;\boldsymbol{\theta})]^2}{2\sigma_i^2}\right\} \\ &= c\exp\left\{-\frac{1}{2}\sum_{i=1}^{N}\frac{[y_i - f(x_i;\boldsymbol{\theta})]^2}{\sigma_i^2}\right\} = c\mathrm{e}^{-\chi^2/2}, \end{aligned} \tag{2.42}$$

其中

$$c = \prod_{i=1}^{N} \frac{1}{\sqrt{2\pi}\sigma_i}。 \tag{2.43}$$

于是立即求得

$$\chi^2 = -2\ln L + 2\ln c。 \tag{2.44}$$

对于测量值相互关联的情形,似然函数为多维高斯函数,类似的关系依然成立。由 $\ln L$ 的极大化与 χ^2 的极小化显然给出严格相同的参数估计值。根据式(2.44)和式(2.22)可以得出结论,$\hat{\boldsymbol{\theta}}$ 的方差可以用下式估计:

$$\hat{\boldsymbol{V}}(\hat{\boldsymbol{\theta}}) = \frac{1}{2}\left[\frac{\partial^2 \chi^2(\boldsymbol{\theta})}{\partial \boldsymbol{\theta}^2}\bigg|_{\boldsymbol{\theta}=\hat{\boldsymbol{\theta}}}\right]^{-1} = \boldsymbol{H}^{-1}。 \tag{2.45}$$

参数估计值的不确定性也可利用下式定义的向量 $\boldsymbol{\theta}'$ 的等值轮廓来估计(见式(2.44)):

$$\chi^2(\boldsymbol{\theta}') = \chi^2_{\min} + 1。 \tag{2.46}$$

等值轮廓在 θ_j 轴上的两个极值确定了 θ_j 的近似 1σ 置信区间。与此类似,$s \cdot \sigma$ 置信区间可由

$$\chi^2(\boldsymbol{\theta}') = \chi^2_{\min} + s^2 \tag{2.47}$$

的等值轮廓确定(参见式(2.25))。

一般而言,根据 2.3.4 节关于极大似然估计量方差的讨论,按照式(2.46)"$\chi^2_{\min}+1$ 方法"确定的置信区间比根据黑塞矩阵 $\boldsymbol{H}$ 确定的置信区间更为可信。事实上,在高能物理中,$\chi^2_{\min}+1$ 方法最常用,这是因为对任意似然函数,当利用广义形式的$\tilde{\chi}^2 \equiv -2\ln L$(实际中经常这样做)时,该方法给出了不确定性的恰当估计。如果测量值的分辨率 σ_i 未知或随其他参数 $\boldsymbol{\theta}$ 而变化,那么标准型 χ^2 函数与 $-2\ln L$ 差一项非常数项 $2\ln c$(参见式(2.43)和式(2.44))。这会导致 χ^2 极小化的结果产生偏差,这种情形下最好利用广义形式的$\tilde{\chi}^2 \equiv -2\ln L$。

2.4.1 线性最小二乘法

对于 $f(x;\boldsymbol{\theta})$ 为参数 $\boldsymbol{\theta}$ 的线性函数的情形，

$$f(x;\boldsymbol{\theta}) = \sum_{j=1}^{N} a_j(x)\theta_j, \tag{2.48}$$

式(2.41)的 χ^2 函数可写为

$$\chi^2 = (\boldsymbol{y} - \boldsymbol{A\theta})^{\mathrm{T}} \boldsymbol{V}^{-1}(\boldsymbol{y} - \boldsymbol{A\theta}), \tag{2.49}$$

其中 $\boldsymbol{A}$ 是所谓的**设计矩阵**(design matrix)①

$$\boldsymbol{A}: A_{ij} = a_j(x_i)。\tag{2.50}$$

为使 χ^2 达到极小，需要求解所谓的**正规方程**

$$\frac{\partial \chi^2}{\partial \boldsymbol{\theta}} = -2(\boldsymbol{A}^{\mathrm{T}}\boldsymbol{V}^{-1}\boldsymbol{y} - \boldsymbol{A}^{\mathrm{T}}\boldsymbol{V}^{-1}\boldsymbol{A\theta}) = \boldsymbol{0}。\tag{2.51}$$

对矩阵 $\boldsymbol{A}^{\mathrm{T}}\boldsymbol{V}^{-1}\boldsymbol{A}$ 求逆阵，参数 $\boldsymbol{\theta}$ 的解析解可表示为

$$\hat{\boldsymbol{\theta}} = (\boldsymbol{A}^{\mathrm{T}}\boldsymbol{V}^{-1}\boldsymbol{A})^{-1}\boldsymbol{A}^{\mathrm{T}}\boldsymbol{V}^{-1}\boldsymbol{y}。\tag{2.52}$$

该结果表明，$\hat{\boldsymbol{\theta}}$ 是一个线性估计量 $\hat{\boldsymbol{\theta}} = \boldsymbol{Ly}$，其中 $\boldsymbol{L} = (\boldsymbol{A}^{\mathrm{T}}\boldsymbol{V}^{-1}\boldsymbol{A})^{-1}\boldsymbol{A}^{\mathrm{T}}\boldsymbol{V}^{-1}$。由于存在线性关系 $\hat{\boldsymbol{\theta}} = \boldsymbol{Ly}$，估计量的方差可根据数据 $\boldsymbol{y}$ 的协方差矩阵 $\boldsymbol{V}$ 直接利用**误差传递公式**求得：

$$\begin{aligned} \boldsymbol{V}(\hat{\boldsymbol{\theta}}) &= \boldsymbol{LVL}^{\mathrm{T}} = (\boldsymbol{A}^{\mathrm{T}}\boldsymbol{V}^{-1}\boldsymbol{A})^{-1}\boldsymbol{A}^{\mathrm{T}}\boldsymbol{V}^{-1}\boldsymbol{V}\boldsymbol{V}^{-1}\boldsymbol{A}(\boldsymbol{A}^{\mathrm{T}}\boldsymbol{V}^{-1}\boldsymbol{A})^{-1} \\ &= (\boldsymbol{A}^{\mathrm{T}}\boldsymbol{V}^{-1}\boldsymbol{A})^{-1} = \boldsymbol{H}^{-1}, \end{aligned} \tag{2.53}$$

其中黑塞矩阵可表示为

$$\boldsymbol{H} = \frac{1}{2}\frac{\partial^2 \chi^2(\boldsymbol{\theta})}{\partial \boldsymbol{\theta}^2} = \boldsymbol{A}^{\mathrm{T}}\boldsymbol{V}^{-1}\boldsymbol{A}。\tag{2.54}$$

协方差矩阵 $\boldsymbol{V}(\hat{\boldsymbol{\theta}})$ 是严格解而并不仅仅是一个估计值，因为它是从普适的最小二乘法(2.41)导出的，但是，测量值 $\boldsymbol{y}$ 的协方差矩阵 $\boldsymbol{V}$ 必须满足高斯型的假设。

由测量值 $\boldsymbol{y}$ 的协方差矩阵 $\boldsymbol{V} = \sigma^2 \cdot \boldsymbol{I}$，可导出一特定的性质，这里 $\boldsymbol{I}$ 表示 m 维单位矩阵。换言之，各测量值之间互不关联，且有相同的方差 σ^2。根据高斯-马尔可夫定理，式(2.52)的线性最小二乘估计量是一个“最优线性无偏估计量”(best linear unbiased estimator，BLUE)，即它是无偏的且具有最小的可能方差。该定理的证明可参见文献[2]。

线性最小二乘拟合的示例。存在大量的线性最小二乘拟合问题。一些拟合函数的例子列举如下：

- 常数函数 $y = \theta$；
- 直线 $y = \theta_0 + \theta_1 x$；
- 抛物线 $y = \theta_0 + \theta_1 x + \theta_2 x^2$；

---

① 译者注：也称为系数矩阵。

- 任意阶多项式(包括上面列举的三类);
- 形如 $y=\theta\sin x$ 或 $y=\theta e^{-x}$ 的函数,其中 θ 代表归一化因子。

线性最小二乘拟合常常会与直线拟合相混淆。但是,这里的“线性”仅仅是对拟合参数 θ 而言的,而 y 对于测量值 x 的依赖关系,既可以是线性的,也可以是非线性的。

2.4.1.1　具有高斯误差的测量值的均值

现在,我们回到具有高斯误差的若干个测量值求平均的例子(见 2.3.3.1 节)。在最小二乘拟合方法中,该问题对应于常数函数 $y=\theta$ 的拟合这种最简单的线性拟合问题。该问题的 χ^2 函数可表示为

$$\chi^2 = \sum_{i=1}^{N} \frac{(y_i - \theta)}{\sigma_i^2}。\tag{2.55}$$

对这一课题在这里再一次进行讨论,其意义在于它对于 χ^2 拟合极为重要且具有示范性。图 2.5 中描述的两次测量值求平均值的问题是最简单的例子。图 2.5(a)显示了两个数据点及其不确定性,以及用虚线表示的拟合平均值。图 2.5(b)显示了 χ^2 与参数 θ 的函数关系。该图表明,可以利用非常简单的**图形方法**来实现 χ^2 的极小化。首先,对于两个数据点 $i=1,2$ 画出各自对 χ^2 的贡献 $\chi_i^2=(y_i-\theta)^2/\sigma_i^2$(图 2.5(b)中用实线表示);然后,将它们相加得到总的 χ^2 函数(用虚线表示)。于是,从总的 χ^2 函数曲线的极小处可读出参数估计值 $\hat{\theta}$。$\hat{\theta}$ 的标准差 $\sigma_{\hat{\theta}}$ 则可由直线 $\chi^2(\theta')=\chi^2_{\min}+1$ 确定的两个 θ'值与 $\hat{\theta}$ 之间的水平距离求出。显然,总的 χ^2 函

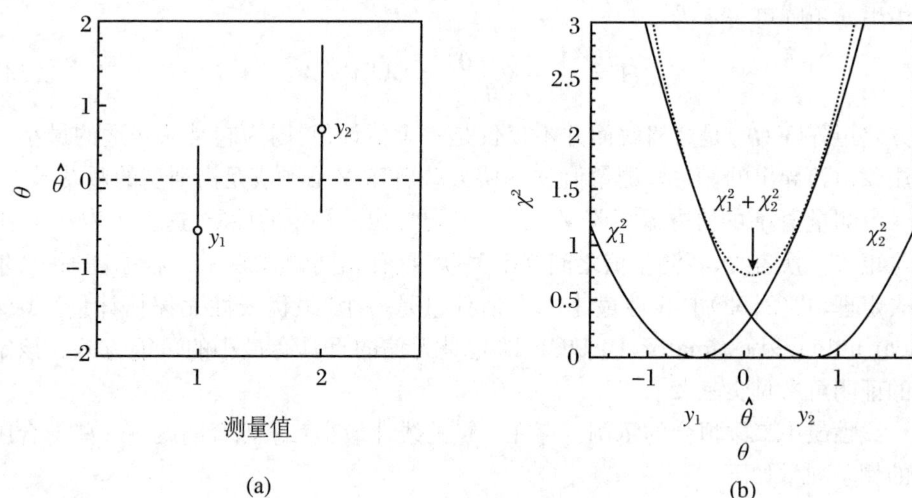

图 2.5　两次测量值的加权平均。(a) 两个数据点 y_1 和 y_2,误差杆表示不确定性。虚线表示估计的均值 $\hat{\theta}$;(b) 总的 χ^2 函数(虚线)与 θ 的函数关系,以及两次测量各自的贡献 χ_1^2,χ_2^2(实线)

数的抛物线比两个数据点各自的 χ^2 曲线要陡。这表明，θ 均值估计量的不确定性比单次测量的不确定性要小。

利用式(2.18)和式(2.19)，通过简单的计算①可以证明，χ^2 函数可以改写为

$$\chi^2 = \frac{(y_1 - y_2)^2}{\sigma_1^2 + \sigma_2^2} + \frac{(\theta - \hat{\theta})^2}{\sigma_{\hat{\theta}}^2}, \tag{2.56}$$

于是，原来的两个测量值围绕真值 θ 的高斯概率密度变换为两个抛物线项代表的两个高斯概率密度。式(2.56)右边第二项表示的是估计值 $\hat{\theta}$ 围绕真值 θ 的概率密度。在**贝叶斯统计**范式(参见 1.4.4 节)下，假定参数具有均匀的先验分布，这一项可以解释为真值 θ 围绕观测到的估计值 $\hat{\theta}$ 的**概率密度**。

式(2.56)右边第一项代表 $\chi^2_{\min}$ 的值，它等于两个测量值之差的平方除以两个测量值不确定性的平方和。于是，对于重复性的实验，$\chi^2_{\min}$ 应当服从自由度为 1 的 χ^2 分布。这是 $\chi^2_{\min}$ **拟合优度检验**的最简单的例子，我们将在 3.8 节对拟合优度检验进行详尽的讨论。如果 $\chi^2_{\min}$ 具有 1 的量级，两次测量结果合理地一致，则大的 $\chi^2_{\min}$ 值(例如 10)是两次测量不一致的明确指示。

式(2.56)很容易推广到利用 $N(N\geqslant 2)$ 次测量来拟合一个常数的情形。χ^2 函数可以表示为真值 θ 围绕估计值 $\hat{\theta}$ 的一个抛物线项和一个独立的 $\chi^2_{\min}$ 项之和。其中的 $\chi^2_{\min}$ 项是各次测量数据点一致性的定量表示，它应当服从自由度为 $N-1$ 的 χ^2 分布，为了确定均值，“牺牲”了 1 个自由度。

在高能物理和其他学科中，对结果明显不一致的多次测量求平均是一个重要的问题，我们将在 2.5.5 节对此进行讨论。

2.4.1.2　关联测量值的均值

通常，有待求平均的多个测量值是相互关联的。一个典型的例子是，同一个实验中获得了不同的数据集，它们利用的是相同的探测器刻度数据，我们要利用这些数据集进行公共的系统不确定性的测量。在这种情形下，χ^2 函数可表示为

$$\chi^2 = (\boldsymbol{y} - \boldsymbol{A\theta})^{\mathrm{T}} \boldsymbol{V}^{-1} (\boldsymbol{y} - \boldsymbol{A\theta}), \tag{2.57}$$

式中参数向量 $\boldsymbol{\theta}$ 是多个测量值的平均值(标量参数)θ，设计矩阵 $\boldsymbol{A}^{\mathrm{T}} = (1,\cdots,1)$ 是 N 个元素的单位向量。图 2.6 是对两个相互关联的测量求平均的示例。这里，一个粒子沿着 x 方向水平地飞行，两个位于不同 x 位置的探测器平面测量粒子的垂直位置 y。两个测量值是 $y_1 \pm \sigma_{\mathrm{det}}$ 和 $y_2 \pm \sigma_{\mathrm{det}}$，$\sigma_{\mathrm{det}}$ 表示探测器的分辨率。整个探测器的垂直位置整体不确定性为 σ_{cor}(校准)。σ_{cor}^2 项应当同时出现在两次测量的协方差矩阵的对角项和非对角项中，于是有

$$\boldsymbol{V} = \begin{pmatrix} \sigma_{\mathrm{det}}^2 + \sigma_{\mathrm{cor}}^2 & \sigma_{\mathrm{cor}}^2 \\ \sigma_{\mathrm{cor}}^2 & \sigma_{\mathrm{det}}^2 + \sigma_{\mathrm{cor}}^2 \end{pmatrix}。 \tag{2.58}$$

① 该计算留给读者作为本章末尾的习题。

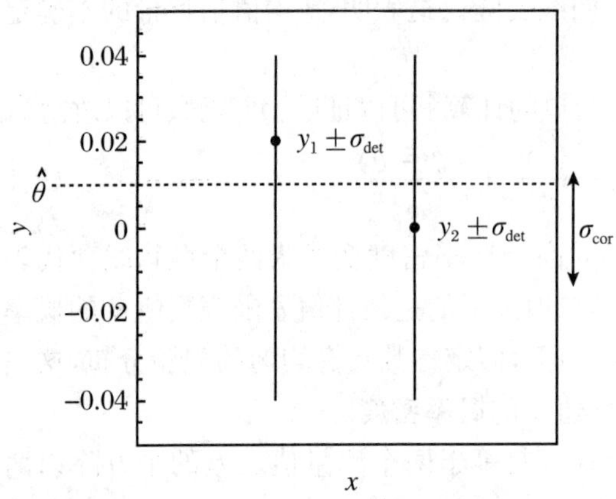

图 2.6　两个测量值为 $y_1 \pm \sigma_{det}$ 和 $y_2 \pm \sigma_{det}$ 并带有外加的关联不确定性 σ_{cor} 情形下的加权平均。水平的虚点线表示估计的均值 $\hat{\theta}$

将测量值及其协方差矩阵代入式(2.52)和式(2.53),求得加权平均的结果是

$$\hat{\theta} = \frac{y_1 + y_2}{2} \pm \sqrt{\sigma_{det}^2/2 + \sigma_{cor}^2}。\tag{2.59}$$

另一种做法是,首先对不含公共系统不确定性的两个测量值求均值及其不确定性,然后再将后者与整体不确定性平方相加求得加权平均的不确定性,其结果与式(2.59)相同。

但是,系统不确定性的同一个来源对于各次测量的影响可以是不同的,因此协方差矩阵的普遍形式应当是

$$\boldsymbol{V} = \begin{pmatrix} \sigma_{det}^2 + \sigma_{cor_1}^2 & \sigma_{cor_1}\sigma_{cor_2} \\ \sigma_{cor_1}\sigma_{cor_2} & \sigma_{det}^2 + \sigma_{cor_2}^2 \end{pmatrix},\tag{2.60}$$

这里 σ_{cor_1} 和 σ_{cor_2} 是将同一来源的系统不确定性在特定方向改变 1σ 导致的测量值的(带符号的)变化量。例如,如果两个探测平面安装在一根杆子上,杆子的中间点位置是固定的,两个探测器平面可以围绕该点转动,那么两个测量值是负关联的,$\sigma_{cor_1} = -\sigma_{cor_2}$。在这种情形下,将测量的关联性考虑在内的加权平均的精度,比仅仅考虑单个测量值的系统不确定性但不考虑关联性的结果要好。

另一种可能性是,探测器位置固定于接近第一个测量平面的一个点,但旋转不确定性仍然存在。在这种情形下,远离固定点位置的第二个测量值有大的测量臂长,相应地有大的不确定性($|\sigma_{cor_1}| < |\sigma_{cor_2}|$)。

基于式(2.57)的 χ^2 函数对两个测量值求平均的详细阐述参见文献[9]。

2.4.1.3　直线拟合

直线拟合是线性最小二乘拟合的经典例子。一种重要的实际应用是在 $x = 0$ 的源点所产生的粒子、用 N 个探测器平面进行测量情形下的**轨迹拟合**。图 2.7 是四层探测平面的示例。

拟合的目的是确定 $x = 0$ 处的源点①对应的未知 y 位置 θ_0,以及轨迹的斜率 $\mathrm{d}y/\mathrm{d}x = \theta_1$。假定各探测层的测量相互独立,且具有相同的高斯分辨率 σ,则 χ^2

① 对于对撞束实验,θ_0 的值可以用来确定所观察到的粒子究竟来自初始对撞点还是来自次级衰变。

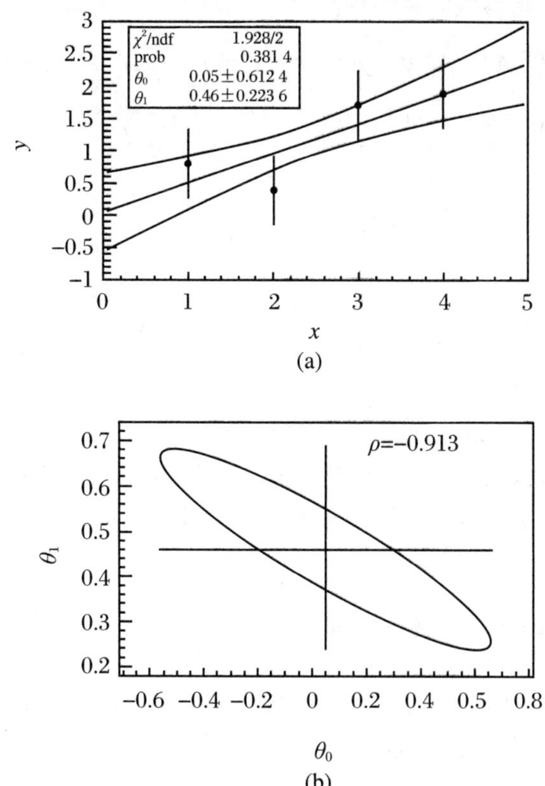

图 2.7　利用四层探测器平面的位置测量值进行粒子轨迹的直线拟合。(a) 四层位置测量值及粒子轨迹的 68%置信区间的两条边界曲线(细线)。(b) 拟合参数 $\hat{\theta}_0$，$\hat{\theta}_1$ 及其 1σ 不确定性(水平及垂直方向的误差杆)，以及用 $\chi^2 = \chi^2_{\min} + 1$ 等值轮廓给定的协方差椭圆。两个参数的关联系数 $\rho = V_{01}/\sqrt{V_{00}V_{11}}$ 的值是 $\rho = -0.913$

函数由下式给定：

$$\chi^2 = \sum_{i=1}^{N} \frac{(y_i - \theta_0 - x_i\theta_1)^2}{\sigma^2}, \tag{2.61}$$

或者，可以等价地表示为

$$\chi^2 = (\boldsymbol{y} - \boldsymbol{A\theta})^{\mathrm{T}} \boldsymbol{V}^{-1} (\boldsymbol{y} - \boldsymbol{A\theta}), \tag{2.62}$$

其中拟合参数向量 $\boldsymbol{\theta}$、设计矩阵 $\boldsymbol{A}$ 和协方差矩阵 $\boldsymbol{V}$ 分别是

$$\boldsymbol{\theta} = \begin{pmatrix} \theta_0 \\ \theta_1 \end{pmatrix}, \quad \boldsymbol{A} = \begin{pmatrix} 1 & x_1 \\ \vdots & \vdots \\ 1 & x_N \end{pmatrix}, \quad \boldsymbol{A}^{\mathrm{T}} = \begin{pmatrix} 1 & \cdots & 1 \\ x_1 & \cdots & x_N \end{pmatrix}, \quad \boldsymbol{V} = \begin{pmatrix} \sigma^2 & & 0 \\ & \ddots & \\ 0 & & \sigma^2 \end{pmatrix}。 \tag{2.63}$$

利用式(2.52)可求得参数向量的解:

$$\hat{\boldsymbol{\theta}} = (\boldsymbol{A}^{\mathrm{T}}\boldsymbol{V}^{-1}\boldsymbol{A})^{-1}\boldsymbol{A}^{\mathrm{T}}\boldsymbol{V}^{-1}\boldsymbol{y} = \sigma^2(\boldsymbol{A}^{\mathrm{T}}\boldsymbol{A})^{-1}\frac{1}{\sigma^2}\boldsymbol{A}^{\mathrm{T}}\boldsymbol{y} = (\boldsymbol{A}^{\mathrm{T}}\boldsymbol{A})^{-1}\boldsymbol{A}^{\mathrm{T}}\boldsymbol{y}$$

$$= \begin{pmatrix} \sum_i 1 & \sum_i x_i \\ \sum_i x_i & \sum_i x_i^2 \end{pmatrix}^{-1} \begin{pmatrix} \sum_i y_i \\ \sum_i x_i y_i \end{pmatrix} = \begin{pmatrix} N & N\bar{x} \\ N\bar{x} & N\overline{x^2} \end{pmatrix} \begin{pmatrix} N\bar{y} \\ N\overline{xy} \end{pmatrix}$$

$$= \begin{pmatrix} 1 & \bar{x} \\ \bar{x} & x^2\bar{x} \end{pmatrix}^{-1} \begin{pmatrix} \bar{y} \\ \overline{xy} \end{pmatrix} = \frac{1}{\overline{x^2} - \bar{x}^2} \begin{pmatrix} \overline{x^2} & -\bar{x} \\ -\bar{x} & 1 \end{pmatrix} \begin{pmatrix} \bar{y} \\ \overline{xy} \end{pmatrix}$$

$$= \frac{1}{V(x)} \begin{pmatrix} \overline{x^2}\,\bar{y} - \bar{x}\,\overline{xy} \\ -\bar{x}\bar{y} + \overline{xy} \end{pmatrix}。 \tag{2.64}$$

这里符号上的短线(例如 $\bar{x}$)表示该变量在各探测器层 i 的数值的平均值。量 $V(x) = \bar{x^2} - \bar{x}^2$ 代表各探测器层 x 值平方的弥散量。利用式(2.53)求得 $\hat{\boldsymbol{\theta}}$ 协方差矩阵为

$$\boldsymbol{V}(\hat{\boldsymbol{\theta}}) = (\boldsymbol{A}^{\mathrm{T}}\boldsymbol{V}^{-1}\boldsymbol{A})^{-1} = \frac{\sigma^2}{NV(x)} \begin{pmatrix} \overline{x^2} & -\bar{x} \\ -\bar{x} & 1 \end{pmatrix}。 \tag{2.65}$$

可见,拟合的结果是相当简单的。值得指出的是,当探测器层间弥散量 $\sqrt{V(x)}$ 增加到原来的 2 倍时,斜率的标准差

$$\sigma_{\theta_1} = \sqrt{V_{11}} = \frac{\sigma}{\sqrt{NV(x)}}$$

减小为原来的一半;而当弥散量不变但层数增加到原来的 2 倍时,斜率的标准差的减小因子仅为 $1/\sqrt{2}$。所以,对于斜率的测量,增大探测器层间的弥散量更为有利,这一点靠直觉就可以知道,因为弥散量确定了探测器的探测臂长。

图 2.7(a)显示了数据点、位置估计值 $\hat{y} = \hat{\theta}_0 + \hat{\theta}_1 x$ 的中心直线,以及由误差传递公式求得的标准差 $\sigma_{\hat{y}}$ 的两条曲线 $\hat{y} \pm \sigma_{\hat{y}}$:

$$\sigma_{\hat{y}} = \sqrt{\left(\frac{\partial \hat{y}}{\partial \theta_0}\right)V_{00} + \left(\frac{\partial \hat{y}}{\partial \theta_1}\right)V_{11} + 2\frac{\partial \hat{y}}{\partial \theta_0}\frac{\partial \hat{y}}{\partial \theta_1}V_{01}}$$

$$= \sqrt{V_{00} + x^2 V_{11} + 2xV_{01}}。 \tag{2.66}$$

这两条曲线界定了粒子轨迹的 68% 置信区间,称之为**轨迹不确定性带**。拟合的这些结果可以外延到探测器 x 值之外的区域,轨迹不确定性带的宽度随着 x 值到探测器层中心距离的增加而线性地增大。

图 2.7(b)显示了两个拟合参数的协方差椭圆。两个拟合参数具有负的关联系

数,这一点由协方差椭圆的方向所指明。两个参数的关联系数① $\rho = V_{01}/\sqrt{V_{00}V_{11}}$ 的数值是 $\rho = -0.913$。如果将坐标系原点移动到探测器系统的中心使得 $\bar{x}=0$,则这种负关联的关系可以完全避免。这样,式(2.65)所表示的协方差矩阵中的非对角项消失。但是,这对粒子轨迹的测量没有什么用处,因为我们只能沿着从源点射出的一个方向(飞行方向)上对粒子进行测量,而我们希望确定的是源点的位置 θ_0。

2.4.2　非线性最小二乘拟合

拟合函数 $f(x;\boldsymbol{\theta})$ 对于拟合参数 $\boldsymbol{\theta}$ 的函数依赖可能是高度非线性的,例如,单参数情形下的函数 $y=\theta e^{-\theta x}$。对于这种非线性函数的拟合,χ^2 的极小化通常用迭代法来完成,例如利用 **Newton-Raphson 方法**来确定 χ^2 函数梯度为 0 那一点对应的 $\hat{\theta}$。对于单参数拟合函数的情形,可以定义

$$g = \frac{\partial \chi^2}{\partial \theta}, \quad G = \frac{\partial^2 \chi^2}{\partial \theta^2} = \frac{\partial g}{\partial \theta}。 \tag{2.67}$$

如果我们找到(或猜测)一个恰当的起始点 $\theta^{(0)}$,在 $\theta^{(0)}$ 和 $\hat{\theta}$ 之间函数 g 跨越过 0 点(g 近似地为一条直线),那么利用牛顿步长

$$\delta\theta = -\frac{g(\theta^{(0)})}{G(\theta^{(0)})}, \tag{2.68}$$

可求得第一个迭代点 $\theta^{(1)} = \theta^{(0)} + \delta\theta$,$\theta^{(1)}$ 比 $\theta^{(0)}$ 更接近问题的解 $\hat{\theta}$。不断重复这一迭代过程,可收敛于 $\hat{\theta}$。后文的例 2.4 给出了牛顿法的一个例子。

对于多参数的拟合,牛顿迭代法的一种直接的推广是引入向量

$$\boldsymbol{g} = \frac{\partial \chi^2}{\partial \boldsymbol{\theta}^{\mathrm{T}}} \tag{2.69}$$

和矩阵

$$\boldsymbol{G} = (G_{jk}) = \left(\frac{\partial^2 \chi^2}{\partial \theta_j \partial \theta_k}\right)。 \tag{2.70}$$

于是,第一次牛顿迭代步长为

$$\delta\boldsymbol{\theta} = -\boldsymbol{G}^{-1}(\boldsymbol{\theta}^{(0)})\boldsymbol{g}(\boldsymbol{\theta}^{(0)})。 \tag{2.71}$$

在数值极小化方法中包含了类似于我们这里提及的许多技术细节。前面已经提到,利用标准的软件工具如 MINUIT 程序包[5]是明智的选择,不要尝试研发新的极小化代码。

---

① 对式(1.15)中引入的关联系数 ρ 的说明如下:若一个参数 θ_0 从 $\hat{\theta}_0$ 改变为 $\hat{\theta}_0+\Delta$,则为了使 χ^2 极小值的增量保持不变,另一个参数 θ_1 需要从 $\hat{\theta}_1$ 改变为 $\hat{\theta}_1+\rho\sigma_{\theta_1}(\Delta/\sigma_{\theta_0})$。由此,对于任意的 θ_0,可以确定一个新变量的测量值 θ_1,这一性质在 θ_0 值被外部约束条件所固定的场合将会有帮助。在这种情形下,θ_1 的不确定性将会减小一个因子 $\sqrt{1-\rho^2}$(在习题 2.5 中证明)。

例 2.4　非线性最小二乘法:圆径迹拟合。对于非线性最小二乘拟合问题,利用牛顿迭代法进行数值极小化的示例如图 2.8 所示。

一个带电粒子在位置$(x,y)=(0,0)$处沿着 x 轴的束流线方向进入谱仪。该谱仪处于平行于 z 方向的磁场环境中,因此粒子受磁场作用力在 xy 平面上做圆周运动。粒子轨迹被五层 x 坐标为固定值的探测器测量其 y 坐标,分辨率是 $\sigma_y=0.02$。我们的目的是确定圆径迹的半径 R,据此可以直接推定粒子的横动量,因为后者与 R 成正比。我们用**曲率** $\kappa=1/R$ 作为拟合参数,它对于高横动量的粒子(对应于大的 R 值)有较好的数值稳定性。

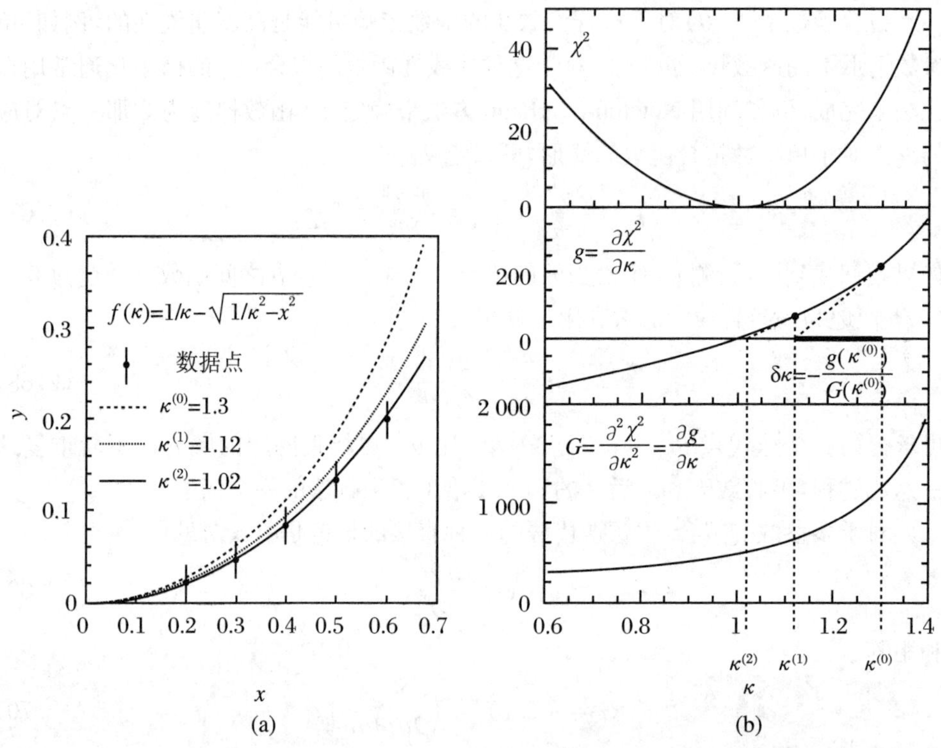

图 2.8　圆径迹的非线性最小二乘拟合。(a) 五层 x 坐标为固定值的探测器测量的垂直位置 y 用数据点表示。三条圆形曲线对应于三个不同的曲率 κ。(b) χ^2 函数及其一阶和二阶导数相对于 κ 的函数行为。图中还指明了第一次的牛顿迭代步长,使迭代值由 $\kappa^{(0)}$ 变为 $\kappa^{(1)}$,第二次的牛顿迭代使迭代值由 $\kappa^{(1)}$ 变为 $\kappa^{(2)}$,如此等等

该问题中的最小二乘函数 χ^2 由下式给定:

$$\chi^2=\sum_{i=1}^{5}\left(\frac{y_i-f_i}{\sigma_y}\right)^2,\quad f_i=\frac{1}{\kappa}-\sqrt{\frac{1}{\kappa^2}-x_i^2}。\tag{2.72}$$

图 2.8(a)显示了三个 κ 值的拟合函数,它们分别对应于(任意选定的)初始值 $\kappa^{(0)}=1.3$、一次牛顿迭代后的值 $\kappa^{(1)}=1.12$ 和二次牛顿迭代后的值 $\kappa^{(2)}=1.02$。图

2.8(b)显示了 χ^2 函数(上端的曲线)及其一阶导数 g(中间的曲线)和二阶导数 G(下端的曲线)相对于 κ 的函数行为。对于一阶导数 g 的曲线,根据 g 的线性化近似外推到$g=0$ 的点,指出了第一次和第二次牛顿迭代的步长。可以看到,迭代的收敛性相当好,第三次迭代后,将非常接近于问题的解 $\hat{\kappa}=1.0$。

需要指出的是,这里呈现的圆径迹是一种最简单的形式,目的是阐述牛顿迭代法的原理。实际问题中涉及的因素会很多,例如可参见文献[10]的讨论,那里提供了很多高能物理实验中采用的快速方法。

2.4.2.1 非线性最小二乘法:质量峰拟合(信号位置)

非线性最小二乘拟合问题的另一个例子示于图 2.9。探测器记录到一对 μ 子,并对其不变质量谱 $m_{\mu^+\mu^-}$ 进行分析。该不变质量谱包含一个共振态信号,它的质量未知且有待测定。实验数据利用下列函数进行拟合:

$$f(m_{\mu^+\mu^-};M) = B + S \cdot \exp\left[-\frac{(m_{\mu^+\mu^-} - M)^2}{2\sigma^2}\right], \tag{2.73}$$

式中 B 代表已知的平分布本底成分。信号参数化为高斯函数,其宽度 σ 为已知量,代表探测器的分辨率,S 是信号的归一化常数,由数据的拟合给定,M 是未知的共振态质量①。该不变质量谱的拟合可以用**奈曼(Neyman)χ^2 函数**②[11]的最小二乘法来实现:

$$\chi^2 = \sum_{\text{bin } i} \frac{[k_i - f_i(m_{\mu^+\mu^-};M)]^2}{k_i}, \tag{2.74}$$

这里 k_i 是子区间 i 中的观测事例数,f_i 是利用函数f(给定假设的质量值 M)在 $m_{\mu^+\mu^-}$ 质量谱子区间 i 边界上的积分求得的期望事例数。

拟合是通过找出使 χ^2 达到极小所对应的 M 值来实现的。图 2.9(a)显示了测量到的不变质量谱。图 2.9(b)除了测到的谱外,还同时显示了质量假设 $M=2.8$ GeV对应的拟合函数。图 2.9(c)显示了 χ^2 随 M 变化的扫描曲线。在质量值 $M=3.12^{+0.01}_{-0.01}$ GeV 处观测到全域极小值 $\chi^2_{\min}\approx59$,这里的不确定性是用 $\chi^2=\chi^2_{\min}+1$ 方法确定的(见式(2.46))。扫描曲线的一个显著特点是 χ^2 函数存在若干局域极小,例如在质量值 $M=2.4$ GeV 和 $M=3.6$ GeV 处。这一点很容易理解,因为在这些质量值附近数据点出现了统计涨落,“模仿”了信号的存在。

如果利用牛顿迭代法进行拟合,并且起始点选择在某个局域极小附近,那么存在拟合结果陷入该局域极小而丢失全域极小的危险。所以,χ^2 随 M 变化的扫描曲线对于避免这种错误是十分有效的。

能够强有力地判别全域极小和局域极小的另一个判据是各个极小所对应的 $\chi^2_{\min}$值自身。如果拟合是合理的,则 $\chi^2_{\min}$值预期与拟合的自由度数(number of

---

① 假定共振态的本征宽度可以忽略不计。

② 奈曼 χ^2 函数将在 2.5.4 节详加讨论。

degrees of freedom,ndf)相接近,在本例中 ndf = 59①。这是因为对于重复性实验,χ^2_{min}值应当近似地服从自由度为 ndf 的 χ^2 分布,且 χ^2 的期望值等于 ndf(参见1.3.4.6节的讨论)。对于全域极小,$\chi^2_{min}\approx 59$ 能够与 ndf 匹配,表明拟合具有良好的品质。

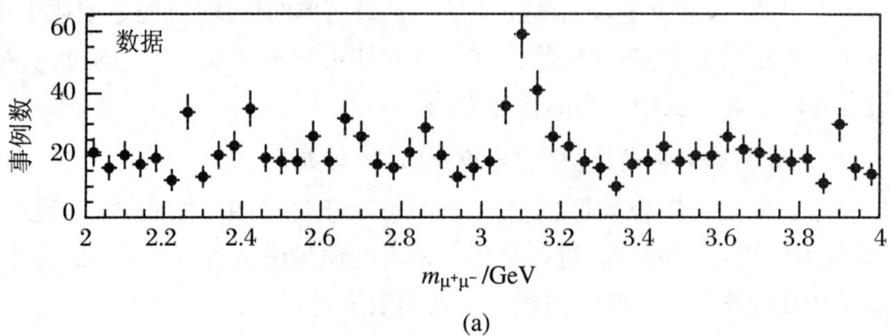

(a)

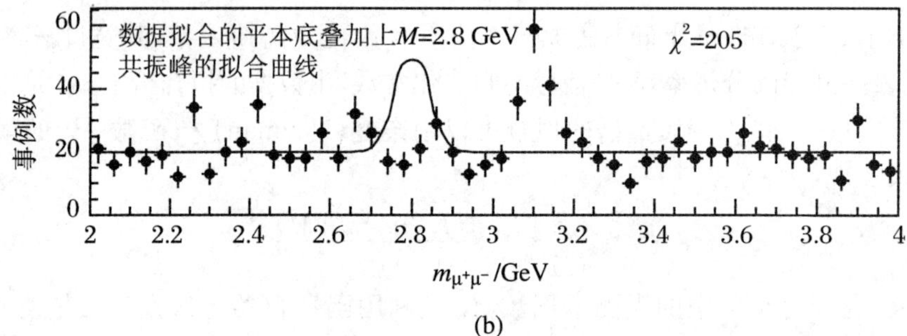

(b)

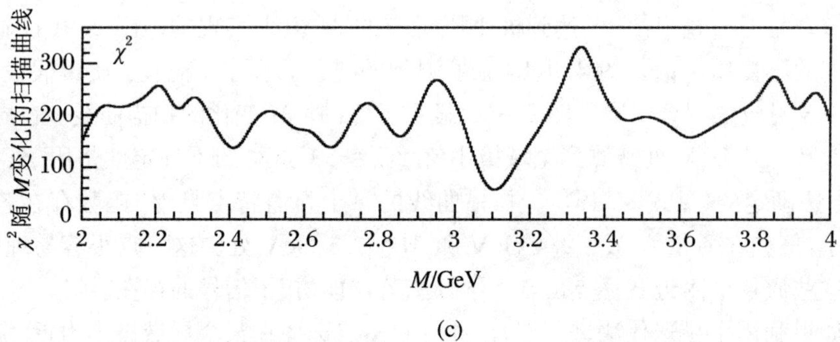

(c)

图2.9 叠加在平本底上的共振峰的拟合。(a) 重建的不变质量 $m_{\mu^+\mu^-}$ 的观测谱。(b) 拟合曲线,包含平本底和一个中心峰位 $M = 2.8$ GeV 的高斯信号峰。(c) 拟合的 χ^2 值随 M 变化的扫描曲线

---

① 拟合的自由度数等于子区间数减去自由拟合参数的数目。在本例中,子区间数为 60,有 1 个自由拟合参数。

但是,对于其他的局域极小,其 χ^2_{min} 值要大得多,例如,2.4 GeV 处的极小对应的 χ^2_{min} 值约为 150,表明这样的拟合函数描述数据是不能令人满意的。3.8 节将给出利用 χ^2_{min} 值和其他观测量来检验拟合品质的详细讨论。

如果信号参数 S 不固定,而是通过拟合数据来确定,那么局域极小也会获得较小的 χ^2_{min} 值。搜寻位置和强度均为未知的信号就属于这种情形。在这种情形下,就会出现所谓的 **look-elsewhere effect**①,即在随机的质量值处出现虚假信号。这类信号是由数据点的向上涨落引起的,导致 χ^2 的局域极小呈现合理的 χ^2_{min} 值。关于 look-elsewhere effect 的深入讨论,参见 3.5.4 节。

2.5 极大似然拟合:不分区、分区、常规和广义的似然函数

现在,我们回到 2.3 节引入的极大似然估计(MLE)方法,讨论它在高能物理中的各种应用。

极大似然拟合可以应用于**不分区**的数据和**分区**的数据。

• 常规的 MLE 方法是**不分区数据的极大似然估计**,每一个事例分别进入到似然函数中(参见式(2.5))。前面已经讨论过的例子是指数型衰变的不分区拟合(参见例 2.2)。不分区的极大似然估计是**统计意义上最优**的。但是该方法的计算机 CPU 机时随着事例数的增加线性地增加。

• 在高能物理中,**分区数据的极大似然估计**被广泛使用。观测量 x 被划分为若干个子区间,利用各子区间中的观测事例数来构建似然函数。2.5.3 节将对该方法做进一步的讨论。

利用极大似然估计方法可以拟合不同种类的参数:

• 概率密度函数中的**形状参数**,如我们在指数型衰变看到的对于衰变时间参数 τ 的拟合(参见例 2.2)。该问题进一步的数值示例将在后面讨论(见例 2.5)。

• 数据样本中一定种类事例所占的比例,例如 2.5.1.1 节中将要讨论的信号和本底事例各自的比例。

• 如果不仅对事例比例感兴趣,而且对**过程的总体归一化**也感兴趣,那么应当利用 2.5.2 节阐述的**广义极大似然估计**。

2.5.1 不分区数据的极大似然拟合

在下面的例子中,我们讨论不分区数据极大似然估计的经典应用,实验数据用

---

① 译者注:这一术语目前尚没有一个规范的简明汉译,因此保留英文表述。

直线 pdf 来拟合。

例 2.5　不分区数据的直线拟合。对于例 2.3 中已经引入的 μ 子的弱衰变,现在我们进行不分区数据的极大似然拟合。正电子飞行方向相对于 μ 子自旋方向的发射角 α 的概率密度函数可表示为

$$f(x;\theta) = \frac{1+\theta x}{2}, \quad x = \cos\alpha。 \tag{2.75}$$

我们的目的是确定未知的极化参数 θ。图 2.10 和表 2.3 显示的例子是按照上述 pdf 产生的 14 个模拟事例,其中参数真值为 $\theta=1/3$。表 2.3 列出了事例的观测 x 值,它们用来构建给定 θ 值的似然函数:

$$L = \prod_{i=1}^{14} \frac{1+\theta x_i}{2}。 \tag{2.76}$$

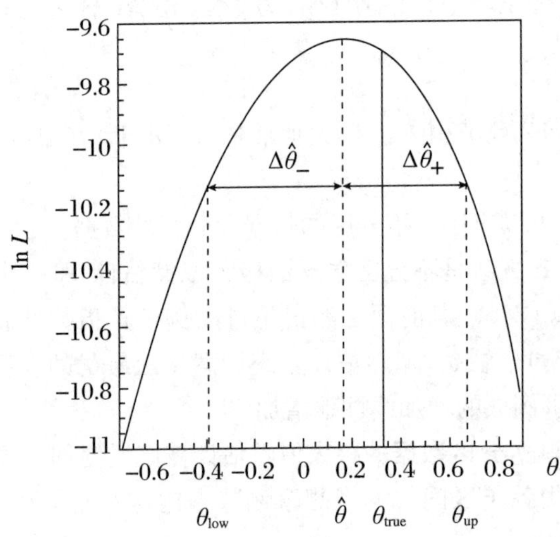

图 2.10　对 14 个模拟数据点用不分区数据的极大似然拟合方法进行直线拟合 $(1+\theta x)/2$。图中曲线表示对数似然函数与斜率参数 θ 的函数关系,$\hat{\theta}$ 是极大似然估计,两个点 $\theta_{low} = \hat{\theta} - \Delta\hat{\theta}_-$ 和 $\theta_{up} = \hat{\theta} + \Delta\hat{\theta}_+$ 确定了参数 θ 的 68% 置信区间,参数真值为 $\theta_{true} = 1/3$

表 2.3　直线的不分区数据的极大似然估计中 14 个数据点的 x 位置

事例	x	事例	x
1	0.251	8	−0.020
2	−0.581	9	0.595
3	0.554	10	0.008
4	−0.365	11	−0.475
5	0.230	12	0.592
6	0.623	13	0.017
7	−0.019	14	−0.876

图 2.10 显示了似然函数与参数 θ 的函数关系。如前所述,似然函数的极大值对应的位置确定了最优估计 $\hat{\theta}$,而 $\ln L$ 下降 1/2 的两个点 $\theta_{low} = \hat{\theta} - \Delta\hat{\theta}_-$ 和 $\theta_{up} = \hat{\theta} + \Delta\hat{\theta}_+$ 确定了参数 θ 的 68%置信水平的区间$[\theta_{low}, \theta_{up}]$。利用式(2.26)的记号,所得的结果可表示为 $\theta = 0.17^{+0.40}_{-0.56}$。参数真值 $\theta = 1/3$ 被 68%置信区间所覆盖。但显然 θ 的测量非常不精确,要想获得精确的测量值,需要有更多的事例数。

2.5.1.1 不分区数据的极大似然估计:不同过程比例的拟合

在高能物理中,实验者往往对选定的数据样本中包含的不同种类事例的**比例**感兴趣。这些不同种类的事例比如可以是所记录到的质量谱或能谱中的不同共振态的贡献。这些共振态产生率的相对比例可能与人们感兴趣的理论参数相关联,例如与各共振态的量子数相关。

为简单起见,下面我们讨论仅有两类事例对数据样本有贡献的情形,举例来说,有两种信号,或者一个信号加一个本底。这两种过程对于一个适当的变量 x 的分布具有不同的形状,变量 x 可以代表不变质量或多变量分析分类器的一个输出量(参见第 5 章)。分布形状的差异使得我们可以利用极大似然估计方法拟合函数

$$f(x; f_s) = f_1 p_1(x) + (1 - f_1) p_2(x) \tag{2.77}$$

来确定两者的比例。式中 f_1 和 $1 - f_1$ 表示两种过程的比例(未知量),p_1 和 p_2 表示两种过程各自的概率密度函数(假定已知)。由于归一化的约束,只有一个自由参数 f_1,两种过程的比例是完全负关联的。

图 2.11 显示了这种情形的一个例子。两个信号假定都服从观测量 x 的高斯分布,宽度都等于 1,但均值分别为 $x = 1$ 和 $x = -1$。图 2.11(a)显示了 453 个模拟事例的样本①,它是按照比例参数的真值 $f_1 = 0.3$ 产生的。不分区数据的似然函数可表示为

$$L = \prod_{i=1}^{453} \left[f_1 e^{-(x_i - 1)^2/2} + (1 - f_1) e^{-(x_i + 1)^2/2} \right], \tag{2.78}$$

式中两个高斯函数的公共常数归一化因子 $1/\sqrt{2\pi}$ 已被舍弃。图 2.11(b)显示了扣除极大值 $\ln L_{max} = -765.7$ 之后的对数似然函数与 f_1 的函数关系。它是非常好的近似抛物线。依据该曲线可以直接读出拟合的结果是 $f_1 = 0.273 \pm 0.030$。图 2.11(a)也显示了拟合的曲线,它能很好地描述数据的行为。虽然两个信号之间存在明显的重叠,使得它们看起来像是一个信号,但仍然能够相当精确地确定两个信号的比例。但是,对于两个信号的峰位和宽度均未知而需要通过数据来拟合的情形,拟合则要困难得多。

---

① 为了便于问题的解释,数据以直方图显示,但拟合是用不分区数据的极大似然法进行的。

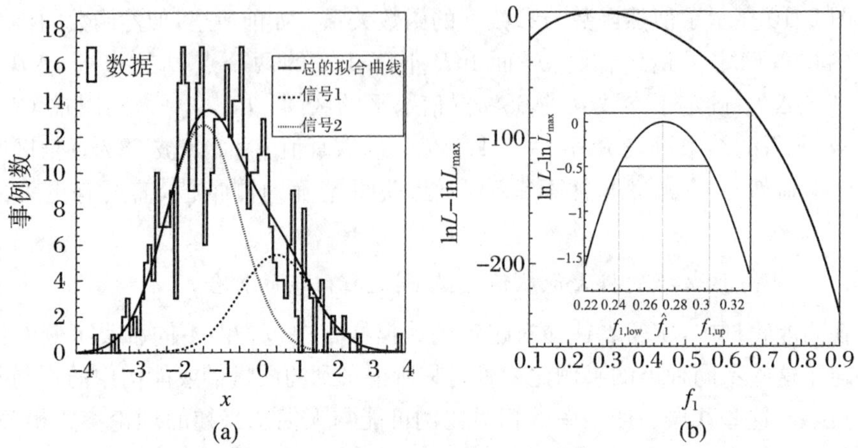

图 2.11　两个高斯信号比例的不分区数据极大似然拟合。(a) 模拟数据(用直方图表示)和两个拟合的高斯函数。(b) 不分区数据的对数似然函数(已减去极大值)与第一个信号比例 f_1 的函数关系。小插图是 $\ln L$ 极大值邻域的放大图形

2.5.2　广义极大似然函数

高能物理中另一类经常遇到的任务是确定物理过程的**绝对产生率**(或**归一化**),例如 LHC 实验中希格斯粒子的产生率。产生率与产生截面相对应,后者可以由理论预期。对于在相同条件下可重复进行的实验,某一过程的观测产生率 N 将按照期望(真)值 ν 的泊松分布而上下涨落。泊松分布项以乘因子的形式呈现在似然函数中,由此导出所谓的**广义似然函数**:

$$L(\boldsymbol{x};\nu,\boldsymbol{\theta}) = \mathrm{e}^{-\nu}\frac{\nu^N}{N!}\prod_{i=1}^{N}f(x_i;\boldsymbol{\theta}), \tag{2.79}$$

这里函数 f 的乘积是常规的不分区数据的似然函数式(2.5)。舍弃与 $\boldsymbol{\theta}$ 和 ν 无关的项,对数似然函数可以表示为

$$\ln L(\boldsymbol{x};\nu,\boldsymbol{\theta}) = \sum_{i=1}^{N}\ln f(x_i;\boldsymbol{\theta}) + N\ln\nu - \nu + \text{constant}。\tag{2.80}$$

当期望事例数 ν 独立于参数 $\boldsymbol{\theta}$ 时,它的估计值就等于观测值 $\hat{\nu}=N$。根据式(2.80),通过求解方程 $\partial\ln L/\partial\nu=0$ 很容易导出上述结果。对于其他参数的估计也将获得与非广义极大似然拟合相同的结果。但是,如果期望事例数 ν 是依赖于参数 $\boldsymbol{\theta}$ 的函数,则这种函数依赖可以用来获得关于 $\boldsymbol{\theta}$ 和 ν 的更优(更有效)的估计,这一点将在 2.5.2.2 节讨论。对于广义极大似然估计方法的详尽讨论可参见文献[12]。

2.5.2.1 不分区数据的广义极大似然估计:过程产生率的拟合

现在,我们回到2.5.1.1节中的两个信号拟合的例子。前面我们感兴趣的是两个信号的比例,而现在我们想要拟合两种信号产生率的期望值 ν_1 和 ν_2。广义似然函数由下式给定:

$$\begin{aligned} L &= e^{-\nu}\nu^{453}\prod_{i=1}^{453}\left[f_1 e^{-(x_i-1)^2/2} + (1-f_1)e^{-(x_i+1)^2/2}\right] \\ &= e^{-\nu_1-\nu_2}\prod_{i=1}^{453}\left[\nu_1 e^{-(x_i-1)^2/2} + \nu_2 e^{-(x_i+1)^2/2}\right], \end{aligned} \tag{2.81}$$

其中利用了关系式 $\nu_1 = f_1\nu$ 和 $\nu_2 = (1-f_1)\nu$,并舍弃了常数乘因子项。图2.12指明了对数似然函数极大值的位置在 $(\hat{\nu}_1, \hat{\nu}_2) = (124, 329)$。图中还显示了 $\ln L$ 从其极大值分别下降1/2和2所对应的两个等值轮廓,它们分别界定了置信水平38%和86%的二维参数 (θ_1, θ_2) 的置信域(参见2.3.4.1节的讨论)。此外,图中还指明了**侧向轮廓化曲线**(profiled curve)$\hat{\hat{\nu}}_2(\nu_1)$ 和 $\hat{\hat{\nu}}_1(\nu_2)$,其中 $\hat{\hat{\nu}}_2(\nu_1)$ 由给定 ν_1 值情形下 $\ln L$ 达到极大所对应的 ν_2 所组成,$\hat{\hat{\nu}}_1(\nu_2)$ 有与此对应的含义。根据**侧向轮廓化似然函数**方法(见2.3.4.2节的讨论),$\hat{\hat{\nu}}_2(\nu_1)$ 与 $\Delta\ln L = -0.5$ 等值轮廓相交的两个交点 $\nu_{1,\text{low}} = \hat{\nu}_1 - \Delta\hat{\nu}_{1,-}$,$\nu_{1,\text{up}} = \hat{\nu}_1 + \Delta\hat{\nu}_{1,+}$ 界定了 ν_1 的68%置信区间。这两个交点是等值轮廓的 ν_1 的两个极值。与此类似,图2.12还显示了根据侧向轮廓化曲线 $\hat{\hat{\nu}}_1(\nu_2)$ 与 $\Delta\ln L = -0.5$ 等值轮廓相交的两个交点构成的 ν_2 的68%置信区间 $[\nu_{2,\text{low}}, \nu_{2,\text{up}}]$。利用习惯使用的符号,拟合结果可表示为 $\nu_1 = 124^{+15}_{-15}$ 和 $\nu_2 = 329^{+21}_{-21}$。

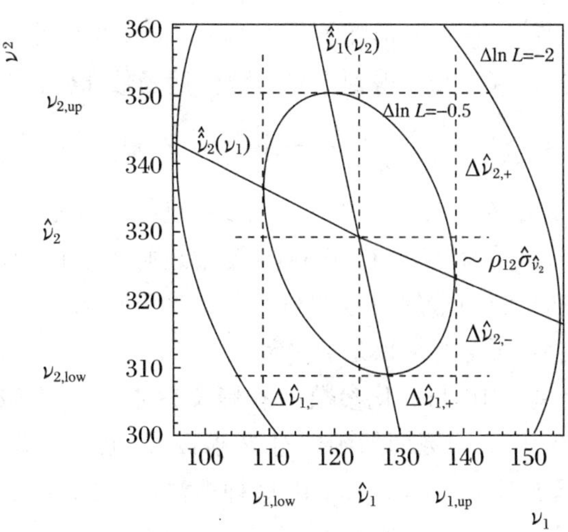

图2.12 图2.11中数据样本包含的两个信号的产生率 ν_1, ν_2 的广义极大似然拟合。图中的 $\hat{\nu}_1$,$\hat{\nu}_2$ 表示极大似然估计,还给出了 $\ln L$ 从其极大值分别下降1/2和2($\Delta\ln L = -1/2, \Delta\ln L = -2$)所对应的两个等值轮廓。图中也标出了侧向轮廓化曲线 $\hat{\hat{\nu}}_2(\nu_1)$ 和 $\hat{\hat{\nu}}_1(\nu_2)$ 以及正、负不确定性 $\Delta\nu_{i,\pm}$ $(i=1,2)$

两条侧向轮廓化曲线的斜率为负值,表明两个信号强度之间存在负关联。这一现象很容易理解,因为两个信号相互重叠(见图 2.11),一个信号的增强需要用另一信号的减弱来补偿。若似然函数可以近似为高斯函数(即 $\ln L$ 等于某一常数对应的等值轮廓是一个椭圆,并且 $\Delta\hat{\nu}_{i,-}=\Delta\hat{\nu}_{i,+}=\hat{\sigma}_{\hat{\nu}_i}$, $i=1,2$),那么对应于 ν_1 的 1σ 变化量,ν_2 沿着侧向轮廓化曲线的变化量等于 $\rho_{12}\hat{\sigma}_{\hat{\nu}_2}$。如图 2.12 所示,这一关系可用来确定关联系数 ρ_{12}。在我们的例子中,ν_1 的 1σ 变化量从 124 变化到 139,对应的 ν_2 的变化量约为 -7,故可得 $\rho_{12}\approx-0.33$。

2.5.2.2　不分区数据的广义极大似然估计:归一化参数依赖于位置的信号拟合

现在,我们来讨论一个例子,较之常规的极大似然估计方法,利用广义极大似然估计能够显著地改善拟合参数的精度。

假定数据样本由单一信号过程的事例所组成,期望的产生率 ν 是信号位置 μ 的形式已知的函数(μ 可以是所产生粒子的质量)。事实上,这在对撞实验中是常见的现象,例如 LHC 实验中顶夸克的产生,顶夸克质量越大则总产生截面越小,原因归之于运动学相空间的减小。

图 2.13 显示了一个模拟的示例。模拟事例按照泊松统计产生,其期望(真)值 $\nu=9$ 是任意选定的。位置观测量 x 则按照峰位置真值 $\mu=7$、宽度为 1(反映探测器的分辨率)的高斯函数产生。11 个观测事例的分布示于图 2.13(a)。图 2.13(b)则显示了产生率期望值 ν 对于峰位置真值 μ 的设定指数依赖关系①:

$$\nu = 9e^{-4(\mu-7)}。\tag{2.82}$$

显然,对于真值 $\mu=7$,ν 等于 9,但随着 μ 的减小,ν 值迅速增大。将 ν 对于峰位 μ 的函数依赖关系代入式(2.80),得到**广义对数似然函数**(略去常数项):

$$\ln L = \sum_{i=1}^{11} -\frac{(x_i-\mu)^2}{2} - 9e^{-4(\mu-7)} + 11\ln\left[9e^{-4(\mu-7)}\right]。\tag{2.83}$$

图 2.13(c)显示了 $\ln L$ 对于峰位 μ 的变化曲线(点线),这是一条相当窄的近似抛物线,求得的拟合结果是 $\mu=6.94\pm0.08$。图中还画出了仅利用式(2.83)第一项(对 11 个事例求和的项)的常规对数似然函数的曲线(实线)。它表示的是常规的加权平均的函数关系,所得的结果是 $\mu=6.7\pm0.3$。

在我们的这个例子中,归一化参数 ν 和峰位参数 μ 是完全**相互依赖**的。如果不是利用式(2.83)的广义对数似然函数对 μ 求极大,也可以借助式(2.82)用 ν 代替 μ,然后求似然函数对于 ν 的极大。由这种做法求得的 ν 估计值要比 $\hat{\nu}=11$ 精确,因为现在不仅式(2.83)中的泊松项(最后两项)对 ν 产生约束,而且第一项(对 11 个事例求和的项)也对 ν 有约束作用。在本例中,这种改善不明显,因为式

---

① 在本例中,指数依赖的函数关系以及指数斜率等于 4 都是任意选定的。在实验中,产生率 ν 对于峰位 μ 的函数依赖关系必须用理论模型来预言。

(2.82)所示的 $\nu(\mu)$ 依赖关系非常陡峭，其结果是观测事例数对于 μ 的约束作用很显著，但在似然函数-峰位质量的关系曲线很宽的情形下，对 ν 的约束则很弱。不过，对于平缓的 $\nu(\mu)$ 依赖关系和很窄的似然函数-峰位质量关系曲线的场合，情况则恰好相反。

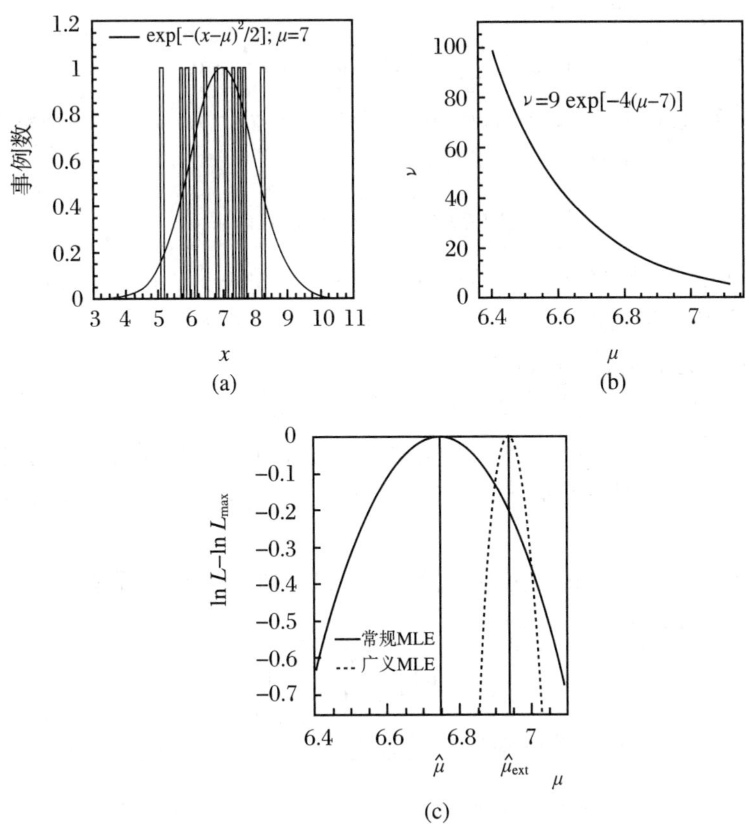

图 2.13　高斯信号峰位 μ 的广义不分区数据极大似然拟合。(a) 11 个模拟事例数据点的观测位置 x 分布以及峰位置真值 $\mu=7$ 的高斯分布 pdf(任意归一化)。(b) 信号的期望事例率 ν 与峰位 μ 在 $\mu=7$ 附近区域内的函数关系。(c) $\ln L-\ln L_{\max}$ 对于峰位 μ 的变化曲线，点线表示广义极大似然估计的结果，实线表示常规极大似然估计的结果。图中还标出了这两种方法求得的估计值 $\hat{\mu}_{\text{ext}}$ 和 $\hat{\mu}$

2.5.3　分区数据的极大似然拟合

当对大统计量(大 N)的数据样本进行拟合时，通常的做法是将数据进行分区操作，以便使似然函数的计算更加高效。只要每个子区间内由于概率密度函数 $f(x;\boldsymbol{\theta})$ 的变化导致的参数向量 θ 的信息量与全区间内 $f(x;\boldsymbol{\theta})$ 的变化导致的参数向量 $\boldsymbol{\theta}$ 的信息量相比是无关紧要的，数据的分区操作就不会产生什么损害。

如果总事例数 N 是一个定值,则每个子区间内的事例数概率分布服从多项分布。于是,似然函数形式为

$$L = N!\prod_{i=1}^{B}\frac{P_i(\boldsymbol{\theta})^{n_i}}{n_i!}, \tag{2.84}$$

相应的对数似然函数为

$$\ln L = \sum_{i=1}^{B} n_i \ln P_i(\boldsymbol{\theta}) + \text{constant}, \tag{2.85}$$

式中 B 是子区间数,n_i 是子区间 i 中的观测事例数。量 P_i 表示一个事例出现于子区间 i 中的期望概率,由下式给定:

$$P_i(\boldsymbol{\theta}) = \int_{x_i^{\text{low}}}^{x_i^{\text{up}}} f(x;\boldsymbol{\theta})\mathrm{d}x, \tag{2.86}$$

其中 x_i^{low} 和 x_i^{up} 分别是子区间 i 的下界和上界①。如果子区间的宽度足够小,通常每个子区间内概率密度可以近似地处理为常数或线性函数,于是积分可以利用子区间中心 x_i^{c} 处的函数值进行计算:

$$P_i(\boldsymbol{\theta}) = \Delta x_i f(x_i^{\text{c}};\boldsymbol{\theta}), \tag{2.87}$$

其中 $\Delta x_i = x_i^{\text{up}} - x_i^{\text{low}}$ 表示子区间的宽度。容易看到,当子区间的宽度趋向于 0 时,分区数据的似然函数就等同于前面讨论过的不分区数据的似然函数(忽略与参数向量 $\boldsymbol{\theta}$ 无关的乘因子)。

对于广义似然函数的情形,形式为式(2.84)的似然函数需要乘以泊松项(观测事例数为 N,期望事例数为 ν):

$$L = \mathrm{e}^{-\nu}\frac{\nu^N}{N!}N!\prod_{i=1}^{B}\frac{P_i^{n_i}}{n_i!} = \prod_{i=1}^{B}\mathrm{e}^{-\nu_i}\frac{\nu_i^{n_i}}{n_i!}, \tag{2.88}$$

其中最后一个等号右边我们利用了关系式 $N = \sum n_i$,并引入 $\nu_i = P_i\nu$,故有 $\sum \nu_i = \nu$。于是,似然函数等于各子区间 i 中观测到 n_i 个事例、期望事例数为 ν_i 的泊松概率的乘积。这样,对数似然函数可写为

$$\ln L(\boldsymbol{n};\nu,\boldsymbol{\theta}) = \sum_{i=1}^{B} n_i \ln \nu_i(\nu,\boldsymbol{\theta}) - \nu + \text{constant}。 \tag{2.89}$$

分区数据广义极大似然拟合的主要应用范围与 2.5.2 节讨论的不分区数据广义极大似然拟合是一样的:拟合用来确定过程的绝对产生率(例如截面),拟合用来同时确定影响拟合函数形状和归一化常数的多个参数。对于后者,分区数据的广义极大似然拟合较之常规极大似然拟合能得到更精确的参数值。

---

① 这里假定全部的子区间覆盖了变量 x 的全域,满足 $\sum_{i=1}^{B} P_i(\boldsymbol{\theta}) = 1$;不然的话,需要对 $P_i(\boldsymbol{\theta})$ 重新归一化,即 $P_i(\boldsymbol{\theta}) \to P_i(\boldsymbol{\theta}) \Big/ \sum_{i=1}^{B} P_i(\boldsymbol{\theta})$。

2.5.4 直方图数据的最小二乘拟合

如果每一子区间 i 中期望事例数 ν_i 不太小，则可以将泊松分布近似为高斯分布并利用最小二乘拟合，通过皮尔逊定义的 χ^2 函数[13]的极小化来估计参数 $\boldsymbol{\theta}$：

$$\chi^2(\boldsymbol{\theta}) = \sum_{i=1}^{B} \frac{[n_i - \nu_i(\boldsymbol{\theta})]^2}{\nu_i(\boldsymbol{\theta})}。 \tag{2.90}$$

一种广泛采用的方法是将严格的方差 $\sigma_i^2 = \nu_i$（ν_i 是期望事例数）近似地处理为观测事例数 $\sigma_i^2 = n_i$。由此导出奈曼定义的 χ^2 函数[11]：

$$\chi^2(\boldsymbol{\theta}) = \sum_{i=1}^{B} \frac{[n_i - \nu_i(\boldsymbol{\theta})]^2}{n_i}。 \tag{2.91}$$

式(2.91)的计算更为方便和快捷。特别对 $\nu_i(\boldsymbol{\theta})$ 是线性函数的情形，它对应于**线性最小二乘估计量**，可以利用式(2.52)和式(2.53)求得解析解。但对于存在事例数过少（典型地小于 5）的子区间的场合，上述做法会出现问题。对于这样的子区间，用事例数估计方差极其不精确。在观测事例数为 0 的子区间会得出 0 估计方差的结果，使得式(2.91)发散而无法使用。有时人们会在 χ^2 的计算中略去观测事例数为 0 的子区间再进行极小化，但这样会给出有偏的拟合结果。同样在皮尔逊 χ^2 函数中，对 $\nu_i(\boldsymbol{\theta}) \to 0$ 的子区间，会产生类似的问题。

直方图数据的 χ^2 拟合通常也采用**广义形式的拟合**，即拟合期望事例数 $\nu_i(\boldsymbol{\theta}) = \nu p_i(\boldsymbol{\theta})$，其中 ν 是一个额外的拟合参数，p_i 代表子区间 i 中观测到一个事例的概率。对于皮尔逊 χ^2 函数，求解 $\partial\chi^2/\partial\nu = 0$，给出最优估计

$$\hat{\nu}^{\text{Pearson}} = N + \frac{\chi^2_{\min}}{2}, \tag{2.92}$$

而对奈曼 χ^2 函数，最优估计则为

$$\hat{\nu}^{\text{Neyman}} = N - \chi^2_{\min}。 \tag{2.93}$$

这两个估计都是有偏的。由于 χ^2 函数近似地服从 $\chi^2(B-m)$ 分布，并且 $E(\chi^2) = B - m$（B 是事例数，m 是参数个数），故仅当观测事例数 $N \gg B - m$ 时偏差才可以略而不计。与此相反，分区数据的广义极大似然法（利用式(2.89)）不存在这样的偏差，即使存在低事例数的子区间也不会产生问题，因此推荐采用它来进行分区数据的拟合。

2.5.4.1 分区数据的质量峰拟合：实际考虑

本底之上信号峰的拟合是一项具有代表性的数据分析工作。图 2.14 是一个模拟的例子。从每一事例中选出一对候选 μ 子，并画出其不变质量的分布。可以见到一个清晰的峰，表明存在衰变为两个 μ 子的一个粒子共振态。分析的目的是确定共振粒子的质量及该粒子的产生率。对于这项拟合任务，需要考虑以下事项：

- **参数化**。到目前为止，我们一直假定 pdf 作为 x（本例中 x 是 μ 子对的不变质量）的函数其大体形状是已知的。但是对于质量峰的拟合问题，情况并非如此。

在小统计量情形下,如果探测器的分辨率效应远大于共振态的本征宽度,则通常利用单高斯函数对信号做参数化处理就足够精确了。但在许多情形下,为了正确地描述探测器的分辨率,需要利用若干个宽度不同的高斯函数的混合,或者利用尾巴比高斯分布长的其他函数。如果蒙特卡洛模拟能够足够好地描述探测器的性能,则蒙特卡洛模拟能够给出 pdf 形状的更精确的模型。

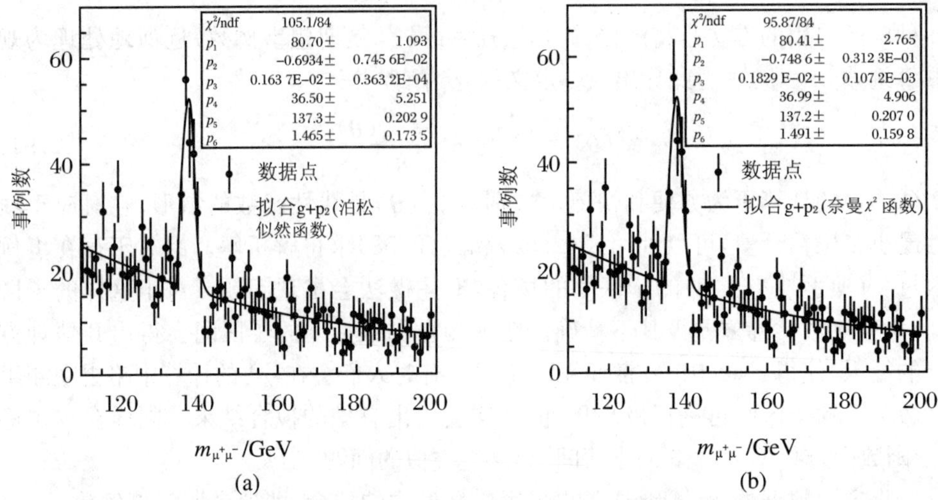

图 2.14　利用 μ 子对不变质量谱拟合叠加在本底上的共振态信号。(a) 利用泊松似然函数的拟合。(b) 利用奈曼 χ^2 函数的拟合

峰下的本底通常主要来自所谓的**组合本底**(combinatorial background),它们不是由共振粒子衰变产物产生的,但被错误地认定为共振粒子的衰变产物。这类本底通常具有平滑的质量谱。但是,蒙特卡洛模拟通常不能描述组合本底的形状和归一化①。由于这个原因,惯常的做法是采用**唯象参数化模型**描述这类本底,例如多项式或指数函数,其中的参数可以灵活地调节以使本底的形状能够得到合理的描述。

• **拟合范围**。通常,质量谱(包含信号和本底)的拟合范围在某种程度上可以任意地选取。理想的情形是,拟合范围应当包含信号峰的全域以及下游**边带区**和上游边带区,以便于能够很好地确定信号和本底的贡献。边带区应当至少是信号峰区的几倍宽,因为只有这样,所估计的信号峰区下的本底贡献的统计不确定性才比较小。然而,许多情况下也有充足的理由不选择过宽的拟合范围。一种简单的本底参数化形式可能只可以在有限范围内描述本底,若超出这一范围则不能。对参数化函数增加拟合参数的个数可以弥补这一缺陷(例如增加拟合多项式的阶

① 蒙特卡洛模拟通常被调节为能够正确地描述信号过程。

次)。但是这种做法常常是不值得的,因为增加拟合函数的灵活性虽然有助于描述远离信号峰区域的本底形状,但是并不能改善信号峰区域的拟合精度。

- **分区数据拟合和不分区数据拟合**。对于我们的例子,我们希望利用分区数据的拟合方法。子区间的宽度应适当选择,使得与信号相关的信息不受损失。通常安全的做法是选择子区间宽度约等于或小于探测器分辨率的一半,图 2.14 中直方图所选择的数据分区就是如此。
- **估计量的选择——泊松极大似然估计和最小二乘估计**。前面已述,拟合信号产生率的理想估计量是式(2.89)所示的泊松型极大似然估计。在我们的例子中,也利用式(2.91)的奈曼 χ^2 函数的最小二乘法作为比较。

图 2.14 所显示的数据是利用泊松统计模拟产生的,$m_{\mu^+\mu^-}$ 谱的每一子区间中事例数期望值服从高斯分布的信号加上二阶多项式分布的本底。图中也显示了用这样的函数拟合数据的平滑曲线。拟合是利用 MINUIT 程序包[5]完成的。图 2.14(a)中利用的是泊松型似然函数,而图 2.14(b)中利用的是奈曼 χ^2 函数(MINUIT 中的缺省选项)。χ^2 方法所得的拟合曲线要略微低一些,从式(2.93)我们知道这是一个有偏的结果。在其他方面,由两种方法给出的拟合参数值及其估计的不确定性(都已列在图中右上角方框内)都非常相近。不确定性是基于式(2.22)求得的(在 MINUIT 中调用“HESSE”进行计算)。利用 MINUIT(或其他程序)进行质量峰拟合需要考虑的深一层的实际问题如下:

- **选择适当的初始值**。质量峰拟合对于拟合参数(特别是信号的质量和宽度)而言是高度非线性问题。如果选择的初值不恰当,则拟合会收敛到不正确的解(这是一个纯粹的数值计算问题)。关于共振质量和(或)峰宽的已有先验信息可以加以利用:这类先验知识可以选择为初值,或者将某个(些)参数值加以固定。一种可能有帮助的做法是:首先只对边带区拟合本底参数;然后将本底参数固定,只拟合信号参数;最后将这些参数的拟合值作为初值,同时拟合本底参数和信号参数,求得最终结果。
- **检验拟合结果的品质**。MINUIT 程序包给出了拟合的奈曼 χ^2 函数值。如果每一子区间中的事例数不太少,则对于一个品质良好的拟合,该 χ^2 值除以自由度数(子区间数减去拟合参数个数)所得的商应当接近于 1。无论如何,应当用肉眼检查一下在整个拟合区间内拟合曲线与数据点的一致性。若这种检查给出负面的结论,则可以尝试增加参数化函数的灵活性来进行优化,例如,对于信号增加一个更宽的高斯函数来描述探测器分辨的尾部分布,对本底增加拟合多项式的阶次。但是,如果这样做的结果没有明显地改善 χ^2 的极小值,就应当停止进一步增加参数个数。例如,增加一个参数导致 χ^2 减少 1,这表明没有必要增加这个参数;如果增加一个参数导致 χ^2 减少 10,这对应于 3σ 的效应,那么增加这个参数是有意义的。

2.5.5　专题:不相符数据的求均值

本节处理高能物理中经常遇到的一类拟合问题:对存在明显不一致性的若干个实验测量求平均值。对于这类问题(数据不一致,拟合函数不一致),$\chi^2_{\min}$值的大小是指征各实验测量之间不一致性的强有力的工具。下面,我们将用常数函数来拟合 10 个数据点作为例子对此加以说明。一个现实的例子是,一个粒子沿水平方向飞行,穿过 10 个探测器层(忽略其中的散射),对粒子的平均垂直位置进行拟合。在理想情况下,位置测量(以下称为“击中”)服从以径迹位置真值为中心的高斯分布。

图 2.15(a)显示了对于模拟数据进行拟合的这样一个分析。在这一示例中,所有的击中与其拟合位置在 1 或 2 个标准差内相一致,求得的每自由度的 $\chi^2_{\min}$ 值 $\chi^2_{\min}/\mathrm{ndf}=12.7/9$ 是合理的数值。图 2.15(c)显示了 $\chi^2_{\min}$ 的分布,它是通过2 000 次的 10 个数据点的重复模拟,尔后再进行拟合而求得的。该分布非常接近于所预期的自由度为 9 的 χ^2 分布函数。图 2.15(e)显示了径迹拟合的 $P(\chi^2_{\min})$分布。$P(\chi^2_{\min})$定义为 χ^2 分布函数从观测值 $\chi^2_{\min}$到无穷大的积分值,它表示观测到一个大于或等于 $\chi^2_{\min}$的 χ^2 值的概率,通常称为 $\chi^2_{\min}$ **拟合概率**(参见式(3.21))。观测到的是一个平分布。这一现象很平常,因为任意概率密度函数的累积分布服从[0,1] 区间的均匀分布。

实际使用的探测器存在效率低于 100%以及噪声会产生位置随机分布的虚假击中的现象。图 2.15(b)显示的是信号击中有 10%的概率被噪声击中代替这样的模拟数据的拟合。噪声击中按照径迹位置真值为中心的高斯分布产生,其标准差等于信号击中标准差的 10 倍。参照图中的拟合直线,第一个击中显然是噪声击中。这一**异常击中**(outlier hit)导致大的 $\chi^2_{\min}/\mathrm{ndf}=23.7/9$ 值。图 2.15(d)显示的 $\chi^2_{\min}$分布同样来自 2 000 次模拟及其拟合的结果,它比预期的自由度为 9 的 χ^2 分布在数值大的区域有长得多的尾巴。然而,与好径迹拟合的情况相比,最显著的差异是图 2.15(f)显示的 $P(\chi^2_{\min})$分布。该分布在 0 附近出现一个大的尖峰,后者是由包含至少一个噪声击中的模拟数据所产生的。在这种情形下,$\chi^2_{\min}$ 如此之大,观测到一个大的 $P(\chi^2_{\min})$值的概率非常接近于 0。$P(\chi^2_{\min})$分布的另一个特征是有平的长尾巴,这是碰巧 10 个击中都是好的信号击中这样的模拟所产生的。噪声击中不仅导致大的 $\chi^2_{\min}$ 值,同时使得所估计的径迹参数的实际方差明显地变坏(图中没有显示)。在这种情形下,数据点与拟合函数间的**残差平方**(squared residual)对于 χ^2 的贡献变得很重要,从而任何的异常击中对于拟合曲线将会产生很明显的效应。

对于噪声击中污染很小的情形,一种适当的补救方法是丢弃 $\chi^2_{\min}$ 概率低于某个给定小量(比如1%)的径迹拟合。这种做法导致的损失可能是可以容忍的,而保留下的样本有很好的品质。另一种可能性是丢弃拟合所发现的异常击中。这种做法可以重复进行。首先对全部击中进行拟合,找出对 $\chi^2_{\min}$ 值贡献最大的击中,

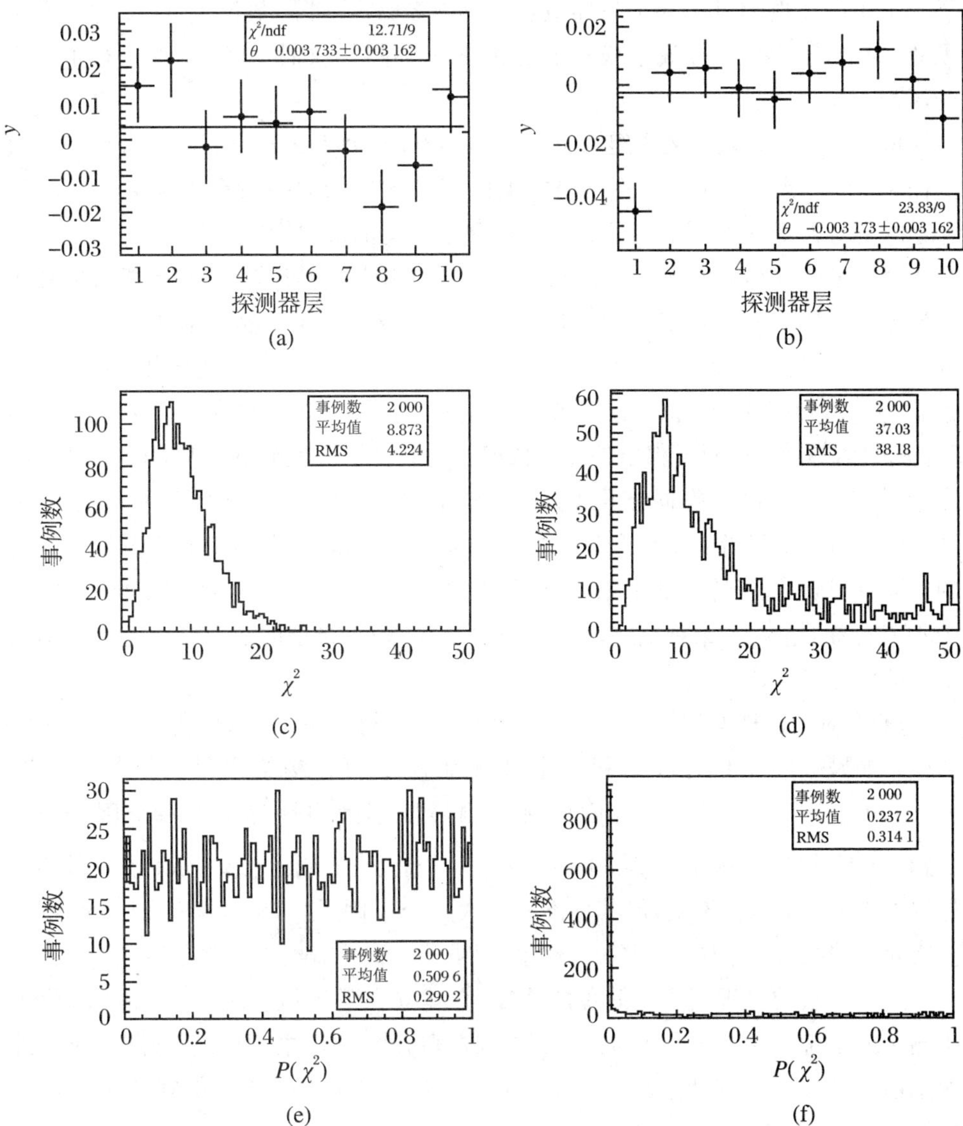

图2.15　水平飞行粒子的10层探测器击中对垂直位置均值的径迹拟合。(a)～(e) 所有击中都是好的信号击中。(b)～(f) 10%是随机噪声产生的击中。(a)(b) 径迹拟合。(c)(d) $\chi^2_{\min}$分布。(e)(f) $P(\chi^2_{\min})$分布。以上结果通过2 000次的10个数据点的重复模拟,再进行拟合而求得

然后丢弃该击中再进行拟合。再丢弃拟合所发现的异常击中,直到 χ^2_{min} 值合理为止。如果好的信号击中数量足够多,足以分辨出数量少得多的异常击中,那么这种方法相当有效。它充分利用了好的信号击中提供的冗余信息。但是,如果噪声击中的比例超过了某个临界值,并且(或者)探测器层数过少,那么这种方法无效。异常击中的排除属于**模式识别**的一般性论题,文献 [14] 对此进行了广泛的讨论。

世界平均值。**粒子数据组**(Particle Data Group,PDG)履行确定世界平均值的任务[15],它是对包含潜在不相符数据的测量求平均的一项重要应用。图 2.16 显示的是对粒子 X 的 5 次独立的质量测量求平均的假想情况。图 2.16(a)显示的是 5 个测量值及其不确定性。垂直的虚线及其周围的阴影带分别表示常规的加权平均(式(2.18))和不确定性为 $\pm 1\sigma$ 的区域。显然,头 4 个测量值相互很好地一致,而第 5 个测量值则有 2 倍标准差的偏离。对于 4 个自由度,这给出了相当大的 $\chi^2_{min}=10.8$,相应的 χ^2_{min} 拟合概率为 $P(\chi^2_{min})=0.029$。在这种情形下,存在舍弃第 5 个测量值的诱惑。对于保留的 4 个数据点的拟合结果示于图 2.16(b)。这时,阴影带给出了头 4 个数据点的更好的表述,相应地,$\chi^2_{min}=1.7$ 和拟合概率 $P(\chi^2_{min})=0.64$ 都指明了拟合具有良好的品质。但是,除非对第 5 次测量所存在的问题有明确的、经鉴定的来源,否则上述做法并不认为是正当的。同样也可能其余 4 个实验测量存在某种偏差,或者所观察到的测量结果的散布仅仅是由于运气不好的统计涨落。

PDG 对于常规的加权平均方法采用了一组处理方案[15],这里我们介绍其中的两种。如果 $\chi^2_{min}/\text{ndf}\leqslant 1$,则利用常规的加权平均方法给出最终结果。如果 χ^2_{min}/ndf 大于 1 但大得不多,则所有的测量值不确定性都乘上一个因子 $s=\sqrt{\chi^2_{min}/\text{ndf}}$,然后重新计算加权平均。由此可以得到合理的 $\chi^2_{min}=\text{ndf}$ 值。最终的加权平均值结果保持不变,但其标准差增大一个 s 因子。该方法应用于 5 个测量值所获得的结果示于图 2.16(c)。在这一例子中,$s=1.64$。

这一方法的合理性出于简单的认知,它建立在下述假设之上:大的 χ^2_{min} 值表明测量的不确定性被低估①,而被低估的程度应当以"民主的方式"分配给所有的测量值。该方法在统计意义上并不严格,但它给出了一个相对保守的不确定性数值。

① 由于对于大多数测量而言,统计不确定性是充分了解的,所以主要的怀疑来自未测到的或过低估计的系统不确定性。

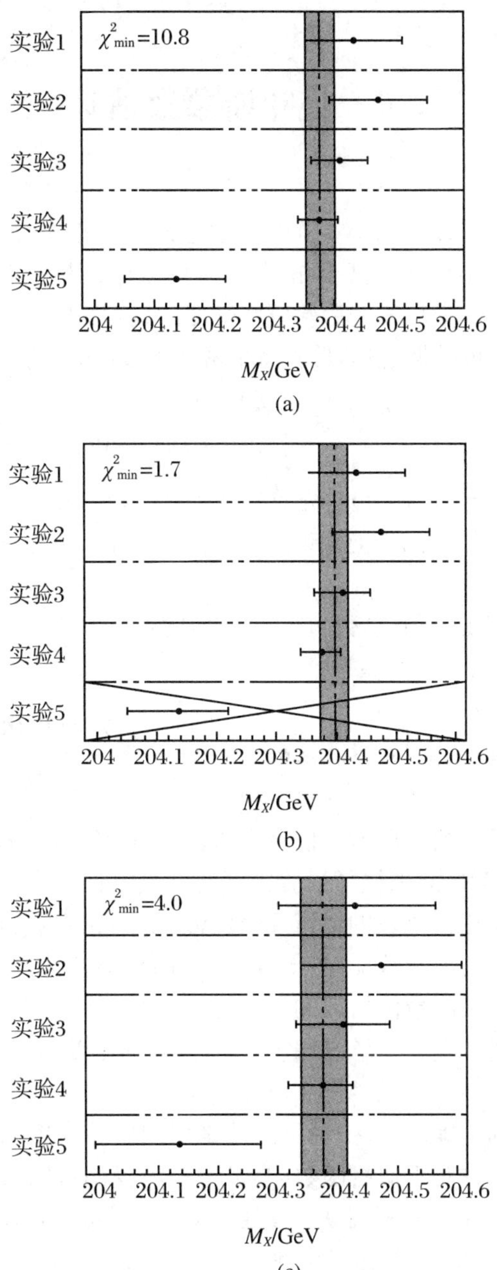

图 2.16　对粒子 X 质量的 5 次独立测量求世界平均值。垂直虚线及阴影带表示加权平均和不确定性 $\pm 1\sigma$ 的区间。(a) 常规的加权平均。(b) 舍弃第 5 次测量的拟合结果。(c) 利用 PDG 的处理方案，将每次测量的不确定性乘上一个因子，使得 $\chi^2_{\min} = \mathrm{ndf}$

2.6　贝叶斯参数估计

贝叶斯参数估计可以应用于本章中讨论过的所有实例。所得的结果与至今用频率统计方法所得的结果相近甚至相同,但是两者的诠释是有差异的。在贝叶斯统计中,给定观测值 x,参数 $\boldsymbol{\theta}$ 的后验概率密度函数表示的是给定观测值 x 情形下参数 $\boldsymbol{\theta}$ 的知识。利用贝叶斯定理,后验概率密度函数可表示为

$$p(\boldsymbol{\theta};\boldsymbol{x}) = \frac{L(\boldsymbol{x};\boldsymbol{\theta})\pi(\boldsymbol{\theta})}{\int L(\boldsymbol{x};\boldsymbol{\theta})\pi(\boldsymbol{\theta})\mathrm{d}\boldsymbol{\theta}}, \tag{2.94}$$

其中 $L(\boldsymbol{x};\boldsymbol{\theta})$ 是似然函数,$\pi(\boldsymbol{\theta})$ 是先验概率密度函数。先验密度代表我们在分析实验数据之前关于参数 $\boldsymbol{\theta}$ 的当前知识或信度。分母是使后验概率密度具有归一化性质的常数。

如果感兴趣的只是一个参数 θ_j 或参数 $\boldsymbol{\theta}$ 的一个子集,则其后验密度等于 $p(\boldsymbol{\theta};\boldsymbol{x})$ 对于其余参数 $\theta_{k\neq j}$ 的积分:

$$p(\theta_j;\boldsymbol{x}) = \int p(\boldsymbol{\theta};\boldsymbol{x})\mathrm{d}\boldsymbol{\theta}_{k\neq j} = \frac{\int L(\boldsymbol{x};\boldsymbol{\theta})\pi(\boldsymbol{\theta})\mathrm{d}\boldsymbol{\theta}_{k\neq j}}{\int L(\boldsymbol{x};\boldsymbol{\theta})\pi(\boldsymbol{\theta})\mathrm{d}\boldsymbol{\theta}}。 \tag{2.95}$$

后验密度包含了推断参数 $\boldsymbol{\theta}$ 的所有信息。通过报道参数 $\boldsymbol{\theta}$ 的最优估计及其不确定性,或者参数 $\boldsymbol{\theta}$ 的信度区间来概括后验密度通常是方便且实用的。参数的最优估计的流行选择是后验密度函数的**最可几值**(mode),即后验密度达到极大时对应的参数值。当先验概率密度函数 $\pi(\boldsymbol{\theta})$ 是 $\boldsymbol{\theta}$ 的平分布,即常数函数时,最可几值与极大似然估计一致。参数的最优估计的另一种选择是后验密度函数的均值或中值。中值的优点在于它通常是更为稳健的估计,对分布的尾部不灵敏,并且在某些参数变换下具有不变性。

为了报道参数的不确定性,一种可能性是引用后验密度的标准差或方差。如同极大似然估计方法中对于似然函数的做法一样,我们可以将后验密度函数的对数围绕其极大值做展开①,并利用 $\boldsymbol{\theta} = \hat{\boldsymbol{\theta}}$ 处 $\partial p(\boldsymbol{\theta};\boldsymbol{x})/\partial\boldsymbol{\theta} = 0$ 的关系(因为 $\hat{\boldsymbol{\theta}}$ 是后验密度函数的极大对应的最可几值),由此来确定近似的区间。在极大值邻域的后验密度函数可用高斯函数作为近似:

$$p(\boldsymbol{\theta};\boldsymbol{x}) \approx A \cdot \exp\left[\frac{1}{2}(\boldsymbol{\theta} - \hat{\boldsymbol{\theta}})^{\mathrm{T}} \left.\frac{\partial^2 \ln p}{\partial \boldsymbol{\theta}^2}\right|_{\boldsymbol{\theta}=\hat{\boldsymbol{\theta}}} (\boldsymbol{\theta} - \hat{\boldsymbol{\theta}})\right], \tag{2.96}$$

其中 A 是一个常数。将后验密度对数的二阶导数作为所估计参数的不确定性加

① 如果后验密度函数的极大位于参数容许域的边界处,则这一展开不适用。

以引用。对于一维参数的情形，我们有

$$\sigma = \left[-\frac{\partial^2 \ln p(\theta;\boldsymbol{x})}{\partial \theta^2}\bigg|_{\boldsymbol{\theta}=\hat{\boldsymbol{\theta}}} \right]^{-1/2}。\tag{2.97}$$

但是，一般情形下报道参数 θ 的贝叶斯信度区间或多维参数空间的信度域是更好的选择。特别对于后验分布为高度非高斯型甚至具有若干个数值相近的局域极大的场合，情况更是如此。对于单个参数的情形，信度水平 $1-\alpha$（例如对于 1σ 区间，$1-\alpha=68\%$）的信度区间定义为

$$P(\theta_{\text{low}} < \theta < \theta_{\text{up}}) = \int_{\theta_{\text{low}}}^{\theta_{\text{up}}} p(\theta;\boldsymbol{x})\mathrm{d}\theta = 1-\alpha。\tag{2.98}$$

这一定义显然不具有唯一性，而是有许多可能的区间，取决于如何来选择 θ_{low} 和 θ_{up}。最常见的区间类型是最短区间，即在所有可能的区间中选择距离 $\theta_{\text{up}}-\theta_{\text{low}}$ 最短的区间。对于单峰（即仅有一个极大值）的后验密度函数，最短区间总是包含后验密度的最可几值。基于这一原因，如果引用最可几值作为参数的最优估计，通常总是报道最短信度区间。或者，如果我们引用后验密度的中值作为最优估计，则与之更相符的是引用中心区间，即满足如下关系的区间：$P(-\infty<\theta<\theta_{\text{low}})=P(\theta_{\text{up}}<\theta<\infty)=\alpha/2$。

仅当后验密度是一维函数，即数据分析中只有一个感兴趣参数时，利用中值作为最优估计或引用中心区间才是有意义的。对于多维的情形，通常利用超体积（二维情形下是面积）最小的后验密度等值区域来概括地描述后验密度的行为。

当一个参数仅有有限的值域，比如，表示截面或信号产额的参数值不可能为负时，后验最可几值可能与参数的下界（或上界）一致。在这种情形下，我们通常报道上限（或下限）值。在贝叶斯统计下，仅有有限值域的参数很自然通过限定后验密度的积分区域来描述，这等价于在参数有限值域之外的先验密度设定为0。

对于贝叶斯统计的普遍诟病是它的主观性，更确切地说，它对于参数先验密度函数具有太多的选择。关于先验密度的选择可以参阅文献［16］的深入评述。先验密度的恰当选择应当能够正确地代表我们对于未知参数的当前信度。例如，如果先前已经对参数有了测量，那么很自然地可以将先前的测量获得的后验密度作为下一次测量的先验密度。如果对于参数没有任何知识，那么通常利用均匀分布作为先验密度。但是，均匀先验密度存在若干问题。首先，它是所谓的**非正当先验密度**，即当参数值域为无穷时，它无法归一化。不过，假若式(2.94)的分母中先验密度乘以似然函数的积分收敛，这就不成为一个问题。但是参数变换会导致均匀先验密度产生一个更难以解决的问题。例如，如果对参数 θ 利用均匀先验密度，在参数变换 $\psi=g(\theta)$ 之下，参数 θ 的均匀先验密度对于 ψ 将不再是均匀分布。由于 $\pi(\psi)$ 不为常数，后验分布 $p_\psi(\psi;\boldsymbol{x})$ 的最可几值将不出现在 $\psi=g(\hat{\theta})$ 处，这里 $\hat{\theta}$ 是后验分布 $p_\theta(\theta;\boldsymbol{x})$ 的最可几值。这就破坏了 θ 的贝叶斯估计在参数变换下的不变性。与此相反，极大似然估计则具有参数变换下的不变性。为了解决这一问题，在对于参数完全无知的情形下，Jeffreys[17] 提议利用一种特殊的、称为**客观先**

验密度的先验函数,它可由费希尔信息矩阵直接导出(参见 1.5.3.2 节的讨论及式(4.63))。

在贝叶斯统计下关于信度区间估计的详细讨论见 4.4 节。10.4 节则给出了贝叶斯拟合的一个示例。关于贝叶斯参数估计的实用工具是 ROOT 软件中的 ROOSTATS程序包[18]或 BAT 程序[19]。

2.7 习　　题

习题 2.1　效率和均值。一个放射源被一球形探测器完全包围。探测器由两个半球形计数器组成,每个计数器覆盖 2π 立体角。第一个计数器的探测效率为 99%,第二个计数器的探测效率则为 4%。它们观测到的每分钟计数分别是 99 ± 9 和 4 ± 2。问放射源每分钟的总衰变率及其误差是多少?

(a) 对每个计数器的观测事例率进行探测效率的修正,然后相加。

(b) 通过考虑几何接受度来估计每个计数器的总衰变率(假定衰变各向同性),然后确定这两个估计值的加权平均。

习题 2.2　加权平均和 χ^2 。证明两个测量值的加权平均的 χ^2 函数具有式(2.56)的关系:

$$\chi^2 = \frac{(y_1-\theta)^2}{\sigma_1^2} + \frac{(y_2-\theta)^2}{\sigma_2^2} = \frac{(y_1-y_2)^2}{\sigma_1^2+\sigma_2^2} + \frac{(\theta-\hat{\theta})^2}{\sigma_{\hat{\theta}}^2}, \tag{2.99}$$

其中 $\hat{\theta}$ 表示 χ^2 函数达到极小时给出的参数估计值,$\sigma_{\hat{\theta}}$ 是其不确定性。

习题 2.3　不分区数据的拟合(1)。观测到 10 个 $e^+e^-\to\mu^+\mu^-$ 事例。相应的 $\cos\theta$(θ 是散射角)测量值分别是 −0.5,−0.25,−0.1,−0.05,0.0,0.04,0.11,0.14,0.24,0.6。

(a) 假定散射角分布为 $1+\lambda\cos\theta$,试用极大似然法求 λ 值及其误差。

(b) 所设定的理论分布是否与测量数据一致?

(c) 若测量值为 0.05,0.15,0.25,0.35,0.45,0.55,0.65,0.75,0.85,0.95,试用极大似然法求 λ 值及其误差。

习题 2.4　不分区数据的拟合(2)。在时刻 $t_1, t_2, \cdots, t_N$ 共观测到 N 次放射性衰变。

(a) 假定放射性衰变率遵从 $e^{-\lambda t}$ 规律,试用极大似然法确定衰变常数 λ 及其误差。

(b) 若探测器效率遵从 $e^{-\nu t}$ 规律,即 $t=0$ 时效率为 1,然后效率随时间增加而减小,试问如何求得 λ 值及其误差?

(c) 若衰变时间测量值的分辨率由标准差 σ 的高斯函数给定,试问 λ 的估计误差如何变化?

习题 2.5 相互关联的参数拟合。设包含两个变量的似然函数由如下的高斯分布给定:

$$G(\boldsymbol{x}) = \frac{\sqrt{\det(\boldsymbol{C}^{-1})}}{2\pi} \cdot \exp(-\boldsymbol{x}^{\mathrm{T}}\boldsymbol{C}^{-1}\boldsymbol{x}),$$

其中 $\boldsymbol{x}$ 是列向量,

$$\boldsymbol{x} = \begin{pmatrix} x_1 - \lambda_1 \\ x_2 - \lambda_2 \end{pmatrix},$$

$\boldsymbol{C}$ 是协方差矩阵,

$$\boldsymbol{C} = \begin{pmatrix} \sigma_1^2 & \rho_{12}\sigma_1\sigma_2 \\ \rho_{12}\sigma_1\sigma_2 & \sigma_2^2 \end{pmatrix},$$

$\det(\boldsymbol{C})$表示矩阵$\boldsymbol{C}$的行列式。试证明:在对于 x_2 没有任何限制的情形下,x_1 的期望值的 1σ 误差由 σ_1 给定。当 x_2 限定为 $x_2 = \lambda_2'$时,试求 x_1 的期望值及其标准差。

习题 2.6 计算信息量的估计。B^0 和 B^0 衰变为 $\mathrm{J}/\psi\mathrm{K}_\mathrm{S}^0$ 末态的衰变时间分布由下式给定:

$$N_{\mathrm{B}^0\to\mathrm{J}/\psi\mathrm{K}_\mathrm{S}^0}(t) \propto \mathrm{e}^{-t}[1 + \lambda\sin(0.7t)],$$

$$N_{\bar{\mathrm{B}}^0\to\mathrm{J}/\psi\mathrm{K}_\mathrm{S}^0}(t) \propto \mathrm{e}^{-t}[1 - \lambda\sin(0.7t)],$$

其中 λ 是我们要测量的参数。试利用式(2.3)和式(2.4)所示的信息量公式确定 λ 的标准差期望值。假定 $\lambda = 0.3$,对于以下三种情况进行计算:

(a) 500 次 $\mathrm{B}^0\to\mathrm{J}/\psi\mathrm{K}_\mathrm{S}^0$ 衰变。

(b) 500 次 $\bar{\mathrm{B}}^0\to\mathrm{J}/\psi\mathrm{K}_\mathrm{S}^0$ 衰变。

(c) 250 次 $\mathrm{B}^0\to\mathrm{J}/\psi\mathrm{K}_\mathrm{S}^0$ 衰变和 250 次 $\bar{\mathrm{B}}^0\to\mathrm{J}/\psi\mathrm{K}_\mathrm{S}^0$ 衰变。

以上三个计算值结果是否相同?结果为何相同或不相同?

习题 2.7 不分区数据的极大似然估计与最小二乘估计。在下列的不同时刻 t(单位:min)观测到一组共 40 个放射性衰变事例:

4.99, 4.87, 2.59, 3.04, 3.39, 6.20, 10.61, 7.64,

3.92, 5.33, 4.85, 2.39, 4.16, 6.74, 3.53, 5.86,

5.41, 26.25, 4.40, 10.79, 7.08, 2.86, 33.92, 3.03,

0.98, 5.63, 4.89, 2.26, 10.49, 6.51, 7.36, 2.13,

6.45, 2.29, 21.15, 4.07, 4.34, 5.38, 7.69, 4.93。

(a) 假定衰变遵从指数规律,即 $N(t) \propto \mathrm{e}^{-\lambda t}$,试利用极大似然法确定衰变常数 λ 及其误差。所假定的指数衰变规律是否与数据相符?

(b) 数据可以按表 2.4 分组。

表 2.4　数据的分组

衰变时间间隔/min	衰变数
0～5	21
5～10	13
10～15	3

试利用最小二乘法确定衰变常数 λ 及其误差，并与极大似然法的结果进行比较。

习题 2.8　最优拟合参数。我们获得下列一组坐标测量值：$(x,y)=(1.,1.0\pm0.1),(2.,1.3\pm0.1),(3.,0.9\pm0.3),(4.,1.8\pm0.1),(5.,1.2\pm0.5),(6.,2.9\pm0.2)$。利用最小二乘法，对于拟合函数 $y=f(x)$的如下三种假设，确定自由参数的值及其误差：

(a) $y=a$(a 为自由参数)。

(b) $y=ax+b$(a,b 为自由参数)。

(c) $y=ax^2+bx+c$(a,b,c 为自由参数)。

哪一种假设是测量数据的最优拟合？

参考文献

[1] Barlow R J. Statistics: A Guide to the Use of Statistical Methods in the Physical Sciences [M]. John Wiley & Sons, 1989.

[2] James F. Statistical Methods in Experimental Physics [M]. World Scientific, 2006.

[3] Fisher R A. On an absolute criterion for fitting frequency curves [J]. Messenger Math., 1912, 41: 155.

[4] Aldrich J R A. Fisher and the making of maximum likelihood 1912－1922 [J]. Stat. Sci., 1997, 12 (3): 162.

[5] James F, Roos M. Minuit: A system for function minimization and analysis of the parameter errors and correlations [J]. Comput. Phys. Commun., 1975, 10: 343.

[6] Nocedal J, Wright S J. Numerical Optimization [M]. 2nd ed. Springer Series in Operations Research and Financial Engineering. Springer, 2006.

[7] Antcheva I, et al. ROOT: A C++ framework for petabyte data stor-

age, statistical analysis and visualization [J]. Comput. Phys. Commun., 2009, 180: 2499.

[8] Orear J. Notes on statistics for physicists [Z]. (2013-02-16). http://ned.ipac.caltech.edu/level5/Sept01/Orear/frames.html.

[9] Lyons L, Gibaut D, Clifford P. How to combine correlated estimates of a single physical quantity [J]. Nucl. Instrum. Methods A, 1988, 270: 110.

[10] Karimaki V. Effective circle fitting for particle trajectories [J]. Nucl. Instrum. Methods A, 1991, 305: 187.

[11] Neyman J. Contribution to the theory of the χ^2 test [M]//Proc. Berkeley Symposium on Mathematical Statistics and Probability. Berkeley and Los Angeles: University of California Press, 1949: 29.

[12] Barlow R J. Extended maximum likelihood [J]. Nucl. Instrum. Methods A, 1990, 297: 496.

[13] Pearson K. On the criterion that a given system of deviations from the probable in the case of a correlated system of variables is such that it can be reasonably supposed to have arised from random sampling [J]. Philos. Mag., 1900, 50: 157.

[14] Bock R K, Grote H, Notz D, et al. Data analysis techniques for high-energy physics experiments [J]. Camb. Monogr. Part. Phys. Nucl. Phys. Cosmol., 2000, 11.

[15] Nakamura K, et al. Review of particle physics [J]. J. Phys. G, 2010, 37: 075021.

[16] Kass R E, Wasserman L. The selection of prior distributions by formal rules [J]. J. Am. Stat. Assoc., 1996, 91: 1343.

[17] Jeffreys H. Theory of Probability [M]. Oxford University Press, 1966.

[18] Moneta L, et al. The RooStats Project [C]. Proc. ACAT 2010 Workshop. arXiv:1009.1003.

[19] Caldwell A, Kollar D, Kröinger K. BAT: The Bayesian Analysis Toolkit [J]. Comput. Phys. Commun., 2009, 180: 2197.

（撰稿人：Olaf Behnke, Lorenzo Moneta）

第 3 章　假设检验

高能物理中的统计推断可以分为两大类:对参数进行估计或约束在一定范围之内(第 2 章和第 4 章讨论的论题),以及对某一种或多种假设进行检验。**假设检验**是一种工具,依据已经获得的测量数据集,用假设检验来进行决策和作出结论。通常我们的目的在于确定所获得的数据集是否与某个给定的假设一致,以检验该假设的有效性或证明该假设为误;例如,当我们寻找新物理的线索时,可以对观测数据仅仅来自标准模型本底过程这样的假设进行检验。本章中引入的某些统计概念与第 5 章讨论的分类问题用到的统计概念相关联。

假设检验对于待检验的一个(或多个)假设需要有清晰的定义,并涉及若干关键性要素,这些将在 3.1 节介绍。假设检验的标准流程将在 3.1.5 节阐述。从 3.2 节到 3.6 节将对假设检验的统计学原理进行进一步的讨论,3.7 节则给出假设检验的贝叶斯方法的概述。**拟合优度检验**是假设检验的一个分支,用来定量地描述一组测量值与某一给定假设的一致程度,这一课题将在 3.8 节加以讨论。

3.1　基本概念

3.1.1　统计假设

假设检验首先需要对于待检验的假设用公式清晰地表达出来。待检验的假设称为**零假设**,用记号 H_0 表示,通常它对应于默认为正确的假设;按照通常的说法,零假设可以定义为"the plain boring stuff that, by default, we expect to be true"(我们默认地预期是正确的那个无聊东西)。例如,在寻找新物理的实验中,零假设可以是粒子物理的标准模型。

当我们对零假设进行检验并对其正确性作出结论时,定义一个(或多个)与零假设不相同而相互补充的**备择假设** H_1 将会是有益的。备择假设与零假设 H_0 相互参照,并对假设检验起到优化的作用,这一点将在 3.2 节和 3.3 节阐述。零假设和备择假设可以相互交换,这取决于我们希望如何来陈述检验的结论。

以下是待检验假设的一些例子：

(a) 研究事例中的一种重建对象，例如一个粒子，假定是 μ 子。这种情形下可以考虑一种以上的备择假设，例如电子或质子。

(b) 假定测量到的一组事例仅仅产生于标准模型过程，研究该组事例的质量分布。

(c) 假定测量到的一组事例除了产生于标准模型的过程之外，推测还存在标准模型之外的其他理论预言的奇特粒子，研究该组事例的质量分布。

(d) 有两组测量值，判断这两组测量不相关联。

在高能物理中，经常将标准模型过程对于测量值的贡献设定为零假设 H_0（上面所列例子(b)）。这一假设也称为**纯本底假设**（background-only hypothesis）。作为它的参照对象的备择假设 H_1，除了标准模型过程的贡献之外，还存在新物理的信号过程的贡献（上面所列例子(c)）。这称为**信号加本底假设**。

假设可以区分为**简单假设**和**复合假设**。在简单假设中，数据的期望分布是完全确定的，即分布函数不包含自由参数。与此相反，复合假设包含一族简单假设，它们可以通过一个理论模型参数的某种连续变换发生相互关联。在上面所列例子(c)中，如果假想的奇特粒子的产生截面不是固定值，两种过程有不同的产生截面，则假设是一种复合假设。

一旦零假设 H_0 和备择假设 H_1 确定了，我们就希望了解它们怎样通过测量数据来显示其存在。因此，假设检验应当能够回答以下问题：

- 根据实验测量数据能否排除零假设？
- 实验测量数据是否与零假设相容？

3.1.2 检验统计量

频率统计假设检验中一个关键要素是**检验统计量**的定义。我们假定实验数据是一组 N 个测量值 $\boldsymbol{x}=(x_1,x_2,\cdots,x_N)$。本章中 x_i 设定为标量(虽然也可以是向量)。检验统计量 $t(\boldsymbol{x})$ 是仅由观测量构成的变量。在假设检验中，我们定义一个检验统计量并利用它来确定某一假设与观测量之间的一致性水平。函数 $t(\boldsymbol{x})$ 的选择是相对自由的，3.2 节中给出了关于 $t(\boldsymbol{x})$ 不同选择的讨论。

观测量 $\boldsymbol{x}$ 可以利用它们在假设 H 为真的情形下的概率密度函数 $f(\boldsymbol{x}|H)$ 来描述，同时，检验统计量也有其自身的概率密度函数 $g(t|H)$。为了实施假设检验，必须确定零假设 H_0 为真的情形下的概率密度函数 $g(t|H_0)$（参见 3.4 节）。

虽然我们将 t 限定为标量函数，但它也可以是一个向量函数。在后一种情况下，它的 pdf 和临界域(定义见 3.1.3 节)也将是多维的。但是，我们将在下面描述的一维情形下假设检验的形式体系对于多维的情形同样适用。

例 3.1 计数分析。我们来考察一个简单的例子：假定在一项计数分析中，对

实验数据应用了一组优化了的判选条件,结果是本底事例数期望值 $\nu_b = 1.3$ 合理地小于信号事例数期望值 $\nu_s = 2$。于是求得通过了判选条件的事例数为 N,并利用该变量作为检验统计量 $t = N$。在纯本底假设 H_0 为真的情形下,函数 $g(t|H_0)$ 服从均值 $\nu_b = 1.3$ 的泊松分布,而在信号加本底假设 H_1 为真的情形下,函数 $g(t|H_1)$ 服从均值 $\nu_s + \nu_b = 3.3$ 的泊松分布。图 3.1 显示了与此对应的分布。

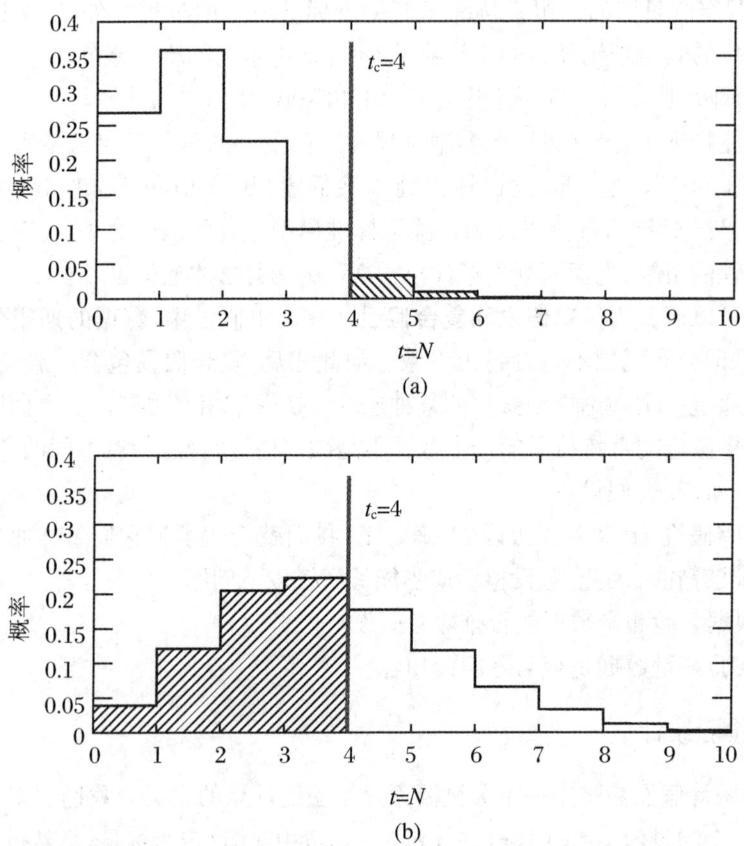

图 3.1　(a)零假设和(b)备择假设为真条件下的概率分布,两者分别服从均值为 1.3 和 3.3 的泊松分布。观测事例数 N 用作检验统计量。临界域 $t \geqslant t_c$ 的边界值为 $t_c = 4$。直方图的阴影区在(a)中代表检验的显著性 α,在(b)中代表量 β,它们的含义在 3.1.3 节中解释

3.1.3　临界域

对于待检验的假设作出肯定或否定的决策取决于 t 的观测值以及**临界域**(也称为**拒绝域**)的定义。如果 t 的观测值落入临界域,则拒绝零假设 H_0;如果 t 的观

测值落入**接受域**,则不能拒绝 H_0[①]。

对于**单侧检验**,临界域用检验统计量的一个临界值 t_c 即可定义。如果备择假设 H_1 为真条件下的 t 值倾向于比 H_0 为真条件下的 t 值要大,那么临界域对应于 $t \geqslant t_c$ 的区域(见图 3.1)。与此不同,对于**双侧检验**,临界域位于检验统计量的两侧,互不相连。这里我们仅讨论单侧检验。

H_0 为真但检验拒绝 H_0 的概率可表示为

$$\int_{t_c}^{\infty} g(t \mid H_0)\mathrm{d}t, \tag{3.1}$$

其中的量 α 称为**检验显著性**(size of test),它依赖于临界值 t_c。需要指出,它与频率置信区间的置信水平(参见 4.3 节)或**观测显著性**(observed significance,参见 3.5 节)是不同的概念(尽管有相关性)。观测的显著性对应于 ***p* 值**或 ***Z* 值**,它们是实验完成后依据实验观测值确定的;而检验显著性 α 则是事先决定的,且与观测量无关。

如果备择假设 H_1 已经设定,则 H_1 为真但检验拒绝 H_1 的概率为

$$\int_{-\infty}^{t_c} g(t \mid H_1)\mathrm{d}t = \beta, \tag{3.2}$$

其中的量 $1-\beta$ 称为(相对于备择假设 H_1 的)**检验功效**。检验的功能体现在它对于零假设和备择假设之间的辨别能力。H_0 与 H_1 之间区别越大,则 β 值越小。临界域需要根据分析的要求和检验的种类加以调整,这一问题将在 3.3 节进行讨论。

例 3.1 计数分析(续)。我们回到前面关于计数分析的例子。检验显著性 α 需要在查看数据之前决定,这里我们选择 $\alpha = 0.05$。由于检验统计量是一离散分布,α 的这一严格值不可能实现;选择 $t_c = 4$ 对应于更保守的检验显著性 $\alpha = 0.043$。如果观察到大于或等于 4 个事例,则拒绝纯本底假设;否则不能拒绝纯本底假设。

这一例子的另一重考虑涉及检验功效。缺省的事例判选条件得到的检验功效为 $1-\beta = 0.412$。但是,放松事例判选条件会得到期望值 $\nu_b' = 2.52$ 和 $\nu_s' = 2.3$。这时,选择 $t_c = 6$ 对应于相近的检验显著性 $\alpha = 0.043$,但检验功效下降为 $1-\beta = 0.328$,这显然是功效较差的检验。

虽然检验及其结论通常只与零假设直接相关,但是,为了使得临界域的选择或检验统计量的选择能够获得大的检验功效 $1-\beta$,对于可能的备择假设进行一番检查也很重要。

3.1.4 第一类错误和第二类错误

假设检验可能出现两类不正确的结论,通常称为**第一类错误**和**第二类错误**:

① 在一般意义上,这一说法并不等同于"我们接受假设 H_0"。

• 第一类错误:零假设为真,但检验拒绝了零假设;这种结果的发生概率为式(3.1)所定义的检验显著性 α。

• 第二类错误:零假设为假,但检验没有拒绝零假设。如果备择假设是一个简单假设,并假定零假设和备择假设只有一种为真,则第二类错误的发生概率为由式(3.2)定义的 β。

表 3.1 概要地列出了可能出现的情况及其发生概率。两类错误的发生概率是相互关联的,因为它们都依赖于临界域定义的选择。减小其中的一种错误率通常会使另一种错误率增大,因此需要找到适当的平衡点(参见 3.3 节)。

表 3.1　第一类错误、第二类错误及其发生概率

	H_0 为真	H_0 为假
拒绝 H_0	第一类错误(α)	检验决策正确($1-\beta$)
不能拒绝 H_0	检验决策正确($1-\alpha$)	第二类错误(β)

3.1.5　检验过程概述

假设检验的过程可以分解为以下步骤:

(1) 定义零假设 H_0,在可能的情形下还应定义某一(些)备择假设。

(2) 选择检验统计量 t。检验统计量的适当或最优选择取决于分析的细节。

(3) 确定零假设为真条件下 t 的期望分布 $g(t|H_0)$。

(4) 同时考虑第一类和第二类错误的代价,确定检验显著性 α 以及临界域。

(5) 根据测量到的数据样本确定 t 的观测值。

(6) 检查 t 的观测值是否落入临界域,并据此作出决策:

• 若 t 的观测值落入临界域,则拒绝零假设 H_0;

• 若 t 的观测值落在临界域之外,则检验的结论是没有足够的证据拒绝零假设 H_0。

为了避免在上述的统计推断步骤中引入偏差,十分重要的是必须在测量实施之前,即查看实验数据之前就确定好检验统计量和临界域。

有必要指出,假设检验是通过**反证法**进行的。根据实验数据,我们也许能够拒绝某一种假设,但是在不能拒绝该假设的情形下,不能得出“检验接受了该假设”的结论,因为可能存在不被同样的实验数据所拒绝的其他假设。正确的陈述应当是“我们不能拒绝该假设”。此外,拒绝零假设并不是备择假设为真的证据,对于我们不知道所有可能的备择假设集合的情形,尤其如此。最后,被拒绝的假设只是在给定的置信水平下被拒绝,但是仍有一定的概率 α(第一类错误)不能拒绝零假设。同时,如果在假设检验中某些不确定性没有考虑在内(参见 3.5.2 节)或存在其他错误,那么检验作出的是否拒绝零假设的结论可能是不正确的。

3.2 检验统计量的选择

一个好的检验统计量应该能够将零假设和备择假设的 t 分布清晰地区分开来。为此，我们需要对采用什么样的备择假设有一个清晰的概念。对一给定的假设，如果存在一个检验统计量，除此之外的任意统计量不能提供关于模型（或模型参数）任何额外的相关信息，则该检验统计量称为检验的**充分统计量**。

在**计数分析**中，t 被选择为事例数。事例的观测量也可以作为检验统计量，例如粒子的重建质量或横动量；另一种常见的情况是，在拟合优度检验中利用 χ^2 变量作为检验统计量（参见 3.8.1 节）。

当我们选择检验统计量时，应当注意避免**有偏检验**的发生，在 $1-\beta\leqslant\alpha$，即 H_1 为真时接受 H_0 的概率大于 H_0 为真时接受 H_0 的概率的情形下，检验可能会是有偏的。检验的另一个希望具备的性质是**一致检验**，即当观测事例数趋于无穷时，检验的功效趋近于 1。一个理想的检验统计量应当具备上述条件，并且对于给定的 α 具有最优的功效，即最小的 β：

- 对于简单假设的检验，**奈曼-皮尔逊引理**表明，似然比

$$Q(\boldsymbol{x})=\frac{L(\boldsymbol{x}\mid H_1)}{L(\boldsymbol{x}\mid H_0)} \tag{3.3}$$

是最优的检验统计量。最优临界域由满足关系式 $Q(\boldsymbol{x})>c_\alpha$ 的观测量 $\boldsymbol{x}$ 组成，这里 c_α 是一个常数，其值的大小调节到使检验显著性等于 α。对于似然比数值上无法接近的情形，可以利用多变量分类器（如第 5 章论述的神经网络或费希尔判别）确定检验统计量。

- 对于复合假设的检验，假定备择假设集属于某一连续函数族，我们可以将该备择假设集视为参数 θ 的函数；于是该备择假设集可以记为 $H_1(\theta)$。参数 θ 可以是比如一种新粒子的产生截面。在这种情形下，检验功效 $\beta(\theta)$ 也是参数 θ 的函数，相应地，最优检验统计量（使功效函数达到极大）也依赖于 θ。如果不存在一个对于所有 θ 值达到**一致最优功效检验**的检验统计量，那么 t 的选择将是不明确的。检验统计量一种合理的选择是在 θ 值的合理范围内它能给出小的 $\beta(\theta)$。鉴别一个检验统计量是否适用的另一种途径是研究 α-β 关系曲线是否具有 α 与 β 之间的某种对称性[1]。图 3.2 显示了这种情形下的一个例子。

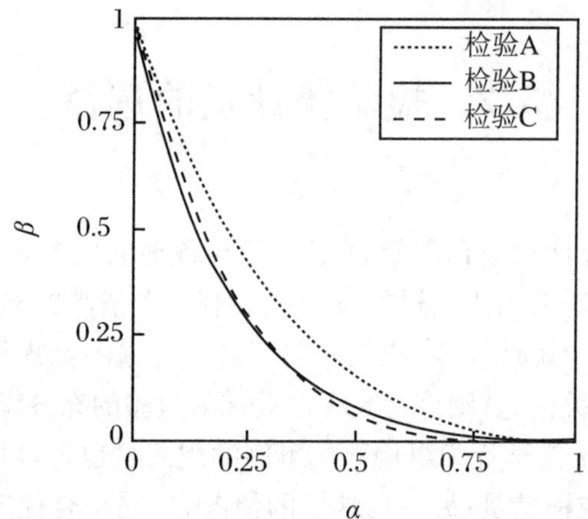

图 3.2　三种检验的典型 α-β 关系曲线。检验 A(虚线)的功效最差,因为对于给定的显著性 α,其检验功效 $1-\beta$ 最小。检验 B(实线)与检验 C(点线)的功效相近,但不能说两者中哪一个更好,因为检验 B 在小 α 处功效较好,而检验 C 在大 α 处功效较好。不过通常 α 都选择为一个小值,所以大多数情形下将更愿意选择检验 B

3.3　临界域的选择

前面已经提到,通常必须在第一类错误和第二类错误之间进行权衡。显著性 α 掌控第一类错误的发生概率。第二类错误则取决于零假设和备择假设的pdf之间的差异程度。适当的临界域的确定依赖于对这两类错误所设定的**成本**(代价)。该成本函数也许是可以量化的(例如经济成本),也许无法量化(例如错误地"发现"某个假想的信号导致名誉受损)。在某些情形下,我们可能希望大幅度地减小第一类错误,而在另外一些情形下则可能希望对第二类错误加以控制。

在高能物理中,当我们处理"新发现"这类问题时,为了确定一种新发现,通常显著性 α 取一个非常小的值(参见 3.5.1 节);为了排除一种新发现,取显著性 α 等于 5%或 10%以达到 95%或 90%置信水平。当利用假设检验来确定事例的粗略判选条件(例如确定触发过滤器)时,临界域的条件应当设置得非常宽松,以避免丢失感兴趣的信号事例,即使付出保留了大量本底事例的代价。

3.4 确定检验统计量的分布

对于实验收集了很大的随机数据样本(即大的 N 值)的场合,若干个这样的样本的观测量 $\boldsymbol{x}$ 的均值将服从正态分布,即使观测量 $\boldsymbol{x}$ 本身并不是正态变量。这是**中心极限定理**导致的结果。于是,对于大 N 值的情形,检验统计量 t 在假设 H 为真条件下的 pdf $g(t|H)$容易确定。但是在一般情形下,函数 $g(t|H)$是非平庸的,必须利用数值方法确定,比如通过蒙特卡洛模拟。在这种情形下,观测量 $\boldsymbol{x}$ 利用3.1.2节引入的 pdf $f(\boldsymbol{x}|H)$随机地产生,检验统计量 $t(\boldsymbol{x})$的值利用所产生的观测量 $\boldsymbol{x}$ 进行计算。将上述步骤重复进行以积累 $g(t|H)$分布的统计量,直到积累的蒙特卡洛随机实验次数足够大为止。

为了能够以合理的精度计算非常小的 p 值,需要有足够数量的蒙特卡洛重复模拟。在这种情形下,$g(t|H)$分布的尾部最重要。上述步骤可以借助于**重要性抽样**改进,使得在 $g(t|H)$分布的尾部集中地产生蒙特卡洛模拟数据。

利用似然比检验统计量(参见式(3.3))的另一个好处是,我们能够更有效地借助**渐近分布**(即大统计量的分布)作为真实分布的近似。可以证明,当假设 H_0 为真时,$-2\ln Q$ 服从中心(即常规)$\chi^2(r)$分布;而当假设 H_1 为真时,$-2\ln Q$ 服从非中心 $\chi^2(r)$分布①,这里 r 是参数的个数,这 r 个参数通过 $L(\boldsymbol{x}|H_1)$的极大化进行拟合,但在 $L(\boldsymbol{x}|H_0)$中是固定值(参见文献[1]271-273页)。文献[2]也对似然比检验统计量及其渐近行为进行了讨论。

3.5 p 值

假定我们已进行一次实验测量获得一组观测数据。p 值是一个函数,若同样的实验重复多次,它定量地描述将会观测到的数据有多大的可能比已有观测数据与零假设(假定零假设为真)的预期之间的差别相当或更大。p 值是**观测显著性**的表征。它是观测数据的函数,故而是一个随机变量;它不应与检验显著性 α 相混淆,后者是一个预先设定的常数。检验显著性 α 并不依赖于检验统计量的观测值 t_{obs},而是依赖于定义临界域的截断值 t_{c}。

---

① r 个均值非0、方差为1的独立高斯随机变量的平方和服从非中心 $\chi^2(r)$分布。

对于两个假设 H_0 和 H_1,其 p 值 p_0 和 p_1 等于检验统计量 t 大于或等于实验观测值 t_{obs} 的积分概率:

$$p_0 = \int_{t_{obs}}^{\infty} g(t \mid H_0)\mathrm{d}t, \tag{3.4}$$

$$p_1 = \int_{t_{obs}}^{\infty} g(t \mid H_1)\mathrm{d}t。 \tag{3.5}$$

例 3.1　计数分析(续)。图 3.3 的例子中给定的观测事例数是 $t_{obs}=5$。对于零假设和备择假设,所得的 p 值分别是 $p_0=0.012$ 和 $p_1=0.235$。

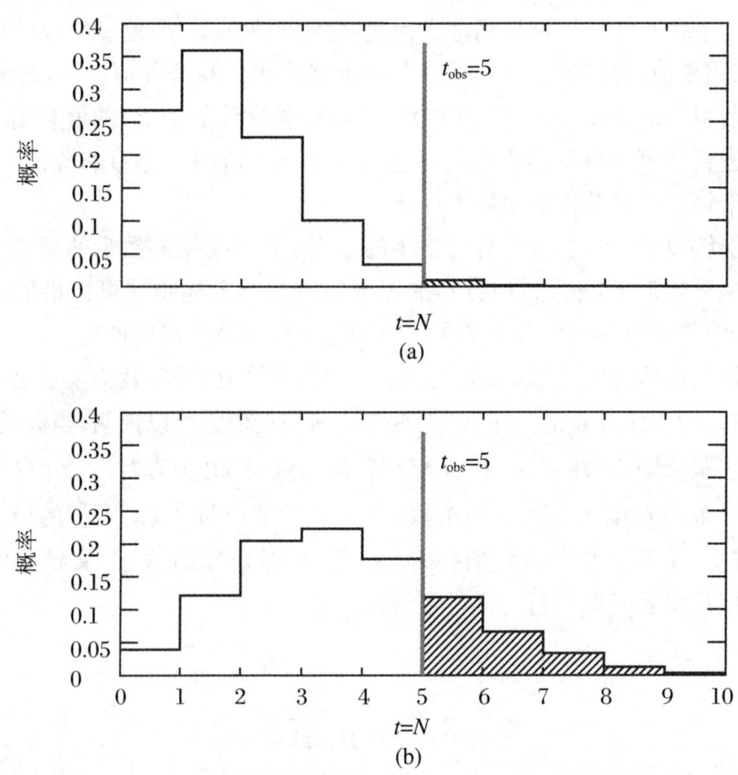

图 3.3　(a)零假设(均值为 1.3 的泊松分布)和(b)备择假设(均值为 3.3 的泊松分布)的概率分布。观测事例数 N 用作检验统计量。两种假设对应的概率分布与检验统计量观测值 t_{obs} 进行了比较。p 值等于 $t \geqslant t_{obs}$(=5)的积分概率,即图中直方图阴影部分的面积

虽然 p 值不是置信水平,但是在零假设对应于只存在本底过程而备择假设对应于同时存在信号和本底过程的数据分析中,它们有时利用记号 $CL_b=1-p_0$ 和 $CL_{s+b}=p_1$ 代替。

需要强调指出,不能将 p 值视为“给定观测数据情形下假设为真的概率”,因为这需要关于假设的先验分布的知识并由贝叶斯定理确定;相反,p 值应视为零假设

为真的条件下，重复实验将获得的观测数据与零假设的不一致性大于或等于当前实验数据与零假设不一致性的发生概率。

如果用来计算 p 值的假设是正确的，那么对于检验统计量为连续函数的情形，p 值是 $[0,1]$ 区间内的均匀分布的变量。小 p 值表征数据与假设不一致。如果 p_0值小于给定的置信水平 α，则假设检验拒绝零假设。通常，p 值可用于前面已讨论过的显著性α 为固定值的假设检验、3.5.1 节讨论的显著性检验和 3.8 节阐述的拟合优度检验。

3.5.1 显著性水平

表征 p 值的途径之一是将它重新定义为**显著性水平**(significance level)，也称为 **Z 值**：

$$Z = \Phi^{-1}(1-p), \tag{3.6}$$

其中 Φ 是标准正态变量的累积分布函数。Z 值与高斯分布的单侧积分概率相对应。例如，p 值等于 0.05 对应于 $Z = 1.64$。反过来，p 值可以依据 Z 值通过计算求得：

$$p = \frac{1-\mathrm{erf}(Z/\sqrt{2})}{2}, \tag{3.7}$$

其中 $\mathrm{erf}(x)$是式(1.17)所定义的误差函数。图 3.4 显示了 p 值与 Z 值之间的函数关系。

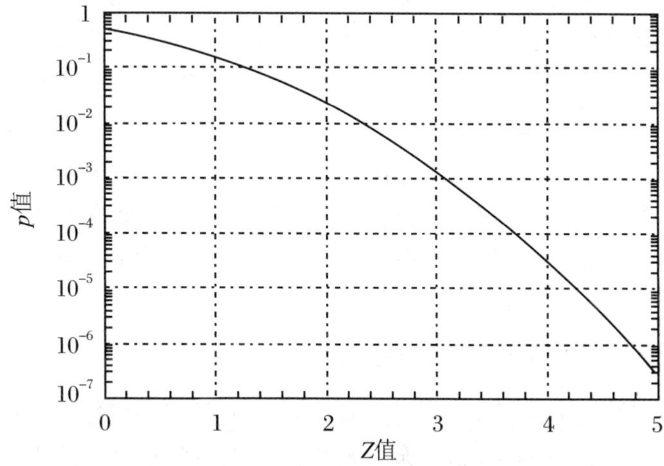

图 3.4 标准正态概率密度函数的单侧积分概率(p 值)与标准差数(Z 值)间的函数关系

在利用似然比 $Q = L_{SB}/L_B$ 作为检验统计量，并假定它服从高斯分布的情形下，显著性(水平)可用下式估计：

$$Z = \sqrt{2\ln Q}。 \tag{3.8}$$

对于服从泊松统计的计数实验,有时显著性(水平)用 $Z = S/\sqrt{S+B}$ 作为近似,即信号强度与总事例数不确定性的比值。在这一等式中,S 和 B 是信号事例和本底水平的观测值或期望值,利用观测值计算得到的是显著性的观测值,利用期望值计算得到的则是显著性的期望值。显著性的另一种表述是 $Z = 2(\sqrt{S+B} - \sqrt{B})$①。不过,显著性更精确的表述是在式(3.8)中插入泊松似然项,从而得到

$$Z = \sqrt{2(S+B)\ln(1+S/B) - 2S}。 \tag{3.9}$$

在计数分析中,如果仅仅需要对显著性做一简单的估计(例如为了优化事例判选条件),推荐使用式(3.9)。要想得到严格的显著性,需要根据检验统计量的严格分布来计算 p 值。

当 p 值达到 2.87×10^{-7} 时,与之对应的 Z 值是 5,我们可以说显著性水平是"5σ"②。在高能物理中,若零假设为纯本底假设,对于一项信号的"发现"约定俗成地要求检验的显著性水平达到"5σ",而显著性水平达到"3σ"则对应于存在信号的(实验)证据。

3.5.2　系统不确定性的加入

在实际的分析中,通常利用似然函数或似然比作为检验统计量 t。通常,系统不确定性的效应导致零假设和备择假设的检验统计量分布之间出现更多的重叠;两种假设之间的差距变小,从而检验的功效下降,平均而言 p 值变大。

加入系统不确定性的恰当途径是在似然函数中增加描述系统不确定性的**冗余参数**。例如,在计数实验中,本底事例数的期望值 ν_b 可以是似然函数 $L(N;\nu_s+\nu_b)$ 中的冗余参数。下面,我们用这一例子来描述加入系统不确定性的两种通用的方法:贝叶斯边沿分布方法[5]和侧向轮廓化似然函数方法。

贝叶斯边沿分布方法。我们假定冗余参数 ν_b 的**先验概率**分布是 $\pi(\nu_b)$。将似然函数与 ν_b 的先验概率分布的乘积在 ν_b 的空间内求积分可求得**边沿分布似然函数**:

$$L_m(N;\nu_s) = \int L(N;\nu_s+\nu_b)\pi(\nu_b)d\nu_b。 \tag{3.10}$$

该积分原则上可以解析求解,但在实际情形中,积分核里的函数相当复杂,故而 L_m 通常用蒙特卡洛方法来确定,即冗余参数按照其先验分布进行随机抽样。对于每个抽样点计算其相应的 pdf 项。由于假设检验的架构属于频率统计范式,而冗余

---

① 若在本底估计值 B 中加上一项高斯不确定性 ΔB,显著性可以近似为 $2(\sqrt{S+B} - \sqrt{B})B/(B+\Delta B^2)$;文献[3]还讨论了一些其他的选项。文献[4]的附录 A 研究了不同的近似表式之间的比较。

② 某些作者对"5σ"显著性使用了不同的约定,它对应于 $p = 5.7 \times 10^{-7}$,由标准正态分布的双侧概率算得。

参数的加入则基于贝叶斯统计范式，故这种方法称为**“混合”方法**。这种情形下的常用检验统计量是两个边沿分布似然函数的比值：

$$-2\ln\frac{L_{\mathrm{m}}(\boldsymbol{x}\mid H_1)}{L_{\mathrm{m}}(\boldsymbol{x}\mid H_0)}=-2\ln\frac{L_{\mathrm{m}}(N;\nu_{\mathrm{s}})}{L_{\mathrm{m}}(N;\nu_{\mathrm{s}}=0)}。\tag{3.11}$$

侧向轮廓化似然函数方法。在该方法中，似然函数被侧向轮廓化，冗余参数处理为自由的拟合参数。但是，我们需要对冗余参数进行附加的测量，或者对冗余参数施加某种外部的约束。在计数实验的例子中，一种可能性是利用边带区测量得到 N' 个事例（称为**辅助测量**）来约束冗余参数：

$$L(N';\nu_{\mathrm{b}})=\frac{(\tau\nu_{\mathrm{b}})^{N'}}{N'!}\mathrm{e}^{-\tau\nu_{\mathrm{b}}},\tag{3.12}$$

式中 τ 是一个已知的尺度因子。似然函数可以表示为两个泊松概率的乘积，

$$L(N,N';\nu_{\mathrm{s}},\nu_{\mathrm{b}})=\frac{(\nu_{\mathrm{s}}+\nu_{\mathrm{b}})^{N}}{N!}\mathrm{e}^{-(\nu_{\mathrm{s}}+\nu_{\mathrm{b}})}\frac{(\tau\nu_{\mathrm{b}})^{N'}}{N'!}\mathrm{e}^{-\tau\nu_{\mathrm{b}}},\tag{3.13}$$

该似然函数然后对于冗余参数 ν_{b} 进行侧向轮廓化计算。对于每一个 ν_{s} 值，通过式(3.13)的似然函数对参数 ν_{b} 求极大（收敛于 $\hat{\nu}_{\mathrm{b}}$）而求得**侧向轮廓化似然函数** $L_{\mathrm{p}}(N,N';\nu_{\mathrm{s}},\hat{\nu}_{\mathrm{b}})$，从而将参量 ν_{b} 从似然函数中消去。

也可以将参数 τ 的先验密度与式(3.13)相乘来加入参数 τ 的不确定性。例如，假定 τ 是均值为 τ_0、不确定性为 σ_τ 的高斯分布，则与式(3.13)相乘的因子是 $1/(\sqrt{2\pi}\sigma_\tau)\mathrm{e}^{-(\tau-\tau_0)^2/(2\sigma_\tau^2)}$。现在，似然函数需要对 ν_{b} 和 τ 进行侧向轮廓化计算。

在侧向轮廓化似然函数方法中，普遍采用的检验统计量是比值

$$-2\ln\frac{L_{\mathrm{p}}(\boldsymbol{x}\mid H_1)}{L_{\mathrm{p}}(\boldsymbol{x}\mid H_0)}=-2\ln\frac{L_{\mathrm{p}}(N,N';\nu_{\mathrm{s}},\hat{\hat{\nu}}_{\mathrm{b}},\hat{\hat{\tau}})}{L_{\mathrm{p}}(N,N';\nu_{\mathrm{s}}=0,\hat{\hat{\nu}}_{\mathrm{b}},\hat{\hat{\tau}})}。\tag{3.14}$$

应当注意，冗余参数在分子和分母的似然函数中收敛到不同的值。文献[2,6]对利用其他一些侧向轮廓化似然比作为检验统计量进行了讨论。

处理系统不确定性的上述两种方法得到了最广泛的应用，不过还存在其他的途径，例如文献 [7] 讨论了利用 p 值的方法。

3.5.3　合并检验

为了改善分析的灵敏度，我们希望将多重的检验合并为单个功效更强的检验。但这不是一项寻常的任务，例如，对于以下的问题并没有一个直截了当的答案：“对某一确定的过程，通过两个反应道分别测量到 4σ 和 3σ 显著性，问合并的显著性多大?”要回答这一问题，需要考虑这两次测量之间的关联，以及两者的检验统计量分布的严格形状。

一般而言，较为可取的方法是合并两者的原始测量值，然后依据已将两个分析的已知关联性考虑在内的单个检验统计量（例如合并的似然函数）进行完整的统计推断。有若干种方法可以用来近似地估计合并检验的 p 值。费希尔[8]阐述了一种

简单且直观的方法。我们假定两个独立的检验给出的 p 值分别是 p_1^{obs} 和 p_2^{obs}。在费希尔方法中,(p_1,p_2)的所有可能的组合按照其乘积 $p_1 \cdot p_2$ 排序。在零假设为真、p_1 和 p_2 服从均匀分布的条件下,$p_1 p_2$ 小于 $p_1^{obs} p_2^{obs}$ 的概率可表示为

$$P(p_1 p_2 \leqslant p_1^{obs} p_2^{obs}) = \int_0^1 \mathrm{d}p_1 \int_0^{p_1^{obs} p_2^{obs}/p_1} \mathrm{d}p_2 p_1 p_2 = p_1^{obs} p_2^{obs}[1 - \ln(p_1^{obs} p_2^{obs})]。 \tag{3.15}$$

这一概率值大于 $p_1^{obs} p_2^{obs}$。考虑总共 n 次检验,可以计算 n 个 p 值的乘积:

$$y = \prod_{i=1}^{n} p_i。$$

若零假设成立,则量 $-2\ln y$ 服从自由度为 $2n$ 的 χ^2 分布。

值得注意的是,对于依据离散分布的检验统计量求得 p 值的情形,p_i 服从均匀分布的条件不再满足。即便如此,用费希尔方法依然能够给出一个合理的近似,真实的置信水平实际上小于上述公式算得的数值。

有多种方法可以替代费希尔方法。对于某些问题,这些替代方法在一定程度上是可以使用的;文献[9]是这些替代方法的简要的评述。特别值得一提的是文献[10-11]讨论的加权合并检验方法,它可以处理一个低质量的测量与一个高质量的测量进行合并估计时,后者的灵敏度受到影响这样的问题。

3.5.4 Look-Elsewhere Effect

当我们在不变质量谱中寻找一个位置未知的信号峰时,就会发生 **look-elsewhere effect(LEE)**的实际现象。非常重要的问题是将在某个**特定位置**发现一个统计涨落的概率与在**任意位置**发现一个统计涨落的概率相互区分开来。前者称为**局域显著性**,后者则称为**全域显著性**。这两个显著性数值不同的原因在于 LEE 的存在。显然,全域显著性的值小于最大的局域显著性。全域和局域显著性(即概率)由一个正比于**独立**搜寻区域个数的乘因子相互关联,这里独立搜寻区域的个数等于(不变质量)谱的宽度除以探测器的(不变质量)分辨率。已经证明[12],这一因子是局域显著性观测值的线性函数。确定该因子最好用蒙特卡洛方法估计,但出于实用的目的也研发了渐近近似方法[12]。有时候,我们只是将在谱中寻找一个位置未知的信号峰所引起的偏差考虑为 LEE。但是,还存在其他类型的 LEE。下面来讨论一些例子。

考察 20 次假设检验,检验的显著性均为 $\alpha = 0.05$。当零假设为真时,预期平均地有一次拒绝零假设(第一类错误),19 次检验通过。如果确实有一个实验没有通过检验,并且只有这次实验的结果被报道了,那么这一结论是有偏的,即该实验结果的置信水平不应该是实验所声言的 95%。虽然可以对 LEE 进行修正来纠正这一概率值,但更好的做法是报道所有 20 个实验的检验及所得的结果。

在测量结果的合并中,分析者自身也可能对测量引入附加的显著性偏差。如果分析者只考虑产生了明显信号的反应道而丢弃其他的反应道,这就会使得总的

显著性偏向于较大的值。也许我们可以只考察与待检验的模型相关的那些反应道,或最灵敏的那些反应道;但是需要考察哪些反应道应当在**查看数据之前**作出决定。当通过全域电弱拟合求得一组实验观测与标准模型预期值之间的偏差,并对之进行解释时,情况与此类似。如果这些涨落现象之一具有大于 2σ 或 3σ 的显著性,往往会引起一阵兴奋。

如果利用实验数据来优化事例判选条件或挑选特征变量、蒙特卡洛产生子,如此等等(根据观测信号显著性的大小),也会引入相应的偏差。这类偏差的数值很难估计。在可能的情形下,分析流程的确定最好不要用到任何实验数据,而要利用蒙特卡洛样本。如果情况不容许这样做,则在分析流程的调节和优化环节中应当只利用一小部分数据,以减小可能的偏差。

通常偏差的引入并非出于故意,并且往往被忽视。只要有可能,建议进行**盲分析**(参见 8.5.2.2 节、8.5.3 节和 10.6.1 节的讨论)以避免偏差。

3.6 逆向假设检验

若待检验的假设是复合假设且假设包含自由参数,那么假设检验与**区间估计**(参见第 4 章的讨论)是相互关联的。

在下面的讨论中,我们假定复合假设包含单一的自由参数 θ。通过对于不同的 θ 值进行一系列的假设检验可以确定 θ 的拒绝域。这样的一种过程称为**逆向假设检验**(inversion of hypothesis tests)。在寻找希格斯玻色子的实验中就出现了这样的例子,给定希格斯粒子的质量,参数 θ 取为信号的(产生)截面。对于每一 θ 值相应的假设,可以进行假设检验,并计算其对应的 p 值。假定我们设定的检验显著性是 $\alpha=5\%$。每一个 p 值小于 5%的假设都以 95%的置信水平被排除。因此,这一分析回答了下述问题:哪一区域的 θ 值(即希格斯玻色子的产生截面)能够以 95%的置信水平被排除? 于是,在可能的希格斯粒子质量范围内,重复进行上述步骤可以确定各质量值对应的、以 95%置信水平排除的 θ 值区间。

有时,本底事例数的方向向下的统计涨落可能导致信号过程出现在非物理的区域(例如负的产生截面)。这时,一种替代的方法是利用 p_1 来计算比值 $CL_s=p_1/(1-p_0)$。这一方法使我们能够避免在实验对 H_0 和 H_1 假设的鉴别灵敏度很低或没有鉴别能力的区域作出判断结论。这一方法[13-14]已经在 LEP,Tevatron 和 LHC 实验中用来对希格斯粒子质量设限。希格斯粒子质量设限的其他方法还有 Feldman 和 Cousins 建议的方法[15],或者利用功效约束设限方法(power-constrained limits)[16]。

例 3.2 寻找希格斯玻色子。假设检验和逆向假设检验的应用之一是寻找希格斯玻色子的 CMS 实验[17],文献[6]描述了实施这种检验的统计推断过程。

图 3.5(a)显示了对希格斯玻色子有探测灵敏度的五个实验分析求得的纯本底假设下的 p 值(只有标准模型预期的本底过程的贡献)。作为对比,图中的虚线显示的是信号加本底假设预期的 p 值(标准模型本底和希格斯产生过程均有贡献):模拟数据按照信号加本底假设的产生子产生,用纯本底假设进行检验。假设是对于所有的质量值 m_H 进行定义的,在所显示的质量区域内分段进行检验。在 $m_H = 125$ GeV 附近观测到一个局域 p 值对应的显著性达到极大值 5.0σ,考虑了 LEE 修正后,全域显著性减小为 4.5σ。

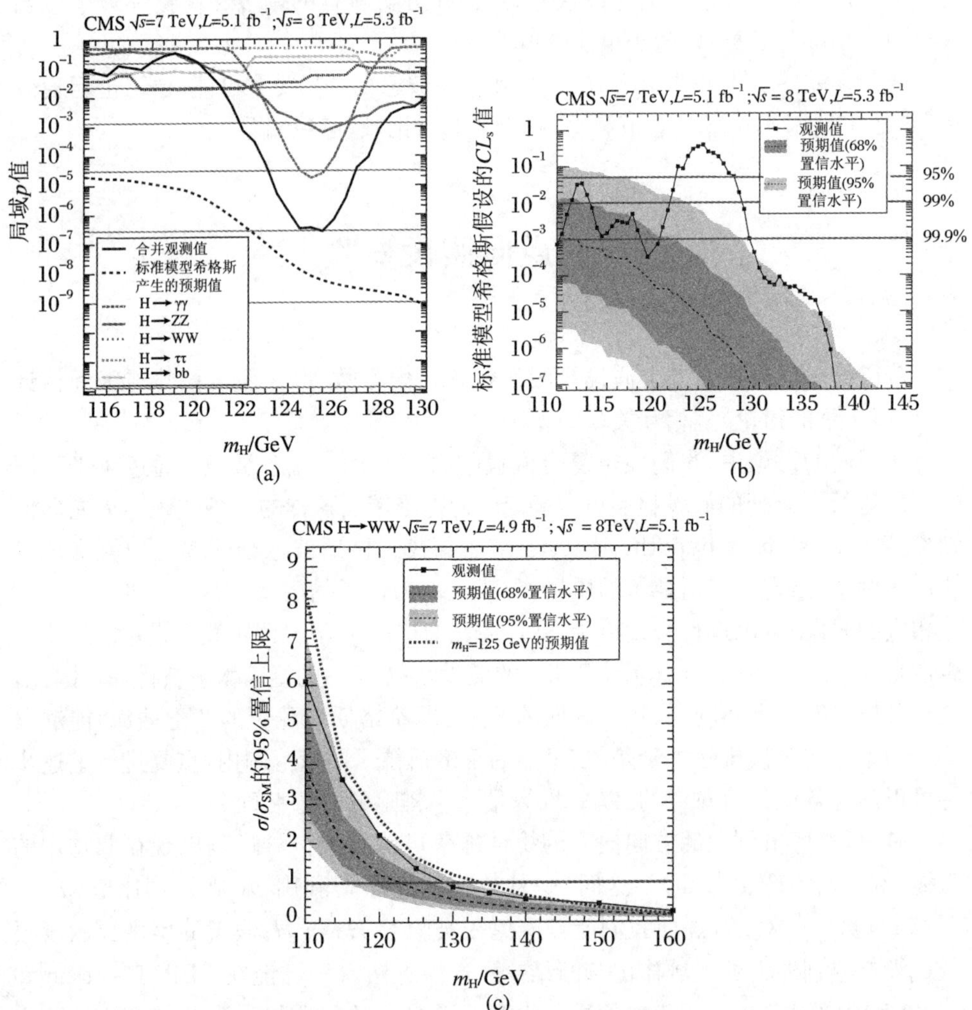

图 3.5　寻找希格斯玻色子的 CMS 实验。图中显示了几个物理量与希格斯玻色子质量的函数关系:(a) 对于希格斯玻色子具有探测灵敏度的五个实验分析得到的、标准模型假设的 p 值及其合并结果;(b) 五个分析合并求得的 $CL_s = p_1/(1-p_0)$ 的观测值和预期值;(c) H→WW 反应道测得的 σ/σ_{exp} 比值的 95%置信上限。(a)～(c)的细节参见正文的说明(引自文献[17])

图 3.5(b)显示了合并分析的结果与希格斯质量的函数关系,包括观测值$CL_s = p_1/(1-p_0)$和纯本底假设预期的CL_s值。在CL_s方法中,如果CL_s观测值小于或等于 0.05,则以检验显著性 $\alpha=0.05$ 排除零假设;在当前情况下,这对应于排除希格斯质量处于 110～121.5 GeV 的区域以及大于 128 GeV 的区域。在这两者之间的区域,观测到产生截面超出了纯本底假设的预期,因而不能排除信号加本底的假设。图中还显示了 $\alpha=0.01$ 和 $\alpha=0.001$ 的检验结果。若同样的实验进行大量的重复测量,纯本底假设为真的情形下预期的实验结果有 68%的概率落入图中以 p 值为中心的浅阴影带区间;有 95%的概率落入图中以 p 值为中心的深阴影带区间。

这类搜寻实验有时用来对参数提供约束范围,例如对于信号截面与标准模型预期的希格斯产生截面之比 $\sigma/\sigma_{\mathrm{exp}}$的约束。这又是一个逆向假设检验的例子。图 3.5(c)显示了 H→WW 反应道测得的 95%置信上限。对于希格斯粒子的每个质量值 m_{H},对参数 $\sigma/\sigma_{\mathrm{exp}}$的值进行扫描,并对相应的假设进行检验,直至找到$CL_s=0.05$ 的 $\sigma/\sigma_{\mathrm{exp}}$值为止。大于该 $\sigma/\sigma_{\mathrm{exp}}$值对应的截面在 95%置信水平上被排除。对于 $m_{\mathrm{H}}\geqslant 129$ GeV 的区域,实验排除了截面比值 $\sigma/\sigma_{\mathrm{exp}}$小于 1 的可能性,这可以理解为标准模型预期的希格斯玻色子(即 $\sigma/\sigma_{\mathrm{exp}}=1$)对于 $m_{\mathrm{H}}>129$ GeV 的所有假设都在 95%置信水平上被排除。

3.7 贝叶斯假设检验

在频率统计的**奈曼-皮尔逊方法**中,算得的 p 值不能理解为某个假设的概率;但在**贝叶斯方法**中,给定实验数据 $\boldsymbol{x}$,可以对一个假设 H 指定后验概率$P(H|\boldsymbol{x})$。依据贝叶斯定理,该**后验概率**可表示为

$$P(H \mid \boldsymbol{x}) = \frac{\int L(\boldsymbol{x} \mid \theta, H)P(H)\pi(\theta)\mathrm{d}\theta}{P(\boldsymbol{x})}, \tag{3.16}$$

其中 $\pi(\theta)$和$P(H)$分别是一组冗余参数 θ 的先验密度和假设 H 自身的先验概率①,而分母 $P(\boldsymbol{x})$表示对所有可能假设的概率求和。根据贝叶斯决策规则,如果后验概率 $P(H|\boldsymbol{x})$足够小,则可以排除假设 H。

可以利用两个假设 H_i 和H_j 的后验概率之比值来构建一个称为**贝叶斯因子**的量B_{ij}:

① 通常并不存在假设 H 唯一认可的先验概率$P(H)$。

$$B_{ij} = \frac{\int L(\boldsymbol{x} \mid \theta_i, H_i) P(H_i) \pi(\theta_i) \mathrm{d}\theta_i}{\int L(\boldsymbol{x} \mid \theta_j, H_j) P(H_j) \pi(\theta_j) \mathrm{d}\theta_j}。 \tag{3.17}$$

在不存在冗余参数且 $P(H_i) = P(H_j)$ 的情形下,贝叶斯因子就等于似然比;若 $P(H_i) \neq P(H_j)$,则贝叶斯因子等于边沿分布似然函数。关于贝叶斯假设检验的更详尽的讨论可参见文献 [18]。

3.8 拟合优度检验

拟合优度(goodnese-of-fit,GoF)检验所处理的问题是,实验数据的分布与某一假设所设定的函数形式之间的一致程度。这一函数形式可以是完全确定的,也可以包含由拟合数据才能确定的自由参数。与前面已经描述的假设检验方法不同的是,GoF 检验只涉及一个假设,即零假设 H_0。不过,在设计 GoF 检验时,对于备择假设的可能范围有一定的概念是有益的,因为这对于 GoF 检验特别敏感的偏差的种类能够提供某种线索①。

GoF 检验的第一步是建立一个检验统计量,它的数值对于观测数据与零假设预期值之间的一致性水平应当是敏感的。在以下的叙述中我们假定,该检验统计量的数值大对应于一致性水平差。第二步则是计算该检验统计量的数值大于或等于观测数据对应的检验统计量数值(统计量观测值)的概率,换言之,数据与零假设预期值的一致性比观测数据与零假设预期值的一致性要差的概率。这一概率称为 ***p* 值**,它的大小定量地描述了数据与假设之间的一致性水平。

下面描述的这一检验方法具有的优点是,本质上它是分布自由的,例如,无论数据服从高斯分布或线性分布,检验方法都是相同的。其他的检验方法则往往针对某些特定的函数形式。以下我们首先讨论该检验应用于分区数据的分布,然后,详细地描述该检验应用于不分区数据的分布作为结束。通常,后一种检验有更好的功效,不过较为复杂且不那么普适。

3.8.1 皮尔逊 χ^2 检验

在所有的 GoF 检验中,**皮尔逊 $\boldsymbol{\chi}^2$ 检验**在统计学领域里占据着突出和重要的地位。这一检验通常非常易于使用②。

---

① 不过有必要指出,该检验并不因此变得过于具有针对性,对范围相当宽泛的备择假设它都可以应用。

② 值得指出的是,不存在普遍适用和有效的理想 GoF 检验方法;皮尔逊 χ^2 检验也有需要防止的陷阱,并不总是最灵敏的解决方案。GoF 检验的适当选择取决于特定分析的诸多细节。

本书 2.5.4 节已经讨论了参数估计的最小二乘法。那里使用的量是 χ^2，它也可以用来估计拟合的优度；更普遍地，当观测值具有高斯型误差时，χ^2 可用来比较观测值分布与零假设预期分布之间的一致性。当观测值具有泊松型误差时，皮尔逊 χ^2 量也可使用。

我们假定已有一组 N 个测量值，它们被填入具有 M 个子区间的直方图，每个子区间中的测量是相互独立的。各子区间中观测的事例数与期望事例数的(归一化)偏差的平方和可表示为

$$\chi^2 = \sum_{i=1}^{M} \frac{(n_i - \nu_i)^2}{V(\nu_i)}, \tag{3.18}$$

其中 n_i 是子区间 i 中的事例数，ν_i 是零假设预期的子区间 i 中的事例数，$V(\nu_i)$ 是其方差。

若数据服从泊松分布①(高能物理中情况通常如此)并且测量值 n_i 不太小，则它们近似地服从高斯分布，统计量 χ^2 服从自由度为 ndf 的 χ^2 分布：

$$f_{\chi^2}(\chi^2, \mathrm{ndf}) = \frac{1}{2^{\mathrm{ndf}/2}\Gamma(\mathrm{ndf}/2)}(\chi^2)^{\mathrm{ndf}/2-1}\mathrm{e}^{-\chi^2/2}, \tag{3.19}$$

其中

$$\Gamma(x) = \int_0^{\infty} \mathrm{e}^{-t} t^{x-1} \mathrm{d}t。 \tag{3.20}$$

自由度为 ndf 的 χ^2 分布的均值为 $E(\chi^2) = \mathrm{ndf}$，方差为 $V(\chi^2) = 2\mathrm{ndf}$；当 ndf 充分大时，该分布趋近于高斯函数(参见 1.3.4.6 节)。

给定一组 M 个观测值并用式(3.18)计算对应的 χ^2 值，零假设为真条件下该 χ^2 值以上部分的积分概率 $P(\chi^2, M)$ 称为**χ^2 概率**(或 **p 值**)，它可表示为

$$P(\chi^2, M) = \int_{\chi^2}^{\infty} f_{\chi^2}(z, M)\mathrm{d}z。 \tag{3.21}$$

小的 p 值对应于数据与零假设之间的一致性很差。图 3.6 显示了不同 M 值对应的式(3.19)的 χ^2 分布函数和式(3.21)的 χ^2 概率。

由于数据拟合(通过对于 m 个参数的极小化)引入了额外的自由度，极小化算得的 χ^2 值将变小，于是极小化的 χ^2 值将服从 $\chi^2(M-m)$分布。

同时，如果总事例数固定为观测值 N，那么所检验的仅仅是分布的形状而不是整体的归一化。这类检验所使用的随机变量形式为

$$\chi^2 = \sum_{i=1}^{M} \frac{(n_i - Np_i)^2}{Np_i}, \tag{3.22}$$

其中 p_i 是零假设为真条件下在子区间 i 中观测到一个事例的概率。在这种情形下预期该 χ^2 变量服从 $\chi^2(M-1)$分布。

① 对于泊松分布，有 $V(\nu_i) = \nu_i$，见 1.3.2 节。

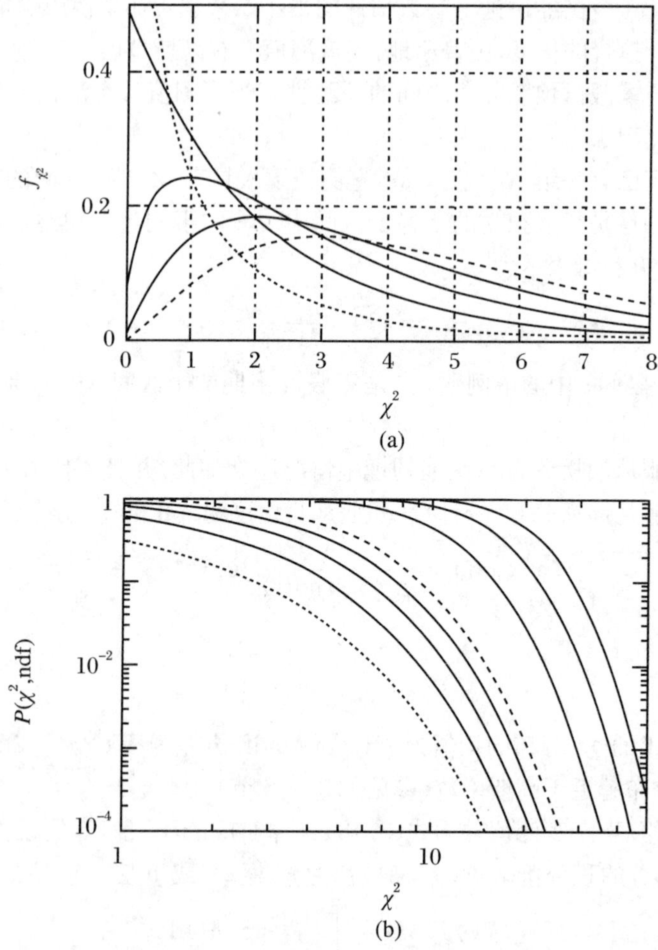

图 3.6　不同自由度下的(a)χ^2 概率分布函数和(b)χ^2 观测值的 χ^2 概率(p 值)与 χ^2 观测值的函数关系(图(a)中,ndf = 1, 2, 3, 4, 5; 图(b)中,ndf = 1,2,3,4,5,10,15,20)

例 3.3　分区数据的 χ^2 检验。图 3.7 显示了关于 n_i 和 ν_i 的分布的一个例子。对于 20 个子区间中的事例数,我们附加了一个约束 $\sum n_i = \sum \nu_i$,在实施检验之前不进行拟合,因此 ndf = 19。利用公式(3.22)求得 $\chi^2 = 21.2$,对图 3.7(a)所示的一组数据,这对应于 p 值等于 0.328。皮尔逊 χ^2 检验的结果显示了数据与模型预期相对而言有较好的一致性。对于图 3.7(b)所示的一组数据,在子区间 5~8 附近数据出现了方向向上的涨落,求得的 $\chi^2 = 49.0$ 对应的 p 值为 0.000 19,表明数据与模型预期的一致性很差。

如果待检验假设的概率密度函数能够很好地描述实验数据的分布,那么该假设的预期与测量值应当在测量误差范围内大致符合①。在这种情形下，χ^2 值大致与 ndf 相当。过大的 χ^2 值表明假设预期与测量值之间不吻合，出现了某种差错，或许是假设，或许是数据出现了某种错误，或者各个子区间的测量误差存在关联但没有被考虑。如果 χ^2 值过于小(即过于"好")，这可能意味着误差被过度估计，实验数据被特意地经过挑选或者纯粹出于偶然被测到。多小的 χ^2 值应当被视为"差的测量"是一种带有主观性的判断，所以只能留给读者自己决定。典型地，$P(\chi^2,\text{ndf})<0.001$可以视为"差的测量"，因为预期出现这种情况的可能性在1 000次中只有一次；通常 $P(\chi^2,\text{ndf})<0.05$ 可以定义为检验不成功。

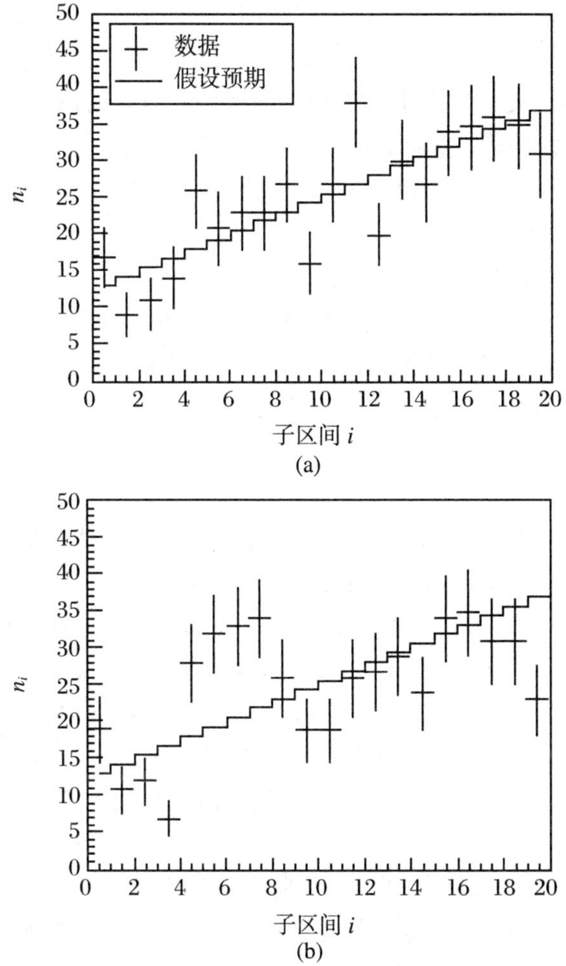

图 3.7 两组典型的分区数据分布(数据点)与待检验假设的期望分布(虚线)的比较。(a) 数据与模型有好的一致性。(b) 数据与模型的一致性很差

① 事实上，这些误差代表了68%置信区间，可以预期，平均每三个数据点中有一个数据点的误差杆范围内不包含该数据点的期望值。

约化 χ^2 值,即 χ^2/ndf,计算起来比 p 值容易得多,它常常用来作为数据与假设一致性的一种测度,因为 χ^2 分布的期望值等于自由度数。但是需要注意的是,p 值比 χ^2/ndf 包含的信息量多。例如,比较一下 $\chi^2/\mathrm{ndf}=7/5$(p 值等于 0.22)与 $\chi^2/\mathrm{ndf}=70/50$($p$ 值等于 0.03)这两种情形,两者的 χ^2/ndf 值相同,但第一种情形的 p 值要好得多。所以除了给出 χ^2/ndf 比值之外,应当同时给出自由度数或 p 值。

为了运用本节描述的检验方法,要求每个子区间中的事例数足够多,使得泊松分布可以用高斯分布作为近似;典型地,每个子区间中的事例数应当不少于 5～10 个。如果出现事例数少于上述数目的子区间,可以改变子区间的总数或让不同的子区间有不同的宽度,使得所有子区间的事例数都满足上述要求;为了避免检验出现偏差,各子区间宽度的选定不应当利用任何测量数据的信息(例如,可以根据预期的事例数加上某个安全边际量来确定各子区间宽度)。在数据分区会导致检验出现问题的情形下,数据不分区的 GoF 检验通常有更强的功效,因为当子区间宽度不小于实验分辨率时,会丢失部分实验信息。

当渐近条件不能满足时,不应当将式(3.21)计算的 χ^2 概率作为 p 值使用,而是应当计算严格的 p 值。后者可以利用蒙特卡洛方法计算,通过计算各子区间各自的概率来考察各子区间可能的输出,然后再与观测数据进行比较。在利用这样的蒙特卡洛方法时,我们可以放松对于子区间宽度的要求。

3.8.2　游程检验

皮尔逊 χ^2 检验的一个缺点在于它对(数据与假设期望值的)离差的符号不敏感。作为一个例子,我们来考察一个有五个子区间的分布。各子区间中的期望事例数是(10,10,10,10,10),事例数的标准差均为 3。不论观测数据是(7,13,13,13,7),(13,7,7,7,13)或是(7,13,7,13,7),这三组数据根据 χ^2 分布计算得到的 p 值都是相等的。现在,再来考察如下的情形:在观测谱的部分区域内数据系统地大于待检验模型的预期值,而在别的区域中数据系统地大于模型预期值。在这种情形下,尽管已经清晰地表明当前使用的参数化模型与数据不一致,χ^2 值却仍然可能处于合理范围之内。

一般而言,如果可能的话,利用其他独立的 GoF 检验作为 χ^2 检验的补充会是有帮助的。适用于分区数据的这类检验方法之一称为**游程检验**[19]。在游程检验中,数据与假设期望值的离差具有相同方向(即离差值符号相同)的一串相邻子区间定义为一个域,每一个这样的域称为一个**游程**,全部子区间构成的游程总数用 r 表示。游程总数预期服从二项分布。令 N_+ 个子区间中观测值大于期望值,N_- 个子区间中观测值小于期望值,这些子区间的可能组合方式的总数为 $(N_+ + N_-)!/(N_+!N_-!)$,游程数的平均期望值及其方差分别为

$$E(r) = 1 + \frac{2N_+ N_-}{N_+ + N_-}, \tag{3.23}$$

$$V(r) = \frac{2N_+ N_- (2N_+ N_- - N_+ - N_-)}{(N_+ + N_-)^2(N_+ + N_- - 1)}。 \tag{3.24}$$

对于子区间数大于 20 的分布,游程数可以合理地用高斯分布作为近似。因此,Z 值可用下式来计算:

$$Z = \frac{r - E(r)}{\sqrt{V(r)}}。 \tag{3.25}$$

例 3.4 游程检验。考察图 3.7(a)中数据与期望值的离差值,可知它们有如下的符号序列:

$$(+ - - - + + + + + - + + - + - + + + - -)。$$

正离差值有 $N_+ = 12$ 个,游程数为 $r = 10$。根据上面所述的公式可得 $E(r) = 10.6$ 和 $V(r) = 4.35$。假定高斯近似可用,依据式(3.25)可得 $Z = -0.288$。与 $|Z| \geqslant 0.288$ 相对应的 p 值是 0.773。由此可得出结论:数据与待检验假设的预期有非常好的一致性。对于图 3.7(b)所示的数据,离差值的符号序列为

$$(+ - - - + + + + + - - - - - - - + + - - -)。$$

观察到的游程数为 $r = 6$,但它的期望值是 10.6 ± 2.1。这对应于 p 值等于 0.027 4,表明数据与模型预期值之间的一致性很差。

游程检验的功效比皮尔逊 χ^2 检验要差,但仍然非常有用。这两种检验互为补充,因为对于简单假设的检验这两种方法的关联很弱。χ^2 检验对于离差的绝对值大小很敏感,但对离差的符号及其排列顺序不敏感。与此相反,游程检验只对离差的符号及其排列顺序敏感。皮尔逊 χ^2 检验和游程检验的 p 值可以利用式(3.15)进行合并,从而形成一个功效更强的检验。

3.8.3 不分区数据的 χ^2 检验

在一般情形下,可以利用一个检验统计量来确定参数的最优值,利用另一个检验统计量来度量数据与模型预期值之间的差异。如果利用似然函数来拟合一组不分区数据,依然能够实施分区数据的 GoF 检验,例如皮尔逊 χ^2 检验,并利用参数的最优拟合值来计算各子区间的期望值 $\hat{\nu}_i$。

对于多项分布的数据,可用下式构建 χ^2 变量:

$$\chi_M^2 = 2\sum_{i=1}^{M} n_i \ln \frac{n_i}{\hat{\nu}_i}。 \tag{3.26}$$

在大样本极限下,它服从 $\chi^2(M - m - 1)$分布。这里 M 是子区间数,m 是似然函数拟合中自由参数的个数。量 n_i 和 $\hat{\nu}_i$ 分别是子区间 i 的观测事例数和期望事例数,$\hat{\nu}_i$ 利用拟合的参数值计算得到。值得注意的是 $n_i = 0$ 的子区间在求和时不计算在内。类似地,对于泊松分布的数据,χ^2 变量定义为

$$\chi_{\mathrm{P}}^{2} = 2\sum_{i=1}^{M} n_i \ln \frac{n_i}{\hat{\nu}_i} + \hat{\nu}_i - n_i。 \tag{3.27}$$

在大样本极限下,预期它服从 $\chi^2(M-m)$分布。

构建 χ^2 变量的另一种选择是利用 3.8.1 节中式(3.18)和式(3.22)所示的检验统计量,其中 ν_i 和p_i 分别用$\hat{\nu}_i$ 和$\hat{p}_i = \hat{\nu}_i / \sum_i \hat{\nu}_i$ 替代。在大样本极限下,它们分别服从自由度为 $M-m$ 和$M-m-1$ 的 χ^2 分布。

对于有限样本容量的情形,需要利用更复杂的方法,例如可以通过蒙特卡洛模拟来获取检验统计量的分布。

3.8.4　利用极大似然估计进行检验

如果利用函数 $L(\boldsymbol{x};\theta)$的极大似然拟合来确定模型的参数θ,有时可以利用参数 θ 的最优拟合值处的似然函数值$L_{\max}(\boldsymbol{x};\hat{\theta})$作为 GoF 的检验统计量。我们可以通过一个虚拟的实验(例如蒙特卡洛模拟)来确定 $L_{\max}$的分布。为此,零假设的参数 θ 需设定为它的期望值。所求得的 $L_{\max}$的分布可以与数据对应的 $L_{\max}$观测值进行比较。但需要指出的是,$L_{\max}$的分布与备择假设为真时的 $L_{\max}$分布之间通常并不能清晰地区分开来,因此这种方法不那么管用。关于不鼓励使用这种方法的深入的讨论可以参见文献 [20]。

3.8.5　柯尔莫哥洛夫-斯米尔诺夫检验

在不分区数据的 GoF 检验中,检验统计量的每个观测值处记录到的每一个事例以及该处出现一个事例的严格概率都得到了考虑。这类检验消除了由于对数据进行分区所带来的任意性和信息损失。不分区数据的分析也更容易适应检验统计量是一向量而非标量的情况。最著名的不分区数据 GoF 检验是**柯尔莫哥洛夫-斯米尔诺夫检验**。

一个观测量的 N 个测量值的**经验累积分布函数**$F_N(x)$可表示为

$$F_N(x) = N^{-1}\sum_{i=1}^{N} s(x_i), \tag{3.28}$$

其中 s 是阶跃函数:

$$s(x_i) = \begin{cases} 0, & x < x_i, \\ 1, & x \geqslant x_i。 \end{cases}$$

在检验中,**经验累积分布函数** $F_N(x)$与零假设为真条件下的累积分布函数 $F(x)$(通常是一条平滑曲线)进行对比。图 3.8 显示了一个例子。

$F_N(x)$与$F(x)$之间的差值的最大绝对值定义为检验统计量

$$D_N = \max|F_N(x) - F(x)|,\quad 对所有\ x。 \tag{3.29}$$

对于单侧检验,检验统计量需要包含差值的符号

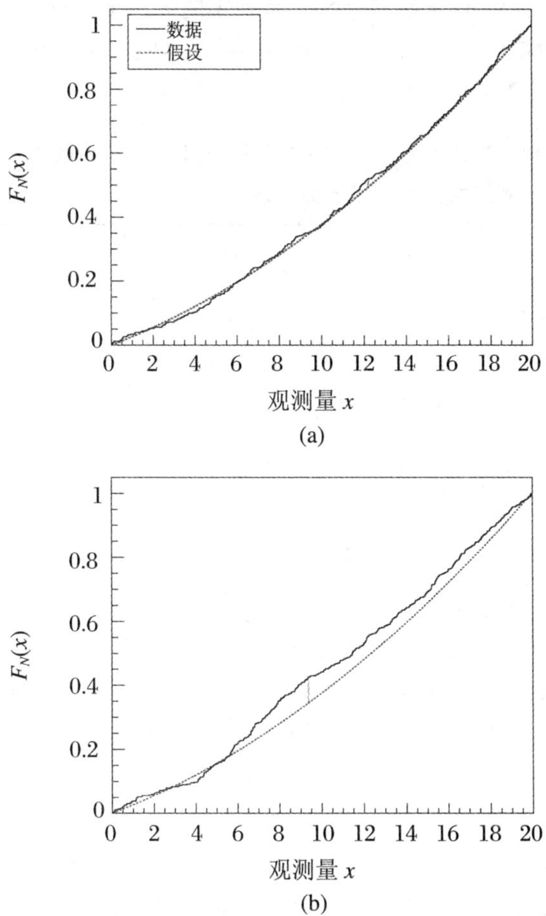

图3.8 观测量 x 的累积分布函数。图中显示了观测数据的经验累积分布函数(实线)和待检验假设的累积分布函数(虚线)。测量数据取自图3.7(a),(b)。图(a)的数据与预期值一致,图(b)的数据则与预期值不一致。柯尔莫哥洛夫-斯米尔诺夫检验中的最大差值 D_N 在图(a)中出现于 $x=12.2$,图(b)中出现于 $x=9.4$

$$D_N^{\pm} = \max[\pm (F_N(x) - F(x))], \quad 对所有 x。 \tag{3.30}$$

对于不同的 N 值,表3.2列出了柯尔莫哥洛夫-斯米尔诺夫检验统计量临界域对应的临界值 D_N 与 p 值的函数关系。当 $N \geqslant 80$ 时,自由度为2的 χ^2 分布可以用来作为量 $4N(D_N^{\pm})^2$ 的近似。对于大 N 值的情形,也可以通过柯尔莫哥洛夫-斯米尔诺夫检验,利用

$$2\sum_{i=1}^{\infty}(-1)^{i-1}\mathrm{e}^{-2i^2 ND_N^2} \tag{3.31}$$

来确定 p 值。

例3.5 柯尔莫哥洛夫-斯米尔诺夫检验。我们回到例3.3(见图3.7)。现在

我们利用那里的数据但不对数据分区。所确定的 $F_N(x)$ 与 $F(x)$ 分布示于图 3.8,计算得到第一组数据的 $D_N=0.029$,第二组数据的 $D_N=0.082$,利用式(3.31)算得的对应 p 值分别是 0.80 和 0.002 2。

表 3.2 柯尔莫哥洛夫-斯米尔诺夫检验中,确定临界域的 D_N 值与 p 值和观测事例数 N 的函数关系

p 值	D_N 的临界值			
	$N=5$	$N=20$	$N=60$	$N>100$
0.99	0.67	0.35	0.21	$1.629/\sqrt{N}$
0.98	0.63	0.33	0.19	$1.518/\sqrt{N}$
0.95	0.56	0.29	0.17	$1.358/\sqrt{N}$
0.90	0.51	0.26	0.16	$1.223/\sqrt{N}$
0.80	0.45	0.23	0.14	$1.073/\sqrt{N}$

应当注意的是,柯尔莫哥洛夫-斯米尔诺夫检验仅适用于实验进行之前零假设的分布已经固定(不含未知参数)的场合;如果待检验假设的模型参数需要通过数据拟合加以确定,则该检验不能使用。

在柯尔莫哥洛夫-斯米尔诺夫检验中,检验方法自身决定了待检验的分布在两侧与数据分布的一致性必定相当好,最大差值 D_N 或 $D_N^{\pm}$ 倾向于出现在分布的中部。因此这类 GoF 检验在分布的两侧边界附近的灵敏度受到损失。

Anderson-Darling 检验[21]与柯尔莫哥洛夫-斯米尔诺夫检验相似,但在分布两侧边界附近的灵敏度不受损失。但是与之相随的是它的普适性受到损失,因为该检验对于数据分布的函数形式并不独立(即该检验不具有分布自由的性质)。

3.8.6 斯米尔诺夫-克拉美-冯·米译斯检验

斯米尔诺夫-克拉美-冯·米译斯检验可以是替代柯尔莫哥洛夫-斯米尔诺夫检验的另一选项。该假设的检验统计量是经验累积分布函数 $F_N(x)$ 与零假设累积分布函数 $F(x)$ 差值平方的均值:

$$W^2=\int_{-\infty}^{+\infty}[F_N(x)-F(x)]^2\mathrm{d}F(x)。\tag{3.32}$$

在该检验中,不是利用最大差值 $|F_N(x)-F(x)|$ 的单点信息,而是利用差值平方的积分。

W^2 的期望值及其方差由以下两式给定:

$$E(W^2)=\frac{1}{6N},\quad V(W^2)=\frac{4N-3}{180N^3}。$$

文献 [22] 中给出了临界函数 NW^2 与检验显著性之间函数关系的数值列表。

3.8.7 两样本检验

两样本检验与拟合优度检验问题相关。当我们希望比较两个样本是否一致时,可以使用两样本检验方法。例如,我们可能希望检验两个样本是否有相同的均值或相同的方差这样的假设。由于这类检验的结果强烈地依赖于待检验假设的假定,为了对检验结果作出正确的诠释,必须对待检验的假设有非常清晰的理解。

值得指出的是,存在与上面已经介绍过的两种不分区数据检验非常类似的一般性方法,例如用第二个样本的经验累积分布函数 $F_{N'}(x)$ 代替式(3.29)或式(3.32)中的 $F(x)$ 来构建检验统计量。同时,对于分区数据的 χ^2 检验,可以利用

$$\chi^2 = \sum_{i=1}^{M} \frac{(n_i - n'_i)^2}{\sigma_{n_i}^2 + \sigma_{n'_i}^2} \tag{3.33}$$

代替式(3.18)构建检验统计量来对子区间事例数为 n_i 和 n'_i 的两个样本进行比较。

3.9 结　　论

本章阐述了假设检验的基本概念、高能物理中的典型应用以及常用的拟合优度检验方法。对于该论题的延伸阅读,我们推荐 Barlow[23],Cowan[24],Lyons[25](三本初级教程),James[1](高级教程)和 Sivia[18](贝叶斯方法)的著作。

3.10 习　　题

习题 3.1　显著性。考察一个观测事例数 $N=56$、期望值 $\nu_b=40$ 的泊松过程。

(a) 利用 3.5.1 节介绍的计算显著性的几个公式,计算上述观测值的显著性,并与依据泊松分布概率导出的严格显著性结果进行比较。

(b) 假定 ν_b 具有高斯型的系统不确定性 $\Delta\nu_b/\nu_b=7.5\%$,将该不确定性考虑在内时利用 3.5.2 节介绍的边沿分布似然函数比值方法计算显著性。将结果与 80 页脚注③给出的公式的计算结果进行对比。

(c) 利用逆向假设检验(不考虑和考虑系统不确定性两种情形),ν_s 的 95% 置信水平的上限是多少?假定(我们寻找的)信号的期望值为 $\nu_s=25$。当前的观测数

据是否被检验排除？

(d) 如果实验可以积累更多的事例统计量，以及描述信号的理论有效，则为了可以认定“发现了信号”需要增加多少数据量？

习题 3.2　ARGUS 实验的 Ω_c 峰。1992 年，ARGUS e^+e^- 对撞实验报道了通过 $\Xi^-K^-\pi^+\pi^+$ 末态衰变道观测到了双奇异粲重子 Ω_c[26]，所得的不变质量谱示于图 3.9。试作出你个人对信号及其显著性的估计。

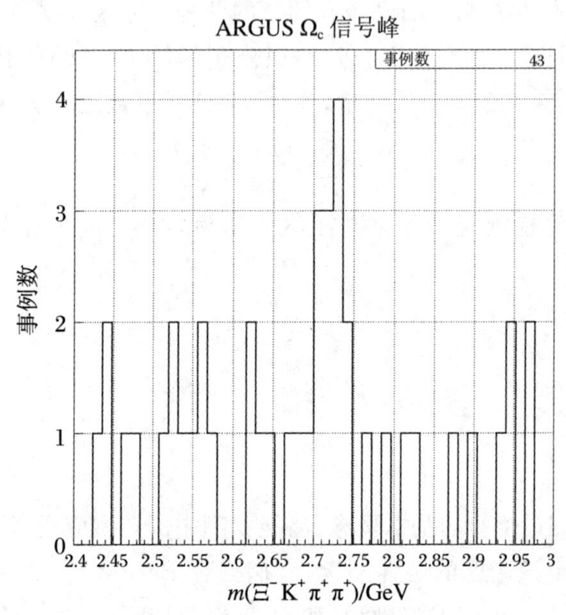

图 3.9　习题 3.2 中的不变质量谱（引自文献 [26]）

1. 涨落概率：假定只存在概率密度为常数的本底。

(a) 估计每个质量子区间中的平均本底事例数（注：直方图 50 个子区间中共有 43 个事例）；

(b) 确定峰值附近的 $\pm 2\sigma$ 质量窗（注：分辨率 σ 近似于直方图子区间宽度 12 MeV）；

(c) 计算峰值附近 $\pm 2\sigma$ 质量窗区域内的候选信号事例总数 $N_{\mathrm{cand,s}}$；

(d) 估计该区域内的本底事例数期望值 μ_{b}；

(e) 估计泊松分布从 μ_{b} 涨落到大于或等于 $N_{\mathrm{cand,s}}$ 的概率。

2. 信号显著性：当信号加本底假设为真时，试估计信号及其显著性。

(a) 根据峰区外事例数的平均密度，估计每个子区间中的本底事例数。根据这一密度值估计峰值附近 $\pm 2\sigma$ 质量窗内的本底事例数期望值 μ_{b}。

(b) 求得的信号事例数为 $N_{\mathrm{s}} = N_{\mathrm{cand,s}} - \mu_{\mathrm{b}}$，试估计其误差 $\sigma_{N_{\mathrm{s}}}$ 并确定信号显著

性 N_s/σ_{N_s}。

习题 3.3　拟合优度检验。图 3.7 所示分布的测量数据及其期望值如表 3.3 所示。

表 3.3　测量数据及其期望值

子区间	1	2	3	4	5	6	7
观测 1	17	9	11	14	26	21	23
观测 2	19	11	12	7	28	32	33
期望值	13.125	14.375	15.625	16.875	18.125	19.375	20.625
子区间	8	9	10	11	12	13	14
观测 1	23	27	16	27	38	20	30
观测 2	34	26	19	19	26	27	29
期望值	21.875	23.125	24.375	25.625	26.875	28.125	29.375
子区间	15	16	17	18	19	20	
观测 1	27	34	35	36	35	31	
观测 2	24	34	35	31	31	23	
期望值	30.625	31.875	33.125	34.375	35.625	36.875	

(a) 对于每一组数据，计算皮尔逊 χ^2 检验和游程检验的 p 值。

(b) 利用费希尔方法计算这两种检验的合并 p 值。

(c) 对这两组数据的一致性进行 GoF 检验（与期望值无关）。

参考文献

[1] James F. Statistical Methods in Experimental Physics [M]. 2nd ed. World Scientific, 2006.

[2] Cowan G, et al. Asymptotic formulae for likelihood-based tests of new physics [J]. Eur. Phys. J. C, 2011, 71: 1554.

[3] Cousins R D, Linnemann J T, Tucker J. Evaluation of three methods for calculating statistical significance when incorporating a systematic uncertainty into a test of the background-only hypothesis for a Poisson process [J]. Nucl. Instrum. Methods A, 2008, 595: 480.

[4] CMS Collab. Physics technical design report, volume II: Physics per-

formance [J]. J. Phys. G, 2007, 34: 995.

[5] Cousins R D, Highland V L. Incorporating systematic uncertainties into an upper limit [J]. Nucl. Instrum. Methods A, 1992, 320: 331.

[6] ATLAS, CMS Collab., LHC Higgs Combination Group. Procedure for the LHC Higgs boson search combination in Summer 2011 [R]. ATL-PHYSPUB-2011-011; CMS NOTE-2011/005.

[7] Demortier L. p-values and nuisance parameters [R]. Proc. PHYSTAT-LHC Workshop. CERN-2008-001.

[8] Fisher R A. Statistical Methods for Research Workers [M]. 14th ed. Oliver and Boyd, 1970.

[9] Cousins R D. Annotated bibliography of some papers on combining significances or p-values [J]. arXiv:0705.2209, 2007.

[10] Good I J. On the weighted combination of significance tests [J]. J. R. Stat. Soc. Ser. B, 1955, 17: 264.

[11] Janot P, Le Diberder F. Optimally combined confidence limits [J]. Nucl. Instrum. Methods A, 1998, 411: 449.

[12] Gross E, Vitells O. Trial factors for the look elsewhere effect in high energy physics [J]. Eur. Phys. J. C, 2010, 70:525.

[13] Read A L. Presentation of search results: The CL_s technique [J]. J. Phys. G: Nucl. Part. Phys., 2002, 28: 2693.

[14] Junk T. Confidence level computation for combining searches with small statistics [J]. Nucl. Instrum. Methods A, 1999, 434: 435.

[15] Feldman G L, Cousins R D. Unified approach to the classical statistical analysis of small signals [J]. Phys. Rev. D, 1998, 57: 3873.

[16] Cowan G, et al. Power-constrained limits [Z]. arXiv:1105.3166, 2011.

[17] CMS Collab. Observation of a new boson at a mass of 125 GeV with the CMS experiment at the LHC [J]. Phys. Lett. B, 2012, 716: 30.

[18] Sivia D, Skilling J. Data Analysis: A Bayesian Tutorial [M]. Oxford University Press, 2006.

[19] Wald A, Wolfowitz J. On a test whether two samples are from the same population [J]. Ann. Math. Stat., 1940, 11:147.

[20] Heinrich J. Pitfalls of goodness-of-fit from likelihood [M]//Lyons L, Mount R, Reitmeyer R. Statistical Problems in Particle Physics, Astrophysics, and Cosmology. Proc. PHYSTAT-2003 Workshop, 2003: 52.

[21] Anderson T W, Darling D A. Asymptotic theory of certain "goodness of fit" criteria based on stochastic processes [J]. Ann. Math. Stat., 1952,

23：193.

[22] Marshall A W. The small sample distribution of $n\omega_n^2$ [J]. Ann. Math. Stat.，1958，29：307.

[23] Barlow R J. Statistics：A Guide to the Use of Statistical Methods in the Physical Sciences [M]. John Wiley & Sons，1989.

[24] Cowan G. Statistical Data Analysis [J]. Oxford University Press，1998.

[25] Lyons L. Statistics for Nuclear and Particle Physicists [J]. Cambridge University Press，1986.

[26] ARGUS Collab.，Albrecht H，et al. Evidence for the production of the charmed，doubly strange baryon Ω_c in e^+e^- annihilation [J]. Phys. Lett. B，1992，288：367.

（撰稿人：Gregory Schott）

第4章　区间估计

4.1　引　　言

第2章阐述的点估计方法提供了一种非常简捷的途径：对于一个给定的感兴趣的参数(以后简称为参数)，依据给定的一组观测数据，如何得出最可能的一个参数值。点估计的不足之处在于缺乏对于该估计值的可靠性的描述。区间估计则可以弥补这一不足。区间估计不是给出单个的参数估计值，而是给出上、下限两个数值，以及参数真值落入上、下限构成的区间的置信水平。如果感兴趣的参数多于一个，则给出多维置信域。区间构建方法也可能产生一组不连续的置信区间或置信域，这在某些情形下可能是有意义的(见后文的例4.4)。

毫不奇怪，区间的置信水平的正确诠释取决于所使用的**统计范式**(statistical paradigm)：**贝叶斯统计**或**频率统计**。同时，所规定的置信水平不能唯一地确定区间的构建。还需要加入其他必须考虑的因素，比如区间长度、参数变换下的行为、物理边界效应、系统不确定性等等。我们在4.2节将简要地叙述区间的这些特征量，4.3节和4.4节阐述构建置信区间的频率方法和贝叶斯方法。4.5节则借助一个涉及物理边界的问题，对两种方法进行图解比较。4.6节讨论在搜寻问题中区间构建的作用，特别是与**涵盖概率**(coverage)和测量灵敏度的关系。4.7节给出最终的建议。

4.2　置信区间构建的特征量

置信水平(confidence level，CL)是构建置信区间的一个重要特征量，但是它的含义在贝叶斯统计推断和频率统计推断中是截然不同的。在贝叶斯统计中，一个测量的最终结果是感兴趣参数的后验分布，区间估计是概括后验分布所包含信息的一种方法。与贝叶斯区间相关联的置信水平是该区间中后验分布的积分，称为**信度**(credibility)水平。它表示，对于给定的先验信度和观测数据，感兴趣的参数真值落入该信度区间的概率。

与此相反，频率方法并不将概率分布与置信水平直接关联起来，从而需要一个不同的概念来量化区间估计值的可靠性。这一概念即是**涵盖概率**，它表征在大量重复测量情形下，所构建的置信区间的行为。涵盖概率所回答的问题是：如果在获得当前测量数据相同的条件下进行同样的 N 次测量、收集 N 组新数据，当 $N\to\infty$ 时，所对应的 N 个置信区间中包含参数真值的区间个数占 N 的比例有多大？应当指出，所设定的涵盖概率不一定能够严格地达到，例如观测量是离散量（事例数）或存在系统不确定性的情形。

尽管置信水平的信度和涵盖概率解释属于不同的统计范式，但是研究频率区间的信度和贝叶斯区间的涵盖概率通常是有意义的。这是因为，贝叶斯推断完全取决于当前的观测数据，而频率区间同时考虑了当前的观测数据和当前未观测的数据。因此，人们可能对依据当前观测数据所推断的频率区间的正当性产生疑问，这一点可以通过研究它的后验信度（利用有充分理由的、正当的贝叶斯先验密度）加以澄清。与此类似，人们可能对贝叶斯结果的**可重复性**产生疑问，这可以利用性质相当确定的测量数据总体（真实数据或模拟数据）来加以研究。这方面的一个有意思的结果是，在利用正当的先验密度的情形下，贝叶斯区间的先验平均涵盖概率等于其名义信度，从而保证了平均意义上的可重复性。如果无法获得有证据的正当的先验密度，涵盖概率在选择**客观先验密度**（objective prior）方面依然能够起到引导作用[1]。

已经提到，设定置信水平不能唯一地确定置信区间的构建方法，而是存在多种可能性，为了从中作出选择，检查该区间的其他重要性质是有意义的：

• **区间长度**。对于给定的置信水平，较短的区间比较长的区间提供了较多的信息，至少对于这些区间包含了参数真值的情形是如此。这方面，一个有用的频率统计概念是**期望长度**（expected length），它是一个平均的区间长度，对于所有可能的观测数据总体求平均，并视之为感兴趣参数的函数。可以证明，置信区间的期望长度等于该区间内包含一个错误的参数值的概率，并对所有的错误参数值求积分[2]。由于期望长度涉及总体平均，它不是一个贝叶斯判据。但是，给定一个贝叶斯后验密度，一种常用的区间构建称为**最高后验密度**（HPD）区间，对于给定的信度，它产生最短的区间（见4.4节）。

• **参数变换下的同变性**。当测量一个物理量例如粒子质量 θ 时，该结果可能被理论家用来推断别的量 $\eta=f(\theta)$，这里 f 可以是任意的复杂函数。假定我们对参数 θ 和 η 应用同样的区间构建方法得到 $[\theta_1,\theta_2]$ 和 $[\eta_1,\eta_2]$，如果能做到 $[\eta_1,\eta_2]=[f(\theta_1),f(\theta_2)]$，则称之为区间构建方法具有**参数变换下的同变性**。但是这一点通常难以做到，例如参数 θ 的最短区间，映射到 η 空间的区间未必是最短的。

• **关于系统不确定性的行为**。系统不确定性是借助于**冗余参数**（nuisance parameter）的模型来描述的，所谓的冗余参数是实验者并没有直接的兴趣，但为了提取感兴趣的参数值所必须了解的参数。冗余参数包括刻度常数、能量尺度因子、探测效率等。冗余参数由辅助测量或贝叶斯先验密度来确定相关的系统不确定性的分布。在典型的情形下，可以预期感兴趣参数的置信区间长度随着冗余参数系统不确定性分布宽度的增加而增加。

• **物理边界效应**。当参数空间由于物理约束而具有边界时，对于某些观测值，某些区间构建方法产生的区间会出现部分或全部落入参数的非物理区间的情形。这些区间的物理部分或是不合理地短，或是空集，这是极不希望出现的情况。可能发生这种情况的例子是效率和接受度的测量(其真值约束在 0 和 1 之间)，以及粒子质量的测量(其真值须为正值)。参数的边界值也可以有特定的物理意义。例如在寻找新粒子的实验中，产生率可约束为正值。然而，0 值具有特定的意义，因为它对应于纯本底假设(无新粒子)。在这种情形下，相对于假设检验而言，区间估计是不是一种合适的统计推断，是一个需要仔细考虑的问题。

• **与点估计的关系**。当我们测量一个已知存在的系统的某一性质(例如顶夸克质量)时，通常同时报道其点估计和置信区间，当然点估计应当落在该区间之内。但是，区间和点估计提供的是不同种类的统计推断，两者之间并不存在唯一确定的关联。我们可以尝试来建立这样的关联①，但这种方法未必得出最优的结果。相反，存在某些自然的关联，例如双侧等概率区间(equal-tailed interval)与中位数(median)之间的关联、似然比排序区间(likelihood-ratio-ordered interval)与极大似然估计之间的关联等，但这些关联并不是排他性的。同时，不应该期望点估计总是处于区间的中心，这取决于观测量的概率分布、是否存在物理边界、系统不确定性等各种因素。最后，有的时候报道一个没有点估计的置信区间也是有意义的，例如没有观测到一种新的物理过程而希望给出其产生率的上限。

• **普适性**。不论问题复杂性如何，置信区间的构建方法是否具有足够的普适性而能够应用于一切问题?

毋庸置疑，没有一种区间构建方法能够在实验中实际遇到的所有情形下给出满足上述所有要求的置信区间，不过将这些特性记在心中还是有用的，也许在寻找特定问题中的最优方法时可以将它们按重要性排列一种优先顺序。

---

① 例如，Hodges-Lehmann 估计量定义为置信水平趋于 0 情形下所构建的区间的极限值[3]，以此作为点估计值。

4.3 置信区间构建的频率方法

构建置信区间的频率方法起源于奈曼[4]。该方法具有普遍性,适用于多维问题,且提供了消除**冗余参数**①的方法。我们首先在 4.3.1 节讨论奈曼区间的构建。接着,4.3.2 节到 4.3.4 节讨论较为简单的方法。不那么简单但更符合实际情况的**自举方法**(bootstrapping method)在 4.3.5 节中叙述。自举方法特别适用于粒子物理中观测值("事例")是独立同分布的情形。事实上,每当物理学家将一种模型的某个参数用点估计代入以产生所谓的赝数据(pseudo-data)时,所使用的就是参数化的自举方法。因此重要的是,借助于本章引言中列举的置信区间的某些性质,理解从自举方法能够获得什么样的预期结果。在 4.3.6 节,我们将讨论频率区间中冗余参数的处理及一个详尽的案例研究。

4.3.1 奈曼置信区间的构建

对于观测值的分布仅仅依赖于一维连续参数 θ 的估计问题,参数 θ 置信区间的奈曼构建方法如图 4.1 所示。步骤 1 是选择 θ 的一个点估计 $\hat{\theta}$,画出 θ 与 $\hat{\theta}$ 的关系图,给出若干给定 θ 值对应的 $\hat{\theta}$ 的概率密度 pdf。在图 4.1(a)中画出了 $\theta=1,2,3$ 的 pdf 曲线。对于步骤 1 中考虑的每个 θ 值,步骤 2 是选择 $\hat{\theta}$ 值的具有给定积分概率(例如 68%)的一个区间。步骤 3 是将一切 θ 值对应的这一区间连接起来形成所谓的**置信带**。在收集了实验数据后,计算出估计量 $\hat{\theta}$ 的观测值 $\hat{\theta}_{obs}$,立即可由置信带给出 θ 的置信区间$[\theta_1,\theta_2]$(见图 4.1(b))。

为了理解为何这样的步骤能给出正确的结果,设想 θ_{true}是 θ 的真值,根据构建过程本身可知,点$(\hat{\theta}_{obs},\theta_{true})$有 68%的概率落入置信带内;反过来,仅当上述情况发生时,θ_{true}落入 $\hat{\theta}_{obs}$值对应的区间$[\theta_1,\theta_2]$之内。因此所报道的区间有 68%的机会包含了参数真值 θ_{true},且这一结果与 θ_{true}值本身无关。

奈曼置信区间的构建需要四个要素:参数 θ 的估计量 $\hat{\theta}$、参考总体、排序规则以及置信水平。下面逐一讨论这些要素。

4.3.1.1 要素一:估计量

在构建奈曼区间的图示中,估计量标绘在横轴上。假设我们收集随机变量 x 的n 个独立测量值x_i,x 服从均值为θ 的正态分布且标准差已知。显然,应当用 x_i

① "消除冗余参数"是"加入系统不确定性效应"的统计学术语。

的样本均值$\bar{x}$作为 θ 的估计量,因为$\bar{x}$是 θ 的充分统计量[①]。如果物理约束要求 θ 为正值,那么可以用 $\hat{\theta}=\max\{0,\bar{x}\}$代替 $\hat{\theta}=\bar{x}$作为估计量。这两个估计量得出的区间具有极其不同的性质。我们将在 4.5 节回过头来讨论这一问题。

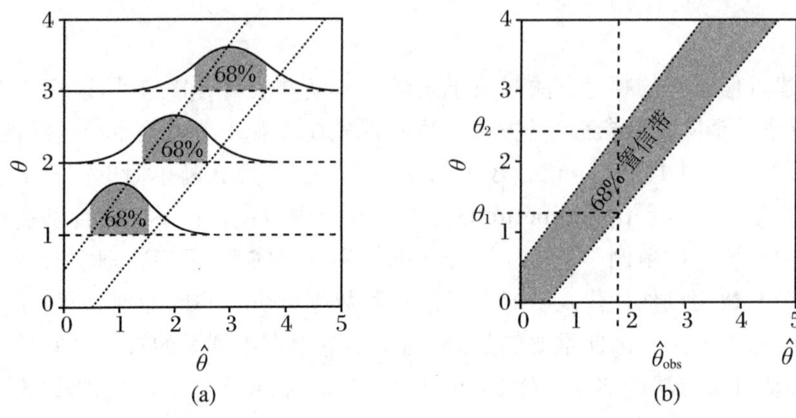

图 4.1 (a) 参数 θ 的 68%置信区间的奈曼构建方法。(b) 用该方法确定特定观测值对应的 68%置信区间

应当指出,奈曼区间构建的原始公式中不要求选择点估计量。区间是根据每个参数值对应的测量数据样本的分布直接确定的。于是,如果样本包含 n 个测量值,则区间构建的步骤 2 需要在样本空间内界定一个积分概率等于设定置信水平的 n 维区域。这显然是一个困难的任务。

幸运的是,在绝大多数实际情形中,将观测数据样本简约为一个点估计是获得全部相关信息的一种简约步骤。

4.3.1.2 要素二:参考总体

参考总体(reference ensemble)指的是在进行重复实验测量情形下,点估计量 $\hat{\theta}$ 的概率分布。为了明确规定进行什么样的重复测量,必须搞清楚测量的哪些随机和非随机性质与所推断的参数是相关的。我们用下面两个例子来说明这一点。

例 4.1 效率估计。首先考虑效率 ε 的测量。ε 的一种有用的估计量是 $\hat{\varepsilon}\equiv k/n$,$k$ 是感兴趣的事例("成功")的数目,n 是收集的总事例数。然而,该估计量的分布取决于数据的收集方式。如果 n 是我们事先确定的一个常数,则 k 是服从二项分布的随机变量。如果 k 是我们事先确定的一个常数,则总事例数 n 是负二项分布随机变量。这两种数据收集方式的差别在于其数据收集的终止方式不同,实验测量的这一非随机因素影响了对于 ε 的估计。应当指出,这两种方式也意味

---

① 给定 $T(X)$ 的值,如果样本 X 的条件分布与θ 无关,则统计量 $T(X)$ 是 θ 的充分统计量。这意味着 $T(X)$ 包含了样本 X 关于参数θ 的全部信息。

着对于 ε 的先验认识的不同:在二项分布的情形中,ε 为 0 是可能的;在负二项分布的情形中,ε 先验地认为应该是非 0 值。

例 4.2 短寿命粒子质量。作为实验测量的随机因素影响统计推断的例子,我们来考察短寿命粒子质量的测量,粒子的衰变模式决定了测量的分辨率。我们只有该粒子质量的一个观测值。问题是我们应当将该测量仅仅限定适用于当前观测的衰变模式,还是适用于粒子所有可能的衰变模式。为简单起见,假设质量的估计量 $\hat{\theta}$ 服从均值为 θ、标准差为 σ 的高斯分布,粒子强衰变的概率为 p_{h},对应的标准差为 $\sigma\equiv\sigma_{\mathrm{h}}$;粒子轻子衰变的概率为 $1-p_{\mathrm{h}}$,对应的标准差为 $\sigma\equiv\sigma_{\mathrm{l}}<\sigma_{\mathrm{h}}$。这样,如果要以衰变模式作为条件,则估计量 $\hat{\theta}$ 服从均值为 θ、标准差为 σ_{l} 或 σ_{h} 的高斯分布。如果不以衰变模式为条件,则估计量 $\hat{\theta}$ 的分布是两个高斯函数之和:

$$f_{\theta}(\hat{\theta}) = p_{\mathrm{h}}\frac{\mathrm{e}^{-\frac{1}{2}[(\hat{\theta}-\theta)/\sigma_{\mathrm{h}}]^2}}{\sqrt{2\pi}\sigma_{\mathrm{h}}} + (1-p_{\mathrm{h}})\frac{\mathrm{e}^{-\frac{1}{2}[(\hat{\theta}-\theta)/\sigma_{\mathrm{l}}]^2}}{\sqrt{2\pi}\sigma_{\mathrm{l}}}。\tag{4.1}$$

如果不考虑衰变模式的信息,则预期能够获得更精确的测量结果。事实上,如果我们以 $\hat{\theta}\pm\delta$ 的形式报道测量结果,那么对于粒子强衰变和轻子衰变,δ 分别等于 σ_{h} 和 σ_{l}。而当不考虑衰变模式的信息时,δ 是下面方程的解:

$$\int_{\theta-\delta}^{\theta+\delta} f_{\theta}(\hat{\theta})\mathrm{d}\hat{\theta} = p_{\mathrm{h}}\mathrm{erf}\left(\frac{\delta}{\sqrt{2}\sigma_{\mathrm{h}}}\right) + (1-p_{\mathrm{h}})\mathrm{erf}\left(\frac{\delta}{\sqrt{2}\sigma_{\mathrm{l}}}\right) = 0.68。\tag{4.2}$$

举一个数值例子,假定 $p_{\mathrm{h}}=0.5$,$\sigma_{\mathrm{h}}=10$,$\sigma_{\mathrm{l}}=1$(任意单位)。考虑衰变模式的信息,期望的区间长度为 $2[p_{\mathrm{h}}\sigma_{\mathrm{h}}+(1-p_{\mathrm{h}})\sigma_{\mathrm{l}}]=11.0$。不考虑衰变模式的信息,期望的区间长度为 $2\delta\approx9.50$,明显地缩短了。为了理解这一特性,设想对实验进行多次重复。在考虑衰变模式信息的情形下,区间的涵盖概率在强衰变样本子集和轻子衰变样本子集中都是 68%。相反,在不考虑衰变模式信息的情形下,强衰变样本中区间的涵盖概率为 $\mathrm{erf}(\delta/(\sqrt{2}\sigma_{\mathrm{h}}))\approx36\%$,而轻子衰变样本中区间的涵盖概率为 $\mathrm{erf}(\delta/(\sqrt{2}\sigma_{\mathrm{l}}))\approx100\%$,对于全部两种衰变平均有正确的涵盖概率 68%。定性地说,通过部分涵盖概率从强衰变转移向精度较高的轻子衰变,在不考虑衰变模式信息情形下构建的期望区间长度会减小。

上述问题是统计学文献[5-6]中适用于高能物理的一个著名例子,用以讨论有条件地构建置信区间相对于功效(power)或区间长度的好处。尽管损失了预期的精度,多数物理学家还是同意使用实际观测的衰变模式信息作为条件来构建置信区间。

4.3.1.3 要素三:排序规则

在构建置信区间的步骤 2 中,利用**排序规则**(ordering rule)来决定哪些 $\hat{\theta}$ 值应当被包含进置信区间内。对置信区间的唯一约束是它必须包含 $\hat{\theta}$ 分布的 68%的概率(或任意其他设定的概率)。例如,可以从概率密度最大的 $\hat{\theta}$ 值开始,按概率密度下降的顺序逐一加入 $\hat{\theta}$ 值,直到覆盖分布的 68%为止。另一种途径是从 $\hat{\theta}=$

$-\infty$开始,按$\hat{\theta}$值上升的顺序逐一加入$\hat{\theta}$值,直到覆盖分布的68%为止。当然,为了最终获得平滑的置信带,对于一个θ值和下一个θ值,选择的排序规则应当是一致的。这种做法使得所产生的置信区间具有推断的意义:排序规则是一种将参数值按照它对于观测数据的感知相容性(perceived compatibility)排序的规则。下面我们将列举几种最常用的排序规则,并假定我们感兴趣的是参数θ的置信水平为$1-\alpha$的集合$C_{1-\alpha}$。点估计$\hat{\theta}$取为由实验数据计算得到的参数观测值$\hat{\theta}_{\text{obs}}$;$\hat{\theta}$的累积分布是$F_\theta(\hat{\theta})$,密度是$f_\theta(\hat{\theta})$。

- **下限排序**:$C_{1-\alpha}=\{\theta:F_\theta(\hat{\theta}_{\text{obs}})\leqslant 1-\alpha\}$。

$C_{1-\alpha}$是满足$\hat{\theta}_{\text{obs}}\leqslant F_\theta$的$100(1-\alpha)\%$百分位数的所有$\theta$值的集合。通常随机变量$\hat{\theta}$随着参数$\theta$的增加而统计地增加①,在这种情形下,满足$F_{\theta_{\text{low}}}(\hat{\theta}_{\text{obs}})=1-\alpha$的参数值$\theta_{\text{low}}$是$C_{1-\alpha}$的下限。

- **上限排序**:$C_{1-\alpha}=\{\theta:F_\theta(\hat{\theta}_{\text{obs}})\geqslant\alpha\}$。

$C_{1-\alpha}$是满足$\hat{\theta}_{\text{obs}}\geqslant F_\theta$的$100\alpha\%$百分位数的所有$\theta$值的集合。满足$F_{\theta_{\text{up}}}(\hat{\theta}_{\text{obs}})=\alpha$的参数值$\theta_{\text{up}}$是$C_{1-\alpha}$的上限。

- **双侧等概率排序**:$C_{1-\alpha}=\left\{\theta:\frac{\alpha}{2}\leqslant F_\theta(\hat{\theta}_{\text{obs}})\leqslant 1-\frac{\alpha}{2}\right\}$。

$C_{1-\alpha}$是满足$\hat{\theta}_{\text{obs}}$落入$F_\theta$的$100(\alpha/2)\%$和$100(1-\alpha/2)\%$百分位数之间的所有$\theta$值的集合。根据前面对于上限和下限的定义,双侧等概率区间必定为$C_{1-\alpha}=[\theta_1,\theta_2]$,其中区间$[-\infty,\theta_1]$和$[\theta_2,+\infty]$都是$\alpha/2$置信区间。同时,$\theta_1$和$\theta_2$可通过求解$F_{\theta_1}(\hat{\theta}_{\text{obs}})=1-\alpha/2$和$F_{\theta_2}(\hat{\theta}_{\text{obs}})=\alpha/2$求得。双侧等概率区间和置信限之间的上述关系使得我们对于双侧等概率区间的合理性可作出以下的解释([7]第157页):小于θ_1的θ值是不大可能出现的,因为这对应于获得一个大于或等于$\hat{\theta}_{\text{obs}}$的$\hat{\theta}$值的概率小于$\alpha/2$;大于$\theta_2$的$\theta$值是不大可能出现的,因为这对应于获得一个小于或等于$\hat{\theta}_{\text{obs}}$的$\hat{\theta}$值的概率小于$\alpha/2$。

- **概率密度排序**:$C_{1-\alpha}=\{\theta:f_\theta(\hat{\theta}_{\text{obs}})\geqslant k_{1-\alpha}(\theta)\}$。

$C_{1-\alpha}$是满足$\hat{\theta}_{\text{obs}}$落入$f_\theta$的$100(1-\alpha)\%$最可几区域的所有$\theta$值的集合。截断值$k_{1-\alpha}(\theta)$由涵盖概率决定:$\int f_\theta(\hat{\theta})\,\mathrm{d}\hat{\theta}=1-\alpha$,积分遍及$f_\theta(\hat{\theta})\geqslant k_{1-\alpha}(\theta)$的所有$\hat{\theta}$值。这一条件使得$k_{1-\alpha}$是$\theta$(而非$\hat{\theta}$)的函数。

- **似然比排序**:$C_{1-\alpha}=\{\theta:f_\theta(\hat{\theta}_{\text{obs}})/[\max\limits_{\theta'}f_{\theta'}(\hat{\theta}_{\text{obs}})]\geqslant k'_{1-\alpha}(\theta)\}$。

$C_{1-\alpha}$是满足以下条件的所有θ值的集合:该区域中的似然比值大于区域外的似然比值,且$\hat{\theta}_{\text{obs}}$落入其中的抽样概率为$1-\alpha$。$k'_{1-\alpha}(\theta)$由所要求的置信区间涵盖概率决定。应当指出,似然比分母中的极大值必须约束在θ空间的物理区域内[8]。

---

① 若$\theta_1<\theta_2$时,关系式$F_{\theta_1}(\hat{\theta})>F_{\theta_2}(\hat{\theta})$成立,则称随机变量$\hat{\theta}$随参数$\theta$的增加统计地增加。

与双侧等概率排序、上限排序和下限排序规则不同，概率密度排序和似然比排序规则产生的区间并不总是简单的；对于复杂的问题，它们可能产生一组分离的区间。

表4.1汇总了以上这些排序规则及相关的定义式，并给出了应用于指数衰变的寿命参数 θ 的相应结果。在这种情形下，寿命估计量 $\hat{\theta}$ 的概率密度是 $f_\theta(\hat{\theta}) = \exp(-\hat{\theta}/\theta)/\theta$，而累积分布是 $F_\theta(\hat{\theta}) = 1-\exp(-\hat{\theta}/\theta)$。

表4.1　构建置信水平 $1-\alpha$ 频率区间的常用排序规则

排序规则	定义式	指数衰变样本	
		普适解	$1-\alpha = 68\%$
下限排序	$F_{\theta_{low}}(\hat{\theta}_{obs}) = 1-\alpha$	$\theta_{low} = -\hat{\theta}_{obs}/\ln\alpha$	$[0.88\hat{\theta}_{obs},\infty]$
上限排序	$F_{\theta_{up}}(\hat{\theta}_{obs}) = \alpha$	$\theta_{up} = -\hat{\theta}_{obs}/\ln(1-\alpha)$	$[0,2.59\hat{\theta}_{obs}]$
双侧等概率排序	$\begin{cases} F_{\theta_1}(\hat{\theta}_{obs}) = 1-\alpha/2 \\ F_{\theta_2}(\hat{\theta}_{obs}) = \alpha/2 \end{cases}$	$\begin{cases} \theta_1 = -\hat{\theta}_{obs}/\ln(\alpha/2) \\ \theta_2 = -\hat{\theta}_{obs}/\ln(1-\alpha/2) \end{cases}$	$[0.55\hat{\theta}_{obs},$ $5.74\hat{\theta}_{obs}]$
概率密度排序	$f_\theta(\hat{\theta}_{obs}) \geqslant k_{1-\alpha}(\theta)$	与下限排序相同	与下限排序相同
似然比排序	$\dfrac{f_\theta(\hat{\theta}_{obs})}{\max\limits_{\theta'} f_{\theta'}(\hat{\theta}_{obs})} \geqslant k'_{1-\alpha}(\theta)$	$\begin{cases} \theta_1 = -\hat{\theta}_{obs}/\ln(1-\alpha') \\ \theta_2 = -\hat{\theta}_{obs}/\ln(1-\alpha'+1-\alpha) \end{cases}$	$[0.40\hat{\theta}_{obs},$ $3.70\hat{\theta}_{obs}]$

前两列是排序规则的名称和定义式。第3列是对于指数衰变寿命参数 θ 测量的频率区间的普适解。最后一列是对于 $1-\alpha = 68\%$ 的特定解。第3列最底下的 $1-\alpha'$ 是位于0和 α 之间的一个数，满足方程 $(1-\alpha'+1-\alpha)\ln(1-\alpha'+1-\alpha) = (1-\alpha')\ln(1-\alpha')$。当 $1-\alpha = 68\%$ 时，$1-\alpha' \approx 0.0829$。对于指数衰变样本，$k_{1-\alpha}(\theta) = \alpha/\theta$，$k'_{1-\alpha}(\theta) = -e(1-\alpha')\ln(1-\alpha')$。

有必要指出，指数区间的边界随着观测值 $\hat{\theta}_{obs}$ 的增加而线性地增加。因为 $\hat{\theta}$ 是 θ 的无偏估计量，这些区间的期望长度很容易求得：当 $1-\alpha = 68\%$ 时，对于双侧等概率排序、上限排序和似然比排序，期望长度分别是 5.19θ，2.59θ 和 3.29θ。指数分布参数 θ 的若干置信带如图4.2所示。

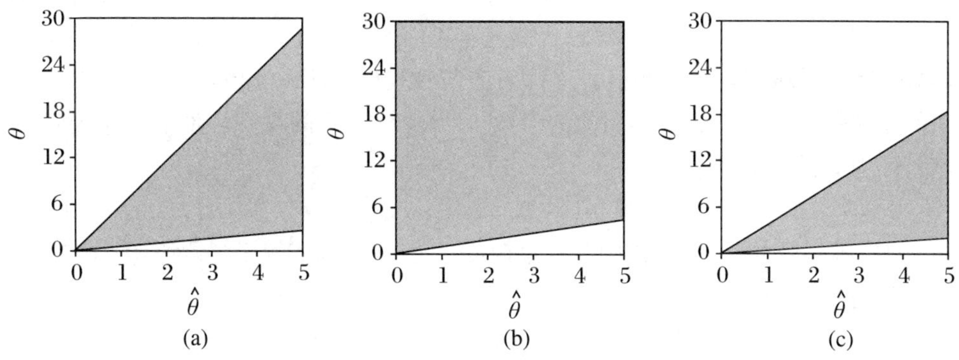

图4.2　三种排序规则求得的指数分布寿命参数 θ 的 $1-\alpha = 68\%$ 置信带。
(a) 双侧等概率排序；(b) 概率密度排序；(c) 似然比排序

4.3.1.4　要素四:置信水平

置信水平的数值对应于一族区间,常用的置信水平是 68%,90%和 95%。必须理解,确定的置信水平值并不能唯一地确定一个区间,而只能确定一族区间。我们用下面的例子来说明这一点。

例 4.3　新粒子质量。假设我们希望测量一种新的基本粒子的质量 θ,为简单起见,假定质量测量值 x 服从单位方差的高斯分布。出于物理的需要 θ 必须为正值,由于测量分辨率的效应,测量值 x 可以是负值。在测量进行之前,我们决定要报道 68% 置信水平的似然比区间。但我们的一个同事倾向于报道 84%置信水平的上限。测量的结果是 $x = 0$,这两种区间的值都是[0.0,0.99]! 这一结果表明,同一个区间可能具有非常不同的涵盖概率(置信水平),这取决于它属于什么样的总体。

在上面的例子中,两种区间构建方法的频率涵盖概率与其各自的置信水平严格相等。如 4.2 节中提到的,这种一致性并不总能达到,特别是当观测值是离散值或存在冗余参数的情形。一般而言,如果置信区间的涵盖概率(作为感兴趣参数的函数)处处大于或等于所设定的置信水平,这样的区间构建方法从频率统计观点来看是可信的。如果情况不是这样,则称为置信区间的涵盖概率不足(undercover)。验证区间构建方法的涵盖概率特性的一种途径是将区间边界作为观测值的函数行为标绘出来。这能够产生一个置信带,如图 4.1(b)所示。对于每一个参数值 θ,置信带边界内的观测值概率密度的积分给出该 θ 值对应的涵盖概率。

4.3.2　逆向检验

如前一节所述,奈曼构建方法的推理核心在于排序规则,其余的步骤只不过是将对应的概率顺序地加入以满足涵盖概率的约束而已。排序规则本身可以视为对参数的每个物理值进行一次检验,每个这样的检验在样本空间有不同的接受域或容许域(参见第 3 章)。因此,如果我们有一种适当的频率检验作为开始,我们就可以免除奈曼构建方法的其余步骤,直接确定置信区间对应的一组参数值,对于这组参数值其接受域包含了观测值。这称为**逆向检验**(test-inversion)方法。该检验方法的原理陈述如下。假设感兴趣的参数 $\theta \in \Theta$,对于 θ 的每一容许值 θ_0 构建一个显著性为 α 的检验:

$$H_0:\theta = \theta_0,\quad H_1:\theta < \theta_0。\tag{4.3}$$

考察 H_0 被接受的一切 θ_0 值的参数集合 $C_{1-\alpha}$。该集合依赖于观测值,因而是随机的。我们有

$$P(\theta_0 \in C_{1-\alpha} \mid \theta = \theta_0) = P(\text{接受 } H_0 \mid H_0) = 1 - \alpha。\tag{4.4}$$

于是,$C_{1-\alpha}$是θ 的 $1 - \alpha$ 置信区间。为了了解该集合的图像,值得指出,如果对于一给定的 θ_0 值 H_0 被拒绝,则大于 θ_0 值的一切 θ 值将被排除。从而,所接受的 θ 值

的集合$C_{1-\alpha}$具有上界θ_{up}。对于观测值x服从均值为θ且标准差σ已知的高斯分布的情形,可以利用统计量$\gamma\equiv\theta_0-x$对假设(4.3)进行检验。当H_0为真时,该统计量服从均值为0、标准差为σ的高斯分布,较大的观测值γ_{obs}倾向于H_0为假而H_1为真。从而假设(4.3)检验的实验p值为

$$p(\theta_0)=\int_{\gamma_{obs}}^{\infty}\frac{e^{-(\gamma/\sigma)^2/2}}{\sqrt{2\pi}\sigma}d\gamma=\frac{1}{2}\left[1-\mathrm{erf}\left(\frac{\gamma_{obs}}{\sqrt{2}\sigma}\right)\right]$$
$$=\frac{1}{2}\left[1-\mathrm{erf}\left(\frac{\theta_0-x_{obs}}{\sqrt{2}\sigma}\right)\right]。\tag{4.5}$$

该检验所接受的是满足$p(\theta)\geqslant\alpha$的一切θ值,它们被包含在置信区间内。区间的上限是$p(\theta_{up})=\alpha$的解,即$\theta_{up}=x_{obs}+z_{1-\alpha}\sigma$,其中$z_{1-\alpha}\equiv\sqrt{2}\mathrm{erf}^{-1}(1-2\alpha)$是标准正态分布(均值为0、标准差为1的高斯分布)的$1-\alpha$分位数。

如果对θ的$1-\alpha$置信区间的下限θ_{low}值感兴趣,则需考察显著性为α的检验:

$$H_0:\theta=\theta_0,\quad H_1':\theta>\theta_0。\tag{4.6}$$

对于高斯分布观测值样本,其结果是$\theta_{low}=x_{obs}-z_{1-\alpha}\sigma$.

θ的置信水平$1-\alpha$双侧区间可通过计算置信水平$1-\alpha/2$的上、下限或通过显著性α的逆向双侧检验获得:

$$H_0:\theta=\theta_0,\quad H_1'':\theta\neq\theta_0。\tag{4.7}$$

在这种情形下,对于高斯分布观测值样本,合适的检验统计量是$\gamma=|x-\theta_0|$,它服从高斯分布的卷积分布(folded Gaussian distribution)。如前所述,通过求解适当的实验p值方程,可求得置信区间$[\theta_{low},\theta_{up}]$,其中$\theta_{low}=x_{obs}-z_{1-\alpha/2}\sigma$,$\theta_{up}=x_{obs}+z_{1-\alpha/2}\sigma$。

由以上的讨论可以清楚地知道,置信区间构建的这一方法需要进行一族参数值的逆向检验,而不是一个参数值的逆向检验。因此如果只对感兴趣参数的特定值有好的检验方法,而不能推广到其他值,那么该方法并不适用。但是,一族逆向检验会产生一组分离的区间而不是单个的区间也是可能的。一般而言,可以期望一族检验的性质能够反映到所产生的区间的性质上去:保守的检验会产生较宽的区间,功效强的检验则产生较窄的区间。

4.3.3 枢轴量方法

所谓的**枢轴量**$Q(\theta,x)$,是观测值x和未知参数θ的函数,枢轴量的分布已知,且不依赖于任何未知参数(也不依赖于θ)。由于这些特性,原则上对任意$\alpha\in[0,1]$,可以找到常数$a(\alpha)$和$b(\alpha)$,对一切θ值满足关系式$P(a(\alpha)\leqslant Q(\theta,X)\leqslant b(\alpha))=1-\alpha$。因此,满足$a(\alpha)\leqslant Q(\theta,x)\leqslant b(\alpha)$的观测值$x$的集合,可以解释为$\theta$是真值的这一假设的显著性$\alpha$检验的接受域。由这一接受域的导出过程可

知,它对于任意 θ 的检验都正确,故由其逆向检验可得出 θ 的 $1-\alpha$ 置信区间。这就是构建置信区间的**枢轴量方法**。一般地,不能保证这样求得的区间是简单区间或最优区间,但是该构建方法的简单性使得我们值得在它适用的情形下使用它。同时,枢轴量的概念在置信区间的频率统计理论发展中是至关重要的,这甚至比找到置信区间的严格解更重要。这一点在 4.3.4 节关于渐近近似和 4.3.5 节关于自举方法的讨论中会看得更为清楚。

4.3.3.1 高斯分布的均值和标准差

为了阐明枢轴量方法,我们来考察测量值服从均值为 θ、标准差为 σ 的高斯分布的情形,获得的数据是 n 个样本值 x_i。这一特例具有特别典型的枢轴量特性。首先假定 θ 未知而 σ 已知。定义

$$Q_1(\theta,x)\equiv\frac{\bar{x}-\theta}{\sigma/\sqrt{n}},\quad \bar{x}\equiv\frac{1}{n}\sum_{i=1}^{n}x_i。\tag{4.8}$$

这时,量 $Q_1(\theta,x)$ 服从标准正态分布,且为枢轴量。若用 z_γ 表示标准正态分布的 γ 分位数,则有

$$1-\alpha=P(z_{\alpha/2}\leqslant Q_1(\theta,x)\leqslant z_{1-\alpha/2}\mid\theta,\sigma)\tag{4.9}$$

$$=P\left(z_{\alpha/2}\leqslant\frac{\bar{x}-\theta}{\sigma/\sqrt{n}}\leqslant z_{1-\alpha/2}\mid\theta,\sigma\right)\tag{4.10}$$

$$=P\left(\bar{x}-z_{1-\alpha/2}\frac{\sigma}{\sqrt{n}}\leqslant\theta\leqslant\bar{x}-z_{\alpha/2}\frac{\sigma}{\sqrt{n}}\mid\theta,\sigma\right)\tag{4.11}$$

$$=P\left(\bar{x}-z_{1-\alpha/2}\frac{\sigma}{\sqrt{n}}\leqslant\theta\leqslant\bar{x}+z_{1-\alpha/2}\frac{\sigma}{\sqrt{n}}\mid\theta,\sigma\right)。\tag{4.12}$$

在式(4.12)中,利用了标准正态分布的对称性质 $z_\gamma=-z_{1-\gamma}$。上述结果表明,我们得到了参数 θ 的一个对称置信区间。例如,指定 $1-\alpha=68\%$,得到 $z_{1-\alpha/2}=z_{0.84}=1$;若观测值为 $\bar{x}=\bar{x}_{\text{obs}}$,则置信区间为 $\bar{x}_{\text{obs}}\pm\sigma/\sqrt{n}$。

枢轴量不一定是唯一的或最优的。例如,考虑 θ 已知而 σ 未知的情形,原则上仍然可以利用式(4.8)作为枢轴量来构建方差 σ^2 的置信区间。求解方程

$$z_{\alpha/2}\leqslant\frac{\bar{x}_{\text{obs}}-\theta}{\sigma/\sqrt{n}}\leqslant z_{1-\alpha/2},\tag{4.13}$$

可得到 σ^2 的 $1-\alpha$ 置信下限

$$\sigma^2\geqslant\frac{n(\bar{x}_{obs}-\theta)^2}{\chi^2_{1,1-\alpha}},\tag{4.14}$$

其中 $\chi^2_{n,1-\alpha}$ 是自由度为 n 的 χ^2 分布的 $1-\alpha$ 分位数,这里用到了关系式 $z^2_{\alpha/2}=\chi^2_{1,1-\alpha}$。

我们还可以利用以下事实:$1-\alpha/2$ 置信下限和 $\alpha/2$ 置信下限之间的区间恰好是置信水平 $1-\alpha$ 的双侧等概率区间,由此可导出 σ^2 的置信水平 $1-\alpha$ 双侧等概率区间为

$$\frac{n(\bar{x}_{\text{obs}}-\theta)^2}{\chi^2_{1,1-\alpha/2}} \leqslant \sigma^2 \leqslant \frac{n(\bar{x}_{\text{obs}}-\theta)^2}{\chi^2_{1,\alpha/2}}。 \tag{4.15}$$

但这一区间并不是最优的,因为它是依据 σ^2 的相当差的估计量 $n(\bar{x}-\theta)^2$ 导出的,该估计量的方差为 $2\sigma^4$。与此形成对照的是,常用的估计量是

$$S^2_{\theta,n} = \frac{1}{n}\sum_{i=1}^{n}(x_i-\theta)^2, \tag{4.16}$$

它的方差为 $2\sigma^4/n$。量 $nS^2_{\theta,n}/\sigma^2$ 服从 χ^2_n 分布,因而可以作为枢轴量来构建 σ^2 的置信区间。我们有

$$P\left(\chi^2_{n,\alpha/2} \leqslant \sum_{i=1}^{n}\left(\frac{x_i-\theta}{\sigma}\right)^2 \leqslant \chi^2_{n,1-\alpha/2} \mid \theta,\sigma\right) = 1-\alpha, \tag{4.17}$$

故可求得 σ^2 的 $1-\alpha$ 置信区间:

$$\frac{\sum_{i=1}^{n}(x_i-\theta)^2}{\chi^2_{n,1-\alpha/2}} \leqslant \sigma^2 \leqslant \frac{\sum_{i=1}^{n}(x_i-\theta)^2}{\chi^2_{n,\alpha/2}}。 \tag{4.18}$$

值得指出的是,当 $n=1$ 时,该区间与式(4.15)所示的区间一致。但对于大的 n 值,式(4.18)中区间的期望长度要短得多。

最后我们来考虑 θ 和 σ 均未知的情形。如果感兴趣的参数是 σ^2,则可以利用

$$S^2_n \equiv \frac{1}{n-1}\sum_{i=1}^{n}(x_i-\bar{x})^2 \tag{4.19}$$

作为估计量。此时

$$Q_2(\sigma,x) \equiv (n-1)\frac{S^2_n}{\sigma^2} \tag{4.20}$$

是服从自由度为 $n-1$ 的 χ^2 分布的枢轴量,可用来构建 σ^2 的置信区间。相反,如果感兴趣的参数是 θ,则可利用 $Q_1(\theta,x)$ 与 $\sqrt{Q_2(\sigma,x)/(n-1)}$ 的比值作为枢轴量:

$$Q_3(\theta,\sigma,x) = \frac{\sqrt{n}(\bar{x}-\theta)/\sigma}{\sqrt{S^2_n/\sigma^2}} = \frac{\bar{x}-\theta}{S_n/\sqrt{n}}。 \tag{4.21}$$

$Q_3(\theta,\sigma,x)$ 是服从自由度为 $n-1$ 的中心 t 分布变量①。用 $t_{n-1,1-\alpha}$ 标记 t_{n-1} 分布的 $1-\alpha$ 分位数,$(\bar{x}_{\text{obs}},s_n)$ 标记 $(\bar{x},S_n)$ 的观测值,参数 θ 的置信水平 $1-\alpha$ 的双侧等概率对称置信区间为

$$\bar{x}-\frac{S_n}{\sqrt{n}}\,t_{n-1,1-\alpha/2} \leqslant \theta \leqslant \bar{x}+\frac{S_n}{\sqrt{n}}\,t_{n-1,1-\alpha/2}。 \tag{4.22}$$

当 $1-\alpha=68\%$ 时,可得 $t_{1,1-\alpha/2}=1.82$ 以及 $t_{19,1-\alpha/2}=1.02$。当 n 很大时,t_{n-1} 分位数逼近标准正态分布的分位数。

---

① 该变量是一个随机变量。

4.3.3.2 指数分布寿命

虽然前一节讨论的是高斯分布的区间估计问题,但枢轴量方法可应用于其他许多场合。事实上,经常遇到的情形是,数据的**累积分布函数**(cumulative distribution function,cdf)可以作为枢轴量,后者可以视为数据和未知参数的函数。对于连续分布的测量数据,该枢轴量服从均匀分布。我们利用指数衰变寿命参数 τ 置信区间的构建来阐明这一概念。测量值 t 的 cdf,即枢轴量为 $Q(\tau,t)=1-e^{-t/\tau}$。由于它服从均匀分布,τ 的 $1-\alpha$ 双侧等概率置信区间由

$$\frac{\alpha}{2}\leqslant 1-e^{-t/\tau}\leqslant 1-\frac{\alpha}{2} \tag{4.23}$$

或

$$\frac{t}{-\ln(\alpha/2)}\leqslant \tau\leqslant \frac{t}{-\ln(1-\alpha/2)} \tag{4.24}$$

给定。当 $1-\alpha=68\%$ 时,可得 $\tau\in[0.55t,5.74t]$,它即是表 4.1 中列出的双侧等概率区间。

4.3.3.3 二项分布效率

对于离散型数据,cdf 不再是一个严格意义上的枢轴量,但它仍然可用来构建置信区间。作为例子,我们根据总共 n 次试验中成功的观测值为 x 次来考察效率 ε 的置信区间问题。cdf 是二项分布,但利用贝塔分布的 cdf $B(x;a,b)$ 来表示更为方便:

$$\begin{aligned} P(K\leqslant x\mid\varepsilon,n) &= \sum_{k=0}^{x}\binom{n}{k}\varepsilon^{k}(1-\varepsilon)^{n-k} \\ &= \int_0^{1-\varepsilon}\frac{t^{n-x-1}(1-t)^{x}}{B(x+1,n-x)}\mathrm{d}t \\ &= B(1-\varepsilon;n-x,x+1)。 \end{aligned} \tag{4.25}$$

式中 $B(a,b)\equiv\Gamma(a)\Gamma(b)/\Gamma(a+b)$。式(4.25)第二行的等式可由部分积分法求得。尽管二项分布变量 K 的 cdf 不是严格意义上的枢轴量,但可以引入区间[0,1]上均匀分布的随机变量 U,并考察变量 $K+U$ 的 cdf,这是一个连续的 cdf,因而是一个严格意义上的均匀分布枢轴量,故下面的不等式定义了 ε 的 $1-\alpha$ 置信区间:

$$\alpha/2\leqslant P(K+U\leqslant x\mid\varepsilon,n)\leqslant 1-\alpha/2。 \tag{4.26}$$

由于 U 是不可观测量,求解 ε 需要进行**最差情况分析**(worst-case analysis),这种情形下随机变量 U 用一常数代替,使得不论 U 取何值不等式(4.26)总能成立。对于该式中左边的不等号,U 需要用 0 代替:

$$\alpha/2\leqslant P(K+U\leqslant x\mid\varepsilon,n)\leqslant P(K\leqslant x\mid\varepsilon,n)=P(B_{n-x,x+1}\leqslant 1-\varepsilon), \tag{4.27}$$

其中已经使用了式(4.25),并且 $B_{a,b}$ 是服从 $Beta(a,b)$ 分布的随机变量。用 $B_{a,b,\alpha}$ 标记随机变量 $B_{a,b}$ 的 α 分位数,上述结果意味着

$$1-\varepsilon \geqslant B_{n-x,x+1,\alpha/2}。\tag{4.28}$$

据此求得 ε 置信区间的上限 $\varepsilon_{\rm up}$:

$$\varepsilon \leqslant 1-B_{n-x,x+1,\alpha/2} = B_{x+1,n-x,1-\alpha/2} \equiv \varepsilon_{\rm up}。\tag{4.29}$$

该式在 $x=n$ 时无定义,这种情形下我们设定 $\varepsilon_{\rm up}=1$。为了保证式(4.26)中右面的不等号成立,必须将随机变量 U 用常数1来代替。用类似于前面的推导,得出 ε 置信区间的下限 $\varepsilon_{\rm low}$:

$$\varepsilon \geqslant B_{x,n-x+1,\alpha/2} \equiv \varepsilon_{\rm low}。\tag{4.30}$$

该式在 $x=0$ 时无定义,这种情形下我们设定 $\varepsilon_{\rm low}=0$。式(4.29)和式(4.30)给定的 $\varepsilon_{\rm low}$,$\varepsilon_{\rm up}$ 为端点的区间 $[\varepsilon_{\rm low},\varepsilon_{\rm up}]$ 称为效率 ε 的置信水平 $1-\alpha$ **Clopper-Pearson 区间**[9]。利用不完全贝塔函数[10],容易编制计算机程序来计算该区间。也可以查阅 F 分布表,并通过贝塔分布和 F 分布的分位数之间的以下关系来计算该区间:

$$B_{a,b,\gamma} = \left(1+\frac{b}{a}F_{2b,2a,1-\gamma}\right)^{-1}。\tag{4.31}$$

由于最差情况分析涉及随机变量 U,Clopper-Pearson 区间是保守的置信区间(涵盖概率过度)。在离散样本空间中,涵盖概率过度一般不可避免。与其他构建方法的深入的比较参见文献[11]。

4.3.3.4 泊松分布均值

对撞机实验中新信号事例数均值的期望值 θ 的上限计算是高能物理中的另一常见应用。令观测事例数为 n,它被认为是一均值为 $\theta+\nu$ 的泊松变量,其中 ν 是已知本底。泊松分布的 cdf 同样是离散分布,因此不是一个严格的枢轴量,但我们也可将[0,1]区间均匀分布随机变量 U 与泊松变量 N 相加,构成一个严格的枢轴量。于是,满足 $\alpha \leqslant P(N+U \leqslant n \mid \theta+\nu)$ 的 θ 的集合是严格的 $1-\alpha$ 置信区间。重复前一节所述的最差情况分析的做法,用常数0代替 U 得到保守的区间。我们下面来证明:这是具有上限的一个单侧区间。注意到

$$\alpha \leqslant P(N \leqslant n \mid \theta+\nu) = \sum_{k=0}^{n}\frac{(\theta+\nu)^k}{k!}e^{-\theta-\nu} = \int_{\theta+\nu}^{\infty}\frac{t^n e^{-t}}{\Gamma(n+1)}dt,\tag{4.32}$$

其中最后一个等式可用部分积分法加以证明。把 $t=z/2$ 代入右面的积分核,我们看到这是自由度为 $2(n+1)$ 的 χ^2 变量的累积分布函数。于是上式可以改写为

$$P(\chi^2_{2(n+1)} \leqslant 2(\theta+\nu)) \leqslant 1-\alpha,\tag{4.33}$$

这意味着 $2(\theta+\nu)$ 小于变量 $\chi^2_{2(n+1)}$ 的 $1-\alpha$ 分位数。因此,参数 θ 置信水平 $1-\alpha$ 的上限为

$$\theta \leqslant \frac{1}{2}\chi^2_{2(n+1),1-\alpha} - \nu。\tag{4.34}$$

该结果由 Garwood 于1936年[12]首先导出。对于置信水平为 $1-\alpha$ 的双侧置信区

间,经类似的计算给出

$$\left[\frac{1}{2}\chi^2_{2n,\alpha/2}-\nu,\frac{1}{2}\chi^2_{2(n+1),1-\alpha/2}-\nu\right]。\tag{4.35}$$

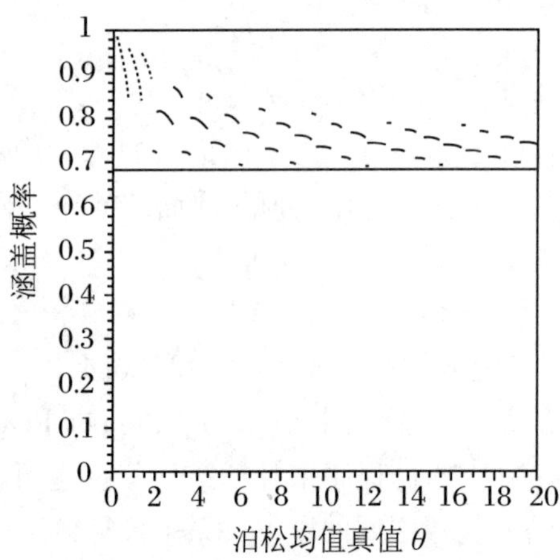

图4.3　泊松分布均值 θ 的置信水平68% Garwood中心区间的涵盖概率。图中泊松均值以增量0.1为步长计算涵盖概率,水平实线指示名义置信水平

当 $n=0$ 时,该区间的下限是 $-\nu$。表4.2列出了 $\nu=0$ 情形下式(4.34)和式(4.35)的数值。表中同时列出了基于似然比排序规则导出的 **Feldman-Cousins 区间**[8]的相应数值。Feldman-Cousins 区间的一个突出优点在于,不论本底 ν 多大,该区间都不会是非物理的。这一点对于 Garwood 区间并不总能成立。图4.3画出了置信水平为68%的 Garwood 中心区间的涵盖概率($\nu=0$)。作为泊松均值真值的函数,由于泊松分布的离散性质,涵盖概率也是不连续的。

表4.2　当观测事例数为 N 时,用频率统计方法构建的泊松均值的置信区间

N	Garwood 区间		Feldman-Cousins 区间	
	上限	双侧等概率区间		
	95% CL	68% CL	95% CL	68% CL
0	3.00	[0.00, 1.84]	[0.00, 3.09]	[0.00, 1.29]
1	4.74	[0.17, 3.30]	[0.05, 5.14]	[0.37, 2.75]
2	6.30	[0.71, 4.64]	[0.36, 6.72]	[0.74, 4.25]
3	7.75	[1.37, 5.92]	[0.82, 8.25]	[1.10, 5.30]
4	9.15	[2.09, 7.16]	[1.37, 9.76]	[2.34, 6.78]
5	10.51	[2.84, 8.38]	[1.84, 11.26]	[2.75, 7.81]
6	11.84	[3.62, 9.58]	[2.21, 12.75]	[3.82, 9.28]
7	13.15	[4.42, 10.77]	[2.58, 13.81]	[4.25, 10.30]
8	14.43	[5.23, 11.95]	[2.94, 15.29]	[5.30, 11.32]
9	15.71	[6.06, 13.11]	[4.36, 16.77]	[6.33, 12.79]
10	16.96	[6.89, 14.27]	[4.75, 17.82]	[6.78, 13.81]

表中第2和第3列是 Garwood 方法构建的置信水平95%上限和置信水平68%双侧等概率区间,第4列和第5列是置信水平95%和68%的 Feldman-Cousins 区间(引自文献[8])。表中 CL 表示置信水平。

4.3.4　渐近近似

4.3.1.3 节中我们提到，似然比排序规则是构建奈曼置信带的一种选项。给定观测数据 x、参数 θ 及其**极大似然估计**(MLE) $\hat{\theta}=\hat{\theta}(x)$，该排序规则将利用似然比 $\lambda(x;\theta)\equiv L(x;\theta)/L(x;\hat{\theta})$ 的显著性 α 的检验不能排除的一切 θ 值包含在置信区间内。对于大样本情形，其结果是置信水平的约束容易通过 **Wilks 定理**[13] 来实现。Wilks 定理告诉我们，当满足正规性条件时，$-2\ln\lambda(x;\theta)$ 渐近地为自由度 d 的 χ^2 变量，这里 d 等于 θ 的维数。借用 4.3.3 节的术语，$-2\ln\lambda(x;\theta)$ 是一个渐近的枢轴量。这就提供了一种构建置信水平 $1-\alpha$ 区间的简单方法，即该区间就是满足下式的 θ 值的集合：

$$-2\ln\lambda(x;\theta)\leqslant\chi^2_{d,1-\alpha},\tag{4.36}$$

式中 $\chi^2_{d,1-\alpha}$ 是 χ^2_d 分布的 $1-\alpha$ 分位数。因此，当 θ 是一维变量时，对于 68% 置信区间，$\chi^2_{1,0.68}\approx1$，对于 95% 置信区间，$\chi^2_{1,0.95}\approx4.00$.

如果似然函数中存在冗余参数 ν，将似然比定义为

$$\lambda(x;\theta)\equiv\frac{L(x;\theta,\hat{\hat{\nu}}(\theta))}{L(x;\hat{\theta},\hat{\nu})},\tag{4.37}$$

则式(4.36)依然成立，其中 $\hat{\hat{\nu}}(\theta)$ 是 ν 的**侧向轮廓化似然函数**估计值，即在某个固定 θ 值处 ν 的极大似然估计，$\hat{\nu}$ 是 ν 的全域极大似然估计(θ 不约束于固定值)。

对于一维 θ，画出 $-2\ln\lambda(x;\theta)$ 对于 θ 的函数图像总是有意义的，因为利用它可以确定不同置信水平的区间，并且可以对于问题的类高斯性质作出评估，例如，95% 置信区间长度是否为 68% 置信区间长度的 2 倍？此外，可能出现用此方法确定的区间是两个(或更多个)分离区间的情形，这时画图是更有帮助的。对于二维参数矢量 $\boldsymbol{\theta}$，可以画出 $\boldsymbol{\theta}$ 值平面中 $-2\ln\lambda(x;\boldsymbol{\theta})$ 等于不同值的等值轮廓(contour)。例如，对应于 $-2\ln\lambda(x;\boldsymbol{\theta})=\chi^2_{2,0.68}\approx2.30$ 的等值轮廓包围的区域是 $\boldsymbol{\theta}$ 的 68%置信域，而 $\boldsymbol{\theta}$ 的 95%置信域对应于 $-2\ln\lambda(x;\theta)=\chi^2_{2,0.95}\approx6.18$ 的等值轮廓包围的区域。在高能物理中，这些置信域的构建通常利用 MINUIT 程序包中的 Minos 子程序实现[14]；似然函数渐近近似的一般性处理方法可参见文献 [15]。

4.3.5　自举法

到目前为止，所讨论的置信区间构建方法都假定了能写出测量数据概率分布的显著解析形式，包括它对感兴趣参数和冗余参数的依赖关系。遗憾的是高能物理中情况并不总是如此。一个能够说明问题的例子是，在测量顶夸克质量的实验中，数据分布对于感兴趣参数的依赖关系被深深地埋藏在物理过程和探测器响应的复杂蒙特卡洛模拟之中。**自举法**(bootstrap)提供了一种规避这一困难的有效途径。它是严格方法和渐近近似方法之间的桥梁，前者在复杂的物理分析中难以实

施,后者对于有限的样本缺乏涵盖概率的精确性。自举方法有两个核心概念[16]:**代入原理**和**重抽样**。代入原理表示,为了估计一个感兴趣的量,我们应当用估计分布 $\hat{F}$ 来代替未知的数据累积分布函数 F,这种替代的合理性看起来显而易见。如果对于 F 没有任何先验知识,我们所知道的只有数据样本 $x_1,x_2,\cdots,x_n$,那么可以用数据的**经验分布**函数作为 F 的估计,对于每个数据点给予 $1/n$ 的概率:

$$\hat{F}(x)=\frac{\#\{x_i\leqslant x\}}{n}。\tag{4.38}$$

另一种可能性是 F 有已知的函数形式,但依赖于某个未知参数 ψ,这种情形下可以用极大似然估计 $\hat{\psi}$ 代替 ψ。

现在假定,我们有兴趣估计的参数是 θ,例如它可以简单如某个总体特征变量的均值,或复杂如顶夸克质量。θ 的真值定义为对于真值分布 F 应用某个适当的估计方法所获得的结果,表示为 $\theta=\theta(F)$。而 θ 的代入估计 $\hat{\theta}$ 则是对于估计分布 $\hat{F}$ 应用同样的估计方法所获得的结果,表示为 $\hat{\theta}=\theta(\hat{F})$。例如,若 θ 是分布的均值而经验分布为 $\hat{F}$,则有

$$\theta=\theta(F)=\int x\mathrm{d}F(x),\quad \hat{\theta}=\theta(\hat{F})=\int x\mathrm{d}\hat{F}(x)=\frac{1}{n}\sum_{i=1}^{n}x_i。\tag{4.39}$$

这样,感兴趣的量应当视为分布的泛函,或视为计算方法应用于分布的计算结果。

自举法的第二个核心概念是重抽样,即困难的解析计算用模拟来代替。重抽样有两种模式:**参数化重抽样**和**非参数化重抽样**。在参数化模式中,假定数据分布 F 的形式已知依赖于某个参数 ψ。于是参数 ψ 的估计(典型的是极大似然估计)代入 F 的表达式,并依此产生随机数据样本。在非参数化重抽样中,对于 F 的形式不作任何假定,反之,数据样本 $x_1,x_2,\cdots,x_n$ 自身用来作为 F(带有统计涨落)的近似。这一点通过对数据集 $\{x_1,x_2,\cdots,x_n\}$ 的**重抽样**达到:在每次重抽样中,从 $\{x_1,x_2,\cdots,x_n\}$ 中随机地选出一个 x_i 值,然后将该值放回。这样的放回抽样进行 n 次得到包含 n 个数值的重抽样数据集。于是,原数据集中的某些数据在重抽样数据集中可能出现多次,而某些数据可能不出现。参数化或非参数化重抽样数据集通常称为**自举样本**(bootstrap sample)。

有一系列令人眼花缭乱的自举方法用来计算置信区间[17]。这些方法大致可分为三类:枢轴量方法、非枢轴量方法、逆向假设检验方法。4.3.5.1 节讨论的**自举 t 区间**是枢轴量方法的一个例子,由它得出的一个重要结论是:改善一个置信区间理论涵盖概率精度的最优途径是对枢轴量(或渐近枢轴量)进行自举计算。遗憾的是,理论涵盖概率精度并不是问题的全部,另一个重要的考量引导出非枢轴量的百分位数区间(percentile interval),该方法在 4.3.5.2 节讨论,首先讨论简化型,然后讨论改进的“自动化”型,后者加入了逆向假设检验技巧。最后 4.3.5.3 节讨论刻度方法,它能够改善任何一种置信区间构建方法的涵盖概率精度。

4.3.5.1 自举 t 区间

设已有数据集$\{x_1,x_2,\cdots,x_n\}$，据此可导出感兴趣的参数θ的估计$\hat{\theta}$及$\hat{\theta}$的标准差的估计$\hat{\sigma}$，然后构建参数θ的置信水平$1-\alpha$的**标准区间**

$$[\hat{\theta}-z_{1-\alpha/2}\hat{\sigma},\hat{\theta}-z_{\alpha/2}\hat{\sigma}], \tag{4.40}$$

式中z_γ是标准正态分布的γ分位数。如果$\hat{\theta}$为渐近正态分布，且$\hat{\theta}$和$\hat{\sigma}$是**一致估计量**，则标准区间的渐近涵盖概率是$1-\alpha$。对于有限样本，实际涵盖概率

$$P(\hat{\theta}-z_{1-\alpha/2}\hat{\sigma}\leqslant\theta\leqslant\hat{\theta}-z_{\alpha/2}\hat{\sigma})=P\left(z_{\alpha/2}\leqslant\frac{\hat{\theta}-\theta}{\hat{\theta}}\leqslant z_{1-\alpha/2}\right) \tag{4.41}$$

与$1-\alpha$的差异典型地为量级n^{-1}的一个因子，这里n是样本容量。上述事实表明，减少这一差别的一种途径是通过量

$$t=\frac{\hat{\theta}-\theta}{\hat{\sigma}} \tag{4.42}$$

的自举计算对$z_{\alpha/2}$和$z_{1-\alpha/2}$进行修正。基本的理念是模拟t的分布，并用该分布与正态分布分位数$z_{\alpha/2}$和$z_{1-\alpha/2}$相对应的分位数来代替$z_{\alpha/2}$和$z_{1-\alpha/2}$。由于不知道θ的真值，我们需要应用代入原理：用估计值$\hat{\theta}$代入θ，用自举估计值$\hat{\theta}^*$和$\hat{\sigma}^*$代入$\hat{\theta}$和$\hat{\sigma}$(上标$*$通常用来标记自举量)。以下的伪代码阐明了上述运算：

(1) 从原始数据集$\{x_1,x_2,\cdots,x_n\}$，求得$\hat{\theta}=\theta(\hat{F})$和$\hat{\sigma}=\sigma(\hat{F})$。

(2) 从$i=1$到b进行步骤(3)～(5)的计算：

(3) 由$\hat{F}$产生$\{x_{i1}^*,x_{i2}^*,\cdots,x_{in}^*\}$，从而得到$\hat{F}_i^*$①；

(4) 计算$\hat{\theta}_i^*=\theta(\hat{F}_i^*)$和$\hat{\sigma}_i^*=\sigma(\hat{F}_i^*)$；

(5) 计算$t_i^*=\dfrac{\hat{\theta}_i^*-\hat{\theta}}{\hat{\sigma}_i^*}$；

(6) 根据$t_i^*(i=1,2,\cdots,b)$样本值，估计自举量分位数$t_{[\alpha/2]}^*$和$t_{[1-\alpha/2]}^*$。

于是θ的置信水平$1-\alpha$自举t区间为

$$[\hat{\theta}-t_{[1-\alpha/2]}^*\hat{\sigma},\hat{\theta}-t_{[\alpha/2]}^*\hat{\sigma}]。 \tag{4.43}$$

(6)中的量$t_{[\gamma]}^*$可以取为$t_{[\gamma]}^*=t_{(k)}^*$，其中$k=\gamma b$，$t_{(k)}^*$是按次序列出的自举值按$t_{(1)}^*\leqslant t_{(2)}^*\leqslant\cdots\leqslant t_{(b)}^*$排列的序号$k$。如果$k$不是整数，则可利用线性内插：

$$t_{(k)}^*=t_{(k')}^*+(k-k')(t_{(k'+1)}^*-t_{(k')}^*), \tag{4.44}$$

这里k'是小于k的最大整数。对于置信区间估计，自举复制次数b的典型值是1 000。应当指出，与标准区间(4.40)不同，自举t区间(4.43)不一定关于$\hat{\theta}$对称。该不对称性保证了自举t区间有更好的涵盖概率，它与名义值$1-\alpha$的差别典型地为量级n^{-2}的因子。虽然自举t区间相对于标准区间具有理论上的改善，但重要

① 译者注：$\{x_{i1}^*,x_{i2}^*,\cdots,x_{in}^*\}$是由原始数据集$\{x_1,x_2,\cdots,x_n\}$求得的第$i$个自举样本。

的是将理论精度与数值精度区分开来。特别是,若式(4.42)的估计标准差 $\hat{\sigma}$ 具有大的方差,自举区间(4.43)的实际数值精度不会比标准区间(4.40)好很多。而且,自举 t 区间主要设计用于位置参数,比如样本的均值或中位数;对于标准偏差或关联系数这类参数,自举 t 区间并不适用。这是因为式(4.42)的自举量形式是位置参数的枢轴量,但不是尺度参数或关联系数的枢轴量。自举 t 区间与标准区间有若干相同的缺点:它没有考虑物理边界的约束,在参数变换下并不具有同变性。基于这些理由,我们现在转向(自举)百分位数区间的讨论。

4.3.5.2　自举百分位数区间

标准区间(4.40)的两个端点可以利用自举估计 $\hat{\theta}_i^*$ 的分布的分位数加以重新解释。确实,在标准区间有效的条件下,$\hat{\theta}_i^*$ 为均值为 $\hat{\theta}$、标准差为 $\hat{\sigma}$ 的正态分布,故有

$$P(\hat{\theta}^* \leqslant \hat{\theta} - z_{1-\alpha/2}\hat{\sigma}) = P\left(\frac{\hat{\theta}^* - \hat{\theta}}{\hat{\sigma}} \leqslant - z_{1-\alpha/2}\right) = P\left(\frac{\hat{\theta}^* - \hat{\theta}}{\hat{\sigma}} \leqslant z_{\alpha/2}\right) = \frac{\alpha}{2}。\tag{4.45}$$

这一结果表明,参数 θ 的置信水平 $1-\alpha$ 自举区间可定义为

$$[\hat{\theta}^*_{[\alpha/2]}, \hat{\theta}^*_{[1-\alpha/2]}],\tag{4.46}$$

其中 $\hat{\theta}^*_{[\gamma]}$是自举估计 $\hat{\theta}_i^*$ 的分布的 γ 分位数。这一区间称为**简单百分位数区间**,它的两个端点是两个分位数,因此具有参数变换下的同变性。这样,如果 $\hat{\theta}$ 自身不是高斯分布,但可通过一种变换成为高斯分布,则简单百分位数区间方法由于具有这一优点而使得所产生的区间具有精确的涵盖概率。简单百分位数区间的另一个优点是,如果估计量考虑了参数的物理边界要求,该区间也考虑了参数的物理边界要求。另外,简单百分位数区间是基于量 $\hat{\theta}$ 构建的,它通常不是枢轴量,甚至在渐近意义上也不是。因此,除了刚才提到的特殊情形之外,它的涵盖概率不会好于标准区间(n^{-1}量级)。

研发了若干种方法来改善简单百分位数区间的涵盖概率性质[7],其中一些方法需要进行复杂的解析计算。这里我们只讨论一种称为**自动百分位数自举法**(automatic percentile bootstrap),因为它不需要复杂的解析计算[18]。设 $F(\hat{\theta};\theta)$是代入估计 $\hat{\theta}$ 的累积分布,$\hat{\theta}$ 的观测值为 $\hat{\theta}_{\text{obs}}$,则 θ 的置信水平 $1-\alpha$ 双侧等概率区间$[\theta_1, \theta_2]$可通过求解下列方程得到:

$$F(\hat{\theta}_{\text{obs}};\theta_1) = 1 - \frac{\alpha}{2},\quad F(\hat{\theta}_{\text{obs}};\theta_2) = \frac{\alpha}{2}\tag{4.47}$$

(参见4.3.1.3节表4.1)。在自动百分位数自举方法中,这些方程的解用自举模拟进行近似估计。以其中的第1个方程为例,先选择 θ_1 的一个初值,对 $\hat{\theta}$ 的相应分布进行自举模拟,计算其 $1-\alpha/2$ 分位数,调整 θ_1 的值,直到 $1-\alpha/2$ 分位数等于 $\hat{\theta}_{\text{obs}}$为止。$\theta_1$ 的一个好的初值可以是简单百分位数区间的输出结果。如果 cdf F

依赖于冗余参数 ν，则在实施自举计算时，应当用它的**侧向轮廓化似然函数**估计 $\hat{\hat{\nu}}(\theta)$ 代替(参见 4.3.4 节)。

如上所述，自动百分位数区间具有参数变换下的同变性；如果估计量 $\hat{\theta}$ 考虑了参数的物理边界要求，则它也考虑了参数的物理边界要求；它与自举 t 区间有相同的涵盖概率精度 $O(n^{-2})$。

4.3.5.3 自举刻度

自举方法可用来对近似的置信区间进行重新刻度。例如，对于上限，我们首先产生大量的自举样本以估计**刻度函数**，后者是上限的实际涵盖概率 $(1-\alpha_{\text{true}})$ 作为其名义涵盖概率 $(1-\alpha_{\text{norm}})$ 的函数(在每一 $1-\alpha_{\text{norm}}$ 值处利用同一组自举样本)。利用所要求的 $1-\alpha_{\text{true}}$ 值对应的 $1-\alpha_{\text{norm}}$ 值计算得到的上限，即是重新刻度后的上限。但是，这仍然是一种近似，因为刻度函数是用自举方法确定的。原则上，我们可以对刻度后的上限再进行重新刻度，并获得更好的结果，但这样的计算很快就变得十分复杂。

适用重新刻度的典型候选者是式(4.40)的标准区间和式(4.46)的简单百分位数区间。对于后者，重新刻度相当于双重自举计算。

4.3.6 冗余参数

对多于一个参数的情形，原则上奈曼方法也可以实施；这时它变成多维区间的构建，置信带变成"超带"(hyperbelt)。如果某些参数是冗余参数，在构建奈曼区间的最后阶段，冗余参数可以通过将最终的置信域投影到感兴趣的参数轴上来消除。但是这里有两个困难问题：一个问题是，由于投影会导致涵盖概率过度，设计一种排序原则使得涵盖概率过度量达到极小存在概念上的困难[19]；另一个问题是，多维置信带的构建存在实际的困难。

有一些简单的、近似的解决方案。我们已经讨论过两种：4.3.4 节的渐近近似和 4.3.5 节的自举方法。第 3 种途径是将多维奈曼区间的构建步骤逆向进行：首先，将数据 x 的 pdf $f(x;\theta,\nu)$ 中的冗余参数 ν 消除，然后对感兴趣的参数 θ 进行一维置信区间的构建。冗余参数 ν 的消除可通过对于正当的先验分布 $\pi(\nu)$ 的积分实现：

$$f(x;\theta,\nu)\rightarrow f^{\dagger}(x;\theta)\equiv\int f(x;\theta,\nu)\pi(\nu)\mathrm{d}\nu。\tag{4.48}$$

虽然这是一种贝叶斯处理，但我们可以研究从 $f^{\dagger}(x;\theta)$ 导出的区间的频率统计性质[20-21]。

消除冗余参数 ν 的另一种可能性是对 pdf $f(x;\theta,\nu)$ 进行侧向轮廓化极大似然处理：

$$f(x;\theta,\nu)\rightarrow f^{\dagger\dagger}(x;\theta)\equiv f(x;\theta,\hat{\hat{\nu}}(\theta)),\tag{4.49}$$

其中 $\hat{\hat{\nu}}(\theta)$是 ν 的侧向轮廓化极大似然估计,它是在数据 x 的观测值和给定 θ 值处、使 $f(x;\theta,\nu)$达到极大对应的 ν 值。虽然 $\hat{\hat{\nu}}(\theta)$依赖于数据 x,但参数 θ 的置信区间的构建是在以下假定下进行的:对于一给定的 θ 值,ν 的真值是已知的且等于 $\hat{\hat{\nu}}(\theta)$。换言之,$f^{\dagger\dagger}(x;\theta)$视为数据 x 的归一化 pdf[22-23]。

需要记住,对于涵盖概率这种简化的求解方法不能保证是正确的。因此,必须对此进行检验,至少应当在 θ 和 ν 空间中具有代表性的若干个点检验这类置信区间的涵盖概率。

为了阐明处理冗余参数的不同方法,我们对 4.3.3.4 节中分析的本底扣除问题略加推广。设测量事例数 n 服从泊松分布,均值为 $\theta+\nu$,θ 是感兴趣的信号事例数,ν 是本底事例数。θ 和 ν 均未知,但对于 ν 有一辅助的服从泊松分布的测量值 k,其均值为 $\tau\nu$,τ 为已知常数。n 和 k 的联合概率函数为

$$\begin{aligned} f(n,k;\theta,\nu) &= f_1(n;\theta,\nu)f_2(k;\nu) \\ &= \frac{(\theta+\nu)^n \mathrm{e}^{-\theta-\nu}}{n!} \cdot \frac{(\tau\nu)^k \mathrm{e}^{-\tau\nu}}{k!}。 \end{aligned} \tag{4.50}$$

对于给定的 θ 值,其检验似然比为

$$\lambda(n,k;\theta) = \frac{f(n,k;\theta,\hat{\hat{\nu}}(\theta))}{f(n,k;\hat{\theta},\hat{\nu})}, \tag{4.51}$$

式中$(\hat{\theta},\hat{\nu})$是(θ,ν)的极大似然估计,而 $\hat{\hat{\nu}}(\theta)$是 ν 的侧向轮廓化极大似然估计。出于物理考虑,这些极大似然估计均约束为正值。设我们有观测值 $n=n_{\text{obs}}, k=k_{\text{obs}}$,由此可导出相应的估计值 $\hat{\theta}_{\text{obs}}, \hat{\nu}_{\text{obs}}, \hat{\hat{\nu}}_{\text{obs}}(\theta)$。我们来考察构建 θ 的置信水平 $1-\alpha$区间的以下八种方法。

(1) 逆向似然比检验

这是一种“严格”的、不会导致涵盖概率不足的频率统计方法。该区间定义为满足下式的所有 θ 值的一个集合:

$$\min_{\nu}\{P(-2\ln\lambda(N,K;\theta) \leqslant -2\ln\lambda(n_{\text{obs}},k_{\text{obs}};\theta) \mid \theta,\nu)\} \leqslant 1-\alpha, \tag{4.52}$$

记号 $P(E|\theta,\nu)$表示用$f(n,k;\theta,\nu)$描述(N,K)的真实分布时,事件 E 发生的概率。用 $q_{1-\alpha}(\theta,\nu)$表示 $-2\ln\lambda(N,K;\theta)$分布的 $1-\alpha$ 分位数,式(4.52)等价于

$$-2\ln\lambda(n_{\text{obs}},k_{\text{obs}};\theta) \leqslant q_{1-\alpha}(\theta) \equiv \max_{\nu} q_{1-\alpha}(\theta,\nu)。 \tag{4.53}$$

这些区间定义中的极大化和极小化要求可以视为确保频率涵盖概率的一类最差情况分析,对于给定的 θ 值和物理上容许的一切 ν 值,这样的区间可能有过度的涵盖概率(涵盖概率大于或等于置信水平 $1-\alpha$)。

(2) 朴素方法(naive method)

由于逆向检验法的计算相对较为复杂,将它与下面叙述的简单方法进行比较可能是值得一试的。在式(4.50)的假设之下,θ 的极大似然估计是 $\hat{\theta}_{\text{obs}}=n_{\text{obs}}-k_{\text{obs}}/\tau$。忽略物理约束 $\hat{\theta}_{\text{obs}}\geqslant 0$,该极大似然估计的方差是 $\theta+\nu+\nu/\tau$,它可以估计

为 $n_{\text{obs}}+k_{\text{obs}}/\tau^2$。于是，$\theta$ 的近似置信水平 $1-\alpha$ 区间由

$$\left[\hat{\theta}_{\text{obs}}-z_{1-\alpha/2}\sqrt{n_{\text{obs}}+k_{\text{obs}}/\tau^2},\hat{\theta}_{\text{obs}}+z_{1-\alpha/2}\sqrt{n_{\text{obs}}+k_{\text{obs}}/\tau^2}\right] \tag{4.54}$$

与物理容许区域 $\theta\geqslant0$ 的交集构成，其中 z_γ 是标准正态分布的 γ 分位数。

(3) 渐近似然比检验

4.3.4 节中已经介绍了这种方法；逆向似然比检验如同式 (4.53) 一样，但利用自由度为 1 的 χ^2 分布的 $1-\alpha$ 分位数 $\chi^2_{1,1-\alpha}$ 作为 $q_{1-\alpha}(\theta)$ 的近似，即满足 $-2\ln\lambda(n_{\text{obs}},k_{\text{obs}};\theta)\leqslant\chi^2_{1,1-\alpha}$ 的 θ 的集合构成 θ 的置信水平 $1-\alpha$ 区间。

(4) 贝叶斯消去法

在这种方法中，辅助测量 $f_2(k;\nu)$ 被 ν 的先验分布 $\pi(\nu)$ 代替。考虑到归一化，$\pi(\nu)$ 为

$$\pi(\nu)=\frac{\tau(\tau\nu)^k\mathrm{e}^{-\tau\nu}}{\Gamma(k+1)}, \tag{4.55}$$

由 $f_1(n;\theta,\nu)$ 与 $\pi(\nu)$ 的乘积对于 ν 的积分得到 n 的分布 $f^\dagger(n;\theta)$（仅依赖于 θ）：

$$f^\dagger(n;\theta)=\int f_1(n;\theta,\nu)\pi(\nu)\mathrm{d}\nu。 \tag{4.56}$$

现在似然比为

$$\lambda^\dagger(n_{\text{obs}};\theta)=\frac{f^\dagger(n_{\text{obs}};\theta)}{f^\dagger(n_{\text{obs}};\hat{\theta})}, \tag{4.57}$$

式中 $\hat{\theta}$ 是使 $f^\dagger$ 在 N 的观测值 n_{obs} 处达到极大的参数值 θ。于是，我们获得 $f^\dagger(n;\theta)$ 条件下 $-2\ln\lambda^\dagger(N;\theta)$ 分布的 $1-\alpha$ 分位数 $q_{\text{Bayes},1-\alpha}(\theta)$，而满足 $-2\ln\lambda^\dagger(n_{\text{obs}};\theta)\leqslant q_{\text{Bayes},1-\alpha}(\theta)$ 的 θ 值的集合构成所要求的置信区间。

(5) 简单百分位数方法

这是 4.3.5.2 节阐述的自举法，置信区间根据估计量 $\hat{\theta}=\max\{N-K/\tau,0\}$ 的分布的 $\alpha/2$ 和 $1-\alpha/2$ 分位数计算确定。该分布根据 $f(n,k;\hat{\theta}_{\text{obs}},\hat{\nu}_{\text{obs}})$ 导出，$\hat{\theta}_{\text{obs}},\hat{\nu}_{\text{obs}}$ 由 $n_{\text{obs}},k_{\text{obs}}$ 确定。

(6) 自动百分位数方法

这是 4.3.5.2 节描述的第二种方法。令 $G(\hat{\theta};\theta,\nu)$ 是估计量 $\hat{\theta}$ 的累积分布，置信区间的两个端点 θ_1 和 θ_2 是方程 $G(\hat{\theta}_{\text{obs}};\theta_1,\hat{\nu}(\theta_1))=1-\alpha/2$ 和 $G(\hat{\theta}_{\text{obs}};\theta_2,\hat{\nu}(\theta_2))=\alpha/2$ 的解。

(7) 似然比自举

与式 (4.52) 的逆向似然比检验相同，但这里不是求似然比尾部概率对 ν 的极小化，而是在 $\nu=\hat{\nu}_{\text{obs}}$ 处计算似然比的值。于是置信区间定义为满足下式的 θ 值的集合：

$$P(-2\ln\lambda(N,K;\theta)\leqslant-2\ln\lambda(n_{\text{obs}},k_{\text{obs}};\theta)\mid\theta,\hat{\nu}_{\text{obs}})\leqslant1-\alpha。 \tag{4.58}$$

如果用 $q_{\text{bootstrap},1-\alpha}(\theta,\hat{\nu}_{\text{obs}})$ 表示 $f(n,k;\theta,\hat{\nu}_{\text{obs}})$ 条件下 $-2\ln\lambda(N,K;\theta)$ 分布的

$1-\alpha$分位数,则不等式(4.58)等价于

$$-2\ln\lambda(n_{\text{obs}},k_{\text{obs}};\theta)\leqslant q_{\text{bootstrap},1-\alpha}(\theta,\hat{\nu}_{\text{obs}})。\tag{4.59}$$

(8) 侧向轮廓化似然比自举

这是前一方法的变种,其中式(4.58)和式(4.59)中的 $\hat{\nu}_{\text{obs}}$用$\hat{\hat{\nu}}_{\text{obs}}(\theta)$代替。它本质上对应于式(4.49)的侧向轮廓化极大似然处理。

图4.4显示了用以上八种方法构建的不同 n_{obs}值情形下参数 θ 的置信区间,其中图(a)对应 $\tau=3,k_{\text{obs}}=0$,图(b) 对应 $\tau=3,k_{\text{obs}}=10$。当 n_{obs}和 k_{obs}值很小时,不同方法的差异特别明显。特别当 $n_{\text{obs}}=k_{\text{obs}}=0$ 时,朴素方法的区间和简单百分位数区间的长度为0。在简单百分位数方法中,这是因为利用了极大似然估计来构成自举分布 $f(n,k;\hat{\theta}_{\text{obs}},\hat{\nu}_{\text{obs}})$,当参数估计值都等于0时,自举分布 $f(n,k;\hat{\theta}_{\text{obs}},\hat{\nu}_{\text{obs}})$退化。原则上,这一缺陷可通过选择不同的估计量来补救。在低 n_{obs}处,朴素区间还有延伸向非物理区域的附加问题,导致对于 θ 的过严的不合理约束。显然不推荐使用这样的区间。而在其他方法中,我们注意到,渐近区间倾向于系统地短于严格区间,而似然比自举和侧向轮廓化似然比自举区间通常与严格区间比较一致。这些方法的性能或许通过检查其频率涵盖概率更容易判断。我们可以对于固定值的 ν 画出涵盖概率作为 θ 的函数的标绘,或者画出涵盖概率对于 ν 和 θ 的二维图,或者使 ν 在给定范围内变化,画出相应的极大和极小涵盖概率作为 θ 的

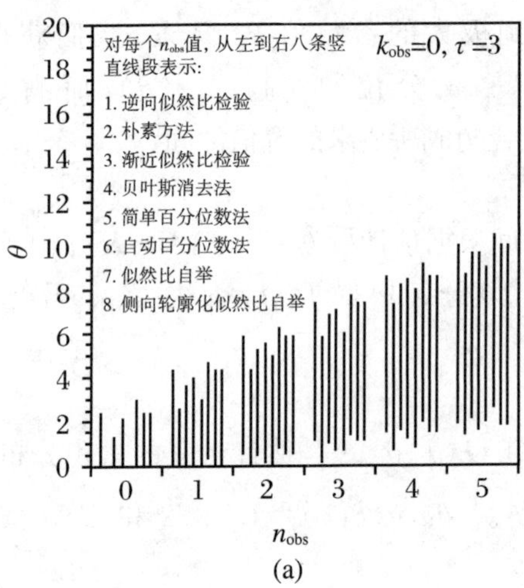

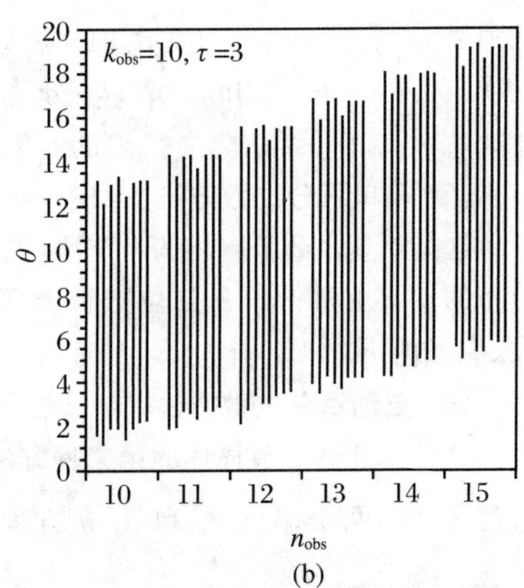

图4.4　泊松分布的信号加本底问题中,信号事例数 θ 置信区间的构建。n_{obs}和 k_{obs}分别是信号加本底观测事例数和本底观测事例数,τ 是这两次测量中平均本底的比值(已知量)。图(a)对应 $k_{\text{obs}}=0$,图(b)对应 $k_{\text{obs}}=10$。每个 n_{obs}值处的八条竖直线段表示用八种方法求得的 θ 的90% 置信区间。对于 $n_{\text{obs}}=0$,缺了某些线段,表示该方法的90% 置信区间为空集或退化为单点集{0}

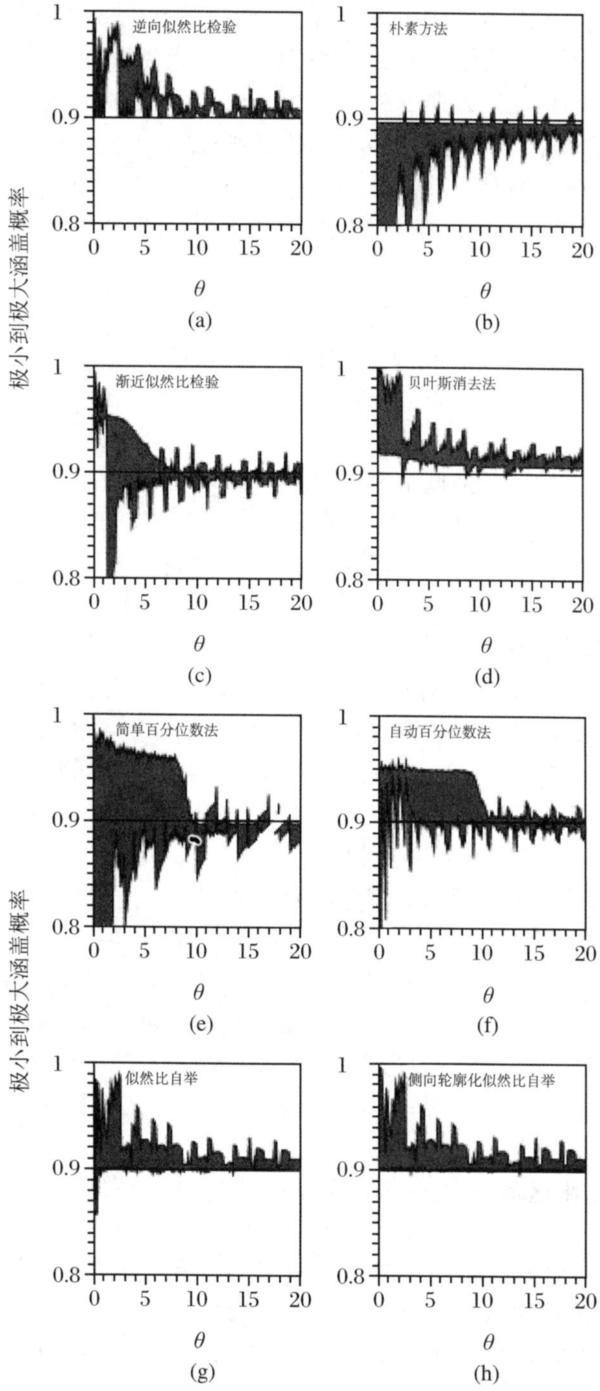

图4.5 对于正文中讨论的泊松信号加本底问题，八种置信区间的频率涵盖概率对于 θ 的标绘。参数 τ 设定为3。阴影带的上下边界表示将 ν 在[0,20]范围内变化得到的极大和极小涵盖概率。90%的名义置信水平用纵坐标值0.9的水平线表示

函数的标绘。图 4.5 显示了 $0\leqslant\nu\leqslant 20$ 情形下这样的标绘。如预期的那样,严格的逆向检验方法永不会涵盖概率不足,但涵盖概率可能会明显地过度。朴素方法、渐近似然比检验和简单分位数方法在低 θ 值情形下都明显地涵盖概率不足。与之相反,似然比自举和侧向轮廓化似然比自举方法则性能优良。当 θ 值增大时,所有这八种方法的涵盖概率倾向于得到改善。这证实了在大样本极限下,这八种方法性能能得到改善的预期,泊松过程中均值 θ 趋于无穷,即属于这种情形。

4.4　贝叶斯方法

在 4.1 节引言中已经强调指出,贝叶斯分析的结果总是基于参数 θ 的后验分布。贝叶斯统计下通常引用的是具有给定后验概率含量的区间。这样的区间可能是单个区间,也可能是一组若干个区间。有若干种排序规则可供选择来确定贝叶斯区间。

• **最大后验密度区间**。若参数的某一区间内的后验密度值都大于该区间外参数对应的后验密度值,则这样的区间称为**最大后验密度区间**(highest-posterior-density region,HPD 区间),最大后验密度的要求保证了参数的 HPD 区间一定是长度最短的区间。遗憾的是这一构建方法不是参数变换下同变的,例 4.4 将表明,不具有这种同变性将导致某些 θ 值下的频率涵盖概率比较差(当然,这只是频率统计学派和客观贝叶斯统计学派关心的问题)。

• **双侧等概率区间**。两侧的积分后验密度相等的区间称为双侧等概率区间。例如,68%双侧等概率区间为积分后验概率 0.16 和 0.84 两点之间的区域。这一区间对于左连续的一一对应的参数变换具有同变性[①]。但是,它仅当后验密度为单峰函数时才有意义[②],并且难以推广到多维参数的情形。同时,如果参数约束为非负值,双侧等概率区间通常不包含参数为 0 的值(如果参数等于 0 值对应的后验密度有显著的概率量,则例外);如果 0 是一个具有特定物理意义的数值,这可能成为一个问题。

• **上限和下限区间**。对于一维后验分布,这些单侧区间可以用百分位数来定义。

• **似然域**。似然域是一组标准化的似然值等值轮廓围成的参数区域,似然域内的参数值对应的似然值大于似然域外的任意参数值对应的似然值。似然域的大小由设定的后验信度决定。似然域独立于度量标准,且对于先验概率的选择具有

---

① 若 $\lim\limits_{\theta\uparrow\theta_0}\eta(\theta)=\eta(\theta_0)$,则变换 $\theta\rightarrow\eta(\theta)$ 左连续。

② 只有单个极大值的概率密度函数称为单峰函数。

稳健性[24]。对于具有物理边界约束的一维问题且似然函数为单峰的情形，用这种构建方法得到的区间中，从单侧区间到双侧区间是平滑地过渡的。

• **最低后验期望损失区间**。贝叶斯区间构建的更为基本的方法起始于损失函数[25]。假定我们能够以某种方式将利用参数值 θ_0 代替参数真值 θ 所导致的损失函数 $l\{\theta_0,\theta\}$ 定量化。若观测数据为 $\boldsymbol{x}$，则**后验期望损失**（posterior expected loss）为

$$l\{\theta_0;\boldsymbol{x}\}=\int l\{\theta_0;\theta\}p(\theta\mid\boldsymbol{x})\mathrm{d}\theta,\tag{4.60}$$

其中 $p(\theta|\boldsymbol{x})$是后验密度。θ 的点估计是使后验期望损失达到极小的 θ 值，θ 的信度区间是 θ 值的一个集合，它们所对应的后验期望损失小于此集合外的任意 θ 值对应的后验期望损失，信度区间内的后验密度积分则等于设定的信度值。损失函数的一种可能选择是平方差损失函数 $l\{\theta_0,\theta\}=(\theta_0-\theta)^2$，利用它可以求得参数 θ 的后验平均值作为点估计。另一种选择是 0-1 损失函数，即当 $|\theta_0-\theta|\leqslant\varepsilon$ 时，$l\{\theta_0,\theta\}=0$；当 $|\theta_0-\theta|>\varepsilon$ 时，$l\{\theta_0,\theta\}=1$。这里 ε 是一个常数。当 ε 趋近 0 时，利用该损失函数可以求得参数 θ 的后验最可几值作为点估计，其对应的信度区间有最大的（积分）后验密度。可以设计更多的损失函数，但在缺乏任何主观倾向的情形下，基于信息量的理论观点引导出所谓的**本征差异损失**（intrinsic discrepancy loss）的概念[26]，它定义为模型 θ_0 和模型 θ 之间的对称化 **Kullback-Leibler 散度**（Kullback-Leibler divergence）：

$$\delta\{\theta_0,\theta\}=\min\{\kappa\{p(\boldsymbol{x};\theta_0);p(\boldsymbol{x};\theta)\},\kappa\{p(\boldsymbol{x};\theta);p(\boldsymbol{x};\theta_0)\}\},\tag{4.61}$$

其中

$$\kappa\{p(\boldsymbol{x};\theta_0);p(\boldsymbol{x};\theta)\}=\int p(\boldsymbol{x};\theta)\ln\frac{p(\boldsymbol{x};\theta)}{p(\boldsymbol{x};\theta_0)}\mathrm{d}\boldsymbol{x}\tag{4.62}$$

（对于离散样本空间，该积分用求和代替）。根据该定义可以导出如下结果：两个模型间的本征差异损失可以理解为有利于产生观测数据的模型的最小期望对数似然比。由该损失函数导出的信度区间被命名为**本征损失信度区间**。它具有许多有用的性质，包括参数变换下的同变性，而且本征损失信度区间在高维情形下可以求得。该区间的一维情形参见例 4.4。

当利用贝叶斯方法构建贝叶斯信度区间时，一般建议评估一下所选择的先验密度对于结果的影响程度。同时，如果利用无信息先验密度，重复抽样所产生的信度区间的行为（例如频率涵盖概率）亦应当加以研究。

就区间构建问题而言，值得指出的是，无信息先验密度可以设计得使其后验信度区间的频率涵盖概率与其贝叶斯信度概率的差异仅为 $1/\sqrt{n}$ 量级，这里 n 是样本容量。当感兴趣的参数为一维参数且无冗余参数时，对于单侧区间，与 $O(1/n)$ 相匹配的先验密度是 Jeffreys 先验密度（参见 1.5.3.2 节）：

$$\pi_{\mathrm{J}}(\theta)\propto\sqrt{E\left[-\frac{\mathrm{d}^2}{\mathrm{d}\theta^2}\ln L(\boldsymbol{x};\theta)\right]}。\tag{4.63}$$

在高维情形下,难以达到所要求的频率涵盖概率,但由所谓的**贝叶斯参照分析法**(Bayesian reference analysis approach)则能够得到很好的结果[25]。这是一种基于信息理论考虑的客观贝叶斯方法。尽管这是一种非主观的方法,但由它给出的结果具有信度的意义:就实验数据而言,如果一个人的先验信念对于后验推断的结果所导致的效应达到最小,所对应的就是贝叶斯参照分析方法的结果。文献[27]描述了该方法在高能物理截面测量中的应用。

下一节将利用一个例子来叙述贝叶斯区间的构建,这一例子看起来很简单,但若处理不当会导致严重的困难。4.4.1 节和 4.4.2 节给出二项分布效率和泊松均值的贝叶斯区间的计算,从而成为 4.3.3.3 节和 4.3.3.4 节所描述的这两个参数频率区间计算的补充。贝叶斯区间的计算基于 Jeffreys 先验密度,故称为 Jeffreys 信度区间。

例 4.4　*测量径迹动量*。考察处于螺线管磁场内的径迹室中粒子横动量的测量。一种简单的模型是对于一给定的粒子,(带电荷符号的)横动量等于径迹曲率半径 ρ 的倒数,曲率半径 ρ 的测量值具有高斯分布,其标准差 σ 正比于室的分辨、反比于磁场强度。因此,若 x 是横动量测量值而 θ 为其真值,则似然函数形式为

$$L(x;\theta)\propto \exp\left[-\frac{1}{2}\left(\frac{1/x-1/\theta}{\sigma}\right)^2\right]。\tag{4.64}$$

直接计算表明,Jeffreys 先验密度正比于 $1/\theta^2$。因此归一化后验密度为

$$p(\theta\mid x)=\frac{\exp\left[-\frac{1}{2}\left(\frac{1/x-1/\theta}{\sigma}\right)^2\right]}{\sqrt{2\pi}\sigma\theta^2}。\tag{4.65}$$

对于 $\sigma=1, x=1$ 的情形,该后验密度示于图 4.6(a)。在 $\theta_\pm=(-1\pm\sqrt{1+8x^2\sigma^2})/(4x\sigma^2)$ 处出现两个局部极大值,对应于所观测到的径迹的两种可能的电荷符号。当 $|x|\to\infty$ 时,在这两个极大处后验密度相等,反映了大动量情形下电荷符号的测定具有不确定性。但是,后验密度的最可几值是 θ 的有偏估计,因为 $|\theta_\pm|$ 不可能超过 $1/(\sqrt{2}\sigma)$。最大后验密度(HPD)信度域示于图 4.6(b),对低 $|x|$ 值它是单个的信度区间,对大 $|x|$ 值它是由两个区间组成的集合。对大 $|x|$ 值的情形,信度带,即 (x,θ) 空间中的一组信度域,由两条水平带构成,其大 θ 值是有界的。结果,HPD 信度区间在大 $|\theta|$ 值处的频率涵盖概率等于 0! 这看起来令人惊奇,因为事实情况是,式(4.65)表示的横动量 θ 后验密度可以从曲率半径 ρ 的高斯后验密度通过变换 $\rho\to\theta=1/\rho$ 导出,而高斯后验密度的 HPD 信度区间具有严格的频率涵盖概率。当然,问题在于 HPD 信度区间并不具有参数变换下的同变性。这种情形就暗示我们可以采用一种简单的解法,即首先构建 ρ 的 HPD 信度区间,然后照顾到 ρ 的 HPD 信度区间包含 0 值的情形,对该区间的两个端点从 ρ 变换到 θ,求得 $\theta=1/\rho$ 的信度区间。将这一想法应用于 ρ 的 68% 信度区间 $[1/x-\sigma, 1/x+\sigma]$,可求得 θ 的信度区间为

$$\left[\frac{1}{1/x+\sigma},\frac{1}{1/x-\sigma}\right],\quad \text{当}|x|<\frac{1}{\sigma}\text{时},$$
$$\left(-\infty,\frac{1}{1/x-\sigma}\right]\cup\left[\frac{1}{1/x+\sigma},+\infty\right),\quad \text{当}|x|>\frac{1}{\sigma}\text{时}。\tag{4.66}$$

这不是参数 θ 的 HPD 信度区间,但它的涵盖概率是 68%,与其信度相同。

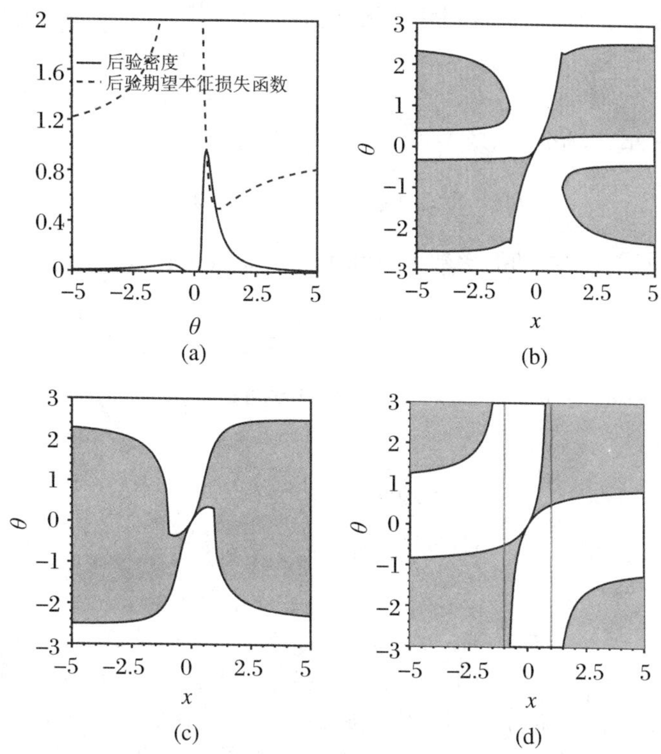

图 4.6 螺线管磁场内径迹室中粒子横动量信度区间的构建,x 是横动量测量值而 θ 为其真值。(a) $x=1$ 的后验密度(实线)和后验期望本征损失函数(虚线)。(b)~(d) θ 的 68% 信度区间(阴影区域)作为 x 的函数,分别对应于 HPD 区间、双侧等概率区间和最低本征损失区间。图(d) 中的竖直点线是信度带边界的渐近线。对于这两条竖直点线之间的 x 值,信度区间是单个区间;对于其余的 x 值,信度区间是式(4.66)中两个开区间的集合

图 4.6(c)显示了贝叶斯双侧等概率区间的 68% 信度带。同样,信度带的外轮廓在大 $|x|$ 值处是水平线,使得大 θ 值处的频率涵盖概率等于 0。变换 $\rho\to\theta=1/\rho$ 是一一对应的变换,但不是左连续变换,这就解释了为什么 ρ 的双侧等概率区间的优良性质不能转移到 θ 的双侧等概率区间。

最后我们来考察本征损失信度区间。式(4.61)所示的本征差异损失现在变为

$$\delta\{\theta_0,\theta\}=\frac{1}{2}\left(\frac{1/\theta_0-1/\theta}{\sigma}\right)^2。\tag{4.67}$$

于是,后验期望本征差异损失为

$$\delta\{\theta_0;x\}=\int\delta\{\theta_0,\theta\}p(\theta\mid x)\mathrm{d}\theta=\frac{1}{2}\left[1+\left(\frac{1/\theta_0-1/x}{\sigma}\right)^2\right],\quad(4.68)$$

它在图 4.6(a)中以虚线画出。θ 的极小化损失估计是 x,而极小化损失信度区间由式(4.66)给定,并示于图 4.6(d)。在这种情形下,本征差异损失的公式体系自动产生关于参数 ρ 的点估计和 HPD 区间估计。

4.4.1　二项分布效率

对效率 ε,其二项分布似然函数是

$$L(n,x;\varepsilon)=\binom{n}{x}\varepsilon^x(1-\varepsilon)^{n-x},\quad(4.69)$$

其中 x 是 n 次试验中成功的次数。可知 Jeffreys 先验密度是

$$\pi_{\mathrm{J}}(\varepsilon)=\sqrt{\frac{n}{\varepsilon(1-\varepsilon)}}。\quad(4.70)$$

归一化后验密度是 $Beta\left(x+\frac{1}{2},n-x+\frac{1}{2}\right)$分布:

$$p(\varepsilon\mid x)=\frac{\varepsilon^{x-\frac{1}{2}}(1-\varepsilon)^{n-x-\frac{1}{2}}}{B\left(x+\frac{1}{2},n-x+\frac{1}{2}\right)}。\quad(4.71)$$

效率 ε 的双侧等概率 $1-\alpha$ 贝叶斯信度区间$[\varepsilon_{\mathrm{low}},\varepsilon_{\mathrm{up}}]$的两个端点是该后验密度的 $\alpha/2$ 和 $1-\alpha/2$ 分位数:

$$\varepsilon_{\mathrm{low}}=B_{x+\frac{1}{2},n-x+\frac{1}{2},\frac{\alpha}{2}},\quad\varepsilon_{\mathrm{up}}=B_{x+\frac{1}{2},n-x+\frac{1}{2},1-\frac{\alpha}{2}}。\quad(4.72)$$

该式可与频率公式(4.29)和(4.30)相对比。与 Clopper-Pearson 区间相比,Jeffreys 区间比较短,但不能确保有严格的涵盖概率。这两种区间的涵盖概率围绕着 ε 的真值振荡。对于 Clopper-Pearson 区间,振荡的涵盖概率总是大于名义置信水平$(1-\alpha)$,而 Jeffreys 区间振荡的涵盖概率则会跨越 $1-\alpha$ 值的两侧[28]。

4.4.2　泊松分布均值

对泊松分布事例数 n,其似然函数为

$$L(n;\theta)=\frac{(\theta+\nu)^n\mathrm{e}^{-\theta-\nu}}{n!},\quad(4.73)$$

其中 θ 是感兴趣的信号事例数,ν 是已知的本底事例数。由式(4.63)的 Jeffreys 公式给出

$$\pi_{\mathrm{J}}(\theta)\propto\frac{1}{\sqrt{\theta+\nu}},\quad(4.74)$$

对应的后验密度是非中心伽马分布:

$$p(\theta\mid n)=\frac{(\theta+\nu)^{n-\frac{1}{2}}\mathrm{e}^{-\theta-\nu}}{\Gamma\left(n+\frac{1}{2}\right)\left[1-P\left(n+\frac{1}{2},\nu\right)\right]},\quad P(a,\nu)\equiv\int_0^{\nu}\frac{t^{a-1}\mathrm{e}^{-t}}{\Gamma(a)}\mathrm{d}t。\quad(4.75)$$

信度 $1-\alpha$ 的上限 $\theta_{1-\alpha}$ 由该后验密度的 $1-\alpha$ 分位数确定：

$$1-\alpha=\int_0^{\theta_{1-\alpha}} p(\theta \mid n)\mathrm{d}\theta=\frac{P\left(n+\frac{1}{2},\nu+\theta_{1-\alpha}\right)-P\left(n+\frac{1}{2},\nu\right)}{1-P\left(n+\frac{1}{2},\nu\right)}$$

$$=\frac{P\left(\chi_{2n+1}^2 \leqslant 2(\nu+\theta_{1-\alpha})\right)-P\left(n+\frac{1}{2},\nu\right)}{1-P\left(n+\frac{1}{2},\nu\right)}, \tag{4.76}$$

这里与 4.3.3.4 节中所叙述的做法类似，将不完全伽马函数转换为 χ^2 分布的尾部概率。求解该方程得到

$$P\left(\chi_{2n+1}^2 \leqslant 2(\nu+\theta_{1-\alpha})\right)=1-\alpha',$$

$$1-\alpha' \equiv 1-\alpha+\alpha P\left(n+\frac{1}{2},\nu\right)。 \tag{4.77}$$

于是可求得

$$\theta_{1-\alpha}=\frac{1}{2}\chi_{2n+1,1-\alpha'}^2-\nu, \tag{4.78}$$

该式可与式(4.34)相比较。与频率统计推断的结果不同，Jeffreys 上限永不可能为负值，这是由于 α' 对于 ν 的依赖关系所致。

图 4.7 显示了 Jeffreys 区间对应的涵盖概率如何随 θ 的真值而振荡，甚至降到贝叶斯信度以下。由于这一不足，可能倾向于利用平直的先验分布，因为这样能保证涵盖概率至少在贝叶斯信度以上。对于平直先验分布，上限值为

$$\theta_{1-\alpha}^{\text{flat}}=\frac{1}{2}\chi_{2n+2,1-\alpha''}^2-\nu,\quad 1-\alpha'' \equiv 1-\alpha+\alpha P(n+1,\nu)。 \tag{4.79}$$

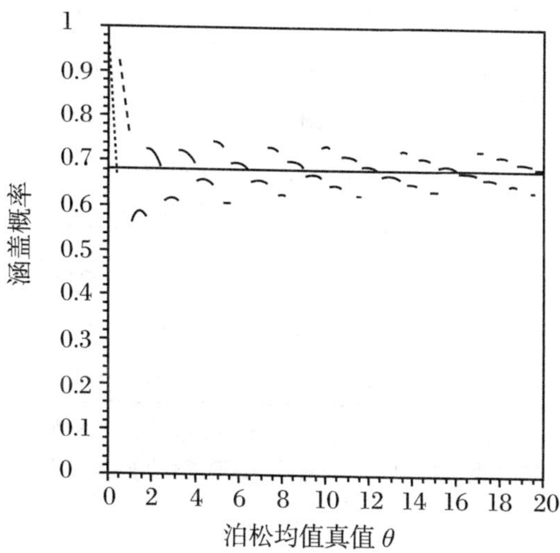

图 4.7 利用 Jeffreys 先验分布获得的泊松均值的信度 68% 贝叶斯中心区间的频率涵盖概率。涵盖概率按照泊松均值真值 θ 以增量 0.1 进行计算，水平实线指示区间的贝叶斯信度

平直先验分布的优良涵盖概率性质只适用于上限,而对于下限和双侧区间,Jeffreys 先验密度对应的信度区间的涵盖概率性质比较好。

对于泊松模型,其本征差异损失由下式给定:

$$\delta\{\theta_0,\theta\} = |\theta_0 - \theta| - (\nu + \min\{\theta_0,\theta\}) \left| \ln \frac{\nu + \theta_0}{\nu + \theta} \right|, \tag{4.80}$$

其后验期望值可以用数值计算求得。根据该损失函数导出的贝叶斯区间示于表 4.3,同时给出了上限和双侧等概率区间。值得指出的是,当观测事例数为 0 时,信度 95%本征区间与上限一致。这源于以下事实:为了获得信度较高的区间,必须容许有较高的损失,这最终导致本征差异损失大于 $\theta=0$ 处的损失。例如在信度为 99%的情形下,本征区间与 $N=0,1,2$ 时的上限相等。这类双侧区间与上限的重合使我们联想到频率统计中的 Feldman-Cousins 区间,后者可以用来检验边界处的参数值。但是,它们并没有相同的物理含义,因为置信区间和假设检验之间的对偶性只存在于频率统计的范式。

表 4.3　当观测事例数为 n 时,泊松均值的贝叶斯区间

n	Jeffreys 先验分布对应的贝叶斯区间			
	上限	双侧等概率区间	最低后验期望本征损失区间	
	信度 95%	信度 68%	信度 95%	信度 68%
0	1.92	[0.02, 0.99]	[0.00,1.92]	[0.02,0.91]
1	3.91	[0.42,2.59]	[0.01,3.93]	[0.41,2.58]
2	5.54	[1.03,3.98]	[0.28,5.82]	[1.03,3.97]
3	7.03	[1.72,5.28]	[0.69,7.48]	[1.72,5.28]
4	8.46	[2.46,6.54]	[1.18,9.03]	[2.46,6.54]
5	9.84	[3.23,7.78]	[1.73,10.51]	[3.23,7.77]
6	11.18	[4.02,8.99]	[2.32,11.94]	[4.02,8.98]
7	12.50	[4.82,10.18]	[2.94,13.33]	[4.82,10.18]
8	13.79	[5.64,11.36]	[3.59,14.69]	[5.64,11.36]
9	15.07	[6.47,12.53]	[4.26,16.04]	[6.47,12.53]
10	16.34	[7.31,13.69]	[4.94,17.36]	[7.31,13.69]

先验分布为 Jeffreys 先验分布。第 2 列为信度 95%的上限,第 3 列为信度 68%的双侧等概率区间,第 4、第 5 列分别为信度 95%和 68%的最低后验期望本征损失区间。

4.5 不同区间构建的图形比较

对于测量值服从均值为 θ、标准差为1的高斯分布,图4.8和图4.9显示了物理边界对于频率区间和贝叶斯区间的效应。均值 θ 的真值约束为正值。所有的区间是根据一次观测值 x 构建的,由于分辨率效应,x 值可正可负。这对应于文献[8]中讨论的中微子质量平方值测量中的简化模型。如4.2节中指出的,区间的许多性质值得研究,这里我们只检查用频率法构建区间的贝叶斯信度,以及贝叶斯区间的频率涵盖概率。

图4.8仅显示了用频率法构建的几种区间的性质。由于均值 θ 的真值约束为正值,图4.8(a)所示的置信水平68%双侧等概率区间(或称为中心区间)当 x 值小于 -1 时为空集。当 x 值在 -1 和1之间时,该区间为上限区间;当 x 值大于1时,该区间为双侧区间。由于这是严格的频率法构建的区间,对于所有的物理容许的 θ 值,其涵盖概率是68%。从频率统计的观点来看,空集区间并非无意义:它只是表明,在设定的置信水平下,没有物理的 θ 值能够与观测值相对应。但是,空集区间对于贝叶斯信度有强烈的效应。我们可以借助于Jeffreys先验分布来研究这种效应,在这种情形下,对于 $\theta<0$ 贝叶斯信度为0,对于 $\theta\geqslant0$ 贝叶斯信度为正常数。对每一 x 值,后验密度在相应的 θ 区间内的积分给出该区间的信度。结果示于图4.8(b):当 x 值小于 -1 时,信度为0;然后迅速上升到 $x=1$ 处的信度极大值,最后缓慢下降到 $x>2$ 处的非常接近频率涵盖概率的值。

图4.8的各对子图以类似的方式显示了图4.8(a),(c),(e),(g)频率区间的构建和相应的贝叶斯信度(图4.8(b),(d),(f),(h))。可以看到,上限区间与中心区间一样存在信度问题。其余两种频率构建方法由于不存在空集问题,使得信度问题得以缓解。图4.8(e),(f)所示的Feldman-Cousins区间利用 x 作为 θ 的估计量,并基于似然比排序规则进行构建[8]。对于负 x 值,它仍然具有低的信度。图4.8(g),(h)所示的Mandelkern-Schultz区间利用 $\max\{0,x\}$ 作为 θ 的估计量,并采用双侧等概率排序规则进行构建[29]。当 x 等于0或负值时,Mandelkern-Schultz区间是一样的,导致 x 等于负值时的区间对应的信度过高。

图4.9显示贝叶斯方法构建的四种区间。图4.9(a),(c),(e),(g)显示信度带,而图4.9(b),(d),(f),(h)显示相应的频率涵盖概率。在四种区间的构建中,先验密度均采用Jeffreys先验分布,差别在于排序规则不同。图4.9(a)和(b)、(c)和(d)、(e)和(f)分别利用双侧等概率排序、上限排序和最大后验密度排序规则。图4.9(g)和(h)则根据本征差异损失排序,在这里本征差异损失等于 $\delta\{\theta_0,\theta\}=(\theta_0-\theta)^2/2$,与平方损失相一致。所有四种区间都有合理的频率涵盖概率,但靠近

$\theta=0$ 的区域除外,在那里双侧等概率和本征区间的涵盖概率下降到谷底 0。

值得指出,图 4.8 和图 4.9 的共同显著特点是,在远离物理边界的情况下,频率涵盖概率和贝叶斯信度总是符合的。

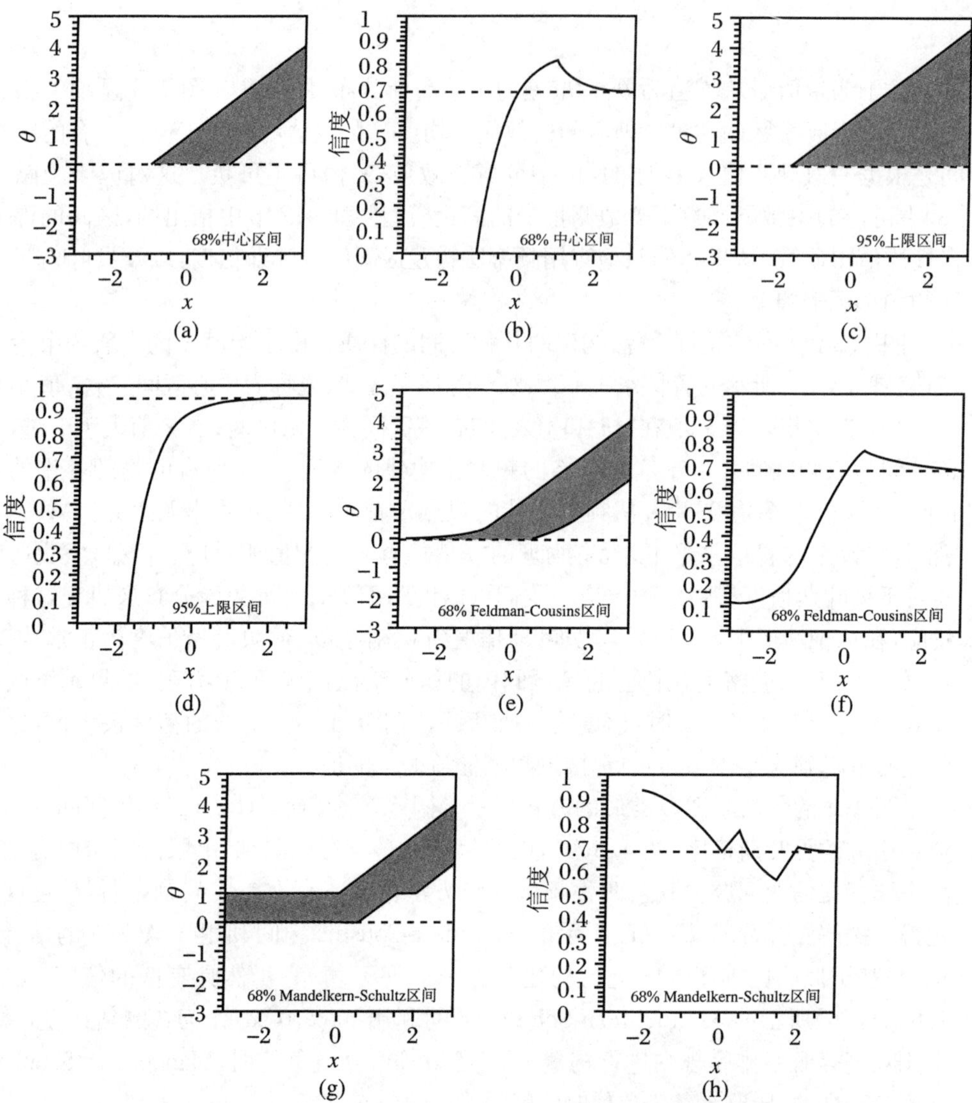

图 4.8　频率法构建的置信区间。(a),(c),(e),(g)显示 θ-x 标绘,点线标记物理域的下界。(b),(d),(f),(h)显示 Jeffreys 先验分布对应的贝叶斯信度水平,点线标记频率涵盖概率

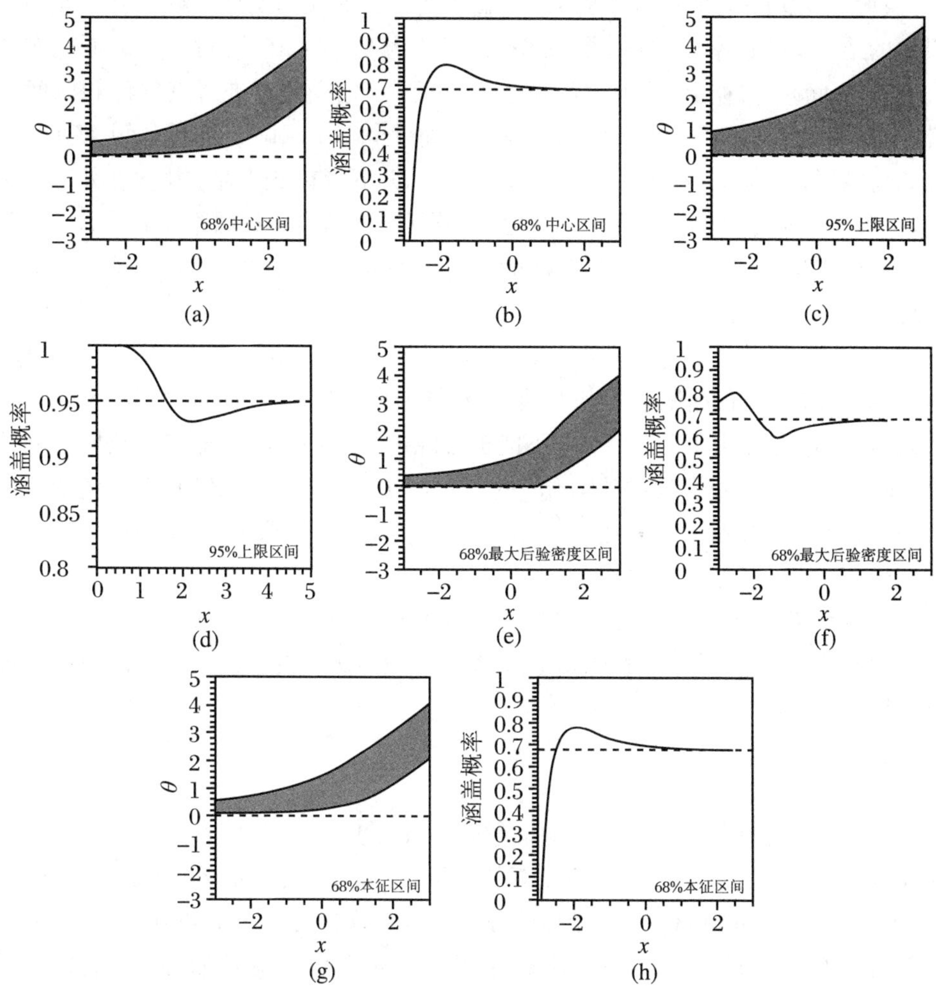

图4.9 贝叶斯方法构建的信度区间。(a),(c),(e),(g)显示 θ-x 标绘,点线标记物理域的下界。(b),(d),(f),(h)显示对应的频率涵盖概率,虚线标记贝叶斯信度水平

4.6 搜寻实验中置信区间的作用

设想我们通过对撞机实验来搜寻产生率为 θ(未知量)的一种新粒子。从统计的观点来看,这一问题可以表述为如下零假设和备择假设的假设检验问题:

$$H_0:\theta = 0, \quad H_1:\theta > 0, \tag{4.81}$$

其中 H_0 对应于不存在该新粒子,而 H_1 对应于存在该新粒子。在频率统计范式之

下,我们计算实验 p 值 p_0 来检验 H_0。如果 $p_0 \leqslant \varepsilon$,则认为发现了新粒子,$\varepsilon$ 是事先设定的第一类错误率——弃真错误率(典型值为 2.87×10^{-7},对应于高斯分布的 5σ 尾部区间)。习惯上,伴随着新粒子的发现,会对参数 θ 进行点估计和区间估计,给出置信水平 68% 的双侧区间。相反,如果 $p_0 > \varepsilon$,则不能排除假设 H_0(不存在该新粒子)。但这一决策并不意味着在假设 H_1 下所有 θ 值都被排除在外。特别是,实验对于某些 θ 值可能完全不敏感,以及某些 θ 值实验数据不能够排除。因此我们需要更精细的研究:对于什么样的 θ_0 值,假设 $H_1': \theta = \theta_0$ 可以被排除。更确切地说,我们需要检验

$$H_1'[\theta_0]: \theta = \theta_0, \quad H_0'[\theta_0]: \theta < \theta_0, \tag{4.82}$$

这里为以后陈述方便起见,θ 的检验值 θ_0 被指定为被检验假设的自变量。与 4.3.2 节式(4.3)对比表明,假设 $H_1'[\theta_0]$不能被排除的 θ_0 值的集合,即实验数据不能排除的粒子产生率的集合,具有$[0, \theta_{up}]$的形式,其中 θ_{up}是某个上限值。θ_{up}值依赖于式(4.82)的假设检验的显著性 α。在高能物理中,通常选取 $\alpha = 5\%$,所以上限 θ_{up} 对应于 95% 置信水平。

从频率统计的观点来看,对于上面所描述的“发现-不发现”这类问题,需要讨论清楚两件事情:一是关于涵盖概率;二是关于测量灵敏度。我们在下面两小节对它们进行讨论。

4.6.1　涵盖概率

若我们声称有了一种新的发现,通常我们给出新粒子产生率 θ 的置信水平 68% 双侧等概率区间。如果没有发现新粒子,通常给出置信水平 95%上限。问题是,置信水平这样的表述所对应的参考总体是什么(参见 4.3.1.2 节)? 对于声称发现新粒子的所有搜寻实验的总体 ε_1,给出置信水平 68% 区间看起来是合情合理的,但对于声称没有发现新粒子的所有搜寻实验的总体 ε_2,给出置信水平 95% 上限则可能是不合理的。遗憾的是,这一说法并不正确,因为在 ε_2 情形下,对于大 θ 值,上限涵盖概率不足;在 ε_1 情形下,对于小 θ 值,双侧等概率区间涵盖概率不足。人们可能会认为,如果只有一个公共的参考总体(而不是两个参考总体),这一问题将消失;而达到这一目的的做法可以是对于上限和双侧等概率区间应用同一置信水平,例如 90%。但如文献[8]所证明的。利用这一做法也不能达此目的,因为存在一组中间 θ 值的集合,它们的涵盖概率只有 85%。

问题的真实来源在于,实际上关于所引用的区间种类的决策是基于观测值自身作出的;文献[8]将此种决策策略称为“基于数据的突变(flip-flopping)”。如果在查看数据之前就作出决策,就不会产生这种涵盖概率不足的现象。因为在搜寻新物理的情形下,不可能做到这一点,故文献[8]借助于 4.3.1.3 节中描述的似然比排序规则。利用这一规则,当观测值高于某一阈值时,给定置信水平的区间是双

侧等概率区间(参见图 4.8(e));当观测值低于该阈值时,给定置信水平的区间是单侧区间。但这还没有完全解决问题,因为如前所述,搜寻新粒子的实验涉及三个置信水平:5σ 对应于新发现,95%对应于上限,68%对应于双侧等概率区间。于是,在我们声称有了新发现的情形下,若只报道置信水平 68% 似然比区间,仍然可存在涵盖概率不足的问题。解决问题的方法是永远同时报道置信水平 68% 和 95% 区间。

4.6.2　灵敏度

当没有令人信服的证据证实新粒子的存在时,我们不能排除本底假设 $H_0:\theta=0$ 为真的可能性,从而会产生实验对于新粒子探测灵敏度的问题。于是我们可以进一步对新粒子的产生率 θ 给定一个上限 θ_{up}值,典型地为 95%置信水平。对于 θ_{up}值的正确理解是:大于 θ_{up}的 θ 值处于实验装置的灵敏范围之内且被实验观测值排除;小于 θ_{up}的 θ 值或者处于实验装置不灵敏的范围,或者不能被实验观测值排除。遗憾的是,如果用频率统计方法确定 θ_{up}值,存在有限的概率,对于实验不灵敏范围内的 θ 值,实验测量会将它排除掉。作为一个简单的示例,考察观测事例数 x 服从均值为$\theta+\nu$ 的泊松分布的情形,这里 ν 是已知的本底污染。我们首次遇到该例子是在 4.3.3.4 节,在那里频率区间的上限由式(4.34)给定。显然,当本底污染 ν 值增加时,上限将减小,甚至可以变为负值。但是,负的上限意味着 θ 的一切物理值都被该实验排除,这显然是难以置信的。当实验观测事例数为 0 时,该式给出 $\theta_{up}=-\ln\alpha-\nu$;当 $\nu\geqslant-\ln\alpha$ 时,θ_{up}为负值。当不存在新粒子信号时,观测到 0 个事例的概率为 $e^{-\nu}$,因此出现 θ_{up}为负值的概率可以高达 $e^{\ln\alpha}=\alpha$。对于置信水平 95% 的上限,此概率为 5%。对于许多物理学家而言,这是一个相当大的概率值。

人们进行了若干种尝试来处理这一问题[30],但无一完全令人满意。所有的方法都需要处理如下的答案不明确的问题:确定什么样的 θ 值位于实验灵敏度之外?这些 θ 值是否依赖于上限的置信水平或依赖于实验数据提供的证据的强度[31]?为了对不同的方法进行比较,需要引入一些记号:令 p_0是检验(4.81)中假设 H_0的 p 值,$p_1(\theta_0)$是检验(4.82)中假设 $H_1'[\theta_0]$的 p 值。标准的频率统计置信水平 $1-\alpha$上限将排除满足 $p_1(\theta)<\alpha$ 的一切θ 值。对这一构建方法进行简单的修正就能够处理灵敏度的问题:同时满足 $p_1(\theta)<\alpha$ 和$\theta\in S$ 两个条件的一切θ 值应当被排除掉,这里 S 是参数空间的一个子空间,它包含了实验具有探测值灵敏度的一切 θ 值。没有唯一的方法来定义灵敏子空间 S。途径之一[32]是由下式定义:

$$S=\{\theta:P(p_0\leqslant\gamma\mid H_1[\theta])\geqslant\beta\},\tag{4.83}$$

即 S 定义为显著性水平γ 条件下 H_1被判定为真的概率大于或等于 β 的一切θ 值。因此,除了置信水平 $1-\alpha$,该方法还需要选择另外两个额外的概率值 β,γ。

S 的另一种可选择的定义是

$$S = \{\theta : P(p_1(\theta) \leqslant \alpha \mid H_0) \geqslant \beta\}, \tag{4.84}$$

即 S 定义为 H_0 为真条件下满足不等式 $p_1(\theta) \leqslant \alpha$ 的概率大于或等于 β 的一切 θ 值。式(4.84)定义的好处在于只需要选择一个额外的概率值 β。条件 $\theta \in S$ 有时称为**功效约束**,因为定义式(4.83)和式(4.84)中所计算的概率是功效函数,即它们是当备择假设为真时检验排除零假设的概率(式(4.83)),或者零假设为真时检验排除备择假设的概率(式(4.84))。

虽然功效约束方法对于排除实验不灵敏的参数值提供了某种程度的保护,但是无法处理频率统计式(4.34)给定的、参数 θ 置信水平 $1-\alpha$ 上限的另一个问题:如果两个实验本底污染不同但观测到同样多的事例,则本底高的实验将排除较多的信号事例[33]。处理灵敏度问题可能更为成功的方法称为 CL_s 方案[33-34]。置信水平 $1-\alpha$ 的 CL_s 上限排除的 θ 值满足以下不等式:

$$CL_s \equiv \frac{p_1(\theta)}{1-p_0} < \alpha。 \tag{4.85}$$

应当指出,这是较标准频率统计排除条件 $p_1(\theta) < \alpha$ 更严的条件。其结果是,从频率统计的观点来看,CL_s 上限涵盖概率过度。另外,对高斯均值或泊松均值设定上限这类简单问题而言,CL_s 方案的结果与平直分布先验密度的贝叶斯方法一致。

需要记住,式(4.85)是 CL_s 方案的唯一要求。与标准 p 值一样,检验统计量的选择和处理冗余参数方法的选择是完全自由的。在 LEP,Tevatron 和 LHC 实验中,对检验统计量和处理冗余参数方法选择了不同的策略,因此对它们的结果进行比较时,应当注意这些差异。同时应当注意,与 p 值不同的是,CL_s 方案仅仅用来计算上限。

最后需要强调,贝叶斯方法不受灵敏度问题的困扰,因为它们完全以观测值为条件给出结果。

4.7 评述和建议

审视本章讨论的各式各样的区间构建方法的一种途径是看一看对于不同的问题它们给出的答案。根据同一组实验数据,利用不同排序规则构建的频率统计区间和贝叶斯区间会推断出不同的结果。这些差异的重要程度取决于分析者的个人倾向和期望,但同时也取决于诸如测量前可获得的实验证据、样本量、系统不确定性效应以及探测器灵敏度等客观因素。因此,如果给测量结果的使用者提供多于一种的区间估计,例如频率区间、贝叶斯区间以及渐近区间,则使用者能够更好地判断最终结果的稳健性和可靠性。

高能物理中经常遇到的一个问题是冗余参数的处理。当样本量充分大时,基于似然函数的渐近性近似是可以信赖的，但样本量不大时则需小心。一种近似的频率统计方法是首先通过轮廓化似然函数或贝叶斯积分消去冗余参数，然后应用逆向检验方法求得感兴趣参数的置信区间。尽管这一做法的已有经验表明它是可信的，但建议在若干具有典型意义的点上进行涵盖概率的检查。当对小样本构建贝叶斯区间时，应该评估应用不同先验分布对于所得结果变化的灵敏程度。

当参数空间存在物理边界时，特别是在边界附近实验灵敏度很低的情形下，会产生其他新的问题。我们主要关心的问题是应当避免报道将探测器不灵敏的参数值子空间排除在外这样的区间。这种情形下贝叶斯区间的性质比较好，而没有一种频率区间的性质是完全令人满意的。这是报道多于一种区间的另一个理由。

4.8 习题

习题 4.1 服从高斯分布的测量。用一硅条探测器测量到带电粒子位置为 $\gamma = 150\ \mu\text{m}$。对于下列情形，确定 γ 真值的置信水平 68%，95%和 99.7% 双侧等概率区间：

(a) 测量值不确定性服从高斯分布，标准差为 $\sigma = 10\ \mu\text{m}$。

(b) 测量值服从双高斯分布，宽度分别为 $\sigma_1 = 10\ \mu\text{m}$ 和 $\sigma_2 = 200\ \mu\text{m}$，第一个高斯分布的贡献权值为 $\omega_1 = 0.9$，第二个为 $\omega_2 = 0.1$。若探测器的信号击中效率小于 1 而在随机的位置产生虚假击中的噪声，就可能出现这种情形。

习题 4.2 排除率（二项统计）。制造商发明了一种新的电子学芯片，给用户交付 10 片作为测试系列。3 片没通过性能测试。

(a) 利用频率统计（Clopper-Pearson）和贝叶斯（Jeffreys 先验分布）方法确定单个芯片失效概率 ε 的双侧等概率 95% CL 区间。（对频率统计区间，CL 为置信水平；对贝叶斯区间，CL 为信度水平。）

(b) 估计 ε 的 95% CL 上限。

习题 4.3 泊松统计。LHC 实验中的多项新物理研究之一是在衰变道 $Z' \to ll$ 中寻找假设的重 Z' 粒子，这里 ll 是轻子对。探测器重建的两个衰变轻子的不变质量谱中将产生该粒子的信号峰。假定设想的 Z' 粒子质量为 2 TeV。收集了一定量的积分亮度后，预期在质量窗 1.8～2 TeV 范围内将产生一定数量的来自标准模型的本底事例。该数量由泊松分布参数 μ_b 表示并假定为已知值。我们的目标是确定未知信号事例的泊松参数 ν_s 的置信区间。考虑以下四种测量值：

(a) 观测值 $N = 5, \mu_b = 1.3$；

(b) 观测值 $N = 5, \mu_b = 6.5$；

(c) 观测值 $N=90,\mu_b=100$；

(d) 观测值 $N=132,\mu_b=100$。

计算以下数值并进行比较：

(1) 利用频率(Garwood)和贝叶斯(Jeffreys 先验分布)方法求得 ν_s 的 95% CL 上限；

(2) 利用频率(Garwood)和贝叶斯(Jeffreys 先验分布)方法求得 ν_s 的 68% CL 双侧等概率区间,以及频率(Feldman-Cousins)68% CL 区间。

习题 4.4 分布的自举计算。一个高能物理实验利用两条生产线来建造探测器(比如硅条探测器)的传感器。每条生产线交付了 10 个传感器的测试系列。10 个传感器的失效率[①]分别为

(a) 第一条生产线:9,12,11,8,7,5,8,9,10,7(%)；

(b) 第二条生产线:8,13,4,7,7,8,6,9,10,5(%)。

确定样本均值并估计样本均值的方差。对数据进行(放回)重抽样,得到 10 个新样本值,即产生一个自举样本,确定其样本均值。重复产生 100 个自举样本并给出 100 个样本均值,形成样本均值的经验分布。确定置信水平 68% 和 95% 的自举**简单百分位数区间**。对于两条生产线产出的传感器的探测失效率的差异,这些数据给出了什么提示?

习题 4.5 冗余参数的消除。在频率统计范式中,冗余参数的处理是一个令人苦恼的问题。一种有时可行的方法是利用所谓的**附加条件**(conditioning)概念。为了诠释这一方法,假设我们测量到的事例计数为 N,它是均值为 $\mu\nu$ 的泊松变量,μ 是感兴趣的参数,ν 是冗余参数。又设 ν 被辅助观测量 K 约束,K 是均值为 $\tau\nu$ 的泊松变量,τ 是已知常数：

$$N \sim Poisson(\mu\nu), \tag{4.86}$$

$$K \sim Poisson(\tau\nu)。 \tag{4.87}$$

在高能物理中,μ 可以认为是某个感兴趣的过程的产生截面,ν 可以认为是效率、接受度、积分亮度等参数的乘积。人们可能质疑,和值 $M=N+K$ 不能提供关于 μ 自身或比值 μ/τ 的任何信息。因此,有意义的是寻找对于 M 附加条件的推断。首先,给定 M 值条件下 N 的条件分布由下式给出：

$$P(N=n \mid M=m)=\binom{m}{n}\left(\frac{\mu}{\tau+\mu}\right)^{n}\left(1-\frac{\mu}{\tau+\mu}\right)^{m-n}。 \tag{4.88}$$

这是一个与冗余参数 ν 无关的二项分布,因此可以用来对参数 μ 进行推断。例如,利用 4.3.3.3 节关于二项分布效率的结果,可以计算二项分布参数 $\mu/(\tau+\nu)$ 的置信区间。假定你有了这样的一个区间,将它变换到 μ 的区间,检查一下对于 $n=$

① 每个传感器的失效率已经对传感器的所有硅条求了平均。

$0, k=0, n=k=0$ 分别是什么情况。

下一步,假定 N 的均值是 $\mu+\nu$ 而不是乘积 $\mu\nu$,则可得

$$N \sim Poisson(\mu+\nu), \tag{4.89}$$

$$K \sim Poisson(\tau\nu)。 \tag{4.90}$$

是否依然能够利用附加条件方法来消除冗余参数 ν?

习题 4.6 指数分布寿命参数的贝叶斯区间。考察 4.3.3.2 节的指数衰变的例子,数据 t 的概率密度为 $f(t;\tau)=\mathrm{e}^{-t/\tau}/\tau$。对此问题导出其 Jeffreys 先验分布,并计算其相应的后验密度。根据该后验密度构建双侧等概率区间,并与表 4.1 中对应的频率区间进行比较。对于该问题,由其贝叶斯信度与频率涵盖概率间的关系能得出什么结论?

证明:该问题的本征差异损失为

$$\delta\{\tau_0,\tau\} = \min\left\{\frac{\tau_0}{\tau},\frac{\tau}{\tau_0}\right\} - 1 + \left|\ln\frac{\tau_0}{\tau}\right|, \tag{4.91}$$

该损失的后验期望值为

$$d\{\tau_0,t\} = -\left(1+\frac{\tau_0}{t}\right)\mathrm{e}^{-t/\tau_0} + \frac{\tau_0}{t} - 1 + \gamma + \ln\frac{t}{\tau_0} + \left(2+\frac{t}{\tau_0}\right)E_1\left(\frac{t}{\tau_0}\right), \tag{4.92}$$

其中 $\gamma = 0.577\,215\,664\,901\,532\,860\,60$ 是 Euler-Mascheroni 常数,$E_1(x) = \int_x^\infty (\mathrm{e}^{-t}/t)\mathrm{d}t$ 是指数积分。画出 $d\{\tau|t\}$ 作为 τ 的函数的曲线(取 $t=1$),比较 τ 的最小损失估计和极大似然估计。对于该问题,本征损失区间只能通过数值计算求得,试对本征损失区间与似然区间和频率区间进行比较。

习题 4.7 搜寻新粒子实验的图形表示。设观测值 X 为均值为 θ(未知参数)、标准差为 1 的高斯分布。假定 $\theta=0$ 的物理含义是“无信号”,$\theta>0$ 表示“有信号”。在此简单模型下,测量灵敏度可以定量地用差值 $\Delta\theta$ 表述,它等于某一给定信号假设和无信号假设下的 θ 值之差。根据 4.6.2 节关于灵敏度的论述,以 p_1 为 y 轴,以 p_0 为 x 轴,画出 $\Delta\theta$ 为常数值的等值轮廓(即对于一特定值的 $\Delta\theta$,当数据 X 在其容许范围变化时 p_1 随 p_0 变化的曲线)。值得指出,$\Delta\theta=0$ 的无灵敏度等值轮廓与第二对角线一致。画出 $p_0=\varepsilon$ 的线,它对应于排除无信号假设的阈值。$p_1=\alpha$ 的线对应于标准的频率统计排除限。画出式(4.83)和式(4.84)定义的灵敏集 S,以及式(4.85)定义的 CL_s 阈。应当指出,在无信号假设下,p_0 服从[0,1]区间的均匀分布。因此,排除信号假设的标准频率概率等于 1 减去相应的 $\Delta\theta$ 等值轮廓与直线 $p_1=\alpha$ 交点的横坐标。证明:即使在测量灵敏度为 0 的情形下,排除信号假设的标准频率概率也不等于 0。说明为什么 CL_s 判别法和另外两种方法能够避免这一问题。

参考文献

[1] Kass R E, Wasserman L. The selection of prior distributions by formal Rules [J]. J. Am. Stat. Assoc., 1996, 91: 1343.

[2] Pratt J W. Length of confidence intervals [J]. J. Am. Stat. Assoc., 1961, 56: 549.

[3] Hodges J L, Jr, Lehmann E L. Estimates of location based on rank tests [J]. Ann. Math. Stat., 1963, 34: 598.

[4] Neyman J. Outline of a theory of statistical estimation based on the classical theory of probability [J]. Philos. Trans. R. Soc. London A, 1937, 236: 333.

[5] Cox D R. Some problems connected with statistical inference [J]. Ann. Math. Stat., 1958, 29: 357.

[6] Bondar J V. Discussion of "conditionally acceptable frequentist solutions" by G. Casella [M]//Gupta S S, Berger J O. Statistical Decision Theory and Related Topics IV, Vol. 1. Springer, 1988: 91.

[7] Efron B, Tibshirani R J. An Introduction to the Bootstrap [M]. Chapman & Hall, 1993.

[8] Feldman G J, Cousins R D. Unified approach to the classical statistical analysis of small signals [J]. Phys. Rev. D, 1998, 57: 3873.

[9] Clopper C J, Pearson E S. The use of confidence or fiducial limits illustrated in the case of the binomial [J]. Biometrika, 1934, 26: 404.

[10] Press W H, et al. Numerical Recipes, the Art of Scientific Computing [M]. 3rd ed. Cambridge University Press, 2007.

[11] Cousins R D, Hymes K E, Tucker J. Frequentist evaluation of intervals estimated for a binomial parameter and for the ratio of Poisson means [J]. Nucl. Instrum. Methods A, 2010, 612: 388.

[12] Garwood F. Fiducial limits for the Poisson distribution [J]. Biometrika, 1936, 28: 437.

[13] Wilks S S. The large-sample distribution of the likelihood ratio for testing compositehypotheses [J]. Ann. Math. Stat., 1938, 9: 60.

[14] James F, Roos M. Minuit: A system for function minimization and anal-

ysis of the parameter errors and correlations [J]. Comput. Phys. Commun., 1975, 10: 343.

[15] Cowan G, et al. Asymptotic formulae for likelihood-based tests of new physics [J]. Eur. Phys. J. C, 2011, 71: 1554.

[16] Davison A C, Hinkley D V, Young G A. Recent developments in bootstrap methodology [J]. Stat. Sci., 2003, 18:141.

[17] Carpenter J, Bithell J. Bootstrap confidence intervals: when, which, what? A practical guide for medical statisticians [J]. Stat. Med., 2000, 19:1141.

[18] DiCiccio T J, Romano J P. On bootstrap procedures for second-order accurate confidence limits in parametricmodels [J]. Stat. Sinica, 1995, 5: 141.

[19] Punzi G. Ordering algorithms and confidence intervals in the presence of nuisance parameters [M]//Lyons L, Karagöz Ünel. Statistical Problems in Particle Physics, Astrophysics and Cosmology. Proceedings of PHYSTAT05. Imperial College Press, 2006: 88.

[20] Cousins R D, Highland V L. Incorporating systematic uncertainties into an upper limit [J]. Nucl. Instrum. Methods A, 1992, 320: 331.

[21] Tegenfeldt F, Conrad J. On Bayesian treatment of systematic uncertainties in confidence interval calculation [J]. Nucl. Instrum. Methods A, 2005, 539: 407.

[22] Chuang C S, Lai T L. Hybrid resampling methods for confidence intervals [J]. Stat. Sinica, 2000, 10: 1.

[23] Sen B, Walker M, Woodroofe 13. On the unified method with nuisance parameters [J]. Stat. Sinica, 2009, 19: 301.

[24] Wasserman L A. A robust Bayesian interpretation of likelihood regions [J]. Ann. Stat., 1989, 17: 1387.

[25] Bernardo J M, Smith A F M. Bayesian Theory [M]. John Wiley & Sons, 1994.

[26] Bernardo J M. Intrinsic credible regions: An objective Bayesian approach to interval estimation [J]. Test, 2005, 14: 317.

[27] Demortier L, Jain S, Prosper H B. Reference priors for high energy physics [J]. Phys. Rev. D, 2010, 82: 034002.

[28] Cai T T. One-sided confidence intervals in discrete distributions [J]. J. Stat. Plan. Inference, 2005, 131: 63.

[29] Mandelkern M, Schultz J. The statistical analysis of Gaussian and Poisson signals near physical boundaries [J]. J. Math. Phys., 2000, 41: 5701.

[30] Highland V. Estimation of upper limits from experimental data [Z]. Temple University preprint C00-3539-38, 1987.

[31] Cousins R D. Negatively biased relevant subsets induced by the most-powerful one-sided upper confidence limits for a bounded physical parameter [Z]. arXiv: 1109.2023[physics. data-an], 2011.

[32] Kashyap V L, et al. On computing upper limits to source intensities [J]. Astrophys. J., 2010, 719: 900.

[33] Read A L. Presentation of search results: The CL_s technique [J]. J. Phys. G: Nucl. Part. Phys., 2002, 28: 2693.

[34] Junk T. Confidence level computation for combining searches with small statistics [J]. Nucl. Instrum. Methods A, 1999, 434: 435.

(撰稿人: Luc Demortier)

第 5 章　分　　类

本章阐述应用于高能物理和其他领域的事例分类的不同方法。典型的数据分析中的步骤之一是选择感兴趣的事例,因此需要将获得的数据区分为不同的类别。然而,在实施这一步骤之前,通常已经依据原始的事例观测量(例如触发决策、径迹鉴别、沉积能量团簇和粒子种类等等)实施了各种各样的分类。

在本章中,我们总是将事例或者归类为**信号**,或者归类为**本底**。当然,它们应当视为任意种类的物体、特征或观测量的一种统称,这些物体、特征或观测量需要被归类为感兴趣的一类(比如属于信号类)和不感兴趣的一类(比如属于本底类)。我们将自己限定于二元分类是因为这是高能物理中最常见的情况。多元分类(事例被归类为多种可能的不同类别之一)则是其他领域(例如手写字母或数字的识别、蛋白质分类等等)的常见问题。一般而言,任何多元分类问题都可以处理为一系列的二元分类①。

5.1　多变量分类简介

传统的(特征变量)**截断判选法**,是对于一个事例的各个观测量进行一系列顺序的判选要求;而现代的分类方法更为复杂但更有功效。所谓的**多变量分类法**(multivariate classificataion methods or algorithms,MVA)与一般统计学范畴中的**模式识别**或**数据挖掘**紧密相关,它利用多维观测量空间(而不是分别利用单个的观测量)进行事例判选。多变量方法利用事例在多维观测量空间中的统计分布来决定一个特定事例的类别。通常不是将一个事例指定为一种确定的类别,而是确定一个事例归属于一定类别的概率。

---

① 例如,可能的变异是一系列二元分类器的组合,每一个分类器只将某一类事例与其他所有事例区分开来(一类与其余类别的判别);或者每一个分类器对于两组类别的事例进行二元判别(一对一或一组对一组的判别)。关于此类判别和其他方法,读者可参考大量的文献,例如文献[1]给出了该论题的简短综述。

一般说来，多变量方法将一个事例的所有观测量信息联合起来，称为该事例的特征向量 $\boldsymbol{x}$，利用它来构造一个一维变量 $y = y(\boldsymbol{x})$。这一 MVA 变量可以用来决定该事例是选择为信号还是需要排除的本底，这要取决于该变量是否能够通过一个事先设定的阈值（见图 5.1）。一般而言，可以将一个多变量判选算法视为将观测量的 D 维特征空间映射为一个实数的一种映射函数 $\mathbf{R}^D \to \mathbf{R}$：$y = y(\boldsymbol{x} = (x_1, x_2, \cdots, x_D))$。这时，MVA 变量等于某个常数，即 $y(\boldsymbol{x}) = c$ 代表了原观测量空间中的一个超曲面。于是，简单地将 $y(\boldsymbol{x}) > c$ 的一切事例归类为信号所对应的该超曲面（可能非常复杂）一边的一切事例，而排除该超曲面另一边的、归类为本底的所有事例[①]。

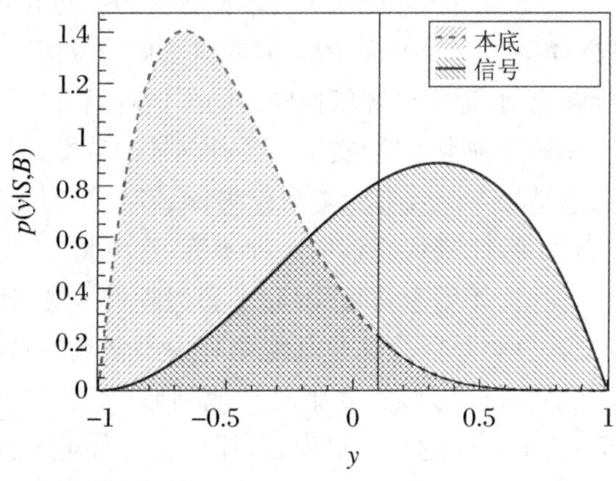

图 5.1　信号和本底事例的 MVA 变量 y 的分布。当 y 的测量值大于给定的阈值（图中用竖直线标记）时，事例判定为信号；否则判定为本底而被排除

某些分类器，例如高能物理中通常称为**似然函数判选法**的**朴素贝叶斯分类器**，很容易通过编写代码来实现。当应用更为先进的分类方法时，越来越流行的是利用标准的程序包，它既能够提供单个分类器（例如 JETNET[2]），也能够提供集多种不同分类器为一体的分类器集合（例如 WEKA[3] 和 TMVA[4]）。对于分类器集合 TMVA，虽然某些情形下也许其中单个分类器不那么精细和复杂，但它们提供了一种对不同的 MVA 方法进行相互间比较的可能性，并容许用户选择最简单的方法而不怎么牺牲事例的判别性能。关于数据挖掘中不同统计方法之间的比较已经发表了大量的论文（例如参见文献[5]），它们表明，在对所面对的问题的细节特征不加考察的情形下，通常不可能鉴别出性能最优的分类器。

---

① 应当注意的是，我们不是利用 MVA 输出变量 $y(\boldsymbol{x})$ 做硬性的截断判选，而是在似然函数拟合中直接利用期望的信号和本底 MVA 输出量分布来估计数据样本中信号和本底贡献的大小。另一种做法是，可以将某一给定事例的输出量变换为该事例为信号或本底事例的概率值（参见式(5.4)），在接下来的物理分析中将此概率值用作该事例的权重。

从传统的截断判选法转向 MVA 方法当然是出于改善判选性能的动机，即在同样的误判率条件下能有更高的效率。显然，对每一个观测量进行单独的截断判选不能够利用不同观测量之间的关联信息。同时，对于单个的观测量，一个看起来与本底很相像的信号事例在截断判选法中不可避免地会归类为本底。但是在多变量分类法中，这类事例会很容易被正确地分类，因为可以利用表征信号特征的其他多个观测量来补偿与本底相像的那个观测量的效应。

如果我们能够利用实际观察到的事例特征变量的完整微分截面，即对于信号和本底事例，如果我们知道观测量的理论微分截面与探测器响应函数的卷积，那么构建一个完美的多变量分类器将会很容易实现(参见 5.2.1.1 节关于**奈曼-皮尔逊引理**的详尽讨论)。在这种情形下，微分截面是概率密度函数(pdf)$p(\boldsymbol{x}|C)$，这里 C 可以是信号(S)或本底(B)。根据奈曼-皮尔逊引理，基于 pdf 比值(即似然比) $p(\boldsymbol{x}|S)/p(\boldsymbol{x}|B)$的判选算法是给定本底效率条件下获得最大信号效率的最优算法。遗憾的是，我们通常不知道严格的 pdf 函数(例如，探测器的描述、碎裂效应或末态辐射只能利用蒙特卡洛模拟估计)。另一种可能性是构建一个适用于多变量分类器的适当变量。这两种方法将是本章其余各节讨论的主题。

5.2　统计观点中的分类问题

在统计学文献中，具有代表性的做法是通过假设检验来处理分类问题。如第3章中详细论述的那样，这些假设通常用**零假设**(H_0)的公式化形式来表示。在事例分类的情形下，我们希望选择出感兴趣的(信号)事例，零假设应当是一个事例为“本底”事例。于是零假设是否被排除取决于检验统计量 $y(\boldsymbol{x})$的值，在当前情形下 $y(\boldsymbol{x})$是一个 MVA 变量①。

在大多数情形下，信号和本底事例的观测量概率密度函数是相互重叠的。这意味着在相空间的某些区域我们会同时观测到信号和本底事例，这就使得在对事例作出分类决策时会出现不可避免的错误。或者将本底事例误分类为信号(第一类错误)，或者将信号事例误分类为本底(第二类错误)。在 3.1.4 节中我们已经介绍过这两类错误。它们的出现概率分别记为 α(**检验显著性**)和 β，这里 $1-\beta$ 称为**检验功效**或**信号效率**。量 $1-\alpha$ 则称为**本底排除率**。表 5.1 显示了假设检验中会出现的不同情况以及与之对应的错误类型。

---

① 应当注意的是，在其他情形中(例如第3章的假设检验)，检验统计量常常用 t 表示，而在分类问题中则选用 y 来表示。

表 5.1　将信号事例误分类为本底(第二类错误)或将本底事例误分类为信号(第一类错误)情形下的错误类型

	排除 H_0(选择为信号)	接受 H_0(选择为本底)
H_0为假 (事例是信号)	决策正确;概率是 $1-\beta$ = 功效 = 效率	决策错误; 第二类错误,概率为 β
H_0为真 (事例是本底)	决策错误; 第一类错误, 概率为 α = 显著性	决策正确;概率是 $1-\alpha$ = 本底排除率

对于每一种单个的分类问题,必须找出最优的工作点,即第一类错误和第二类错误之间的最优平衡点。仅仅简单地选择能够使误分类数(第一类错误和第二类错误之和)达到最小的分类方法是不够的,需要定义一个品质因数来反映各种分析方法的性质。分析可以大致分类如下:

- 精密测量:这类测量要求有高的纯度 p,即所选出的样本的大部分是信号事例。使第一类错误保持为一小量可以达到此目的。
- 触发判选:这类工作要求有高的效率 $\varepsilon=1-\beta$,使第二类错误保持为一小量可以达到此目的。
- 截面测量:这类测量要求通过信号显著性的极大化来实现优化,近似地,$\nu_s/\sqrt{\nu_s+\nu_b}$或$\sqrt{\varepsilon\cdot p}$的极大化可以达到此目的。
- 寻找新粒子:这类工作通常具有 $\nu_s \ll \nu_b$ 的关系,通过 $\nu_s/\sqrt{\nu_b}$的极大化来实现优化。

在临界域(即参数空间中满足 $y(\boldsymbol{x})>c$ 的那一部分),零假设被排除,事例被选择为信号;第一(二)类错误率 α (β)由式 (5.1)(式 (5.2))给定:

$$\alpha = \int_C p(\boldsymbol{x} \mid H_0)\mathrm{d}\boldsymbol{x} = \int_C p(\boldsymbol{x} \mid B)\mathrm{d}\boldsymbol{x} = \int_{y(\boldsymbol{x})>c} p(\boldsymbol{x} \mid B)\mathrm{d}\boldsymbol{x}, \tag{5.1}$$

$$\beta = \int_{y(\boldsymbol{x})<c} p(\boldsymbol{x} \mid S)\mathrm{d}\boldsymbol{x}。 \tag{5.2}$$

临界域 C 的边界也称为**决策边界**。我们也可以回到利用检验统计量 $y(\boldsymbol{x})$的分布,而不是在多维的观测量空间中求积分。一旦确定了 $p(y|S)$和$p(y|B)$的分布,积分(5.1) 和 (5.2) 就很容易计算:

$$\int_{y=c}^{\infty} p(y \mid B)\mathrm{d}y = \alpha, \quad \int_{-\infty}^{y=c} p(y \mid S)\mathrm{d}y = \beta。 \tag{5.3}$$

借助于多维观测量概率密度 $p(\boldsymbol{x}|S(B))$或一维投影$p(y=y(\boldsymbol{x})|S(B))$,也可以计算一个观测事例为一信号事例或本底事例的概率,而无需确定硬性的决策边界。为此,需要知道随机地挑选到一个信号事例和一个本底事例的先验概率,它们用事例样本中信号和本底事例的相对比例(f_s 和 $f_b=1-f_s$)来给定。因此观测到

一个具有特征 $\boldsymbol{x}$ 的事例，而相应的 MVA 变量 $y=y(\boldsymbol{x})$ 的概率由下式给定[①]：

$$P_s(y) \equiv P(S \mid y) = \frac{p(y \mid S) \cdot f_s}{p(y \mid S) \cdot f_s + p(y \mid B) \cdot (1-f_s)} 。 \tag{5.4}$$

假定 $\nu_{s(b)}$ 是通过分类算法进行分类求得的样本中信号（本底）事例数的期望值，则信号事例的相对比例为 $f_s=\nu_s/(\nu_s+\nu_b)$。

5.2.1 ROC 曲线和奈曼-皮尔逊引理

5.2.1.1 ROC 曲线

第一类错误率和第二类错误率中的任意一个都可以做到任意地小，代价是另一类错误率增大。如早先所指出的，对于每一种分析，必须找到最优的工作点，即最优截断值 c。这等价于对 MVA 输出变量 $y(\boldsymbol{x})$ 选择一个特定的截断值 c，这也等价于在所谓的**受试者工作特征**（receiver-operating-characteristic, ROC）曲线上选择一个特定的点。ROC 曲线通常用来展示一个分类算法的性能，它显示的是信号效率和本底排除率之间的关系曲线。图 5.2 显示了 ROC 曲线的一个例子。

由于典型的情况是信号和本底的 MVA 变量的分布相互重叠（图 5.2(a) 所示的例子就属于这种情况），当信号效率高时本底排除率变坏；反过来，当本底排除率高时信号效率变差。图 5.2(b) 中的 ROC 曲线也显示了这样的特性。对于一个假想的截断值 $y=0.1$，图 5.2(a) 指明了对应于第一类错误和第二类错误的区域。图 5.2(a) 中信号和本底 pdf 阴影区域的面积分别正比于误分类的信号和误分类的本底事例数。若信号事例总数等于本底事例总数，则两个阴影区域面积之和直接正比于误分类事例的总数。若截断值选择在信号和本底 pdf 曲线的交点处。这一面积（因而也是总的误分类率）达到极小。在我们的例子中，这一值等于 -0.175。

对于一个给定的分类算法，其一切可能的截断值所对应的整体性能很容易地利用 ROC 曲线来显现：ROC 曲线下面积最大的算法通常有最好的性能。应当指出，对第一类错误率或第二类错误率有具体要求的一个特定分析，在 ROC 曲线的特定区域具有优异性能的算法可能更为适合，尽管其整体性能也许不那么好。

5.2.1.2 奈曼-皮尔逊引理

奈曼-皮尔逊引理[6]表明，根据检验的统计结果，基于将似然比

$$y(\boldsymbol{x}) = \frac{p(\boldsymbol{x} \mid S)}{p(\boldsymbol{x} \mid B)} \tag{5.5}$$

作为检验统计量的分类算法，对于一切给定的本底污染 α，所得到的临界域具有最大的信号效率 $1-\beta$。为了能够利用奈曼-皮尔逊引理，必须知道真实的 pdf $p(\boldsymbol{x}|S(B))$，但如我们前面已经说过的，这一点几乎是做不到的。有两种途径来

① 如果真实分布 $p(y|S)$ 和 $p(y|B)$ 未知，可以利用它们的估计量 $\hat{p}(y|S)$ 和 $\hat{p}(y|B)$。

处理这一问题:

• 估计信号和本底事例的 pdf,然后应用奈曼-皮尔逊引理来构建 MVA 变量。这一方法用贝叶斯分类器来实现。

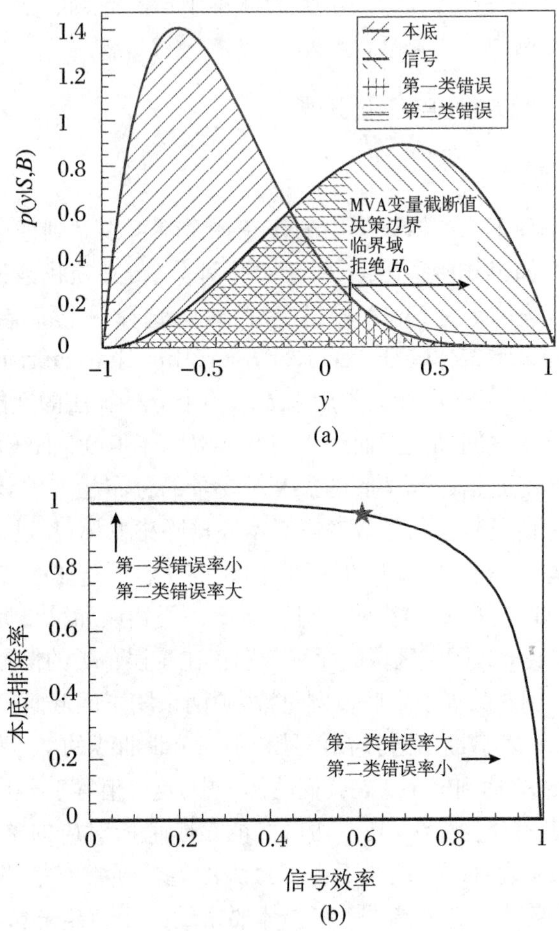

图 5.2 (a) 信号和本底事例的 MVA 变量 y 的分布 $p(y|S)$和 $p(y|B)$。根据 MVA 变量 y 的截断值对事例进行分类,本例中选择 $y=0.1$。(b) 通过改变 MVA 输出变量的截断值画出的 ROC 曲线,它显示了本底排除率与信号效率间的函数关系。图中星号标志的是截断值 $y=0.1$ 的工作点

• 不借助显式 pdf,而是直接确定决策边界,例如通过线性判别函数或人工神经网络方法。典型情况是,这类分类器具有某种参数化的决策边界,其中的参数通过**损失函数** $L(C,y(\boldsymbol{x}))$的极小化拟合来求得,这里的损失函数是对于误分类事例的罚函数的定量表示。一种典型的损失函数可以是误分类事例总数,即第一类错误率与第二类错误率之和。

5.2.2 有监督的机器学习

机器学习指的是根据所选定的算法自动确定决策边界的一种方法。**有监督的机器学习**利用了所谓的**训练事例**,它们由事例类别已知的事例构成。决策边界通过损失函数的极小化来确定,这是一种称为**分类器训练**的过程。所得到的决策边界用来对类别未知的事例进行分类。

与此相反,**无监督的机器学习**则不使用训练事例,它通常用来找出一个分布中的密集区域,或者更一般地,找出给定数据样本的近似总体概率密度。自组织映射(self-organising map)是无监督机器学习的一个实例。

在本章中,我们感兴趣的问题是将事例分类为信号或本底,通常我们从蒙特卡洛模拟或**边带区**[①]数据获得训练事例。因此,我们仅讨论有监督的机器学习问题。

5.2.3 偏差与方差的平衡

对于一项给定的分类任务,最合适的分类器的选择强烈地依赖于所面临问题的自身特点。存在自由度数很小、非常简单的分类器,例如只容许线性决策边界的分类器。同时,也有容许决策边界具有非常复杂、非线性特征的分类器,它们的特点是自由度数很大。

如果根据真实的概率密度,不同的事例类别被一条线性边界所划分,那么显然利用线性判别分类器是最恰当的,而无需自由度数更大的分类器。由比较复杂的分类器所得出的边界不是严格线性的,而是倾向于服从训练样本沿着边界处的统计分布。与此相反,如果训练样本数据已经显示了超出统计不确定性的、清晰的非线性特征,那么一个简单的线性分类器的性能将肯定不佳,会系统性地将相空间一定区域中的事例进行误判。

小自由度数的分类器天然地不容易追随训练样本的统计涨落:如果从同一 pdf 抽样获得了不同的训练数据组,则根据这些训练数据组计算得到的决策边界将会非常类似,即它们有很小的**方差**。但是,如果真实的概率密度具有相当复杂的特征,难以被分类器有限的自由度数描述,那么这些决策边界将系统性地偏离真实的概率密度所确定的理想决策边界。这种系统性的偏离称为分类器的**偏差**(bias)。

与此相反,一个多自由度的分类器容许产生非常复杂的决策边界,这样的决策边界极大地依赖于训练样本的统计涨落,即它有很大的方差(即不同的训练样本所产生的决策边界变化很大),但通常偏差比较小。模型必要的灵活性和模型结构参数的确定是一个最优化的过程,并且也可以实现自动化,但它通常是由实验者自己

---

① 高能物理中经常用到**边带区**这一术语,边带区内的事例是相对比较干净的本底样本,但它们共享有信号事例的大部分性质。在一维相空间中,这些事例贴近信号区的外沿,例如贴近预期的信号粒子质量峰的外沿。

实施的。例如,它包括人工神经网络中节点数和层数的选定。找到方差与偏差之间的平衡点通常称为**偏差与方差的平衡**。

为了找到一个适当的模型灵活性,我们可以利用所谓的**校验样本**(validation sample),与训练样本一样,校验样本包含的是类别已知的事例。我们从灵活性很低的模型开始,逐步增大其灵活性,训练样本中信号与本底之间的判别将越来越好,因为决策边界会越来越适应实际的数据样本。但是,当利用独立的校验样本来测试分类器时,其性能的改善只能到达某一个点,一旦进入**过度训练**(overtrain)阶段,性能反而会下降。过度训练指的是决策边界的细部特征被训练样本的统计涨落左右,而不能反映真实的 pdf 的分布特征。这一缺陷显然使得过度训练的分类器性能要比恰当地训练的(自由度适当的)分类器差。还需要提到分类器的**普适性**问题。一个过度训练的分类器不能正确地推广使用,因为它不能捕捉到真实 pdf 分布的一般性特征。值得指出的是,如果能够获得更多的训练数据,则灵活性高的模型可以使用并得到恰当的拟合。

一旦恰当的模型灵活性得以确定并且模型经过了训练,校验样本和训练样本都已经得到了使用,那么为了获得分类器最终性能的无偏估计,需要用到通常称为**测试样本**(testing sample)的第三个样本①。

图 5.3(a)显示了对于一个设想的训练样本,其事例误判率(即第一类错误与第二类错误之和)达到极小的决策边界。它们根据 pdf 计算得到,图中标记为"似然比等于 0.5"。利用该训练样本,对两种不同的神经网络进行了训练,其中一个神经网络具有适度的灵活性,另一个则有较多的节点数和层数,提供了过多的灵活性。图 5.3(b)显示了这两种神经网络找出的决策边界。显而易见,训练适当(灵活性适度)的神经网络找出的决策边界比训练过度(灵活性过度)的网络找出的决策边界更接近于最优的决策边界。

5.2.4 交叉校验

如果训练事例数比较少,则事例数不足以区分为训练样本和校验样本两部分。在这种情形下,也许可以应用交叉校验的方法来找出合适的模型。这时,训练样本 T 被分成 K 个独立的子集 T_k(K 的典型值选为 5 或 10),然后 K 个分类器(利用相同的结构参数)对于每一种 $T\setminus T_k$ 的组合(T 中不包含子集 T_k)进行训练。

对于每一单个的训练事例,现在 K 个分类器中有一个分类器不使用这一特定的训练事例进行训练。然后这个分类器在校验过程中使用该事例。模型的结构参

---

① 在高能物理的分析中,校验样本也时常用作测试样本。如果模型灵活性的优化受到限制,或者训练没有过度,或者训练事例数足够多而统计涨落不明显,或者信号效率和本底污染总是独立地加以检查,那么这种做法是可以接受的。但是,对于本底排除率或信号效率非常高的情形,这种做法可能导致显著的偏差,因为虽然训练事例总数很大,却只有少量训练事例对信号效率的计算占据支配地位。

数以这样的方式进行优化。然后，利用优化了的结构参数，用全部训练样本来训练最终使用的分类器。

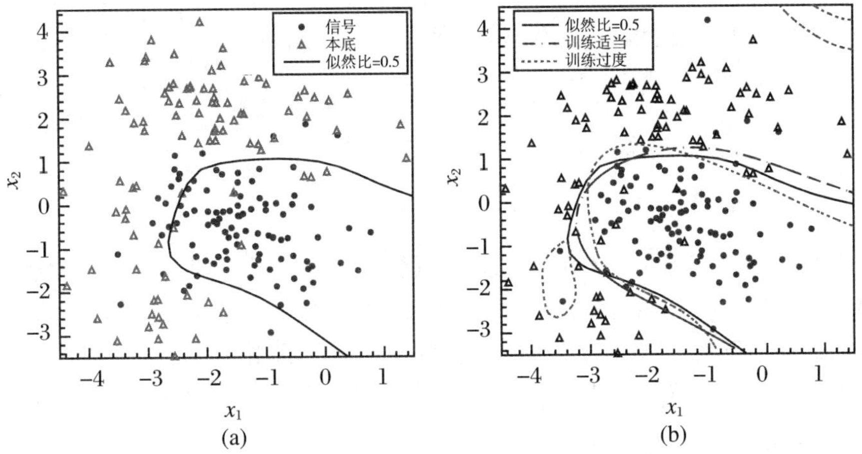

图5.3 (a) 按照多个高斯函数的混合给定的概率密度产生的训练事例。还显示了最小误判率(第一类错误与第二类错误之和)对应的决策边界。(b) 训练事例与(a)相同，显示了两种不同(灵活性不同)的神经网络求得的决策边界。点划线(训练适当的网络)是理想决策边界的相当好的近似，而虚线所示的决策边界清晰地表明训练过度

5.3 多变量分类方法

通常用贝叶斯分类器来构建信号和本底事例的概率密度模型。在已知样本中信号和本底事例总数的情形下，应用贝叶斯定理，可以将 $\boldsymbol{x}$ 处观察到一个测试事例的 $p(\boldsymbol{x}\mid C=S,B)$ 变换为“该事例为一信号事例或本底事例”的概率表述。

5.3.1 似然函数(朴素贝叶斯分类器)

假设观测量之间不存在关联，则多维 pdf 很容易估计，对于每一个事例 i，多维 pdf 就是若干个一维 pdf 的简单乘积 $p_{\mathrm{s(b)},k}(x_k^{(i)})$。利用训练事例在每一变量轴上的归一化投影，能够以足够好的统计精度来估计这一多维 pdf①。在高能物理领域中，以这种方式生成的分类器是**朴素贝叶斯分类器**，通常也称为**似然函数分类器**。

① 通常投影表示为直方图的形式，然后加以平滑化，以便得到真实 pdf 的较好的估计。

概率密度 $p_{s(b),k}$ 的乘积称为似然函数 $L_{s(b)}$[①],由下式给定:

$$L_{s(b)}^{(i)} = \prod_{k=1}^{D} p_{s(b),k}(x_k^{(i)}), \tag{5.6}$$

这里 D 表示相空间的维数。概率密度满足归一化条件:

$$\int_{-\infty}^{+\infty} p_{s(b),k}(x_k)\mathrm{d}x_k = 1, \quad \forall k。 \tag{5.7}$$

作为分类器,需要利用事例 i 的似然比 $y_L^{(i)}$,其定义为[②]

$$y_L^{(i)} = \frac{L_s^{(i)}}{L_s^{(i)} + L_b^{(i)}}。 \tag{5.8}$$

如果各观测量之间确实互不关联,那么依据奈曼-皮尔逊引理,这种分类器将接近最优,因为从训练事例获得的 pdf 的估计在一维情形下通常是十分精确的。但是,关联通常既不能忽略,也不是纯线性的,因此不可能利用变量变换加以消除(参见 5.4 节)。在这种情形下,更趋向于使用能够处理各观测量相互关联的分类器。

5.3.2　k 近邻法和多维似然函数

多维似然函数法以尽可能好的近似程度来描述多维观测量空间中的似然比。如果这种近似是完美的,它将给出奈曼-皮尔逊引理意义上的最优分类器。其总体思想是:训练事例的分布,即观测量空间给定区域中一定类别事例的**密度**,反映了该类事例的概率密度。该方法**唯一**的问题是必须知道相空间各点的似然比值,但我们只能确定一定区域内的平均值。训练样本在不同相空间区域中的信号和本底事例数只是告知我们这些区域中似然比积分值的信息。这看起来似乎是一个很小的不足,但是对于那些训练事例数很小的区域,密度估计的不确定性会变得很大。于是,在高维的情形下,必须对相空间的相当大的区域进行积分运算。这种现象称为**维数灾难**。举例来说,在一个尺度为 1^{10} 的 10 维欧几里得相空间中,一个占据 1‰相空间的超立方体 Δx^{10} 的边长为 $\Delta x \approx 0.5$,即在每一个维度的观测空间中占了一半的长度。这种尺度的区域肯定不能视为其中心点附近的小体积元。

***k* 近邻**(k-nearest neighbour, kNN)法提供了估计多维似然值的算法,其中密度 $p(\boldsymbol{x}|S)$ 和 $p(\boldsymbol{x}|B)$ 利用点 $\boldsymbol{x}$ 周围小的相体积内的训练样本信号事例数 $k_s(\boldsymbol{x})$ 和本底事例数 $k_b(x)$ 作为近似。于是式(5.5)定义的似然比可以改写为

$$\frac{p(\boldsymbol{x} \mid S)}{p(\boldsymbol{x} \mid B)} \propto \frac{P(S \mid \boldsymbol{x})}{P(B \mid \boldsymbol{x})} \simeq \frac{k_s(\boldsymbol{x})}{k_b(\boldsymbol{x})}。 \tag{5.9}$$

如果训练样本中信号事例与本底事例的比值对应于真值,则它可以直接变换为"相空间点 $\boldsymbol{x}$ 处的一个测试事例是一个信号事例"的概率的一种估计:

---

① 这里使用"似然函数"这一术语,因为该乘积不是真正的概率密度。多个概率密度的乘积仅当各单个概率之间相互独立(即各观测量互不关联)时才成为概率密度

② 奈曼-皮尔逊引理告知我们,似然比 $y(\boldsymbol{x}) = p(\boldsymbol{x}|S)/p(\boldsymbol{x}|B)$ 或其任意单调函数是最优的分类器(参见 5.2.1.1 节)。由单调变换 $y' = y/(1+y)$ 可导出 $p(\boldsymbol{x}|S)/[p(\boldsymbol{x}|S) + p(\boldsymbol{x}|B)]$。

$$P_s(\boldsymbol{x}) = \frac{k_s(\boldsymbol{x})}{k_s(\boldsymbol{x}) + k_b(\boldsymbol{x})} = \frac{k_s(\boldsymbol{x})}{k(\boldsymbol{x})}。 \quad (5.10)$$

为了确定一个“元体积”，kNN 法将围绕相空间点 $\boldsymbol{x}$ 的元体积中的训练事例数 $k = k_s + k_b$ 指定为分辨参数。这意味着，围绕 $\boldsymbol{x}$ 的“元体积”（该元体积中的 pdf 被平均化）对于包含 k 个训练事例而言已经足够大了。于是，我们通常从点 x 出发，逐渐增大其周围的体积，直到其中包含 k 个事例为止。k 值取得大使我们不能获取 pdf 的细部特征，而 k 值取得小使结果在很大程度上决定于训练数据的统计涨落（参见 5.2.3 节关于偏差与方差平衡的讨论）。该方法的优点在于，它自动地适应了所获取的训练数据在每个相空间点周围对 pdf 求平均的区域的大小。

唯一有待解决的问题是，在逐渐增大相空间使其包含 k 个事例的过程中，怎样定义不同维度上增量的**度量(标准)**。最简单的选择是欧几里得度量，对于 D 维相空间，样本点间的**欧几里得距离** R 定义为欧几里得度量：

$$R = \left(\sum_{k=1}^{D} | x_k - y_k |^2\right)^{\frac{1}{2}}, \quad (5.11)$$

其中 x 和 y 表示相空间中的两个样本点。事实上，度量（标准）的选择具有决定性的作用，对 kNN 的性能有极大的影响。显然，利用欧几里得度量的 kNN 分类器不具有尺度不变性，而且，该算法可能会被分辨能力很差的特征（维度、观测量）支配，因为该观测量的数值可能很小，导致该维度上体积元极度膨胀。因此，惯常的做法是对各维度的度量标准进行成比例的缩放，使得所有的变量数值上处于相同的数值范围。更进一步的做法是（参见图 5.4），可以应用协方差矩阵的逆阵 $\boldsymbol{V}^{-1}$ 作为度量标准的比例因子，从而将关联性考虑在内，这一做法通过 **Mahalanobis 距离**[8]得以实现：

$$R_{\text{rescaled}} = \left[\sum_{k,l=1}^{D} (x_k - y_k)(\boldsymbol{V}^{-1})_{kl}(x_l - y_l)\right]^{\frac{1}{2}}。 \quad (5.12)$$

kNN 法利用训练事例数（相对值）描述 pdf 的这一方法使得 pdf 呈现为一种分段的常数分布。这也意味着，当一个训练事例落入相应的元体积时会导致不连续性。利用所谓的**核函数**(kernel function)可以求得平滑的 pdf 估计值，其代价是增加了计算机机时。在该方法中，每一个事例用一个密度分布（例如高斯分布）来表示，而不表示为相空间中的一个点。

5.3.3 费希尔线性判别

线性判别法是最简单的分类器的一种，它在信号和本底之间构建一个线性的决策边界。尽管如此，在许多情形下，特别是训练数据量极其有限、基本上不容许构建比较复杂的决策边界的情形下，它可能是一种合适的选择。

线性分类器 $y(\boldsymbol{x})$ 的一般形式如下：

$$y(\boldsymbol{x}) = w_0 + \sum_{k=1}^{D} x_k \cdot w_k = \boldsymbol{x}^{\mathrm{T}}\boldsymbol{w} + w_0, \quad (5.13)$$

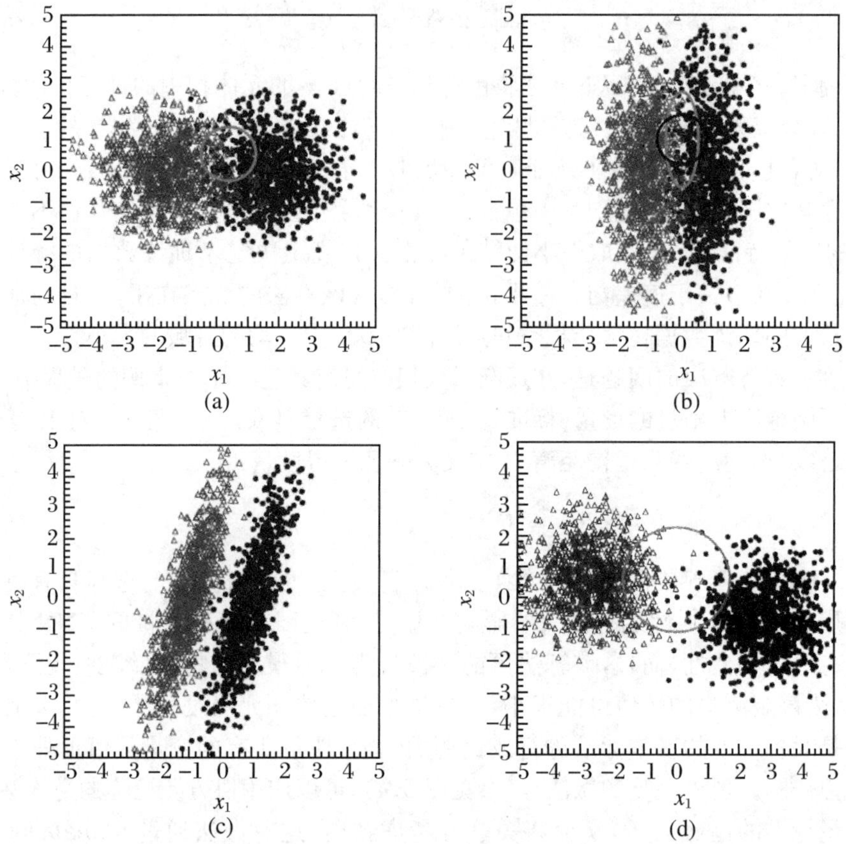

图 5.4　对于两个变量 x_1 和 x_2 的情形,kNN 法如何将事例判别为信号或本底,以及这种判别如何受到所选择的度量标准影响的图示。模拟的信号和本底事例分别用圆点和三角形表示。在 kNN 法中,信号和本底事例的局域密度用给定数据点周围的元体积中的已知训练事例数作为近似。元体积的大小由其中包含某一固定值的训练事例数确定,该元体积中心处的似然比的 kNN 估计值则由元体积内训练样本的信号/本底事例的比值给定。图中,欧几里得(Mahalanobis)度量标准下的典型的元体积用深(浅)色的圆和椭圆表示。图(a),(b)显示了两个变量 x_1 和 x_2 不相关联的结果。图(a)中,x_1 和 x_2 有相同的弥散,并且选择了相同的度量标准。图(b)与图(a)中的事例是相同的,但 x_1 维度上被压缩,而 x_2 维度上被拉长。显然,对于这类简单的变量变换,真实的似然比保持不变,可以使用 Mahalanobis 度量标准来计算 kNN 估计值。这里,元体积(浅椭圆线)中包含的事例与图(a)元体积(深圆线)中包含的事例相同,因此根据似然比给出相同的似然比 kNN 估计值。但是,在目前情形下利用欧几里得规范导出的元体积包含的事例数会不相同,在 x_1 维度上元体积包含的事例的选择会出现偏差,因为看起来 x_1 维度上似乎比 x_2 维度上事例更密集。这种现象会导致 kNN 估计值变差。如果两个变量间存在关联,如图(c)所示,那么更需要利用 Mahalanobis 度量标准。图(d)显示的事例与图(c)相同,但是变量做了去关联的变换。这时图(d)与图(c)获得相同的结果。而且,利用 Mahalanobis 度量标准求得的估计值并不受两个变量相互关联的影响,因此图(d)与图(c)结果相同,而欧几里得度量标准对于存在关联的变量则给出有偏差的结果

其中 $\boldsymbol{w}$ 称为**权向量**。

通常,任意常数值 $y(\boldsymbol{x})=c$ 定义了该分类器的一个特定的决策边界。对于这类分类器,决策边界是线性的,即它是相空间中可能不通过原点的一个超平面。该分类器对应于多维相空间中法向量为 $\boldsymbol{w}$ 的一个平面,它与原点的偏离距离为 $w_0/|\boldsymbol{w}|$。对检验统计量选择不同的常数截断值 c 等价于选择不同的 w_0,它也称为**偏移量**(bias)。$y(\boldsymbol{x})>0$ 的事例位于该平面的一边,(例如)被判别为信号;而 $y(\boldsymbol{x})<0$的事例位于该平面的另一边,被判别为本底。

现在剩下的问题是找出一组参数 w_i,它们对应于一组性能最优的决策边界。这是一个标准的最优化问题,原则上可以通过定义某一个损失函数并使其极小化来求解,该损失函数表征决策边界对于信号和本底间的判别的品质。损失函数的一个例子是

$$L=L(\boldsymbol{w})=\sum_{i}^{\text{events}}\left[y^{(i)}-y(\boldsymbol{x}^{(i)};\boldsymbol{w})\right]^2, \tag{5.14}$$

其中 $\boldsymbol{x}^{(i)}$是事例 i 的观测量向量,$y^{(i)}$是该事例的类别(本底编码为 −1,信号编码为 +1)。显而易见,所求得的事例分类(即权向量值)取决于损失函数的选择。有若干种不同的损失函数可以利用,与式(5.14)的平方损失函数相比,它们对于异常值较为不敏感。这里我们不对该问题做更详尽的讨论,而专门来讨论一种找出最优线性判别器的非常流行的方法[9]。

在这一称为**费希尔线性判别**的方法中,权向量 $\boldsymbol{w}$ 被解释为相空间中一条轴线的方向,所有的事例样本被投影到这条轴线上。偏差或截断值"c"是这条轴线上的一个点,该点两边的事例被分别判为信号类事例和本底类事例。两类事例判别性能最优的投影轴线是使得两类事例投影的平均值相差最大,而每一类中事例投影值的弥散最小的那个方向。图 5.5 显示了这样的一个例子。数学上,这一条件可以表示为比值 $J(\boldsymbol{w})$的极大化:

$$J(\boldsymbol{w})=\frac{(m_{\mathrm{s}}-m_{\mathrm{b}})^2}{\sigma_{\mathrm{s}}^2+\sigma_{\mathrm{b}}^2}, \tag{5.15}$$

式中 $m_{\mathrm{s(b)}}=E_{\mathrm{s(b)}}[y(\boldsymbol{x})]$是信号(本底)事例 pdf 在 $\boldsymbol{w}$ 方向上投影的期望值,$\sigma_{\mathrm{s(b)}}^2$是投影值的方差。该公式可以改写为

$$J(\boldsymbol{w})=\frac{\boldsymbol{w}^{\mathrm{T}}\boldsymbol{B}\boldsymbol{w}}{\boldsymbol{w}^{\mathrm{T}}\boldsymbol{W}\boldsymbol{w}}, \tag{5.16}$$

这里 $\boldsymbol{B}$ 是所谓的**类间矩阵**(between-class matrix),它与两类的期望值(均值)之差相关联①,$\boldsymbol{W}$ 则称为**类内矩阵**(within-class matrix),它等于每一类事例分布的协

---

① **类间矩阵**的矩阵元由下式给定:

$$B_{kl}=[E_{\mathrm{s}}(x_k)-E_{\mathrm{b}}(x_k))[E_{\mathrm{s}}(x_l)-E_{\mathrm{b}}(x_l)] \tag{5.17}$$

$$=(\boldsymbol{\mu}_{\mathrm{s}}-\boldsymbol{\mu}_{\mathrm{b}})(\boldsymbol{\mu}_{\mathrm{s}}-\boldsymbol{\mu}_{\mathrm{b}})_{kl}^{\mathrm{T}}, \tag{5.18}$$

其中 $E_{\mathrm{s}}(x_k)=(\mu_{\mathrm{s}})_k$ 是信号事例变量 x_k 的期望值。用样本平均代替期望值可以求得矩阵元的估计值。

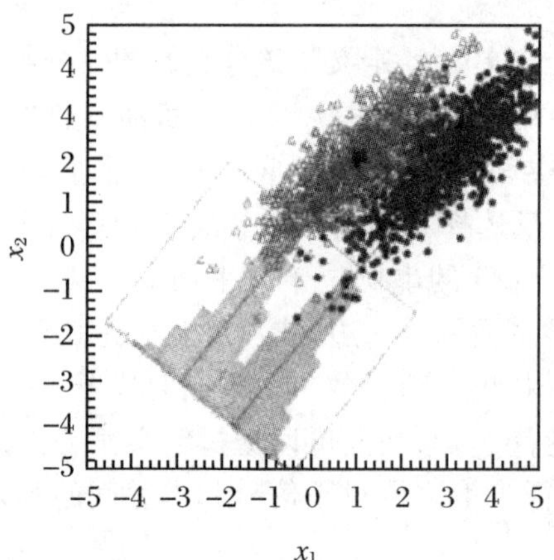

图5.5　信号和本底事例的两个相互关联变量 x_1 和 x_2 的假想分布。图中的小框显示的是按照式(5.21)和式(5.22)构建的一维费希尔 MVA 变量 y_{Fi} 的分布。该分布也可解释为两个关联变量 x_1 和 x_2 在费希尔判别式给定的一维轴线上的投影。该轴线的方向就是图中小框的横坐标方向。这一方向使得信号和本底投影的均值之差达到极大,同时每一类事例的投影分布的弥散达到极小

方差期望值(弥散)①。应当指出,矩阵 $\boldsymbol{B}$ 和 $\boldsymbol{W}$ 仅仅依赖于信号和本底事例的 pdf,与分类器的参数(权值)不相关。此外,该分类器的构建并不需要知道 pdf 的完整形式,而只需要知道其均值和协方差。根据训练样本的事例变量 x 的协方差很容易计算出矩阵 $\boldsymbol{B}$ 和 $\boldsymbol{W}$ 的估计值。将 $J(\boldsymbol{w})$ 的梯度设定为 0,即 $\nabla J(\boldsymbol{w})=0$,可找出最优分类的投影轴,经过一些代数运算,可得

$$\boldsymbol{w} \propto \boldsymbol{W}^{-1}(\boldsymbol{\mu}_{\mathrm{s}} - \boldsymbol{\mu}_{\mathrm{b}}), \tag{5.20}$$

这里 $\mu_{\mathrm{s(b)}}$ 是信号(本底)事例的各个坐标变量 $\boldsymbol{x}$ 的期望值向量,$\boldsymbol{W}=\boldsymbol{C}_{\mathrm{s}}+\boldsymbol{C}_{\mathrm{b}}$ 是类内矩阵,表示为信号和本底 pdf 协方差矩阵之和。利用训练样本的估计值 $\hat{\mu}_{\mathrm{s(b)},k}=\bar{x}_{\mathrm{s(b)},k}$ 和 $\hat{\boldsymbol{W}}=\hat{\boldsymbol{C}}_{\mathrm{s}}+\hat{\boldsymbol{C}}_{\mathrm{b}}$,最后得出费希尔系数 F_k 为

$$F_k = a\sum_{l=1}^{D}\hat{W}_{kl}^{-1}(\bar{x}_{\mathrm{s},l} - \bar{x}_{\mathrm{b},l}), \tag{5.21}$$

其中 a 是一个任意的比例因子。于是事例 i 的**费希尔判别式** $y_{\mathrm{Fi}}^{(i)}$ 由下式给定:

$$y_{\mathrm{Fi}}{}^{(i)} = F_0 + \sum_{k=1}^{D} F_k x_k^{(i)}, \tag{5.22}$$

① **类内矩阵**的矩阵元由下式给定:

$$\begin{aligned} \boldsymbol{W}_{kl} &= [E_{\mathrm{s}}(x_k \cdot x_l) - E_{\mathrm{s}}(x_k)E_{\mathrm{s}}(x_l)] + [E_{\mathrm{b}}(x_k \cdot x_l) - E_{\mathrm{b}}(x_k)E_{\mathrm{b}}(x_l)] \\ &= \boldsymbol{C}_{\mathrm{s},kl} + \boldsymbol{C}_{\mathrm{b},kl}, \end{aligned} \tag{5.19}$$

其中 $\boldsymbol{C}_{\mathrm{s(b)},kl}$ 表示信号(本底)事例分布的协方差矩阵。同样,事例样本的协方差可以作为该协方差矩阵的估计。

偏移值 F_0 可以用来将全部 $\nu_s+\nu_b$ 事例的样本平均 $\bar{y}_{Fi}$ 的中心移到0。

利用信号和本底事例数相同的训练样本，通过式(5.14)平方损失函数的优化(其中 $y_{s(b)}$ 的编码为 $+1(-1)$)，费希尔用同样的方法导出了线性判别式的权值。对于信号和本底事例数不相同的训练样本，利用二次损失函数，对事例赋以相应的权值，或者与之等价，对事例类别按下式编码：$y_{s(b)}=\nu_s/\nu_s(-\nu_s/\nu_b)$，即 $y_s=1$，$y_b=-\nu_s/\nu_b$，同样可以得到费希尔判别式的结果。

费希尔判别式所确定的线性决策边界显然不适合信号和本底分布的均值相等而仅仅宽度不等的场合①。另外，对于两类事例协方差矩阵相同且存在线性关联的情形，费希尔判别式给出的是最优的分类边界。

5.3.4 人工神经网络——前馈多层感知器

上一节叙述的线性判别器的概念可以用如下的方式加以诠释："构建观测量 $\boldsymbol{x}$ 的一个线性函数 $f(\boldsymbol{x})$，然后用它来拟合训练数据，使得函数 f 等于给定常数的超平面将相空间区分为两个区域，其中一个区域中以信号事例为主，另一个区域中以本底事例为主"。这样一种方案显然仅适于利用线性边界分类的场合。但是，只要舍弃线性要求，这样的一般性理念实际上很容易转移到任意非线性问题中。方程(5.13)可以视为线性基函数 x_k(第 k 个函数取为观测量 x_k 自身)的线性组合。利用某个普适的非线性函数 $h_m(\boldsymbol{x})$ 代替线性基函数，我们得到

$$y(\boldsymbol{x}) = w_0 + \sum_{m=1}^{M} w_m \cdot h_m(\boldsymbol{x}), \tag{5.23}$$

其中**权值** w_m 表示线性组合的系数。由于该式中基函数的个数不限定为等于维度数(基函数 x_k 的情形中基函数个数等于维度数)，求和的项数扩展为一个可以自由选择的数目 M。对基函数给予足够的自由度，容易设想，它能够近似地描述任意函数，从而给出任意的决策边界。神经网络通常选择类误差函数作为基函数，如 **sigmoid函数** $h(t)=1/(1+\mathrm{e}^{-t})$，或**双曲正切函数** $h(t)=(\mathrm{e}^{t}-\mathrm{e}^{-t})/(\mathrm{e}^{t}+\mathrm{e}^{-t})$。这些函数的输出在输入量 t 绝对值小的情形下具有非线性依赖关系，而对其他 t 值则几乎为一常数。在这种情形下，它们非常适于决策边界的分段近似。利用 $h(t)$，其中输入量为观测量 $\boldsymbol{x}$ 的适当的线性组合，$t=\boldsymbol{w}^{\mathrm{T}}\boldsymbol{x}$，可以构建不同的基函数 $h_m(\boldsymbol{x})=h((\boldsymbol{w}_m)^{\mathrm{T}}(\boldsymbol{x}))$。在式(5.23)中输出量表示为不同基函数 h_m 的一个展开式，而现在则用单一的**激活函数** h ②来代替基函数 h_m，于是得到

$$y(\boldsymbol{x}) = w_0^2 + \sum_{m=1}^{M}\left[w_m^2 \cdot h\left(w_{0m}^1 + \sum_{k=1}^{D} w_{km}^1 x_k\right)\right]。 \tag{5.24}$$

基函数的求和也扩展到加上一个权值 w_{0m}^1 的常数偏移量，这种处理使得网络节点

---

① 要将费希尔判别法应用于这类问题，可以进行变量变换。例如，如果信号和本底分布都关于中心点0对称，但变量的绝对值对于这两类事例有不同的平均值，则后者适合作为费希尔判别法的输入量。

② 许多著作阐明，对于足够数量的这类基函数求和，可以近似地描述任意的函数[10-12]。

的输入变量线性组合很容易位移到激活函数的任意**工作点**:引入单个权值比对所有输入变量引入比例因子要有效得多。图 5.6 给出了这两种基函数确定分段决策边界的图示。

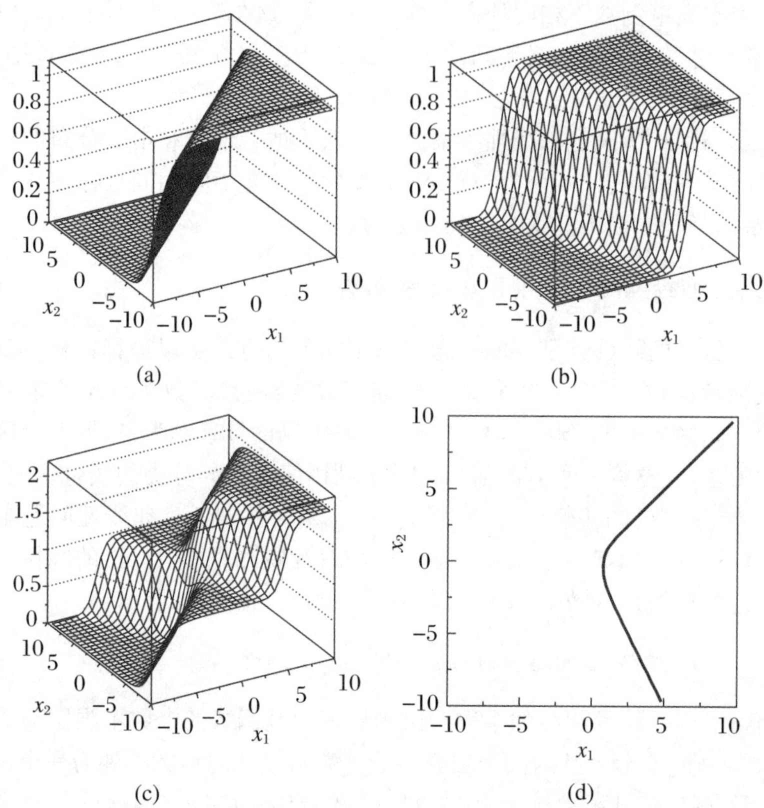

图 5.6　利用非线性激活函数构建任意函数形式(分段)决策边界的图示。(a) 输入变量线性组合的 sigmoid 函数 $h(-1\cdot x_1+1\cdot x_2)$的结果;(b) 输入变量线性组合的 sigmoid 函数 $h(-2\cdot x_1-1\cdot x_2)$的结果;(c) sigmoid 上述两个 sigmoid 函数之和的结果;(d) 常数值 $c=1.5$ 对应的决策边界。改变两个函数各自的权重,决策边界的角度会移动和改变。如果决策边界需要更复杂的形状,则需要加入更多的 sigmoid 函数

图 5.7 是在 $D=4$(观测量个数),$M=5$(基函数个数)情形下,式(5.24)的判别式的图示。

图 5.7 也说明了为什么在这类判别问题中需要**人工神经网络**。这里,基函数可以视为**神经元**(或**节点**),输入数据可以通过神经元的突触馈入神经元。单个突触的馈入强度由线性组合中的权值决定。节点由一个函数构成,它只对有限范围的输入值产生一个非恒定值的输出。这可以看成是,一个神经元只对这一有限范围的输入值有“反应”,对其他输入值则保持“安静”,就像大脑中的神经元只对特定的刺激发生反应一样。在当前的例子中,中间层神经元输出量的线性组合馈送给

输出节点。但是,加入更多层的神经元,可以直接增大网络的结构。对于输出节点,sigmoid 激活函数将其输出值映射到[0,1]的区间内。对于需要将信号和本底过程区分开的应用问题,神经网络典型的训练方法是将信号事例的输出值集中到 1 附近,本底事例的输出值则集中到 0 附近。一层节点的输出仅作为下一层节点的输入,而不容许反馈给前一层,这类结构的神经网络称为**前馈网络**或**多层感知器**(multi-layer perceptron,MLP)。

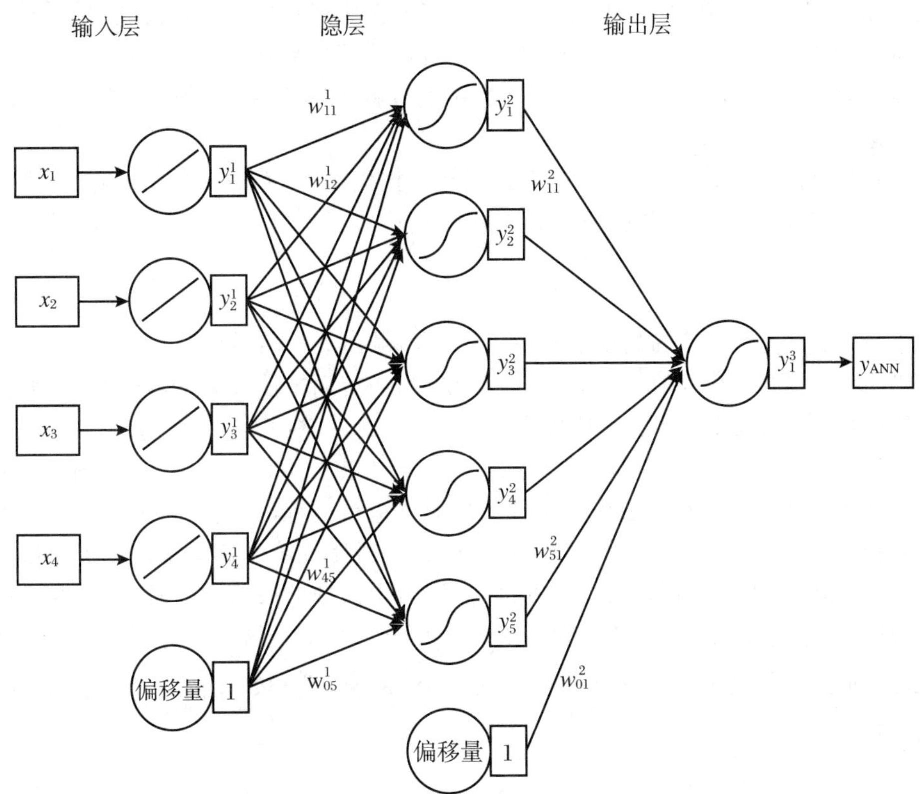

图 5.7 一个前馈神经网络结构的图示。该网络有四个输入观测量、一个有五个节点的隐层和一个输出节点。每一层中的常数输入量(偏移量)对下一层的每个节点给予一个偏置值

在网络架构固定之后,遗留的问题仍然是找出正确的权值(即不同线性组合中的系数),以达到将所面临特定问题中的信号和本底区别开来的目的。为了达到这一目的,我们首先定义一个**损失函数**,用以定量地表示该网络对于训练数据的性能。不同的权值是高度关联的,通常损失函数是这些权值的非常复杂的函数,具有多个局域极小。在这种情形下,标准的极小化方法对于权值的调节是不合用的。对于 MLP,找到分类结果最优的权值最常见的方法是**逆传播算法**。通常我们以随

机权值作为初始值[①]。逆传播算法的基本理念在于，利用训练事例计算损失函数的梯度与权值的函数关系；然后阶梯式地调节权值使损失函数逐步减小。权值的调节可以通过对于全部训练事例样本计算损失函数的减小（**成批学习**），或者逐个事例计算损失函数的减小（**逐事例学习**）来加以实施。由于网络由一系列相同的激活函数组合而成，激活函数的输入总是上一层各节点输出的不同线性组合，网络对于各个权值响应值的导数很容易利用微分的链式法则进行计算，并且利用训练事例在**权值空间**的当前位置加以估计。这一步骤称为逆传播，因为我们首先对训练事例利用当前的权值来计算网络输出。然后计算其导数，将权值进行一定量的调节 $\boldsymbol{w}\rightarrow\boldsymbol{w}+\boldsymbol{\eta}\cdot\nabla_w$，再逆向反馈给网络。这里 $\boldsymbol{\eta}$ 称为**学习率**，它决定了损失函数减小的速率。

在标准的拟合程序中，我们经常利用平方损失函数，而对于分类问题，则通常利用交叉熵作为损失函数更为合适[②]：

$$L(\boldsymbol{w})=\sum_{i}^{\text{events}}\{y^{(i)}\ln[y(\boldsymbol{x}^{(i)},\boldsymbol{w})]+(1-y^{(i)})\ln[1-y(\boldsymbol{x}^{(i)},\boldsymbol{w})]\}。\quad(5.25)$$

这里 $y^{(i)}$ 是训练事例 i 的类别编码（$y^{(i)}=1$：信号；$y^{(i)}=0$：本底），$y(\boldsymbol{x}^{(i)},\boldsymbol{w})$ 是神经网络对于事例 i 和权值 $\boldsymbol{w}$ 的输出。对简单的逆传播方法加以变异，则不仅利用损失函数的梯度信息，而且还利用了它的二阶导数，即黑塞矩阵的信息。

如果一个神经网络有过度的灵活性，那么会发生过度训练的现象，如图 5.3 所示。如果在初始权值对应于线性模型的情形下进行训练，那么在逆传播的若干次早期迭代中不会发生过度训练的现象。习惯上，过度训练的避免是通过提早终止迭代来实现的，即只进行有限次数的训练（即有限次数的权值更新）以防止模型的非线性化，避免产生结构过于细致的决策边界。更为讲究的方法是将正则化参数包含进损失函数之中，即 $L(\boldsymbol{w})\rightarrow L(\boldsymbol{w})+\sum\boldsymbol{w}^{\mathrm{T}}\boldsymbol{w}$，这一处理会对大的权值产生惩罚效应。

---

① 权值优化的最优初始值是使得 sigmoid 函数几乎等于线性函数所对应的权值，当 sigmoid 函数的输入接近于 0 时就属于这种情形。

② 对于给定的观测特征量 $\boldsymbol{x}$，观测到一个事例为 $C=1$（信号）或 $C=0$（本底）的分布可以用均值 $y(\boldsymbol{x}^{(i)},\boldsymbol{w})$ 的伯努利分布描述：$P(C;\boldsymbol{x})=y(\boldsymbol{x}^{(i)},\boldsymbol{w})^C[1-y(\boldsymbol{x}^{(i)},\boldsymbol{w})]^{1-C}$。用参数 $\boldsymbol{w}$ 给定模型，该均值表示观测特征量为 x、事例类别为 $C=1$ 所占比例的期望值。于是，对于模型预期为 $y(\boldsymbol{x}^{(i)},\boldsymbol{w})$ 的实际观测数据的似然函数为 $L(\boldsymbol{w})=\prod_{i}^{\text{events}}y(\boldsymbol{x}^{(i)},\boldsymbol{w})^C[1-y(\boldsymbol{x}^{(i)},\boldsymbol{w})]^{1-C}$，通过观测数据的似然函数的极大化，对模型的拟合达到最优，即所得的模型接近于真实的分布。与似然函数的极大化等价的是，对似然函数对数的负值求极小：

$$\sum_{i}^{\text{events}}\{C\ln y(\boldsymbol{x}^{(i)},\boldsymbol{w})+(1-C)\cdot\ln[1-y(\boldsymbol{x}^{(i)},\boldsymbol{w})]\}。$$

这正是式(5.25)中的损失函数。

5.3.5　支持向量机

支持向量机(support vector machine,SVM)可能是这里介绍的最具挑战性的分类方法,不论从概念上、数学上,还是从语言上都是如此[①]。它是近期刚刚发展起来的方法,由于这一事实以及上述特点,至今它在高能物理中的应用还相当有限。但是,由于这种方法在训练阶段具有非常稳健的最优化特性,因此成为一种非常强有力的方法。神经网络在对于具有多个局域极小的损失函数进行优化时,寻找最优权值会遇到困难,而支持向量机的训练仅涉及二次凸函数的拟合,它只有一个(全域)极小。支持向量机的理念可以归结为以下四点:

(1) 对于可以利用线性函数进行分类的数据,一个优良的线性决策边界应当是离边界两侧最邻近事例的距离最远的那条决策边界。当测试数据与训练数据略微不同时,该决策边界对于这样的统计涨落应当十分稳健。最邻近决策边界的事例称为**支持向量**。当沿着这些事例画出边界线(见图 5.8(a))时,正是这些支持向量,而且仅仅是这些支持向量决定了决策边界的实际位置[②]。支持向量到决策边界的距离称为**间隙**(margin)。也可以选择略微不同的分类边界,但那样做会减小间隙,而且或许会产生不同的支持向量。在训练过程中,我们需要做的仅仅是改变决策边界,保证所有的事例位于边界的正确的一侧,确定相应的支持向量和间隙,并使间隙达到极大,因为仅依赖于距离的度量,这些要求可以用仅依赖于事例特征向量标积的公式体系来表述。在某些情况下,放松对于间隙的约束,不要求间隙值达到极大(在间隙之内不容许有事例存在),可能是有益的。图 5.8(b)就给出了这种情况的一个例子。忽略靠近间隙的少数几个事例(可假定为异常事例),可以设定另一条边界(例如图 5.8(a)所示的边界)。这条边界有大得多的间隙,因而是一个更稳健的间隙,它能使分类器有更优良的普适性。

在容许多少事例出现在间隙之内和间隙尽可能大这两项要求之间,要取得适当的平衡。在使间隙极大化的优化过程中,通过对处于间隙内的事例施加惩罚项来达到这种平衡。这称为**软间隙方法**(soft-margin approach)。

(2) 如果数据不能被线性边界完全无错误地区分开,则必须容许在训练过程中出现某些事例的误分类(参见图 5.8(c))。在优化过程中,将误分类事例到间隙边界的距离作为惩罚项(如同软间隙方法中的惩罚项相同的方式)可以做到这一点。同样,该惩罚项的尺度因子是算法程序中的一个可调参数,它决定了误分类事例相对于间隙尺寸的权值。

(3) 一般而言,简单的线性边界不会产生最优的分类。但由于我们拥有寻找线性决策边界的工具,我们可以将非线性数据做一个变换,使得变换后的数据能够

---

① 有谁能猜出"支持向量机"这一术语(在了解其数学背景之前)的含义吗？恐怕不能!

② 应当注意,这一点与5.3.3节中拟合得到的线性决策边界不同,在后者的情形下,决策边界的实际位置由训练事例总体的均值和弥散量决定,因此即使是远离边界的事例对于边界位置也有影响。

被一个线性边界很好地区分开。图 5.9 显示了将 D 维观测量空间通过这类非线性变换映射到更高维特征空间的一个例子。找到合适的非线性变换并不容易,需要对数据有详尽的知识。但是基本上经过任意一种映射到某个更高维空间的非线性变换之后,利用超平面的线性决策边界,其性能都要优于原相空间可能具有的分类性能,至少它不会比原相空间内的分类性能(完全忽略映射到更高维空间的非线性变换)要差。最后,分类的功效仅仅依赖于变换后的特征空间的维数,而不依赖于实际的变换自身,因为在极端情形下我们可以设想,所有的训练事例在它们"自身的维度"中能够很容易地被沿着坐标轴的超平面区分开来。

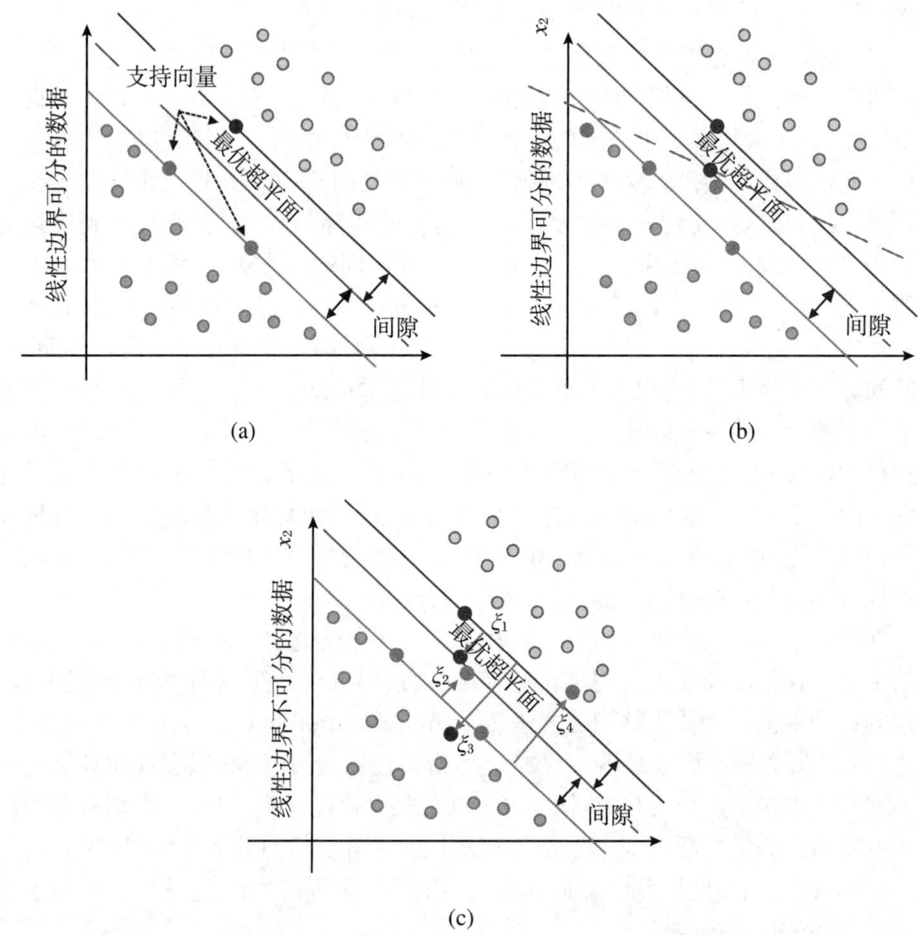

图 5.8　两类事例用线性决策边界分类的示意图。(a) 对于示例性的一组数据,其最大间隙和支持向量。(b) 额外附加两个事例构成略微不同的另一组数据,其间隙值将发生变化,如虚线所示。应当指出,利用原来的间隙,由于其优良的间隙值,分类器仍然有较好的性能。(c) 推广到额外附加事例使得两类事例不可能被线性边界无错误地区分开的情形。间隙的条件被放松,对于间隙内的事例或位于边界错误一侧的事例施加惩罚项

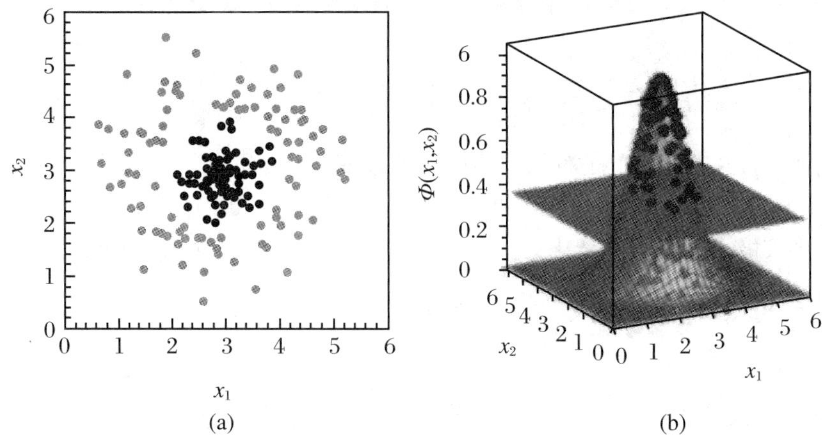

图5.9 (a) 不能用线性边界区分开的一组二维数据的例子。(b) 将数据变换到三维空间后,就能够用图中以平面表示的线性边界对事例分类

(4) 由于寻找最优线性分类边界的算法借助于向量标积的公式来描述,在说明了如何在某个高维特征空间中计算这一标积之后,立即就可以应用这一算法,而无需对于高维特征空间做任何其他说明。于是,我们现在来考察所谓的核函数 $K(\boldsymbol{x},\boldsymbol{x}')$,它满足对标积的所有要求,因此可以将它视为变换后的变量空间中关于 $\boldsymbol{x}$ 和 $\boldsymbol{x}'$ 的一个标积。这种情形下我们甚至无需说明实际的变换 $\Phi(\boldsymbol{x})$,因为我们只需要知道在变换后的变量空间中如何计算标积 $\Phi(\boldsymbol{x})\cdot\Phi(\boldsymbol{x}')=K(\boldsymbol{x},\boldsymbol{x}')$ 就可以了。对于某些合用的核函数(例如式(5.34)所示的高斯型核函数),甚至不必写出相应的变换函数的形式,因为它实际上将变换到一个无穷维的特征空间。但如同前面指出的,这并不成为问题,因为只需要利用标积。无论如何,我们能够理解所发生的实际情况是:如果高斯分布的宽度充分小(即远小于任意两个训练事例 $\boldsymbol{x}$ 和 $\boldsymbol{x}'$ 之间距离的最小值),那么所有标积的计算值基本上等于0,这意味着每一个事例都被变换到它自身的维度,从而所有的训练事例利用沿着其轴线的线性边界能够实现完美的分类。由于这通常对应于过度训练,我们一般倾向于选择灵活度不那么高的变换,即高斯分布宽度选得比较大,并且利用软间隙方法的非线性分类,对于误分类的训练事例给定一个合理的惩罚参数。

图5.8中显示的边界可以表示为 $\boldsymbol{w}\cdot\boldsymbol{x}+b=0$,其中 $\boldsymbol{w}$ 是分类边界的法向量,$b/|\boldsymbol{w}|$ 是边界到原点的距离。给定 $\boldsymbol{w}$ 的这一定义,间隙的宽度等于 $2/|\boldsymbol{w}|$。于是,如果这一边界满足所有的信号(本底)训练事例 i 位于图5.8中间隙的"上方"("下方")这一条件,则利用它可以将信号和本底区分开来。这一分类可以表示为

$$y^{(i)}\cdot(\boldsymbol{x}^{(i)}\cdot\boldsymbol{w}+b)-1\geqslant 0,\quad \forall i, \tag{5.26}$$

式中信号事例的编码是 $y^{(i)}=+1$,而本底事例的编码是 $y^{(i)}=-1$。在正确区分信号和本底的约束条件下,通过间隙的极大化来找出最优决策边界(即间隙最大的边

界)。这一满足式(5.26)约束条件下的最优化计算可以用公式表示为拉格朗日函数

$$L(\boldsymbol{w},b,\boldsymbol{\alpha}) = \frac{1}{2}\mid \boldsymbol{w}\mid^2 - \sum_{i}^{\text{events}}\alpha^{(i)}[y^{(i)}\cdot(\boldsymbol{x}^{(i)}\cdot\boldsymbol{w}+b)-1] \tag{5.27}$$

的极小化问题,其中 $\alpha^{(i)}$是事例 i 的拉格朗日乘子。

上述表达式需要在 $\alpha^{(i)}\geqslant 0$ 和对于 $\alpha^{(i)}$的导数等于 0 的约束条件下,对所有的 w_k 和 b 求极小。这就需要由$\partial L/\partial b=0$ 和$\partial L/\partial w_k=0$ 求解,它们可以改写为$\nabla_w L=0$,由此导出

$$\boldsymbol{w} = \sum_{i}^{\text{events}}\alpha^{(i)}y^{(i)}\boldsymbol{x}^{(i)},\quad \sum_{i}^{\text{events}}\alpha^{(i)}y^{(i)} = 0。\tag{5.28}$$

将这些关系式代入拉格朗日函数,得到所谓的**对偶拉格朗日函数**,后者需要在 $\alpha^{(i)}\geqslant 0$ 和 $\sum_{i}^{\text{events}}\alpha^{(i)}y^{(i)} = 0$ 的约束条件下对 $\alpha^{(i)}$求极大:

$$L(\boldsymbol{\alpha}) = \sum_{i}^{\text{events}}\alpha^{(i)} - \frac{1}{2}\sum_{i,j}^{\text{events}}\alpha^{(i)}\alpha^{(j)}y^{(i)}y^{(j)}\boldsymbol{x}^{(i)}\cdot\boldsymbol{x}^{(j)}, \tag{5.29}$$

$$\sum_{i}^{\text{events}}\alpha^{(i)}y^{(i)} = 0。\tag{5.30}$$

关于这类方法更深入和严格的描述,例如拉格朗日乘子法推广到不等式约束,可以参考关于 **Kuhn-Tucker 条件**的文献[13],将原来的优化问题重新表述为对偶的形式,则可以参考关于 **Wolf 对偶问题**的文献[13]。可以证明,对偶拉格朗日函数 $L(\alpha)$的极大解也就是式(5.27)的极小解,利用使 $L(\boldsymbol{\alpha})$达到极大的$\alpha^{(i)}$值和式(5.28)可以算得 $\boldsymbol{w}$ 的值。

在软间隙方法中,对于被间隙边界误分类到错误一侧的每一个事例给定一个费用 $C\cdot\xi^{(i)}$,于是间隙和约束方程变为

$$y^{(i)}\cdot(\boldsymbol{x}^{(i)}\cdot\boldsymbol{w}+b)-1+\xi_i\geqslant 0,\quad \xi^{(i)}\geqslant 0,\quad \forall i, \tag{5.31}$$

$$W = \frac{1}{2}\mid\boldsymbol{w}\mid^2 + C\sum_{i}^{\text{events}}\xi^{(i)}。\tag{5.32}$$

费用参数 C 表示对于误分类事例的惩罚强度,ξ_i 是事例到间隙边界的距离(单位为 $2/|\boldsymbol{w}|$)。这些数学公式的完整描述超出本书的范围,故不在此讨论。

在式(5.29)的拉格朗日函数中,我们利用核函数 $K(\boldsymbol{x},\boldsymbol{x}')$(而不是变换后的特征向量 $\Phi(\boldsymbol{x}^{(i)})\cdot\Phi(\boldsymbol{x}^{(j)})$)来替换标积 $\boldsymbol{x}^{(i)}\cdot\boldsymbol{x}^{(j)}$,于是变换后的特征空间中对偶拉格朗日函数变成

$$L(\boldsymbol{\alpha}) = \sum_{i}^{\text{events}}\alpha^{(i)} - \frac{1}{2}\sum_{i,j}^{\text{events}}\alpha^{(i)}\alpha^{(j)}y^{(i)}y^{(j)}K(\boldsymbol{x}^{(i)},\boldsymbol{x}^{(j)})。\tag{5.33}$$

典型的核函数具有以下形式:

$$K(\boldsymbol{x}^{(i)},\boldsymbol{x}^{(j)}) = (\boldsymbol{x}^{i}\cdot\boldsymbol{x}^{(j)}+\theta)^{d} \quad \text{(多项式)},$$
$$K(\boldsymbol{x}^{(i)},\boldsymbol{x}^{(j)}) = \exp[-|\boldsymbol{x}^{(i)}-\boldsymbol{x}^{(j)}|^{2}/(2\sigma^{2})] \quad \text{(高斯函数)}, \tag{5.34}$$
$$K(\boldsymbol{x}^{(i)},\boldsymbol{x}^{(j)}) = \tanh(\kappa\boldsymbol{x}^{(i)}\cdot\boldsymbol{x}^{(j)}+\theta) \quad \text{(sigmoid 函数)},$$

其中 θ,d,σ 和 κ 分别表示不同核函数的偏置值、阶数、标准差和尺度参数。如果在原来的相空间中两个事例间的欧几里得距离显著地大于高斯分布的宽度，则在变换后的相空间中两个事例的标积基本上接近 0。两个向量的标积代表了一个向量在另一个向量方向上投影的数值，这与欧几里得空间中的标积相类似。因此若标积为 0，这就意味着两个向量在同一方向（轴线）上不“分享任何长度”。这表示，这两个向量位于不同的次超空间(subhyperspace)。如果高斯型核函数的宽度小于所有训练事例任意两个事例间的距离，则所有的标积几乎都为 0，基本上所有事例处于它们自身的维度，因为它们没有共同的方向。因此式(5.33)中对于各对事例的求和约化为对于单个事例的求和：

$$L(\boldsymbol{\alpha}) \simeq \sum_{i}^{\text{events}}\alpha^{(i)} - \frac{1}{2}\sum_{i}^{\text{events}}(\alpha^{(i)})^{2} = \sum_{i}^{\text{events}}\left[\alpha^{(i)} - \frac{1}{2}(\alpha^{(i)})^{2}\right]。 \tag{5.35}$$

对偶拉格朗日函数 $L(\boldsymbol{\alpha})$ 的极大值位于 $\alpha^{(i)}=1(\forall i)$，因此所有的训练事例都成为支持向量。每一个事例都是支持向量意味着每一个事例都参与了决策边界的确定。

通过计算一个**测试事例** $\boldsymbol{x}$ 到边界的距离所给出的分类结果 y_{SVM}，也可以见到同样的情况：

$$y_{\text{SVM}}(\boldsymbol{x}) = \boldsymbol{w}\cdot\boldsymbol{\Phi}(\boldsymbol{x}) + b, \tag{5.36}$$

这里 w 是高维特征空间中的分类超平面的法向量，在式(5.28)中借助于支持向量以展开式的形式表示。将它代入式(5.36)，立即可得

$$y_{\text{SVM}}(\boldsymbol{x}) = \frac{1}{M}\cdot\sum_{i}^{\text{events}}\alpha^{(i)}y^{(i)}K(\boldsymbol{x}^{(i)},\boldsymbol{x}) + b。 \tag{5.37}$$

应当指出，若核函数宽度非常小，$y_{\text{SVM}}(\boldsymbol{x})$ 基本上仅由最靠近边界的支持向量的距离决定。于是决策边界非常靠近该训练事例。这样的决策边界显而易见代表了一个高度过度训练的分类器，当应用于（训练样本中不含的）新事例时其分类性能将很差。与此相反，如果核函数宽度比较大，则式(5.37)的 SVM 输出量 $y_{\text{SVM}}(\boldsymbol{x})$ 由事例 $\boldsymbol{x}$ 和**若干个**支持向量的核函数的叠加给定，这就对决策边界进行了平滑化的处理。核函数宽度的合适的大小以及误分类事例的费用参数是支持向量机训练中两个最重要的参数。它们决定了支持向量机决策边界能够分辨的特征量的尺度。

5.3.6　决策树(林)法

决策树是一种树状结构的分类器，它由一系列的两叉树结构组成，如图 5.10 所示。决策树从一个**根节点**开始构建，重复进行二元分叉到下一层节点，直至最后一层的**叶节点**为止。到达某一给定叶节点的一组节点和分叉称为一个分枝

(branch)。事例按照其终结的树分枝末端叶节点的类别标签进行分类。对于绝大多数的决策树,其分叉的判据是对于单个观测量(特征变量)的简单截断。决策树的每一个分枝对应于一系列的截断值判选,从而依据叶节点的类别标签将一个事例分类为信号或本底。因此,一个决策树将多维观测量空间劈裂为属于信号或本底的多个(长方)体积元。

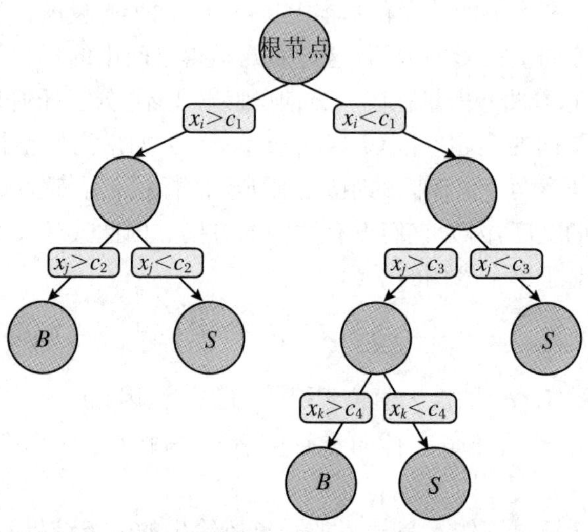

图 5.10　二元分叉的决策树典型结构,一个根节点下跟随一系列的“是/否”决策(二元分叉),最后到达一组叶节点。一个测试事例从根节点开始,通过一系列分叉判据后终结于某个特定的叶节点。于是,事例按照该叶节点的类别标签进行分类(图中 B 和 S 分别表示叶节点类别标签本底和信号)

单棵决策树的训练是对训练数据样本进行一系列的分叉来实施的。整个数据样本的所有事例从根节点开始,在每一步的判别中都要确定一个变量以及对应的截断值,根据事例的变量值是否超过截断值给出对于数据的最优判别。判别能力通常利用**基尼指数**(Gini index) $p\cdot(1-p)$ 来衡量,这里 p 表示纯度或式(5.25)定义的**交叉熵**。在样本中不同种类的事例充分混合的情形下,基尼指数达到极大;当样本中的信号(或本底)事例的纯度增大时,基尼指数单调下降。最优的判别变量及其截断值通过比较分叉前后的判别指数加以确定,后者定义为两个子节点的基尼指数的加权和,其权值等于每个节点处两类不同事例的相对比例。于是在每一节点处应用最优的判别变量及其截断值,将训练样本分叉到两个子节点,并重复进行这一过程。

虽然决策树与直接的截断值方法非常相似,并且非常容易解释,但在高能物理中很少应用。决策树的构建和训练的方式使得它对于训练数据样本的统计涨落十分敏感,作为一种多变量的分类算法,它的功效通常比其他方法要差。但是,随着

决策树林(boosted decision trees,BDT)的出现,情况得以改变。BDT 将多棵不同的决策树组合在一起形成一处**树林**,其中每一棵决策树用重新赋权的数据样本进行训练,所谓重新赋权是指对原数据样本中的每一个事例按照**增益法**赋以权值(参见 5.3.7 节)。然后,根据一个测试事例在 BDT 中每一棵树的响应输出的加权平均,给出对于该测试事例的类别判决。

一棵"标准的"决策树是通过训练生长为一棵完整的树的,也就是说,直到训练样本几乎完全被区分到干净的信号和本底节点之中,然后通过(树杈的)**修剪**(pruning)自下而上地剪除对事例判别作用不明显的若干节点来避免过度训练。但是对于决策树林法,并不进行这样的修剪。因为决策树林法是按照所谓的"**弱分类器**"原理设计的,这种原理有利于在构建单棵树的早期阶段即停止生长,使得每一棵树只有少量的分叉层次,从而无需进行修剪。最优的树深度(分叉层次)取决于用来进行判别的各个变量之间相互关联的程度,这需要根据实际情况进行优化。决策树林法是非常稳健和高功效的分类器,因此被称为最合适的"常备"分类器[14]。

5.3.7 增益法和装袋法

5.3.7.1 增益法

所谓的**增益法**(boosting)是一种增进弱分类器性能的常用方法,它是 20 世纪 90 年代早期引入的分类技术[15-16]。在很多情况下,这一相当简单的策略能够导致显著的性能增益。增益法理念的发展首先或多或少受到**自适应增益法**(adaptive boosting,ADABOOST)发明的启发(参见 5.3.7.2 节)。其基本概念是:首先利用训练数据对分类器进行训练,而在下一轮的训练中,被误分类的事例被赋予较大的权值;然后利用修改后的训练样本再进行训练。重复进行这一过程,最后对所有不同的分类器得到的输出结果求平均。因此,最终的分类器是所谓的**基分类器**(base classifier)的线性组合:

$$y_{\text{Boost}}(\boldsymbol{x};\alpha_0,\cdots,\alpha_M,\boldsymbol{a}_0,\cdots,\boldsymbol{a}_M) = \sum_{m=0}^{M}\alpha_m b(\boldsymbol{x};\boldsymbol{a}_m), \tag{5.38}$$

其中 $b(\boldsymbol{x};\boldsymbol{a}_m)$ 标记 M 个训练过的基分类器。$\boldsymbol{a}_m$ 是训练中确定的分类器 m 的参数,α_m 则是在最后对结果求平均时分类器 m 的权值。增益法可以应用于所有不同的分类器,但在与决策树相关的分类器中最常用。对于决策树林法而言,基分类器(或称**基学习器**)是一棵决策树,参数 $\boldsymbol{a}_m$ 则规定了决策树 m 的各个节点的分叉。

已经证明[17],如果单个分类器的分类功效不那么强,经过增益法处理后其性能通常会得到改善。因此,弱分类器一般会进行增益处理。

不同的增益算法,即每步训练中事例权值的赋值和更新在最终的线性组合中各个基分类器的权值赋值的不同方案,与逐步极小化过程中使用的不同损失函数相对应[17]。在这一意义上，5.3.7.2 节描述的 ADABOOST 法对应于指数损失函数。不过，在发现可以用特定的损失函数来解释 ADABOOST 法多年之前，它已经被研发出来并得到了应用。由于指数损失函数通常不是最稳健的选项，因此又研发了其他的增益算法。所谓的**梯度增益算法**[18-19]即接近于能够适应任意（可微）损失函数的增益算法。

5.3.7.2　自适应增益法

或许最流行的增益算法是所谓的 ADABOOST（自适应增益）算法[20]。在这种算法中，先前的分类器训练过程中误分类的事例在分类器随后的训练中被赋予高的事例权值。在训练第一个分类器时，事例从原始的权值开始，随后分类器的训练利用修正以后的事例样本，其中先前被误分类的事例的权值都乘上一个公共的增益权值 $\exp(\alpha_m)$，其中指数 m 表示在训练分类器 m 之前所使用的权值。因子 α_m 根据先前的分类器误分类事例的比例err_{m-1}计算：

$$\alpha_m = \ln\left(\frac{1-\mathrm{err}_{m-1}}{\mathrm{err}_{m-1}}\right)。 \tag{5.39}$$

然后，整个事例样本的事例权值被重新归一化，使得权值的总和保持为一常数。

对于单个的分类器，信号和本底的输出结果分别定义为 $b(\boldsymbol{x}) = +1$ 和 -1。增益后分类器的事例分类 $y_{\mathrm{BOOST}}(x)$则由下式给定：

$$y_{\mathrm{Boost}}(\boldsymbol{x}) = \frac{1}{M}\cdot\sum_{m}^{M}\alpha_m\cdot b_m(\boldsymbol{x}), \tag{5.40}$$

其中求和遍及所有 M 个分类器。$y_{\mathrm{boost}}(\boldsymbol{x})$的值倾向于$+1$（$-1$）表示事例 $\boldsymbol{x}$ 更像是一个信号（本底）事例。

5.3.7.3　装袋法

装袋法（bagging）[21]是一种利用重抽样的训练事例进行重复训练的分类器，重抽样的训练事例也称为**自举样本**。重抽样等价于将训练样本视为母样本概率密度分布的替身，即认为依据服从某一分布的一组数据进行抽样，几乎等同于依据该分布自身进行抽样。如同事例比较容易在 pdf 值高的地方“产生”一样，在训练数据包含事例数密集度高的相空间区域更容易抽出事例。当然，在抽样时，pdf 不应当改变，即抽样的数据“池”不应当改变，这意味着，同一个事例容许（随机地）抽取多次。文献中这通常称为**放回重抽样**。按这种方式产生的数据样本将具有相同的母分布，当然其中包含了统计涨落。关于自举样本的详尽讨论可参见本书10.5.1节。

与增益法类似，装袋法利用不同的重抽样训练数据对多个分类器进行训练，将它们的输出组合成一个求平均的分类器的综合结果，后者对于训练样本的统计涨落是更为稳健的。先验地，装袋法也许不能称为严格意义上的增益算法，因为增益法通常指的是一种迭代过程，其中事例被重新赋以权值，赋值的方式与先前的分类器相关联。与此不同，装袋法有效地模糊了训练数据中的统计涨落，因而适合对分类器的输出响应起到稳定的作用,并通过消除过度训练来增进分类的性能。如果各个不同的分类器输出之间的方差足够大,则其分类性能可进一步得到增强。大的方差意味着一个大的分类器"池"中有差异很大的不同分类器。当对它们的输出进行组合时能够导致正面的效果,这一说法看起来似乎合理,因为对同一个分类器的输出求平均显然起不了什么作用,也因为只要单个的不同分类器具有合理的分类性能,它们的输出进行组合很难会降低分类的性能。

为了在装袋过程中使得各单个分类器的输出有足够大的方差,通常一个好的办法是选择自举样本的事例数少于训练样本的事例数。通过增加自举样本的个数可以使整体的精度得以保留。对每一个装袋的样本仅仅随机地选取所有可使用的判别变量中的一小部分进行分类判别[22-23],或者在决策树方法的情形下事例在每个节点处的分叉采用 Breiman"随机树林"中的方式[24],增加方差的理念甚至得到了进一步的推动。

5.4 总体看法

在前面各节中我们描述了高能物理中最常用的多变量分类器。这些分类器利用模拟数据进行训练,或者更普遍的是利用事例类别已知的数据进行训练。分类器依据这些训练数据**学习**怎样选择决策边界的参数来达到信号和本底事例之间的最优判别。

抛开这些机器学习工具的技术性策略和"智能"不谈,重要的是在一个分析中还需要利用"人工智能"。判别变量(观测量)的选择至关重要,必须注意不要选择信息量过少或对其他判别量没有什么附加信息的变量。这一点对于神经网络尤其重要,因为随着观测量数目的增加,多个局域极小使得神经网络更难以找到最优的网络参数。同样对于决策树而言,使用无效的判别变量,决策树不具有分类效能,因此仔细地考虑输入变量无疑是有帮助的,哪怕仅仅能够节省训练的计算机机时。

除了输入变量之外,分类器的种类及灵活性的选择也很重要,这取决于所面临的特定判选要求。一种好的做法是选择具有适度灵活性的模型/分类器。由于最优的选择并不总是显而易见的,对于同一个数据样本进行不同分类方法性能的比较是一种有帮助的方法。

5.4.1 预处理

本章中描述的多数分类器在设计时考虑到了变量之间的关联性质。但是,如果输入变量间的关联性质已知,那么在进行分类器的训练之前,选择一个适当的变量变换对于学习算法肯定是有帮助的。输入变量的这类预处理能够显著地增进分类性能,特别是对于那些依赖于不关联变量的分类器,例如朴素贝叶斯分类器。对于输入变量间存在简单的线性关联的情形,有一种称为**主成分分析**(principal component analysis,PCA)①的标准方法,用来去除数据的关联性。去关联也可以通过变换 $\boldsymbol{x}' = \boldsymbol{R}^{-1}\boldsymbol{x}$ 来实现,这里 $\boldsymbol{R}$ 是协方差矩阵 $\boldsymbol{C} = \boldsymbol{R} \cdot \boldsymbol{R}$ 的平方根。但是必须注意,不能盲目地使用这种技巧,因为在高度非线性关联的变量②之间利用线性去关联技巧对于分类器的害处要比好处大得多。

除了输入变量的去关联之外,一种非常有益的做法是对输入变量进行适当的变换,使得它们具有相近的数值范围,并且变化斜率不要过大,因为变化斜率过大对于数据的任何数值分析都是有害的。实验数据所有变量的数值范围相同这一性质,对于多维似然函数和直接利用多维观测量空间中点与点之间距离的支持向量机而言尤其重要。因此,这些算法中通常以某种方式包含了相应的内部变换。

如果数据具有明显的对称性,例如某种粒子的产生角 θ 分布具有前后对称性,那么训练算法中应该选择利用 $|\cos\theta|$ 作为观测量以反映这种对称性,而不应该选择 $\cos\theta$。这种方式的算法本身不再需要考虑 θ 分布的前后对称性,从而增强了对于事例其他特征的统计功效。

经常会有这样的情形:我们需要处理由于其他原因成为不同种类的事例,例如落入探测器性能不同区域的事例、重建喷注数量不同的事例、包含光子-正负电子对转换和不包含光子-正负电子对转换的事例、τ 轻子衰变末态包含一个和三个带电粒子的事例等等。这些现象会使特征变量之间产生相互关联,并且不可避免地对于这些不同种类的事例会给出不同的最优决策边界。虽然理论上某些分类器在具有足够训练数据的情形下应当能够学会处理这类差别,但是一般说来,这种情形下更好的办法是,人工地将数据样本分割成几份,每一份用来针对某一类事例进行单个分类器的训练。

5.5　系统不确定性的处理

在高能物理多变量分类方法的论题中,一个反复出现的问题是如何处理系统不确定性,以及多变量分类方法对于系统不确定性的敏感程度是否高于常规的截断值判别法。首先,在多变量分类方法和常规的截断值判别法中,系统不确定性及其估计值不存在实质性的差别。主要的系统不确定性来自刻度和通常能够在一维

---

① “主成分分析”表示的是一种正交变量变换,变换后的变量按照方差排序,即第一个变量(主成分)方差最大。

② 注意,在严格的统计学术语中“关联”一词总是指我们这里所称呼的“线性关联”。我们按照(高能)物理的习俗称呼的“非线性关联”,通常称为“依赖”或“联系(association)”。

投影中反映出来的其他实验效应，后者可以通过输入变量的变化来进行研究。显然，如果一种多变量判选试图明确地解决各个观测量之间的复杂关联问题，那么目标更倾向于指向描述这些关联的模型可能有错而导致的系统不确定性。但是，值得注意的是，描述这些关联的错误模型也会影响到特征变量的截断值分析。通常，这种影响只有通过截断值分析流程的细致研究才能显露出来，而在多变量分析中，MVA 的输出量分布将清晰地显示出关联性质不同的样本之间的差异。于是，在 MVA 分析中，数据和模拟之间的系统不确定性之间的差别，通过比较两者的 MVA 分析结果，是非常容易辨认出来的。无论如何，即使观测到这样的差别，找出模拟中的缺陷依然是具有挑战性的任务，这肯定需要观察一维或二维投影中所有可能的输入量分布，不过只能利用 MVA 分类器中一部分的观测量，这些做法与常规的截断值分析中系统不确定性分析的步骤是非常类似的。

MVA 训练过程自身并不引入额外的系统不确定性，指出这一点十分重要。与我们经常听说的形成对照的是，不存在**错误的** MVA 训练这种事情，只可能有**差的** MVA 训练，即达不到 MVA 应该达到的分类性能。显然，只有在利用带有系统不确定性的测试样本对 MVA 分类器进行训练后，对效率或本底排除率这类性能参数进行估计的情形下，才会出现系统不确定性。这时，如同在常规的截断值分析中的做法一样，需要研究 MVA 分类器中输入量的可能变化对于结果的影响。但是，MVA 方法的一个优点在于，只需要研究输入量变化对于 MVA 输出量分布的影响，因为唯有 MVA 输出量分布用于最后决定效率。应当指出，这并不要求对于每一个输入量变化进行新的 MVA 训练，而只需简单地估计一下，将已经训练过的分类器应用于不同的测试事例集时，其 MVA 输出量的分布有什么变化。明智的做法是，将 MVA 分类器应用于带有所有可能的输入量系统性变异的测试样本，以便于确定其相应的 MVA 输出量分布。于是，可以根据这样一组 MVA 输出量分布来确定效率和本底排除率的系统不确定性。

更为复杂的问题在于如何使进入 MVA 判别中的系统不确定性达到极小化；这一课题将在第 8 章进行论述。例如，在常规的截断值分析中，我们通常避免在变量分布斜率很陡的区域或附近进行截断，因为这会导致系统不确定性。通过这种处理，这一变量的可能变化对于结果的影响就会很小，与针对性地选择截断值导致的性能损失相比，小的系统不确定性更有价值。在多变量分类器的自动化训练中，实验者会发生困难的任务是确定如何在系统不确定性和分类器的理论判别性能之间找到恰当的平衡。一种可能性是人为地修改训练样本，使得分类器对于一个不那么确定的观测量的判别功效下降。通过该观测量的移位或模糊化处理，可以达到这一目的。其结果是，训练算法对于该观测量的重视程度将减小，尽管并不是完全略而不计。

5.6　习　　题

习题 5.1　二次损失函数的线性分类器。对于信号和本底有效事例数相同的事例集,推导二次损失函数的线性分类器。证明该分类器与费希尔线性判别等价。

(a) 以向量记号写出线性分类器 $y(\boldsymbol{x})$(如式(5.13)的形式),但在权向量 $\boldsymbol{w}'=(\mathrm{w}_0,\boldsymbol{w})$中要包含偏移量($w_0$),且将观测值向量扩展为 $\boldsymbol{x}'=(x_0,x_1,\cdots,x_D)$ $(x_0\equiv 1)$。

(b) 若要求 $y(\boldsymbol{x}')$等于常数所对应的超平面之上为信号事例、之下为本底事例,问"信号"和"本底"事例在 y 中合适的编码是什么?

(c) 写出该分类器的损失函数 L 及其期望值$E(L)$。

(d) 若期望值利用概率密度的积分进行计算,期望值估计量的推导需要有该积分的替代量。这一替代量是什么? 对于 $N_\mathrm{s}+N_\mathrm{b}=N$ 个事例的样本,写出该损失函数期望值的估计。

(e) 为了找到最优参数 w_i,需要使(d)中损失函数估计值极小化,即必须求解 $\nabla_{w'}E\overset{!}{=}0$。假设样本或者有相同数量的信号和本底事例($N_\mathrm{s}=N_\mathrm{b}=N/2$),或者本底事例赋以权值 $N_\mathrm{s}/N_\mathrm{b}$。注意,或许最容易的做法是将矩阵方程在某一点分为分块矩阵,将 $\boldsymbol{w}'$分为 w_0 和 $\boldsymbol{w}$,将 $\boldsymbol{x}'$分为 $x_0=1$ 和 $\boldsymbol{x}$。这种做法使你可以证明并利用以下三个关系式:

① 证明:$\sum_{k}^{N}(\boldsymbol{w}\boldsymbol{x}^{(\mathrm{k})})\boldsymbol{x}^{(\mathrm{k})}=N_{\mathrm{events}}(\boldsymbol{V}+\boldsymbol{\mu}\boldsymbol{\mu}^{\mathrm{T}})\boldsymbol{w}$,其中 $\boldsymbol{V}$ 是协方差矩阵(注意:是向量 $\boldsymbol{x}$ 的,不是扩展向量 $\boldsymbol{x}'$的),$\boldsymbol{\mu}$ 是各坐标轴上投影的均值。

② 证明:总的协方差矩阵 $\boldsymbol{V}_{\mathrm{s+b}}$(不区分事例类别的协方差矩阵)可以拆分为 $\boldsymbol{V}_{\mathrm{s+b}}=\frac{1}{2}(\boldsymbol{V}_\mathrm{s}+\boldsymbol{V}_\mathrm{b})+\frac{1}{4}\boldsymbol{B}$,其中$\boldsymbol{B}_{ij}=(\boldsymbol{\mu}_\mathrm{s}-\boldsymbol{\mu}_\mathrm{b})(\boldsymbol{\mu}_\mathrm{s}-\boldsymbol{\mu}_\mathrm{b})_{ij}^{\mathrm{T}}$。

③ 证明:对于任意向量 $\boldsymbol{x}$,向量 $\boldsymbol{B}\boldsymbol{x}$ 指向 $\boldsymbol{\mu}_\mathrm{s}-\boldsymbol{\mu}_\mathrm{b}$ 的方向,即 $\boldsymbol{B}\boldsymbol{x}=\mathrm{const}\cdot(\boldsymbol{\mu}_\mathrm{s}-\boldsymbol{\mu}_\mathrm{b})$。

现在,再继续求解$\nabla_w E\overset{!}{=}0$ 的 $\boldsymbol{w}$ 值。

(f) 将上述结果与费希尔线性判别的式(5.20)进行比较,注意这两类线性分类器 $y(\boldsymbol{x})$的区别仅仅在于权向量$\boldsymbol{w}$ 的长度不同,而偏移量是相等的。

习题 5.2　线性判别分析(LDA)和高斯概率密度。证明:对于信号和本底事例具有相同协方差的高斯型概率密度,最优决策边界是线性决策边界,且与式(5.22)即费希尔线性判别式给出的决策边界相等.

(a) 假定两个总体(信号和本底)都由高斯型 pdf 描述。写出密度和似然比(到比例常数项),根据奈曼-皮尔逊引理,可由似然比求得可能的最优分类器

$y(\boldsymbol{x})$。

(b) 现在假定,这两个密度有相同的协方差矩阵,写出两个密度的对数似然比,并证明它是 $\boldsymbol{x}$ 的线性函数(即线性分类器)。

(c) 证明线性分类器的系数与费希尔线性判别所给出的系数(到任意比例因子和偏置量)相同。

参 考 文 献

[1] Rifkin R M, Klautau A. In defense of one-vs-all classification [J]. J. Mach. Learn. Res., 2004, 5: 101.

[2] Peterson C, Rognvaldsson T, Lonnblad L. Jetnet 3. 0: A versatile artificial neural network package [J]. Comput. Phys. Commun., 1994, 81: 185.

[3] Hall M, et al. The WEKA data mining software: An update [J]. SIGKDD Explorations, 2009, 11: 10.

[4] Höcker A, et al. TMVA: Toolkit for multivariate data analysis [Z]. PoS, ACAT, 2007, 40.

[5] Jamain A, Hand D. Mining supervised classification performance studies: A meta-analytic investigation [J]. J. Classif., 2008, 25 (1): 87.

[6] Neyman J, Pearson E S. On the problem of the most efficient tests of statistical hypotheses [J]. Philos. Trans. R. Soc. London A, 1933, 231: 289.

[7] Kohonen T. Self-organized formation of topologically correct feature maps [J]. Biol. Cybern., 1982, 43 (1): 59.

[8] Mahalanobis P. On the generalised distance in statistics [J]. Proc. Natl. Inst. Sci. India, 1936, 2 (1): 49.

[9] Fisher R. The use of multiple measurements in taxonomic problems [J]. Ann. Eugenics, 1936, 7: 179.

[10] Cybenko G. Approximation by superpositions of a sigmoidal function [J]. Math. Control Sign. Syst. (MCSS), 1989, 2: 303.

[11] Hornik K, Stinchcombe M B, White H. Multilayer feedforward networks are universal approximators [J]. Neural Netw., 1989, 2 (5): 359.

[12] Funahashi K I. On the approximate realization of continuous mappings

by neural networks [J]. Neural Netw., 1989, 2 (3): 183.

[13] Fletcher R. Practical Methods of Optimization [M]. 2nd ed. John Wiley & Sons, 1987.

[14] Breiman L. Arcing classifiers [J]. Ann. Stat., 1998, 26 (3): 801.

[15] Schapire R. The strength of weak learnability [J]. Mach. Learn., 1990, 5: 197.

[16] Freud Y. Boosting a weak learning algorithm by majority [J]. Inform. Comput., 1995, 121: 256.

[17] Friedman J, Hastie T, Tibshirani R. Additive logistic regression: A statistical view of boosting [J]. Ann. Stat., 1998, 28: 2000.

[18] Friedman J. Greedy function approximation: A gradient boosting machine [J]. Ann. Stat., 1999, 29 (5): 1189.

[19] Friedman J H. Stochastic gradient boosting [J]. Comput. Stat., 1999, 38: 367.

[20] Freund Y, Schapire R. A decision-theoretic generalization of online learning and an application to boosting [J]. J. Comput. Syst. Sci., 1997, 55: 119.

[21] Breiman L. Bagging predictors [J]. Mach. Learn., 1996, 24: 124.

[22] Ho T. Random decision forests [C]//Proceedings of the 3rd International Conference on Document Analysis and Recognition (Montreal, QC, 1995), vol. 1. IEEE Computer Society Press, 1995: 278.

[23] Ho T K. The random subspace method for constructing decision forests [J]. IEEE Trans. Pattern Anal. Mach. Intell., 1998, 20 (8): 832.

[24] Breiman L. Random forests [J]. Mach. Learn., 2001, 45: 5.

(撰稿人: Helge Voss)

第6章 去 弥 散

6.1 反演问题

6.1.1 直接过程和逆过程

粒子物理实验的目的在于，根据数据样本对诸多变量（如能量、散射角、粒子质量和衰变长度等）的概率分布进行估计，数据样本则通常是利用复杂的探测器记录原始数据，然后依据原始数据用相应的算法程序进行重建后所获得的。这些数据通常以直方图的形式收集，它代表了对于分布的一种估计。由于随机数据存在不可避免的统计涨落，每个子区间的事例数具有统计不确定性。除了统计涨落之外，这些数据还包含额外的随机效应，后者是由探测器的有限分辨率和有限接受度以及重建效率导致的。测量值 s 的分布 $g(s)$ 与其真实变量 t 的分布 $f(t)$ 之间的关联是由测量中存在的迁移、畸变和变换效应决定的。利用**蒙特卡洛**（Monte Carlo，MC）方法，根据对于**真值分布** $f(t)$ 的模型假设 $f(t)^{\text{model}}$，可以模拟**直接过程**的**预期测量值**分布 $g(s)$。而从实际的测量值分布 $g(s)$ 反演到真值分布 $f(t)$ 的**逆过程**则是一个困难的不适定去弥散问题：如果利用朴素的方法求解，很可能测量值分布的小的变化会引起重建的真值分布的大变化。

在粒子物理中，逆过程通常称为**去弥散**。称为**卷积**或**弥散**的直接过程及其逆过程，即

直接过程(MC)：真值/MC 分布 $f(t) \Rightarrow g(s)$ 测量值分布；

逆过程(去弥散)：测量值分布 $g(s) \Rightarrow f(t)$ 真值分布。

可利用第一类 Fredholm 积分方程描述，

$$\int_{\Omega} K(s,t) f(t) \mathrm{d}t + b(s) = g(s), \tag{6.1}$$

其中的核函数 $K(s,t)$ 描述物理测量过程[1-6]。式(6.1)中的分布 $b(s)$ 表示本底来源对于测量值分布 $g(s)$ 的潜在贡献。去弥散要求从测量值分布出发来确定真值分布 $f(t)$，其中描述探测器响应的核函数 $K(s,t)$ 也称为**响应函数**，通常可以从基于模型假设 $f(t)^{\text{model}}$ 产生的蒙特卡洛事例样本以隐含的方式求得。

去弥散问题可以用图 6.1 来说明，图中的平滑曲线是粒子物理实验中待测变量 t 的真值分布 $f(t)$。与之对应的模拟测量值分布 $g(s)$ 则显示为直方图的形式，

其中包含了粒子物理实验中特有的统计涨落和系统不确定性的效应。图中的记号意义如下：

↕　直方图所有的子区间中存在泊松统计导致的统计涨落，若子区间中的数字是事例计数，则各子区间的事例数相互独立，泊松统计有效；

↔　由于探测器具有有限的分辨率，迁移效应导致子区间事例数被模糊化；

↓　由于探测器有限的接受度和探测效率不为 1，进入子区间中的事例可能丢失；

↙　由于探测器的非线性响应，变量值可能平均地向某一方向移动（图中向低的方向移动）。

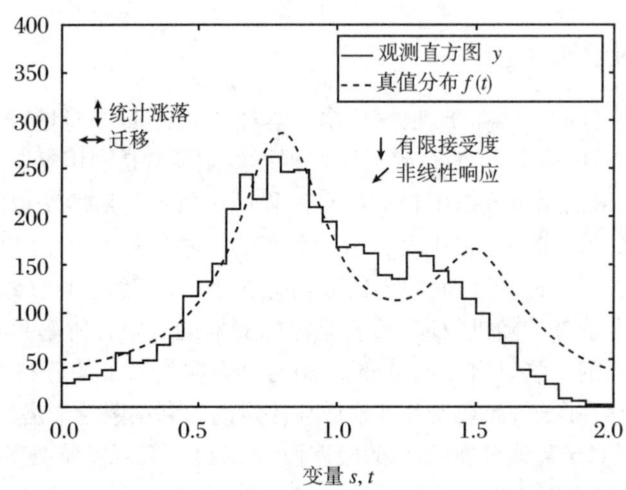

图 6.1　去弥散问题的图示。图中显示了粒子物理实验中待测变量 t 的真值分布 $f(t)$。与之对应的模拟测量值分布 $g(s)$ 显示为直方图 y。详见正文

在粒子物理实验中，上面所描述的效应对探测器响应具有典型性，去弥散涉及的数据量很小，但变量测量值与真值之间的变换则相当复杂。与此相反，在其他领域中，数据量（例如图像去模糊化过程中有数以百万计的像素点）通常很大，而相应的响应函数则相对简单，通常只在少数几个邻近的点之间发生迁移现象（**点扩散函数**，point spread function，PSF）。

如果实验的目的是检验某一理论的特定预期，则理论模型的真值分布 $f(t)^{\text{model}}$ 可以与探测器响应函数进行卷积运算以与测量值分布 $g(s)$ 进行对比。在这种情形下，无需进行去弥散，但是这种对比的灵敏度可能难以估计。

通过去弥散对真值分布 $f(t)$ 进行重建，使得我们能够与理论预期、与其他独立完成的实验的结果或者与更深层次的统计分析进行直接的比较。就一种定量的对比而言，需要有关于重建的真值分布的完整的协方差矩阵；在这一方面，粒子物理中去弥散的需求与其他领域中的不同，在后者的情形下通常不需要定量地详尽

了解其不确定性。在粒子物理中,由于存在前述的探测器响应效应,去弥散后直方图各子区间的数据之间存在非0的关联性。

在本章讨论通过去弥散来重建直方图数据形式的真值分布而无需知道真值分布参数化形式的若干方法。对于真值分布具有某种参数化形式的去弥散,问题较为简单,我们将在6.1.5节阐述。

6.1.2 离散化和线性解

对 Fredholm 积分式(6.1)所表述的反演问题必须进行离散化处理,以便进行数值求解,它可以表示为线性矩阵方程的形式:

$$\boldsymbol{A}\boldsymbol{x} = \boldsymbol{y}。 \tag{6.2}$$

前面引入的函数/分布 $f(t)$,$g(s)$与矩阵 $\boldsymbol{A}$ 和向量$\boldsymbol{x}$,$\boldsymbol{y}$ 之间的关系如下:

真值分布 $f(t)\Rightarrow\boldsymbol{x}$ (未知的 n 个分量的向量);

测量值分布 $g(s)\Rightarrow\boldsymbol{y}$ (测量数据 m 个分量的向量);

核函数 $K(s,t)\Rightarrow\boldsymbol{A}$ ($m\times n$ 长方**响应矩阵。**)

下面,我们假定变量 s,t 和向量$\boldsymbol{x}$,$\boldsymbol{y}$ 是一维变量;在实际情形中,它们可以是多维变量,甚至真值分布和测量值分布可以有不同的维数。有若干种不同的离散化方法可以使用。常用的方法是将分布表示为直方图,该分布在一个短的间隔(子区间)内求积分,对于真实分布给定分区点$\{t_0,t_1,\cdots,t_n\}$,测量值分布给定分区点$\{s_0,s_1,\cdots,s_m\}$(通常各子区间长度相等):

$$y_i = \int_{s_{i-1}}^{s_i} \mathrm{d}s g(s), \quad i = 1,2,\cdots,m。 \tag{6.3}$$

如果响应函数是依据模型假定 $f(t)^{\text{model}}$的 MC 样本确定的,则同样的方法可以用于 $K(s,t)\Rightarrow\boldsymbol{A}$ 和$f(t)\Rightarrow\boldsymbol{x}$ 的离散化处理;这种情形下元素 x_j 是子区间j 上$f(t)$的平均值。元素 y_i 按照式(6.2)计算,即 $y_i=\boldsymbol{A}_i^{\mathrm{T}}\boldsymbol{x}$,其中向量 $\boldsymbol{A}_i$ 定义为一个列向量,它包含的元素为矩阵 $\boldsymbol{A}$ 中的A_{i1},A_{i2},$\cdots$,A_{in}:

$$y_i = \boldsymbol{A}_i^{\mathrm{T}}\boldsymbol{x} = A_{i1}x_1 + A_{i2}x_2 + \cdots + A_{in}x_n, \quad i = 1,2,\cdots,m。 \tag{6.4}$$

描述响应函数 $K(s,t)$的**响应矩阵 $\boldsymbol{A}$** 的元素的值为正值或0。如果模型的假设分布 $f(t)^{\text{model}}$是归一化的概率密度函数(pdf),则矩阵元 A_{ij}可以解释为条件概率$A_{ij}=P$(真值落在子区间 j 条件下,测量值落在子区间 i 的概率),这一概率并不依赖于假设分布 $f(t)^{\text{model}}$。对测量值分布的所有子区间 i 的元素A_{ij}求和,

$$\varepsilon_j = \sum_{i=1}^{m} A_{ij}, \tag{6.5}$$

其和值 ε_j 给出了探测器的探测效率,它即等于真值落在子区间 j 中的事例的总观测概率。这一探测效率包含了几何接受度以及其他探测因子。$f(t)$的离散化,例如,可以通过B样条[7]的叠加来实现,该方法避免了去弥散后分布的不连续性;还可以根据数值积分进行处理[1-2]。

响应矩阵 $\boldsymbol{A}$ 对于去弥散具有根本的重要性,它通常是利用 pdf $f(t)^{\text{model}}$所产

生的蒙特卡洛模拟来确定的。根据蒙特卡洛模拟确定的响应矩阵 $\boldsymbol{A}$ 的元素值包含了统计误差,后者可以用来界定去弥散问题中的**有效秩**(effective rank)(参见式(6.29))。

假定已经知道响应矩阵 $\boldsymbol{A}$ 的精确表式,并且关系式 $\boldsymbol{A}\boldsymbol{x}_{\text{exact}}=\boldsymbol{y}_{\text{exact}}$ 成立,那么测量值分布 $\boldsymbol{y}$ 与 $\boldsymbol{y}_{\text{exact}}$ 的差别仅仅来自统计涨落导致的数据误差。用一个 m 分量的向量 $\boldsymbol{e}$ 表示数据的误差,则实际的测量值分布 $\boldsymbol{y}$ 可表示为

$$\boldsymbol{y}=\boldsymbol{y}_{\text{exact}}+\boldsymbol{e}=\boldsymbol{A}\boldsymbol{x}_{\text{exact}}+\boldsymbol{e}。\tag{6.6}$$

在粒子物理中,测量值的统计性质通常是已知的。向量 $\boldsymbol{y}$ 的元素通常是事例计数,因此遵从泊松统计,在这种情形下,用泊松分布的极大似然解作为事例数是合适的。

假定 $E(\boldsymbol{e})=0$,通常测量值的期望值和方差可表示为

$$E(\boldsymbol{y})=\boldsymbol{y}_{\text{exact}},\tag{6.7}$$

$$\boldsymbol{V}_y\equiv V(\boldsymbol{y})=V(\boldsymbol{e})=E(\boldsymbol{e}\boldsymbol{e}^{\mathrm{T}})。\tag{6.8}$$

这里假定协方差矩阵 $\boldsymbol{V}_y$①已知。

在其他领域中,如地球物理学和医学中的成像或天文学中的图像去模糊,反演问题中待估计参数的个数 n 可能非常大,不要求知道各个参数不确定性的明确知识。而在粒子物理中,参数的个数 n(例如重建的真值分布的子区间数)通常很小,确定结果的协方差矩阵 $\boldsymbol{V}_x$ 是绝对必要的,它可以用于后续的统计分析之中。如果通过数据向量 $\boldsymbol{y}$ 的线性变换 $\hat{\boldsymbol{x}}=\boldsymbol{A}^{\dagger}\boldsymbol{y}$ 求得估计值 $\hat{\boldsymbol{x}}$,对 $\hat{\boldsymbol{x}}$ 求解线性 Fredholm 方程,那么数据不确定性传递为去弥散的不确定性是简单而明确的:$\boldsymbol{V}_x=\boldsymbol{A}^{\dagger}\boldsymbol{V}_y\boldsymbol{A}^{\dagger\mathrm{T}}$。对于 $m=n$ 情形下的二次型矩阵(quadratic matrix)$\boldsymbol{A}$,可以通过逆矩阵求解,$\boldsymbol{A}^{\dagger}=\boldsymbol{A}^{-1}$,但是通常矩阵 $\boldsymbol{A}$ 处于不良状态,甚至为奇异矩阵,所以应当避免 $m=n$ 情况的出现[3,8]。推荐的情形是 $m>n$,可以构建一个 $n\times m$ 矩阵 $\boldsymbol{A}^{\dagger}$ 用以确定估计值 $\hat{\boldsymbol{x}}$:

$$\hat{\boldsymbol{x}}=\boldsymbol{A}^{\dagger}\boldsymbol{y}=\boldsymbol{A}^{\dagger}\boldsymbol{y}_{\text{exact}}+\boldsymbol{A}^{\dagger}\boldsymbol{e}=\boldsymbol{A}^{\dagger}\boldsymbol{A}\boldsymbol{x}_{\text{exact}}+\boldsymbol{A}^{\dagger}\boldsymbol{e}。\tag{6.9}$$

伪逆矩阵$\boldsymbol{A}^{\dagger}$,也称为 Moore-Penrose 广义逆矩阵,满足关系式$\boldsymbol{A}^{\dagger}\boldsymbol{A}^{-1}=\boldsymbol{I}$,它是泛化意义上的逆矩阵。根据函数

$$F(\boldsymbol{x})=(\boldsymbol{A}\boldsymbol{x}-\boldsymbol{y})^{\mathrm{T}}\boldsymbol{V}_y^{-1}(\boldsymbol{A}\boldsymbol{x}-\boldsymbol{y})\tag{6.10}$$

的极小化要求,即$\min\limits_{x}F(\boldsymbol{x})$,可导出**最小二乘朴素解**,式中包含的数据协方差矩阵 $\boldsymbol{V}_y$ 的逆矩阵是为了考虑数据向量各元素之间精度的差异。根据正规方程组求得的最小二乘解可以表示为满足关系式$\boldsymbol{A}^{\dagger}\boldsymbol{A}^{-1}=\boldsymbol{I}$ 的伪逆矩阵

$$\boldsymbol{A}^{\dagger}=(\boldsymbol{A}^{\mathrm{T}}\boldsymbol{V}_y^{-1}\boldsymbol{A})^{-1}\boldsymbol{A}^{\mathrm{T}}\boldsymbol{V}_y^{-1}。\tag{6.11}$$

定义 $\boldsymbol{C}=\boldsymbol{A}^{\mathrm{T}}\boldsymbol{V}_y^{-1}\boldsymbol{A}$,它是 $F(\boldsymbol{x})$的黑塞矩阵,则估计值 $\hat{\boldsymbol{x}}$ 及其协方差矩阵由下式给定:

---

① 在本章中,协方差矩阵带有下标,例如测量值向量 $\boldsymbol{y}$ 的协方差矩阵写成$\boldsymbol{V}_y$;无下标的矩阵 $\boldsymbol{V}$ 是通过正交分解求得的正交矩阵(参见 6.2 节)。

$$\hat{x} = A^{\dagger} y,$$

$$V_x = A^{\dagger} V_y A^{\dagger T} = (A^{T} V_y^{-1} A)^{-1} = C^{-1}。 \tag{6.12}$$

一个基本的要求是,根据从估计值 $\hat{x}$ 算出的 $\hat{y} = A\hat{x}$ 应当是数据 y 的可接受的描述。这种一致性可以利用 χ^2 方法加以检验:

$$\chi_y^2 = (\hat{y} - y)^{T} V_y^{-1} (\hat{y} - y), \tag{6.13}$$

其中 χ_y^2 自由度为 $m - n$。

由于 $A^{\dagger} A^{-1} = I$,估计值 $\hat{x}$ 的期望值为 x_{exact}(参见式(6.9))。但是,这一朴素解通常并不令人满意。在最近邻的数据点之间的关联系数为大的负值,次近邻的数据点之间的关联系数为大的正值的情形下,该结果可能发生强烈的振荡。图 6.2 显示了高斯分辨率与子区间宽度相等的一组测量的去弥散结果(见 6.4.3 节)。图 6.2(a)给出了测量值分布 y,它可以用重建分布 $\hat{y}$ 很好地描述;图 6.2(b)给出了最小二乘朴素解的去弥散结果,显示出明显的振荡。利用 6.2 节和 6.3 节阐述的正则化方法可以避免这一缺陷,我们将在下面的 6.1.4 节对此进行讨论。

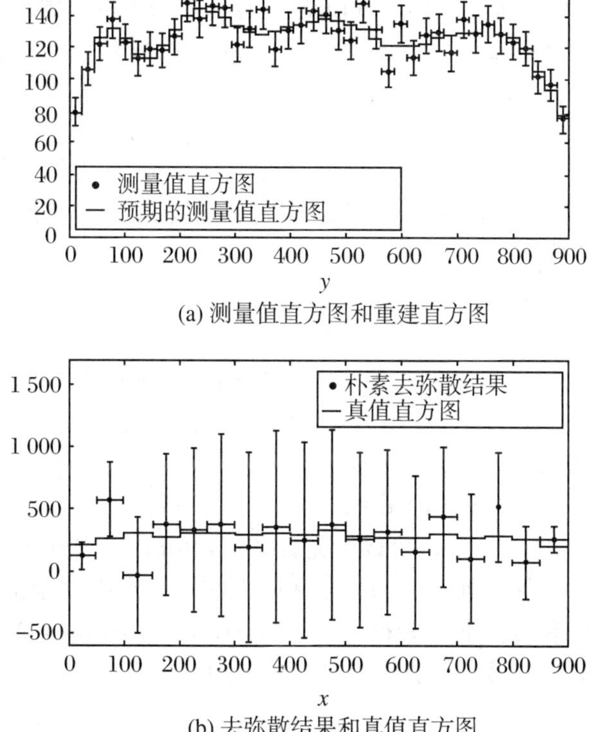

图 6.2 一个接近于常数的分布利用朴素最小二乘法进行去弥散处理,测量值分布以子区间数 $m = 40$ 的直方图表示,真值分布待定参数个数 $n = 18$。测量值直方图 y (a)可以用预期的测量值直方图 $\hat{y}$ 描述得很好,但朴素去弥散方法的结果 $\hat{x}$ (b)存在明显的涨落

在利用假设的真值分布 $f(t)^{\text{test}}$ 的离散化形式 $\boldsymbol{x}^{\text{test}}$ 进行的蒙特卡洛模拟中,也可以实施 χ^2 检验:

$$\chi_x^2 = (\hat{\boldsymbol{x}} - \boldsymbol{x}^{\text{test}})^{\mathrm{T}} \boldsymbol{V}_x^{-1} (\hat{\boldsymbol{x}} - \boldsymbol{x}^{\text{test}}), \tag{6.14}$$

其中 χ_x^2 自由度为 n。去弥散方法的这种检验当然只有在协方差矩阵 $\boldsymbol{V}_x$ 非奇异的情况下才是可行的。

6.1.3 泊松分布数据的去弥散

在所谓的计数实验中,测量值 y_i 是服从泊松分布的整数变量,测量值 y_i 的期望值为 $f_i(\boldsymbol{x}) = \boldsymbol{A}_i^{\mathrm{T}}\boldsymbol{x}$;该期望值是 $\boldsymbol{x}$ 各分量的线性函数(向量 $\boldsymbol{A}_i^{\mathrm{T}}$ 由响应矩阵 $\boldsymbol{A}$ 的第 i 行元素构成)。在这种情形下,噪声是与期望值相关联的。

如果测量值 y_i 足够大,则可以对泊松变量应用高斯近似,然后利用 6.1.2 节所述的最小二乘法进行去弥散处理。如果不满足这一条件,则可以根据泊松概率构建**负对数似然函数**[9]:

$$F(\boldsymbol{x}) = -\ln L = \sum_{i=1}^{m} \left[f_i - y_i - y_i \ln\left(\frac{f}{y_i}\right) \right]。 \tag{6.15}$$

通过迭代法对 $F(\boldsymbol{x})$ 实施极小化,即 $\min\limits_{x} F(\boldsymbol{x})$,求得去弥散的解。函数 $F(\boldsymbol{x})$ 是参数 $\boldsymbol{x}$ 的非线性函数;在每一次迭代中,构建一组修正量 $\Delta\boldsymbol{x}$ 的线性方程组 $\boldsymbol{H}\Delta\boldsymbol{x} = -\boldsymbol{g}$ 并对 $\Delta\boldsymbol{x}$ 求解。梯度 $\boldsymbol{g}$ 和**黑塞矩阵** $\boldsymbol{H}$ 的元素由下式给定:

$$g_j = \frac{\partial F}{\partial x_j} = \sum_i A_{ij} - \frac{y_i}{f_i} A_{ij}, \quad H_{jk} = \frac{\partial^2 F}{\partial x_j \partial x_k} = \sum_i \frac{y_i}{f_i^2} A_{ij} A_{ki}。 \tag{6.16}$$

经过少数几次迭代,当 $\Delta\boldsymbol{x} \to 0$ 时即可达到收敛,通常,黑塞矩阵的逆矩阵是协方差矩阵 $\boldsymbol{V}_x$ 的合理估计。

6.1.4 卷积和去卷积

如 6.1.2 节所讨论的和图 6.2 所显示的那样,非参数化的去弥散逆过程是一种不适定问题,这一点在朴素最小二乘解的强烈非物理性振荡中得到了十分明显的体现。出现这种现象的原因在于能够被重建的参数个数 n 存在实际的限制,下面我们通过一个非常简单的例子说明。

一个周期为 1 的函数 $f(t)$ 可以用完备系 $\{1, \cos\pi t, \cos2\pi t, \cdots\}$ 余弦函数之和近似地描述,完备系余弦函数是 $[0,1]$ 区间上的周期函数,在区间 $0 \leqslant t \leqslant 1$ 内正交。它们是**离散余弦变换**(discrete cosine transformation, DCT)的基函数。图 6.3显示了完备系的第一组函数。前 n 项之和给出的 $f(t)$ 的近似值为

$$f(t) \approx a_0 + \sum_{k=1}^{n-1} a_k \cos\pi kt。 \tag{6.17}$$

式(6.1)中核函数 $K(s,t) \equiv K(s-t)$ 的特殊情形称为**卷积**,相应的逆过程称为**去卷积**。这里我们来考察函数 $f(t)$ 与标准差 σ 的高斯分辨函数的卷积问题。对于单个余弦函数 $\cos\pi kt$,它与高斯函数的卷积结果相当简单:余弦函数的形式不发生

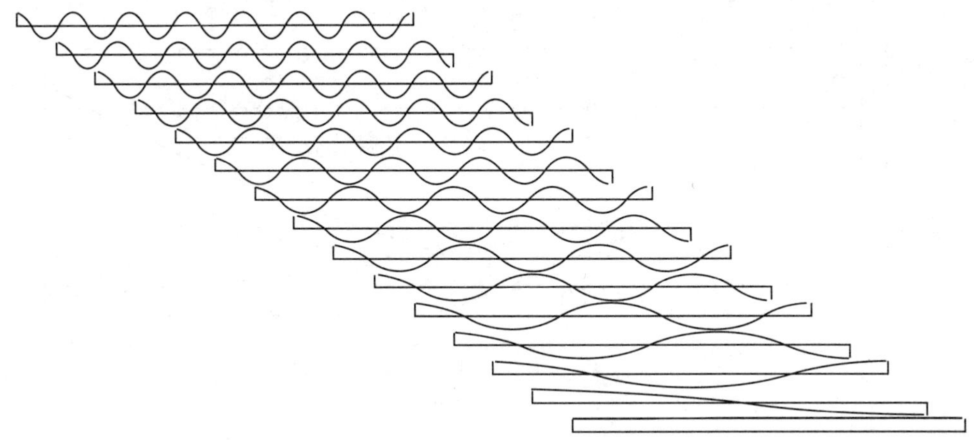

图6.3 余弦函数 $\cos\pi kt$ ($k=0,1,\cdots,15$)构成离散余弦变换(DCT)的一组基函数。详见正文

改变：

$$\int_{-\infty}^{+\infty}\frac{1}{\sqrt{2\pi}\sigma}\exp\left[-\frac{(s-t)^2}{2\sigma^2}\right]\cdot(\cos\pi kt)\mathrm{d}t=\exp\left[-\frac{(\pi k\sigma)^2}{2}\right]\cdot\cos\pi ks。\tag{6.18}$$

但是,余弦项的幅度衰减了一个指数因子 $e(k)=\exp[-(\pi k\sigma)^2/2]$。对于大的指标值 k,该指数因子变得远远小于1。卷积后的函数 $g(s)$(见式(6.1))依然可以利用余弦项之和作为近似：

$$g(s)\approx a_0+\sum_{k=1}^{n-1}a_k\cos\pi ks。\tag{6.19}$$

由于指数因子的存在,$g(s)$进行求和的余弦项中形成一个新的系数 α_k,由于指数因子随着 k 值的增大迅速下降,函数 $g(s)$的行为要比原分布 $f(t)$更平滑。图6.4中下面的两条曲线就是这一现象的图示。

这种情形下的去卷积变得相当简单：$g(s)$中的系数 α_k 和 $f(t)$中的系数 a_k 之间的关系可由下式给出：

$$a_k=\frac{1}{e(k)}\cdot a_k,\quad e(k)=\exp\left[-\frac{(\pi k\sigma)^2}{2}\right]。\tag{6.20}$$

由于舍入误差或测量误差的存在,大 k 值情形下非常小的系数 a_k 事实上无法根据 $g(s)$的数据重建出来;它们将逼近一个固定有限值的低水平,如图6.4中最下方的曲线所示。在大 k 值情形下,因子 $1/e(k)$变得非常大,按照式(6.20)重建的系数 a_k 值将对去卷积的结果起决定性的作用,这一点在图6.4中由最上面的"去卷积"曲线所指明。因此,即使 $g(s)$的函数形式知道得相当好,原分布 $f(t)$中能够被重建的项的数目也是相当有限的。

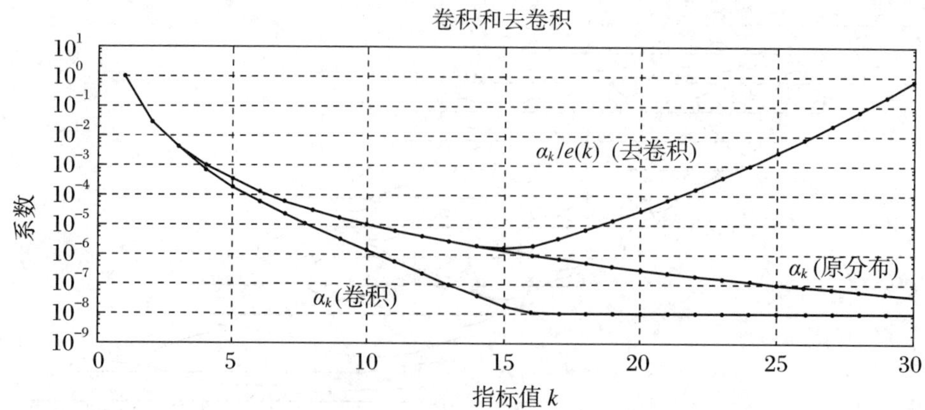

图 6.4　原分布函数 $f(t)$ 的系数 a_k、测量值(即卷积后)函数 $g(s)$ 的系数 α_k 以及去卷积结果的系数 $\alpha_k/e(k)$。由于存在舍入误差,当 $k>15$ 时,迅速下降的系数 α_k 趋近于约 10^{-8} 的常数水平。因此仅当 $k\leqslant 15$ 时,卷积才是有意义的

6.1.5　参数化去弥散

到目前为止,去弥散被认为是一种不需要知道原分布 $f(t)$ 的特定参数化形式而确定 $f(t)$ 的离散化表述 $\boldsymbol{x}$ 的一种方法。如果出于问题的理论分析的动机,需要假设原分布具有某种参数化的形式,$f(t)=f(t;\boldsymbol{a})$,其中 $\boldsymbol{a}$ 是一个参数向量,这一参数化可以直接用于去弥散。与非参数化的去弥散中一般必须进行正则化处理不同,参数化去弥散无需进行正则化处理。在这种情形下,测量的目的在于确定参数向量 $\boldsymbol{a}$ 的估计值 $\hat{\boldsymbol{a}}$。给定参数向量 $\boldsymbol{a}$,观测直方图各子区间中的事例数 y_i 的期望值可根据下式计算:

$$y_i=\int_{s_{i-1}}^{s_i}\mathrm{d}s g(s)=\int_{s_{i-1}}^{s_i}\mathrm{d}s\left[\int_{\Omega}\mathrm{d}t\boldsymbol{K}(s,t)f(t,\boldsymbol{a})\right],\ i=1,2,\cdots,m。\tag{6.21}$$

该计算的实施可能相当困难,尤其是对于响应矩阵利用蒙特卡洛模拟确定的情形。例如,各子区间的事例数 y_i 可以利用辅助向量 $\boldsymbol{x}$ 的元素和给定的响应矩阵 $\boldsymbol{A}$ 的行向量 $\boldsymbol{A}_i^{\mathrm{T}}$ 进行近似计算(见式(6.4)):

$$y_i=\boldsymbol{A}_i^{\mathrm{T}}\boldsymbol{x},\quad x_j(\boldsymbol{a})=\int_{t_{j-1}}^{t_j}\mathrm{d}tf(t;\boldsymbol{a}),\quad j=1,2,\cdots,n,\tag{6.22}$$

其中变量 t 被离散化为格点 $\{t_0,t_1,\cdots,t_n\}$。通过求解极小化问题

$$\min_{\boldsymbol{a}}F(\boldsymbol{a}),\quad F(\boldsymbol{a})=[\boldsymbol{A}\boldsymbol{x}(\boldsymbol{a})-\boldsymbol{y}]^{\mathrm{T}}\boldsymbol{V}_y^{-1}[\boldsymbol{A}\boldsymbol{x}(\boldsymbol{a})-\boldsymbol{y}],\tag{6.23}$$

确定参数向量 $\boldsymbol{a}$ 的估计值 $\hat{\boldsymbol{a}}$,从而实现去弥散。如果原分布参数化形式有 n_{par} 个参数,则函数 $F(\hat{\boldsymbol{a}})=\chi_y^2$ 应当服从自由度为 $m-n_{\mathrm{par}}$ 的 χ^2 分布。利用标准的拟合程序包,如 MINUIT[10] 可以确定参数向量 $\hat{\boldsymbol{a}}$ 及其协方差矩阵。

例 6.1　参数化去弥散。图 6.5 显示了参数化去弥散的一个例子,它取自文献

[11]。变量 t 的变量域为区间[0,1],其概率密度函数 $f(t)=(1+at)/(1+a/2)$ 利用标准差为0.3的高斯分辨率进行测量。图6.5(a)显示了 $a=1$,在区间[−0.3,1.3]内的5 000个测量值的模拟样本。利用一个测量值为50 000的模拟样本,对于[0,1]区间的均匀分布(参数 $a=0$)确定了一个20×20的响应矩阵。在本例中,按照式(6.23)得到的参数拟合结果是 $\hat{a}=1.09\pm0.18$。图6.5(b)是利用标准差为0.18的高斯曲线重建的10^5个模拟事例求得的斜率 a 拟合值的直方图;拟合参数是无偏的,其分布略微不对称。这些结果与文献[11]相符。

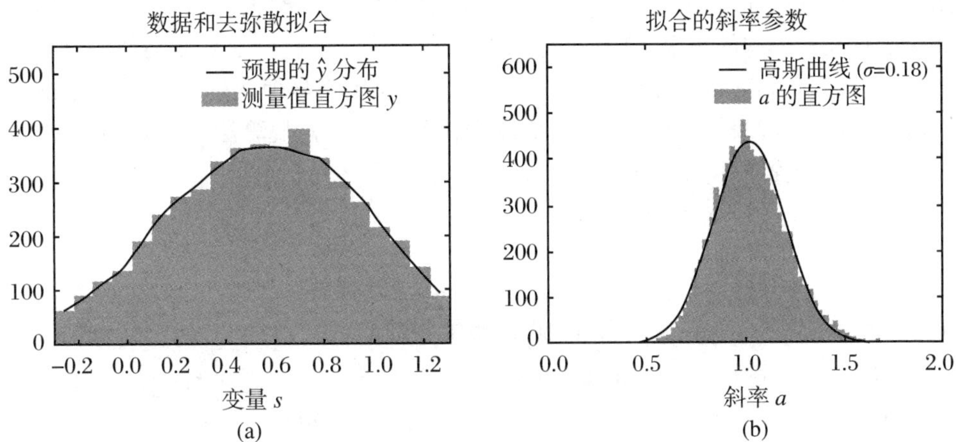

图6.5　线性概率密度函数 $f(t)=(1+at)/(1+a/2)$ 的参数化去弥散。(a) 测量值直方图 $\boldsymbol{y}$ 和预期的直方图 $\hat{\boldsymbol{y}}$;(b) 利用标准差为0.18的高斯曲线重建的10^5个模拟事例求得的斜率 a 拟合值的直方图(详见正文)

6.2　正交化求解

不适定去弥散问题的可靠的求解方法需要进行正交矩阵变换。本节将讨论长方响应矩阵 $\boldsymbol{A}$ 的正交分解和根据响应矩阵 $\boldsymbol{A}$ 算得的最小二乘正规方程的对称矩阵 $\boldsymbol{C}$ 的正交分解问题(参见6.1.2节)。这样的正交分解使得我们能够洞察响应矩阵 $\boldsymbol{A}$ 的分辨性质。基于正交化的最小二乘法有令人满意的稳定性,且能够压制求解结果中非物理的高阶振荡的出现。

6.2.1　奇异值分解和特征值分解

奇异值分解。不适定问题 $\boldsymbol{Ax}=\boldsymbol{y}$ 分析的常规数值方法是 $m\times n$ 矩阵 $\boldsymbol{A}$(m,n 为任意正整数)的**奇异值分解**(singular value decomposition,SVD)[12-13]。假定 m

$\geqslant n$（称为薄奇异值分解），矩阵 $\boldsymbol{A}$ 的奇异值分解具有以下形式：

$$\boldsymbol{A} = \boldsymbol{U\Sigma V}^{\mathrm{T}} = \sum_{i=1}^{n} \sigma_i \boldsymbol{u}_i \boldsymbol{v}_i^{\mathrm{T}}, \tag{6.24}$$

其中 $\boldsymbol{U} = (\boldsymbol{u}_1, \boldsymbol{u}_2, \cdots, \boldsymbol{u}_n) \in \mathbf{R}^{m\times n}$ 和 $\boldsymbol{V} = (\boldsymbol{v}_1, \boldsymbol{v}_2, \cdots, \boldsymbol{v}_n) \in \mathbf{R}^{n\times n}$ 是含正交化列向量的矩阵（$\boldsymbol{U}^{\mathrm{T}}\boldsymbol{U} = \boldsymbol{V}^{\mathrm{T}}\boldsymbol{V} = \boldsymbol{VV}^{\mathrm{T}} = \boldsymbol{I}$），对角矩阵 $\boldsymbol{\Sigma} = \mathrm{diag}\{\sigma_1, \sigma_2, \cdots, \sigma_n\} = \boldsymbol{U}^{\mathrm{T}}\boldsymbol{AV}$ 有数值递减排列的非负对角元素 σ_i，称为**奇异值**。m 分量向量 $\boldsymbol{u}_{\mathrm{i}}$ 和 n 分量向量 $\boldsymbol{v}_{\mathrm{i}}$ 分别称为矩阵 $\boldsymbol{A}$ 的**左奇异向量**和**右奇异向量**，它们分别是矩阵 $\boldsymbol{U}$ 和 $\boldsymbol{V}$ 的列向量。随着指标值的增加（奇异值下降），这些奇异向量元素的符号改变的次数也增加，这对应于较高频率项的贡献，这一点与 6.1.4 节中图 6.3 的余弦函数类似。奇异值 σ_i 对应于式(6.20)中定义的指数因子。长方矩阵 $\boldsymbol{A}$ 奇异值分解为正交矩阵 $\boldsymbol{U}$ 和 $\boldsymbol{V}$ 以及对角矩阵 $\boldsymbol{\Sigma}$ 的式(6.24)是数值线性代数的一种常规算法，其相应的软件可以在科学计算程序库中找到。

利用 SVD 矩阵表示的矩阵乘积

$$\boldsymbol{Ax} = \boldsymbol{U\Sigma V}^{\mathrm{T}}\boldsymbol{x} = \sum_{j=1}^{n} \sigma_j (\boldsymbol{v}_j^{\mathrm{T}}\boldsymbol{x})\boldsymbol{u}_j = \boldsymbol{y} \tag{6.25}$$

表明，在乘积 $\boldsymbol{Ax}$ 中奇异值 σ_j 小的项（对应于高频的贡献）对于 $\boldsymbol{y}$ 的贡献受到了压制。$\boldsymbol{x}$ 在单位向量 $\boldsymbol{v}_j$ 方向上的分量正比于该奇异值：$\| \boldsymbol{Av}_j \| = \sigma_j$。矩阵 $\boldsymbol{A}$ 的**调节因子**(condition)定义为最大与最小奇异值之比：$\mathrm{cond}(\boldsymbol{A}) = \sigma_1/\sigma_n$。如 6.2.2 节将阐明的，利用 SVD 最小二乘法去弥散，矩阵 $\boldsymbol{A}$ 的调节因子是最小二乘解中估计值 $\hat{\boldsymbol{x}}$ 的误差相对于数据 $\boldsymbol{y}$ 的误差比值的放大因子的上界。

为了将数据 $\boldsymbol{y}$ 的不确定性（由协方差矩阵 $\boldsymbol{V}_y$ 给定）考虑在内，在奇异值分解之前，线性方程组需要进行预缩放(pre-scaling)（也称为预白化(pre-whitening)）处理。对于不相关联的数据，将线性方程组的各行除以数据的标准差 $\sqrt{(\boldsymbol{V}_y)_{ii}}$ 可以实现这一要求。对于关联数据，最快速的方法是基于矩阵 $\boldsymbol{V}_y = \boldsymbol{R}^{\mathrm{T}}\boldsymbol{R}$ 的 Cholesky 分解[13-14]，其中 $\boldsymbol{R}$ 是上三角矩阵。矩阵 $\boldsymbol{A}$ 和数据向量 $\boldsymbol{y}$ 被 $\boldsymbol{R}^{-\mathrm{T}}$ 变换，这里 $\boldsymbol{R}^{-\mathrm{T}}$ 是转置矩阵 $\boldsymbol{R}^{\mathrm{T}}$ 的逆矩阵。变换后的数据向量 $\boldsymbol{R}^{-\mathrm{T}}\boldsymbol{y}$ 的协方差矩阵是一单位矩阵：$\boldsymbol{R}^{-\mathrm{T}}\boldsymbol{V}_y\boldsymbol{R}^{-1} = \boldsymbol{R}^{-\mathrm{T}}\boldsymbol{R}^{\mathrm{T}}\boldsymbol{R}\boldsymbol{R}^{-1} = \boldsymbol{I}$。下面我们假定，在奇异值分解之前，$\boldsymbol{A}$ 和 $\boldsymbol{y}$ 的预缩放处理已经完成（即 $\boldsymbol{A}$ 和 $\boldsymbol{y}$ 的元素已经分别被 $\boldsymbol{R}^{-\mathrm{T}}\boldsymbol{A}$ 和 $\boldsymbol{R}^{-\mathrm{T}}\boldsymbol{y}$ 的元素替代）。所得到的预缩放后的响应矩阵包括奇异值分解后的测量值协方差矩阵 $\boldsymbol{V}_y$，奇异值的大小正比于 $\sqrt{N}$，这里 N 是实验中的测量事例数。数据的统计量对于奇异向量的**谱形**和矩阵的调节因子 σ_1/σ_n 基本上没有影响；奇异值分解后的矩阵仅仅代表了测量过程的响应矩阵的性质。

图 6.6 显示了两种高斯响应矩阵（仅仅标准差不同）情形下奇异值的谱型。奇异值的下降可以用 6.1.4 节卷积例子中的式(6.20)指数因子 $e(k)$ 的下降近似地描述。图中左边深色的棒表示标准差 σ_{left} 近似等于子区间宽度的结果（假定子区间数等于系数个数），其奇异值下降因子约为 100；右边浅色的棒表示标准差 σ_{right}

$=\sigma_{\mathrm{left}}/2$ 的结果,其奇异值下降因子小于10。因此,矩阵调节因子 cond($\boldsymbol{A}$)与高斯响应函数的宽度直接相关联。

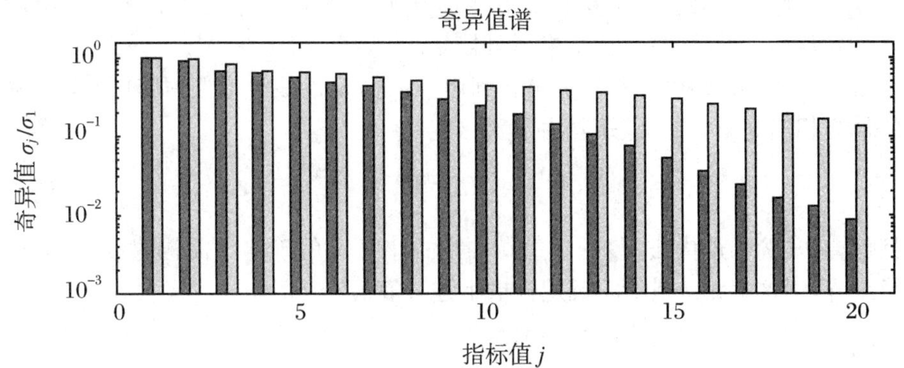

图6.6　响应矩阵 $\boldsymbol{A}$ 的奇异值谱。左边深色的棒表示高斯标准差 σ_{left} 等于子区间宽度的结果,右边浅色的棒表示标准差 $\sigma_{\mathrm{right}}=\sigma_{\mathrm{left}}/2$ 的结果

对称特征值分解。在最小二乘正规方程架构中,一种数学上等价的替代方案是对称特征值分解。在这一方法中,利用 $m\times n$ 矩阵 $\boldsymbol{A}$ 的乘积 $\boldsymbol{C}=\boldsymbol{A}^{\mathrm{T}}\boldsymbol{A}$ 来确定一个对称的 $n\times n$ 矩阵 $\boldsymbol{C}$(假定 $\boldsymbol{A}$ 和 $\boldsymbol{y}$ 已经完成预缩放处理)。在这一方矩阵 $\boldsymbol{C}$ 的奇异值分解中,左奇异向量和右奇异向量是等同的:

$$\boldsymbol{C}=\boldsymbol{A}^{\mathrm{T}}\boldsymbol{A}=(\boldsymbol{U}\boldsymbol{\Sigma}\boldsymbol{V}^{\mathrm{T}})^{\mathrm{T}}\boldsymbol{U}\boldsymbol{V}\boldsymbol{\Sigma}\boldsymbol{V}^{\mathrm{T}}=\boldsymbol{V}\boldsymbol{\Sigma}^2\boldsymbol{V}^{\mathrm{T}}=\boldsymbol{V}\boldsymbol{\Lambda}\boldsymbol{V}^{\mathrm{T}}。\tag{6.26}$$

对角矩阵 $\boldsymbol{\Lambda}=\mathrm{diag}\{\lambda_1,\lambda_2,\cdots\}$的对角元素 λ_i 为非负值,称为**特征值**,它们等于矩阵 $\boldsymbol{A}$ 奇异值的平方,即 $\lambda_i=\sigma_i^2$。对称特征值分解是一种正交化方法,它在极大似然法中也得到应用[15-16](参见6.1.3节)。

6.2.2　利用最小二乘法去弥散

6.2.2.1　利用奇异值分解的最小二乘法

在式(6.11)中,最小二乘解利用伪逆矩阵$\boldsymbol{A}^{\dagger}$ 来表示。借助 SVD 矩阵,伪逆矩阵可写为$\boldsymbol{A}^{\dagger}=\boldsymbol{V}\boldsymbol{\Sigma}^{-1}\boldsymbol{U}^{\mathrm{T}}$(所有奇异值必须不为0),且关系式$\boldsymbol{A}^{\dagger}\boldsymbol{A}=\boldsymbol{I}$ 成立。于是最小二乘估计 $\hat{\boldsymbol{x}}$ 可由下式求得:

$$\hat{\boldsymbol{x}}=\boldsymbol{A}^{\dagger}\boldsymbol{y}=\boldsymbol{V}\boldsymbol{\Sigma}^{-1}(\boldsymbol{U}^{\mathrm{T}}\boldsymbol{y})=\sum_{j=1}^{n}\frac{1}{\sigma_j}(\boldsymbol{u}_j^{\mathrm{T}}\boldsymbol{y})\boldsymbol{v}_j=\sum_{j=1}^{n}\left(\frac{c_j}{\sigma_j}\right)\boldsymbol{v}_j。\tag{6.27}$$

具有单位协方差矩阵 $\boldsymbol{V}_y=\boldsymbol{I}$ 的数据 $\boldsymbol{y}$ 利用$\boldsymbol{U}^{\mathrm{T}}$ 变换为一个 n 分量向量 $\boldsymbol{c}=\boldsymbol{U}^{\mathrm{T}}\boldsymbol{y}$(表示变换后的测量值),它具有单位协方差矩阵 $\boldsymbol{V}_c=\boldsymbol{I}$。向量 $\boldsymbol{c}$ 的元素 $c_j=\boldsymbol{u}_j^{\mathrm{T}}\boldsymbol{y}$ 称为**傅里叶系数**,它是表征测量值的要素,这与 σ_j 表征测量仪器的性能不同。如果测量值分布 y 是平滑的,当指标 j 增大时,傅里叶系数倾向于迅速地减小[17]。系数 c_j 是统计地独立的(互不关联),方差为1,它体现了第 j 项贡献对于估计值 $\hat{\boldsymbol{x}}$

的重要程度。傅里叶系数 c_j 的值,如果比标准差 1 小很多,则服从高斯分布 $N(0,1)$。估计值 $\hat{\boldsymbol{x}}$ 的式(6.27)表明,傅里叶系数 c_j 对估计值 $\hat{\boldsymbol{x}}$ 的贡献要乘上奇异值 σ_j 的倒数。因此,不重要的傅里叶系数项当奇异值 σ_j 很小时将对去弥散的结果 $\hat{\boldsymbol{x}}$ 导致很大的涨落,使得结果不可接受。

由于在式(6.27)中去弥散的求解利用了数据 $\boldsymbol{y}$ 的线性变换,估计值 $\hat{\boldsymbol{x}}$ 不确定性的计算相当简单;协方差矩阵由下式给定:

$$\boldsymbol{V}_x = \boldsymbol{A}^{\dagger}\boldsymbol{V}_y\boldsymbol{A}^{\dagger\mathrm{T}} = \boldsymbol{V}\boldsymbol{\Sigma}^{-2}\boldsymbol{V}^{\mathrm{T}} = \sum_{j=1}^{n}\left(\frac{1}{\sigma_j^2}\right)\boldsymbol{v}_j\boldsymbol{v}_j^{\mathrm{T}}。\tag{6.28}$$

在其他方法(例如迭代法,参见 6.5 节)中,估计值 $\hat{\boldsymbol{x}}$ 的确定无需构建如 $\boldsymbol{A}^{\dagger}$ 那样的变换矩阵,但这就无法进行不确定性的上述计算。

6.2.2.2　零空间和截断奇异值分解

SVD 的矩阵 $\boldsymbol{U}$ 和 $\boldsymbol{V}$ 定义了频率空间中测量数据和去弥散结果的一种新的基础。测量数据 $\boldsymbol{y}$ 变换为独立的傅里叶系数,$c_j = \boldsymbol{u}_j^{\mathrm{T}}\boldsymbol{y}$,其标准差均为 1(白噪声)。与式(6.27)的最小二乘估计相类似,$\hat{\boldsymbol{x}} = \sum_j d_j\boldsymbol{v}_j$ 可用系数 $d_j = c_j/\sigma_j$ 来表示。这里系数 d_j 仍然是统计地独立的,不过其标准差为 $1/\sigma_j$,随着指标值 j 的增加而增加。这一性质可以称为**蓝噪声**(blue noise),因为不确定性随着频率的增加而增加。

在通常情形下,响应矩阵 $\boldsymbol{A}$ 的奇异值 σ_j 的下降在大的和小的奇异值之间不存在很清晰的间隙。由于存在舍入误差和其他误差,奇异值不会严格地为 0,但是考虑到矩阵 $\boldsymbol{A}$ 的元素存在潜在的不确定性,至少少数奇异值的数值可能等效地等于 0,从而可以利用数字 $p < n$ 来定义矩阵 $\boldsymbol{A}$ 的**有效秩** p。对于矩阵 $\boldsymbol{A}$ 的元素带有不确定性的情形,奇异值将接近于它们的严格值[13-14]。特别对于响应矩阵是利用蒙特卡洛模拟加以确定的情形,矩阵 $\boldsymbol{A}$ 的元素不可避免地带有大的不确定性。可以定义一个**容差**(tolerance)δ[14],利用 $\sigma_p > \delta \geqslant \sigma_{p+1}$ 来确定有效秩 p:

$$\delta = \varepsilon \cdot \max_{1\leqslant i\leqslant m}\sum_{j=1}^{n} |A_{ij}|。\tag{6.29}$$

如果矩阵元 A_{ij} 的数值前两位是正确的(通常的蒙特卡洛计算属于这种情形),式中 $\varepsilon = 0.01$。

小的奇异值 $\sigma_j < \delta$ 对于解 $\hat{\boldsymbol{x}}$ 给出的是无意义的随机贡献。假定有效秩为 p $(< n)$,式(6.27)的 $\hat{\boldsymbol{x}}$ 可以写为以下两项($\boldsymbol{x}_{\mathrm{range}}$ 和 $\boldsymbol{x}_{\mathrm{null}}$)之和的形式:

$$\hat{\boldsymbol{x}} = \underbrace{\sum_{j=1}^{p} d_j\boldsymbol{v}_j}_{x_{\mathrm{range}}\in\mathbf{R}^p} + \underbrace{\sum_{j=p+1}^{n}\tilde{d}_j\boldsymbol{v}_j}_{x_{\mathrm{null}}\in\mathbf{R}^{n-p}}。\tag{6.30}$$

第一项 x_{range} 代表 $j=1,2,\cdots,p$ 时各项的贡献 $d_j\boldsymbol{v}_j = (c_j/\sigma_j)\boldsymbol{v}_j$,它是 $\mathbf{R}^n$ 的 p 维子空间中有明确定义的一个成分;而第二项 x_{null} 所代表的**零空间**(null space)的贡献 $\tilde{d}_j\boldsymbol{v}_j$ 是带有任意性的,乘上响应矩阵 $\boldsymbol{A}$ 后,这些项对于乘积 $\hat{\boldsymbol{y}} = \boldsymbol{A}\hat{\boldsymbol{x}}$ 基本上不起

作用：

$$A\hat{x} = \sum_{j=1}^{p} \sigma_j d_j \boldsymbol{v}_j + \underbrace{\sum_{j=p+1}^{n} \sigma_j \tilde{d}_j \boldsymbol{v}_j}_{\approx 0}。 \tag{6.31}$$

由于式(6.30)“$\hat{x} = x_{\text{range}} + x_{\text{null}}$”中的两项相互正交，$\hat{x}$ 范数的平方就等于 x_{range} 范数的平方与 x_{null} 范数的平方求和[①]：

$$\| x_{\text{range}} + x_{\text{null}} \|^2 = \| x_{\text{range}} \|^2 + \| x_{\text{null}} \|^2。 \tag{6.32}$$

对于该问题，教科书（例如文献[18]）推荐的解是最小范数解 $x_{\text{null}} = \mathbf{0}$ 和 $\| \hat{x} \| = \| x_{\text{range}} \|$。在这种情形下，$n \times n$ 协方差矩阵存在**秩亏**（rank defect）$n - p$，且无法求逆矩阵。一种替代的方法是估计值 $\hat{x}$ 的维度可以重新划分为少于 n 的 p 个分量，从而有满秩的 $p \times p$ 协方差矩阵 V_x（参见 6.6.4 节）。

响应矩阵 A 的有效秩确定了贡献项数目的上限，我们在下面的例子中将阐明这一点。

例 6.2 响应矩阵的有效秩和贡献项的数目。在利用模拟产生的一个数据样本中，产生了 5 000 个事例，子区间数为 $n = 20$ 和 $m = 40$，高斯响应函数的标准差等于测量值变量域的 1/18。按照式(6.29)（$\varepsilon = 0.01$）确定的 A 的有效秩为 18。图 6.7(a)显示了傅里叶系数 c_j，在 $j \geqslant 9$ 的情形下系数 c_j 是无关紧要的，由此给出了贡献项数目的下限。图 6.7(c)显示了系数 $d_j = c_j / \sigma_j$，对于 $j \geqslant 10$，$d_j \boldsymbol{v}_j$ 的贡献随着 j 的增大而增大，特别是 d_{20} 的贡献特别大，从而会对结果起到主导作用。在 $j = 10$ 处进行截断，丢弃 $j \geqslant 10$ 的系数 d_j 将不会使结果产生偏差。在这一例子中，$j > 10$ 的系数 d_j 被截断略而不计。在图 6.7(b)中，测量值分布 y 显示为 40 个数据点以及经过上述截断处理后的 40 个子区间的预期直方图；两者的一致性（χ_y^2）是可接受的。图 6.7(d)显示了去弥散的结果（用数据点表示）以及表示为直方图的真值分布。将相邻的一对数据点加以合并可以减少不确定性，且使协方差矩阵成为满秩矩阵。

作为最小范数解中将 x_{null} 项的系数 $\tilde{d}_j$ 指定为 0 的一种替代方案，这些系数也可指定为别的任意值。一种可能性是按照**极大熵** [19-20] 的概念将 $\tilde{d}_j$ 指定为某种合理的值。在某些迭代去弥散方法（参见 6.5 节）中，对于估计值 $\hat{x}$ 的初始值 $x^{[0]}$ 的设定在迭代中被反复地改进；小奇异值对应的贡献项收敛速度极慢，少数几次迭代后的结果可能仍然在很大程度上受到初始值 $x^{[0]}$ 的影响，从而使最终结果产生偏差。

---

① 向量范数定义为 $\| x \| = (x^{\mathrm{T}} x)^{1/2}$。

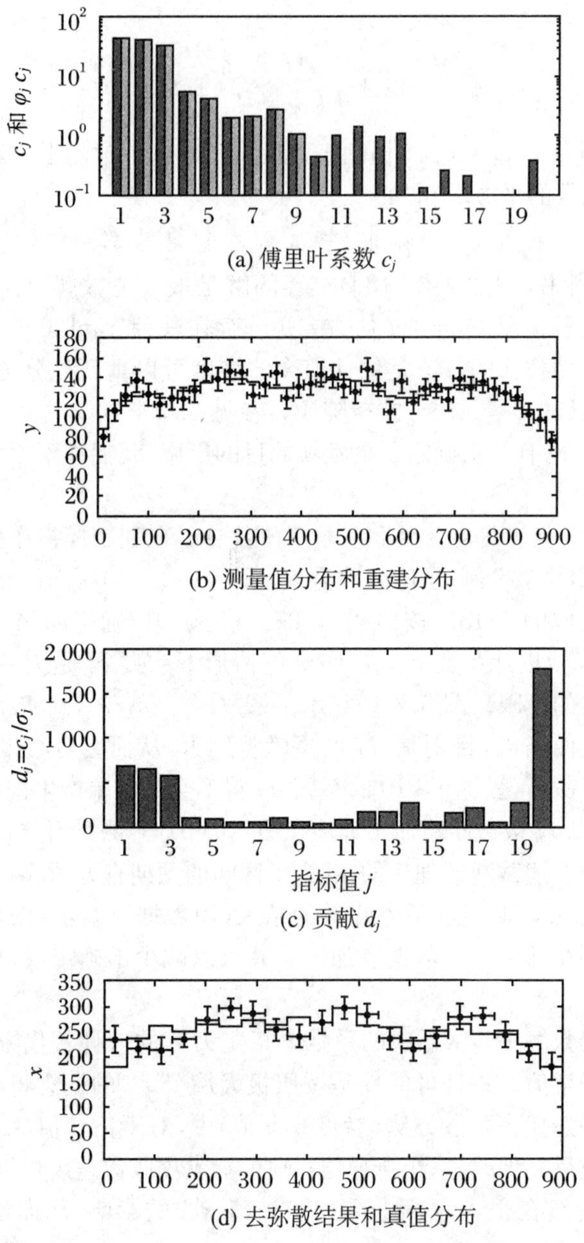

图 6.7　5 000 个事例模拟样本的分布。(a) 截断前、后的傅里叶系数 c_j;(b) 测量值分布 $\boldsymbol{y}$(数据点)和重建分布 $\hat{\boldsymbol{y}}$;(c) 贡献 d_j/σ_j;(d) 重建分布 $\hat{\boldsymbol{x}}$(数据点)和真值分布 $\boldsymbol{x}$(直方图)

6.2.2.3 截断和正关联

比较测量值分布 $\boldsymbol{y}$ 与根据去弥散结果 $\hat{\boldsymbol{x}}$ 求得的分布 $\hat{\boldsymbol{y}}=\boldsymbol{A}\hat{\boldsymbol{x}}$ 之间一致性的 χ^2 值 χ_y^2，其自由度为 $n_{\mathrm{df}}=m-n$。如果根据$(\chi_y^2,n_{\mathrm{df}})$求得的 p 值不太小，那么测量值分布利用期望分布来描述是可以接受的。如果略去某一个傅里叶系数 c_j，那么 SVD 的正交化解的 χ_y^2 值将增大 c_j^2，同时，其自由度数增加 1。如果平均地有 $c_j^2\approx 1$(对于无关紧要的系数，预期的情形如此)，则 p 值不至于变差。

避免小奇异值 σ_j 导致大的统计涨落的一种方法是引入截断，即略去傅里叶系数 c_j 与 0 统计地一致的那些最小奇异值的贡献。所谓的**截断奇异值分解**(**截断 SVD**，或称为 **TSVD**)的解由式(6.30)中的前 p 项贡献之和给定，协方差矩阵 $\boldsymbol{V}_x$ 的贡献项数目则按照式(6.28)相应地减小。$\boldsymbol{V}_x$ 的秩将等于 p，因此存在秩亏 $n-p$，故 $\boldsymbol{V}_x$ 是奇异矩阵。只利用前 p 项贡献的效果是 $\boldsymbol{V}_x$ 各元素间呈现**正关联性**，估计值分布 $\hat{\boldsymbol{x}}$ 将相当平滑。我们将在 6.6.4 节讨论这一性质。

6.2.3 弥散和去弥散

如果通过测量来检验一个不含自由参数的确定性分布 $f(t)^{\mathrm{model}}$ 模型的预期，那么可以避免不适定问题的去弥散处理。在这种情形下，我们可以利用专门的测量得到的响应矩阵对 $f(t)^{\mathrm{model}}$(即离散化形式的 $\boldsymbol{x}^{\mathrm{model}}$)进行**弥散化**处理，从而求得模型预期的测量值分布 $\boldsymbol{y}^{\mathrm{model}}$(参见式(6.22))。模型预期值的统计检验可以依据测量值分布的不确定性来进行。与此相反，非参数化的去弥散结果是**测量值分布** $\hat{\boldsymbol{x}}^{\mathrm{meas}}$，其协方差矩阵 $\boldsymbol{V}_x$ 各元素间呈现关联性，这种关联性在与一个或多个模型分布 $\boldsymbol{x}^{\mathrm{model}}$ 进行定量比较时必须考虑在内。

弥散化或去弥散的结果都会受到小(或 0)奇异值的影响。在弥散化过程中，预期的测量值分布 $\boldsymbol{y}^{\mathrm{model}}=\boldsymbol{A}\boldsymbol{x}^{\mathrm{model}}=\sum_j\sigma_j(\boldsymbol{v}_j^{\mathrm{T}}\boldsymbol{x}^{\mathrm{model}})\boldsymbol{u}_j$ 对于来自**零空间**的贡献项是不敏感的，而在去弥散中，小奇异值会使重建分布 $\hat{\boldsymbol{x}}=\sum_j 1/\sigma_j(\boldsymbol{u}_j^{\mathrm{T}}\boldsymbol{y}^{\mathrm{meas}})\boldsymbol{v}_j$ 变差。如果给定的模型 $f(t)^{\mathrm{model}}$ 有自由参数，则可以进行**参数化去弥散**(参见 6.1.5 节)，从而可以根据测量值分布 $\boldsymbol{y}$ 直接求得模型参数的估计值。

6.3 正则化方法

根据响应矩阵 $\boldsymbol{A}$ 的有效秩确定的、舍弃若干项小奇异值贡献的截断方法最小二乘解(见 6.2.2 节)可能导致振荡成分的**吉布斯(Gibbs)现象**，它是由于对有限个傅里叶系数贡献项求和导致的。前面已经提到，通常响应矩阵 $\boldsymbol{A}$ 的奇异值 σ_j 的下降在大的和小的奇异值之间不存在清晰的间隙。如果在数值几乎相等的两个奇异值之间引入锐截止(sharp cut-off),则可能产生振荡;如果在所谓的**正则化方法**中引入**平滑截止**(smooth cut off),则振荡会减小,解的性质得到改善。

6.3.1 规范正则化和导数正则化

6.3.1.1 正则化

不适定问题求解的常规方法是正则化方法[21-23]。对于去弥散问题,需要求极小的表达式是最小二乘函数的式(6.10)和(负)对数似然函数的式(6.15),这一极小化要求保证了对于测量值分布有良好的描述。为了保证去弥散的结果具有良好的平滑性,求极小的表达式还需要加入第二项,它是形式通常为 $\Omega(\boldsymbol{x}) = \| \boldsymbol{Lx} \|^2$ 的正则化项与称为正则化参数 $\tau>0$ 的乘积,其中 $\boldsymbol{L}$ 是某个矩阵,τ 表示正则化项贡献的权重:

$$\min_x F(x) + \tau \| \boldsymbol{Lx} \|^2。\tag{6.33}$$

对于最小二乘函数的式(6.10),其正则化解需要将矩阵$\boldsymbol{A}^{\dagger}$ 用正则化矩阵$\boldsymbol{A}^{\#}$代替:

$$\hat{\boldsymbol{x}} = \boldsymbol{A}^{\#} \boldsymbol{y} = [(\boldsymbol{A}^{\mathrm{T}}\boldsymbol{A} + \tau \boldsymbol{L}^{\mathrm{T}}\boldsymbol{L})^{-1}\boldsymbol{A}^{\mathrm{T}}]\boldsymbol{y}。\tag{6.34}$$

正则化项 $\tau \boldsymbol{L}^{\mathrm{T}}\boldsymbol{L}$ 被加到正规方程的矩阵 $\boldsymbol{C} = \boldsymbol{A}^{\mathrm{T}}\boldsymbol{A}$ 之后,并代入 $\boldsymbol{y} = \boldsymbol{A}\boldsymbol{x}_{\text{exact}} + \boldsymbol{e}$,于是求得

$$\hat{\boldsymbol{x}} = \boldsymbol{A}^{\#}\boldsymbol{A}\boldsymbol{x}_{\text{exact}} + \boldsymbol{A}^{\#}\boldsymbol{e} = \boldsymbol{x}_{\text{exact}} + \underbrace{(\boldsymbol{A}^{\#}\boldsymbol{A} - \boldsymbol{I})\boldsymbol{x}_{\text{exact}}}_{\text{系统误差}} + \underbrace{(\boldsymbol{A}^{\#}\boldsymbol{e})}_{\text{统计误差}}。\tag{6.35}$$

乘积 $\boldsymbol{\Xi} = \boldsymbol{A}^{\#}\boldsymbol{A}$ 称为**分辨矩阵**(resolution matrix)。在正则化方案中,分辨矩阵不等于单位矩阵,因此该方法的解 $\hat{\boldsymbol{x}}$ 存在系统性的偏差 $(\boldsymbol{\Xi} - \boldsymbol{I})\boldsymbol{x}_{\text{exact}}$。正则化解 $\hat{\boldsymbol{x}}$ 存在依赖于严格分布 $\boldsymbol{x}_{\text{exact}}$ 细致结构的潜在偏差,这一事实与减少不合理和不可测度的振荡的尝试相关联。分辨矩阵的**平滑化**效应对于严格分布的**平滑化**不产生系统误差或产生很小的系统误差,但是对**非物理的振荡分布**产生大的系统性偏离。测量值分布 $\boldsymbol{y}$ 必须与重建分布的估计值 $\hat{\boldsymbol{x}}$ 求得的分布 $\hat{\boldsymbol{y}}$ 进行比较(参见式(6.22)):

$$\hat{\boldsymbol{y}} = \boldsymbol{A}\hat{\boldsymbol{x}} = (\boldsymbol{A}\boldsymbol{A}^{\#})\boldsymbol{y},\tag{6.36}$$

其中矩阵乘积 $\boldsymbol{A}\boldsymbol{A}^{\#}$ 为 $m \times m$ 矩阵,称为**影响矩阵**(influence matrix)。测量数据 $\boldsymbol{y}$ 与式(6.36)计算得到的向量 $\hat{\boldsymbol{y}}$ 之间的一致性必须达到可接受的程度。例如,这一要求可以用 $\chi_y^2 = (\hat{\boldsymbol{y}} - \boldsymbol{y})^{\mathrm{T}}(\hat{\boldsymbol{y}} - \boldsymbol{y})$ 的值进行检验。

一种可能的偏差是分辨矩阵 $\boldsymbol{\Xi} = \boldsymbol{A}^{\#}\boldsymbol{A}$ 与单位矩阵 $\boldsymbol{I}$ 之间的偏差,这种偏差应当避免朴素的非正则化解的反常性质。正则化方案可以用来将对于结果有显著贡献和无关紧要的项区分开来而**不引入明显的偏差**。

6.3.1.2 规范正则化

最简单的正则化方法是**规范正则化**,即式(6.33)中的矩阵 $\boldsymbol{L}$ 取为单位矩阵 $\boldsymbol{I}$。对于给定的 τ 值,由于式(6.34)中包含正则化项 $\boldsymbol{L}^{\mathrm{T}}\boldsymbol{L} = \boldsymbol{I}$ 的联合矩阵是良态的,故估计值 $\hat{\boldsymbol{x}}$ 可由线性代数的常规方法(矩阵求逆)确定。但是,这种情形下的SVD数

值求解很简单(正则化矩阵是对角矩阵),而且有若干优点,特别是这一方法对于所达到的正则化的效果有清晰的理解:它等价于对于解 $\hat{\boldsymbol{x}}$ 的正交贡献引入一个过滤因子,后者依赖于奇异值 σ_j(也依赖于正则化参数 τ)。利用 SVD 方法,解 $\hat{\boldsymbol{x}}$ 可以写成如下的形式:

$$\hat{\boldsymbol{x}} = \boldsymbol{V} \underbrace{[(\boldsymbol{\Sigma}^2 + \tau \boldsymbol{I})^{-1} \boldsymbol{\Sigma}^2]}_{\text{过滤因子矩阵}\boldsymbol{F}} \boldsymbol{\Sigma}^{-1} \underbrace{(\boldsymbol{U}^{\mathrm{T}} \boldsymbol{y})}_{\text{系数}\boldsymbol{c}} = (\boldsymbol{V}\boldsymbol{F}\boldsymbol{\Sigma}^{-1}\boldsymbol{U}^{\mathrm{T}})\boldsymbol{y}。 \tag{6.37}$$

其中矩阵 $\boldsymbol{F}$ 为对角阵,矩阵元等于过滤因子 φ_j(参见式(6.27))。估计值 $\hat{\boldsymbol{x}}$ 可以表示为

$$\hat{\boldsymbol{x}} = \sum_{j=1}^{n} \frac{c_j}{\sigma_j} \varphi_j \boldsymbol{v}_j, \quad \varphi_j = \frac{\sigma_j^2}{\sigma_j^2 + \tau} = \frac{\lambda_j}{\lambda_j + \tau} \tag{6.38}$$

(奇异值的平方 σ_j^2 在对角化情形下用特征值 λ_j 代替)。因此,正则化的效果就是对每一项引入一个过滤因子 φ_j,它的数值依赖于正则化参数 τ。过滤因子 φ_j 同样也出现在协方差矩阵的表达式中(与式(6.28)对比):

$$\boldsymbol{V}_{\boldsymbol{x}} = \sum_{j=1}^{n} \frac{1}{\sigma_j^2} \varphi_j^2 \boldsymbol{v}_j \boldsymbol{v}_j^{\mathrm{T}}。 \tag{6.39}$$

对于 $\tau = \sigma_k^2$ 的情形,过滤因子 φ_k 的值等于 1/2,因此傅里叶系数 c_k 将减小为原来的一半。对于大奇异值 σ_j 的那些系数 c_j,过滤因子 $\varphi_j \approx 1$ 将不导致任何变化,但是奇异值小的那些项将减小,从而避免了这些项对于结果产生支配性影响。如果选定的正则化参数 τ 足够小,使得它仅仅减小无意义的傅里叶系数,那么不会出现偏差。在这样的公式体系中,我们也可以应用不同的过滤因子的定义,例如,$\varphi_j = 1/[1 + (\tau/\sigma_j^2)^\alpha]$,当 $\alpha > 1$ 时,过滤因子迅速地从 1 过渡到 0。对于更大的 α 值,$\alpha \gg 1$,实际上达到了锐截止(截断)。应当指出,最简单的正则化方案,即锐截止(截断)正则化,能够导致强烈振荡成分的吉布斯现象,它是由于对有限个傅里叶系数贡献项求和导致的;这种现象可以利用平滑化的截止避免。图 6.8 显示了不同的过滤方法中过滤因子的关系曲线。

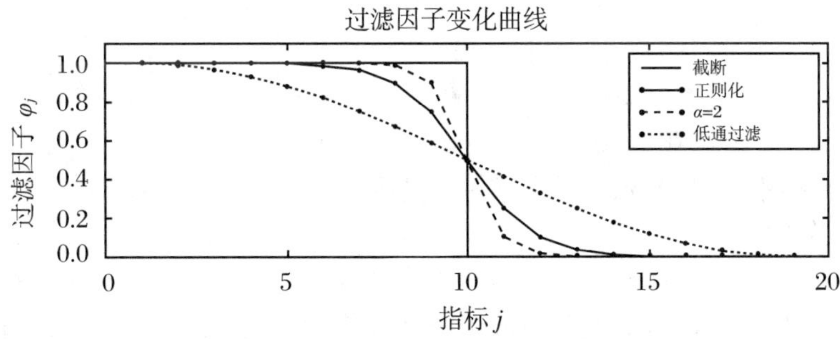

图 6.8 不同过滤方法中,过滤因子 φ_j 的变化曲线;在 $j = 10$ 的地方进行截断,且不同方法的 φ_j 都等于 1/2。根据式(6.38)求得的过滤因子标记为“正则化”;标记为 $\alpha = 2$ 的过滤因子由正文中给出的公式确定;标记为“低通过滤”的过滤因子将在 6.4.3 节中解释

规范正则化相应于早先 Tikhonov[22-23] 和 Philipps[21] 提议的正则化方案。正则化参数 τ 可以理解为对于向量 $\boldsymbol{x}$ 的每一个分量引入了一个先验的测量误差 $s_{\text{reg}} = 1/\sqrt{\tau}$。对于不同的分量 x_j 可以引入各自的测量误差 $s_{j,\text{reg}}$，与此对应的正则化项是 $\Omega(\boldsymbol{x}) = \sum_j x_j^2/s_j^2$。

上述方案可以应用于去弥散问题，只需要少数几个傅里叶系数即可求得相当平滑的解 $\bar{\boldsymbol{x}}$；而在其他情形下，特别是在数据具有高相对精度的情形下，建议对此方案做某些修改。一种可能的方案是将正则化项 $\Omega(\boldsymbol{x}) = \|\boldsymbol{L}\boldsymbol{x}\|^2$ 修改为

$$\Omega(\boldsymbol{x}) = \|\boldsymbol{L}(\boldsymbol{x} - \boldsymbol{x}_0)\|^2, \tag{6.40}$$

其中先验地假定向量 $\boldsymbol{x}$ 修改为 $\boldsymbol{x} - \boldsymbol{x}_0$。这一改动将减少有效贡献项的数目。

另一种可能的方案是对蒙特卡洛模拟进行修改，将对于函数 $f(t)$ 的实际先验假定 $f(t)^{\text{model}}$ 包含在模拟中，以将函数 $f(t)^{\text{model}}$ 包含在响应矩阵的定义之中：

$$\int_\Omega [K(s,t)f(t)^{\text{model}}]f^\dagger(t)\mathrm{d}t = g(s)。\tag{6.41}$$

在这一方案中，只需要确定一个几乎不变的修正函数 $f^\dagger(t)$：$f(t) = f(t)^{\text{model}} f^\dagger(t)$。在粒子物理的去弥散方法中，这一方案是可供使用的[15-16,24]。这一重新定义的矩阵 $\boldsymbol{A}$ 的元素现在是整数（不再是如前所述的条件概率，见 6.1.2 节），即在 $\boldsymbol{y}$ 的子区间 i 中测到的、来自 $\boldsymbol{x}$ 的子区间 j 的蒙特卡洛事例数。

6.3.1.3　基于导数的正则化

另一类正则化方案是基于**导数的**，这一类方法通常优于规范正则化。最常使用的是二阶导数，不过也有使用一阶和三阶导数的。如果子区间是等间距的，则矩阵 $\boldsymbol{L}$ 的形式十分简单。举例来说，子区间 j 中的二阶导数近似地正比于 $-x_{j-1} + 2x_j - x_{j+1}$。在经常使用的矩阵

$$\boldsymbol{L}_2^r = \begin{pmatrix} 1 & -1 & 0 & 0 & \cdots & 0 & 0 & 0 \\ -1 & 2 & -1 & 0 & \cdots & 0 & 0 & 0 \\ 0 & -1 & 2 & -1 & \cdots & 0 & 0 & 0 \\ \vdots & \vdots & \vdots & \vdots & & \vdots & \vdots & \vdots \\ 0 & 0 & 0 & 0 & \cdots & -1 & 2 & -1 \\ 0 & 0 & 0 & 0 & \cdots & 0 & -1 & 1 \end{pmatrix} \in \mathbf{R}^{n\times n} \tag{6.42}$$

中，内部子区间的二阶导数增补了第一和最后一个子区间的一阶导数，从而得出一个对称矩阵。

给定正则化因子 τ，式(6.34)的解仍然可以通过矩阵求逆来求得。正交化解形式上等同于式(6.34)的解，但奇异值或特征值的定义有所不同。与规范正则化相比较，傅里叶系数与按照对称的乘积矩阵 $\boldsymbol{L}^{\mathrm{T}}\boldsymbol{L}$ 转动的系统相关联。利用正交化方法求得的解对于细节有更好的理解，并可将重要的贡献项与无关紧要的贡献项更好地区分开来，但其数值计算比规范正则化要复杂，因为 $\tau\boldsymbol{L}^{\mathrm{T}}\boldsymbol{L}$ 项不是对角矩阵。如果使用 SVD 方法，则需要利用广义的 SVD 形式[25]。

如果不使用SVD方法,而是利用对称的特征值分解,需要进行两次转动(及一次缩放),使得两个对称矩阵 $\boldsymbol{C}=\boldsymbol{A}^{\mathrm{T}}\boldsymbol{A}$ 和 $\boldsymbol{L}^{\mathrm{T}}\boldsymbol{L}$ 同时对角化,以求得正规方程的解[5]:

$$(\boldsymbol{C}+\tau\boldsymbol{L}^{\mathrm{T}}\boldsymbol{L})\boldsymbol{x}=\boldsymbol{b}, \tag{6.43}$$

其中 $\boldsymbol{b}=\boldsymbol{A}^{\mathrm{T}}\boldsymbol{y}$。第一项对角化 $\boldsymbol{C}=\boldsymbol{U}_1\boldsymbol{\Lambda}\boldsymbol{U}_1^{\mathrm{T}}$ 用来将上式改写为以下形式:

$$\boldsymbol{U}_1\boldsymbol{\Lambda}^{1/2}(\boldsymbol{I}+\tau\boldsymbol{M})\boldsymbol{\Lambda}^{1/2}\boldsymbol{U}_1^{\mathrm{T}}\boldsymbol{x}=\boldsymbol{b}, \tag{6.44}$$

其中变换后的正则化矩阵为 $\boldsymbol{M}=\boldsymbol{\Lambda}^{-1/2}\boldsymbol{U}_1^{\mathrm{T}}(\boldsymbol{L}^{\mathrm{T}}\boldsymbol{L})\boldsymbol{U}_1\boldsymbol{\Lambda}^{-1/2}$。第二项对角化 $\boldsymbol{M}=\boldsymbol{U}_2\boldsymbol{S}\boldsymbol{U}_2^{\mathrm{T}}$ 用来将上式改写为以下形式:

$$\boldsymbol{R}(\boldsymbol{I}+\tau\boldsymbol{S})\boldsymbol{R}^{\mathrm{T}}\boldsymbol{x}=\boldsymbol{b}, \tag{6.45}$$

$$\hat{\boldsymbol{x}}=\boldsymbol{R}^{-\mathrm{T}}\underbrace{(\mathbf{I}+\tau\boldsymbol{S})^{-1}}_{\text{过滤因子矩阵}\boldsymbol{F}}\underbrace{(\boldsymbol{R}^{-1}\boldsymbol{b})}_{\text{系数}\boldsymbol{c}}, \tag{6.46}$$

其中矩阵 $\boldsymbol{R}=\boldsymbol{U}_1\boldsymbol{\Lambda}^{1/2}\boldsymbol{U}_2$,其逆矩阵为 $\boldsymbol{R}=\boldsymbol{U}_2^{\mathrm{T}}\boldsymbol{\Lambda}^{-1/2}\boldsymbol{U}_1^{\mathrm{T}}$。现在,过滤因子由 $\varphi_j=1/(1+\tau S_{jj})$ 给定,S_{jj} 是对角矩阵 $\boldsymbol{S}$ 的矩阵元。图6.9显示了下面将要讨论的例6.3中的特征值 Λ_{jj} 和 S_{jj} 随着频率(j)增加的变化趋势,低频和高频贡献的曲率出现明显的变化。值得指出的是,S_{jj} 与 Λ_{jj} 的定义值的变化是反方向的,前两个特征值 S_{11} 和 S_{22} 对应于一个常数,其线性贡献(曲率值)等于0。

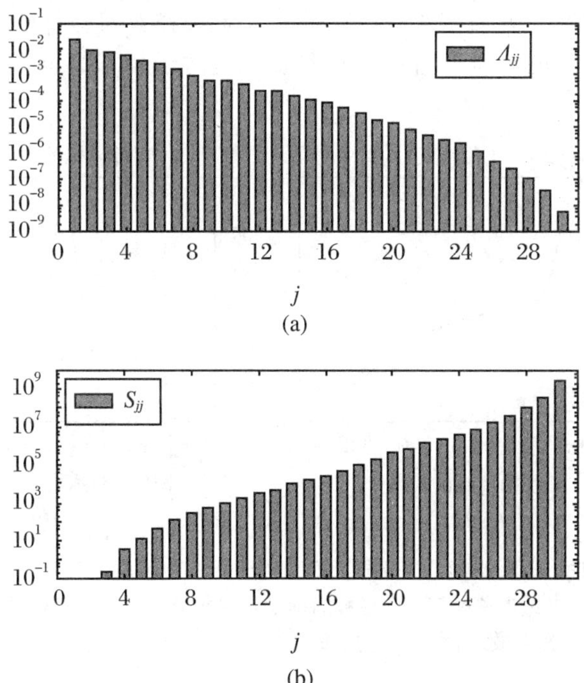

图6.9 特征值 Λ_{jj}(a)和 S_{jj}(b)随着频率(j)增加的变化趋势。S_{jj} 与 Λ_{jj} 的定义值的变化是反方向的,前两个特征值 S_{11} 和 S_{22} 的线性贡献等于0

6.3.1.4　正则化参数的确定和选择

正则化参数 τ 的确定不存在所有情况下都适用的、普遍认同的独一无二的方法。正则化参数 τ 的上限由测量值分布 $\boldsymbol{y}$ 与其预期分布 $\hat{\boldsymbol{y}}$ 的整体一致性 χ^2(式(6.13))确定。$\tau = 0$ 对应于自由度 $n_{\mathrm{df}} = m - n$ 的最小 χ_y^2 值,这也对应于一个可接受的 p 值。在截断方法中舍弃的每一个傅里叶系数将使 χ^2 值增加 c_j^2,自由度 n_{df}则增加 1。只要系数 c_j 与 0 相容(且 c_j^2 的均值为 1),p 值就不会有显著的变化。在正则化参数 τ 的相当大的数值范围内,与自由度 n_{df}和 χ_y^2 相应的p 值是可以接受的。如果若干个重要的傅里叶系数被舍弃了,p 值将下降为非常小的值,这对应于正则化参数 τ 的上限。在高能物理以外的领域,有时会利用 Morozov 偏差准则(discrepancy principle)[26],在这种情况下,τ 的选择仅仅基于 χ_y^2 的值。

值得推荐的是,在正则化参数 τ 相当大的数值范围内且相应的 p 值是可以接受的情形下,通过重复的求解来研究若干个量(例如 $\hat{\boldsymbol{x}}$ 的曲率平方和协方差矩阵 $\boldsymbol{V}_x$ 各矩阵元间的平均关联)对于参数 τ 值的依赖关系。教科书中提到的标准方法是所谓的 L 曲线方法:对于每一个解,画出 χ_y^2 与曲率值平方的双对数关系曲线(对于矩阵 $\boldsymbol{L}$ 为二阶导数矩阵的情形),如图 6.10 所示。该曲线的形状通常很像字母“L”的形状,有一个明显的拐角。对于小的 τ 值,负关联占支配地位,χ_y^2 的值不大,但曲率平方值大。与此相反,对于大的 τ 值,$\hat{\boldsymbol{x}}$ 元素间的正关联占支配地位,χ_y^2 值变大,而曲率平方值变小。我们的建议是选择双对数标绘中曲率最大的 τ 值。在最小二乘法的经典书籍[27]中已经提到过对于病态最小二乘问题使用这样的标绘。

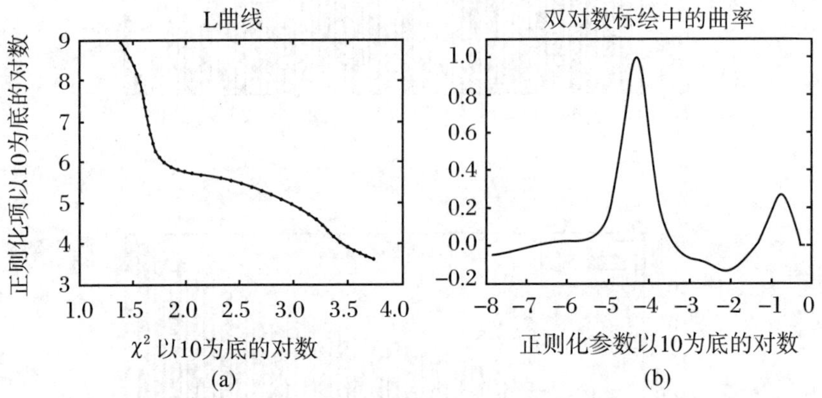

图 6.10　(a) 正则化参数 τ 不同数值情形下,正则化项对数与 χ^2 对数的标绘。(b) 图(a)中曲线的曲率与 τ 的对数的标绘。这两张图用来确定最优的 τ 值,即图(b)曲线中曲率最大的那一点对应的 τ 值

例 6.3　陡然下降分布的去弥散。求解很困难的去弥散问题的一个例子是极高能对撞实验中单举喷注产生截面与喷注横动量 p_{T} 函数关系的测量[28]。该分布是一个陡然下降的分布。横动量 p_{T} 是用量能器测量的,但其值被系统地低估了。

相应的偏差和测量精度可以借助蒙特卡洛模拟确定。在发表实验结果时[28]，基本上利用逐子区间修正法(参见 6.5 节)分两步对偏差和有限分辨率分别进行了修正。在一个简单的蒙特卡洛模拟计算中，应用 6.3.1.3 节描述的去弥散方法，模拟了与本问题性质类似的一个问题。假定横动量 p_{T} 为指数分布，但其测量值系统地向下偏离 10%，并且被弥散为标准差 $\sigma(p_{\mathrm{T}})$ 的高斯分布，其中 $\sigma(p_{\mathrm{T}})/p_{\mathrm{T}} = 100\%/\sqrt{p_{\mathrm{T}}[\mathrm{GeV}]}$。此外还假定触发效率在 100 GeV 以下迅速下降。由于低 p_{T} 值处的 p_{T} 分布实验无法测量，故 p_{T} 值的测量范围和去弥散范围均限定在 64～400 GeV区间。为了实施去弥散并确定 $\hat{\boldsymbol{x}}$ 和 $\boldsymbol{V}_x$，必须假设一个现实可用的模型函数，并用于确定响应矩阵 $\boldsymbol{A}$。去弥散之后还单独进行了接受度的修正。去弥散是对变换后的变量 $q_{\mathrm{T}} = \sqrt{p_{\mathrm{T}}}$ 施行的，这样做的好处是标准差 $\sigma(q_{\mathrm{T}}) = 0.5$ 为一常数，在去弥散完成以后再反变换为 p_{T}，其子区间宽度将随 p_{T} 的增加而增加。无过滤因子和有过滤因子情形下的傅里叶系数呈现于图 6.11。过滤导致的傅里叶系数的变化总是小于统计不确定性(标准差等于 1)，因此基本上不引入偏差。真值分布、测量值分布和去弥散后的分布则显示于图 6.12，在 75 GeV 以下，误差大于截面值(没有显示接受度修正后的结果)。这一例子表明，准确的去弥散能够通过单一的步骤修正偏差和有限分辨率的效应(以及可能存在的其他效应)，从而确定完整的协方差矩阵以及相应的误差传递。

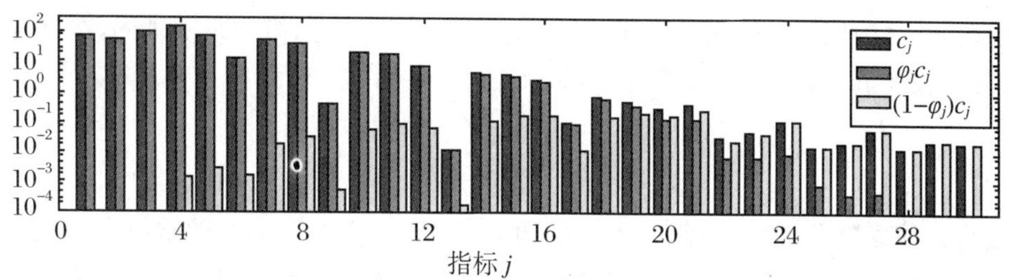

图 6.11　对于陡然下降分布的问题，傅里叶系数 c_j、过滤系数 $\varphi_j c_j$ 以及两者之差值

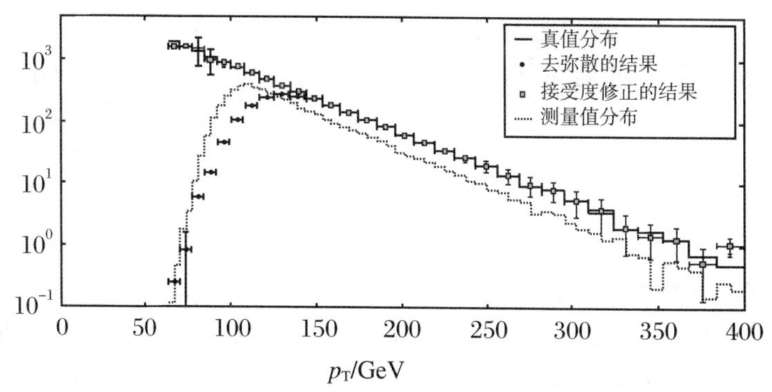

图 6.12　陡然下降分布的去弥散(详见正文)

6.4　离散余弦变换和投影法

作为实际响应矩阵 $\boldsymbol{A}$ 的 SVD 方法的一种替代方案,**投影法**中使用的是一个固定的 $n\times p$ 矩阵 $\boldsymbol{W}=\{\boldsymbol{u}_1,\boldsymbol{u}_2,\cdots,\boldsymbol{u}_p\}$。如果需要测试不同版本的矩阵 $\boldsymbol{A}$(例如检查某些系统不确定性对于响应矩阵的影响),建议利用该**固定变换矩阵**的替代方案。6.4.1 节引入的离散余弦变换可以用来确定变换矩阵 $\boldsymbol{W}$ 的列向量,通常它与由 SVD 的响应矩阵 $\boldsymbol{A}$ 计算得到的奇异向量没有多大差别。

6.4.1　离散余弦变换

离散余弦变换(DCT)表示的是 n 个实数的有限序列 $f_k(k=0,1,\cdots,n-1)$,每一个实数等于频率不同的余弦函数之和。该变换类似于**离散傅里叶变换**(DFT),不过是利用实数。DCT 经常用于大部分信号信息包含于低频成分情形下的信号处理问题,它能够将重要的成分与无关紧要的成分区分开来。这一性质使得它在信号处理和图像处理中用来对数据进行有效的压缩。一个向量 $\boldsymbol{f}$ 经离散余弦变换为系数向量 $\boldsymbol{c}$ 是通过构建向量 $\boldsymbol{f}$ 与正交矩阵 $\boldsymbol{U}_{\mathrm{DCT}}$ 的乘积来实现的,在最常见的变异型离散余弦变换 DCT-Ⅱ中,正交矩阵 $\boldsymbol{U}_{\mathrm{DCT}}$ 的矩阵元为

$$U_{jk}=\begin{cases}\sqrt{1/n}, & k=0,\\ \sqrt{2/n}\cos[\pi k(j+1/2)/n], & k=1,2,\cdots,n-1\end{cases}\tag{6.47}$$

(共有八种变异型,每一种都有不同的边界条件)。该矩阵具有性质:$\boldsymbol{U}_{\mathrm{DCT}}^{\mathrm{T}}\boldsymbol{U}_{\mathrm{DCT}}=\boldsymbol{I}$。由于 $\boldsymbol{U}_{\mathrm{DCT}}$ 与式(6.42)所示的二阶导数矩阵 $\boldsymbol{L}_2^r$(是一个对称方阵)之间存在以下关系

$$\boldsymbol{L}_1^r=\boldsymbol{U}_{\mathrm{DCT}}\boldsymbol{\Lambda}\boldsymbol{U}_{\mathrm{DCT}}^{\mathrm{T}},\quad (\boldsymbol{L}_2^r)^{\mathrm{T}}\boldsymbol{L}_2^r=\boldsymbol{U}_{\mathrm{DCT}}\boldsymbol{\Lambda}^2\boldsymbol{U}_{\mathrm{DCT}}^{\mathrm{T}},\tag{6.48}$$

故 DCT 方法对于去弥散问题是有意义的。矩阵 $\boldsymbol{L}_2^r$(以及矩阵乘积 $(\boldsymbol{L}_2^r)^{\mathrm{T}}\boldsymbol{L}_2^r$)的特征向量即是矩阵 $\boldsymbol{U}_{\mathrm{DCT}}$ 的列向量,矩阵 $\boldsymbol{L}$ 的特征值,即矩阵 $\boldsymbol{\Lambda}$ 的对角矩阵元由下式给定:

$$\lambda_k=4\sin^2\frac{k\pi}{2n},\quad k=0,1,\cdots,n-1,\tag{6.49}$$

其中 $\lambda_0=0$。

DCT 方法具有**可分离性**:一个二维阵列的变换是按照行-列算法实施的一维离散余弦变换,首先按行进行,然后按列进行(或者按相反的次序)。其结果是得到一个二维的系数阵列,后者可选择作为(例如) 图像压缩算法——JPEG 算法的基础。

图 6.3 显示的、式(6.17)的函数 $f(t)$ 的近似表达式中的余弦函数是 DCT 方法的基函数。函数 $f(t)$ 的一组等距值 $\boldsymbol{f}$ 被变换为一组系数 $\boldsymbol{c}$,这一变换过程对应

于式(6.17)所示的函数近似。向量 $\boldsymbol{f}$ 与向量 $\boldsymbol{c}$ 之间的变换通过 DCT 矩阵 $\boldsymbol{U}_{\mathrm{DCT}}$ 来实现。向量 $\boldsymbol{c}$ 通过变换 $\boldsymbol{c}=\boldsymbol{U}_{\mathrm{DCT}}^{\mathrm{T}}\boldsymbol{f}$ 求得,向量 $\boldsymbol{f}$ 则通过向量 $\boldsymbol{c}$ 的逆变换 $\boldsymbol{f}=\boldsymbol{U}_{\mathrm{DCT}}\boldsymbol{c}$ 求得。DCT 变换非常类似于奇异值分解中数据到傅里叶系数的典型变换。

图 6.13 显示了 DCT 方法中低频和高频贡献的可分离性。图 6.13(a)显示的是真值分布曲线以及模拟测量值 $\boldsymbol{f}$ 的 50 个子区间的直方图,后者的协方差矩阵为 $\boldsymbol{I}$,即每个子区间的标准差是 1。图 6.13(b)显示的则是由 DCT 方法求得的系数:曲线显示了基于真值分布的 DCT 系数迅速下降的行为。与数据对应的系数(图中用数据点表示)与数据一样具有单位协方差矩阵,因为两者之间是正交变换,这代表了所谓的**白噪声**。系数的图形清楚地表明不同频率的贡献的可分离性。系数随着指标值 k 的增大而减小,在 $k\approx20$ 附近,系数下降到 1 的水平,即频率系数统计误差的水平。所以,对于 $k>20$ 的高频率,系数的计算值 c_k 是由统计涨落决定的,而不是信号的一部分,这些 c_k 值应当代之以 0 而不至于引入偏差。将约 20 个非 0 的系数反变换到直方图的 50 个子区间,可得到一个统计涨落被压缩了的**平滑化**直方图。反变换之后,**每一个**子区间中的计数比原先的值要更精确,并且通过协方差矩阵变换的计算,方差比原先的值**更小**。因此,这一消除噪声的截断产生两个效应且不引入偏差:单个子区间的计数更为精确,但各子区间的计数间引入了正关联性。这类平滑化与去弥散中的截断效应(6.2.2.2 节)和正则化效应(6.3 节)相关联。这就解释了前面提到过的令人惊奇的现象:各个子区间的值在去弥散之后会比去弥散之前的值更精确。局域的不确定性确实减小了,付出的代价是引入了正关联,但并不改变整体的信息。

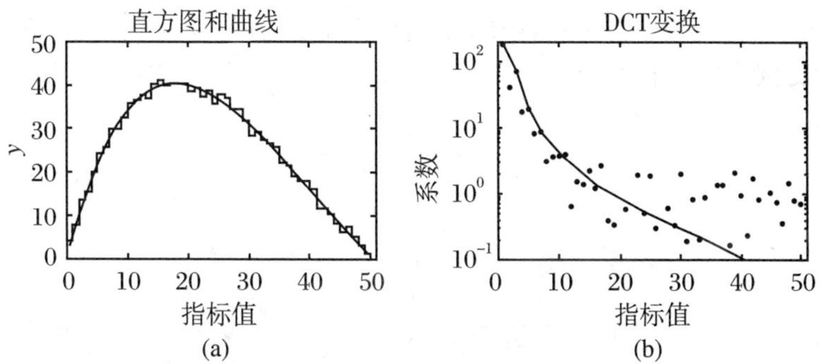

图 6.13 (a) 真值分布曲线和模拟数据直方图分布,后者具有单位协方差矩阵 $\boldsymbol{V}(\boldsymbol{x})=\boldsymbol{I}$。(b) 真值分布求得的 DCT 系数(曲线)和直方图求得的系数(小圆点)

6.4.2　投影法

投影法中使用的是一个固定的 $n\times p$ 变换矩阵 $\boldsymbol{W}=\{\boldsymbol{u}_1,\boldsymbol{u}_2,\cdots,\boldsymbol{u}_p\}$。$\boldsymbol{W}$ 的列向量的一种合适的选择是 DCT 矩阵 $\boldsymbol{U}_{\mathrm{DCT}}$ 的前 p 个列向量。通过代换 $\boldsymbol{x}\rightarrow\boldsymbol{W}\overline{\boldsymbol{x}}$

引入一个p个元素的向量$\bar{x}$。于是,最小二乘表达式(6.10)中的n个元素的向量$\boldsymbol{x}$被$\boldsymbol{W}\bar{\boldsymbol{x}}$替代:

$$F(\bar{x}) = (\boldsymbol{AW}\bar{\boldsymbol{x}} - \boldsymbol{y})^{\mathrm{T}}\boldsymbol{V}_y^{-1}(\boldsymbol{AW}\bar{\boldsymbol{x}} - \boldsymbol{y}) = (\bar{\boldsymbol{A}}\bar{\boldsymbol{x}} - \boldsymbol{y})^{\mathrm{T}}\boldsymbol{V}_y^{-1}(\bar{\boldsymbol{A}}\bar{\boldsymbol{x}} - \boldsymbol{y})。\tag{6.50}$$

在p个元素的向量$\bar{x}$的函数$F(\bar{x})$中,响应矩阵$\boldsymbol{A}$变成变换后的响应矩阵$\bar{\boldsymbol{A}} = \boldsymbol{AW}$。这一(右乘)变换也称为**预调节**或**预处理**(preconditioning)①。由$F(\bar{x})$的极小化求得向量$\bar{\boldsymbol{x}}$,其分量$\bar{x}_j$乘上式(6.38)的过滤因子φ_j之后被反变换为去弥散的估计值$\hat{\boldsymbol{x}} = \boldsymbol{W}\bar{\boldsymbol{x}}$。

也可以利用一个适当的矩阵(例如$\boldsymbol{W}^{\mathrm{T}}$)与方程$\boldsymbol{Ax} = \boldsymbol{y}$进行左乘来进行变换。这两种变换可以合并表示为

$$\boldsymbol{W}^{\mathrm{T}}\boldsymbol{AW}\bar{\boldsymbol{x}} = \bar{\boldsymbol{A}}\bar{\boldsymbol{x}} = \boldsymbol{W}^{\mathrm{T}}\boldsymbol{y} = \bar{\boldsymbol{y}}。\tag{6.51}$$

响应矩阵$\boldsymbol{A}$变换为几乎是**对角矩阵**的变换后响应矩阵$\bar{\boldsymbol{A}} = \boldsymbol{W}^{\mathrm{T}}\boldsymbol{AW}$的效果与SVD达到的效果相类似。利用过滤因子$\varphi_j$以及截断处理来实现正则化是可能的。在响应矩阵$\boldsymbol{A}$的不同版本的测试中(例如根据不同假设的蒙特卡洛模拟来确定响应矩阵$\boldsymbol{A}$),利用固定变换矩阵$\boldsymbol{W}$的投影方法被推荐使用以获得稳定的结果。

6.4.3　低通正则化

与6.3节描述的正则化不同,这里提出了通过元素x_j的重新定义$x_j = 1/4\ \tilde{x}_{j-1} + 1/2\ x_j + 1/4\ \tilde{x}_{j+1}$以对朴素去弥散方法带有振荡性质的结果$\tilde{\boldsymbol{x}}$进行某种平滑化的建议[29-30]。这类平滑化甚至能够通过因子a_j的调节来加以优化,这里a_j是朴素去弥散结果的协方差矩阵$\boldsymbol{V}_x$的矩阵元平滑化方案$x_j = a_j\tilde{x}_{j-1} + (1-2a_j)\tilde{x}_j + a_j\tilde{x}_{j+1}$中的可调因子,不过通常它的值与$a_j = 1/4$没有多少差别。这一**低通正则化**可以利用变换$\boldsymbol{x} = \boldsymbol{T}\tilde{\boldsymbol{x}}$近似地描述,$\boldsymbol{T}$是对称低通方矩阵,例如对于$n = 5$,$\boldsymbol{T}$的表达式为

$$\boldsymbol{T} = \frac{1}{4}\begin{pmatrix} 2 & 1 & 0 & 0 & 0 \\ 1 & 2 & 1 & 0 & 0 \\ 0 & 1 & 2 & 1 & 0 \\ 0 & 0 & 1 & 2 & 1 \\ 0 & 0 & 0 & 1 & 2 \end{pmatrix} \in \mathbf{R}^{5\times 5}。\tag{6.52}$$

$n \times n$的低通方矩阵$\boldsymbol{T}$对于特征值分解具有闭合解表达式$\boldsymbol{T} = \boldsymbol{S\Lambda S}^{\mathrm{T}}$,其中$\boldsymbol{T}$的特征向量是正交矩阵$\boldsymbol{S}$的列向量,$\boldsymbol{S}$的矩阵元为$S_{ij} = \sqrt{2/(n+1)} \cdot \sin[\pi ij/(n+1)]$。对于$j = 1,2,\cdots,n$,其特征值为

$$\lambda_j = \frac{1}{2} + \frac{1}{2}\cos\frac{\pi j}{n+1} = \cos^2\left(\frac{\pi}{2}\frac{j}{n+1}\right),\tag{6.53}$$

它表示的是低通过滤器的**传递函数**(transfer function)。如果与式(6.38)的过滤

① 预调节用以改善迭代法的收敛性;一个合适的矩阵$\boldsymbol{W}$能够改善方程组的状态。

函数对比，则这里不需要出现正则化参数，但是解向量 $\boldsymbol{x}$ 的分量个数 n 的作用与正则化参数相似。

6.5 迭代法去弥散

直接的矩阵去弥散方法（即非迭代），例如 SVD，不能用于维度参数 m 和 n 很大的问题。在这种情形下，需要构建并使用去弥散的迭代法，其中维度很大的稀疏响应矩阵 $\boldsymbol{A}$ 只出现在乘积之中，从而避免了额外的内存空间。这类迭代方法以隐式正则化为其特征，并且具有所谓的**半收敛特性**(semi-convergence)。从解的某个初始值 $\boldsymbol{x}^{[0]}$ 开始，第一次迭代即会有显著的改善，但然后其收敛速度变慢；经过多次迭代后所求得的解通常与朴素解类似，包含很大的噪声成分。本质上，迭代法初始有很强的正则化特征，但这一特征在迭代过程中逐渐消失。在已经达到可接受的 χ_y^2 值的情形（偏差准则[26]）下，迭代必须尽早停止。由于无法获得类似于有效正则化逆矩阵 $\boldsymbol{A}^{\#}$ 那样的矩阵，因而不存在进行直接协方差矩阵计算的方案。协方差矩阵的估计需要借助蒙特卡洛方法。

Lucy-Richardson 去卷积。用于图像去模糊的一种算法是迭代 **Lucy-Richardson 去卷积**[31-32]。在这一方法中，响应矩阵被设定为**点扩散函数**(point spread function)，例如在一个模糊化的图像中，点扩散函数可以描述单个像素中的光扩散到多个像素的行为。该算法被用于哈勃太空望远镜获取的图像和光谱的去卷积。利用贝叶斯定理可以导出第 $k+1$ 次迭代的公式：

$$x_j^{[k+1]} \equiv \frac{x_j^{[k]}}{\varepsilon_j}\sum_{i=1}^{m}\frac{y_i}{c_i}A_{ij}, \quad c_i = \sum_{j=1}^{n} A_{ij}x_j^{[k]}, \quad \varepsilon_j = \sum_{i=1}^{m} A_{ij}。 \tag{6.54}$$

根据经验，对于泊松分布的数据，该方法收敛于极大似然解。

Landweber 迭代法。一种标准的迭代方法是 Landweber 迭代法[33]，它是根据最小二乘正规方程 $\boldsymbol{A}^{\mathrm{T}}\boldsymbol{A}\boldsymbol{x} = \boldsymbol{A}^{\mathrm{T}}\boldsymbol{y}$ 导出的，第 $k+1$ 次迭代的公式为

$$\boldsymbol{x}^{[k+1]} \equiv \boldsymbol{x}^{[k]} + \omega\boldsymbol{A}^{\mathrm{T}}(\boldsymbol{y} - \boldsymbol{A}\boldsymbol{x}^{[k]}), \quad 0 < \omega < \frac{2}{\sigma_1^2}, \quad k = 0,1,2,\cdots, \tag{6.55}$$

式中**松弛因子**(relaxation factor) ω 的引入是为了使得迭代达到收敛（σ_1 是 $\boldsymbol{A}$ 的最大奇异值）。它的半收敛特性对应于隐式正则化，其过滤因子近似地等于[1-2]

$$\varphi_j^{[k]} \approx 1 - (1-\omega\sigma_j^2)^k \approx \begin{cases} 1, & \text{大的 } \sigma_j^2, \\ k(\omega\sigma_j^2), & \sigma_j^2 \ll 1/\omega, \\ \to 0, & \sigma_j^2 \to 0。 \end{cases} \tag{6.56}$$

其迭代次数是正则化参数。在实际使用中，只进行少数几次迭代，在这几次迭代中，大奇异值项的贡献很快就达到收敛。小奇异值项的贡献收敛极慢，而且初始值设定的那些成分仍然在解中存在。迭代停止的客观标准是不知道的，对于图像去

模糊这类应用,并不需要知道这样的客观标准,因为并不需要知道协方差矩阵。

粒子物理中的迭代方法。尽管对于直接矩阵方法而言,通常参数个数相当少并且不存在 CPU 机时和内存空间的问题,但迭代法在粒子物理中仍然使用得相当普遍。如果观测值分布与真值分布几乎相同,那么可以使用 $m = n$($\boldsymbol{x}$ 和 $\boldsymbol{y}$ 的子区间划分相同)的**逐子区间修正因子法**[6,34],这种方法起源于粒子物理中的早期接受度修正方法。

曾经尝试过对于 MC 模拟样本通过重新赋权进行迭代调节来实现具有**正确的**输入分布 $f(t)^{\mathrm{model}}$ 的模拟,也就是该模拟样本的分布平均地能够给出观测值分布 $\boldsymbol{y}$ 的合理描述(例如,“重新赋值直到蒙特卡洛样本精确地重现观测值 $p_{\mathrm{T,cal}}^{\mathrm{jet}}$ 的分布为止”[28])。原则上,通过这样的调节已经完成了去弥散,但它通常是在利用一个**对角化去弥散矩阵** $\boldsymbol{M}_x$ 进行逐子区间去弥散 $\boldsymbol{x} = \boldsymbol{M}_x\boldsymbol{y}$ 的准备阶段完成的,$\boldsymbol{M}_x$ 的矩阵元 $(\boldsymbol{M}_x)_{ii} = x_i^{\mathrm{MC}}/y_i^{\mathrm{mc}}$ 为正值,利用经过调节的 MC 模拟样本(MC 模型 $\boldsymbol{x}^{\mathrm{model}}$ 等于预期结果作为输入)来确定 $(\boldsymbol{M}_x)_{ii}$ 的值。因此,迁移效应导致的修正因子是基于固定的 MC 输入分布确定的。计数落入 $\boldsymbol{x}$ 和 $\boldsymbol{y}$ 的同一子区间的概率要求很大(高纯度),因此测量过程中的任何非线性畸变效应必须事先修正。

对于**线性** Fredholm 积分方程情形下的实际去弥散问题,并不必须进行这样的调节;但对于真值分布与测量过程之间存在非线性关系的复杂物理过程而言,进行这样的调节可能是有益处的。在粒子物理中使用的其他迭代方法中,去弥散矩阵 $\boldsymbol{M}_x$ 是在迭代过程中逐步改善的,将它应用于数据 $\boldsymbol{y}$ 可给出改善了的估计值 $\boldsymbol{x}^{[k+1]} = \boldsymbol{M}_x^{[k]}\boldsymbol{y}$。在粒子物理中,一种与 Lucy-Richardson 卷积(参见式(6.54))相同的方法[35](其中响应矩阵利用点扩散函数(PSF)确定),也被应用于通常用常规响应矩阵方法处理的问题。矩阵 $\boldsymbol{M}_x$ 依赖于估计值 $\boldsymbol{x}^{[k]}$,而且不具有正则化有效逆矩阵 $\boldsymbol{A}^{\#}$ 的性质。该方法的收敛性相应于“定点关系” $\boldsymbol{x} = \boldsymbol{M}_x\boldsymbol{y} = \boldsymbol{M}_x\boldsymbol{A}\boldsymbol{x}$,但是分辨率矩阵 $\boldsymbol{\Xi} = \boldsymbol{M}_x\boldsymbol{A}$ 不等于单位矩阵 $\boldsymbol{I}$,并且“定点关系”仅对所使用的向量 $\boldsymbol{x}$ 才成立。因此,对 MC 输入分布 $\boldsymbol{x}^{\mathrm{model}}$ 之外的任意 $\boldsymbol{x}$,存在非 0 的系统去弥散误差 $\Delta\boldsymbol{x}_{\mathrm{sys}} = (\boldsymbol{\Xi} - \boldsymbol{I})\boldsymbol{x}$(参见式(6.35))。

迭代方法中的去弥散矩阵 $\boldsymbol{M}_x$ 的矩阵元均为正值,在逐子区间方法中甚至只有对角元素。一般而言,对于一个可接受的 χ_y^2 值,由该方法能够得到一个合理的解。但是,通常在数据点之间存在数值相当大而未知的正关联,这相应于一种很强的“平滑化”,从而“导致不切实际的优化结果”[3]。由于上面提到矩阵 $\boldsymbol{M}_x$ 的性质(其值依赖于解 $\boldsymbol{x}$,且矩阵元均为正值),无法依照常规的误差传递公式根据协方差矩阵的计算来给出各子区间之间关联的定量表述。

6.6 粒子物理中的去弥散问题

6.6.1 粒子物理实验

在粒子物理中,对高能粒子的对撞**事例**进行记录和重建。当对于大量事例进行物理分析时,每一个事例是利用多个变量描述的,分析中通常用到单个变量的分布或成对变量的分布。原始测量值的直方图分布利用向量 $\boldsymbol{y}$ 表示,不确定性利用协方差矩阵 $\boldsymbol{V}_y$ 描述,如果只考虑统计涨落,通常假定 $\boldsymbol{V}_y$ 是一对角矩阵。如果原始测量值的分布受到 6.1.1 节提到的那些效应(例如有限分辨率和有限接受度)的影响,则不能将这一分布直接视为测量对象的真值分布,也不能与其他测量数据或理论预期进行直接的比较。在一个实际的实验中,必须确定系统不确定性的诸多来源,并逐一修正。

通常数据的修正如本底扣除、接受度修正、子探测器响应的非线性修正是在去弥散之前、对原始测量值分布进行若干个分析步骤加以实现的,这一做法使得不确定性的误差传递虽然不至于完全不可能,但变得十分困难。利用蒙特卡洛模拟来描述测量过程(其中考虑到了已知的系统不确定性的效应)有诸多优点。这样的模拟数据能够用来确定响应矩阵,利用响应矩阵通过**单一步骤的处理**,经**弥散化**运算即可以求得某个理论模型预期的测量值分布,或者实现原始数据的复杂的**去弥散**处理。这一包含了所有修正的单一步骤的处理使得数据的统计性质能够在分析中被考虑在内,所求得的结果的不确定性得到更好的控制。不论是弥散化还是去弥散,均需要考虑小奇异值贡献项对应的测量值有限灵敏度的影响,这一点在 6.2.1 节式(6.25)和 6.2.3 节中已经描述。

弥散化。对于下面陈述的特定情形,可以利用某一理论模型的**弥散化**来直接解释测量值数据分布 $\boldsymbol{y}$:

• 与模型 $f(t)^{\text{model}}$ 的理论预期的比较。假设模型**没有自由参数**,我们可以利用**弥散化**处理而无需去弥散:若模型的预期值用向量 $\boldsymbol{x}^{\text{model}}$ 表示,则模型预期的**测量值分布**可表示为 $\boldsymbol{y}^{\text{model}} = \boldsymbol{A}\boldsymbol{x}^{\text{model}}$。为了对预期值和测量值进行定量的统计比较,我们**无需去弥散**处理即可计算 χ^2 值 χ_y^2:

$$\chi_y^2 = (\boldsymbol{y}^{\text{model}} - \boldsymbol{y})^{\mathrm{T}} \boldsymbol{V}_y^{-1} (\boldsymbol{y}^{\text{model}} - \boldsymbol{y}), \tag{6.57}$$

以及自由度 m(对于子区间数 m 的直方图)的 χ_y^2 的 p 值。比较结果:若 p 值是可接受的,则"两者相容";若 p 值不可接受,则"两者不相容"。

去弥散。另外两种情形需要进行去弥散处理,即利用协方差矩阵 $\boldsymbol{V}_x$ 对分布 $\hat{\boldsymbol{x}}$ 进行重建:

- 通过理论参数化模型 $f(t;\boldsymbol{a})^{\text{model}}$ 的拟合确定参数 $\boldsymbol{a}$。

用 $\boldsymbol{x}^{\text{model}}(\boldsymbol{a})$ 表示的理论分布与重建分布 $\hat{\boldsymbol{x}}$ 通过 χ^2 表达式对参数 $\boldsymbol{a}$ 的极小化进行拟合：

$$F(\boldsymbol{a}) \equiv \chi_x^2 = [\boldsymbol{x}^{\text{model}}(\boldsymbol{a}) - \hat{\boldsymbol{x}}]^{\mathrm{T}} \boldsymbol{V}_x^{-1} [\boldsymbol{x}^{\text{model}}(\boldsymbol{a}) - \hat{\boldsymbol{x}}]。 \tag{6.58}$$

这一拟合仅对非奇异协方差矩阵 $\boldsymbol{V}_x$ 才是可行的（参见 6.6.4 节的讨论），这就要求 $\hat{\boldsymbol{x}}$ 的子区间数 n 很少。去弥散处理的优点在于，在**以后**推演得到的理论预期可以利用重建分布进行检查。对于**确定的已知模型，推荐的方法**是 6.1.5 节导出的**参数化去弥散**，它能够避免奇异协方差矩阵带来的潜在问题。

- 与其他实验的比较：

两个实验通过重建分布 $\hat{\boldsymbol{x}}_1, \boldsymbol{V}_{x,1}$ 与 $\hat{\boldsymbol{x}}_2, \boldsymbol{V}_{x,2}$ 进行对比。定量比较的 χ^2 表达式

$$\chi_x^2 = (\hat{\boldsymbol{x}}_1 - \hat{\boldsymbol{x}}_2)^T (\boldsymbol{V}_{x,1} + \boldsymbol{V}_{x,2})^{-1} (\hat{\boldsymbol{x}}_1 - \hat{\boldsymbol{x}}_2) \tag{6.59}$$

仅对非奇异的协方差矩阵是可计算的。

在实际的实验中，本底贡献可能有多个来源并具有系统不确定性。本底贡献可能有统计不确定性和尺度因子的不确定性。其中的某些不确定性可能对去弥散处理本身有重要的影响。必须对这样的不确定性的效应进行研究，并需要对测量步骤和物理过程有详尽的理解。这类研究通常需要在不同的条件下重复地确定响应矩阵并进行去弥散（或弥散化）处理，例如某些物理量的数值改变系统不确定性的 $\pm 1\sigma$（标准差），以求出相应的重建分布 $\hat{\boldsymbol{x}}_+$ 和 $\hat{\boldsymbol{x}}_-$。根据 $\hat{\boldsymbol{x}}_+$ 和 $\hat{\boldsymbol{x}}_-$ 间的差值可以估计结果的系统不确定性。

响应矩阵的计算和检查。去弥散处理通常需要利用蒙特卡洛模拟对响应矩阵进行精确的计算。为了避免增加额外的统计不确定性，需要进行大统计量的模拟。响应矩阵的元素的统计不确定性可以通过式(6.29)定义的容差 δ 控制。蒙特卡洛模拟中利用的模型 $f(t)^{\text{model}}$ 的细致调节是不重要的，因为去弥散算法自身将进行细致的调节。

响应矩阵 $\boldsymbol{A}$ 正确性的检验是更为重要而通常是更为困难的任务。响应矩阵中的任何错误都将对重建分布产生某种系统性的效应。实际测量值与模拟得出的测量值之间的偏差所导致的影响一般难以估计。

以下是对模拟结果进行检查的一个例子。动量传递平方 Q^2 的分布利用 Q^2 的测量值分布 $\boldsymbol{y}$ 直接进行去弥散处理。Q^2 的分布 $\hat{\boldsymbol{y}}$ 是通过 Q^2 的去弥散后的分布 $\hat{\boldsymbol{x}}$ 计算求得的，$\hat{\boldsymbol{y}} = \boldsymbol{A}\hat{\boldsymbol{x}}$，$\hat{\boldsymbol{y}}$ 与测量值分布 $\boldsymbol{y}$ 将很好地一致，因为在去弥散的拟合中两者的差异已经被极小化。响应矩阵中存在的错误导致的效应将变得不明显。动量传递平方 Q^2 是根据测量的极角 ϑ 和测量的能量 E 计算的。模拟的品质可以通过 ϑ 和 E 的直接测量值分布与按照去弥散的结果**重赋权值**的模拟样本的对应分布的对比进行检查。在这样的对比中，测量极角 ϑ 的探测器的校准中的错误，或者能量 E 的刻度中的错误会变得很明显。6.7 节中将介绍的计算程序 RUN 支持对模拟的这种检查。这一检查要求去弥散的结果被表述为一个内部**连续函数**（目的

是确定各个重赋权值因子),作用于包含必须用到的数据的 **n 元数组**(n-tuple)①。在上面的例子中,该 n 元数组必须包含 Q^2,ϑ 和 E。在动量传递平方 Q^2 的去弥散处理中,计算程序 RUN 也可以选择利用测量值的二维分布(ϑ,E)。

响应矩阵正确性的检查,即重建与模拟的品质的检查,可能是分析过程中最费时间的部分,特别是如果检测到存在错误而必须进行修正的情形下,更是如此。

在一个实验测量中,测量值变量的某些区域可能无法达到,例如在一个高能实验中,非常低的横动量区域无法测量到。该区域中的横动量分布无法被重建,但是,通过迁移效应,该区域的横动量仍然会对可测量横动量区域的分布产生影响。在这种情形下,模型 $f(t)^{\text{model}}$ 应当对于不可测量区域的分布给出合理的描述,以对迁移效应给出一个好的估计。

6.6.2 平滑分布的去弥散

在许多去弥散问题中,对于真值分布的一般性质已经有了某种先验知识。通常,真值分布被认为是相当平滑的;在这种情形下,基于二阶导数的正则化一般是适用的。需要区分下述两种情形。

- **迁移问题**。粒子物理中的许多去弥散问题可以归类为**迁移**问题。由于迁移效应的存在,诸多变量的测量值与其真值是有差别的,但并不导致响应函数的大的非线性;测量值分布本质上是平滑化了的真值分布。此外,测量值分布受到有限接受概率的影响,对此必须加以修正。在实际问题中,原先纯粹为了接受度修正而研发的逐子区间修正因子方法[34]通常被应用于 $n = m$ 时的迁移问题。

- **变换问题**。某些物理变量是不可直接测量的,但是变量变换的去弥散方法使得这些物理变量可以被利用。变换问题的一个例子是标度变量 y 的微分截面 $\mathrm{d}\sigma/\mathrm{d}y$ 的确定,在中性流中微子实验中[36],标度变量 y 定义为 $y = E_{\text{hadron}}/E_{\nu,\text{in}}$,这里标度变量的逐事例重建是不可能的,因为能够测量的只有强子簇射的能量 E_{hadron} 和对于束流轴线的相互作用半径 r。在蒙特卡洛模拟中,对于给定的截面 $\mathrm{d}\sigma/\mathrm{d}y$,利用已知的中微子能谱(作为 r 的函数),可以确定二维分布(E_{hadron},r)。去弥散处理可以依据分布(E_{hadron},r)导出截面 $\mathrm{d}\sigma/\mathrm{d}y$。

变换问题的另一个例子已经在 6.6.1 节的末尾叙述了,其中讨论了利用测量值(ϑ,E)的二维分布导出动量传递平方 Q^2 分布的方法。

在变换问题中,即使真值分布是一维变量,如果有一些额外的测量值变量与真值变量具有关联性,或许也需要将这些额外的测量值变量包含进来。在前面的中微子实验的例子中,这样做是必要的;但是在其他实验中利用额外的测量信息,将有助于减小重建结果的不确定性。这种情形下,类似于逐子区间修正因子[34]那样的简单方法当然是无效的。

---

① 译者注:一个 n 元数组包含 n 个分量,它们表示的是描述一个事例的 n 个特征变量的测量值。

对于利用正交化方法和二阶导数正则化方法处理的平滑而无结构的分布,傅里叶系数 c_j 随着指标值 j 的增加而减小的速度很快,能够很好地确定为数不多的几个具有重要性的系数。正则化参数可以通过傅里叶系数 c_j 的谱,或通过 L 曲线确定。仅在数据的相对精度较差的情形下才可利用简单的规范正则化;按照式(6.40)对结果引入某种先验假设 $\boldsymbol{x}_0$,能够避免规范正则化和二阶导数正则化中产生的偏差。

在曲率(或二阶导数)**变化剧烈**的连续分布中,奇异值随着指标 j 增加而减小的速度是缓慢的(见 6.2.2 节),这样的连续分布通常可以利用变量变换转换为曲率变化较小且奇异值下降迅速的平滑分布,从而改善去弥散的结果。这种变换可以施加于测量值和/或真值分布的变量。作为例子,讨论了对于快速下降的能量和动量分布的平方根变换。如果进行变换的变量具有相同的子区间宽度且有相当一致的分辨率和统计量,则这种变量变换能够改善去弥散的性能。由逆变换求得的重建分布各子区间宽度会不相等,分辨率和统计量与各子区间宽度相适应。

测量值分布和去弥散后的分布的子区间数 m 和 n 需要由分析者来选定。m 应当足够大以避免过宽的子区间导致分辨率变差。对于 n 值的选择,则应当考虑到通常有效自由度比较小的要求(参见 6.6.4 节的讨论)。对于正则化方法,要求 $n<m$,一般推荐 $n\approx m/2$。

对于具有狭窄结构(峰和谷)的分布,傅里叶系数 c_j 随着指标 j 的增大而减小的速度很慢,傅里叶系数的个数需要比较多,以避免有物理意义的结构的重建出现偏差。对于多个窄峰的情形,推荐利用参数化去弥散方法(参见 6.1.5 节),并对每个峰给定明确的参数来进行去弥散处理。

6.6.3 非平滑分布的去弥散

在粒子物理的某些去弥散问题中,观测的事例必须被指定为不同的事例类别,这种情形下会出现不同事例类别的“混杂”现象,即由探测器的有限分辨率导致的事例类别的误判。粒子物理中这样的例子之一是事例分为**带电流**事例和**中性流**事例,或者指定为“N 喷注”事例。在这种情形下,直接过程或其逆过程中的变量 s 和 t 都是整型量。对于子区间数(事例类别数)很少的情形,基于导数的正则化方法无法使用,或者在事例类别为固定值情形下,对于类别的指定问题没有意义。但规范正则化方法仍然可以且推荐使用。通常没有标准的去弥散计算程序可以使用,因为需要处理具体的实验条件,比如困难的本底贡献问题。针对性的专业化代码是必需的,例如利用标准的拟合程序(如 MINUIT[10])。在后面 6.8 节中的习题甚至可以仅仅用笔来求解。

另一个值得仔细研究的例子是带电粒子的多重数分布,其中每个带电粒子的接受概率和分辨率取决于动量分布;因此,利用蒙特卡洛事例样本确定响应函数、对多重数分布进行去弥散处理至少要求我们检查动量分布是否得到正确的模拟。

6.6.4 正则化去弥散结果的表述

正则化去弥散的结果是一个有 n 个分量的向量 $\hat{\boldsymbol{x}}$(它是"真值"函数 $f(t)$的一种表述),以及一个 $n\times n$ 协方差矩阵$\boldsymbol{V}_x$,这里 n 的数值由分析者确定。由于有限的分辨率导致不同子区间之间出现迁移现象,故重建分布 $\hat{\boldsymbol{x}}$ 的各子区间事例数不可避免地存在相互间的关联,它定量地体现为协方差矩阵 $\boldsymbol{V}_x$ 存在非 0 的非对角矩阵元。在正则化方法(6.3 节)中,选择一个适当的正则化参数 τ 的值,使得我们能够找到问题的解,而且相互间的关联得到减小。

为了表述去弥散的结果,选择比较大的 n 值比较好(尽管关联随 n 值的增大而增大),通常选择 n 值远大于测量的有效自由度数。测量的有效自由度数可以利用不同的方法估计。方法之一是通过$\boldsymbol{V}_x$ 的对角化,数一数有意义的非 0 特征值的个数 k,即等于协方差矩阵的有效秩 k。另一种方法是依据过滤因子之和来估计有效自由度数:

$$n_{\mathrm{df}} \approx \sum_{j=1}^{n} \varphi_j = \sum_{j=1}^{n} \frac{\sigma_j^2}{\sigma_j^2+\tau} \equiv \sum_{j=1}^{n} \frac{\lambda_j}{\lambda_j+\tau}。 \tag{6.60}$$

去弥散程序 RUN[15-16]就利用这一估计给出有效自由度数。避免奇异矩阵问题的一种方法是提供数据点数 n 等于n_{df}或比它大出不多情形下的去弥散结果,在这种情形下,矩阵的有效秩 k 接近于n。

如果选择了比较大的 n 值,从有效秩 $k(k<n)$来计算 n 个子区间的事例数,那么向量 $\hat{\boldsymbol{x}}$ 的各分量之间存在大的正关联,这将使得去弥散后的数据的图形呈现误导性的**平滑**形状。这一图形很难解释,并且不能与理论预期值进行定量的比较,因为协方差矩阵$\boldsymbol{V}_x$ 是秩亏为$n-k$ 的奇异矩阵。当然,可以利用原始数据(而不是利用去弥散后的数据)进行 6.1.5 节所描述的参数化拟合。

图 6.14 是对于选择一个合理的子区间数 n 这一问题的图示。在图 6.14(a)中,近似地 $n_{\mathrm{df}}\approx 10$ 的数据点取自文献[24],去弥散后的数据显示为 40 个子区间的分布。图 6.14(b)中去弥散后的数据则显示为 10 个子区间的分布。这两个结果连同它们对应的协方差矩阵在统计意义上是正确的且等价的。40 个数据点的图形给人的印象是结果比较精确,但是,与右图的满秩数据的对比显现了真实的信息量。应当指出,如果数据是正关联的,将 4 个数据点合并为一个数据点使误差减小的因子不是 1/2 而是小于 1/2。在粒子物理中,对于去弥散结果的表述方式似乎没有一致的意见。

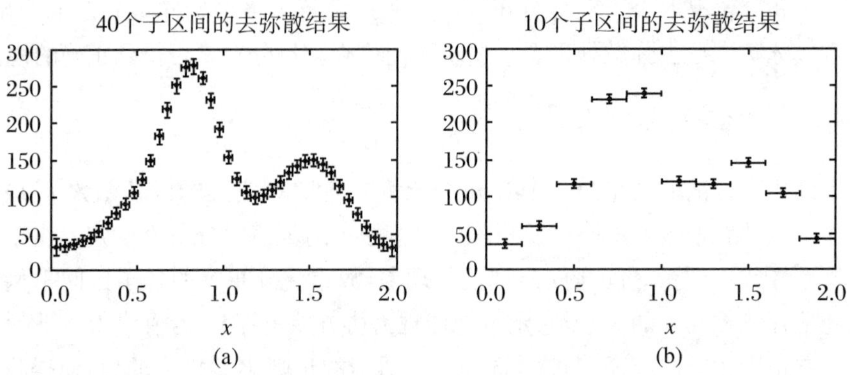

图 6.14　去弥散结果的图示。(a) 40 个相互关联的重建数据点。(b) 10 个数据点。图(a)的数据点取自文献[24]

6.7　高能物理中使用的去弥散程序

粒子物理中使用了基于正则化方法的若干个通用程序,描述如下。文献[37]给出了它们的概述。在 Phystat 2011 国际会议的去弥散工作会议上,讨论了若干个程序及其应用[38]。一般而言,正则化使用的是二阶导数构成的矩阵 $\boldsymbol{L}$,但其他选项也是可能的。

LR。(1972)迭代 Lucy-Richardson 算法基于泊松分布输入数据的极大似然法,可以应用于大量输入数据的情形(例如图像去模糊、二维数据);不计算协方差矩阵。如 6.5 节提到的,通过限制迭代次数达到正则化。响应函数是一个 PSF:它描述了向邻近的数据点的迁移效应。在粒子物理中,这种方法的可使用程序称为 BAYES UNFOLDING(1995)[35],它同样基于 Lucy-Richardson 迭代算法。

RUN。(1984)[15-16]起初是为中性流中微子实验而研发的通用程序,它对于测量值分布为一维到三维的情形,可以重建一维分布。其他程序要求测量值分布以直方图数据输入,并需要有响应矩阵,但 RUN 的输入要求是数据的 n 元数组、MC 模拟数据和本底。这种方式使得在离散化处理中可以利用 B 样条函数,从而避免直方图不连续性带来的问题。此外,利用变换后的分布进行去弥散处理易于实现。基于泊松分布输入数据的极大似然法,该程序利用具有正交性的二阶导数正则化以及一个用户定义的有重要意义的系数的有效个数。该程序还包含一个选项来检查 6.6.1 节末尾解释过的响应矩阵的计算。一个名为 TRUEE 的 C++ 代码已经得到应用[39]。

GURU。(1996)[24]基于 SVD,利用二阶导数正则化来确定最小二乘解。SVD

能够求得有充分根据的正则化参数的估计。正则化参数是SVD认可的、用户定义的有重要意义系数的有效个数。

TUNFOLD。(2010)[40]这是一个功能灵活的程序，它可以利用最小二乘法重建多维分布；对于一维以上的分布，所有子区间的计数必须都加以记录并以一维的形式进行拟合。用户可以选择不同的正则化矩阵，但是不做正交化处理。正则化参数利用L曲线方法确定。该程序提供了系统误差传递的计算方法以及本底扣除的去弥散计算方法。

程序GURU和TUNFOLD容许用户定义正则化参数的数值。如果将二阶导数正则化应用于一维问题，当正则化参数的数值相同时，这两种最小二乘法的结果应当相同。直接(即非迭代)方法可以通过不确定性的传递计算来求得协方差矩阵。此外，6.5节已经提及，已经有迭代方法可以使用；在迭代方法中，协方差矩阵必须利用蒙特卡洛方法估计。

为了使去弥散程序的应用简易化，在ROOT软件包[42]中研发了ROOUNFOLD架构[41]。特别是其中包含了与程序GURU和TUNFOLD的接口。前面提及的BAYES UNFOLDING程序作为一种利用矩阵直接求逆的简易方法(见6.1.2节)也包含在内。最后，逐子区间修正因子方法[34]也可以利用，以与其他方法进行比较。

6.8 习 题

习题6.1 两个测量值的去弥散问题。考察有两个测量值和两个真值的一个去弥散问题。假定真值和测量值分别为

$$\boldsymbol{x}=\begin{pmatrix}25\\16\end{pmatrix},\quad \boldsymbol{y}=\begin{pmatrix}20\\20\end{pmatrix}$$

(其中的数字是事例数)。响应矩阵$\boldsymbol{A}$对于分辨率不同的两个探测器分别是

$$\boldsymbol{A}_a=\begin{pmatrix}0.8 & 0.1\\0.2 & 0.9\end{pmatrix},\quad \boldsymbol{A}_b=\begin{pmatrix}0.7 & 0.4\\0.3 & 0.6\end{pmatrix}。$$

试根据测量数据$\boldsymbol{y}$，利用矩阵方法或其他方法确定去弥散数据$\boldsymbol{x}$及其不确定性和两个分量间的关联性。

参考文献

[1] Hansen P C. Rank-Deficient and Discrete Ill-Posed Problems: Numerical Aspects of Linear Inversion [Z]. SIAM monographs on mathematical modeling and computation. Society for Industrial and Applied Mathematics, 1997.

[2] Hansen P C. Discrete Inverse Problems: Insight and Algorithms, Fundamentals of Algorithms [Z]. Society for Industrial and Applied Mathematics, 2010.

[3] Kaipio J, Somersalo E. Statistical and computational inverse problems [M]//Applied Mathematical Science, vol. 160. Springer, 2004.

[4] Vogel C R. Computational Methods for Inverse Problems [Z]// SIAM Frontiers in Applied Mathematics, Society for Industrial and Applied Mathematics, 2002.

[5] Blobel V, Lohrmann E. Statistische und numerische Methoden der Datenanalyse [M]. Teubner, 1998.

[6] Cowan G. Statistical Data Analysis [M]. Oxford University Press, 1998.

[7] de Boor C. A Practical Guide to Splines [M]. Springer, 1978.

[8] Kaipio J, Somersalo E. Statistical inverse problems: Discretization, model reduction and inverse crimes [J]. J. Comput. Appl. Math., 2007, 198: 493.

[9] Blobel V. An unfolding method for high-energy physics experiments [Z]. Proc. Adv. Stat. Techn. Part. Phys. Durham, 2002. arXiv: hep-ex/0208022.

[10] James F, Roos M. Minuit: A system for function minimization and analysis of the parameter errors and correlations [J]. Comput. Phys. Commun., 1975, 10: 343.

[11] Gagunashvili N. Parametric fitting of data obtained from detectors with finite resolution and limited acceptance [J]. Nucl. Instrum. Methods A, 2011, 635: 86.

[12] Wilkinson J H, Reinsch C. Handbook for Automatic Computation: Vol. 2, Linear Algebra [M]. Springer, 1971.

[13] Bjork A. Numerical Methods for Least Squares Problems [Z]. Society for Industrial and Applied Mathematics, 1996.

[14] Golub G H, van Loan C F. Matrix Computations [M]. John Hopkins

University Press, 1983.

[15] Blobel V. Unfolding methods in high energy physics experiments [C]. Proc. 1984 CERN School of Computing, Aiguablava, Spain, 1984. CERN-85-09 and DESY 84-118.

[16] Blobel V. The run manual: Regularized unfolding for high-energy physics experiments [R]. OPAL Technical Note TN361, 1996.

[17] Courant R, Hilbert D. Methoden der mathematischen Physik I [M]. Springer, 1924.

[18] Press W H, et al. Numerical recipes: The art of scientific computing [M]. Cambridge University Press, 1992.

[19] Jaynes E. Information theory and statistical mechanics [J]. Phys. Rev., 1957, 106: 620.

[20] Schmelling M. The method of reduced cross-entropy: A general approach to unfold probability distributions [J]. Nucl. Instrum. Methods A, 1994, 340: 400.

[21] Phillips D L. A technique for the numerical solution of certain integral equations of the first kind [J]. J. Assoc. Comput. Mach., 1962, 9: 84.

[22] Tikhonov A. On the solution of improperly posed problems and the method of regularization [J]. Sov. Math., 1963, 5: 1035.

[23] Tikhonov A, Arsenin V. Solutions of Ill-Posed Problems [M]. Wiley, 1977.

[24] Höcker A, Kartvelishvili V. SVD approach to data unfolding [J]. Nucl. Instrum. Methods A, 1996, 372: 469.

[25] Paige C. The general linear model and the generalized singular value decomposition [J]. Linear Algebra Appl., 1985, 70: 269.

[26] Morozov V. On the solution of functional equations by the method of regularization [J]. Sov. Math. Dokl., 1966 (7): 414.

[27] Lawson C L, Hanson R J. Solving Least Squares Problems [M]. Prentice Hall, 1974.

[28] CDF Collab., Abulencia A, et al. Measurement of the inclusive jet cross section using the k_t algorithmin $p\bar{p}$ collisions at $\sqrt{s}=1.96$ TeV with the CDF Ⅱ detector [J]. Phys. Rev. D, 2007, 75: 092006.

[29] Takiya C, et al. Minimum variance regularization in linear inverse problems [J]. Nucl. Instrum. Methods A, 2004, 523: 186.

[30] Takiya C, et al. Variances, covariances and artifacts in image deconvolution [J]. Nucl. Instrum. Methods A, 2007, 580: 1466.

[31] Richardson W H. Bayesian-based iterative method for image restoration

[J]. J. Opt. Soc. Am., 1972, 62: 55.

[32] Lucy L B. An iterative technique for the rectification of observed distribution [J]. Astron. J., 1974, 79: 745.

[33] Landweber L. An iteration formula for Fredholm integral equations of the first kind [J]. Am. J. Math., 1951, 73: 615.

[34] Cowan G. A survey of unfolding methods for particle physics [C]. Conf. Proc., C0203181, 2002: 248.

[35] D'Agostini G. A multidimensional unfolding method based on Bayes' theorem [J]. Nucl. Instrum. Methods A, 1995, 362: 487.

[36] Jonker M, et al. Experimental study of differential cross sections $d\sigma/dy$ in neutral current neutrino and antineutrino interactions [J]. Phys. Lett. B, 1981, 102: 62.

[37] Albert J, et al. Unfolding of differential spectra in the magic experiment [J]. Nucl. Instrum. Methods A, 2007, 583: 494.

[38] Lyons L, Prosper H B. PHYSTAT 2011 Workshop on Statistical Issues Related to Discovery Claims in Search Experiments and Unfolding [C]. CERN, Geneva, Switzerland, CERN-2011-006, 2011.

[39] Milke N, Doert M, Klepser S, et al. Solving inverse problems with the unfolding program TRUEE: Examples in Astroparticle physics [J]. Nucl. Instrum. Meth. A, 2013, 697: 133.

[40] Schmitt S. TUnfold, an algorithm for correcting migration effects in high energy physics [J/OL]. J. Instr., 2010, 7: T10003. (2013-03-07). www. desy. de/～sschmitt/tunfold. html. arXiv: 1205, 6201 [physics. data-an], DESY: 12-129.

[41] Adye T. RooUnfold: ROOT Unfolding Framework, Rutherford Appleton Laboratory. (2013-03-07). http: //hepunx. rl. ac. uk/～adye/soft ware/unfold/RooUnfold. html, 2011.

[42] Brun R, Rademakers F. ROOT: An object oriented data analysis framework [J]. Nucl. Instrum. Methods A, 1997, 389: 81.

(撰稿人: Volker Blobel)

第7章 约束拟合

7.1 引 言

在物理学中,实验测量的若干个量之间通常存在可由函数方程描述的相互关联。举例来说,我们可以假定一个探测器所测量的粒子径迹数应当是来自共同的初始顶点,或者在一个 e^+e^- 对撞事例中找到的所有强子喷注的能量之和应当等于加速器的质心系能量,而 x,y,z 方向的动量之和应当等于 0。各个测量值被假定是对于其各自的真值随机分布的变量,而理论模型则预期了这些真值之间存在的函数关系。

这些关系可以是复杂的理论计算的结果,也可以是十分简单的关系式,例如,如果我们对同一个量进行了若干次测量,可以期望所有这些测量的真值是相同的。

为了从一组测量中获得最精确的结果,我们可以寻求真值的一组估计值,它们与测量值"尽可能接近",并且同时满足一组特定的约束条件。这样的处理称为**约束拟合**。我们可以说,由于约束的存在,我们预期不同的测量会被"相互拉向"真值,从而改进整体精度。

实施约束拟合的又一个动机是确定不能直接测量的物理量(比如中微子的能量和方向)。例如 e^+e^- 对撞中,中微子三动量的三个独立分量可以根据能动量守恒给定的四个方程中的任意三个计算求得。为了尽可能精确地、不带任意性地确定该三动量,可以利用约束拟合。

为了对于"尽可能接近"给出一个定量化的表述,我们需要对于测量值与参数估计值之间给定一个"**距离尺度**";而为了表述约束条件,我们需要一组方程。

下面,我们用向量 $\boldsymbol{t}=(t_1,\cdots,t_M)$ 表示 M 个测量值,它们是关于真值 $\boldsymbol{\theta}=(\theta_1,\cdots,\theta_M)$ 的独立高斯分布变量,相应的误差[①]为 $\delta\boldsymbol{t}=(\delta t_1,\cdots,\delta t_M)$。测量值可以是(例如)探测器测量到的喷注的径迹参数或能量、极角和方位角。

测量值 $\boldsymbol{t}$ 与参数估计值 $\hat{\boldsymbol{\theta}}=(\hat{\theta}_1,\cdots,\hat{\theta}_M)$ 之间距离的最常用的定量描述由下式给定:

---

① 统计学的估计理论通常认为误差是已知的。在实际问题中,误差一般根据数据本身估计。

$$\chi^2 = (\boldsymbol{t} - \hat{\boldsymbol{\theta}})^{\mathrm{T}} \boldsymbol{V}_t^{-1} (\boldsymbol{t} - \hat{\boldsymbol{\theta}}), \tag{7.1}$$

其中$\boldsymbol{V}_t$是测量值的协方差矩阵。量 χ^2 与多元高斯函数的似然函数 L 之间的关系是 $\chi^2 = -2\ln L$(参见第 2 章或本章 7.2.1 节的讨论)。更一般地,任意似然函数均可视为“距离”的一种尺度。以下,我们将有待极小化的函数称为**目标函数** f。

假设存在 K 个约束,它们可以用如下的 K 个方程来表示:

$$c_k(\hat{\theta}_1, \cdots, \hat{\theta}_M, \xi_1, \cdots, \xi_U) = 0, \tag{7.2}$$

其中 k 从 1 递增到 K。这些约束方程是参数估计值 $\hat{\theta}_1, \cdots, \hat{\theta}_M$ 以及附加的不可测参数估计值$\hat{\xi}_1, \cdots, \hat{\xi}_U$ 的函数(表 7.1 汇总了本章中使用的符号)。

表 7.1　约束拟合问题中使用的符号

符号	含义
$\boldsymbol{t} = (t_1, \cdots, t_M)^{\mathrm{T}}$	测量值向量(长度为 M)
$\boldsymbol{\theta} = (\theta_1, \cdots, \theta_M)^{\mathrm{T}}$	真值向量(长度为 M)
$\boldsymbol{\xi} = (\xi_1, \cdots, \xi_U)^{\mathrm{T}}$	不可测量值向量(长度为 U)
$\boldsymbol{x} = (\boldsymbol{\theta}^{\mathrm{T}}, \boldsymbol{\xi}^{\mathrm{T}})^{\mathrm{T}}$	测量值真值和不可测量值向量(长度为 $N = M + U$)
$\boldsymbol{c}(\boldsymbol{\theta}, \boldsymbol{\xi}) = (c_1, \cdots, c_K)^{\mathrm{T}}$	约束函数向量(长度为 K)
$\boldsymbol{\lambda} = (\lambda_1, \cdots, \lambda_K)^{\mathrm{T}}$	拉格朗日乘子(长度为 K)
$\boldsymbol{X} = (\boldsymbol{x}^{\mathrm{T}}, \boldsymbol{\lambda}^{\mathrm{T}})^{\mathrm{T}}$	拟合量和拉格朗日乘子向量
χ^2	χ^2 函数
$f(\boldsymbol{\theta})$	待极小化的目标函数
$\boldsymbol{L}(\boldsymbol{x}, \boldsymbol{\lambda}) = f + \boldsymbol{\lambda}^{\mathrm{T}} \boldsymbol{c}$	拉格朗日函数
$\boldsymbol{f}_x = \partial f / \partial \boldsymbol{x}$	目标函数的导数
$\boldsymbol{g}_x = \partial \boldsymbol{L} / \partial \boldsymbol{x}$	拉格朗日函数的导数
$\boldsymbol{Y} = \partial \boldsymbol{L} / \partial \boldsymbol{X}$	拉格朗日函数的导数向量
$\boldsymbol{A}^{\mathrm{T}} = \partial \boldsymbol{c} / \partial \boldsymbol{x}$	约束函数的雅可比矩阵
$\boldsymbol{L} = \partial^2 \boldsymbol{L} / \partial \boldsymbol{x} \partial \boldsymbol{x}^{\mathrm{T}}$	拉格朗日函数的黑塞矩阵
$\boldsymbol{p} = \boldsymbol{x}^{(\nu+1)} - \boldsymbol{x}^{(\nu)}$	牛顿迭代法的第 $\nu + 1$ 次迭代步长
$\varphi(\boldsymbol{x}; \boldsymbol{\mu})$	尺度参数 $\boldsymbol{\mu}$ 的优值函数
$\boldsymbol{x}^*, \boldsymbol{\lambda}^*$	$\boldsymbol{x}$ 和 $\boldsymbol{\lambda}$ 的解

我们的问题可以在数学上表述为:找到一组值$(\hat{\theta}_1, \cdots, \hat{\theta}_M, \hat{\xi}_1, \cdots, \hat{\xi}_U)$,使得目标函数 $f(\hat{\theta}_1, \cdots, \hat{\theta}_M)$达到极小并同时满足 K 个**约束方程** $c_k(\hat{\theta}_1, \cdots, \hat{\theta}_M, \hat{\xi}_1, \cdots, \hat{\xi}_U) = 0$。

例 7.1　粒子衰变。考察一个质量为 m 的粒子衰变为两个无质量粒子的情形,例如一个 π^0 介子衰变为能量为 E_1和 E_2的两个光子,$\pi^0 \rightarrow \gamma\gamma$。给定两个光子间的夹角 ψ(探测器可以对它进行精确的测量),两个光子的不变质量 m_{12}可以表示为 $m_{12}^2 = 2E_1 E_2 (1 - \cos\psi)$。我们感兴趣的是与 π^0 质量对应的能量值$\hat{E}_1$和$\hat{E}_2$,它

可由 χ^2 的极小化给定：

$$\chi^2 = (\hat{E}_1 - E_1^{\text{meas}}, \hat{E}_2 - E_2^{\text{meas}})^{\text{T}}\, \boldsymbol{V}^{-1}(\hat{E}_1 - E_1^{\text{meas}}, \hat{E}_2 - E_2^{\text{meas}}),$$

其中 $\boldsymbol{V}$ 为协方差矩阵，

$$\boldsymbol{V} = \begin{pmatrix} \sigma_1^2 & \rho\sigma_1\sigma_2 \\ \rho\sigma_1\sigma_2 & \sigma_2^2 \end{pmatrix},$$

σ_1,σ_2 和 ρ 分别是能量测量值 $E_1^{\text{meas}}, E_2^{\text{meas}}$ 的不确定性和关联系数。协方差矩阵 $\boldsymbol{V}$ 的逆矩阵由下式给定：

$$\boldsymbol{V}^{-1} = \frac{1}{1-\rho^2}\begin{pmatrix} \sigma_1^{-2} & -\rho\sigma_1^{-1}\sigma_2^{-1} \\ -\rho\sigma_1^{-1}\sigma_2^{-1} & \sigma_2^{-2} \end{pmatrix},$$

约束函数表示为

$$c(\hat{E}_1, \hat{E}_2) = 2\hat{E}_1\hat{E}_2(1-\cos\psi) - m_{\pi^0}^2, \tag{7.3}$$

式中 m_{π^0} 是 π^0 介子的名义质量。

这类问题的普遍解由 7.3 节将讨论的**拉格朗日乘子法**给出。如果目标函数和约束方程不太复杂，则能够得到问题的解析解，这种情况将在 7.4 节讨论。对于更加复杂的情形，必须用迭代法求解。7.5 节将给出这种情形下约束拟合问题的介绍以及可能的解，这一节在首次阅读时可以略过。

但是，常常可以利用约束方程来消去问题中的某些参数以减少约束方程中的参数。这一参数**消去法**将困难的**约束极小化**问题变换为“简单的”**无约束极小化**问题，而后者的求解有非常有效和经过检验的算法程序可以使用。我们将在下一节讨论这种方法。

7.2 消去法求解

考察如下的情形：我们有 M 个测量值，用向量 $\boldsymbol{t}$ 表示，并存在参数真值 $\boldsymbol{\theta}$ 的最优估计 $\hat{\boldsymbol{\theta}}$ 应当满足的 K 个约束方程 $c_k(\hat{\boldsymbol{\theta}})=0$。如果 K 个约束相互独立，则应当存在一组 $E=M-K$ 个参数 $\boldsymbol{\eta}$ 和一个映射 $\boldsymbol{\eta}\mapsto\boldsymbol{\theta}$，使得 $\boldsymbol{\theta}$ 满足所有这些约束方程，这一关系不论 $\boldsymbol{\eta}$ 取何值均成立。可能的是，全部或部分的参数 $\eta_e(e=1,\cdots,M)$ 可以选成与部分的 $\theta_m(m=1,\cdots,M)$ 参数相同，但这不是必需的。

如果能够找出这样一组 E 个参数 $\boldsymbol{\eta}$，我们的极小化问题就会大大简化：不需要在 M 维空间中寻找满足 K 个约束方程的极小化点，只需要在 $M-K$ 维空间中求解无约束极小化问题即可。

不过关于这一方法，需要注意的是：找到满足一组特定约束的参数 $\boldsymbol{\eta}$ 可能是困难的，映射 $\boldsymbol{\eta}\mapsto\boldsymbol{\theta}$ 可能是高度非线性的，这可能导致极小化过程中出现收敛问题。

由于在 $\boldsymbol{\eta}$ 空间中的极小化通常利用某种迭代算法实施,这会产生另外一个问题:需要找到一个好的初始值来开始迭代运算。大体上,一组好的初始值 $\boldsymbol{\eta}_{\text{start}}$ 所对应的映射值 $\boldsymbol{\theta}_{\text{start}}$ 应当"接近于"测量值,这里"接近于"意味着目标函数 f 是一个"小值"(不过不需要等于对应于问题解的 f 的极小值)。在最坏的情形下,初始值问题几乎会将我们退回到起点。

然而,在许多情形下,确实能够找到一种参数化方法使得约束方程很容易得到满足,能够找到好的初始值,甚至找到问题的解,从而,消去法求解可能比拉格朗日乘子法求解要快得多。这种情形的一个例子是径迹室中测到的多根螺旋线径迹约束为出自一个公共顶点这样的问题[1]。

例 7.1(续一) 粒子衰变。回到前面 $\pi^0 \to \gamma\gamma$ 的例子,我们看到,可以利用约束函数(7.3)设定

$$\hat{E}_2 = \frac{m_{\pi^0}^2}{2(1 - \cos\psi)\hat{E}_1}$$

来消去问题中的约束。在这种情形下,χ^2 仅仅是单个变量 $\hat{E}_1$ 的函数,我们将两个未知量的约束极小化问题简约为相对简单的单变量极小化问题。图 7.1 显示了一个人为例子的 χ^2 的行为,其中测量值设定为 $E_1^{\text{meas}} = 6, E_2^{\text{meas}} = 7, \sigma_1 = 1, \sigma_2 = 1.5$ 以及 $\rho = -0.5$,同时,$m_{\pi^0}^2/[2(1-\cos\psi)]$ 取为 25。为了使例子中的符号尽可能简单,我们略去了单位,将能量处理为无量纲的数字。在整个这一章中,对于粒子衰变的这一例子,我们将使用这样的一组参数。

解 E_1^* 的值为 $E_1^* = 6.148\,28$,与其对应的是 $E_2^* = 4.066\,18$ 和 $\chi^2 = 4.743\,25$。

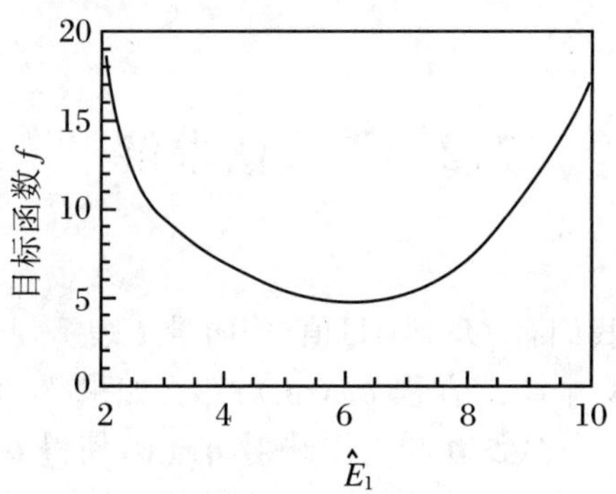

图 7.1　正文讨论的例 7.1 的图示:消去变量 $\hat{E}_2$ 之后,目标函数 $f = \chi^2$ 与 $\hat{E}_1$ 的函数关系

7.2.1　统计学诠释

以上我们对于约束拟合问题展示了下述的一幅图像:假定存在 M 个测量值 $\boldsymbol{t} = (t_1, \cdots, t_M)$,它是以 M 个真值 $\boldsymbol{\theta} = (\theta_1, \cdots, \theta_M)$ 为期望值的随机变量,其假定已知概率密度函数(pdf)是高斯函数,协方差矩阵为 $\boldsymbol{V}_t$。M 个真值服从 K 个约

束，即 K 个约束方程 $c_k(\boldsymbol{\theta})=0\ (k=1,\cdots,k)$。

通过求解约束方程，可以求得 $E=N-K$ 个参数 $\boldsymbol{\eta}=(\eta_1,\cdots,\eta_E)$，以及 $\boldsymbol{\eta}$ 与 $\boldsymbol{\theta}$ 之间一一对应的一个映射 $\boldsymbol{\eta}\mapsto\boldsymbol{\theta}(\boldsymbol{\eta})$，使得向量 $\boldsymbol{\theta}$ 满足所有的约束方程。

通过式(7.1)给定的 χ^2 的极小化，可以找出参数的最优估计 $\hat{\boldsymbol{\theta}}$。如果测量值确实是以真值 $\boldsymbol{\theta}$ 为期望值的、协方差矩阵为 $\boldsymbol{V}_t$ 的正态分布，则该 χ^2 与似然函数有如下关系：

$$\chi^2 = -2\ln L(\boldsymbol{t}\mid\hat{\boldsymbol{\theta}}), \tag{7.4}$$

反过来也可表示为

$$L(\boldsymbol{t};\hat{\boldsymbol{\theta}}) = \mathrm{e}^{-\chi^2/2}。 \tag{7.5}$$

因此，该 χ^2 函数的极小化等价于似然函数的极大化（假定测量值具有高斯误差）。这是一种纯粹的频率统计方法：对于**参数真值** $\boldsymbol{\theta}$ 的分布没有设定任何假设，只是对**测量值** t 关于参数真值 $\boldsymbol{\theta}$ 的分布做了设定。

费希尔[2-3]提出的极大似然估计理论告知我们，这确实是一种明智的选择。

因为我们对似然函数求极大解，故可以将一组参数 $\boldsymbol{\theta}$ 变换为另一组参数 $\tilde{\boldsymbol{\theta}}(\boldsymbol{\theta})$ 而无需引入雅可比行列式（概率密度函数变换性质的推导参见文献［4］或［5］，关于雅可比行列式的讨论参见文献［6］）。如果我们选择的一组参数相应于 $\boldsymbol{t}$ 服从多元高斯分布，则约束拟合的极小化 χ^2 函数预期将服从自由度为 K 的 χ^2 分布①。因此，可以利用 χ^2 检验来评估极为重要的拟合优度（参见3.8节的讨论）。

7.3 拉格朗日乘子法

从此处开始，我们将处理如何求解等式约束极小化这样的一般性问题。尽管该问题产生于统计学的范畴，但这类问题的数学方法具有普遍性，独立于我们对 χ^2 函数、似然函数或任意其他函数求极值。因此，以下我们将待极小化的目标函数标记为 f，而不是 χ^2。我们在下面所阐述的理论可以通过引入不等式约束 $c(\theta)\leqslant 0$ 代替等式约束 $c(\theta)=0$ 来推广，关于这种推广，推荐读者参考讨论该问题的高级文献。

前面一节阐述的利用约束方程消去变量的方法具有的优点是，N 个变量、K 个约束的极小化问题被变换为 $N-K$ 维空间中的无约束极小化问题。它的缺点是，找出满足约束的 $N-K$ 个参数所需要的代数运算一般难以实现自动化，并且极小化迭代的初始值的选择也不是一个简单的问题。

① 这一说法仅对线性约束的情形是严格正确的。

拉格朗日于1788年提出的拉格朗日乘子法基于欧拉的早期工作(关于这段历史,参见文献[8]),它提供了一种方法,将约束极小化问题变换为寻找**拉格朗日函数** L 的一个稳定点的问题。

虽然拉格朗日乘子法易于用公式表述(这一点具有假象),但它也有不足之处:首先,它对每一个约束方程引入了一个新参数即拉格朗日乘子,从而使待定参数增加了 K 个,不像消去法中是**减少**了待定参数;其次,问题的解不再由标量函数 f 的**极小化**确定,而是由拉格朗日函数 L 的**稳定点**确定;因此问题的解点的一阶导数等于0,二阶导数则为正值。

7.3.1 拉格朗日乘子法

以下我们概要地陈述拉格朗日乘子法的证明。遗憾的是,这需要用到某些初看起来令人生畏的概念。

例7.2 三维空间的拉格朗日乘子法。我们尝试给出一个不那么精准,但易于理解的描述,与此同时我们假定,我们面临的是三个变量、一个约束的极小化问题。

考察目标函数 $f(\boldsymbol{x})$ 在 N 维空间中的约束极小化问题(即 $\boldsymbol{x}\in\mathbf{R}^N$),$K$ 个约束方程的形式为 $c_k(\boldsymbol{x})=0\ (k=1,\cdots,K)$。我们假定目标函数 f 和约束函数 c_k 在解点 $\boldsymbol{x}^*$ 的邻域均连续可微。

我们称满足所有约束方程的点 $\boldsymbol{x}$ 为**可行点**(feasible points),称集合 $\Omega=\{\boldsymbol{x}\,|\,c_k(\boldsymbol{x})=0\}$ 为**可行集**(feasible set)。所要求的解 $\boldsymbol{x}^*$ 显然包含在可行集之中,可以表征为对于一切可行点 $\boldsymbol{x}\in\Omega$,解 $\boldsymbol{x}^*$ 满足 $f(\boldsymbol{x}^*)\leqslant f(\boldsymbol{x})$。

例7.2(续一) 三维空间的拉格朗日乘子法。在上述三个变量、一个约束方程的极小化问题例子中,可行集是一个二维表面,该表面上的所有点都满足约束方程 $c(\boldsymbol{x})=0$。解点 $\boldsymbol{x}^*$ 必定位于该表面上,目标函数 f 在 $\boldsymbol{x}^*$ 处的值小于该表面上的其他一切点处的值。

下面,我们定义一个可行方向 $\boldsymbol{d}$,它是长度为1的单位向量,$\|\boldsymbol{d}\|=1$,它所指向的方向上所有的约束函数都等于0。如果将约束函数展开为 $\boldsymbol{x}^*$ 的邻域的泰勒级数,则可有

$$c_k(\boldsymbol{x}^*+\varepsilon\boldsymbol{d})=c_k(\boldsymbol{x}^*)+\varepsilon\boldsymbol{d}^{\mathrm{T}}\nabla c_k+\mathcal{O}(\varepsilon^2)=0+\varepsilon\boldsymbol{d}^{\mathrm{T}}\nabla c_k+\mathcal{O}(\varepsilon^2),\quad(7.6)$$

这表示,所有的可行方向必须满足以下关系:

$$0=\boldsymbol{d}^{\mathrm{T}}\nabla c_k,\quad k=1,\cdots,K,\quad(7.7)$$

即所有的可行方向必定垂直于所有约束函数的梯度。反过来,所有的可行点 $\boldsymbol{x}\in\Omega$ 在 $\boldsymbol{x}^*$ 的邻域都可以近似地表示为 $\boldsymbol{x}=\boldsymbol{x}^*+\varepsilon\boldsymbol{d}$。

例7.2(续二) 三维空间的拉格朗日乘子法。在上述三个变量、一个约束方程的极小化问题例子中,$\boldsymbol{x}^*$ 处的梯度 ∇c 是约束函数上升最快的方向。如果我们从 $\boldsymbol{x}^*$ 点移开但不离开 $c=0$ 的约束表面,则该移动的方向称为可行方向。这样,当

$\boldsymbol{x}^*$ 为目标函数 $f(\boldsymbol{x})$ 在可行集 Ω 中的一个局域极小时，必定有

$$f(\boldsymbol{x}^*) \leqslant f(\boldsymbol{x}^* + \varepsilon \boldsymbol{d}) = f(\boldsymbol{x}^*) + \varepsilon \boldsymbol{d}^{\mathrm{T}} \nabla f(\boldsymbol{x}^*) + \mathcal{O}(\varepsilon^2), \tag{7.8}$$

于是，对任意可行方向 $\boldsymbol{d}$，下述关系式必定成立：

$$0 = \boldsymbol{d}^{\mathrm{T}} \nabla f(\boldsymbol{x}^*), \tag{7.9}$$

即 $\nabla f(\boldsymbol{x}^*)$ 必定垂直于所有的可行方向。于是，在解点 $\boldsymbol{x}^*$ 的邻域，可行集（可以是一条线、一个表面或一个超表面）与 $f(\boldsymbol{x})$ 等于常数的空间相切。

例 7.2（续三） 三维空间的拉格朗日乘子法。回到上述极小化问题例子中，这意味着，如果目标函数梯度 ∇f 在切向平面的所有方向 $\boldsymbol{d}$ 上的投影等于 0，那么 $f(\boldsymbol{x}^*)$ 只可能是约束表面上的一个局域极小。

其结果是，$\nabla f(\boldsymbol{x}^*)$ 必定是约束函数梯度的一个线性组合，即必定存在满足以下关系的一组数值 λ_k：

$$0 = \nabla f(\boldsymbol{x}^*) + \sum_{k=1}^{K} \lambda_k \nabla c_k(\boldsymbol{x}^*), \tag{7.10}$$

这组数值 λ_k 称为**拉格朗日乘子**。该式是 $\boldsymbol{x}^*$ 为目标函数 f 的局域极小的**一阶必要条件**。

例 7.2（续四） 三维空间的拉格朗日乘子法。在三维情形下，我们看到目标函数梯度 ∇f 与可行方向的切向平面呈正交关系，∇f 必定平行于约束表面的梯度方向 ∇c，即 $\nabla f = -\lambda \nabla c$。但是，如果约束方程多于一个，"与约束表面正交即与所有的约束函数梯度正交"不再意味着"与约束函数梯度相平行"，而是意味着"与所有的约束函数梯度的一个线性组合相平行"。这就是式（7.10）的含义。

图 7.2 是前面介绍过的 $\pi^0 \to \gamma\gamma$ 例子（二维情形）中的拉格朗日乘子法的图示。

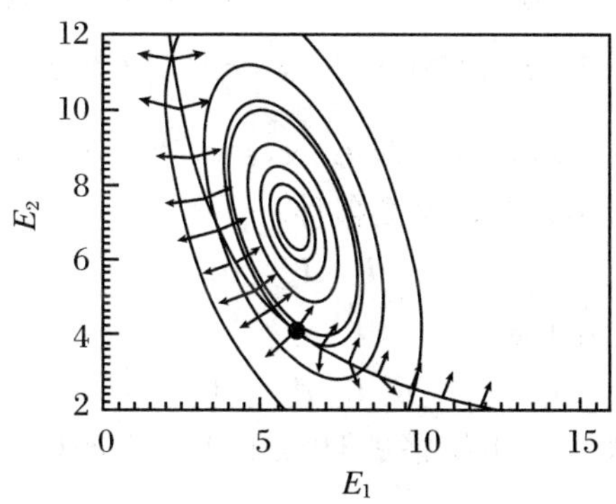

图 7.2　拉格朗日乘子法的图示：解点位于约束函数等于 0 的曲线上，在解点处，约束表面的梯度（指向右方或上方的箭头）与目标函数的梯度（指向左方或下方的箭头）是反向平行的

应当指出，当且仅当 K 个梯度向量 $\nabla c_k(\boldsymbol{x}^*)$ 为非 0 值且线性独立时，拉格朗日乘子才是唯一确定的。这一条件称为**线性独立约束条件**（LICQ）[9]。

现在，我们引入拉格朗日函数

$$L(\boldsymbol{x},\boldsymbol{\lambda}) = f(\boldsymbol{x}) + \sum_{k=1}^{K} \lambda_k c_k(\boldsymbol{x}) = f(\boldsymbol{x}) + \boldsymbol{\lambda}^{\mathrm{T}} \boldsymbol{c}(\boldsymbol{x})。 \tag{7.11}$$

并寻找 L 的稳定点,这可以通过求解下列方程得到:

$$\frac{\partial L}{\partial x_n} = \frac{\partial f}{\partial x_n} + \sum_{k=1}^{K} \lambda_k \frac{\partial c_k}{\partial x_n} = 0, \quad n = 1,\cdots,N,$$

$$\frac{\partial L}{\partial \lambda_k} = c_k = 0, \quad k = 1,\cdots,K。 \tag{7.12}$$

我们看到,L 的稳定点的条件正是 f 极小化的**一阶必要条件**。

在极小化问题的研究中,通常除了**必要条件**之外,为了获得**充分条件**我们需要考察二阶导数。同时,我们考虑到,所要求的解 $\boldsymbol{x}^*$ 属于满足约束方程的点的可行集 Ω,对于所有的可行点 $\boldsymbol{x}\in\Omega$,需满足 $f(\boldsymbol{x}^*)\leqslant f(\boldsymbol{x})$。

现在,由于可行点是由 $c(\boldsymbol{x})=0$ 定义的,于是对一切 $\boldsymbol{x}\in\Omega$,拉格朗日函数等于可行集对应的 f 值:$L(\boldsymbol{x},\boldsymbol{\lambda})=f(\boldsymbol{x})$,因此对于一切可行点 $\boldsymbol{x}\in\Omega$,关系式 $L(\boldsymbol{x}^*,\boldsymbol{\lambda}^*)\leqslant L(\boldsymbol{x},\boldsymbol{\lambda}^*)$成立。

将 $L(\boldsymbol{x},\boldsymbol{\lambda}^*)$在解点 $\boldsymbol{x}^*$ 邻域做泰勒展开①:

$$L(\boldsymbol{x},\boldsymbol{\lambda}^*) = L(\boldsymbol{x}^*,\boldsymbol{\lambda}^*) + (\boldsymbol{x}-\boldsymbol{x}^*)^{\mathrm{T}} \nabla_{\boldsymbol{x}} L(\boldsymbol{x}^*,\boldsymbol{\lambda}^*)$$

$$+ \frac{1}{2}(\boldsymbol{x}-\boldsymbol{x}^*)^{\mathrm{T}} \boldsymbol{L}^*(\boldsymbol{x}-\boldsymbol{x}^*) + \cdots, \tag{7.13}$$

其中 $\boldsymbol{L}^*$ 是二阶导数矩阵,

$$\boldsymbol{L}^* = \nabla_{\boldsymbol{xx}}^2 L(\boldsymbol{x}^*,\boldsymbol{\lambda}^*)。 \tag{7.14}$$

现在我们观察到,对于拉格朗日函数,由于一阶必要条件的缘故,所有的一阶导数项均等于 0,这一点与目标函数不同;这样,$L(\boldsymbol{x},\boldsymbol{\lambda}^*)$可表示为

$$L(\boldsymbol{x},\boldsymbol{\lambda}^*) = L(\boldsymbol{x}^*,\boldsymbol{\lambda}^*) + \frac{1}{2}(\boldsymbol{x}-\boldsymbol{x}^*)^{\mathrm{T}} \boldsymbol{L}^*(\boldsymbol{x}-\boldsymbol{x}^*) + \cdots。 \tag{7.15}$$

由于 $\boldsymbol{x}^*$ 必须是 f 的一个局域极小,即 $L(\boldsymbol{x},\boldsymbol{\lambda}^*)\geqslant L(\boldsymbol{x}^*,\boldsymbol{\lambda}^*)$,所以满足式(7.7)的一切可行方向 $\boldsymbol{d}$ 必须遵从**二阶必要条件**:

$$\boldsymbol{d}^{\mathrm{T}} \boldsymbol{L}^* \boldsymbol{d} \geqslant 0。 \tag{7.16}$$

这一结果表明,更为严格的条件

$$\boldsymbol{d}^{\mathrm{T}} \boldsymbol{L}^* \boldsymbol{d} > 0 \tag{7.17}$$

实际上是一个**充分条件**。关于拉格朗日乘子法更为严格的推导,参见文献[10]9.1节的讨论。

例 7.1(续二) 粒子衰变。回到 $\pi^0\to\gamma\gamma$ 衰变的例子,我们可以将目标函数写为

$$f = \chi^2 = \frac{(\hat{E}_1-6)^2}{1.0^2} - \frac{2\times(-0.5)(\hat{E}_1-6)(\hat{E}_2-7)}{1.0\times1.5} + \frac{(\hat{E}_2-7)^2}{1.5^2}。$$

① $\nabla_{\boldsymbol{x}}$中的下标 $\boldsymbol{x}$ 表示只对 $\boldsymbol{x}$ 求导,不对 $\boldsymbol{\lambda}$ 求导。

我们看到，在解 $(E_1^*, E_2^*) = (6.148\,28, 4.066\,18)$ 的地方，f 的梯度等于 $\nabla f(E_1^*, E_2^*) = (-2.212\,43, -3.345\,32)^{\mathrm{T}}$，而约束函数 $c(E_1, E_2) = E_1E_2 - 25$ 的梯度为 $\nabla c(E_1^*, E_2^*) = (4.066\,18, 6.148\,28)^{\mathrm{T}}$，所以当 $\lambda^* = 0.544\,10$ 时，确实可以得到 $\mathbf{0} = \nabla f(E_1^*, E_2^*) + \lambda^* \nabla c(E_1^*, E_2^*)$。

这一例子中的可行集由双曲线 $E_1E_2 - 25 = 0$ 上的一切点给定，可行方向向量则是解点 (E_1^*, E_2^*) 处的切线向量。

7.3.2 不可测参数

在物理应用中，我们经常遇到的情况是某些参数 x_n 是不可测的，因而对于整体的 χ^2 没有贡献。在拉格朗日方法中，这意味着目标函数 $f(\boldsymbol{x})$ 不依赖于这些不可测的参数：

$$\frac{\partial f}{\partial x_n} = 0。 \tag{7.18}$$

下面我们假定，我们有 M 个可测的量 θ_m $(m = 1, \cdots, M)$ 和 U 个不可测的量 ξ_u $(u = 1, \cdots, U)$，分别表示为向量 $\boldsymbol{\theta}$ 和 $\boldsymbol{\xi}$，并组合成为向量 $\boldsymbol{x}$，可测的量 $\boldsymbol{\theta}$ 在前而不可测的量 $\boldsymbol{\xi}$ 在后：

$$\boldsymbol{x}^{\mathrm{T}} = (\boldsymbol{\theta}^{\mathrm{T}}, \boldsymbol{\xi}^{\mathrm{T}}), \tag{7.19}$$

向量 $\boldsymbol{x}$ 总共有 $N = M + U$ 个分量。

如果不可测参数可由约束函数确定，则极小化问题有唯一解，因此对于存在不可测参数的情形，我们需要有 $K \geqslant U$ 个独立的约束。

例 7.3 W 衰变。在末态包含中微子的粒子碰撞中，不可测的物理量的出现是不可避免的。举例来说，考察强子对撞机产生的一个 W 玻色子衰变为一个正电子和一个中微子的轻子衰变 $(\mathrm{W}^+ \to \mathrm{e}^+ \nu_{\mathrm{e}})$ 事例，这里 W 玻色子是与若干个喷注同时产生的。假定所有的粒子都处理为无质量的粒子，并利用它们的横能量 E_i^{T}、赝快度 η_i 和方位角 ϕ_i 进行参数化，则根据横动量守恒可以得到两个约束方程：

$$0 = c_1(\boldsymbol{x}) = \sum_j E_j^{\mathrm{T}} \cos\varphi_j + E_{\mathrm{e}}^{\mathrm{T}} \cos\varphi_{\mathrm{e}} + E_\nu^{\mathrm{T}} \cos\phi_\nu, \tag{7.20}$$

$$0 = c_2(\boldsymbol{x}) = \sum_j E_j^{\mathrm{T}} \sin\varphi_j + E_{\mathrm{e}}^{\mathrm{T}} \sin\varphi_{\mathrm{e}} + E_\nu^{\mathrm{T}} \sin\phi_\nu。 \tag{7.21}$$

第三个约束方程来自正电子-中微子系统不变质量必须等于 W 的质量 M_{W} 的假设：

$$\begin{aligned} 0 &= c_3(\boldsymbol{x}) \\ &= M_{\mathrm{W}}^2 - (E_{\mathrm{e}}^{\mathrm{T}} \cosh\eta_{\mathrm{e}} + E_\nu^{\mathrm{T}} \cosh\eta_\nu)^2 + (E_{\mathrm{e}}^{T} \cos\varphi_{\mathrm{e}} + E_{\mathrm{T}\nu} \cos\phi_\nu)^2 \\ &\quad + (E_{\mathrm{e}}^{\mathrm{T}} \sin\phi_{\mathrm{e}} + E_{T,\nu} \sin\phi_\nu)^2 + (E_{\mathrm{e}}^{\mathrm{T}} \sinh\eta_{\mathrm{e}} + E_\nu^{\mathrm{T}} \sin\eta_\nu)^2。 \end{aligned} \tag{7.22}$$

在这一问题中，可测的和不可测的向量 $\boldsymbol{\theta}$ 和 $\boldsymbol{\xi}$ 由以下两式给定：

$$\boldsymbol{\theta}^{\mathrm{T}} = (E_{\mathrm{e}}^{\mathrm{T}}, \eta_{\mathrm{e}}, \varphi_{\mathrm{e}}, E_{j1}^{T}, \eta_{j1}, \phi_{j1}, \cdots), \tag{7.23}$$

$$\boldsymbol{\xi}^{\mathrm{T}} = (E_\nu^{\mathrm{T}}, \eta_\nu, \phi_\nu)。 \tag{7.24}$$

7.4 线性约束的拉格朗日乘子问题和二次型目标函数

在考察由式(7.12)给定的、关于任意目标函数和约束的一组方程的拉格朗日乘子问题之前,作为开始,我们首先讨论比较简单的线性约束和二次型目标函数 f 的情形,这类问题有解析解,后者也可以作为一般情形下解的起始点。

如果目标函数 f 是 $\boldsymbol{x}$ 的二次型函数,则其导数向量$\partial f/\partial \boldsymbol{x}$ 是 $\boldsymbol{x}$ 的线性函数,我们可以写出约束函数在任意初始值 $\boldsymbol{x}^{(0)}$ 的邻域的泰勒展开:

$$\boldsymbol{c}(\boldsymbol{x}) = \boldsymbol{c}(\boldsymbol{x}^{(0)}) + \boldsymbol{A}(\boldsymbol{x} - \boldsymbol{x}^{(0)}) = \boldsymbol{c}^{(0)} + \boldsymbol{A}(\boldsymbol{x} - \boldsymbol{x}^{(0)}), \tag{7.25}$$

其中我们引入了约束函数的雅可比矩阵$\boldsymbol{A}^{\mathrm{T}} = \partial \boldsymbol{c}/\partial \boldsymbol{x}$:

$$A_{nk} = \frac{\partial c_k}{\partial x_n}。 \tag{7.26}$$

根据定义,目标函数 f 仅依赖于$\boldsymbol{\theta}$,泰勒展开式只与 $\boldsymbol{x}$ 的$\boldsymbol{\theta}$ 部分相关:

$$\frac{\partial f(\boldsymbol{\theta})}{\partial \boldsymbol{\theta}} = \boldsymbol{f}_{\boldsymbol{\theta}}^{(0)} + \boldsymbol{F}_{\boldsymbol{\theta\theta}}(\boldsymbol{\theta} - \boldsymbol{\theta}^{(0)}), \tag{7.27}$$

其中 $\boldsymbol{f}_{\boldsymbol{\theta}}^{(0)} = \partial f/\partial \boldsymbol{\theta}(\boldsymbol{\theta}^{(0)})$,$\boldsymbol{F}_{\boldsymbol{\theta\theta}} = \partial^2 f/(\partial \boldsymbol{\theta} \partial \boldsymbol{\theta}^{\mathrm{T}})(\boldsymbol{\theta}^{(0)})$。利用该泰勒展开,式(7.12)可以改写为

$$\begin{pmatrix} -\boldsymbol{f}_{\boldsymbol{\theta}}^{(0)} \\ \boldsymbol{0} \\ -\boldsymbol{c}^{(0)} \end{pmatrix} = \begin{pmatrix} \boldsymbol{F}_{\boldsymbol{\theta\theta}} & \boldsymbol{0} & \boldsymbol{A}_{\theta} \\ \boldsymbol{0} & \boldsymbol{0} & \boldsymbol{A}_{\xi} \\ \boldsymbol{A}_{\boldsymbol{\theta}}^{\mathrm{T}} & \boldsymbol{A}_{\xi}^{\mathrm{T}} & \boldsymbol{0} \end{pmatrix} \begin{pmatrix} \boldsymbol{\theta} - \boldsymbol{\theta}^{(0)} \\ \boldsymbol{\xi} - \boldsymbol{\xi}^{(0)} \\ \boldsymbol{\lambda} \end{pmatrix}。 \tag{7.28}$$

假定$\boldsymbol{F}_{\boldsymbol{\theta\theta}}$是非奇异矩阵且逆矩阵存在,将第二行和第三行交换之后,上式可以利用高斯块消去法(Gaussian block-elimination)求解:

$$\begin{pmatrix} -\boldsymbol{f}_{\boldsymbol{\theta}}^{(0)} \\ \boldsymbol{r} \\ -\boldsymbol{A}_{\xi}\boldsymbol{S}^{-1}\boldsymbol{r} \end{pmatrix} = \begin{pmatrix} \boldsymbol{F}_{\boldsymbol{\theta\theta}} & \boldsymbol{A}_{\boldsymbol{\theta}} & \boldsymbol{0} \\ \boldsymbol{0} & \boldsymbol{S} & -\boldsymbol{A}_{\xi}^{\mathrm{T}} \\ \boldsymbol{0} & \boldsymbol{0} & \boldsymbol{A}_{\xi}\boldsymbol{S}^{-1}\boldsymbol{A}_{\xi}^{\mathrm{T}} \end{pmatrix} \begin{pmatrix} \Delta\boldsymbol{\theta} \\ \boldsymbol{\lambda} \\ \Delta\boldsymbol{\xi} \end{pmatrix}, \tag{7.29}$$

其中我们利用了如下的定义:

$$\boldsymbol{S} = \boldsymbol{A}_{\boldsymbol{\theta}}^{\mathrm{T}}(\boldsymbol{F}_{\boldsymbol{\theta\theta}})^{-1}\boldsymbol{A}_{\boldsymbol{\theta}}, \tag{7.30}$$

$$\boldsymbol{r} = \boldsymbol{c}^{(0)} - \boldsymbol{A}_{\boldsymbol{\theta}}^{\mathrm{T}}(\boldsymbol{F}_{\boldsymbol{\theta\theta}})^{-1}\boldsymbol{f}_{\boldsymbol{\theta}}^{(0)}。 \tag{7.31}$$

注意,$\boldsymbol{S}$ 是对称矩阵;如果$\boldsymbol{F}_{\boldsymbol{\theta\theta}}$是正定矩阵且 $\boldsymbol{A}_{\boldsymbol{\theta}}$ 有满列秩,则 $\boldsymbol{S}$ 还是正定矩阵①。这一结论同样适用于$\boldsymbol{A}_{\xi}\boldsymbol{S}^{-1}\boldsymbol{A}_{\xi}^{\mathrm{T}}$。

由反方向演算可求得问题的解,列举如下:

- 求解 $\Delta\boldsymbol{\xi}$:$-\boldsymbol{A}_{\xi}\boldsymbol{S}^{-1}\boldsymbol{r} = \boldsymbol{A}_{\xi}\boldsymbol{S}^{-1}\boldsymbol{A}_{\xi}^{\mathrm{T}}\Delta\boldsymbol{\xi}$;

---

① 因此,$\boldsymbol{S}$ 的逆矩阵可以利用 Cholesky 分解[11]来算得。

- 求解 $\boldsymbol{\lambda}$：$\boldsymbol{r}+\boldsymbol{A}_{\xi}^{\mathrm{T}}\Delta\boldsymbol{\xi}=\boldsymbol{S\lambda}$；
- 求解 $\Delta\boldsymbol{\theta}$①：$-\boldsymbol{f}_{\theta}^{(0)}-\boldsymbol{A}_{\theta}\boldsymbol{\lambda}=\boldsymbol{F}_{\theta\theta}\Delta\boldsymbol{\theta}$；
- 计算：$\boldsymbol{\theta}=\boldsymbol{\theta}^{(0)}+\Delta\boldsymbol{\theta}$ 和 $\boldsymbol{\xi}=\boldsymbol{\xi}^{(0)}+\Delta\boldsymbol{\xi}$。

如果不存在不可测的量 $\boldsymbol{\xi}$，则解的形式得以简化：

- 求解 $\boldsymbol{\lambda}$：$\boldsymbol{r}=\boldsymbol{S\lambda}$；
- 求解 $\Delta\boldsymbol{\theta}$：$-\boldsymbol{f}_{\theta}^{(0)}-\boldsymbol{A}_{\theta}\boldsymbol{\lambda}=\boldsymbol{F}_{\theta\theta}\Delta\boldsymbol{\theta}$；
- 计算：$\boldsymbol{\theta}=\boldsymbol{\theta}^{(0)}+\Delta\boldsymbol{\theta}$。

该方法的优点在于，它将一个有 $N+K$ 个线性方程的方程组的求解简化为 U，K 和 M 个方程的三个较小的方程组的求解，使得计算速度大为加快，因为包含 n 个未知量的对称线性方程组的求解需要进行 $n^3/3$ 次浮点运算(FLOP)。

对 $\boldsymbol{S}$ 的定义需要给予一个提醒：我们注意到，如果 $\boldsymbol{A}_{\theta}$ 具有**满列秩**，则 $\boldsymbol{S}$ 是正定矩阵②。但是，这是一个比传统意义上的假定(LICQ，即完整的雅可比矩阵 $\boldsymbol{A}$ 具有满列秩)要严格得多的假定。如果存在任何仅仅依赖于不可测参数的约束，那么 $\boldsymbol{A}_{\theta}$ 的满列秩性质将不复存在，这会导致 $\boldsymbol{S}$ 成为奇异矩阵，使得 $\boldsymbol{S}^{-1}$ 不复存在。

当我们在稳定点观测，即在迭代问题的解点观测时，这种情形会发生变化，我们有 $\boldsymbol{0}=\boldsymbol{A}_{\xi}\boldsymbol{\lambda}$。这样，我们可以决定寻找 $\boldsymbol{0}=\boldsymbol{c}^{(0)}+\boldsymbol{A}_{\xi}^{\mathrm{T}}\boldsymbol{A}_{\xi}\boldsymbol{\lambda}$ 的解以代替 $\boldsymbol{0}=\boldsymbol{c}^{(0)}$ 的解。这一步骤将 $\boldsymbol{S}$ 变为

$$\boldsymbol{S}=\boldsymbol{A}_{\theta}^{\mathrm{T}}(\boldsymbol{F}_{\theta\theta}^{-1})\boldsymbol{A}_{\theta}^{(0)}+\boldsymbol{A}_{\xi}^{\mathrm{T}}\boldsymbol{A}_{\xi}。\tag{7.32}$$

当约束仅仅依赖于不可测参数时，这一步骤使得 $\boldsymbol{S}$ 不再是奇异矩阵。其余的步骤可以如通常的情形一样进行。

7.4.1 误差传递

实施约束拟合的主要动机之一是使得参数拟合值的误差小于原来的测量值对应的参数误差。因此，拟合量的协方差矩阵的计算是一项重要的任务。在我们着手处理这一问题之前，需要搞清楚一件事情：在约束拟合问题中，目标函数 f 的**黑塞矩阵** $\nabla_{xx}^2 f$ 或拉格朗日函数 L 的**黑塞矩阵不是**拟合量协方差矩阵的逆矩阵(参见2.4节或文献[6])。如果说有什么区别的话，也只是黑塞矩阵可能是拟合中的输入测量值协方差矩阵的逆矩阵。拟合结果的协方差矩阵要复杂得多，这一点我们在下面会谈到。

确实，拟合参数的协方差矩阵的逆矩阵其实一般甚至并不存在：施加约束意味着一个或若干个拟合参数可以用别的参数通过计算来得到，因此，参数的某些函数(即约束函数)的误差可以严格等于0。这一性质变换为协方差矩阵的性质，其结果是协方差矩阵的某些特征值等于0，从而协方差矩阵的逆矩阵不存在。但是，拟

① 通常，$\boldsymbol{F}_{\theta\theta}^{-1}$ 是明确已知的，在这种情形下，解有简单的表式：$\Delta\boldsymbol{\theta}=-\boldsymbol{F}_{\theta\theta}^{-1}(\boldsymbol{f}_{\theta}^{(0)}+\boldsymbol{A}_{\theta}\boldsymbol{\lambda})$。

② 一个矩阵的列秩等于线性独立的列的数目。

合参数的子集可以是相互独立的,某个子集的协方差矩阵的逆矩阵可以存在。

计算拟合参数协方差矩阵的关键在于观察拟合参数 $\boldsymbol{\theta}$ 和 $\boldsymbol{\xi}$ 与测量值 $\boldsymbol{t}$ 的函数关系。"满足约束 $\boldsymbol{c}(\boldsymbol{\theta},\boldsymbol{\xi})$ 条件下使 $f(\boldsymbol{\theta},\boldsymbol{t})$ 达到极小化"这一要求确定了测量值 $\boldsymbol{t}$ 与拟合结果 $\boldsymbol{\theta}$ 和 $\boldsymbol{\xi}$ 之间的一个映射函数。在线性约束和二次型目标函数 f 的情形下,甚至可以显式地给定这一映射函数,并用来进行误差传递。但是,如我们将在后面见到的那样,当我们考虑更一般的拟合问题时,为了实施误差传递,并不必须要有解析解。

我们暂时先考察目标函数 $f=(\boldsymbol{\theta}-\boldsymbol{t})^{\mathrm{T}}\boldsymbol{W}^{-1}(\boldsymbol{\theta}-\boldsymbol{t})$ 的情形,这里 $\boldsymbol{W}^{-1}$ 是一个对称的权矩阵,它可以是测量值 $\boldsymbol{t}$ 的协方差矩阵的逆矩阵,这时 f 具有常见的形式 $\chi^2=(\boldsymbol{\theta}-\boldsymbol{t})^{\mathrm{T}}\boldsymbol{V}^{-1}(\boldsymbol{\theta}-\boldsymbol{t})$。我们首先计算不存在不可测变量情形下拟合结果的协方差矩阵。选择 $\boldsymbol{\theta}^{(0)}=\boldsymbol{0}$,可得

$$\boldsymbol{f}_{\boldsymbol{\theta}}^{(0)}=-2\boldsymbol{W}^{-1}\boldsymbol{t}, \tag{7.33}$$

$$\boldsymbol{F}_{\boldsymbol{\theta\theta}}=2\boldsymbol{W}^{-1}, \tag{7.34}$$

$$\boldsymbol{r}=\boldsymbol{c}^{(0)}+\boldsymbol{A}_{\boldsymbol{\theta}}^{\mathrm{T}}\boldsymbol{t}, \tag{7.35}$$

$$\boldsymbol{S}=\frac{1}{2}\boldsymbol{A}_{\boldsymbol{\theta}}^{\mathrm{T}}\boldsymbol{W}\boldsymbol{A}_{\boldsymbol{\theta}}, \tag{7.36}$$

$$\boldsymbol{\lambda}=\boldsymbol{S}^{-1}(\boldsymbol{c}^{(0)}+\boldsymbol{A}_{\theta}^{\mathrm{T}}\boldsymbol{t}), \tag{7.37}$$

$$\boldsymbol{\theta}=\left(\boldsymbol{I}-\frac{1}{2}\boldsymbol{W}\boldsymbol{A}_{\boldsymbol{\theta}}\boldsymbol{S}^{-1}\boldsymbol{A}_{\boldsymbol{\theta}}^{\mathrm{T}}\right)\boldsymbol{t}-\frac{1}{2}\boldsymbol{W}\boldsymbol{A}_{\boldsymbol{\theta}}\boldsymbol{S}^{-1}\boldsymbol{c}^{(0)}。 \tag{7.38}$$

由常规的误差传递计算给出协方差矩阵 $\boldsymbol{V}_{\theta}$ 与测量值协方差矩阵 $\boldsymbol{V}_t$ 间的函数关系

$$\boldsymbol{V}_{\boldsymbol{\theta}}=\left(\boldsymbol{I}-\frac{1}{2}\boldsymbol{W}\boldsymbol{A}_{\boldsymbol{\theta}}\boldsymbol{S}^{-1}\boldsymbol{A}_{\boldsymbol{\theta}}^{\mathrm{T}}\right)^{\mathrm{T}}\boldsymbol{V}_t\left(\boldsymbol{I}-\frac{1}{2}\boldsymbol{W}\boldsymbol{A}_{\boldsymbol{\theta}}\boldsymbol{S}^{-1}\boldsymbol{A}_{\boldsymbol{\theta}}^{\mathrm{T}}\right)。 \tag{7.39}$$

例 7.4 将求平均处理为约束拟合问题。我们来考虑对同一个参数 $\boldsymbol{\theta}$ 进行两次测量获得 t_1,t_2 两个测量值的情形,测量值的协方差矩阵为

$$\boldsymbol{V}_t=\begin{pmatrix}\sigma_1^2 & 0\\ 0 & \sigma_2^2\end{pmatrix}。$$

该协方差矩阵用作权矩阵 $\boldsymbol{W}=\boldsymbol{V}_t$,从而确定了目标函数 f,目前情形下它就是常见的 χ^2。现在我们通过施加约束 $c(\theta_1,\theta_2)=\theta_1-\theta_2$ 来求两次测量的平均值,由此可得

$$\boldsymbol{A}=\boldsymbol{A}_{\boldsymbol{\theta}}=\begin{pmatrix}1\\ -1\end{pmatrix},$$

结果是

$$\boldsymbol{c}^{(0)}=(0), \tag{7.40}$$

$$\boldsymbol{f}_{\boldsymbol{\theta}}^{(0)}=-2\begin{pmatrix}t_1/\sigma_1^2\\ t_2/\sigma_1^2\end{pmatrix}, \tag{7.41}$$

$$\boldsymbol{F}_{\boldsymbol{\theta\theta}}=\begin{pmatrix}2\sigma_1^{-2} & 0\\ 0 & 2\sigma_2^{-2}\end{pmatrix}, \tag{7.42}$$

$$\boldsymbol{r} = (t_1 - t_2), \tag{7.43}$$

$$\boldsymbol{S} = \frac{1}{2}(\sigma_1^2 + \sigma_2^2), \tag{7.44}$$

$$\boldsymbol{\lambda} = \frac{2}{\sigma_1^2 + \sigma_2^2}(t_1 - t_2), \tag{7.45}$$

$$\boldsymbol{I} - \frac{1}{2}\boldsymbol{W}\boldsymbol{A}_{\theta}\boldsymbol{S}^{-1}\boldsymbol{A}_{\theta}^{\mathrm{T}} = \begin{pmatrix} \dfrac{\sigma_2^2}{\sigma_1^2 + \sigma_2^2} & \dfrac{\sigma_1^2}{\sigma_1^2 + \sigma_2^2} \\ \dfrac{\sigma_2^2}{\sigma_1^2 + \sigma_2^2} & \dfrac{\sigma_1^2}{\sigma_1^2 + \sigma_2^2} \end{pmatrix}, \tag{7.46}$$

$$\boldsymbol{\theta} = \begin{pmatrix} \dfrac{\sigma_2^2}{\sigma_1^2 + \sigma_2^2}t_1 + \dfrac{\sigma_1^2}{\sigma_1^2 + \sigma_2^2}t_2 \\ \dfrac{\sigma_2^2}{\sigma_1^2 + \sigma_2^2}t_1 + \dfrac{\sigma_1^2}{\sigma_1^2 + \sigma_2^2}t_2 \end{pmatrix}, \tag{7.47}$$

$$\boldsymbol{V}_{\theta} = \begin{pmatrix} \dfrac{\sigma_1^2\sigma_2^2}{\sigma_1^2 + \sigma_2^2} & \dfrac{\sigma_1^2\sigma_2^2}{\sigma_1^2 + \sigma_2^2} \\ \dfrac{\sigma_1^2\sigma_2^2}{\sigma_1^2 + \sigma_2^2} & \dfrac{\sigma_1^2\sigma_2^2}{\sigma_1^2 + \sigma_2^2} \end{pmatrix}, \tag{7.48}$$

$$\boldsymbol{\theta} = \begin{pmatrix} \dfrac{\sigma_2^2}{\sigma_1^2 + \sigma_2^2}t_1 + \dfrac{\sigma_1^2}{\sigma_1^2 + \sigma_2^2}t_2 \\ \dfrac{\sigma_2^2}{\sigma_1^2 + \sigma_2^2}t_1 + \dfrac{\sigma_1^2}{\sigma_1^2 + \sigma_2^2}t_2 \end{pmatrix}。 \tag{7.49}$$

由此,该约束拟合问题的解为

$$\theta_1 = \theta_2 = \frac{\sigma_2^2}{\sigma_1^2 + \sigma_2^2}t_1 + \frac{\sigma_1^2}{\sigma_1^2 + \sigma_2^2}t_2,$$

这恰恰是众所周知的两个误差不同的测量值的加权平均。误差传递同样给出 θ_1 和 θ_2 误差的预期结果,两者是100%关联的。

7.4.2 存在不可测参数情形下的误差传递

方程组(7.12)构成了拟合量 x_n(以及 λ_k)作为测量值 t_m 函数的隐式定义。假定我们知道测量值的协方差矩阵 $\boldsymbol{V}_t$,根据常规的误差传递公式,拟合值的协方差矩阵 $\boldsymbol{V}_x$ 为

$$(\boldsymbol{V}_x)_{nn'} = \sum_{m,m'} \frac{\partial x_n}{\partial t_m}(\boldsymbol{V}_t)_{mm'}\frac{\partial x_{n'}}{\partial t_{m'}}。 \tag{7.50}$$

为了计算 $\partial x_n / \partial t_m$,我们在测量结果 $\boldsymbol{t}^0$ 的邻域对 $\boldsymbol{t}$ 做泰勒展开,将式(7.28)写为

$$\begin{pmatrix} -\boldsymbol{f}_{\theta}^{(0)} \\ \boldsymbol{0} \\ -\boldsymbol{c}^{(0)} \end{pmatrix} + \begin{pmatrix} \boldsymbol{F}_{\theta t} \\ \boldsymbol{0} \\ \boldsymbol{0} \end{pmatrix}(\boldsymbol{t} - \boldsymbol{t}^0) = \begin{pmatrix} \boldsymbol{F}_{\theta\theta} & 0 & \boldsymbol{A}_{\theta} \\ 0 & 0 & \boldsymbol{A}_{\xi} \\ \boldsymbol{A}_{\theta}^{\mathrm{T}} & \boldsymbol{A}_{\xi}^{\mathrm{T}} & \boldsymbol{0} \end{pmatrix} \begin{pmatrix} \boldsymbol{\theta} - \boldsymbol{\theta}^{(0)} \\ \boldsymbol{\xi} - \boldsymbol{\xi}^{(0)} \\ \boldsymbol{\lambda} \end{pmatrix} = \boldsymbol{M} \begin{pmatrix} \boldsymbol{\theta} - \boldsymbol{\theta}^{(0)} \\ \boldsymbol{\xi} - \boldsymbol{\xi}^{(0)} \\ \boldsymbol{\lambda} \end{pmatrix}, \tag{7.51}$$

其形式解为

$$\begin{pmatrix} \boldsymbol{\theta} - \boldsymbol{\theta}^{(0)} \\ \boldsymbol{\xi} - \boldsymbol{\xi}^{(0)} \\ \boldsymbol{\lambda} \end{pmatrix} = \boldsymbol{M}^{-1} \begin{pmatrix} -\boldsymbol{f}_{\theta}^{(0)} \\ \boldsymbol{0} \\ -\boldsymbol{c}^{(0)} \end{pmatrix} - \boldsymbol{M}^{-1} \begin{pmatrix} \boldsymbol{F}_{\theta t} \\ \boldsymbol{0} \\ \boldsymbol{0} \end{pmatrix} (\boldsymbol{t} - \boldsymbol{t}^{0})。 \tag{7.52}$$

利用高斯块消去法可以计算 $\boldsymbol{M}^{-1}$,其结果是

$$\boldsymbol{M}^{-1} = \begin{pmatrix} (\boldsymbol{M}^{-1})_{\theta\theta} & (\boldsymbol{M}^{-1})_{\theta\xi} & (\boldsymbol{M}^{-1})_{\theta\lambda} \\ (\boldsymbol{M}^{-1})_{\xi\theta} & (\boldsymbol{M}^{-1})_{\xi\xi} & (\boldsymbol{M}^{-1})_{\xi\lambda} \\ (\boldsymbol{M}^{-1})_{\lambda\theta} & (\boldsymbol{M}^{-1})_{\lambda\xi} & (\boldsymbol{M}^{-1})_{\lambda\lambda} \end{pmatrix}, \tag{7.53}$$

其中

$$\begin{aligned}
&\boldsymbol{T} = \boldsymbol{A}_{\xi}\boldsymbol{S}^{-1}\boldsymbol{A}_{\xi}^{\mathrm{T}}, \\
&(\boldsymbol{M}^{-1})_{\theta\theta} = \boldsymbol{F}_{\theta\theta}^{-1} - \boldsymbol{F}_{\theta\theta}^{-1}\boldsymbol{A}_{\theta}\boldsymbol{S}^{-1}\boldsymbol{A}_{\theta}^{\mathrm{T}}\boldsymbol{F}_{\theta\theta}^{-1} + \boldsymbol{F}_{\theta\theta}^{-1}\boldsymbol{A}_{\theta}\boldsymbol{S}^{-1}\boldsymbol{A}_{\xi}^{\mathrm{T}}\boldsymbol{T}^{-1}\boldsymbol{A}_{\xi}\boldsymbol{S}^{-1}\boldsymbol{A}_{\theta}^{\mathrm{T}}\boldsymbol{F}_{\theta\theta}^{-1}, \\
&(\boldsymbol{M}^{-1})_{\theta\xi} = -\boldsymbol{F}_{\theta\theta}^{-1}\boldsymbol{A}_{\theta}\boldsymbol{S}^{-1}\boldsymbol{A}_{\xi}^{\mathrm{T}}\boldsymbol{T}^{-1}, \\
&(\boldsymbol{M}^{-1})_{\theta\lambda} = \boldsymbol{F}_{\theta\theta}^{-1}\boldsymbol{A}_{\theta}\boldsymbol{S}^{-1} - \boldsymbol{F}_{\theta\theta}^{-1}\boldsymbol{A}_{\theta}\boldsymbol{S}^{-1}\boldsymbol{A}_{\xi}^{\mathrm{T}}\boldsymbol{T}^{-1}\boldsymbol{A}_{\xi}^{\mathrm{T}}\boldsymbol{S}^{-1}, \\
&(\boldsymbol{M}^{-1})_{\xi\theta} = -\boldsymbol{T}^{-1}\boldsymbol{A}_{\xi}\boldsymbol{S}^{-1}\boldsymbol{A}_{\theta}^{\mathrm{T}}\boldsymbol{F}_{\theta\theta}^{-1}, \\
&(\boldsymbol{M}^{-1})_{\xi\xi} = \boldsymbol{T}^{-1}, \\
&(\boldsymbol{M}^{-1})_{\xi\lambda} = \boldsymbol{T}^{-1}\boldsymbol{A}_{\xi}\boldsymbol{S}^{-1}, \\
&(\boldsymbol{M}^{-1})_{\lambda\theta} = \boldsymbol{S}^{-1}\boldsymbol{A}_{\theta}^{\mathrm{T}}\boldsymbol{F}_{\theta\theta}^{-1} - \boldsymbol{S}^{-1}\boldsymbol{A}_{\xi}^{\mathrm{T}}\boldsymbol{T}^{-1}\boldsymbol{A}_{\xi}\boldsymbol{S}^{-1}\boldsymbol{A}_{\theta}^{\mathrm{T}}\boldsymbol{F}_{\theta\theta}^{-1}, \\
&(\boldsymbol{M}^{-1})_{\lambda\xi} = \boldsymbol{S}^{-1}\boldsymbol{A}_{\xi}^{\mathrm{T}}\boldsymbol{T}^{-1}, \\
&(\boldsymbol{M}^{-1})_{\lambda\lambda} = -\boldsymbol{S}^{-1} + \boldsymbol{S}^{-1}\boldsymbol{A}_{\xi}^{\mathrm{T}}\boldsymbol{T}^{-1}\boldsymbol{A}_{\xi}\boldsymbol{S}^{-1}。
\end{aligned}$$

利用这些关系式,我们最后得到

$$\begin{aligned}
\frac{\partial \boldsymbol{\theta}}{\partial \boldsymbol{t}} &= -(\boldsymbol{M}^{-1})_{\theta\theta}\boldsymbol{F}_{\theta t} \\
&= -[1 - \boldsymbol{F}_{\theta\theta}^{-1}\boldsymbol{A}_{\theta}\boldsymbol{S}^{-1}(1 - \boldsymbol{A}_{\xi}^{\mathrm{T}}\boldsymbol{T}^{-1}\boldsymbol{A}_{\xi}\boldsymbol{S}^{-1})\boldsymbol{A}_{\theta}^{\mathrm{T}}]\boldsymbol{F}_{\theta\theta}^{-1}\boldsymbol{F}_{\theta t},
\end{aligned} \tag{7.54}$$

$$\frac{\partial \boldsymbol{\xi}}{\partial \boldsymbol{t}} = -(\boldsymbol{M}^{-1})_{\xi\theta}\boldsymbol{F}_{\theta t} = \boldsymbol{T}^{-1}\boldsymbol{A}_{\xi}\boldsymbol{S}^{-1}\boldsymbol{A}_{\theta}^{\mathrm{T}}\boldsymbol{F}_{\theta\theta}^{-1}\boldsymbol{F}_{\theta t}。 \tag{7.55}$$

我们注意到,在目标函数 f 是 $\boldsymbol{\theta} - \boldsymbol{t}$ 的二次函数的通常情形下,关系式 $\boldsymbol{F}_{\theta t} = -\boldsymbol{F}_{\theta\theta}$ 成立,所以有 $\boldsymbol{F}_{\theta\theta}^{-1}\boldsymbol{F}_{\theta t} = -1$。特别当目标函数 f 是 χ^2 表达式时,该简化是适用的。但是,我们导出的更普适的形式还可以应用于其他的情形。

例 7.5　三体衰变。在这一例子中,我们来考察具有两个高能喷注的事例,喷注能量 t_1 和 t_2 的测量不确定性分别为 σ_1 和 σ_2;事例还包含一个光子,后者击中了量能器中的裂缝,因此没有测得其能量。假定粒子的方位角已知且误差可忽略,我们有三个未知量 θ_1,θ_2 和 ξ_1,两个能量测量值 t_1 和 t_2,以及由横向平面上动量守恒导出的两个约束方程(ϕ_1,ϕ_2 和 ϕ_3 是两个喷注和一个光子的方位角):

$$\begin{aligned}
c_1 &= \cos\phi_1 \cdot \theta_1 + \cos\phi_2 \cdot \theta_2 + \cos\phi_3 \cdot \xi_1, \\
c_2 &= \sin\phi_1 \cdot \theta_1 + \sin\phi_2 \cdot \theta_2 + \sin\phi_3 \cdot \xi_1。
\end{aligned}$$

由此可得

$$\boldsymbol{A_\theta} = \begin{pmatrix} \cos\phi_1 & \sin\phi_1 \\ \cos\phi_2 & \sin\phi_2 \end{pmatrix}, \quad \boldsymbol{A_\xi} = (\cos\phi_3 \quad \sin\phi_3),$$

$$\boldsymbol{S} = \begin{pmatrix} \sigma_1^2\cos^2\phi_1 + \sigma_2^2\cos^2\phi_2 & \sigma_1^2\sin\phi_1\cos\phi_1 + \sigma_2^2\sin\phi_2\cos\phi_2 \\ \sigma_1^2\sin\phi_1\cos\phi_1 + \sigma_2^2\sin\phi_2\cos\phi_2 & \sigma_1^2\sin^2\phi_1 + \sigma_2^2\sin^2\phi_2 \end{pmatrix}。$$

在这一练习的其余部分，我们利用以下数值：

$$\begin{aligned} &t_1 = 123, \quad \sigma_1 = 5.5, \quad \phi_1 = 0.63, \\ &t_2 = 154, \quad \sigma_2 = 6.2, \quad \phi_2 = 2.55, \\ & \phi_3 = -1.44。 \end{aligned}$$

方程组(7.51)的数值形式为

$$\begin{pmatrix} 8.132 \\ 8.012 \\ 0 \\ 0 \\ 0 \end{pmatrix} = \begin{pmatrix} 0.06612 & 0.0000 & 0 & 0.8080 & 0.5891 \\ 0.0000 & 0.05203 & 0 & -0.8301 & 0.5577 \\ 0 & 0 & 0 & 0.13042 & -0.9915 \\ 0.8080 & -0.8301 & 0.13042 & 0 & 0 \\ 0.5891 & 0.5577 & -0.9915 & 0 & 0 \end{pmatrix} \begin{pmatrix} \theta_1 \\ \theta_2 \\ \xi_1 \\ \lambda_1 \\ \lambda_2 \end{pmatrix},$$

逆矩阵为

$$\boldsymbol{M}^{-1} = \begin{pmatrix} 7.280 & 8.519 & 9.118 & 0.5858 & 0.07705 \\ 8.519 & 9.970 & 10.670 & -0.6361 & -0.08367 \\ 9.118 & 10.670 & 11.420 & -0.0097 & -1.00989 \\ 0.5858 & -0.6361 & -0.0097 & -0.0437 & -0.00575 \\ 0.07705 & -0.08367 & -1.00989 & -0.00575 & -0.00076 \end{pmatrix},$$

解为

$$\begin{pmatrix} \theta_1 \\ \theta_2 \\ \xi_1 \\ \lambda_1 \\ \lambda_2 \end{pmatrix} = \begin{pmatrix} 127.46 \\ 149.16 \\ 159.64 \\ -0.3328 \\ -0.0438 \end{pmatrix}。$$

对于导数，我们得到

$$\frac{\partial}{\partial t}\begin{pmatrix} \boldsymbol{\theta} \\ \boldsymbol{\xi} \end{pmatrix} = \begin{pmatrix} (\boldsymbol{M}^{-1})_{\theta\theta} \\ (\boldsymbol{M}^{-1})_{\theta\xi} \end{pmatrix} \boldsymbol{F}_{\theta t} = \begin{pmatrix} 0.4813 & 0.4432 \\ 0.5632 & 0.5187 \\ 0.6028 & 0.5551 \end{pmatrix}。$$

问题的最终解及其协方差矩阵则分别是

$$\begin{cases} \theta_1 = 127.46 \pm 3.82, \\ \theta_2 = 149.16 \pm 4.47, \\ \xi_1 = 159.64 \pm 4.78, \end{cases} \quad \boldsymbol{V}_{\theta\xi} = \begin{pmatrix} 14.559 & 17.038 & 18.235 \\ 17.038 & 19.939 & 21.340 \\ 18.235 & 21.340 & 22.839 \end{pmatrix}。$$

可以看到，拟合值比输入的测量值要精确。协方差矩阵的进一步检查表明，所有的关联系数都等于1,即所有这三个拟合量都只是同一个变量的函数。这一情况在预期之中,因为这三个量被两个约束方程联系在一起,只留下一个自由度。

7.5 拉格朗日乘子问题的迭代解

上面一节我们讨论了二次型目标函数 f 和线性约束情形下的拉格朗日乘子问题,这类问题有解析解。

在高能物理的应用中,二次型目标函数确实是一种非常常见的情况,这时需求极小化的是一个 χ^2 表达式,但约束通常是非线性的。非线性的约束一般必须求助于迭代解,下面我们就来讨论这种情况。

虽然迭代算法的基本原理并不比线性约束下的解析解难以理解,但是写出一个程序来求解各种各样的问题,并且不陷入数值计算的困难、具有好的收敛性质和合理的计算速度是一个相当苛刻的任务。这一节的讨论对于要求不是很高的读者可以跳过,我们在这里也不能对于编写这样一个程序给出详尽的指导。这里的讨论目标在于介绍求解这类问题时会遇到的困难,希望有助于更有效地使用现有的拟合程序,更好地理解为什么这些现有的拟合程序在有的情形下会失败。对于那些更喜欢冒险、试图编写新的拟合程序或对现有程序进行改进的人,本节的讨论可以作为编程过程中可能会遇到的问题的一个初步导引,以及关于约束优化问题的大量文献的初步导引。

拉格朗日乘子法给定的方程组的迭代解法可以分为四部分:

- 找出适当的初始值;
- 选择迭代的方向;
- 选择迭代步长;
- 检测收敛性。

初始值确定了之后,就需要实施必要次数的迭代,直到收敛性质满足要求为止。以下对于这些步骤详加讨论。

7.5.1 选择方向

考虑拉格朗日函数

$$L(\boldsymbol{\theta},\boldsymbol{\xi},\boldsymbol{\lambda}) = f(\boldsymbol{\theta}) + \sum_{k=1}^{K} \lambda_k \cdot c_k(\boldsymbol{\theta},\boldsymbol{\xi}), \tag{7.56}$$

我们求解以下方程组以寻找它的稳定点①

① 注意 f 不依赖于不可测参数 $\boldsymbol{\xi}$。

$$
\begin{aligned}
0 &= \frac{\partial L}{\partial \theta_m} = \frac{\partial f}{\partial \theta_m} + \sum_{k=1}^{K} \lambda_k \cdot \frac{\partial c_k}{\partial \theta_m}, \quad m = 1, \cdots, M, \\
0 &= \frac{\partial L}{\partial \xi_u} = \sum_{k=1}^{K} \lambda_k \cdot \frac{\partial c_k}{\partial \xi_u}, \quad u = 1, \cdots, U, \\
0 &= \frac{\partial L}{\partial \lambda_k} = c_k, \quad k = 1, \cdots, K。
\end{aligned} \tag{7.57}
$$

如果我们将参数 θ, ξ, λ 视为向量 $\boldsymbol{X}$ 的 $P = M + U + K$ 个分量，

$$
\boldsymbol{X}^{\mathrm{T}} = (\theta_1, \cdots, \theta_M, \xi_1, \cdots, \xi_U, \lambda_1, \cdots, \lambda_K), \tag{7.58}
$$

将导数视为向量 $\boldsymbol{Y}$ 的分量，

$$
\boldsymbol{Y}^{\mathrm{T}} = \left(\frac{\partial L}{\partial \theta_1}, \cdots, \frac{\partial L}{\partial \theta_M}, \frac{\partial L}{\partial \xi_1}, \cdots, \frac{\partial L}{\partial \xi_U}, c_1, \cdots, c_K\right), \tag{7.59}
$$

那么这一方程组可以写成非常简洁的形式：

$$
\boldsymbol{Y} = \boldsymbol{0}。 \tag{7.60}
$$

如果这一方程组无法解析地求解，那么显而易见，Newton-Raphson 迭代方法[12]是解题的一种选择：

$$
\Delta X = \boldsymbol{X}^{(\nu+1)} - \boldsymbol{X}^{(\nu)} = -\left(\frac{\partial \boldsymbol{Y}}{\partial \boldsymbol{X}}^{-1} \boldsymbol{Y}\right), \tag{7.61}
$$

式中上标(ν)标记的是第 ν 次迭代的变量值①。换一种说法，我们要寻找的是下列方程组的解：

$$
\begin{pmatrix} -\boldsymbol{g}_{\boldsymbol{\theta}} \\ -\boldsymbol{g}_{\xi} \\ -\boldsymbol{c} \end{pmatrix} = \begin{pmatrix} \boldsymbol{L}_{\boldsymbol{\theta\theta}} & \boldsymbol{L}_{\boldsymbol{\theta}\xi} & \boldsymbol{A}_{\boldsymbol{\theta}} \\ \boldsymbol{L}_{\boldsymbol{\theta}\xi}^{\mathrm{T}} & \boldsymbol{L}_{\xi\xi} & \boldsymbol{A}_{\xi} \\ \boldsymbol{A}_{\boldsymbol{\theta}}^{\mathrm{T}} & \boldsymbol{A}_{\xi}^{\mathrm{T}} & \boldsymbol{0} \end{pmatrix} \begin{pmatrix} \Delta\boldsymbol{\theta} \\ \Delta\boldsymbol{\xi} \\ \Delta\boldsymbol{\lambda} \end{pmatrix}, \tag{7.62}
$$

式中我们用到了以下记号：

$$
\begin{aligned}
\boldsymbol{g}_{\boldsymbol{\theta}} &= \frac{\partial L}{\partial \boldsymbol{\theta}} = \frac{\partial f}{\partial \boldsymbol{\theta}} + \sum_{k=1}^{K} \lambda_k^{(\nu)} \cdot \frac{\partial c_k}{\partial \boldsymbol{\theta}} = f_{\boldsymbol{\theta}} + \boldsymbol{A}_{\boldsymbol{\theta}} \boldsymbol{\lambda}^{(\nu)}, \\
\boldsymbol{g}_{\xi} &= \frac{\partial L}{\partial \boldsymbol{\xi}} = \sum_{k=1}^{K} \lambda_k^{(\nu)} \cdot \frac{\partial c_k}{\partial \boldsymbol{\xi}} = \boldsymbol{A}_{\xi} \boldsymbol{\lambda}^{(\nu)}, \\
\boldsymbol{L}_{\boldsymbol{\theta\theta}} &= \frac{\partial^2 L}{\partial \boldsymbol{\theta} \partial \boldsymbol{\theta}^{\mathrm{T}}} = \frac{\partial^2 f}{\partial \boldsymbol{\theta} \partial \boldsymbol{\theta}^{\mathrm{T}}} + \sum_{k=1}^{K} \lambda_k^{(\nu)} \cdot \frac{\partial^2 c_k}{\partial \boldsymbol{\theta} \partial \boldsymbol{\theta}^{\mathrm{T}}}, \\
\boldsymbol{L}_{\boldsymbol{\theta}\xi} &= \frac{\partial^2 L}{\partial \boldsymbol{\theta} \partial \boldsymbol{\xi}^{\mathrm{T}}} = \sum_{k=1}^{K} \lambda_k^{(\nu)} \cdot \frac{\partial^2 c_k}{\partial \boldsymbol{\theta} \partial \boldsymbol{\xi}^{\mathrm{T}}}, \\
\boldsymbol{L}_{\xi\xi} &= \frac{\partial^2 L}{\partial \boldsymbol{\xi} \partial \boldsymbol{\xi}^{\mathrm{T}}} = \sum_{k=1}^{K} \lambda_k^{(\nu)} \cdot \frac{\partial^2 c_k}{\partial \boldsymbol{\theta} \partial \boldsymbol{\xi}^{\mathrm{T}}}, \\
\boldsymbol{A}_{\boldsymbol{\theta}} &= \frac{\partial^2 L}{\partial \boldsymbol{\lambda} \partial \boldsymbol{\theta}^{\mathrm{T}}} = \frac{\partial c}{\partial \boldsymbol{\theta}},
\end{aligned}
$$

---

① 下面，仅当式子中出现不同次迭代 $\nu, \nu+1$ 的变量值时才标出上标；如果不标出上标，则表示第 ν 次迭代的变量值。

$$\boldsymbol{A}_{\xi} = \frac{\partial^2 L}{\partial \boldsymbol{\lambda} \partial \boldsymbol{\xi}^{\mathrm{T}}} = \frac{\partial \boldsymbol{c}}{\partial \boldsymbol{\xi}}。$$

我们可以写出以下表达式:

$$\boldsymbol{Y} = \boldsymbol{M}(\boldsymbol{X}^{(\nu+1)} - \boldsymbol{X}^{(\nu)})。\tag{7.63}$$

该方程组的一种等价的写法是

$$\begin{pmatrix} -\boldsymbol{f}_{\theta} \\ \boldsymbol{0} \\ -\boldsymbol{c} \end{pmatrix} = \begin{pmatrix} \boldsymbol{L}_{\theta\theta} & \boldsymbol{L}_{\theta\xi} & \boldsymbol{A}_{\theta} \\ \boldsymbol{L}_{\theta\xi}^{\mathrm{T}} & \boldsymbol{L}_{\xi\xi} & \boldsymbol{A}_{\xi} \\ \boldsymbol{A}_{\theta}^{\mathrm{T}} & \boldsymbol{A}_{\xi}^{\mathrm{T}} & \boldsymbol{0} \end{pmatrix} \begin{pmatrix} \Delta\boldsymbol{\theta} \\ \Delta\boldsymbol{\xi} \\ \boldsymbol{\lambda}^{(\nu+1)} \end{pmatrix}。\tag{7.64}$$

式中 $\boldsymbol{\lambda}^{(\nu+1)}$ 是直接计算而不是通过迭代关系 $\boldsymbol{\lambda}^{(\nu+1)} = \boldsymbol{\lambda}^{(\nu)} + \Delta\boldsymbol{\lambda}$ 计算的。该式左边的计算在这种方式下可得以简化。

我们进一步观察矩阵

$$\boldsymbol{M} = \begin{pmatrix} \boldsymbol{L}_{\theta\theta} & \boldsymbol{L}_{\theta\xi} & \boldsymbol{A}_{\theta} \\ \boldsymbol{L}_{\theta\xi}^{\mathrm{T}} & \boldsymbol{L}_{\xi\xi} & \boldsymbol{A}_{\xi} \\ \boldsymbol{A}_{\theta}^{\mathrm{T}} & \boldsymbol{A}_{\xi}^{\mathrm{T}} & \boldsymbol{0} \end{pmatrix} = \begin{pmatrix} \boldsymbol{L} & \boldsymbol{A} \\ \boldsymbol{A}^{\mathrm{T}} & \boldsymbol{0} \end{pmatrix}\tag{7.65}$$

及其子矩阵 $\boldsymbol{L}$ 和 $\boldsymbol{A}$。矩阵 $\boldsymbol{L}_{\theta\theta}$ 和 $\boldsymbol{L}_{\xi\xi}$ 显然是对称的,因此 $\boldsymbol{L}$ 和 $\boldsymbol{M}$ 也是对称的。目前我们假定矩阵 $\boldsymbol{M}$ 是非奇异的,即式(7.62)有唯一解。由于目标函数的性质,$\boldsymbol{L}_{\theta\theta}$ 通常是非奇异的,因而逆矩阵存在。但是,当存在不可测参数时,$\boldsymbol{L}_{\theta\xi}$ 和 $\boldsymbol{L}_{\xi\xi}$ 的多个或所有矩阵元可能等于 0(特别是所有 λ_k 等于 0 的情形),所以当存在不可测参数时,$\boldsymbol{L}$ 是一个对称的不定矩阵,无法求其逆矩阵。这就严重地限制了 7.4 节描述的基于块消去法的算法程序的应用。

图 7.3(c)显示了不同初始值情形下 Newton-Raphson 方法计算得到的步长。我们看到,在解的邻域,由该方法给定的步长指向正确的方向并有合理的长度,但是对于远离解点的初始值,牛顿步长可能过长,或者明显地越过了解点,或者指向不正确的方向。但是在我们转向讨论步长的控制问题之前,我们首先来讨论矩阵 $\boldsymbol{M}$ 为非满秩矩阵而无法求其逆矩阵的情形。

7.5.1.1　秩亏矩阵 $\boldsymbol{M}$ 的处理

时而会遇到矩阵 $\boldsymbol{M}$ 不是满秩的情形,这种情形下方程组(7.62)或(7.64)不存在唯一解,或者 $\boldsymbol{M}$ 接近于奇异矩阵。特别是,如果所用的初始值未经优化,或约束方程不包含某一个参数的任何信息,那么在迭代求解过程中就会发生这种情况。例如,如果一个动量向量利用极坐标(p,θ,ϕ)进行参数化,那么对于 $\theta = 0$,笛卡儿坐标系分量对于 ϕ 的导数都将等于 0。

在这种情形下,不存在的逆矩阵 $\boldsymbol{M}^{-1}$ 可以用 **Moore-Penrose 伪逆矩阵** $\boldsymbol{M}^{+}$ 代替[13-14]。考察 $\boldsymbol{M}$ 的特征向量分解:

$$\boldsymbol{M} = \boldsymbol{O\Sigma O}^{\mathrm{T}},\tag{7.66}$$

式中 $\boldsymbol{O}$ 是正交矩阵,$\boldsymbol{\Sigma} = \mathrm{diag}\{\sigma_1,\cdots,\sigma_P\}$ 是对角矩阵,其中特征值的排列顺序满足 $|\sigma_1| \geqslant |\sigma_2| \geqslant \cdots \geqslant |\sigma_P|$。于是,伪逆矩阵 $\boldsymbol{M}^{+}$ 由下式给定(参见文献[11] 5.5.4

节)：

$$M^{+} = O\Sigma^{+} O^{\mathrm{T}}, \tag{7.67}$$

$$\Sigma^{+} = \mathrm{diag}\left\{\frac{1}{\sigma_1}, \cdots, \frac{1}{\sigma_1}, 0, \cdots, 0\right\}。 \tag{7.68}$$

这一伪逆矩阵无需进行完整的特征向量分解即可计算，而若特征向量分解利用QR分解[11]来计算，其计算量是很大的，这里 $\boldsymbol{M}$ 被分解为 $\boldsymbol{M}=\boldsymbol{QR}$，其中 $\boldsymbol{Q}$ 是正交矩阵，$\boldsymbol{R}$ 是上三角矩阵。

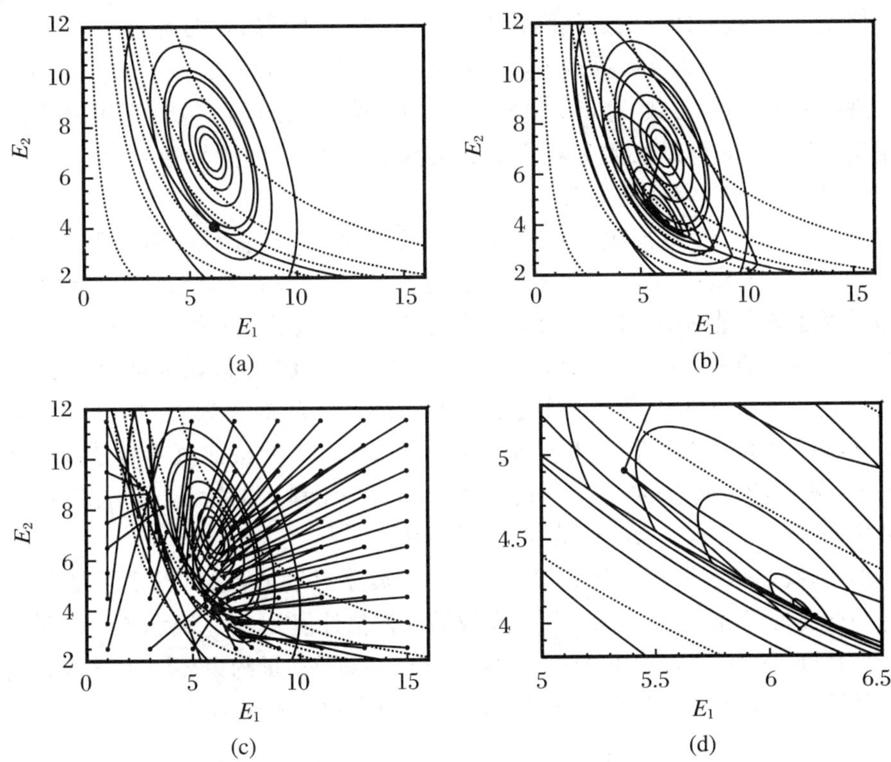

图7.3　利用拉格朗日乘子法求解 $\pi^0 \to \gamma\gamma$ 衰变问题的图示。(a) 在 E_1, E_2 平面中，目标函数 f 等于常数值(0.25,0.5,1,2,4,4.743(粗线),8,16)对应的等值线和约束函数 c_1 等于常数值(−20,−10,−3,0(粗线),3,9,27)对应的等值线；(b) 以目标函数 f 的无约束极小值 $E_1=6, E_2=7$ 作为初始值，约束极小化算法所遵循的路径，图中还显示了优值函数 ϕ_1 的等值线；(c) 箭头标记的是不同初始点(E_1, E_2)开始的极小化迭代中的牛顿步长(步长不加控制)；(d) 图(b)在解点附近的特写图形。拐角处用小点表示的步长包含了二次修正以避免 Maratos 效应(参见7.5.2.5节的讨论)

7.5.1.2　参数和约束函数的归一化

Moore-Penrose 伪逆矩阵有一个重要的极小化性质：考察形式为

$$\boldsymbol{Lx} = \boldsymbol{b} \tag{7.69}$$

的一个任意方程组,其中二次型 $n \times n$ 矩阵 $\boldsymbol{L}$ 的秩 $r < n$。如果方程组(7.69)是相容的[①],那么由 Moore-Penrose 伪逆矩阵$\boldsymbol{L}^+$给出的解为

$$\boldsymbol{x}_{\mathrm{LS}} = \boldsymbol{L}^+ \boldsymbol{b}, \tag{7.70}$$

它在方程组(7.69)所有可能的解中具有最短的欧几里得长度 $\|\boldsymbol{x}_{\mathrm{LS}}\|_2$,也就是说,它有一个严格解[②](参见文献 [11] 5.5 节)。

这一性质在直觉上是令人满意的,因为这意味着,当方程组在迭代过程中某一方向上不明确应当取多大步长的情形下,我们就不在该方向上进行迭代。

但是,记得我们面临的迭代问题中,向量 $\boldsymbol{X}$ 是由下式给定的:

$$\boldsymbol{X}^{\mathrm{T}} = (\theta_1, \cdots, \theta_M, \xi_1, \cdots, \xi_U, \lambda_1, \cdots, \lambda_K)。 \tag{7.71}$$

从物理的视角来看,参数 θ_m,ξ_u 和λ_k 有不同的单位(由于 χ^2 及与它相关的 $\boldsymbol{L}$ 是无量纲的量,λ_k 的量纲必须为相应的约束函数 c_k 的量纲的倒数)。在这种情形下,$\boldsymbol{x}$ 的范数(长度)完全无意义。

这就导出一个更深层次的问题:只要 $\boldsymbol{x}$ 的不同分量具有不同的物理单位(比如 GeV 和 cm),就无法说明一个 $\Delta\boldsymbol{x}$ 的步长是否足够小,或者无法说明一个约束关系的违反程度是否足够小,以至于可以认为迭代满足了收敛的判据。例如,如果约束函数 c 是喷注动量之和(单位:GeV),那么 $c(\boldsymbol{x}) = 0.01$ 可以认为是相当小的量;但若 c 是一个顶点约束函数,则表示若干条径迹之间的离散性,则 0.01 cm = 100 μm是一个相当大的值。基于同样的理由,矩阵 $\boldsymbol{M}$ 的特征值本身是没有什么意义的,$\boldsymbol{M}$ 可能是病态的,它最小的特征值远远小于最大的特征值的原因可能只是其中的各个量具有非常不同的物理单位而已。

但是,我们是了解所测参数 θ_m 变化量的典型尺度的,这由测量误差 $\delta\theta_m$ 给定。与此类似,我们可以定义不可测参数的误差估计值 $\delta\xi_u$,它表示了不可测参数的预期精度,例如,顶点约束 $\delta\xi = 0.000\,1$ cm,中微子动量约束 $\delta\xi = 1$ GeV。利用常规的误差传递公式,我们容易计算出关于约束函数 c 的误差估计:

$$(\delta c)^2 = \sum_{m,m'=1}^{M} \frac{\partial c}{\partial \theta_m} V_{mm'} \frac{\partial c}{\partial \theta_{m'}} + \sum_{u}^{U} \frac{\partial c}{\partial \xi_u} (\delta \xi_u)^2 \frac{\partial c}{\partial \xi_u}。 \tag{7.72}$$

这些误差估计值可以用来确定对角矩阵[③]

$$\boldsymbol{D} = \mathrm{diag}\{\delta\theta_1, \cdots, \delta\theta_M, \delta\xi_1, \cdots, \delta\xi_U, (\delta c_1)^{-1}, \cdots, (\delta c_K)^{-1}\}, \tag{7.73}$$

并将方程改写为

$$\boldsymbol{DY} = -\boldsymbol{DMDD}^{-1}(\boldsymbol{X}^{(\nu+1)} - \boldsymbol{X}^{(\nu)}), \tag{7.74}$$

或

$$\widetilde{\boldsymbol{Y}} = -\widetilde{\boldsymbol{M}}(\widetilde{\boldsymbol{X}}^{(\nu+1)} - \widetilde{\boldsymbol{X}}^{(\nu)}), \tag{7.75}$$

---

① 译者注:相容方程组有唯一解或多个解

② 如果方程组(7.69)不相容(方程组无解),那么 $\boldsymbol{x}_{\mathrm{LS}}$将使残差 $\|\boldsymbol{L}\boldsymbol{x}_{\mathrm{LS}} - \boldsymbol{b}\|_2$ 的欧几里得长度极小化。

③ 如果将约束函数 c_k 除以对应的估计误差 δc_k,那么我们必须将拉格朗日乘子 λ_k 除以$(\delta c_k)^{-1}$。

其中

$$\widetilde{Y} = DY, \quad \widetilde{M} = DMD, \quad \widetilde{X} = D^{-1}X。 \tag{7.76}$$

我们看到,现在$\widetilde{Y}$,$\widetilde{M}$和$\widetilde{X}$的所有分量都是无量纲的。量

$$\Delta\widetilde{X} = \widetilde{X}^{(\nu+1)} - \widetilde{X}^{(\nu)} \tag{7.77}$$

的各个分量现在表示以 $\widetilde{X}$ 各分量的不确定性为单位的迭代步长,这肯定是一种合适的尺度标准。同样,$\widetilde{Y}$的最后 K 个分量现在是约束函数值除以约束函数实际测量值的不确定性。

7.5.2 步长的控制

迭代方法比如 Newton-Raphson 方法,如果其当前的估计值足够接近解值,则会非常快地收敛。但是在收敛区附近,牛顿方法所预期的步长往往过长,超过了到达真正解点所对应的长度。如果对步长不施加减小步长的控制,初始值位于这一区域内,该方法将无法收敛。因此,对于一个成功的算法程序,重要的是控制好迭代步长,使其事实上能够改善收敛性能,从而达到扩展收敛区域的目的。

在约束拟合问题中,对于收敛性能的改善,存在两种通常相互抵触的指标:

- 目标函数值 f 下降;
- 对于约束函数的违反程度下降。

为了确定是否一个给定的步长能够导致收敛性能的改善,必须将这两者进行适当的组合。

这里我们将描述如下的方法:我们定义一个**优值函数** $\phi(\boldsymbol{x})$,用它来指示一个步长 $\alpha\boldsymbol{p}$($\boldsymbol{p} = \boldsymbol{x}^{(\nu+1)} - \boldsymbol{x}^{(\nu)}$)对于收敛性能的改善是否有利,然后沿着 $\boldsymbol{x} + \alpha\boldsymbol{p}$ 方向实施一维搜索(标量 α 值可变),直至找到一个改善当前解值的步长为止。这一方法需要提供若干个要素:

- 提供优值函数及其参数的选择;
- 提供一维搜索的算法程序以有效地找出合适的 α 值;
- 提供终止条件以确定某个给定的步长已经足够好到可以接受的程度。

为了达到好的收敛性能,所找到的 α 值必须不能太小,因为多次不必要的、太小的步长显然会减缓收敛的过程。更准确地说,在真正的解值附近无步长控制的牛顿方法收敛的区域,α 值应当等于 1。在我们讨论了 Maratos 效应之后,会回头再来说明这一点。此外,一维搜索本身速度应当很快,这样优值函数的计算会很快捷,一维搜索算法程序应当经过少数几次迭代即能找到好的 α 值(如果存在的话)。

7.5.2.1 优值函数

确定优值函数的方法之一是使目标函数在解点真值处达到极小。一种常见的选择是所谓的 l_1 罚函数[10]:

$$\phi_1(\boldsymbol{x};\mu) = f(\boldsymbol{x}) + \mu \| c(\boldsymbol{x}) \|_1, \tag{7.78}$$

这里 $\| \boldsymbol{c} \|_1 = \sum_k |c_k|$ 表示向量$\boldsymbol{c}$ 的**曼哈顿距离**。

人们发现[15],对于充分大的 $\mu > \mu^*$,该罚函数是严格的,这表示约束极小化问题的解是优值函数 ϕ_1 的全域极小。μ^* 的一种可能的选择由下式给定:

$$\mu^* = \max \lambda_k^*, \tag{7.79}$$

其中 λ_k^* 表示解点真值处的拉格朗日乘子的数值。图 7.3(b)和(d)显示了示例所讨论的问题中优值函数的等值线。

当然,这会引导出下述的疑问:如果 ϕ_1 在约束极小化问题的解点处有全域极小值,为什么我们不对 ϕ_1 直接利用现成的极小化方法以了结此事?问题出在 μ^* 的确定上面,在找到解点之前它是未知的。选择一个任意大小的 μ 值不是一种好的策略,因为这将导致一个极为病态的极小化问题,其解点将位于一个侧壁极其陡峭、底面弯曲的深谷底部。在这种情形下,迭代的收敛非常缓慢。此外,ϕ_1 在任一约束函数等于 0 的所有地方都是不可微的,也就是说,在我们寻找 f 极小值的子空间中,完全排除了利用依赖于导数的极小化算法程序的可能性。图 7.3(b)和(d)很清楚地显示了这一性质:优值函数的所有等值线在约束函数等于 0 的地方都出现了拐点。

如果方向 $\boldsymbol{p}$ 满足 $\boldsymbol{Ap} = -\boldsymbol{c}$,则定义为

$$D(\phi_1(\boldsymbol{x}), \boldsymbol{p}) = \lim_{\varepsilon \to 0} \frac{\phi_1(\boldsymbol{x} + \varepsilon \boldsymbol{p}) - \phi_1(\boldsymbol{x})}{\varepsilon} \tag{7.80}$$

的 ϕ_1 **方向导数** $D(\phi_1(\boldsymbol{x}), \boldsymbol{p})$由下式给定:

$$D(\phi_1(\boldsymbol{x}), \boldsymbol{p}) = \nabla f^{\mathrm{T}} \boldsymbol{p} - u \| \boldsymbol{c} \|_1 。\tag{7.81}$$

如果 $\boldsymbol{p}$ 和 $\boldsymbol{\lambda}^{(\nu+1)}$ 是方程组

$$\begin{pmatrix} \nabla_{xx}^2 L & \boldsymbol{A}^{\mathrm{T}} \\ \boldsymbol{A} & 0 \end{pmatrix} \cdot \begin{pmatrix} \boldsymbol{p} \\ \lambda^{(\nu+1)} \end{pmatrix} = - \begin{pmatrix} \nabla f \\ \boldsymbol{c} \end{pmatrix} \tag{7.82}$$

的解,其中$\nabla_{xx}^2 L$ 是拉格朗日函数的二阶导数,那么不等式[15-16]

$$D(\phi_1(\boldsymbol{x}), \boldsymbol{p}) \leqslant - \boldsymbol{p}^{\mathrm{T}} \nabla_{xx}^2 L \boldsymbol{p} - (\mu - \| \lambda^{(\nu+1)} \|_\infty) \| \boldsymbol{c} \|_1 \tag{7.83}$$

成立①。这意味着方向导数为负值,那么当满足以下两个条件时,$\boldsymbol{p}$ 是 $\phi_1(\boldsymbol{x})$的下降方向:

- μ 足够大,即满足 $\mu > \| \lambda^{(\nu+1)} \|_\infty$;
- $\nabla_{xx}^2 L$ 为正定的(更准确地说,对于满足 $\boldsymbol{Ad} = \boldsymbol{0}$ 的一切可行方向 $\boldsymbol{d}$,有 $\boldsymbol{d}^{\mathrm{T}} \nabla_{xx}^2 L \boldsymbol{d} > 0$)。

这里第二个条件是重要的,因为拉格朗日函数的二阶导数矩阵 $\boldsymbol{L}$ 并不总是满足这一关系(记得 $\boldsymbol{L}$ 的定义为$\boldsymbol{L} = \nabla_{xx}^2 f + \sum_{k=1}^{K} \lambda_k \nabla_{xx}^2 c_k$)。我们通常可以假定目标函数 f 的黑塞矩阵$\nabla_{xx}^2 f$ 是正定矩阵(至少对于满足 $\boldsymbol{Ad} = \boldsymbol{0}$ 的方向情况是如此的),但

① 范数 $\| \boldsymbol{x} \|_\infty$等于 $\boldsymbol{x}$ 的所有分量中最大的绝对值。

是约束函数的黑塞矩阵$\nabla_{xx}^2 c_k$ 或$\nabla_{xx}^2 L$ 不一定是正定矩阵。关于这一问题的更深入的处理方法,参见文献 [15] 18.3 节和文献 [16] 17.1 节的讨论。

根据式(7.83),立即可以看到,如果$\nabla_{xx}^2 L$ 为正定矩阵,即 $\boldsymbol{p}^{\mathrm{T}} \nabla_{xx}^2 L\boldsymbol{p}>0$,那么在关系式

$$\mu > \| \lambda^{(\nu+1)} \|_{\infty} \tag{7.84}$$

成立的条件下,优值函数将沿着方向 $\boldsymbol{p}$ 下降。另一种可能的选择是

$$\mu \geqslant \frac{\nabla f\boldsymbol{p}}{(1-\rho)\|\boldsymbol{c}\|_1}, \tag{7.85}$$

其中 $0<\rho<1$;利用式(7.81)可导出 $\boldsymbol{D}(\phi_1(\boldsymbol{x}),\boldsymbol{p})\leqslant -\rho\mu\ \|\boldsymbol{c}\|_1$。但是,若约束条件已经得到相当好的满足,即 $\|\boldsymbol{c}\|_1$ 为一小量,则所得的 μ 值变得相当大。关于 μ 值选择的更多的可能性可参见文献 [15] 18.3 节的讨论。

7.5.2.2 一维搜索

一维搜索的目的在于找出一个合适的 α 值,使得优值函数 $\varphi(\boldsymbol{x}+\alpha\boldsymbol{p})$有足够的余量好于起始点的优值函数$\phi(\boldsymbol{x})$。人们或许企图尝试沿着 $\boldsymbol{p}$ 的方向去寻找优值函数的真值极小,即对函数 $q(\alpha)=\phi(\boldsymbol{x}+\alpha\boldsymbol{p})$求极小。但是这可能是相当耗时的,实践证明,在找出一个可接受的 α 值之后,将优值函数 $\phi(\boldsymbol{x}+\alpha\boldsymbol{p})$用来对算法程序进行比较以确定哪种算法性能较优,通常要比对优值函数求极小更省时。

由于优值函数在 $\boldsymbol{x}$ 的当前值附近的区域呈下降趋势,q 对于 α 的导数 $q'(\alpha)<0$,这意味着满足终止条件的 α 恒为正值。由于迭代中我们不需要超过牛顿法确定的步长,我们在一维搜索中限定 α 值满足 $0<\alpha\leqslant 1$。我们看到$q(\alpha)$是一个连续函数,但通常不是连续可微的,即我们预期 $q(\alpha)$在约束函数改变符号的地方会出现拐点。

在我们讨论实际使用的一维搜索算法程序之前,我们必须对于什么是“可接受的”步长作出定义。

7.5.2.3 迭代终止条件

文献中建议了多种多样的终止条件。下面我们来讨论三种终止条件,并在图 7.4 中说明。

Armijo 条件[17]。也称为**充分下降条件**,这是一种最简单的常用的终止条件。如果满足关系式

$$q(\alpha)\leqslant q(0)+c_1\alpha q'(0), \tag{7.86}$$

或

$$\phi(\boldsymbol{x}+\alpha\boldsymbol{p})\leqslant \phi(\boldsymbol{x})+c_1\alpha\,\nabla\phi^{\mathrm{T}}\boldsymbol{p}, \tag{7.87}$$

则这样的迭代步长认为是可接受的,这里常数 c_1 满足 $0<c_1<1$。与朴素的预期不同,我们发现可选择的 c_1 值相当小,例如 $c_1=10^{-4}$。至少,c_1 应该小于 1/2,因为若不满足这一要求,对于 $q(\alpha)$为二次型函数的情形,所选择的迭代步长会小于最优的步长。

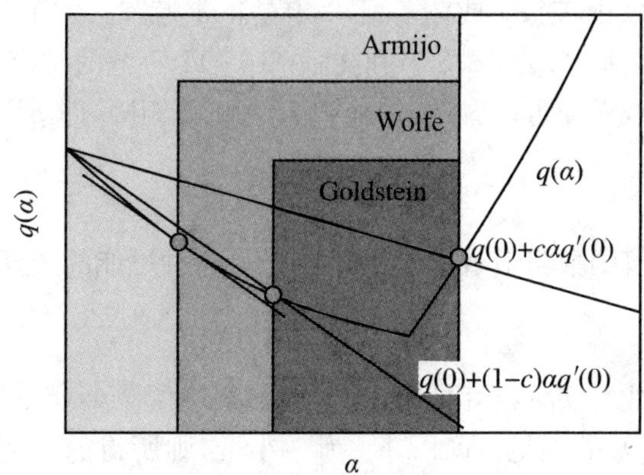

图 7.4　一维搜索中 Armijo 条件、Wolfe 条件和 Goldstein 条件给定的优值函数 $q(\alpha)$的容许区域与参数 α 的函数关系

Wolfe 条件[18-19]。在 Armijo 条件之外附加第二个条件,即曲率条件

$$q'(\alpha) \geqslant c_2 q'(0), \tag{7.88}$$

或

$$\nabla \phi(\boldsymbol{x} + \alpha \boldsymbol{p})^{\mathrm{T}} \boldsymbol{p} \geqslant c_2 \nabla \phi^{\mathrm{T}} \boldsymbol{p}, \tag{7.89}$$

其中 $c_1 < c_2 < 1$。曲率条件不容许迭代步长太短,以至于 $q(\alpha)$仍然下降过快;这就使得 α 有较大的值,保证 $q(\alpha)$有较好的值。

Goldstein 条件[20-21]。这一条件是 Wolfe 条件的替代者,它要求满足

$$q(0) + (1-c)\alpha q'(0) \leqslant q(\alpha) \leqslant q(0) + c\alpha q'(0), \tag{7.90}$$

或

$$\phi(\boldsymbol{x}) + (1-c)\alpha \nabla \phi(\boldsymbol{x})^{\mathrm{T}} \boldsymbol{p} \leqslant \phi(\boldsymbol{x} + \alpha \boldsymbol{p})^{\mathrm{T}} \boldsymbol{p} \leqslant \phi(\boldsymbol{x}) + c\alpha \nabla \phi(\boldsymbol{x})^{\mathrm{T}} \boldsymbol{p}, \tag{7.91}$$

其中 $0 < c < 1/2$。同样,除了充分下降条件之外,步长过短的迭代步骤被禁止。与 Wolfe 条件相比,Goldstein 条件并不需要迭代点处 $q'(\alpha)$的知识。相反,$q(\alpha)$的真值极小可能并不满足 Goldstein 条件。

7.5.2.4　步长的实际选择

如果选择 Armijo 条件作为终止条件,则使用简单的二分算法程序足以找出 α 的容许值:以 $\alpha = 1$ 作为初值,如果 $q(\alpha)$满足终止条件,则选定该 α 值;否则,设定 $\beta\alpha$ 为新的 α 值,β 为一满足 $0 < \beta < 1$ 的常数。

如果选择 Wolfe 条件或 Goldstein 条件作为终止条件,对于式(7.88)或式(7.90)的违反表示 α 值选得过小;因此需要利用如下的括弧算法(bracketing algorithm),即在 α 的左值和右值之间反复寻找新的 α 值:$\alpha_{\mathrm{L}} < \alpha < \alpha_{\mathrm{R}}$。例如,可设定 α 值为 $\alpha = (1-\beta)\alpha_{\mathrm{L}} + \beta\alpha_{\mathrm{R}}$。如果 α 值违反式(7.86),可设定 $\alpha_{\mathrm{R}} = \alpha$,再进行迭代。如果新的 α 值满足终止条件,则选定该 α 值。如果 α 值违反式(7.88)或式

(7.90),可设定 $\alpha_L=\alpha$,再进行迭代。在算法的初始化阶段必须注意的是:在迭代开始之前,必须找到一个足够大的 α_R 值,使得在 $\alpha=\alpha_R$ 的情形下满足式(7.88)或式(7.90),这一要求在 $\alpha_R=1$ 情形下不能保证满足,因此在迭代开始前必须增大 α_R 值。

通过固定值的 β 来选择区间 $[\alpha_L,\alpha_R]$ 中新的 α 值这种做法很简单,但不一定最有效。如果选用 Wolfe 条件作为终止条件,区间边界 α_L 和 α_R 对应的 $q_{L,R}$ 值及其导数 $q'_{L,R}$ 自然都是已知的。根据这四个数值,可以确定一个内插的三次多项式,并利用下列步进式的计算找出该多项式的极小(参见文献 [16] 3.2 节):

$$p = q'_R + q'_L - 3\frac{q_R - q_L}{\alpha_R - \alpha_L}, \tag{7.92}$$

$$D = p^2 - q'_R q'_L, \tag{7.93}$$

$$\beta = \frac{\sqrt{D} - p + q'_L}{2\sqrt{D} + q'_L - q'_R}, \tag{7.94}$$

并设定 $\alpha=(1-\beta)\alpha_L+\beta\alpha_R$。如果 $D<0$,则或者利用 $D=0$,或者回复到缺省的 β 值。

总之,步长的选择对于算法程序的性能具有决定性的意义,因此需要仔细地处理。关于这一论题更详尽的讨论可以在高级课程中找到,例如文献[16]第 3 节和第 17 节、文献[15]第 3 节、文献[10]2.5 节等等。图 7.3(b)显示了所讨论的例子中的问题从测量值开始的迭代求解过程。

7.5.2.5 Maratos 效应

牛顿迭代法的一大优势在于,一旦 $\boldsymbol{x}^{(\nu)}$ 足够接近问题的解 $\boldsymbol{x}^*$,该方法的收敛速度就远超线性收敛的速度(证明可参见文献 [12] 5.3 节)。这意味着对于两次连续的迭代,向量 $\boldsymbol{x}^{(\nu)}$ 和 $\boldsymbol{x}^{(\nu+1)}$ 满足以下关系[15]:

$$\lim_{\nu\to\infty}\frac{\|\boldsymbol{x}^{(\nu+1)} - \boldsymbol{x}^*\|}{\|\boldsymbol{x}^{(\nu)} - \boldsymbol{x}^*\|} = 0, \tag{7.95}$$

而线性收敛只需满足弱得多的条件(对于足够大的 ν)

$$\frac{\|\boldsymbol{x}^{(\nu+1)} - \boldsymbol{x}^*\|}{\|\boldsymbol{x}^{(\nu)} - \boldsymbol{x}^*\|} \leqslant \mu, \tag{7.96}$$

其中 $0\leqslant\mu<1$。事实上,只有牛顿法才具有超线性的收敛性,这称为 **Dennis-Moré 定理**[22-23](亦见文献 [10] 6.2 节和文献 [16] 4.6 节)。但是,超线性的收敛性仅当步长取 $\alpha=1$ 时才能达到,否则收敛性仍然是线性的,速度要慢得多。

Maratos 发现[24],在某些不利的条件下,利用优值函数确定迭代步长可能导致 $\alpha<0$,因此,即使迭代点已经接近解点,收敛速度也只能是线性的。如果一个约束条件已经以相当好的近似程度得到满足,并且约束函数是弯曲的,就会出现问题。在这种条件下,迭代方向与 $c=0$ 的表面相切,总是导致对于约束的违反值 $|c|$ 增

加。如果这种增加不通过目标函数 f 的足够的下降来加以平衡,则优值函数 ϕ 将在非常接近最后一个迭代点的地方(即 α 值很小)得到极小值,而在此极小点之外优值函数迅速上升。为了达到好的收敛性,在接近解点时应当使用 $\alpha=1$。但是,鉴别迭代是否足够接近解点并不是一件容易的事情。

大体上,有三种途径可以克服这种 **Maratos 效应**(参见文献 [15] 15.5 节):

- 利用不受 Maratos 效应影响的优值函数。Fletcher[10,25]给出了这一类优值函数,称为 **Fletcher 增广拉格朗日函数**;
- 利用二阶修正[26-29];
- 容许使优值函数增大的中间迭代步骤[30-32],这种方法称为**非单调策略**(non-monotone strategy)或**看门狗策略**(watchdog strategy)。

Fletcher 增广拉格朗日函数的计算是相当费时间的,因此使用它的兴趣不大。

在二阶修正方法中,为了减小利用牛顿步长 $\boldsymbol{p}$ 导致的对于约束的违反程度,需要引入一个附加的修正步长 $\hat{\boldsymbol{p}}$ 来搜索方程

$$\boldsymbol{A}\hat{\boldsymbol{p}} + c(\boldsymbol{x} + \boldsymbol{p}) = \boldsymbol{0} \tag{7.97}$$

的最小范数解。这一目的可以利用矩阵 $\boldsymbol{A}$ 的 **Moore-Penrose 伪逆矩阵** $\boldsymbol{A}^+$ 来达到,如果 $\boldsymbol{A}$ 具有满行秩,$\boldsymbol{A}^+$ 由 $\boldsymbol{A}^+=\boldsymbol{A}^{\mathrm{T}}(\boldsymbol{A}\boldsymbol{A}^{\mathrm{T}})^{-1}$算得:

$$\hat{\boldsymbol{p}} = -\boldsymbol{A}^{\mathrm{T}}(\boldsymbol{A}\boldsymbol{A}^{\mathrm{T}})^{-1}c(\boldsymbol{x} + \boldsymbol{p})。 \tag{7.98}$$

二阶修正的计算涉及约束函数在点 $c(\boldsymbol{x}+p)$处的计算(这是任何情形下计算优值函数所必需的)以及 K 维方程组的求解,加上某些矩阵乘法运算。因此,它远比计算一个额外的牛顿步长要划得来。图 7.3(d)显示了示例所求问题中的二阶修正效应。

于是,一种有用的策略是首先尝试牛顿步长,如果它不成功,就尝试含二阶修正的牛顿步长。如果使用了二阶修正后,优值函数的下降仍然不够,则必须减小步长。减小步长后,二阶修正的步长依然可以改善优值函数,但这种情形下 Nocedal 建议直接进入下一次牛顿迭代运算(参见文献 [15] 15.5 节)。

另一种不同于二阶修正的可供选择的途径是,容许有若干个松弛(不严格)的牛顿迭代步骤,其中优值函数容许增大,然后在最后一个松弛的迭代步骤中实施一维搜索,如果这些松弛迭代步骤不能使优值函数产生足够大的减小量,那么一维搜索只沿着第一个牛顿迭代的方向进行。这一方法称为**非单调策略**或**看门狗策略**[15],它的实施进程需要进行一定数量的信息存储,但往往能够获得相当好的实际性能。

文献 [10,16]对于 Maratos 效应也进行了讨论。

7.5.3 收敛的检测

确定一个迭代算法程序是否收敛到约束极小化问题的一个可行解,涉及两个

方面的问题：

- 决策何时终止迭代；
- 检查是否找到了真正的极小值。

决策何时终止迭代需要回答两个问题：

(a) 是否预期下一次迭代会显著地改变结果？

(b) 当前的结果是否足够好？

7.5.3.1　迭代的终止

第一个问题"是否预期下一次迭代会显著地改变结果"可以通过考察最后一次迭代的步长是否显著地改变了拟合变量 $\boldsymbol{\theta},\boldsymbol{\xi}$ 的值来回答。数学上，它可以表述为如下的条件：

$$\|\Delta\boldsymbol{\theta}\| + \|\Delta\boldsymbol{\xi}\| < \varepsilon, \tag{7.99}$$

其中 ε 是一适当的小量，$\|\cdot\|$ 表示向量的范数，$\Delta\boldsymbol{\theta}$ 和 $\Delta\boldsymbol{\xi}$ 是最后一次迭代中计算得到的牛顿步长向量。大体上，它们在欧几里得范数 $\|\cdot\|_2$ 或最大范数 $\|\cdot\|_\infty$ 两者之间进行选择，前者相应于要求 N 个不同的变量步长的方均根(RMS)小于 $\varepsilon/\sqrt{N}$，后者要求任何一个变量的变化均不大于 ε。从物理的观点而言，我们应当记住，$\varepsilon=10^{-3}$ 可能意味着非常不同的要求：10^{-3} GeV 在 100 GeV 喷注能量的拟合问题中是一个非常小的能量，而 10^{-3} cm 在顶点拟合问题中则是一个相当大的数值。因此，建议在计算范数之前，$\Delta\boldsymbol{\theta}$ 和 $\Delta\boldsymbol{\xi}$ 的所有分量都需要利用它们各自的期望分辨率作为衡量的尺度。在这种情形下，$\varepsilon=10^{-2}$ 意味着变量值的变化量(均值或极大值)约为 0.01σ，在绝大多数高能物理的应用中，这肯定是一个合理的数值。

另一种判据是最后一次迭代中整体 χ^2 的变化。在极小值处，一个变量 0.01σ 的变化量将导致整体 χ^2 的 10^{-4} 的变化；而在远离极小值的地方，变量 0.01σ 的变化量导致整体 χ^2 的变化要大得多。χ^2 值是无量纲的，已经将误差的尺度效应包含在内。因此，判据

$$\Delta\chi^2 < \varepsilon \tag{7.100}$$

用于最后一次迭代中的变化量 $\Delta\chi^2$ 是合理的。但是，式(7.100)没有考虑到不可测变量 $\boldsymbol{\xi}$ 的变化，如果问题中含有不可测变量，仅仅利用式(7.100)作为迭代收敛的判据是不够的。

第二个问题"当前的结果是否足够好"可以重新表述为"约束条件是否满足得足够好"，后者可以表示为约束向量 $\boldsymbol{c}$ 的如下条件：

$$\|\boldsymbol{c}(\boldsymbol{\theta},\boldsymbol{\xi})\| < \varepsilon。 \tag{7.101}$$

同样，关于式(7.99)的警示在这里也适用，即 $\boldsymbol{c}$ 的所有分量必须用其预期的分辨率作为衡量的尺度，以保证这些条件具有物理意义。

7.5.3.2　收敛的验证

在前一节中讨论的一组适当的终止条件得到满足、迭代终止之后，仍然必须验

证,所找到的(近似)解确实对应于极小值而不是一个稳定点甚至极大值。这是必需的步骤,因为迭代所确定的解仅仅是满足一阶必要条件式(7.12)的解,但不能保证满足**充分**条件,特别是满足式(7.17)。

为了检验二阶充分条件式(7.17),我们首先需要有一组可行方向 $\boldsymbol{d}$ 的基(basis)。这些方向用式(7.7)表征,或者利用式(7.26)定义的雅可比矩阵$\boldsymbol{A}^{\mathrm{T}}$ 表征:

$$\mathbf{0} = \boldsymbol{A}\boldsymbol{d}。 \tag{7.102}$$

于是,可行方向 $\boldsymbol{d}$ 包含了$\boldsymbol{A}$ 的零空间。如果我们计算矩阵 $\boldsymbol{A}$ 的**奇异值分解**(SVD)(参见 6.2.1 节),

$$\boldsymbol{A} = \boldsymbol{U}\boldsymbol{\Sigma}\boldsymbol{V}^{\mathrm{T}}, \tag{7.103}$$

那么对应于奇异值 $\sigma_i = 0$ 的最末尾的那些列向量构成 $\boldsymbol{A}$ 的零空间的基。这些列向量构成的子矩阵 $\boldsymbol{Z}$ 具有性质:$\boldsymbol{A}\boldsymbol{Z} = \mathbf{0}$。$\boldsymbol{Z}$ 也具有满列秩。如果所有的约束是线性独立的(LICQ,参见 7.3.1 节),那么 $\boldsymbol{Z}$ 是正交列向量构成的一个$N \times (N-K)$ 矩阵。因此,每一个可行方向向量 $\boldsymbol{d}$ 可以写成为$\boldsymbol{d} = \boldsymbol{Z}\hat{\boldsymbol{d}}$,系数向量由 $\hat{\boldsymbol{d}} = \boldsymbol{Z}^{\mathrm{T}}\boldsymbol{d}$ 给定。于是条件式(7.17)“$\boldsymbol{d}^{\mathrm{T}} \boldsymbol{L}^* \boldsymbol{d} > 0$”变成

$$\hat{\boldsymbol{d}}^{\mathrm{T}}\boldsymbol{Z}^{\mathrm{T}}\boldsymbol{L}^*\boldsymbol{Z}\hat{\boldsymbol{d}} > 0, \tag{7.104}$$

这意味着,变换矩阵$\hat{\boldsymbol{L}}^* = \boldsymbol{Z}^{\mathrm{T}} \boldsymbol{L}^* \boldsymbol{Z}$ 必定是正定矩阵。

检验$\hat{\boldsymbol{L}}^*$ 是否正定的一个简单易行的方法是尝试计算其 **Cholesky 分解**[6,11],$\hat{\boldsymbol{L}}^* = \boldsymbol{C}\boldsymbol{C}^{\mathrm{T}}$,后者仅适用于半正定矩阵,然后检查下三角矩阵 $\boldsymbol{L}$ 所有的对角元素应为非 0 值。

7.5.4 寻找初始值

前面几节我们讨论了通过求解拉格朗日乘子法导出的方程组的迭代方法。如同大多数的迭代法一样,该方法的性能(所需的迭代次数、最终找到整个问题的有效解)强烈地依赖于初始值的选择。

对于不存在不可测变量的问题,初始值的选择实际上相当简单:只需要利用无约束极小化问题的解作为初始值即可。特别是,对于试图通过在可观测变量之间施加约束的方法来改善测量结果这样的问题,直觉告诉我们,约束问题的解不可能离原始测量给定的无约束问题的解太远。仅在测量值(例如一个观察到的事例)与界定这些约束的假设(例如假设该事例来自某种粒子反应)无法拟合的情形下,约束问题的解才会“远离”原始的测量值。

如果存在不可测的变量(例如中微子动量),情况就变得困难得多,因为无约束问题对于不可测变量的初始值不能提供任何信息。由于不可测变量是根据约束关系确定的,有意义的做法是尝试根据总共 K 个约束方程来确定其中 U 个不可测变量的初始值。但由于约束方程数多于不可测变量的数目,故利用哪些约束方程就

存在多种可能性,它们会给出不同的初始值。而且对于一组选定的约束,还可能存在多个解,也可能无解。

如果约束是非线性的,对于上述问题,没有一种简单的解决方案。一般而言,对于每一组特定的约束和不可测变量,必须研发相应的解决方案,它可能需要一定数量的测试来找出迭代方法最优初始值的确定方法。

7.5.5 误差计算

在找到了极小化问题的解之后,在统计应用中我们通常对拟合参数的不确定性感兴趣。事实证明,我们在 7.4.1 节中应用于解析可解问题中的推理这里同样适用,即方程组(7.57)隐式地定义了一组函数,它们将测量值 t 映射为拟合值 $\boldsymbol{\theta}$, $\boldsymbol{\xi}$。在 7.4.1 节中,我们事实上对这些函数已经有了显式解,但它们对于非线性约束的情形不适用。但是,为了计算误差传递所需的导数,显式解并不是必需的:因为方程(7.64)与(7.28)等价,利用与前面相同的方法,可以得到相同的结果式(7.54)和式(7.55).

7.6 延伸阅读资料和网络资源

对于有兴趣于深入探究约束最优化方法的读者,我们推荐以下书籍供阅读:

- Nocedal 和 Wright 的著作 [15] 对于数值最优化方法给出了极好的综述;该书还涵盖了不等式约束问题以及寻找极小值的其他方法,特别是内点(interior-point)法和信赖域(trust region)方法。
- Bonnans,Gilbert,Lemaréchal 和 Sagastizábal 的著作 [16] 也是一本优秀的图书。
- Fletcher 的著作 [10] 是一部较早的但也是令人感兴趣的著作。
- Stoer 和 Bulirsch 关于数值方法的经典著作 [12] 包含了多维情形下牛顿方法的讨论。

其他有用的资料可以从下列来源找到:

- Paul Avery 的网页[33](包含了关于径迹运动学拟合和粒子链式衰变的若干出色的文章)以及他的文库 KWFIT。
- Volker Blobel 对于约束拟合问题编写了软件包 APLCON[34]。

7.7 习　题

习题 7.1　粒子衰变。对于 7.3.1 节所述的粒子衰变的例子,写出 $\mathbf{0} = \nabla f(E_1^*, E_2^*) + \lambda^* \nabla c(E_1^*, E_2^*)$给定的三个方程的显式。

(a) 从这些方程出发,推导 Newton-Raphson 方法的迭代方程组。

(b) 编写一段程序(或试算表),计算经过 1 次和 n 次牛顿迭代后的一组参数值 E_1, E_2 和 λ,这里 n 是 1 与 10 之间的一个数。

(c) 尝试改变 E_1 和 E_2 的初始值(λ 的初始值设定为 0),检查经过 1 次、2 次或 5 次牛顿迭代后,距离 $d = \sqrt{(E_1 - E_1^*)^2 + (E_2 - E_2^*)^2}$是否增加或减小到所要求的解?这里 E_1^* 和 E_2^* 是例子中给定的解值。

(d) 尝试在程序中应用步长控制。

(e) 尝试理解对于什么样的 E_1 和 E_2 初始值,你编写的程序会失败,找出失败的原因并尝试改进你的算法程序。

习题 7.2　W 衰变。7.3.2 节中 W 衰变的方程(7.20)～(7.22)构成了三个不可测变量 $E_{\mathrm{T},\nu}$, φ_ν 和 η_ν 的三个方程。

(a) 推导这组方程的显式解。

(b) 解是否唯一?$E_{\mathrm{T},\nu}$, φ_ν 和 η_ν 的解是否一定存在?

(c) 这类问题通常发生在一个规模比较大的拟合问题中(例如在一对 $\mathrm{t\bar{t}}$衰变为 4 喷注加一个电子、一个中微子的事例中)。利用若干个约束方程来计算未知参数的初始值通常是一种有用的策略。对于某些参数无解和多于一个解这两种情形,你将如何进行计算?

习题 7.3　线性拟合。按照 7.4.1 节求平均值例子的思路,将一个线性拟合问题表示为一个约束拟合问题。从方程 $y = a \cdot x + b$ 开始,这里 a 和 b 是直线拟合的两个未知参数。给定 x_i,假定真值$\hat{y}_i$必定落在直线上,观测值 y_i^{meas} 散布在真值周围。

(a) 写出目标函数(利用最小二乘法)和问题的约束方程。

(b) 写出该问题的由拉格朗日乘子法导出的方程组。

(c) 查找该问题的标准解,并说明它确实求解了该问题的拉格朗日乘子公式(并计算 λ 值)。

(d) 如果希望对观测值 y_i^{meas} 和真值y_i 之间的距离利用不同的罚函数,如果希望坐标值 x_i 容许存在误差,或如果希望应用不同于直线拟合的更复杂的拟合函数,考察问题会怎样变化?在求解约束拟合问题的架构之下,求解这样的问题容易还是困难?

参考文献

[1] Lutz G. Topological vertex search in collider experiments [J]. Nucl. Instrum. Methods A, 1993, 337: 66.

[2] Fisher R A. On the mathematical foundations of theoretical statistics [J]. Philos. Trans. R. Soc. London A, 1922, 222: 309.

[3] Fisher R A. Theory of statistical estimation [J]. Math. Proc. Camb. Philos. Soc., 1925, 22: 700.

[4] James F. Statistical Methods in Experimental Physics [M]. 2nd ed. World Scientific, 2006.

[5] Stuart A, Ord J K. Distribution theory [M]//Kendall's Advanced Theory of Statistics, vol. 1. 6th ed. John Wiley & Sons, 1994.

[6] Gentle J E. Matrix Algebra [M]. Springer, 2007.

[7] Lagrange J. Méchanique Analitique [M]. Desaint, 1788.

[8] Fraser C. Isoperimetric problems in the variational calculus of Euler and Lagrange [J]. Hist. Math., 1992, 19: 4.

[9] Kuhn H W, Tucker A W. Nonlinear programming [M]//Proc. Second Berkeley Symp. Math. Stat. Prob. University of California Press, 1950: 481.

[10] Fletcher R. Practical Methods of Optimization [M]. 2nd ed. John Wiley & Sons, 1987.

[11] Golub G H, Van Loan C F. Matrix Computations [M]. 3rd ed. Johns Hopkins University Press, 1996.

[12] Stoer S, Bulirsch R. Introduction to Numerical Analysis [M]. 3rd ed. Springer, 2010.

[13] Moore E H. On the reciprocal of the general algebraic matrix [J]. Bull. Am. Math. Soc., 1920, 26: 394.

[14] Penrose R. A generalized inverse for matrices [J]. Proc. Camb. Philos. Soc., 1955, 51: 406.

[15] Nocedal J, Wright S J. Numerical Optimization [M]. 2nd ed. Springer, 2006.

[16] Bonnans J F, et al. Numerical Optimization, Theoretical and Practical Aspects [M]. 2nd ed. Springer, 2006.

[17] Armijo L. Minimization of functions having Lipschitz continuous first partial derivatives [J]. Pac. J. Math., 1966, 16: 1.

[18] Wolfe P. Convergence conditions for ascent methods [J]. SIAM Rev., 1969, 11: 226.

[19] Powell M J D. Some global convergence properties of a variable metric algorithm for minimization without exact line searches [G]// Nonlinear Programming (Proc. Sympos., New York, 1975), vol. IX. New York: Am. Math. Soc., 1976: 53.

[20] Goldstein A A. On steepest descent [J]. J. Soc. Ind. Appl. Math. Ser. A Control, 1965, 3: 147.

[21] Goldstein A A, Price J F. An effective algorithm for minimization [J]. Num. Math., 1967, 10: 184.

[22] Broyden C G, Dennis J E, Jr., Moré J J. On the local and superlinear convergence of quasi-Newton methods [J]. J. Inst. Math. Appl., 1973, 12: 223.

[23] Dennis J E, Jr., Moré J J. A characterization of superlinear convergence and its application to quasi-Newton methods [J]. Math. Comput., 1974, 28: 549.

[24] Maratos N. Exact penalty function algorithms for finite dimensional dimensional and control optimization problems [D]. London: Imperial College, 1978.

[25] Fletcher R. An exact penalty function for nonlinear programming with inequalities [J]. Math. Program., 1973, 5: 129.

[26] Coleman T F, Conn A R. Nonlinear programming via an exact penalty function: Asymptotic analysis [J]. Math. Program., 1982, 24 (2): 123.

[27] Fletcher R. Second order corrections for nondifferentiable optimization [M]// Watson G A. Numerical Analysis (Dundee, 1981), Lecture Notes in Math., vol. 912. Springer, 1982: 85.

[28] Gabay D. Reduced quasi-Newton methods with feasibility improvement for nonlinearly constrained optimization [J]. Math. Program. Stud., 1982, 16: 18.

[29] Mayne D Q, Polak E. A superlinearly convergent algorithm for constrained optimization problems [J]. Math. Program. Stud., 1982, 16: 45.

[30] Chamberlain R M, et al. The watchdog technique for forcing convergence in algorithms for constrained optimization [J]. Math. Program. Stud., 1982, 16: 1.

[31] Grippo L, Lampariello F, Lucidi S. A nonmonotone line search tech-

nique for Newton's method [J]. SIAM J. Num. Anal., 1986, 23 (4): 707.

[32] Conn A R, Gould N I M, Toint P L. Trust Region Methods [M]. MPS-SIAM Series on Optimization. SIAM, 2000.

[33] Avery P. Fitting Theory Writeups and References [OL]. (2013). www.phys.ufl.edu/~avery/fitting.html.

[34] Blobel V. Constrained Least Squares [OL]. (2013). www.desy.de/~blobel/wwwcondl.html.

(撰稿人: Benno List)

第8章　系统不确定性的处理

8.1　引　　言

每一位物理学家在大学实验课程中都学习过系统不确定性[①]。系统不确定性的典型例子包括直尺、伏特表的刻度读数的精度或与此类似的东西。这类系统不确定性需要应用误差传递定律才能加入计算过程之中。如果实验有统计误差，则这类系统不确定性在最后结果中引用为统计误差后面的第二项误差。

但是不知何故，这类“系统误差”有时不知出自何处，并留下很多问题，其中多数得不到令人满意的解答，比如，系统误差的正确大小是多少？是否所有的系统不确定性都考虑到了？是否部分系统不确定性被遗漏了？在各项系统不确定性之间是否存在关联性？如果存在关联，怎样考虑由此导致的效应？所有这些问题通常会引起对于系统误差问题的普遍担忧，许多学生只是把他们被告知的方法或结果写下来，而对问题没有真正理解。

在进行粒子物理分析的时候，关于系统误差问题的这种担忧常常会继续存在。这类物理分析通常非常复杂，涉及复杂的拟合或其他统计学的精妙方法。不过最后，分析完成总会给出结果，其中包含了统计误差。只有系统不确定性仍然需要加以确定，这一任务通常在分析的最后阶段进行。在这一阶段，人们常常发现，系统不确定性不是那么容易估计的。此外，与统计不确定性不同，系统不确定性的估计和检测看起来没有清晰的现成方法。那么，我们能怎么做呢？

一般而言，系统不确定性的确定的确没有清晰的现成方法。系统误差的估计大多数情况下是知识、经验、常识有时甚至是直觉的综合结果；没有公式可以遵循。因此，本章并没有大量的数学运算，而是试图提供一般性的建议，讨论系统误差处理中的若干准则，连带给出粒子物理分析中的若干例子。我们的目的在于阐述关于如何检测、估计和尽可能避免系统不确定性的一般性原理。

---

① 本章中我们将“系统不确定性”和“系统误差”视为同义词。严格而言，只有“系统不确定性”这一说法是正确的，但由于上述这些术语在实际中都在使用，所以我们也同样对待。但是，“系统性效应”和“系统性问题”则不是指系统不确定性，而是指导致系统不确定性的原因或来源。

8.2　系统不确定性的定义

通常,系统不确定性既没有非常清晰的定义,也没有与统计不确定性清晰的区分。有时候,这两类不确定性甚至混合在一起,例如,在触发效率中情况就是如此,触发效率可能部分地是根据数据的统计确定的。此外,在许多分析中,源自外部输入数据的所谓"**外部误差**"、源自理论输入的"**理论误差**"或其他来源的误差与"实验"系统误差是相互区分的。因此,在许多情形下,引用的实验结果具有三项、四项甚至更多项的不确定性。虽然这种表述方式强调了总的不确定性的不同来源的影响,但是一长串的误差不能提高结果的辨识度。因此,对于系统误差的不同贡献更为清晰的表述是详细的列表。

系统不确定性的标准定义如下:"系统不确定性是一切非直接源自数据统计性质的不确定性"。根据系统不确定性的这一定义,利用数据测定的触发效率的**统计不确定性**、利用蒙特卡洛(MC)模拟确定的探测器接受度的统计不确定性,都应考虑为系统误差。这一点看起来似乎有些奇怪(确实人们常常将这些效应包括在统计误差之中),但是考虑到在取数完成以后,通过进一步增加蒙特卡洛模拟产生的事例数或者通过更精妙的触发效率确定方法可以减小这些不确定性这样的事实,它们被考虑为系统误差看起来是合乎情理的①。

但在本章中,我们对于系统不确定性将使用下面表述的、更具实用性的定义,这样的定义符合本章所希望达到的目的:

"系统不确定性是一切非源自测量数据样本或模拟数据样本统计涨落的测量误差"。

举例来说,这意味着在我们这里,利用数据统计确定的触发效率的误差和由蒙特卡洛模拟的数据统计所确定的探测器接受度的误差,我们都不处理为系统不确定性,只是因为它们仅仅以统计规律为基础,因而完全可以处理为统计不确定性。因此,在最终结果中,这些误差可以或者单独列出,或者如前面解释过的那样加入系统不确定性之中。

有了系统不确定性的这一定义,我们可以列出高能物理中系统误差和偏差的具有典型意义的来源,数据分析者们对于这些来源应当牢记于心:

- 了解得很差的探测器接受度或触发效率;
- 不正确的探测器刻度;

---

① 当然,我们通过放松事例选择判据也能够减小数据的统计误差。因此,统计误差和系统误差的区分总是带有某种任意性并依赖于分析者的个人喜好。

- 了解得很差的探测器分辨率;
- 了解得很差的本底;
- 模拟的不确定性或模拟所依据的模型的不确定性;
- 输入参数的不确定性,例如截面、分支比、寿命、亮度等等(通常称为“外部不确定性”);
- 计算误差和软件误差;
- 分析者对于特定结果的人为偏向;
- 测量中的其他未知效应。

显然,系统误差的最后三项来源尤其难以评估,但列出的其他各项来源有时也难以发现和估计。因此,在下面的 8.3 节中,我们将尝试提供一种策略来检测未知的系统不确定性。然后,利用各种不同的方法对它们进行估计,其中的一些方法在 8.4 节介绍。当然,最优的策略是从分析的一开始就尝试避免系统误差,本章 8.5 节末尾会阐述某些适用的方法。

8.3　系统不确定性的检测

正确地估计系统不确定性的第一个步骤显然是检测或发现它们存在与否。基本上有两种方法:第一种方法是认真仔细地考虑系统误差所有可能的来源及其对于分析的可能影响。为了详尽地检测可能的来源,这类演绎方法需要对整个分析过程具有总体性的了解,以下我们将该类方法称为“自顶下推法”。

另一种方法则从反方向进行检测,因此下面称之为“自底上推法”:可能的系统性问题是通过交叉检验来进行检测的,例如通过数据和蒙特卡洛分布的比较来寻找分析中的不一致性,从中得出问题来源的结论。

8.3.1　自顶下推法

自顶下推法(top-down approach)的要点在于考虑潜在的系统误差的一切可能的来源,即考虑可能导致系统误差的一切因素。这种方法某种程度上与侦探研究一个谋杀案件很相似:哪些人(即分析中的物理量、效应和方法)有动机和手段来实施这一谋杀(即对分析结果产生影响)? 于是这些人就成为主要的嫌疑犯,随后对他们进行仔细的调查。

看起来似乎不大可能对一切可能的系统性效应进行考察,大多数情况下确实如此。但是,即便不可能完整地完成这项任务,对前一节列出的各项系统误差进行检测肯定也是一个好的出发点。也许,在你个人的特定分析中,还可以考虑一些额外的系统误差的可能来源。

对于列表之外的其他潜在问题，重要的是打开你的思路：多处查看并寻找别人进行类似分析时所遇到的各种问题。与其他分析者进行交谈！尽可能向多个不同的人解释你自己的分析。这当然意味着在你所属的研究组作报告，并向其他组员甚至组外人士详尽地说明你的分析。关键在于，你必须达到某种"超级水准"、能够自顶向下地俯瞰你自己的分析。在分析的日常工作中，在与海量的数据样本、蒙特卡洛产生的模拟样本以及常见的计算机问题进行"搏斗"时，你可能很快对于你的分析失去整体性的洞察力。在绝大部分的时间你思考的不是相关的物理问题。因此，你需要时不时地从日常工作中跳出来，尝试以一种鸟瞰式的视角来审视你的工作。做到这一点最容易的方法就是向别人介绍你的工作。你这样做了，你就会发现许多潜在的问题，但同时你也会被引导向问题的求解或新的思路。

8.3.2　自底上推法

为了检测自顶下推法中没有考虑到的系统误差，作为前者的补充可以使用**自底上推法**(bottom-up approach)。其理念在于仔细地核查你的分析的内在一致性。实现这一要求的主要方法通常是比较数据和蒙特卡洛模拟的各种分布(尽可能多)，寻找两者之间的明显的差异。

除了数据和蒙特卡洛模拟的比较之外，也可以将数据样本划分为取数条件(磁场极性、瞬时亮度、探测器结构等)有差异，或取数时间段不同的若干个子样本。检测这些子样本所得到的结果之间是否一致。

最后，通常会对事例选择判据进行变更(**"截断值变更"**)。通常这种方法涉及的工作量最小：它不需要产生一大堆图来进行数据与模拟之间各种分布的对比，选择判据的变更是十分容易的，也能揭示分析中存在的内在不一致性。

我们继续上一小节中的关于侦探办案的主题，自底上推法类似于通过分析犯罪现场遗留的线索来证明嫌疑犯有罪。每一个细节都可能是重要的。因此，检查尽可能多的可能的线索、考察一切反常的现象(比如不吸烟家庭中的香烟头、π^+ 和 π^- 的能谱不相同)是绝对必要的。

8.3.3　检测系统不确定性的实例

以下我们将看一看如何找出可能的系统不确定性的几个实例。其中前两个利用自顶下推法，而后面几个将对于怎样寻找潜在的分析问题给出思路。

8.3.3.1　本底的系统不确定性

在搜寻实验中，可能的本底的估计对于信号搜寻会是相当困难的。有时，在实施事例选择判据之后，数据集中仅留下很少几个事例。

例 8.1　DELPHI 实验搜寻超对称顶夸克。图 8.1 所示的是本底系统误差的一个例子：DELPHI 合作组搜寻超对称顶夸克 $\tilde{t}$ 实验中的几个分布图[1]。可能的

$e^+e^- \to \tilde{t}\tilde{t}$ 对产生信号事例中,跟随着 $\tilde{t} \to c\tilde{\chi}_1^0$ 的衰变形成两个共面的喷注,并在探测器中形成丢失能量。标准模型下的可能本底是 2 喷注、4 喷注加上 2 光子事例。对于超对称顶夸克 $\tilde{t}$ 信号最灵敏的变量是事例的总横动量,图 8.1(a)显示了经过事例的截断值判选后,实验数据和蒙特卡洛模拟预期本底的事例横动量分布。

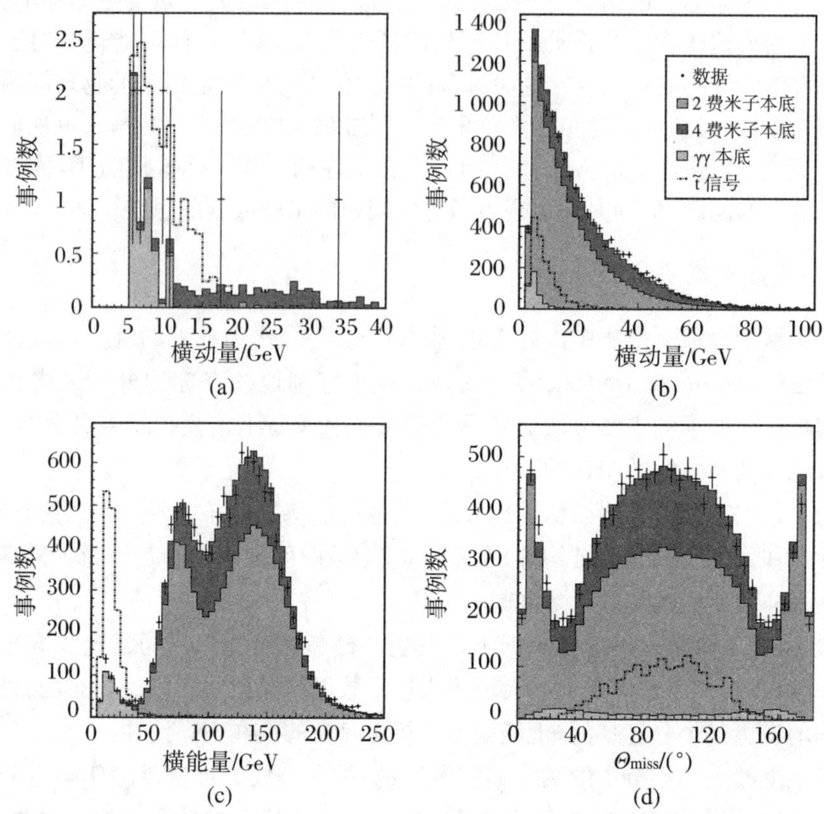

图 8.1　LEP 实验中,DELPHI 合作组搜寻超对称顶夸克。(a) 经过事例选择判据后的横动量分布。(b)～(d) 利用放松了的事例选择判据,所得到的横动量、横能量和丢失动量极角的分布。数据用带误差杆的圆点表示。不同来源的预期本底贡献和可能的超对称顶夸克信号分别用带阴影的直方图和虚线直方图表示(引自文献[1])

我们怎样才能够相信本底估计是正确的？确实,这是一个困难但重要的任务:为了尽可能地减小本底,需要做到只留下本底的一个小尾巴"漏进"信号区。但是模拟不一定完全准确地描述实际过程,例如模拟中分辨率的效应可能被高估了。检测可能的系统误差的一种可能方法(DELPHI 合作组使用的方法)是通过放松某些事例选择判据来提高本底,然后将这个本底增强的样本与模拟进行比较的,如图 8.1(b)～(d)所示。有两件事情十分重要:首先,本底对于事例选择判据放松程度的依赖性必须有充分的了解，否则，数据与本底增强样本之间的比较将毫无意义。其次，一如既往，应当对尽可能多的分布进行比较，以寻找数据与模拟之间意料之外的行为差异。回过头来考察 DELPHI 实验的分析，可以看到，横动量和丢失动量极角的模拟分布与数据很好地一致(图 8.1(b)和(d))，而在横能量的低值区域(图 8.1(c))数据与模拟值之间的差别达到 15%。这里，观察多个分布的必要性变得十分明显：虽然在横动量分布(图 8.1(b))中观察不到不一致性，但 $\gamma\gamma$ 本底(图中用浅色直方图表示)可能存在问题，因为在最终的分析(图 8.1(a))中，$\gamma\gamma$ 本底遗留在可能的超对称顶夸克 $\tilde{t}$ 信号之下。从这一观察出发，我们现在可以研究这一特定的本底贡献不一致的原因，并如 DELPHI 合作组所做的那样，将这种不一致作为搜寻实验结果的一项系统不确定性(参见 8.4.2.1 节)。

8.3.3.2　探测器接受度

由探测器接受度导致的系统误差通常是对于探测器的模拟(特别是探测器效率或校准的模拟)不够完善的结果。在绝大多数情形下，这类误差的来源并不精确地了解，否则我们就能够对它们进行修正了。如果对于相关的问题没有明确的线索，基本上只能通过自底上推法来发现它们。这意味着，需要对尽可能多的变量的分布进行数据与蒙特卡洛模拟的比较。为了进行对比，数据和模拟(归一化到数据的事例数)以直方图形式标绘到同一张图上，如图 8.2(a)所示。重要的是，除了图中横坐标标记的变量之外，事例选择判据中的其他所有变量都应当施加了截断判选。否则的话，对于该分布的理解就很有限。同时，我们应当试图避免使用对数的 y 轴坐标，或者至少同时查看直角坐标和对数 y 轴坐标的分布图。

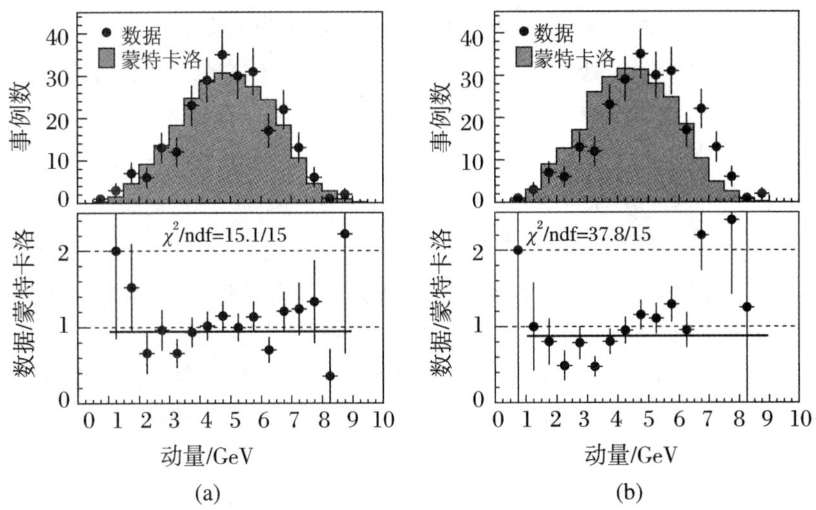

图 8.2　数据与模拟的动量分布的比较。(a) 模拟对于数据有好的描述。(b) 模拟对于数据的描述很差

对于图 8.2(b)上半部所示的情形,通常可以直接观察到可能存在的问题。于是,下一步就是将实验数据除以归一化的蒙特卡洛数据。同时,这里偏差通常也是显而易见的。此外,可以通过直线拟合进行 χ^2 检验(参见 3.8.1 节)。在图 8.2(a)的例子中,数据与模拟有很好的一致性,其 $\chi^2/\text{ndf}=15.1/15$,当利用模拟所给出的数据时,这对应于有 44.4%的概率 $\chi^2\geqslant 15.1$;而在图 8.2(b)的例子中,$\chi^2/\text{ndf}=37.8/15$,与之相对应的概率只有 0.1%①。尽管如此,为了真正理解导致系统误差的问题,只观察实验数据除以归一化的蒙特卡洛数据的分布图形仍然是不够的。虽然图 8.2(b)下半部的分布显示出某些有问题的行为,但只有图上半部的物理分布能够揭示问题的来源:在我们的例子中,数据与蒙特卡洛的分布看起来互相错开了,这可能指示了模拟中动量的刻度有错误。

8.3.3.3　数据劈分为若干独立的子集

数据集内在一致性的一种重要的**交叉检验**是将它劈分为若干个样本量相近的相互独立的子样本,然后计算每一个子样本对应的物理结果。这些结果应当统计地一致(例如利用 χ^2 方法检验其一致性)。

子样本劈分的可能之一是每个子样本代表了不同的实验条件,例如不同的运行时段,典型的例子是 LHC 的分年度运行段,Tevatron 的 Run Ⅰ,Ⅱa 和Ⅲb。但也可以利用不同的触发条件设置或不同的磁铁极性来劈分。显然,实验结果应当不明显依赖于运行时段或其他实验条件。如果某一个子样本的结果显著地偏离平均值,则必须找出这一运行时段或实验条件设置情形下导致物理结果发生变化的可能的原因。(调查值班记录或与合作组其他成员讨论会有所帮助。)但是,在没有非常明显的理由的情形下排除某个(些)数据子样本必须慎重。这很容易使你的结果产生偏差,这一点在 8.5.2 节中将进行讨论。如果没有明显的理由,而且偏差的显著性不太大,比较好的处理方法是保留这类存疑的子样本。与此相反,如果偏差的显著性很大,那么在发表你的结果之前应当找出偏差的来源并修正由此导致的效应,因为一种很大的未知效应如果出现在一个子样本中,它也可能存在于其他子样本中,只不过显著性比较低而已。

8.3.3.4　计算参数各个子区间中的物理结果

数据集劈分为独立子样本的另一种可能方法是将数据劈分到某个分析参数的不同子区间中,例如该参数可以是径迹或喷注的动量、丢失能量或对于分析具有重要意义的其他物理量。一般而言,对于各个子区间中物理结果出现的偏离,在 8.3.3.3节中所描述的那些考虑同样适用。但是,这里有两个附加的特点:首先,物

---

① 通常只引用约化 χ^2 值(我们的例子中是 15.1/15=0.98 和 37.8/15=2.38),约化 χ^2 值应当接近于 1。但仅仅这样是不够的,因为 χ^2 分布的方差强烈地依赖于自由度数 ndf! 因此应当同时给出 χ^2 和 ndf,最好还给出概率 $P(\chi^2,\text{ndf})$,后者是在模拟完美地描述了实验数据的情形下,χ^2 值大于或等于 χ^2 观测值的概率。

理结果可能呈现为所研究参数的某种连续函数的变化趋势。在这种情形下，这种趋势的来源需要加以研究，或者至少需要估计相应的系统不确定性（例如，参见 8.4.2 节描述的数据与蒙特卡洛不一致性的处理方法）。

第二种情形是在选定区域的边界处，物理结果出现偏差。见下面的例子。

例 8.2　K 介子衰变中的 CP 破坏。一个实例是 NA48 实验测量 K 介子衰变中的直接 CP 破坏参数 Re(ε′/ε)[2]。如图 8.3(a)所示，这一测量是在 K 介子动量的各子区间独立进行的。显然，最外沿的两个数据点与其他数据点不相符，有 2～3 个标准差的显著性。这种现象是否有理由担心？整体的 χ^2/ndf 为 32/19，这一数值不很完美，但也不那么让人担心（测得 χ^2/ndf 值大于或等于 32/19 的概率是 3.1%）。首先，当我们观测到这样一种行为时，如同观测到任何一种意料之外的特征一样，我们应当考虑各种可能的原因。或许对于过高或过低的能量，结果会有问题。这一点可以利用独立的研究来加以检测，最好是利用一个独立的数据集。在我们的例子中，进行了许多研究，但对于这一特定的问题合作组没有发现任何可能的原因。尽管如此，可能仍有某些东西被忽略了，因而能量区域边沿的处理问题仍然遗留在那里。解决的方法也很简单：如果可能的话，可以将能量区域向外延伸 1 或 2 个附加的子区间，以观察可能的变化趋势。图 8.3(b)中的圆圈表示的是能量区域延伸 ±5 GeV 后附加的子区间的数据点，它们显然并不与原来最外沿的两个异常数据点的趋势相一致。因此可以确定，原来的两个异常数据点只是由于统计涨落，因此决定发表原始的物理结果（当然，能量区域延伸 ±5 GeV 后附加的两个子区间的数据点没有使用！任何别的东西的加入只会引入对于数据的偏差，即使“看起来很漂亮”（也见 8.5.2.2 节的讨论）。

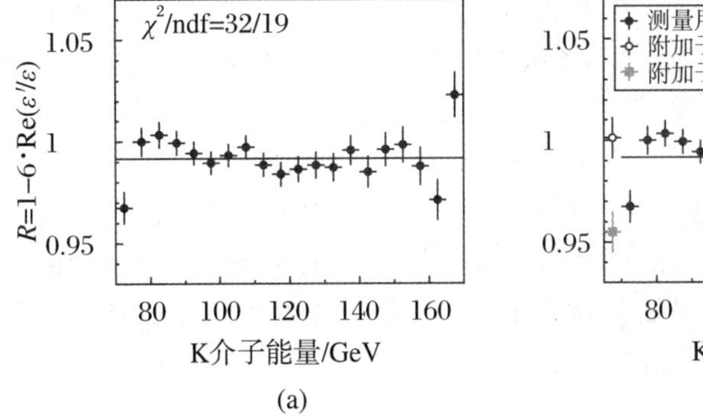

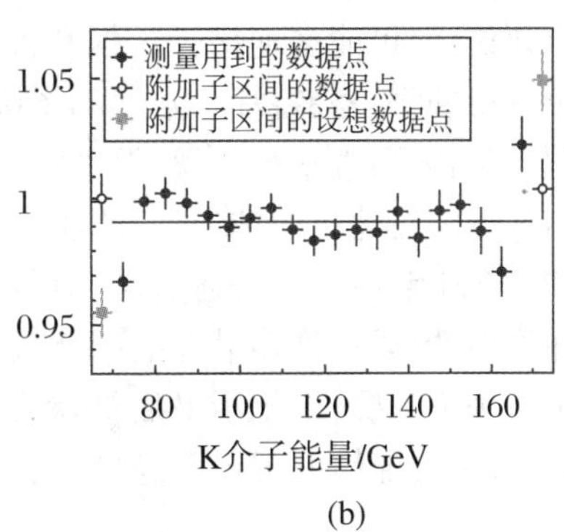

图 8.3　NA48 合作组测量 K 介子能量不同子区间中的参数 $R = 1 - 6 \cdot \mathrm{Re}(\varepsilon'/\varepsilon)$。(a) 原始测量值。(b) 能区延伸之后的测量值以及设想的数据点

如果附加的能量子区间的参数值像图 8.3(b)中小方块所示的“设想数据点”那样，情况就不同了：在这种设想的情形下，分析明显存在问题，在发表物理结果之前必须予以解决。特别是，在不理解真实原因的情况下仅仅将能区缩短是不恰当

的做法。

8.3.3.5　分析软件和拟合程序

大多数数据分析会涉及复杂的软件和拟合程序，这些软件和拟合程序的使用中可能遇到各种各样的问题：从拟合方法自身的偏差到简单的软件错误。怎样才能检查一种软件或拟合程序确实正确地完成了它的任务？

首先，我们总应当实施一项自洽性测试，即利用已知的输入参数产生的蒙特卡洛样本，通过运行分析程序获得物理结果。蒙特卡洛样本应当尽可能大，最好大于实验数据样本 10 倍以上。如果对于完整的蒙特卡洛样本这一点不可能做到，那么，对于**简化蒙特卡洛**（toy Monte Carlo）样本这一要求通常是能够达到的（参见 10.5.1 节）。利用这种寻常的测试，我们不仅应当寻求正确的输出值，还应当寻求各个拟合参数之间的关联、误差与样本统计量之间的正确比例因子等性质。

其次，一个拟合程序本身也可能引入偏差①（参见 2.2 节）。当统计量增大时，这类偏差会变小。因此，利用大统计量的蒙特卡洛进行测试对于这类偏差不灵敏。与此形成对照的是，可以利用样本量与数据相近的大量（20～100 个）不同的蒙特卡洛模拟样本来进行计算，看看结果是否服从以输入值为中心的高斯分布且其方差与预期的统计误差的平方相一致？

另一种有用的**交叉检验**是利用直方图的不同子区间划分进行重新分析。利用这种方法特别能够揭露某些子区间低统计量带来的问题。不过这通常应当仅仅作为一种交叉检验（视为潜在问题的一种可能的线索），因为这并不是直方图的不同子区间划分导致的结果的统计涨落的直接定量表述。

最后，如果没有第二个独立的分析，为了找出隐藏的软件错误，我们基本上只有一个建议：尽可能多地比较数据和模拟的各种分布。极其重要的是检查并理解每一个分布的每一种特征。永远不要认为检查分布图会过多了。这项工作可能非常单调乏味，因而常常被忽视，但事实上这是找出隐藏错误的唯一途径。只有每一种分布都是内在地一致的，我们才能有理由确信，我们的分析确实不包含严重的差错。如 8.3.1 节中已经陈述过的那样，与他人交流关于分析的看法是特别有帮助的。在许多情形下，许多潜在的问题被忽视的原因只是这些问题“一直在那里”而看起来似乎不重要，以至于最后被遗忘了！带有新鲜眼光的同事往往对于分析更没有偏见，也许能够发现很多隐患。

---

① 通常极大似然估计量是有偏的（参见 2.2 节），但是一般偏差非常小。

8.4　系统不确定性的估计

很遗憾，通常不存在评估系统不确定性的现成方法。虽然如此，还是有很多方法对系统不确定性进行可信的估计。在本节讨论了若干简单的案例之后，我们将目标瞄准在通过具体的例子来提供估计系统误差的一般方法和技巧。它们绝不应该视为系统误差估计的一种定论，而应该视为可以采用的一般性理念，或者至少对于实际的数据分析可以给出某种提示。

对于所列举的例子和你自身分析中可能遇到的情况，一个共同的特点是你必须以具有创意的态度来处理。通常不存在确定系统误差的一种标准流程。与此相反，你需要理解一种特定的系统不确定性来源是如何影响你的结果的。然后，你尝试增大(或减小)这一来源并查看对于结果的效应。或者，如果其他反应道或其他分析对于该来源导致的系统误差更为灵敏，你也可以查看增大(或减小)这一来源对这些反应道或分析所导致的系统误差的更为显著的效应。最后，你还可以考虑对于疑似的系统误差效应极其灵敏的一种事例选择判据，并且将它的判选值在很大的范围内进行改变。

一个简单的例子是，为了求得信号的产额，需要从数据中扣除本底，而本底的归一化可能出现错误。为了评估由于本底归一化导致的结果的系统不确定性，我们可以人为地在一个“合理的”范围内改变归一化，其相应的结果与原结果的差异作为系统不确定性。当然，其巧妙在于如何确定这一“合理的”范围。有时，取变化范围的相对极值就可以了(例如参见 8.4.2.1 节)，但若系统误差效应占据主导地位，那么我们可能必须进行细致的研究，甚至进行额外的专项分析。

8.4.1　若干简单的案例

8.4.1.1　外部输入参数

外部不确定性的常见的情形是由不确定性 σ_x 已知的输入参数 x 导致结果的不确定性。这类输入参数的例子有分支比、寿命、亮度、探测器能量标度等等。为了估计它们导致的系统不确定性，将输入参数 x 的值改变 $\pm\sigma_x$，所得的结果与原始结果的偏差取为系统不确定性 $\pm\sigma_{\text{syst}}$。如果结果对于输入参数的函数依赖关系是已知的，则通过简单的误差传递就可确定系统误差。

8.4.1.2　容差

有时候并不知道参数 x 的标准差 σ_x，而只知道**容差**(tolerances)，即 x 的最大和最小可能值。一个闪烁条中的击中就是这样的例子：只知道击中以等概率发生在闪烁条内的任意一处,而不会在闪烁条之外。对于区间$[x_{\text{low}}, x_{\text{high}}]$内的概率均匀分布,其标准差由 $\sigma_x = (1/\sqrt{12})(x_{\text{high}} - x_{\text{low}}) \approx 0.29 \cdot (x_{\text{high}} - x_{\text{low}})$给定,这要比朴素的估计 $\sigma_x = (1/2)(x_{\text{high}} - x_{\text{low}})$减小 40%。然而,在这种情形下,仍然有许多人取后一朴素的估计值并称之为"保守估计",其实他们能够做得更好而并不低估相应的系统误差。

8.4.1.3　小的系统不确定性

另一种简单的案例是,有些系统不确定性即便在可能的最坏情形下也远比其他统计或系统的不确定性要小得多。在这种情形下,浪费时间去优化该类误差的估计既没有必要也没有意义。只需要考虑可能的最坏的情形,将它作为"保守估计"就行了,将你的时间花在更重要的不确定性的估计上。

8.4.2　据理推测

估计系统不确定性的最重要的方法之一是所谓的"**据理推测**"(educated guess)。在没有明确的估计方法可以利用的情形下,可以使用它。在这种情形下,我们必须从更一般性的考虑出发来找出不确定性的合理估计。遗憾的是,对于如何实行据理推测,并不存在通用的方法。所需要的是对于所研究的系统误差的更广泛的视角以及对于知识、经验、推理、创造性和常识的综合利用。因此,我们将考察若干个例子以阐释这一理念并展示几种可能性。即使如此,对于你所面临的特定问题,你通常也必须找出你自己的据理推测。

Roger Barlow 的教科书[3]给出了一个非常好的、富有指导意义的例子,即根据放射源年龄的一般性质来估计一个特定放射源的放射性活度。另一个例子某种程度上更接近于高能物理的分析,陈述如下。

8.4.2.1　本底估计

估计信号分布下的本底有两种常用的方法:数据可以从无信号区外推到信号区(许多情形下通过简单的**边带扣除**(sideband subtraction)),或者可以利用模拟。第一种方法的优点是不依赖于可能不完美的模拟,但该方法通常对于信号分布下的本底形状无法作出预期。在只存在偶然巧合导致的**组合本底**(combinatorial background)的情况下,这通常只是一个枝节问题,因为信号的**边带区**是利用相对简单的经验函数(例如二阶或三阶多项式)拟合得到的,拟合值与经验函数预期值之间的差异被设定为本底估计的系统不确定性。然而,对于更为复杂的本底或信号分布,这一方法并不容易实施。相反,模拟方法通常能够提供本底分布的形状,但不能给出绝对的归一化。在实际使用中,常常同时使用这两种方法,例如,根据模拟求得本底形状,根据边带区求得适当的归一化。

下面所讨论的一个例子取自 NA48/1 合作组关 $\Xi^0 \to \Sigma^0 \gamma$ 衰变的分析[4]。对于我们这里的讨论,这一衰变的特殊性并不重要,重要的是本底扣除的方法和系统不确定性的确定。

例 8.3　$\Xi^0 \to \Sigma^0 \gamma$ 衰变的测量。图 8.4(a)显示了实验的数据点以及 $\Xi^0 \to \Sigma^0 \gamma$ 衰变信号的拟合值和模拟得到的本底(归一化到 Ξ^0 的绝对通量)。在低的不变质量区,本底显然被过高估计了 2 倍(注意对数坐标)。这一错误估计确实可能发生,因为模拟既不一定是本底过程的正确模型,也不一定总能重现探测器分辨的尾部分布。利用这一方法确定本底产额会导致 1.309～1.321 GeV 信号区内本底事例数 3%的过低估计。

对本底归一化的另一种选择是利用边带区数据,在我们的例子中,合适的选择是 1.28～1.30 GeV 的区域(见图 8.4(b))。这一途径对于信号峰下本底的过低估计为 1.5%,仅为前一种方法的一半。我们或许认为后一方法更接近于实际情况,因为模拟重新归一化之后与数据的一致性在低质量区得到显著的改善。但是,本底的行为是多个方面不同因素共同作用的结果。即使大量本底的分辨并没有正确地模拟,分辨函数的尾部分布却可能得到了正确的模拟,而正是这一部分才真正对本底有所贡献。此外,其他本底也许也起到作用,这一点在高质量区有所体现,高质量区的分布不能被边带区的本底估计很好地描述。在这一测量中,合作组决定信赖边带区的相对归一化,但是对估计值设定了 ± 100%的保守的系统误差,即本底的过低估计为(1.5 ± 1.5)%。由于其他的系统误差占主导地位,这一不确定性对于总误差的贡献并不重要。因此,不再进行进一步的研究来减小这项误差。这是“据理推测”的一个很好的例子:两种极端的情形(没有本底或本底加倍)被设定为系统不确定性的极限值。

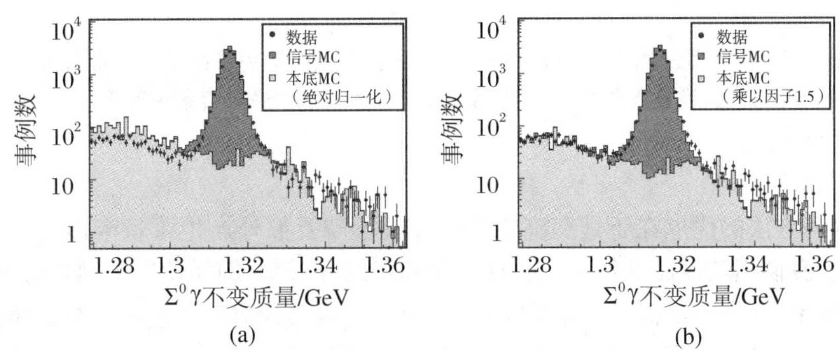

图 8.4　$\Xi^0 \to \Sigma^0 \gamma$ 衰变中,本底扣除导致的系统不确定性的例子。(a) 模拟本底按照绝对通量归一化。(b) 模拟本底按照左边带区归一化(引自文献[4])

8.4.2.2　探测器分辨

一般而言,重现探测器分辨率的模拟不容易做得十分好。特别是,对于顶点位置、不变质量、簇射宽度、径迹拟合的 χ^2 值等等,探测器模拟通常不能很好地重现。

在这种情形下,对它们的不确定性的估计有一种简单的方法。首先,需要找到

观测量 x 的分辨率估计值的合理的最大和最小错估值。它们分别用分辨率的乘因子 $1+k_+$ 和 $1-k_-$ 来表示①。因为真值 x_{true} 在模拟时是已知的,于是重建值 x_{reco} 可以直接修正为

$$x_{reco} \rightarrow x_{reco} \pm \boldsymbol{k}_{\pm} \cdot (x_{reco} - x_{true})。\tag{8.1}$$

这表示,分辨率被人为地分别乘上一个乘因子 $1+k_+$ 或 $1-k_-$。

图 8.5 显示了一个假设的 B 介子衰变的不变质量分辨率的例子,图中虚线和点线分别表示对于名义分辨率有 +15% 和 −15% 偏离的蒙特卡洛模拟结果。显然这两个模拟结果与数据的拟合程度不如名义分辨率的模拟结果(实线)好,所以它们可以视为分辨率的过度估计和过低估计的最差结果。然后,利用分辨率修改后的模拟事例重做一遍分析,与名义分辨率的模拟结果的差异作为(保守估计的)系统不确定性②。

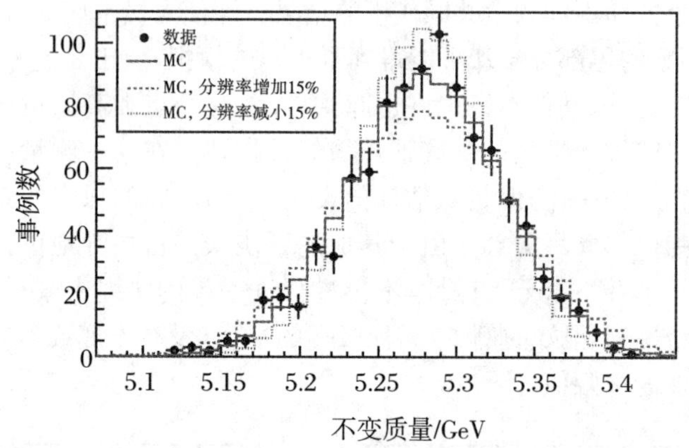

图 8.5　一个假设的 B 介子衰变的不变质量分布。数据用带误差杆的黑点表示,模拟分布用实线直方图表示,虚线和点线直方图表示质量分辨率修改 ±15% 后的模拟结果

这一方法的优点在于其实施的简便以及不需要额外产生蒙特卡洛数据样本。原则上,我们当然试图从源头上去修正探测器的分辨率(例如丝室中漂移时间的模拟)。但是,这是一项极不寻常的工作,需要对探测器有透彻的理解。与之相反,检查类似于质量分辨那样的分布要简单得多,这类分布可以直接与数据进行对比。

8.4.2.3　理论不确定性

事实上,每一项数据分析都需要理论的参与。遗憾的是,可以使用的理论描述通常不止一种。此外,所有这些理论对于真实世界的描述一般存在某种瑕疵。这

---

① 最常见的情况是对 k_+ 和 k_- 不加区分,即 $k_+ = k_- \equiv k$。

② 对叠加在本底分布之上的信号峰进行拟合时,分辨率的效应通常会起作用,因为拟合所求得的产额依赖于所设定的分辨率。

样的例子包括部分子密度函数、碎裂函数、预期的衰变分布等等。有时，理论家们会对于他们的计算结果的不确定性给出某种估计（例如根据高阶图的贡献给出的估计），这种情形下我们只能采用他们给出的不确定性，并按照 8.4.1.1 节的方案处理这类不确定性。但是，另一种更一般的情况是没有给出理论结果的不确定性，只是存在数个互相竞争的理论预期。通常，某一种最可靠或最常使用的理论预期被取作“默认值”，而其他的理论预期则用来估计不确定性。首先，我们只考虑“默认”理论之外的一种额外的理论预期。如果没有其他方法确定“默认”理论的不确定性，最后的手段是将它与额外的理论预期的差异取作系统误差的估计。这种处理背后的理念是，所有各种理论预期的结果近似地服从高斯分布，因此，所选定的两种理论预期的差值 Δ 是该分布宽度（非常粗略）的估计量。当然所引用的系统不确定性将是 $\pm\Delta$，而不是 $^{+\Delta}_{-0}$。

如果除“默认理论”之外，可选择的理论多于一个，则人们倾向于选择其中最大的差异值 Δ_{max} 引用为系统误差 $\pm\Delta_{max}$。这是略微保守的估计，因为应当引用的正确的不确定性是这一分布的宽度，它等于所有不同的理论预期作为输入所求得结果的方差的平方根。不论是选择最大差值还是任意一个差值作为系统误差都具有某种程度的任意性（因此应当将它记录在案），不过“据理推测”在这里又有所帮助：所有这些理论都值得信赖吗？它们事实上是不是同一种理论，只不过有很小的差异而已，或者它们只是利用了迥然不同的处理方法？

理论不确定性的一个例子是**量子电动力学（QED）辐射修正**，它产生于末态电磁相互作用。在模拟中通常有两种可能的处理方法：有辐射修正和无辐射修正。但是，即使包含了辐射修正，模拟也未必是完美的，因为通常高阶效应如费恩曼图的光子内线是忽略不计的。那么怎样才能估计相应的系统不确定性？无辐射修正的方案肯定是错的。包含了辐射修正的方案肯定要好一些，但也不一定完全正确。因此，一种合理的做法是将这两者的差值的一部分取作系统不确定性。然而，巧妙之处在于如何确定这一部分的大小，为此又得求助于据理推测的原则，例如可以通过检查包含和不包含辐射修正的蒙特卡洛模拟与数据的比较来确定。

在后面第 9 章对于理论不确定性进行了更详尽的阐述，讨论集中于强相互作用，它在高能物理中扮演了非常重要的角色。

8.4.2.4　数据与模拟的差异

几乎在每一项数据分析中，至少有一种数据分布不能被蒙特卡洛模拟完美地描述。我们来设想图 8.6 所显示的分布：在相当大的范围内，数据与模拟符合得很好；这两个分布之间的 χ^2/ndf 等于 29.7/27，实际上非常完美，也说明了这一点。然而在高能区，数据与模拟之间存在显著的偏差①，这会导致系统不确定性。怎样

---

① 这里 χ^2 值相当好的原因在于低能区数据与模拟的一致性极好，这是由于统计涨落的缘故。因此，观察整个分布比仅仅观察 χ^2 值能给出更多的信息。

来估计这一不确定性?首先,如本章许多地方强调过的,必须尝试找出偏差的来源!理解来源并对之进行直接的处理永远好于医治它所产生的症状。

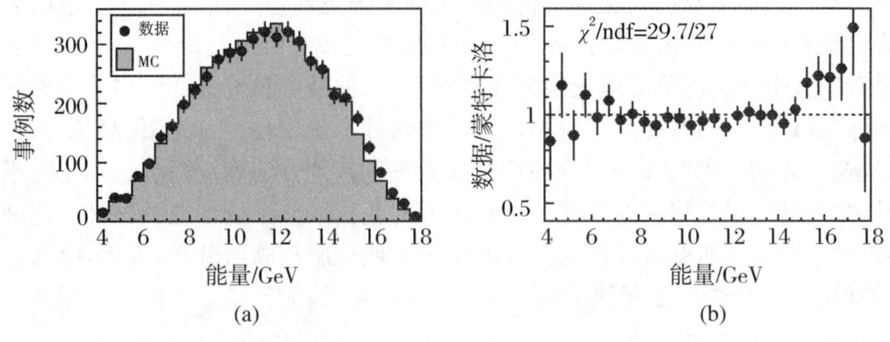

图 8.6　数据与蒙特卡洛模拟一致性不完美的例子。(a) 原分布。(b) 数据除以模拟值的分布

让我们假定,尽管经过很大努力,原因仍然没有找到,但是又必须给出系统误差。系统误差效应的可能来源之一是探测器接受度的蒙特卡洛模拟使用了不正确的模型。假设这是唯一的来源,那么要问这一效应有多大?约有 10%的数据位于模拟不能很好地描述数据的区域。在该区域内,数据高出蒙特卡洛模拟约 20%。所以,该效应的大小为 $0.1\times0.2=2\%$。由于我们遗憾地没有其他方法来确定不确定性,于是我们可以引用 $\pm2\%$作为系统误差,这也是通常的做法。

但是,这一方法中存在一个重大的风险:因为模拟一般需要归一化到数据的统计量,问题是否确实出在分布的高能区这一点是不清楚的。相反,我们可以将模拟数据归一化为分布的高能区处与数据有好的一致性。这样,数据与模拟的总的偏差同样是 20%,但现在是出现在分布的低能区,那里占有 90%的数据量。现在系统误差估计值为 $0.9\times0.2=18\%$,而不是 2%!当然,看起来不大会是只有很小的高能区的数据分布模拟得很好,而占据大部分数据量的低能区数据分布模拟得不好。但是,由于我们确实不知道产生偏差的原因,我们事实上可能会很大程度地低估了系统不确定性。所以,问题又回到:总是需要对于数据与模拟之间的不一致性至少有一个粗略的理解。

8.4.2.5　低统计分析

基于有限统计量的分析会有如下的问题:并不总是可能进行数据与模拟之间的对比。由于统计不确定性很大,统计涨落可能会模仿系统性问题导致的行为,或者反过来,系统误差可能被大的统计涨落所隐藏。因此,如果存在系统性的效应,则当它们小于统计误差时是无法被确证的。

在这种情形下,可以有两种方法:首先,数据样本可以用可控制的方式加以扩大。这一方式的做法是将对所研究的系统性效应不那么灵敏的某些事例判选条件放松要求，得到容量扩大了的数据样本，然后用它对系统性效应进行有意义的研究。8.3.3节中描述的DELPHI的分析是一个很好的例子：在图8.1(c)所示的横能量分布中，数据与模拟的$\gamma\gamma$本底之间有大约15%的偏差，它被取为$\gamma\gamma$本底归一化的系统不确定性。

其次，我们可以利用与信号反应道类似但产额更大的控制反应道。例如，这可以是了解得很清楚的末态与信号道类似的衰变道。或者，作为另一个例子，如果你关心的是寻迹的系统误差而不是粒子鉴别的系统误差，则可以用π径迹代替μ径迹。

8.4.3　截断值变更

当事例选择判据（"截断值"）发生变化时，分析的数据集或者增大或者减小，从而使产生系统误差的特定来源的效应相应地增大或者减小。**截断值变更**一般通过若干个小的步长进行。截断值变更总的范围的典型值是使样本量变化（比如说）2倍，不过对于不同的情况，样本量的变化可以小于2倍。但是，截断值变更总的范围应当总是能够包容分析中输入量的较大的变化，比如本底贡献、粒子鉴别、触发效率等等。

为了获得测量结果，数据必须对探测器接受度进行修正，它通常是根据蒙特卡洛模拟确定的。因此，截断值的变更必须对数据和蒙特卡洛模拟同时进行。截断值变更导致的结果的变化常常会引向接受度与截断变量的函数依赖这样的问题。（另一种可能性是引向被遗漏的本底来源或理解得很差的本底来源。）

截断值变更是对一项分析的内在一致性进行交叉检验的必用方法（参见8.3.2节），也是确定系统不确定性的极为常用的方法。然而，我们在这里不推荐使用它。不使用截断值变更来定量地估计系统误差效应有若干种理由：首先，这种方法的统计显著性很有限。例如，如果数据样本的大小变化2倍，则其统计涨落与结果的统计误差具有同样的量级。这意味着不可能发现小于该统计误差的系统性效应。利用不相关联的误差进行各个截断值的变更（见下文）虽然有所帮助，但并不能完全解决这一问题。其次，截断值变更对于问题本质的理解没有帮助：如果一个截断值的改变使得结果也发生变化，则它只是分析存在瑕疵的一种提示。对于数据分布和蒙特卡洛模拟分布进行研究会给出更多的信息，因为截断值变更所引出的问题只是反映了数据与蒙特卡洛模拟之间的不一致性。最后，根据各个截断值的变更估计各自的系统不确定性然后平方相加这种做法没有考虑到它们之间的关联性，对总的系统不确定性的估计并不正确。

尽管不推荐使用截断值变更来定量地估计系统误差，但可能在某些情形下这是唯一可行的方法，例如，在付出巨大努力后依然找不到数据与蒙特卡洛模拟间不一致的特定来源，就属于这种情况。另一种情况是，虽然已经知道系统不确定性的来源，但是没有别的方法对它进行定量的估计。

怎样才能搞清楚一个截断值的变化量是否适当,与这一变化量对应的系统误差有多大?这是一个涉及数据集关联性的问题。如果某个截断值收紧,则所对应的数据集完全包含于默认截断值的数据样本之内,这意味着这两个数据样本的统计量是高度关联的。反过来,该截断值放松就会使默认截断值的数据样本事例数增加,同样这两个数据集是关联的。解决这一困境的方法是考察相互分离的数据集,如图 8.7(a)所示。我们假定,默认的事例选择判据对应的数据样本 A 求得的结果是x_A,统计不确定性是 σ_A。然后收紧某一判选截断值,得到数据样本 B,其对应的结果是 $x_B \pm \sigma_B$。由于 A 完全包含了 B,x_B 的相对统计误差 σ_B/x_B 大于 σ_A/x_A(拟合中可能的非线性效应除外),并且 σ_A 和σ_B 是相互关联的。不过,可以构建一个数据集 C,它由 A 中 B 以外的所有事例构成,如图 8.7(a)所示[①]。样本 C 给出的结果是$x_C \pm \sigma_C$。由于 B 和 C 不重叠,它们求得的两个结果是统计地无关联的。因此,我们可以计算它们的加权平均(参见 2.3.3 节的式 (2.18)),后者当然等于测量值 $x_A \pm \sigma_A$:

$$\bar{x} = \sum_i \frac{x_i}{\sigma_i^2} \Big/ \sum_i \frac{1}{\sigma_i^2} = \frac{x_B/\sigma_B^2 + x_C/\sigma_C^2}{1/\sigma_B^2 + 1/\sigma_C^2} \stackrel{!}{=} x_A, \tag{8.2}$$

$$\sigma_{\bar{x}}^2 = 1 \Big/ \sum_i \frac{1}{\sigma_i^2} = \frac{1}{1/\sigma_B^2 + 1/\sigma_C^2} \stackrel{!}{=} \sigma_A^2。 \tag{8.3}$$

由于 x_A, x_B, σ_A 和σ_B 为已知量,所以可以确定 x_C 和σ_C:

$$x_C = \frac{x_A/\sigma_A^2 - x_B/\sigma_B^2}{1/\sigma_A^2 - 1/\sigma_B^2} = \frac{\sigma_B^2 x_A - \sigma_A^2 x_B}{\sigma_B^2 - \sigma_A^2}, \tag{8.4}$$

$$\frac{1}{\sigma_C^2} = \frac{1}{\sigma_A^2} - \frac{1}{\sigma_B^2}。 \tag{8.5}$$

利用这些关系,不相关联的 x_B 和x_C 之间的差值为

$$x_C - x_B = \frac{\sigma_B^2 x_A - \sigma_A^2 x_B}{\sigma_B^2 - \sigma_A^2} - \frac{(\sigma_B^2 - \sigma_A^2) x_B}{\sigma_B^2 - \sigma_A^2} = \sigma_B^2 \frac{x_A - x_B}{\sigma_B^2 - \sigma_A^2}。 \tag{8.6}$$

该差值的统计显著性(以标准偏差为单位)为

$$\frac{x_C - x_B}{\sqrt{\sigma_B^2 + \sigma_C^2}} = \sigma_B^2 \frac{x_A - x_B}{\sigma_B^2 - \sigma_A^2} \cdot \frac{1}{\sqrt{\sigma_B^2 + \dfrac{\sigma_A^2 \sigma_B^2}{\sigma_A^2 - \sigma_B^2}}} = \frac{x_A - x_B}{\sqrt{\sigma_B^2 - \sigma_A^2}}。 \tag{8.7}$$

当然,这与差值 $x_A - x_B$ 的统计显著性(以标准偏差为单位)是严格相同的。因此,不确定性 σ_A 和σ_B 中不相关联的部分σ_{uncorr}由下式给定:

$$\sigma_{\text{uncorr}}^2 \equiv |\sigma_B^2 - \sigma_A^2|。 \tag{8.8}$$

取绝对值是为了将截断值放松的情形($\sigma_B < \sigma_A$)也考虑在内。

图 8.7(b)是一个典型的截断值变更的图示。图中,一组默认截断值对应的结果不带误差杆,放松或收紧选择判据的结果是按照式(8.8)(默认结果右边和左边

---

① 数据集 C 通常相当小,它只用于后面公式的数学推导。因此 C 中的事例既不需要判选,也不需要对它们分析。

的 6 个点)的不相关联的误差计算的。对于一项理解得很透彻的分析,放松或收紧选择判据的结果的涨落仅仅是统计涨落,这种涨落应当比默认结果的统计不确定性(图中用阴影区表示)小得多。

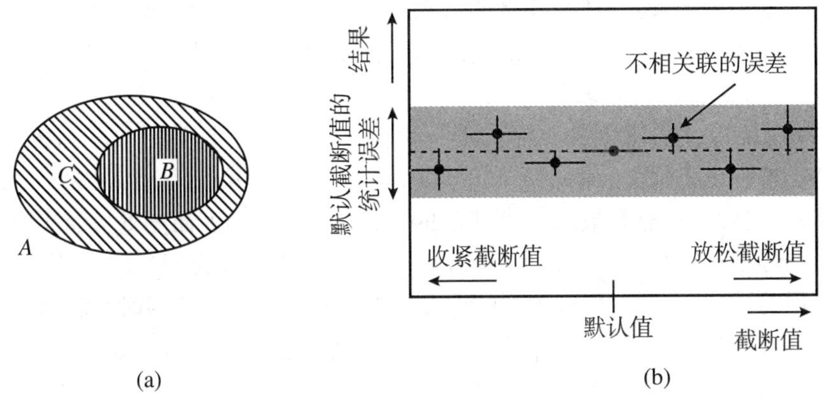

图 8.7　(a) 数据样本 A 劈分为满足收紧截断值判据的数据集 B 以及一个独立的数据集 $C = A - B$。(b) 截断值变更的图示

在什么情形下,怎样做才能利用截断值变更方法来估计系统不确定性?图 8.8 显示了截断值变更方法可能结果的几个典型例子。

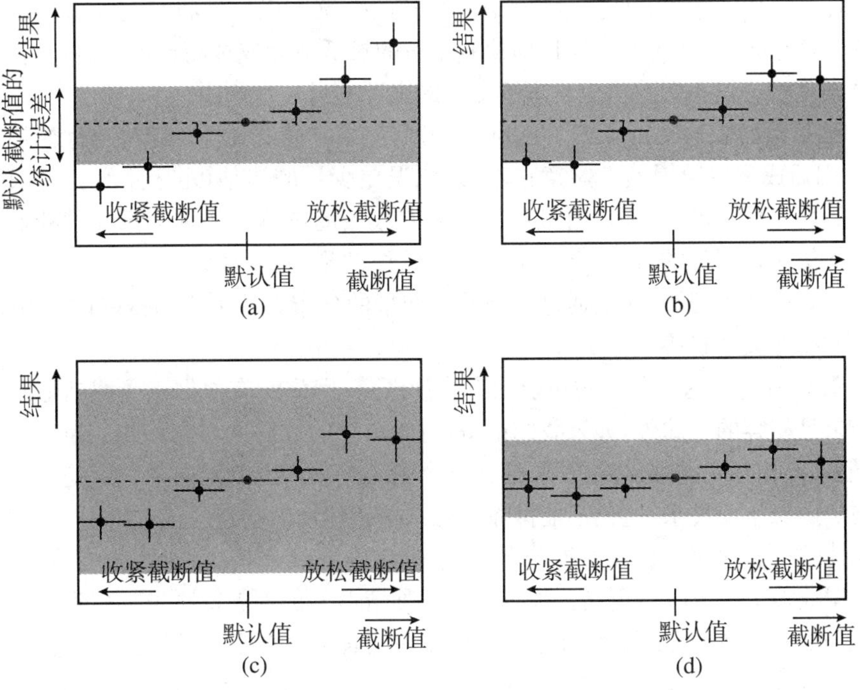

图 8.8　截断值变更不同结果的例子

图 8.8(a)。结果多多少少显示出随截断值变化具有线性变化的行为。这种情形下不能够指定系统不确定性,因为截断值变化范围的选择完全是任意的。需要做的事情是,应当找出变化的来源,并消除这种来源,或者至少理解这种来源。为了研究这一问题,检查截断变量的数据分布和蒙特卡洛分布会是有帮助的。如果对这一问题有所理解,就有可能利用截断值变更之外的其他方法来设定系统不确定性。

图 8.8(b)。除了最外沿两个点的行为有一些改善之外,这一例子与图 8.8(a)相类似。这种现象也许有两个不同的原因:或者数据的第二点和倒数第二点确实结果最差,或者第一点和最末一点涨落的方向偏向默认值,而图 8.8(a)那样的线性关系趋势是真实存在的。根据这样的图形,不可能告诉我们这两个原因中哪一个是适用的,因此需要对所观测到的情况加以理解。一如既往,我们需要检查该截断变量的数据分布和蒙特卡洛分布:它们之间是否显示了明显的差异?除截断值变更的区间之外,两者是否显示了明显的差异?如果情况确实如此,那么在理解产生差异的原因之前,没有办法设定系统不确定性。如果情况不是如此,我们仍然强烈建议找出在设定的判选变量变化范围内发生这种特定行为的原因。如果找不出原因,惯常的做法是将最大变化量设定为系统不确定性。这种做法带有某种任意性,因为两个最极端的数据点可能包含有大的统计涨落。因此,这一方法我们在这里并不提倡。与此相反,应当找出问题的来源。

此外还需要指出,在这一特例中所得到的系统不确定性将与统计误差的大小相近。这意味着,系统不确定性即使有小量的过低估计或过高估计,也将直接影响到总误差!这是我们建议应当理解变化的来源的另一个原因。

图 8.8(c)。这一例子与图 8.8(b)相同,但结果的统计不确定性增大到原来的2倍,因而成为主导因素。这意味着,系统误差少量的错估(由于系统误差根据所观察到的变化量确定)不会对最后的结果有太大的影响。物理结果随截断值变化的趋势依然是明显的,这一点由不相关联的误差指明,一如既往,这一变化的原因应当很好地加以理解,例如通过检查截断变量的分布。特别应当排除图 8.8(a)中显示的线性关系趋势。

图 8.8(d)。这一例子中可能只有统计涨落,因为所有数据点与截断值不变更的结果是相容的。此外,如果我们记得,每一单个的数据点与默认的截断值互不关联,但它们相互之间强烈地关联,那么五个中心点表面上的走向不一定是存在某种问题的迹象。反过来,这也不能排除存在某种整体性的趋势。因此,我们的建议一如既往:首先,比较数据和模拟分布,看它们是否一致。其次,如果可能的话,将选择判据放得更松或收得更紧。检查一下这种情形下是否支持原先观察到的变化趋势[①]。最后,一如既往,思考判选变量分布中可能存在的所有问题。查找原因,比

① 如果支持原先观察到的变化趋势,那么应当观测到数据分布与模拟分布不一致的现象。

如错误估计的本底、错误的能量标度等等。如果发现了原因，那么可以如 8.4.2 节所详细介绍的那样，通过（例如）修正本底或能量标度来进行系统误差的直接估计。这时，截断值变更导致的结果变化，只要它落在直接估计的系统不确定性范围之内，就可以忽略。如果超出直接估计的系统不确定性范围，不幸必须考虑额外的系统误差，则后者可能对于截断值变更所导致的变化趋势有所贡献，因此需要对这额外的系统误差重复上面所述的步骤。

8.4.3.1　多维分析中的截断值变更

截断值变更方法可以扩展到多维的情形，例如，根据某一多维拟合，求得的结果表示为 n 个参数 $\boldsymbol{x}=(x_1,x_2,\cdots,x_n)$，其协方差矩阵为 $\boldsymbol{V}$。为了确定根据两个数据集 $A\subset B$（或 $B\subset A$）求得的两个结果 $\boldsymbol{x}_A$ 与 $\boldsymbol{x}_B$ 的不相关联的差值，需要知道不相关联的协方差矩阵 $\boldsymbol{V}_{\mathrm{uncorr}}$（类似于式 (8.8) 所示的不相关联的误差）：

$$\boldsymbol{V}_{\mathrm{uncorr}} \equiv \pm(\boldsymbol{V}_B - \boldsymbol{V}_A), \tag{8.9}$$

其中正号适用于 $B\subset A$（如图 8.7(a)所示），负号适用于 $A\subset B$。于是，两个结果之间的一致性由不相关联的 χ^2 值之差给定：

$$\Delta\chi^2_{\mathrm{uncorr}} \equiv (\boldsymbol{x}_A - \boldsymbol{x}_B)\boldsymbol{V}^{-1}_{\mathrm{uncorr}}(\boldsymbol{x}_A - \boldsymbol{x}_B)^{\mathrm{T}}, \tag{8.10}$$

它等于 $\boldsymbol{x}_A$ 与 $\boldsymbol{x}_B$ 间的标准差的平方。需要着重指出，在多维情形下，标准差并不对应于一维情形下的 68%置信区间，其置信度要低得多。对于两个参数的情形，其 1σ 等值轮廓（即误差椭圆）只对应于 39.4%置信区间；对于三个参数的情形，其 1σ 等值轮廓对应于 19.9% 置信区间。对于二维和三维的情形，人们习惯使用的 68%置信区间分别由 1.52σ 等值轮廓（$\Delta\chi^2=2.30$）和 1.88σ 等值轮廓（$\Delta\chi^2=3.53$）给定。

图 8.9 显示了二维情形的一个例子：一项数据分析测量的是用**整体拟合**（global fit）求得的两个参数 x 和 y。图 8.9(a)～(c)显示的是由设想的截断值变更方法得到的结果。x 和 y 都清晰地表现出偏离默认值的趋势，最差的情形下偏离达到 1.5σ，明确地指出该分析存在隐患。但是，x 和 y 之间可能存在关联系数为 ρ 的关联性，在确定截断值变更结果的显著性时必须将这种关联性考虑在内。为此，我们需要利用式(8.10)来计算 χ^2 值之差。这时，两个结果间的一致性由 χ^2 的概率 $P(\chi^2;\mathrm{ndf})$ 给定，这里自由度数等于拟合参数的个数。我们首先来考察 x 和 y 完全不相关联（$\rho=0$）的结果：这种情形下 χ^2 概率 $P=P(\Delta\chi^2;\mathrm{ndf}=2)$ 随着截断值的变更迅速下降①，如图 8.9(c)所示。

与此相反，如果我们查看关联系数 $\rho=-0.9$，即 x 和 y 之间几乎完全负关联的极端情形，则行为全然不同：由于强烈负关联的存在，即使每一单个参数的截断值都有相当大的变化，概率值却总是处于 31.7% 线附近，对应于一维情形下的 1

① 注意，P 仍然大于两个概率值的乘积 $P(\Delta\chi^2_x;1)\cdot P(\Delta\chi^2_y;1)$，因为在二维情形下 1σ 等值轮廓的含义不同。

倍标准差左右[①]。对于某些截断值变更量,图 8.9(d)和(e)显示了包含 68%概率的误差椭圆,即式(8.9)所示的 $\boldsymbol{V}_{\text{uncorr}}$。它们很漂亮地诠释了拟合参数之间负关联所导致的效应。在实际问题中,负关联是相当常见的,例如,对偏离坐标原点很远的若干数据点利用直线拟合截距和斜率,情况即是如此。

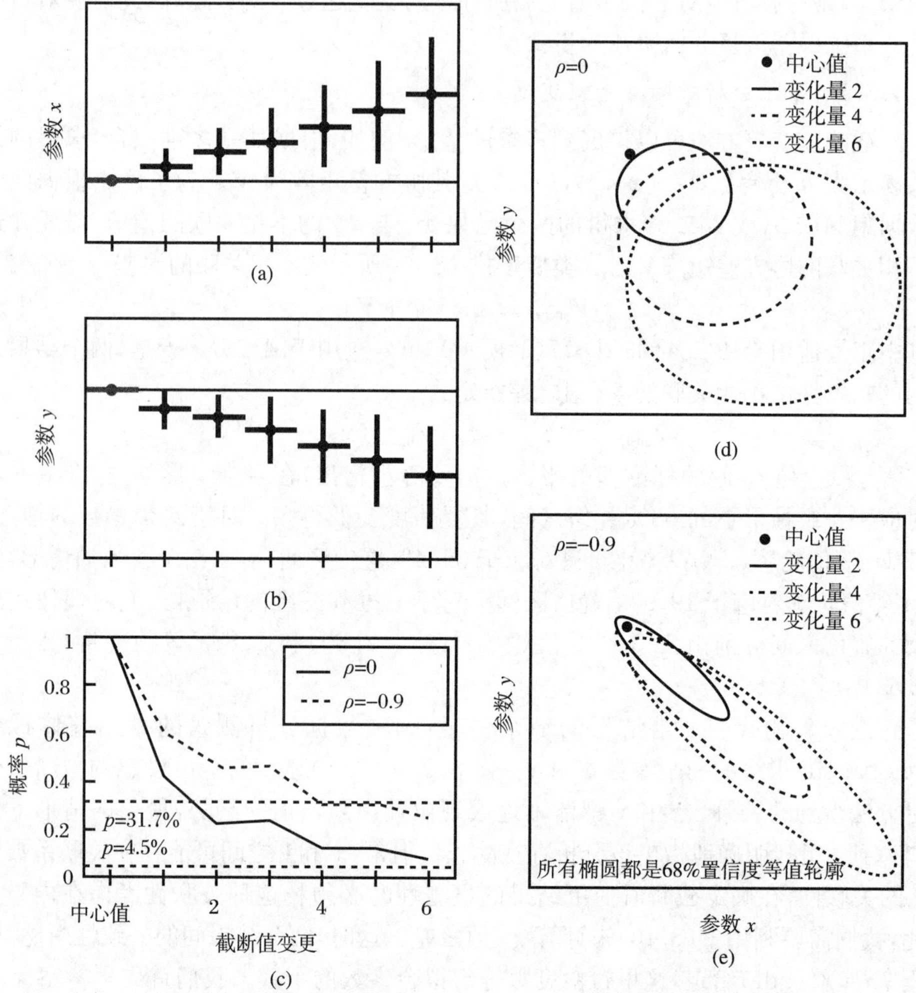

图 8.9　两个变量 x 和 y 之间不关联($\rho=0$)和强关联($\rho=-0.9$)情形下,截断值变更分析的例子(详见正文)

① 乍看起来,这一现象似乎令人惊讶。人们可能争辩道,如果第二个参数全然没有发生变化(即所施加的变量截断对它不起作用),那么这将自动变成一维的情形。但是,若第二个参数显示出负关联的变化,则概率会增加。

8.4.4　系统不确定性的合并

在大多数情况下,若干个不同的系统不确定性必须合并为一个总的系统误差,然后用它与统计误差合并求得测量值的总的不确定性。对于仅测量一个单独参数的简单分析,这种合并相当简单:通常系统不确定性的各个来源之间应当是相互独立的,当然,也与统计误差相互独立。因此,如同相互独立的统计误差一样,所有单个的不确定性可以平方相加以求得总的不确定性:

$$\sigma_{\text{tot}}^2 = \sigma_1^2 + \sigma_2^2 + \cdots + \sigma_n^2 = \sum_{i=1}^{n} \sigma_i^2。 \tag{8.11}$$

当系统误差可能相互关联时,需要多加小心,例如一种可能本底的形状和归一化就是如此。在这种情形下,必须确定系统不确定性的每一对来源 i 和 j 之间的关联系数 ρ_{ij},按照误差传递公式进行不确定性的合并:

$$\sigma_{\text{tot}}^2 = \sigma_1^2 + \sigma_2^2 + \cdots + 2\rho_{12}\sigma_1\sigma_2 + \cdots = \sum_{i=1}^{n} \sigma_i^2 + \sum_{\substack{i,j=1 \\ i<j}}^{n} \rho_{ij}\sigma_i\sigma_j。 \tag{8.12}$$

当同时测量若干个参数 $\boldsymbol{x} = (x_1, x_2, \cdots, x_n)$ 时,情况变得更加复杂。一个简单的例子是对于一个数据分布用一条直线来**联合拟合**(combined fit)斜率 m 和截距 b。这一拟合会给出 m 和 b 拟合估计值统计不确定性之间的关联系数 ρ。但怎样确定相应的系统不确定性之间的关联系数 ρ_{syst}? 在许多分析中,关联系数 ρ_{syst} 没有确定,甚至没有考虑要加以确定,而是忽略不计了,这就导致总的关联系数发生错误。然而,确定系统误差某一特定来源导致的不确定性的关联系数通常并不困难。一般而言,对于两种不同的系统误差的一种组合,存在以下三种情况:

(1) 完全关联的不确定性。这是最常见的情形。如果在前述直线拟合的例子中,一个外部参数变更 $\pm\sigma_{\text{syst}}$,那么斜率和截距会相应地分别变化 $\pm\Delta m$ 和 $\pm\Delta b$。于是,变化量 $|\Delta m|$ 和 $|\Delta b|$ 取为系统不确定性 σ_m 和 σ_b,根据 Δm 和 Δb 为同号和异号两种情形,关联系数分别为 $+1$ 和 -1。

由于参数变更是估计系统性效应的最常用工具,大多数的系统不确定性导致一个测量的各个参数之间存在完全的关联性。

(2) 不相关联的不确定性。令人惊讶的是,这是相当少见的情形。当然,系统不确定性的某一种来源可能只对两个参数中的一个产生影响,但这是不相关联的系统误差的很平常的现象,因为其中之一等于 0。系统误差的一个来源对于同一个测量中不同参数产生相互独立的系统不确定性是一种相当不典型的现象。例如,思考一下直线拟合中能够独立地影响斜率和截距的原因。

(3) 部分关联的不确定性。部分关联通常是系统误差若干个来源之间自身相互关联导致的结果。每一个单独的来源对于测量结果可能产生完全关联的系统不确定性,但是,这些来源之间的关联对于所测量的各个参数所产生的关联不等于 ± 1。

利用简化蒙特卡洛模拟。简化蒙特卡洛模拟有助于求得正确的关联系数:在直线拟合斜率和截距的例子中,考察 n 个互不独立的参数 $\boldsymbol{a}=(a_1,a_2,\cdots,a_n)$ 及其 $n\times n$ 协方差矩阵 $\boldsymbol{V}$ 描述的关联性。然后按照矩阵 $\boldsymbol{V}$ 给定的多维高斯分布产生大量的随机数 n 元数组 $\Delta\boldsymbol{a}$。对每一个 n 元数组,所有的系统误差来源 i 变化 $\Delta\boldsymbol{a}_i$,重新拟合斜率 m 和截距 b,并将结果填入一个二维直方图。最后,假定高斯性质充分好(通常情况下如此),那么所得到的 m 和 b 的二维高斯分布直接给出了系统不确定性 σ^m_{syst} 和 σ^b_{syst} 及其关联系数 $\rho^{m,b}_{\text{syst}}$。

简化蒙特卡洛模拟的方法对于不相关联系统不确定性的情形也十分有用。例如,考察能量区间 i 中的触发效率 ε 已知等于 $\varepsilon_i\pm\sigma_i$ 的情形(参见图 8.10)。计算总的系统不确定性的一般方法是对每一能量区间 i 中的触发效率 ε_i 分别改变 $\pm\sigma_i$,然后将由此导致的测量值的变化平方相加。但是,当能量区间数量很大时,计算变得非常冗长。更为有效的方法是利用一个简化蒙特卡洛模拟,对于每一个事例,对每一区间 i 按照不确定性 σ_i(通常作为高斯分布的标准差)产生触发效率值 ε_i。对于每一个简化蒙特卡洛模拟事例,利用新产生的效率值计算测量结果,并填入一张直方图中。该直方图分布的均值和宽度很容易求得,其宽度就给定了总的系统不确定性。

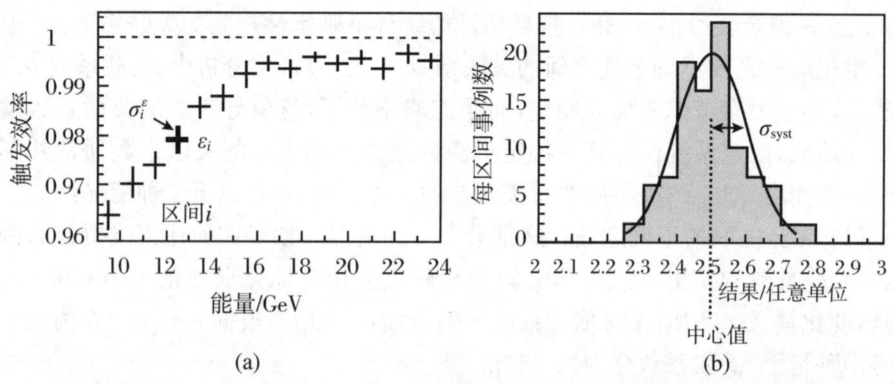

图 8.10　利用简化蒙特卡洛模拟的图示。(a) 设想的触发效率与能量的函数关系。每一能量区间 i 的触发效率为 $\varepsilon_i\pm\sigma_i$,它与其他区间的触发效率不关联。(b) $N=100$ 个简化蒙特卡洛模拟事例的可能结果,每一事例的触发效率及其不确定性均不相同。触发效率的变化导致分析结果发生变化;总系统误差(以及可能发生位移的均值)可以根据该分布的中心值和宽度 σ_{syst} 得出

8.4.4.1　协方差矩阵的合并

最终,系统性效应的每一组或每一个来源都会导致对于所测的各个参数的不确定性,以及各个参数之间的相互关联,这两者都通过第 i 个来源的协方差矩阵 $\boldsymbol{V}^i_{\text{syst}}$ 来表示。于是,n 项系统误差的合并是简单而明确的:所有的协方差矩阵 $\boldsymbol{V}^i_{\text{syst}}$ $(i=1,2,\cdots,n)$ 相加给出最终的系统不确定性及其相互间的关联:

$$V_{\text{syst}} = V_{\text{syst}}^{\text{full corr}} + V_{\text{syst}}^{\text{not corr}} + V_{\text{syst}}^{\text{part corr}} \tag{8.13}$$

$$= \sum_i^{\text{full corr}} \begin{pmatrix} \sigma_{1,i}^2 & \cdots & \pm \sigma_{1,i}\sigma_{n,i} \\ \vdots & & \vdots \\ \pm \sigma_{1,i}\sigma_{n,i} & \cdots & \sigma_{n,i}^2 \end{pmatrix} + \sum_i^{\text{not corr}} \begin{pmatrix} \sigma_{1,i}^2 & \cdots & 0 \\ \vdots & & \vdots \\ 0 & \cdots & \sigma_{n,i}^2 \end{pmatrix}$$

$$+ \sum_i^{\text{part corr}} \begin{pmatrix} \sigma_{1,i}^2 & \cdots & \rho_{1n,i}\sigma_{1,i}\sigma_{n,i} \\ \vdots & & \vdots \\ \rho_{1n,i}\sigma_{1,i}\sigma_{n,i} & \cdots & \sigma_{n,i}^2 \end{pmatrix}, \tag{8.14}$$

其中第一求和项遍及完全关联项系统误差，第二求和项遍及不关联项系统误差，第三求和项遍及部分关联项系统误差。

最后，统计误差和系统误差对应的协方差矩阵以同样的方式相加，得到完整结果的协方差矩阵。对于只有两个参数的情形，协方差矩阵可以用常见的误差椭圆来表示，如图 8.11 所示。在某些情形下，若关联非常不同，则同时画出统计误差椭圆和总误差椭圆可能是有益的。

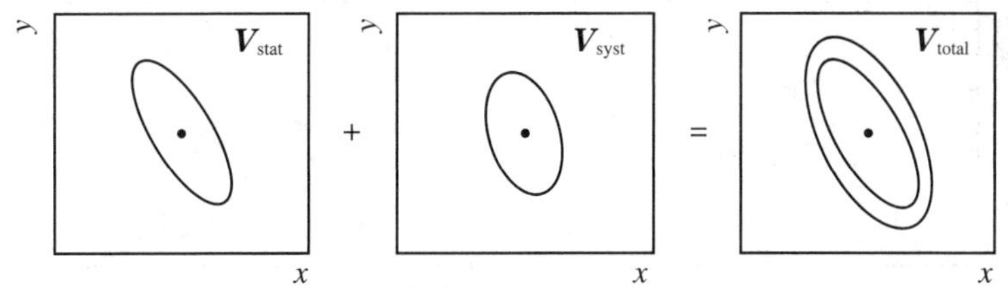

图 8.11　两个相互关联的待测参数 x 和 y 的统计误差和系统误差协方差矩阵的合并

8.5　如何避免系统不确定性

在数据分析中，大多数的系统不确定性不容易避免。这样的例子有触发效率、刻度和本底导致的系统不确定性等等。但是，对于计划或实施中的一项分析而言，某些系统误差可以被压低甚至可以避免。

8.5.1　事例选择判据的选择

在一项分析的最开始确定事例选择判据的时候，就应当考虑可能的系统不确定性。我们始终应当牢记在心的是：每一个判选变量的截断不仅仅是减少了接受度；如果接受度与判选变量的函数关系没有充分理解的话，还可能导致系统误差的问题。在一般情况下，这种说法不适用于几何意义的截断（无效探测区域除外），而适用于涉及细致蒙特卡洛模拟的物理量的截断。这类变量的典型例子有时间参数、径迹或顶点拟合的 χ^2 值、径迹碰撞参数(impact parameter)、粒子鉴别等等。所有这些物理量,众所周知是很难模拟的,因为与它们相关的探测器分辨率与多个参数(有时是外部参数)的函数关系需要了解得很精确。

原则上,对于模拟得很差的物理量的每一次截断都会导致数据和模拟给出不同的接受度,从而使结果产生系统性的偏移。不过,有一种简单的方法来避免这样的系统误差:只要不对这类物理量进行截断,或者只做很宽松的截断就可以了。图 8.12 诠释了这一原理:两幅图显示的是图 8.2 的两种模拟动量分布,其中一种模拟与数据不符。如果施行图 8.12(a)所示的动量截断,就不会产生多大问题,因为动量的接受度对两种模拟都为 99%,因此可能的误差都小于 1%。但是在图 8.12(b)中,动量截断值选择得很差。对于差的蒙特卡洛模拟,对应的接受度约为 80%,而真实的接受度应该是 70%。如果测量的是事例率,用了差的蒙特卡洛模拟,那么系统误差将达到 $0.8/0.7-1\approx14\%$。如果动量截断值选择得更低,情况会变得更坏。

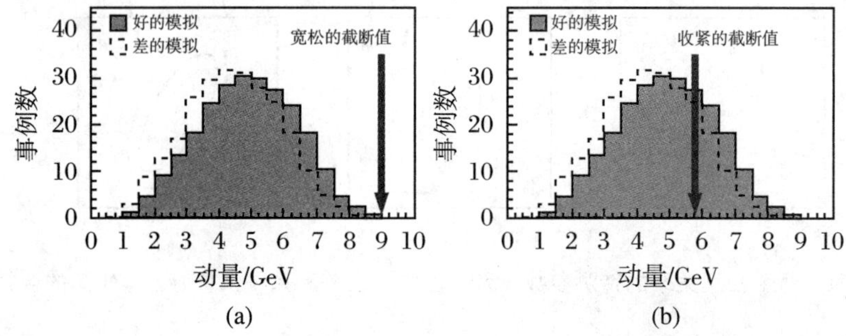

图 8.12　选择宽松的和收紧的事例选择判据的例子。(a) 宽松的截断值接纳了动量 <9 GeV 的所有事例。(b) 收紧的截断值导致探测器接受度计算错误

上述讨论的要点在于,对每一个事例选择判据的必要性应当仔细检查。此外,与此相关的系统误差效应必须保持在可控状态。

有时候,对于一个模拟得很差的物理量施加截断无法避免。一个例子是粒子鉴别中,我们通常必须施加很严的选择判据以使本底得到控制。在这类情形下,必须不依赖于模拟,而是利用数据本身来确定接受度,例如利用与当前所研究的反应道类似且研究得很清楚的反应道的数据。

在许多情况下,权衡比较也是一种可能的选择。例如,通过放松截断值,本底会增高,但是可以避免由于不精确理解探测器接受度带来的系统误差。本底的增高会使不确定性也增大,但可能比接受度的不确定性容易进行直接的估计。

8.5.2　避免偏差

有多种可能的原因导致测量结果引入**偏差**(bias)。某些可能是外部因素,比

如输入参数有误；另一些可能是分析方法的固有问题，比如拟合方法本身引入的不可避免的偏差。这些因素都需要加以研究，不过，利用本章所描述的方法，我们应当能够保持对它们的控制并精确地对它们进行估计。

但是，另一种偏差来源于分析者自身，它们通过寻常的途径则难以发现和进行估计。虽然我们可能认为自己是无偏见的科学家，但与其他任何人一样，物理学家也具有感觉、思想、情感等等，这些因素也会对一项分析产生影响。这些人为的因素常常会引出有偏差的结果，而在许多场合下没有引起注意，因为它们一般无法用通常的方法发现。下面我们来讨论两种最常见的情形，即期望获得特定的结果和利用信号事例来确定分析参数。10.6.1 节将详尽地论述实验者的偏见所产生的问题以及可能的应对措施。

8.5.2.1　避免期望特定的结果

有很多这样的例子，实验者由于期望一个特定的测量结果而导致偏差，因而奇迹般地确实观测到了这一特定的结果(参见 8.5.3 节和 10.6.1 节)。

例 8.4　A_2质量劈裂。一个著名的例子是 1967 年 CERN 丢失质量谱仪研究组对于所谓的“A_2质量劈裂”的测量[5]：实验发现，$\pi-p$ 散射中 A_2介子的不变质量分布显示出一个双峰结构。在 1965 年的两个运行段中，该研究组已经看到了这一结构的暗示(hint)，但显著性要低得多，且质量分辨率与该结构的宽度很接近。在 1967 年的取数阶段，在该结构范围内额外测定了反冲质子的动量，从而获得了比较好的质量分辨率。全部数据的直方图(子区间宽度与质量分辨率相近)并没有显示出任何不寻常的行为(见图 8.13(a))。但是，当将 1967 年质量分辨率好的约 60%的数据与 1965 年的所有数据(其质量分辨率仍然次于被排除的 1967 年数据)合并在一起，就观测到了一个清晰的双峰结构，如图 8.13(b)所示。用单个布雷特-魏格纳函数对此结构进行拟合求得的 χ^2 概率仅为 0.1%，而用两个布雷特-魏格纳函数拟合所得的 χ^2 概率则为 70%。

当然，许多理论家和实验学家为这一极其出乎意料的结构而感到兴奋，因为它无法适配进入介子八重态的架构中。跟随这一实验，有若干个实验也报道了双峰结构，但奇怪的是显著性总是 3 倍标准偏差。最后 BNL 实验[6]以大得多的统计量排除了双峰结构，A_2回归为一个常态介子。

到底发生了什么事？为何多个独立的实验都观察到一个虚假的，并不存在的结构？难道进行这些分析的所有物理学家都是品行很差的科学家，试图伪造结果以达到出名的目的？由于许多人牵涉其中，这种猜想特别难以令人置信。相反，在发现一个全新现象所引起的可以理解的兴奋心情下，所发生的事情是：分析者们没有意识到他们选定事例选择判据和拟合方法的方式增强了双峰结构出现的可能性。当然，由于并不存在真实的质量劈裂，因此总不能观测到高于 3 倍标准偏差的显著性，但由于分析自身存在偏差，通常观测到的信号处于一个真实观测的边缘状态，从而助推了对于所观测的双峰结构真实性的信赖。

在粒子物理的历史上,有许多与此类似的例子,从质量 17 keV 重中微子的发现[7],到几年前的五夸克态的各种各样的观测[8]。你或许知道粒子物理综述(PDG)[9]引言中的图 2,它显示的是若干个实验测定物理量随着时间的演变。这些测量值时不时地出现明显的跳跃,这表明或者存在共同的系统性偏移,或者分析存在偏差。

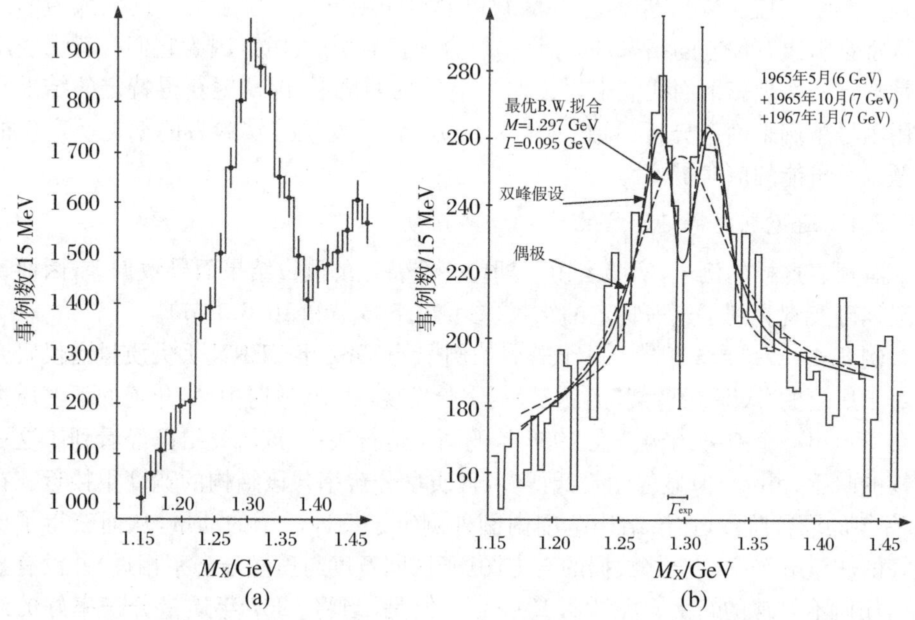

图 8.13　**CERN** 丢失质量谱仪研究组对于 $\mathbf{A_2}$ 介子的测量。(a) 1967 年 $p_\pi = 7$ GeV 产生的 $\pi^- p \to pX$ 散射数据。子区间宽度为 15 MeV。(b) 探测器质量分辨(FWHM) $15 < \Gamma_{exp} < 25$ (MeV)的 1967 年数据加上 1965 年数据,后者的探测器构型与 1967 年不同,且 $\Gamma_{exp} \approx 30$ MeV。子区间宽度为 5 MeV(引自文献[5])

如果进行进一步的思考,出现这些"差的"测量的内在原因会变得清晰起来。如果一个物理量已经发表了一个测量值,则每一项新的数据分析无非有两种可能的结果:与先前的结果或者一致,或者不一致。在第一种情况下,实施新测量的物理学家或许会感到满意(通常新的测量值误差较小),身体向后一仰,未经深入思索就结束了他的分析工作。但是,对于存在不大的不一致(1 到 3 倍标准偏差之间)的情形,情况则迥然不同:物理学家多少会有所疑虑,并细究可能存在的问题。特别是,分析者们会对于自己的分析找一找结果出现差别的原因,试图找出将结果移动到先前测量值的修正项。与此相反,分析者们不见得会去寻找使差别增大的那些效应。在这样的处理方式下,新的测量会非常严重地偏向接近原先测量值的结果。只有在差别达到(5～10)σ 的程度时,物理学家才会对他们自己的分析和原先的分析开始进行认真的思索。

从这些案例中我们能够学到些什么？答案很简单：放弃对于你所期望的结果的任何倾向性！不必在意先前的测量和理论的预期。在最好的情况下，你可以在你的分析完全结束之后，将你的结果与其他结果进行比较。当然，在分析进行的过程中已经有了初步结果的情形下，这实际上是做不到的。因此，在分析进行到最后阶段之前，我们永远应当尝试将结果隐蔽起来。这就是所谓的**盲分析**，这一理念将在8.5.3节和10.6.1节详加阐述。

8.5.2.2　避免查看信号事例

引入偏差的另一种非常常见的情形是，同一个数据样本既用来确定事例选择判据，又用来得出最终的测量结果。在成千上万种分析中，人们通过查看信号本身来选定事例选择判据，目的是希望看到尽可能多的信号事例、使信号看起来更漂亮，或者压低本底，如此等等。这看起来似乎很愚蠢(也确实如此)，然而，即使对于已经意识到问题所在的那些人们，实际上依然很容易发生这种现象。例如，当将一个新的特征变量引入事例选择判据时，分析者很容易被引诱去查看该特征变量截断引入前后信号分布是否得到改善。一旦观测到信号分布得到改善的效应，就几乎不可能忘记这一效果。众所周知，截断值不能利用数据来调节，于是，发明了一种经验性的理由来为新的事例选择判据的正当性进行辩护。但是，这当然仍旧是倾向于更多和更好的信号的一种强烈的偏差。

因此，在引入特征变量的截断值并对其进行优化时，绝对必要的是，**永远不要查看数据**。事例选择判据只能够通过模拟或根据事例完全分立的数据集，甚至通过随意的选择或个人的体验来确定，但是永远不要查看信号。这听起来似乎十分简单，然而应当记住的是，这是一种极为常见的错误，即使对于那些原理上了解这一点的人们也是如此。比如，你也许可以思考一下，你当下正在进行的或最近的一次分析中所使用的事例选择判据的所有特征变量，是不是它们的引入确实没有查看过数据？

当然，对于这类偏差的最佳防卫方法依然是进行盲分析。

8.5.3　盲分析

避免人为偏差的一种极佳方法是在分析的过程中不要知道最终的结果。这一方法称为**盲分析**。在分析结束之前，该方法严格禁止查看结果。对于预期信号事例很少的实验测量和所谓的**搜寻实验**，该方法的原理很容易说明：首先，定义一个信号区，比如在搜寻一种稀有过程时，预期的不变质量值附近的某一个范围，或者搜寻一种新粒子的实验中，大于某一丢失横动量值的整个区域。这一信号区也可以是多维的。因为禁止预先查看数据，故信号区的确定一般依赖于模拟。第二步，所有落入信号区的事例数据从数据文件中移去，然后用移去了信号区事例数据的数据文件进行分析。或者我们可以在处理数据的事例分析编码中设置相应的初始语句将落入信号区的事例数据移去①。现在可以利用模拟数据和信号边带区的实验数据，或者利用与目标反应道相类似的反应道的数据进行分析。在分析的最后阶段，所有的事例选择判据和完整的分析链已经固定、所有的系统不确定性已经得到估计（或至少系统不确定性的估计方法已经固定）之后，才将信号区的事例加入（**数据去盲**），求得最终结果并撰写论文。

数据去盲之后**禁止**再改变分析。因此，必须谨慎地预见数据去盲对于信号区和系统误差估计的可能效应。由于去盲之后一切都不能改变，任何被忽略的因素都可能对分析造成损害。在搜寻实验中这种情况很少发生，因为即使不查看信号区的数据，我们对于本底和分析中的其他问题通常也已经有了清晰的图像；然而在比较复杂的分析中，发生这种情况的可能性很大，例如，依据大量的候选信号事例来测定衰变参数这类分析，许多细微的系统性效应可能起作用。但是，这看起来似乎是缺点而实质上是优点，因为所有的细节都必须**预先**得到理解，而不是在问题出现之后再去理解它，因为那时偏见已经存在了。

有时候，数据致盲的区域甚至要大于信号区：为了避免可能的信号尾巴，或者为了与信号区附近的本底涨落相独立，需要对预期的信号区外沿 $\pm 3\sigma \sim \pm 5\sigma$ 区域的数据致盲。当分析接近结束时，首先对这些外沿的数据去盲，并与预想的结果对比。只有在一切正常的情形下才将信号区数据放开。这样一种处置方式使得分析者在信号区数据去盲之前有最后一次机会来考虑被忽视的系统误差。

盲分析方法还可以延伸到更复杂的分析。例证之一是中性 B 介子系统中 CP 破坏参数 $\sin 2\beta$ 的测量[11-12]。在该实验中，信号是 B^0 混合相对于 $\bar{B}^0$ 混合的时间依赖的不对称性。在这一测量中，信号事例不能被移走，因为需要测量的是全部信号事例的不对称性。这一分析的致盲是通过 $B^0/\bar{B}^0$ 介子原始味值（initial flavour）的随机化处理来实现的。不同的分析组确定 B 介子的味值，称为**味标记**（tagging），然后对实际的不对称性进行测量。将两个分析组的测量进行合并获得最终结果之后，很快就发表分析的论文。

盲分析能够避免预先查看数据导致的偏差，这是一个巨大优势（但不能过分强调）；盲分析的缺点在于它比正常的分析需要花费更多的努力和时间。如果存在一个成千上万或百万量级事例数的清晰信号，而测量对象是截面或衰变的分布，则数据致盲可能会使得精细效应的观测被模糊化。对于施行盲分析的测量，通常不存在精确的预期值，或不存在已有的测量值。在这种情形下，分析很难向“预期结果”靠拢，因为没有一个特定的结果与另一个不同。如同日常生活中一样，真理并不是非白即黑：盲分析应当在必要的情形下才使用，特别是在搜寻实验中应当使用；但在其他情况下，正常的分析方法可能是适合的，并且能够节省大量的工作。

---

① 但需要注意，如果你不能抗拒自己的好奇心，那么你非常容易从代码中移去这一初始语句而将落入信号区的事例数据加入数据文件中。

8.6　结　　论

对于一个如系统误差处理这样内容丰富的论题进行总结很不容易，因为几乎每一个案例都有其不同于其他案例的特殊性。虽然如此，某些通用的规则还总是适用的，特别是在数据分析中寻找和避免可能的系统性效应方面。除此之外，每一位从事分析工作的物理学家始终应当考虑下列问题：

• 你是否考虑到了所有可能的系统性问题？这些问题会以何种方式呈现？会导致怎样的后果？

• 你是否对尽可能多的数据分布与其对应的模拟分布进行了比较？它们之间的一致性是否良好？如果不是，这种不一致对于测量结果有什么影响？

• 你是否实施了尽可能多的交叉检验？交叉检验的结果是否与期望的一致？

• 你是否向他人解释了关于系统误差分析的工作？他们是否同意你对系统误差分析的结论？

• 是否所有的事例选择判据都是必要的？为了减小可能的系统不确定性，其中某些判据是否可以放松甚至省略？

• 你是否确信，在分析结束之前，你没有因为查看结果而带有倾向性？你是否因为初步结果与你预想的有差异而感到不安？（后者可能会是分析出现偏差的一种迹象。）

如果对上述事项都进行了检查，我们或多或少能够不至于忽略了严重的问题。

如果检查中发现了问题，就必须估计相应的系统不确定性。我们已经见到了如何估计系统误差大小的若干个例子，我们希望这些例子对于如何估计具体案例中的系统性效应已经给出了具有实用意义的理念。我们再次强调，不存在估计系统不确定性的通用规则。这里需要的主要是某种独创性、经验，最后同样重要的是一些常识。不过，每一个实验物理学家应当已经具备了其中的两种才能，经验则需要时间的积累。

8.7　习　　题

习题 8.1　设想的 B 介子伤变。一种设想的 B 介子的衰变率需要以高精度加以测定。图 8.14 显示了候选信号事例的重建不变质量在 B 介子名义质量 $m_B =$

5.28 GeV 附近的分布[①],其中包含了本底(假定是纯粹的组合本底,即不含有其他特定的 B 衰变道)。于是,分支比 B 由 B 介子名义质量附近给定的质量窗中观测到的候选衰变事例数 N、该质量窗中估计的本底事例数 N_{bkg} 和信号接受度 A 给定:

$$B = \frac{N - N_{\mathrm{bkg}}}{A} \cdot \frac{1}{\Phi_{\mathrm{B}}},$$

式中 $\Phi_{\mathrm{B}} = 10^{10}$ 为探测器中 B 介子衰变的总数(通量)。在对于不变质量不施加截断判选的情形下,信号接受度 A 设定为 10%。

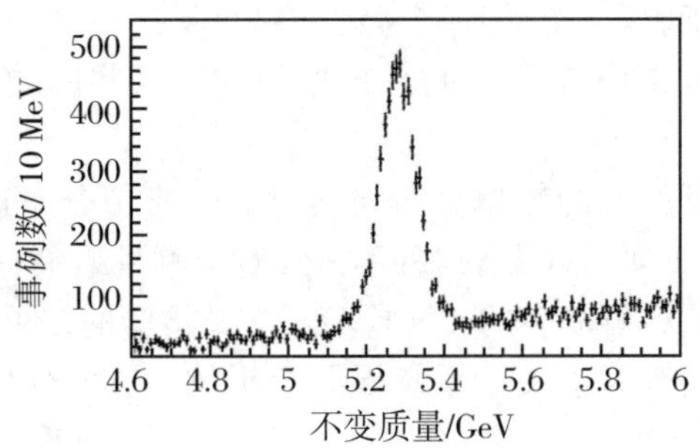

图 8.14　B 介子衰变中的不变质量分布

(a) 本底可以利用边带区(例如 4.68～4.98 GeV 和 5.58～5.88 GeV)的数据来估计。在 B 介子质量周围 ± 150 MeV 质量窗内,估计的本底及其统计误差多大[②]? 怎样来估计本底估计值的系统不确定性?

(b) 蒙特卡洛模拟确定的探测器不变质量分辨为 $\sigma^{\mathrm{MC}} = 50$ MeV。对于你相信和不相信这一分辨率数值这两种情形,怎样来选择 $m_{\mathrm{B}} = 5.28$ GeV 附近的质量截断值为好?

(c) 根据一项附加的研究知道,对于探测器分辨率的值只了解到 ± 10% 的精度。对于 m_{B} 周围 $\pm 2\sigma^{\mathrm{MC}}$ 和 $\pm 3\sigma^{\mathrm{MC}}$ 的质量截断,相应的分支比及其统计误差和系统误差(源于接受度和本底估计)多大? 什么样的质量截断值使得总误差比较小?

(d) 在许多分析中,不是只对事例进行计数,而是利用高斯型的信号加上多项式本底对事例分布进行拟合。如果利用线性函数描述本底,分支比的结果会怎样变化[③]? 现在,什么将是系统不确定性的可能来源? 怎样对它们进行估计? 怎样来解释这一拟合结果与习题 8.1(c)的结果($\pm 3\sigma^{\mathrm{MC}}$ 的质量截断)之间的差别?

---

① 相应的数据可以在文件 sysmeas. root 中找到。

② 应当指出,这一统计不确定性后来转换为分支比 B 的系统不确定性。本底估计的系统不确定性导致 B 的另一项系统不确定性。

③ 注意高斯分布需正确地归一化!

参 考 文 献

[1] DELPHI Collab., Abdallah J, et al. Searches for supersymmetric particles in e^+e^- collisions up to 208 GeV and interpretation of the results within the MSSM [J]. Eur. Phys. J. C, 2003, 31: 421.

[2] NA48 Collab., Batley J, et al. A precision measurement of direct CP violation in the decay of neutral kaons into two pions [J]. Phys. Lett. B, 2002, 544 (1/2): 97.

[3] Barlow R J. Statistics: A Guide to the Use of Statistical Methods in the Physical Sciences [M]. John Wiley & Sons, 1989.

[4] NA48 Collab., Batley J, et al. New Precise measurements of the $\Xi\rightarrow\Lambda\gamma$ and $\Xi\rightarrow\Sigma^0\gamma$ decay asymmetries [J]. Phys. Lett. B, 2010, 693: 241.

[5] Chikovani G, et al. Evidence for a two-peak structure in the A_2 meson [J]. Phys. Lett. B, 1967, 25 (1): 44.

[6] Bowen D, et al. Measurements of the A_2^- and A_2^+ mass spectra [J]. Phys. Rev. Lett., 1971, 26: 1663.

[7] Wietfeldt F, Norman E. The 17 keV neutrino [J]. Phys. Rep., 1996, 273: 149.

[8] Danilov M, Mizuk R. Experimental review on pentaquarks [J]. Phys. At. Nucl., 2008, 71: 605.

[9] Nakamura K, et al. Review of particle physics [J]. J. Phys. G, 2010, 37: 075021.

[10] BELLE Collab., Abashian A, et al. Measurement of the CP violation parameter sin $2\phi_1$ in B_d^0 meson decays [J]. Phys. Rev. Lett., 2001, 86 (12): 2509.

[11] BABAR Collab., Aubert B, et al. Measurement of CP-violating asymmetries in B^0 decays to CP eigenstates [J]. Phys. Rev. Lett., 2001, 86 (12): 2515.

(撰稿人: Rainer Wanke)

第9章 理论不确定性

9.1 概 论

高能物理中可观测量(如截面或衰变宽度)的计算涉及众多不同来源的不确定性。其中一些具有统计的性质,另外一些则不然。理论不确定性的起源可以大致分为三类:

• 一般而言,一个可观测量的计算需依靠各种近似方法。许多结果是基于对一个小参数所做的展开,比如一个耦合系数或一个大动量标度的倒数。在这种情况下估计理论的不确定性,意味着要猜出未做计算的高阶展开项的大小。在别的情况下,结果与模型的假设有关;有时,相关的不确定性可通过另外的模型来做估计。

• 理论结果通常取决于**标准模型**的参数。一些参数已有很高的精度,比如精细结构常数 α,或 Z 玻色子的质量 M_Z。然而,另外一些参数是不确定性的重要来源。诸如强相互作用耦合常数 α_s,夸克质量 m_b 和 m_t,或 CKM 矩阵的一些元素。这些参数是从一组合适的实验里提取出来的;它们的不确定性部分出自测量的统计和系统不确定性,部分出自用于提取这些参数的理论公式的不确定性。

• 除此之外,许多理论表达式中包含了 **QCD(量子色动力学)**的非微扰参数或函数。在强子对撞机上最突出的例子就是**部分子分布函数**(PDF),它们自身通过其标度演化依赖于 α_s。另外的例子是强子的形状因子和波函数,它们是计算诸如 $B\to Dl\nu$ 或 $B\to\pi K$ 的粒子衰变时所必需的。许多这样的量都需要从测量中提取出来,从而又有了实验和理论的不确定性。

某些非微扰的量能用格点 QCD 计算出来,比如强子的质量、衰变常数,还有强相互作用耦合常数 α_s。部分子密度的矩(见 9.5 节)也能被计算,但部分子密度自身不能。格点计算结果自带不确定性的估计,既有方法的系统不确定性,也有因使用蒙特卡洛积分导致的统计误差。为对新近的格点计算结果有个大概的了解,我们可参考会议文集[1]。

在这一章里,我们将详细讨论几个这样的问题。我们将聚焦于 QCD,它们通常贡献着最大的不确定性,这有两个原因,它在所有的规范相互作用中具有最大的耦合常数是一个原因,另一个则是它包含了我们的计算能力仍有相当局限的非微扰部分。电弱相互作用在很大程度上已成为精确物理学领域，这特别需要感谢 LEP 上所做的测量和微扰计算所取得的进展。我们有关标准模型电弱参数的当前知识在文献[2]第 10 节里有总结。

为理解理论计算不确定性的估计，我们需要对那些计算中使用的方法也有一定的了解。9.2 节专门介绍因子化的概念和 QCD 中微扰计算的不确定性。在 9.3 节里，我们简要地讨论因子化方法自身的精度，9.4 节则处理该方法没有涉及的几个方面的问题。部分子密度不确定性的估计业已达到一个很高明的水平，9.5 节将对此做详细介绍。我们注意到近期的一篇文献[3]中详细讨论了 LHC 上各种希格斯产生道的理论不确定性，并给出了如何估算它们的建议。

9.2　因子化：QCD 计算的基石

量子场论的一个典型特点就是它的耦合常数，诸如 α 或 α_s，依赖于一个**重整化标度** μ_R，粗略地讲，这个标度反映了粒子间相互耦合时的动量标度。α_s 随 μ_R 的变小而变大是 QCD 的关键标志，由 Z 玻色子的质量 M_Z 变化到 τ 轻子的质量 m_τ 时，耦合常数由 $\alpha_s(M_Z)\approx 0.118$ 变化到 $\alpha_s(m_\tau)\approx 0.33$。在更低的标度上用 α_s 做微扰展开，则最终会归于失效。定量的 QCD 计算在很大程度上依赖于**因子化**的概念，它允许我们把恰当定义了的可观测量表达为一个包含有限几项非微扰因子与另一个因子的乘积，后者以高动量标度 Q 为主，因而是可以用微扰理论做计算的。下面，我们专注于非微扰因子是部分子密度的情形，这是高能碰撞中最重要的，在文献[4-5]中有详细的讨论。因子化概念相关应用的例子有：描述 B 介子衰变，且涉及形状因子和介子波函数。这样的文献有[6-7]。

可用因子化方法计算的过程包含这样一些例子，如喷注在电子-质子碰撞或质子-质子碰撞中的产生，ep→喷注 + X 或 pp→喷注 + X，或一个 Z 玻色子的产生，pp→Z + X。这里 X 表示碰撞过程产生的所有其他粒子。图 9.1 显示了与这些过程相对应的费恩曼图。对于 ep 碰撞，相应的截面公式有下面的形式：

$$\frac{\mathrm{d}\sigma}{\mathrm{d}x\mathrm{d}\Phi} = \frac{1}{Q^d}f(\mu_F)\underset{x}{\otimes}C\left[\Phi,\frac{\mu_F}{Q},\frac{\mu_R}{Q},\alpha_s(\mu_R)\right]+\frac{1}{Q^d}\mathcal{O}\left(\frac{\Lambda}{Q}\text{ 或 }\frac{\Lambda^2}{Q^2}\right), \tag{9.1}$$

这里 μ_F 代表**因子化标度**，$f(x,\mu_F)$是质子的 PDF。在 pp 或 p$\bar{\text{p}}$碰撞的情况下，我们得用两个碰撞强子的 PDF 的乘积来代替。为简洁起见，公式(9.1)中对不同部分子类型(夸克、反夸克、胶子)的求和被略去了。硬散射核 C 描述了部分子层次上的过程，它是由微扰理论计算的。除了强相互作用的耦合常数 α_s 外，它可与其他一些参数相关，比如 m_b，M_Z，$\sin\theta_W$ 等。另外，我们用$\otimes$表示卷积：

$$f\underset{x}{\otimes}C = \int_x^1\frac{\mathrm{d}z}{z}f(z)C\left(\frac{x}{z}\right), \tag{9.2}$$

这里 x 是一个标度变量,由可测量的运动学量构成(比如单举深度非弹 ep 散射,即 DIS 中的 Bjorken 变量)。此外,截面可依赖于部分子层次子过程中所产生的粒子的运动学变量(能量、动量、角度),我们用 Φ 做统一的记号。根据定义,f 和 C 都是无量纲的,因而公式(9.1)中整数 d 决定于 $\mathrm{d}\sigma/(\mathrm{d}x\mathrm{d}\Phi)$ 的质量量纲。

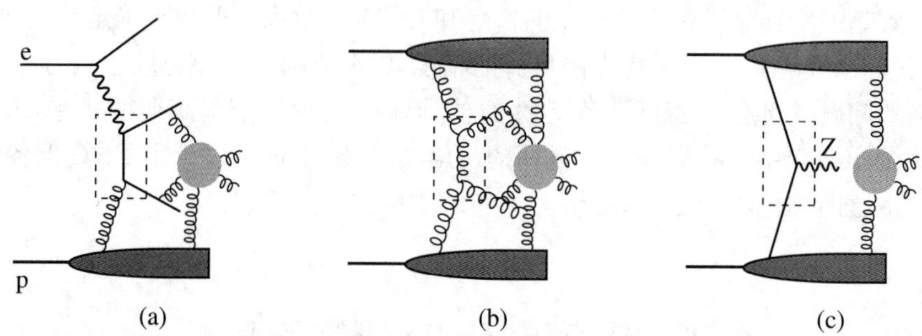

图 9.1　(a),(b) ep 和 pp 碰撞过程中喷注产生振幅图及(c) pp→Z+X 的振幅图。图形上部和下部的半椭圆形暗块对应于部分子密度,虚线方块代表硬部分子层次上的子过程。与圆块相连的胶子是软胶子,在因子化公式所描述的单举截面中,它们的效应抵消掉了

使因子化方法行之有效的一个基本条件是,存在一个大的标度 Q,它保证部分子层次上的子过程由虚性很大的中间粒子主导,因而涉及一个足够小的 α_s 值。通常,Q 是一个大质量,诸如 Z 玻色子产生或 $\mathrm{t}\bar{\mathrm{t}}$ 对产生中的 M_Z 或 m_t,或是喷注产生中的大横动量。9.2.1.4 节将讨论几个硬标度的案例。在实际工作中,硬标度 Q 在因子化公式(9.1)里发挥两个独特的作用。首先,它确定了公式的精度,正如公式(9.1)右边所示,公式包含一些为 Λ/Q 的幂率压低的修正项。此处,Λ 是一个 1 GeV 量级的标度,代表了 QCD 的非微扰部分。这些**幂率修正项**将在 9.3 节中做进一步的讨论。其次,Q 决定了重整化和因子化的典型标度 μ_R 和 μ_F,这也在下一节里讨论。

让我们仔细看看式(9.1)那样的因子化公式的适用范围和局限吧。

(1) 我们可以计算类型为 $p_1+p_2+\cdots+p_n+X$ 的**单举**末态的产生截面,这里 $p_1,p_2,\cdots,p_n$ 用来标记部分子层次子过程所产生的诸多粒子,而 X 代表一组未被观测的粒子,特别是包含了初态强子的剩余物。Φ 中的变量必须只与 $p_1,p_2,\cdots,p_n$ 有关,且公式与诸 X 粒子的细节无关。

(2) **部分子密度** $f(x,\mu_F)$ 描述了进入部分子层次子过程的那些部分子的纵向动量比例 x 的分布,但与它们的"内禀"横动量无关,横动量的典型值是 Λ 的量级。由此导致的后果是,Φ 中横动量的运动学信息只能精确到 Λ 量级的效应。对于大横动量,比如喷注,这是个小修正。如果有人对小横动量感兴趣,那么他必须使用一个更为复杂的理论公式,后者应当包含与横动量有关的部分子密度[5]。目前,该公式只适用于有限的几个过程,比如 Z 或希格斯玻色子的产生,pp→Z+X 或

pp→H+X。

(3) 如果部分子层次上的子过程所产生的粒子 $p_1, p_2, \cdots, p_n$ 是色中性的(如果它们中有不稳定的粒子,则会衰变到色中性粒子,比如 $Z\to\mu^+\mu^-$ 或 $H\to\gamma+\gamma$),那么人们可以在末态中直接探测到它们。然而,夸克和胶子不属于这种情况,它们不以自由粒子的形式存在,它们变成可观测强子的转化是微扰理论所不能企及的。用因子化方法可以计算的可观测量须具有这样的性质,即它们在部分子层次和强子层次上均有意义。一个最好的例子是适当定义的强子喷注,我们将在 9.4.2 节做进一步的讨论。

以这些限制为代价,换取的是公式(9.1)及其在 pp 和 p$\bar{\text{p}}$碰撞中相应的因子化公式的极大简便性和预言能力。初末态中的部分子(包含入射强子中的旁观者部分子)受长程非微扰作用的影响,如图 9.1 所示,在费恩曼图的语言下,它们用软胶子的交换和产生来表示。微扰理论的一个分析表明,这样的软胶子效应会出现在单个费恩曼图层次里,但在因子化公式中会相互抵消掉(可能会留有残余,在程度上与受 Λ/Q 幂率压低的修正相当)。对上述第一点里提到的所有未观测到的 X 粒子求和及对第二点里提到的内禀部分子动量的积分在此抵消中具有根本性的作用[5]。要在软胶子效应没有抵消掉的场合对可观测量作出预言仍然是很不容易的,这通常要求在非微扰区域里使用强相互作用模型。

在因子化和 MC 事例产生子之间,上述三点中的每一项都构成一个很重要的差别。在加剧模型依赖的代价下,后者(MC 事例产生子)可在强子层次给出完整遍举末态的结果,每个末态粒子都是完全确定的。我们将在 9.4.3 节里更详细地讨论这个问题。

9.2.1 微扰展开和高阶不确定性

硬散射核 C,以及微分项 $d\alpha_s/d\mu_R$ 和 $df(x,\mu_F)/d\mu_F$ 均可按 α_s 的幂率项展开,直到某个阶的展开系数都是知道的。理论不确定性的一个重要部分就是微扰级数中未做计算的高阶项的大小。在下面的两小节里,我们将根据 C 对因子化和重整化标度 μ_F 和 μ_R 的依赖,考察我们在什么程度上可以估计出这些项来。这些标度分别与硬散射中(图 9.2)高阶贡献里的共线发散和紫外发散相关,人们可在公式(9.1)中独立选取它们的大小。

9.2.1.1 重整化标度

强耦合常数的跑动受重整化群方程支配(比如见文献[8]),

$$\frac{d}{d\ln\mu_R^2}\alpha_s(\mu_R) = \beta(\alpha_s(\mu_R)), \tag{9.3}$$

这里重整化群函数 β 有一个微扰展开形式,即

$$\beta(\alpha_s) = -(b_0\alpha_s^2 + b_1\alpha_s^3 + b_2\alpha_s^4 + b_3\alpha_s^5 + \cdots), \tag{9.4}$$

其中系数 b_i 依赖于有效的夸克味道数 n_F。系数 b_0 到 b_3 已计算出[9]。实际上,

人们在一给定的阶上截断级数(9.4),并用 $\ln\mu_R$ 的倒数幂率展开 α_s 以解析求解方程(9.3),这样的例子可见文献[10]。另一种求解方程(9.3)的方法是数值方法。为简便起见,在此小节的剩余部分中,我们用 μ 来替代 μ_R。取决于级数(9.4)中的截断阶数,人们用**领头阶(LO)**、**次领头阶(NLO)**、**次次领头阶(NNLO)**等等来称呼跑动耦合常数。

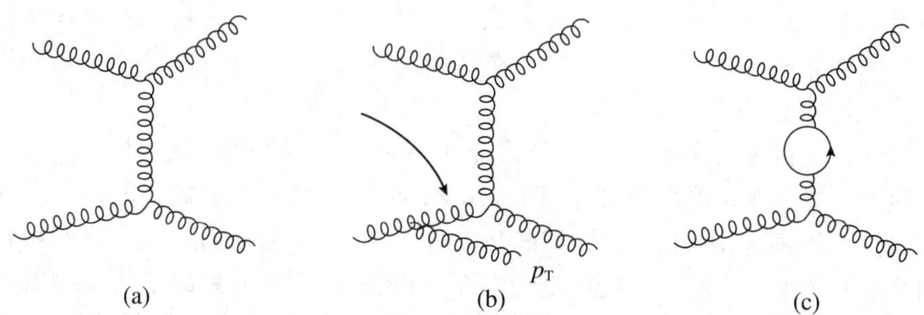

图 9.2　部分子层次上 α_s 的领头阶(a)和次领头阶(b),(c)的喷注产生图。当人们对 p_T 做积分时,箭头所指的胶子线会有共线发散。(c)中的夸克圈具有紫外发射。(b)中的发散与因子化标度 μ_F 相关,而(c)中的发散与重整化标度 μ_R 有关

硬散射核 C 的 α_s 展开系数依赖于 μ。如果展开的起始阶为 α_s^k,则有

$$C\left(\frac{\mu}{Q},\alpha_s(\mu)\right)=C_0\alpha_s^k(\mu)+C_1\left(\frac{\mu}{Q}\right)\alpha_s^{k+1}(\mu)+C_2\left(\frac{\mu}{Q}\right)\alpha_s^{k+2}(\mu)+\cdots。\tag{9.5}$$

根据定义,核 C 是无量纲的,因此 C_i 只通过 Q 与 μ 的比值而与之相关,公式中我们隐去了 C 及 C_i 与其他变量的依赖关系。展开公式(9.5)中系数 C_i 与 μ 的依赖关系应满足下列的关系,即在一给定的 α_s 阶,我们有 $\mathrm{d}C/\mathrm{d}\mu=0$。这使得在所做计算的精度下,截面(9.1)不依赖于非物理的参数 μ。

为看清楚这一点,让我们先把两个不同标度 μ 与 Q 下的 α_s 联系起来,

$$\alpha_s(Q)=\alpha_s(\mu)+a_1\left(\frac{\mu}{Q}\right)\alpha_s^2(\mu)+a_2\left(\frac{\mu}{Q}\right)\alpha_s^3(\mu)+\mathcal{O}(\alpha_s^4);\tag{9.6}$$

然后,两边均对 $\ln Q^2$ 取导数。在右手边,我们得到微分项 $\mathrm{d}a_i/\mathrm{d}\ln Q^2$,而根据式(9.4)和式(9.6),左手边则成为

$$\begin{aligned}\beta(\alpha_s(Q))&=-b_0\alpha_s^2(Q)-b_1\alpha_s^3(Q)+\mathcal{O}(\alpha_s^4)\\&=-b_0\alpha_s^2(\mu)-2a_1\left(\frac{\mu}{Q}\right)b_0\alpha_s^3(\mu)-b_1\alpha_s^3(\mu)+\mathcal{O}(\alpha_s^4)。\end{aligned}\tag{9.7}$$

对比 $\alpha_s(\mu)$ 的展开系数,我们可以得到一组容易求解的微分方程。我们发现其解为

$$\begin{aligned}&\frac{\mathrm{d}a_1}{\mathrm{d}\ln Q^2}=-b_0\quad\Rightarrow\quad a_1\left(\frac{\mu}{Q}\right)=-b_0L\left(\frac{\mu}{Q}\right),\\&\frac{\mathrm{d}a_2}{\mathrm{d}\ln Q^2}=-2a_1b_0-b_1\quad\Rightarrow\quad a_2\left(\frac{\mu}{Q}\right)=-b_1L\left(\frac{\mu}{Q}\right)+b_0^2L^2\left(\frac{\mu}{Q}\right),\end{aligned}\tag{9.8}$$

其中 $L(\mu/Q)\equiv\ln(Q^2/\mu^2)$。随展开式(9.6)中 $\alpha_s(\mu)$ 幂率的增加,L 的幂率也

增大;此结构是重整化群方程的典型特征。只要 L 不太大,固定阶关系式(9.6)就是可靠的。

如果在表达式(9.5)中令 $\mu = Q$,并用式(9.6)及式(9.8)来代替 $\alpha_s(Q)$,几行代数推导后,我们马上得到

$$C_1\left(\frac{\mu}{Q}\right) = C_1(1) - kb_0C_0L\left(\frac{\mu}{Q}\right),$$

$$C_2\left(\frac{\mu}{Q}\right) = C_2(1) - [(k+1)b_0C_1(1) + kb_1C_0]L\left(\frac{\mu}{Q}\right) + \frac{k(k+1)}{2}b_0^2C_0L^2\left(\frac{\mu}{Q}\right)。\tag{9.9}$$

我们鼓励读者检查一下上式。注意到 L 和 L^2 的系数随阶数 k 增加,而 k 是 C 展开的起始阶数,这反映当展开成 α_s 的更高阶时,标度依赖关系变得更强。

式(9.9)的结果显示了 μ 依赖与 α_s 的不同展开阶之间的作用。如果有人在 LO 计算了 C,即式(9.5)中的项 $C_0\alpha_s^k(\mu)$,那么此人也知道了高阶中的 $\alpha_s^k(\mu)[\alpha_s(\mu)L]^i$,这称为领头对数项(LL)。同样,NLO 系数 $C_1(1)$ 让我们获知次领头对数(NLL)项 $\alpha_s^{k+1}(\mu)[\alpha_s(\mu)L]^i$。这可由图 9.3 来演示。我们注意到有一大批的过程做过 NLO 的计算。下一阶(NNLO)的计算只对有限的一组反应做过,再高一阶(N^3LO)的计算就非常少了。

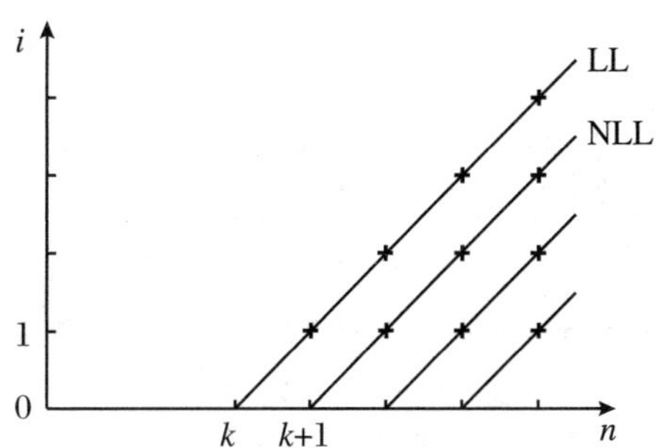

图 9.3　硬散射核展开中出现的各阶 $\alpha_s^n(\mu)L^i$。对角线上任意两点的展开系数之比由重整化群方程固定,见文中的解释

从一个不同的角度我们可以看出,若我们在一个 α_s^n 阶的 C 表达式中变化 μ,那么所导致的 C 变化相当于一个高阶项表达式

$$\alpha_s^{n+1}(\mu)\sum_{i=1}^{n+1-k}(\text{已知的系数})\cdot L^i + \mathcal{O}(\alpha_s^{n+2})。\tag{9.10}$$

然而此表达式不包含 $\alpha_s^{n+1}(\mu)C_{n+1}(1)$项的信息,该项没有相伴随的 L 幂率。这清楚地表明,重整化标度的变化反映了微扰级数中一些(**但不是所有**)高阶项的大小。一个经常用以估计高阶缺失项带来不确定性的方法是把 μ 值在一个中心值的 1/2～2 倍之间变化(这些选择并非一成不变,有时另一些选择也会用到)。这个方

法是否可以给出高阶项贡献的一个好的估计,取决于未做计算的系数 $C_{n+1}(1)$,$C_{n+2}(1)$等等与已做计算的系数 $C_0(1)$到 $C_n(1)$相比,是否具有相似的大小。在 $C_{n+1}(1)$最终被计算出来后,人们可以检验以往的不确定性估计是否可靠。在一些情况下,这个估计很准,高阶结果落在低阶表达式因变化标度所产生的数值变化范围之内,不过在另外一些情况下不是如此。

让我们用标准模型希格斯粒子通过顶夸克圈图(即排除希格斯粒子耦合到$\mathrm{b\bar{b}}$和轻夸克的图)衰变到强子的分宽度 Γ 来做一个说明。这个量不涉及任何部分子密度或类似的非微扰量,它由无量纲的硬散射核 C 与一个因子相乘而得,该因子与希格斯质量 M_{H} 和费米常数 G_{F} 有关。在文献[11]中,它由 α_s^2 开始并已被计算到 α_s^5 阶(即达到了 $\mathrm{N^3LO}$)。在图 9.4 中,我们画出了逐阶微扰近似下 Γ 随 μ 变化的函数关系,且从中可以看出,LO 近似具有很明显的 μ 依赖,高阶时,依赖逐渐减小。这两点都是 QCD 可观测量的典型特点。

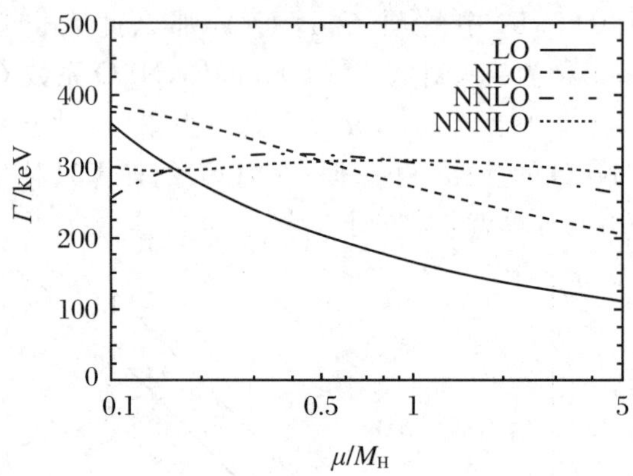

图 9.4 在 α_s 的逐阶近似计算下,希格斯玻色子通过顶夸克圈图衰变到强子的分宽度 Γ 作为重整化标度μ 的函数,μ 以希格斯的质量M_{H} 为单位。用于计算的参数有极点质量 $M_{\mathrm{H}} = 120$ GeV 和 $m_t = 175$ GeV。在所有情况下,跑动耦合常数与可观测量具有相同的阶数,且 $\alpha_s(M_Z) = 0.118\,4$

在使用**变化**标度方法估计不确定性之前,我们需要选出一个 μ 的**中心值**来,能使高阶修正很小的那个值就是最好的选择。正如我们前面已经看到的,微扰展开的高阶项里出现 $\alpha_s(\mu)\ln(Q^2/\mu^2)$。为保证此乘积项是个小量,我们需要让 μ 取 Q 的量级。在实际工作中,这个一般规则也为自由选择留有余地,而且我们可以无需事先确定,比方说,到底是 $\mu = m_t$ 还是 $\mu = 2m_t$ 更适合 $\mathrm{t\bar{t}}$的对产生过程。

文献中有许多设置重整化标度的明确方案,以名称来计的话,有**最快显见收敛**(fastest apparent convergence,FAC)[12]、**最小敏感度原理**(principle of minimal sensitivity,PMS)[13]和 **Brodsky-Lepage-Mackenzie**(BLM)方案[14]。在高阶项已知的情况下,把这些方案用于可观测量的低阶表达式,人们发现在一些情况下,它们表现得很好,但另一些不好。也请注意,当我们用中心值附近变动标度的方法估计不确定性时,这个不确定性也取决于中心值的选取。特别要提到的是,最小敏感度原理方案里所选的 μ 对一给定阶截止的微扰展开级数满足 $\mathrm{d}C/\mathrm{d}\mu=0$,这倾向于使得用标度变化方法估计出的不确定性达到最小。

读者应该了解,高能物理学界并未形成有关"最优"标度选取的共识。还有一些作者提出只有一个正确的标度选择,因此在某个值的附近变化标度完全不能给出高阶贡献的有益估计。无论一个人在此问题上持何种观点,根据本节材料可以看清楚的是,设置和变动重整化标度只与来自重整化群对数项 L 的高阶效应有关。我们不应该忘记,标度选取仅是高阶修正的**一个**方面。其他效应在量化层面下可能更加重要,需要就事论事地加以研究。然而,从现实的角度来看,标度变动常常是唯一便利可行的估计高阶修正(缺乏完全的高阶计算)的方法,有估计总比全然不加估计要好,只要我们记住这个方法并非万无一失的就行了。

9.2.1.2 因子化标度

在截面公式(9.1)中,因子化标度 μ_{F} 与 μ_{R} 的作用很相似。PDF 的标度依赖关系由 **DGLAP 演化方程**决定[15-16],

$$\frac{\mathrm{d}}{\mathrm{d}\ \ln\mu_{\mathrm{F}}^2}f(x,\mu_{\mathrm{F}}) = f(\mu_{\mathrm{F}})\underset{x}{\otimes}P(\alpha_{\mathrm{s}}(\mu_{\mathrm{F}})), \tag{9.11}$$

这里的卷积由式(9.2)定义。**碎裂函数** P 描述一个部分子到几个部分子的碎裂,可微扰展开为

$$P(z,\alpha_{\mathrm{s}}(\mu_{\mathrm{F}})) = P_0(z)\alpha_{\mathrm{s}}(\mu_{\mathrm{F}}) + P_1(z)\alpha_{\mathrm{s}}^2(\mu_{\mathrm{F}}) + P_2(z)\alpha_{\mathrm{s}}^3(\mu_{\mathrm{F}}) + \cdots, \tag{9.12}$$

其中的系数已计算到 P_2 阶[17-18]。为简便起见,我们再次隐去不同种部分子的显示标记,正如我们在公式(9.1)中所做的那样。一组 PDF $f(x,\mu_{\mathrm{F}})$ 称为 LO,NLO 或 NNLO,取决于演化方程中所使用的 α_{s} 的阶数。

在任意阶的微扰展开下,截面(9.1)必须与人为选定的标度 μ_{F} 无关,即 $\mathrm{d}(f\otimes C)/\mathrm{d}\mu_{\mathrm{F}}=0$。这个要求意味着

$$\frac{\mathrm{d}}{\mathrm{d}\ \ln\mu_{\mathrm{F}}^2}C\left(\frac{\mu_{\mathrm{F}}}{Q},\frac{\mu_{\mathrm{R}}}{Q},\alpha_{\mathrm{s}}(\mu_{\mathrm{R}})\right) = -P(\alpha_{\mathrm{s}}(\mu_{\mathrm{F}}))\underset{x}{\otimes}C\left(\frac{\mu_{\mathrm{F}}}{Q},\frac{\mu_{\mathrm{R}}}{Q},\alpha_{\mathrm{s}}(\mu_{\mathrm{R}})\right)。\tag{9.13}$$

为求解此方程,我们回顾一下 C 的微扰展开式(9.5):

$$\begin{aligned}C\left(\frac{\mu_{\mathrm{F}}}{Q},\frac{\mu_{\mathrm{R}}}{Q},\alpha_{\mathrm{s}}(\mu_{\mathrm{R}})\right) = {}& C_0\alpha_{\mathrm{s}}^k(\mu_{\mathrm{R}}) + C_1\left(\frac{\mu_{\mathrm{F}}}{Q},\frac{\mu_{\mathrm{R}}}{Q}\right)\alpha_{\mathrm{s}}^{k+1}(\mu_{\mathrm{R}}) \\ & + C_2\left(\frac{\mu_{\mathrm{F}}}{Q},\frac{\mu_{\mathrm{R}}}{Q}\right)\alpha_{\mathrm{s}}^{k+2}(\mu_{\mathrm{R}}) + \cdots,\end{aligned} \tag{9.14}$$

这里我们恢复了对 μ_{F} 依赖的描述,前一小节里没有显示这个依赖关系。我们把公式(9.6)中的 Q 用 μ_{F} 来替代,用 $\alpha_{\mathrm{s}}(\mu_{\mathrm{R}})$ 的展开级数重写式(9.12)。在该式和展开式(9.14)中插入式(9.13),我们可以比对各 $\alpha_{\mathrm{s}}^i(\mu_{\mathrm{R}})$ 的系数。这导致一组 $\mathrm{d}C_i/\mathrm{d}\ln\mu_{\mathrm{F}}^2$ 的微分方程,可迭代求解。对于第一个系数,我们有

$$C_1\left(\frac{\mu_F}{Q},\frac{\mu_R}{Q}\right) = C_1\left(1,\frac{\mu_R}{Q}\right) + P_0 \underset{x}{\otimes} C_0 \ln\frac{Q^2}{\mu_F^2}, \tag{9.15}$$

且在更高阶系数中会看到 $\ln(Q^2/\mu_F^2)$ 更高阶的幂率,这与我们在前一小节里遇到的模式非常相似。

与 μ_R 的情况相同,α_s 有限阶的截面计算对 μ_F 的依赖也是由于缺失了高阶项所致。μ_F 的变化可用于估计伴随对数因子化标度的高阶项(而不是前一小节里讨论过的对数重整化标度)。关于 μ_F"最佳值"的选取,类似于我们前述的 μ_R 情形的确定方案并不存在,因而留给大家的一般准则是让 μ_F 取硬标度 Q 的量级。人们常常设 $\mu_F=\mu_R$,但也应当允许使用两个不同的标度,因为它们与费恩曼图(见图9.2)里不同运动学区域相应的那些对数项相关。把 $\mu_F=\mu_R$ 值变化 1/2 和 2 之间的因子,并以此来估计不确定性具有简单性的优点,然而这两个标度的独立的变化可被认为是对高阶项贡献的一个更好估计。

让我们用几个将标度在中心值的 1/2 到 2 之间变化以获得不确定性的例子来结束本节。

例 9.1 $pp\to t\bar{t}H+X$ 的截面预期。我们以 $pp\to t\bar{t}H+X$ 为例,来看一个截面由 α_s^2 阶开始的过程。当 $\sqrt{s}=7$ TeV, $M_H=120$ GeV 时,根据独立变化 μ_F 和 μ_R 的办法,文献[3]引述的 LO 计算截面的标度不确定性介于 -26.2% 和 +39.8% 之间。对于 NLO 情形,该不确定性减小至 -9.4% 到 +3.5% 之间。LHC 上单举产生 Z 和希格斯玻色子的快度分布也已由文献[19]和[20]完成计算,不确定性的范围是通过联合变化标度 $\mu_F=\mu_R$ 获得的。在两种计算中,快度中心区 LO 截面的不确定性范围并不包含 NLO 结果,不过 NLO 的范围与 NNLO 截面的确相重合。

9.2.1.3 不同阶的合并

作为一个规则,人们用标度依赖的 PDF 和 α_s 计算截面时,其截止阶数与硬散射核 C 的微扰阶数相同。然而在有些情况下,有人会希望用硬散射子过程并不具备的更高阶的 PDF 或跑动耦合常数。这对于高多重数末态,比如说 6 喷注情形,尤为突出,这时 C 只有 LO 的计算。这样的组合并不必然意味着不自洽,只要大家明白总体的精度是由因子化公式里不同成分中最低阶部分决定的。某些组合应当避免,比如用估算某一阶的单举 ep 结构函数拟合出 PDF,又把这个 PDF 用于计算包含不同阶 C 的相同结构函数。在不那么明确的情形下,对于一个不同阶组合是否明智的问题,不同实践者会各持不同的观点。

9.2.1.4 多标度问题和重求和方法

在前面的两小节中,我们看到部分子层次上截面的微扰展开包含 $\alpha_s\ln(Q/\mu_R)$ 和 $\alpha_s\ln(Q/\mu_F)$ 的幂率项,这里 Q 是散射过程中"硬标度的代表"。然而,很多反应涉及多个硬标度,比如深度非弹散射产生底夸克时的光子虚度和 b 夸克质量 m_b,又比如在 $pp\to W+X$ 过程中 W 玻色子的质量和横动量。在这样的多标度问题中，选取标度 μ_R 和 μ_F 什么样的值才能让高阶对数项足够小更是一件不明朗的事情。人们经常从高阶费恩曼图里尝试找出一个“典型虚度”，但既不存在普适的方法，也不存在万无一失的方法。

如果一个过程涉及一个小的动量或质量标度的比值 r（这常常反映在标度变量 x 接近 0 或 1），那么高阶修正里每个 α_s 的幂率项有可能伴随一个乃至两个 $\ln r$ 的幂率。在此情况下，没有一个 μ_R 和 μ_F 的选择可以消除高阶里所有的大对数项。α_s 固定阶截断的微扰结果可能变得不可靠，需要将所有阶的大对数项通过**“重求和”**来补充。相应于几种对数项的重求和手续已经实现了。

Sudakov 对数项里每个 α_s 的幂率项伴随有两个 $\ln r$ 的幂率。它们出现在运动学选择条件禁戒胶子辐射的各种不同场合里。小的比值 r 可以是 P_T/Q 的形式，这里 Q 是一个粒子的质量或虚度，而 P_T 是它的横动量。以 pp 碰撞产生一个 Z 或希格斯玻色子为例，这些**反冲或横动量的对数项**的**重求和**是重要的。在部分子层次碰撞过程中，当质心能量平方 $\hat{s}$ 非常接近所产生粒子的不变质量平方 Q^2 时，会出现**阈能对数项**，这时的小比值是 $r=(\hat{s}-Q^2)/\hat{s}$。联合使用反冲和阈对数项的重求和也是可行的。更多的信息和文献可见[21]。

当总碰撞能量平方 s 比反应过程中的任何其他标度都大得多的时候，会遇到**高能对数项**。它们以 $\alpha_s \ln x$ 的幂率出现，这里标度变量 x 反比于 s。这些对数项的重求和需要借助 BFKL 方程来实施，该方程描述散射振幅随 s 的变化。从物理的角度看，这些对数项与随能量增加的胶子辐射相关联，也与质子中小动量成分胶子密度的增长相关联。我们在 9.3.2 节中将回到这个题目上来。

重求和的具体落实及其与固定阶微扰结果的对应通常需要用到一些理论上的选择，而这被认为是理论不确定性的来源。举个例子来说，一些公式包含形式如 $\int d\mu \alpha_s(\mu) F(\mu)$ 的针对跑动耦合常数的积分，这需要在 μ 变小以及 $\alpha_s(\mu)$ 的微扰展开发散的区域进行正规化操作。

9.3 幂率修正

α_s（及电弱耦合）的微扰修正计算已臻极境，许多过程和可观测量都有高阶的结果。相反，被大质量或动量标度的倒数幂率压低的修正估算仅在有限的几个情况下才可能。这样的估算可能依赖于几个知之甚少的非微扰参数。固然不很精确，但它仍提供了估计由幂率修正而导致的理论不确定性的可能性，并影响每个诸如式(9.1)那样的因子化公式。我们不试图在此系统地概述这个主题，而是提及几个重要的例子。

9.3.1 算符乘积展开

计算幂率压低项的一个系统框架是**算符乘积展开**(operator production expansion,OPE)。这个方法非常有效,但它仅适用于充分单举的可观测量(而非截面或衰变率,它们是某些变量的微分或涉及末态的选择条件)。简而言之,该方法是通过把一个观测量写成相距极短(它们是大质量或动量的傅里叶共轭)的两个算符的矩阵元来工作的。算符乘积展开用定域算符的方式表达矩阵元,这些矩阵元需作为非微扰输入加以确定。这些算符用它们的"扭度"来分类,最低扭度的算符给出一个可观测量的领头贡献,较高扭度的算符给出幂率修正。幂率修正因而常常称为**高扭度修正**。

该方法的一个重要应用是描述 τ 的单举强衰变,这时有(见[22]9.4 节)

$$R_\tau = \frac{\Gamma(\tau \to \nu_\tau + \text{强子})}{\Gamma(\tau \to \nu_\tau + \mathrm{e}\bar{\nu}_\mathrm{e})} = R_0\left(1 + \frac{\alpha_\mathrm{s}}{\pi} + 5.2\frac{\alpha_\mathrm{s}^2}{\pi^2} + 26.4\frac{\alpha_\mathrm{s}^3}{\pi^3} + c_2\frac{m^2}{m_\tau^2} + c_4\frac{\langle m\bar{\psi}\psi\rangle}{m_\tau^4} + c_6\frac{\langle\bar{\psi}\psi\bar{\psi}\psi\rangle}{m_\tau^6}\right), \tag{9.16}$$

这里 m^2 是轻夸克质量平方的组合,$\langle m\bar{\psi}\psi\rangle$以及$\langle\bar{\psi}\psi\bar{\psi}\psi\rangle$是定域夸克算符的真空期待值。通过唯象估计这些量以及常数 c_2, c_4, c_6,我们可以从测量值 R_τ 中提取出 $\mu_\mathrm{R} = m_\tau$ 时强相互作用的耦合常数。

OPE 也预言单举衰变 $\mathrm{B} \to \mathrm{l}\nu + \mathrm{X}$ 中的幂率压低效应,其中的大标度是 m_b。这特别被用于提取 CKM 的矩阵元 $|V_\mathrm{cb}|$,见文献[2]第 107 页。

OPE 的一个经典应用领域是深度非弹散射中的求和规则,即将结构函数对 Bjorken 变量进行积分。对于很多这样的求和规则,$1/Q^2$ 压低的贡献都已经计算过[23],其中 $-Q^2$ 是转移到轻子的动量的平方。

9.3.2 截面的幂率修正

如式(9.1)所示,截面的因子化公式一般都有幂率压低的修正。只有为数不多的一组过程完成了这类修正的计算,最主要的一个是单举深度非弹散射[24-25]。幂率压低项是由高阶扭度分布来表示的,这是式(9.1)中部分子密度的推广。深度非弹散射的一个图例见图 9.5(b),其中四个而非两个胶子由质子进入硬散射的子过程。更高阶扭度分布取决于几个部分子动量的比率,且大量的扭度贡献于一给定的过程。迄今为止,它们很少被用于唯象学中。

在此背景下的一个特例是 9.2.1.4 节里已经提到的小 x 区域。图 9.5(b)的费恩曼图是被 $1/Q^2$ 压低的,但与图 9.5(a)相比,它随 x 的减小增长得更快。因而在小 x 运动学区域,某些幂率修正得到加强。在 BFKL 或高能因子化方法下,用以判定近似正当性的小变量其实就是 x。这有别于 9.2 节描述的硬散射因子化方法,那里的小展开参数是 $1/Q$。在 BFKL 方法里,仍需要一个足够大的标度 Q 以判定 QCD 微扰理论适用性,但计算则是在 $\ln x$ 的领头和次领头阶进行。$1/Q$ 幂率的额外展开是不必要的,尽管在某些情况下会这样做。文献[26]中有 BFKL 方法的介绍,有关小 x 区域物理理论发展的概述可见于文献[27－28]。

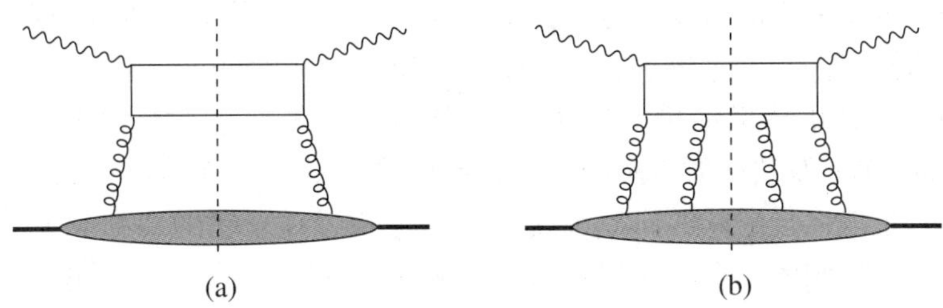

图 9.5　单举深度非弹散射截面的费恩曼图。图(a)涉及通常的胶子密度,而图(b)中幂率压低的贡献来自高阶扭度分布。垂直虚线表示末态截断,它左边的部分代表散射振幅,右边的部分代表振幅的复共轭

基于大 Q 或小 x 极限的理论方法是否适用于一个给定的物理情况并不能简单地确定,且有时是互相矛盾的。总而言之,就已有的高阶 α_s 的结果来看,可以说当前的小 x 方法很难与大 Q 展开相匹敌,尽管在许多情况下,当幂率修正变得重要时,大 Q 方法的预言性不很好。在这样的情况下,要估计理论的不确定性是不容易的。对一些过程,可根据基于小 x 方法的事例产生子来作出预言(比如 CASCADE 产生子[29]),并且可与基于硬散射因子化(见 9.4.3 节)的通用程序的结果做比较。两个结果的差异可给出有关两个方法的不确定性的指示,但需要小心,它们可能来自更为寻常的原因,比如为使产生子与实验数据相符合,自由参数做了何等程度的调节。

9.4　末　　态

对大多数的实验数据分析而言,细致理解一次碰撞所产生的末态是有必要的,对信号过程和本底过程都是这样。下面讨论这个宽广领域的一些方面。

9.4.1　底层事例及多部分子相互作用

诸如式(9.1)这样的标准因子化公式描述了部分子层次上一单次碰撞过程中特定末态的产生,与之相随的还有未被观测到的粒子。正如 9.2 节已经提到的,由于部分子相互间受软相互作用支配,一次碰撞的详尽动力学更为复杂。在 pp 碰撞中,这特别意味着两个部分子间的硬相互作用(由硬散射核描述)伴随有进一步的

软碰撞,软碰撞发生于两入射质子的旁观部分子之间。由这些额外碰撞产生的粒子以及束流强子的残余,常常称为**底层事例**,且对末态特征具有重要的影响。为描述底层事例,人们不得不求助于那些通常应用于事例产生子里的模型。

在足够高的能量下,特别是在 LHC 的能量下,人们会看到同一个 pp 碰撞中能有几个硬部分子层次的过程。这样**多个部分子**或**多部分子间的相互作用**与高部分子多重数末态有关。一个例子就是两喷注伴随产生 Z 玻色子,图 9.6 描述了这个过程。当处于 Z 的小横动量的运动学区间时,双硬散射过程才是可能的,但位于这个区域时,单和双硬散射贡献会有可相比拟的大小[30]。多重硬散射的理论描述是一个具有挑战性且活跃的研究领域[31-32]。它涉及质子中的多部分子分布,这在很大程度上是未知的。那些应用于事例产生子里的简单模型,会假设质子中的不同部分子之间没有关联,基本上是用单部分子密度的乘积来代替多部分子分布。

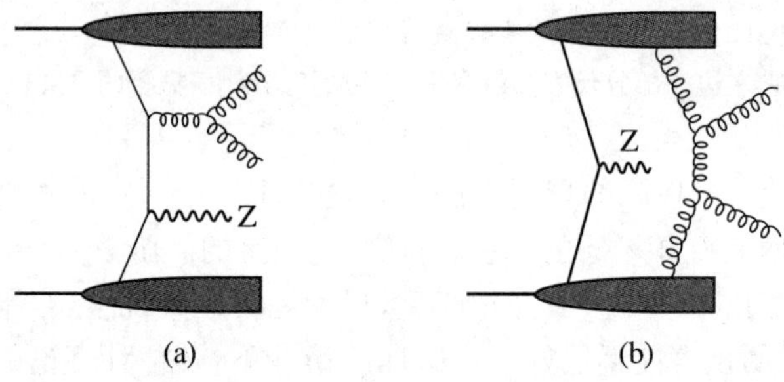

图 9.6　通过一个(a)或两个(b)硬部分子层次相互作用发生 pp→Z + 2 喷注 + X 反应的费恩曼图。图(b)中(译者注:图(a)也是一样的)的半椭圆区域代表了双部分子分布函数。图(b)中由质子发射的胶子产生两个喷注,因而带有大的能量,这与图 9.1(c)里的软胶子不同

对于底层事例以及多重硬相互作用所导致的效应,人们可以通过比较由不同事例产生子得到的结果来估计其理论的不确定性。一个更为谨慎的步骤是比较这些效应被打开和关闭时所得结果的异同,尽管说让这些效应完全消失几乎是不可能的,而且也与实验发现矛盾[33]。

9.4.2　从部分子到强子

描述高能碰撞中粒子产生时存在一个基本问题,就是因子化方法(在大 Q 和小 x 极限下)计算的是部分子产生而非强子产生。只有对一些特别的可观测量,通常是一个或两个粒子的单举分布,人们可以使用涉及碎裂函数的因子化公式,它们描述了**部分子→强子 + 其他粒子**的转变过程,因而与部分子密度非常相似,后者描述的是**强子→部分子 + 其他粒子**的转变过程。图 9.7 给出了出现碎裂函数过程的几个例子,文献[2]第 17 节给出了有关这些函数当前知识的综述。在更为一般的情况下,人们不得不求助于事例产生子,它们用强子化模型描述部分子到末态强子

的转化(见 9.4.3 节)。

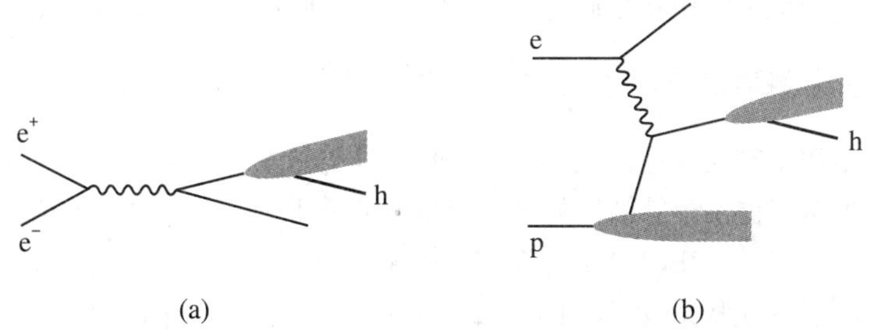

图 9.7　大质心能量下 $e^+e^- \to h+X$ 反应的费恩曼图(a)和到电子的大动量转换下 $ep \to e+h+X$ 的费恩曼图(b)。发射强子 h 的块状区域代表碎裂函数。为简单起见,图 9.1 中软胶子交换的额外子图未被显示;对横动量积分后,它们在单粒子单举截面中的效应被平均掉了

尽管高能过程中产生的部分子不作为粒子出现在末态中,但它们会以强子**喷注**的形式留下痕迹,粗略地讲,它们是几组各自接近准直的强子簇,强子簇的总动量接近产生它们的部分子的动量。喷注需要用一个精准的算法来定义,通常哪种算法最适合一个给定的目的取决于所面对的具体情况。针对 LHC 物理的喷注寻找方法的综述和讨论,我们建议读者参考文献[34]。对每个喷注算法都需要遵守的一个重要条件是它必须是红外和共线安全的,这意味着它必须对软粒子发射不灵敏,且对一个快粒子碎裂为张角很小的两个快粒子的过程不灵敏。这可以保证喷注定义对部分子层次微扰计算失效的那部分相空间不敏感,因而使得强子化过程的非微扰动力学效应最小化。作为第一步的近似,人们可以直接将一个微扰计算(把喷注算法用于产生的部分子)和实验数据(这里将同样的算法用之于观测到的强子)进行比较①。第二步,人们可以通过事例产生子里的强子化模型对微扰结果进行**强子化修正**。

为得到部分子层次的结果而把强子化修正逆向施加于数据的方法存在很大的问题,因为它会把强的模型依赖传递给测量。还有,用一个产生子获得的"部分子层次结果"不易与另一个产生子所做的预言相比较,另一个产生子使用不同的方法描述微扰辐射和非微扰的强子化。用文献[34]的话来说:"实验和理论应该在一个观测量的层次上相遇。"

有一类特别的观测量叫**强子事例形状变量**,比如**冲度**,则是一个事例所产生的所有强子的四动量的函数。在足够高的动量标度下,如果它们是红外和共线安全的话,则可以用微扰理论来计算。9.2.1.4 节介绍过的大对数项的再求和方法常常需要用到。

① 用没有红外和共线安全的方法定义的喷注观测量甚至无法用树图以外的微扰理论计算,因为软的和共线胶子辐射会给出无限大的结果。

强子化效应为微扰结果提供幂率修正,且有大量的解析方法可用来估算它们[35-36]。此框架下的一个最新应用就是通过 e^+e^- 湮灭的事例形状变量来测量 α_s[37]。

9.4.3 蒙特卡洛事例产生子

蒙特卡洛**事例产生子**业已成为高能物理对撞分析里一个不可或缺的工具。有几个可为大范围末态提供计算结果的具通用目的的产生子。关于事例产生子的一般介绍可见文献[38],关于 HERWIG,PYTHIA 和 SHERPA 的详细介绍可见文献[39]。为与前述几节材料建立联系,让我们在此简单描绘一下它们内在的物理模型。

在刚刚提到的产生子中所施行的动力学图像与 9.2 节里描述的强散射因子化概念是紧密相联系的,重要的差别在于一个事例产生子可给出末态细节的全部描述,确定全部的粒子和它们的动量。形象地说,事例按下面几个要素所决定的概率被产生出来:

(1) 一个硬部分子层次的过程,其入射部分子的分布由部分子密度决定,而后者由外部输入提供(当然 e^+e^- 湮灭过程除外)。事例产生子的这个部分精确遵守因子化公式(9.1)以及 pp 和 $p\bar{p}$ 对撞中与此类似的公式。

(2) 部分子簇射,它描述了微扰理论可适用的运动学区域内额外部分子的辐射。取决于辐射部分子是进入硬散射过程还是由它产生,人们称之为初态辐射或末态辐射。初态部分子簇射与 DGLAP 演化方程所描述的物理相关,而该方程用于描述部分子密度的演化。

(3) 有一个不得不施加于部分子簇射的红外截断,以保证计算始终位于微扰理论可靠的区域。当动力学位于红外截断之下时,强子化模型被用来描述前两步所产生的部分子到末态强子的转变。

对于强子-强子对撞,这些要素之外还要补充以底层事例和多部分子相互作用的模型,可能还要加上纯软相互作用的模型。

为避免硬过程和部分子簇射过程所产生的部分子出现重复计数,步骤(1)和(2)相配时需要小心谨慎。这在 α_s 领头阶计算硬的 2→2 散射过程中相对容易,但在考虑一个多于两部分子产生的硬散射,以及在 NLO 计算硬过程时,这将变得更复杂。

步骤(3)里的一个基本输入是强子化之前详尽的部分子色组态。我们必须有一个替它们安排色荷的方法,这有时称为**色重联**。我们注意到 PYTHIA 里的弦碎裂模型使用"碎裂函数"作为输入,且有多个碎裂函数可供选用。我们不要把这些函数与 9.4.2 节中同名的概念相混,尽管它们在名称上相同,但它们是不同概念的量。前者描述色弦的碎裂,是强子化模型的一部分,而后者是描述夸克、反夸克和胶子碎裂的通用函数,它在 QCD 里有个定义,又与部分子密度相似,有个由 DGLAP方程决定的标度依赖。

很自然,步骤(3)里的模型依赖大于步骤(1)和(2),后者是基于微扰理论和运动学近似来构造的。不过,一个产生子所做预期的不确定性来自哪个方面关乎问题里的过程和观测量。为估计此不确定性，人们可以比较不同的产生子或相同产生子的不同的模型选项及参数设置（也称**调整**）。来自部分子分布的不确定性可用不同组的 PDF 各自进行估计。应该注意，只可使用业经数据证实且未废弃不用的产生子调整参数及部分子密度函数，否则这些比较只反映领域的进展，而不是最适用的理论的不确定性。

9.5　从强子到部分子

部分子密度是计算轻子－强子和强子－强子对撞反应截面的关键输入量。它们的矩，也就是形式为 $\int dx x^n f(x,\mu_F)$ 的积分，可在 n 不大（典型的是从 $n=0$ 到 $n=2$）时用格点 QCD 计算。在用类型(9.1)的因子化公式计算截面时，人们需要用到作为 x 的函数的 PDF，而实际上，不得不从实验数据中把它们提取出来。在表 9.1 里，我们列出了许多近来确定的 PDF，以及一些随后将要讨论的它们的特征。关于现代 PDF 及其不确定性的更为详细的综述可见[40－41]。可获取 PDF 数值的网络资源参见[42－43]。

表 9.1　最近几组 PDF

PDF数据	阶	用于拟合PDF的参数个数	μ_0^2/GeV^2	$Q_{\min}^2$/GeV^2	$\alpha_s(M_Z)$ 值	注释
JR09[44]	NNLO	20	0.55	2	0.112 4(20)	拟合值
ABKM09[45]	NNLO	21	9	3.5	0.113 5(14)	拟合值
MSTW08[46–47]	LO	28	1	2	0.139	固定值
	NLO				0.120	
	NNLO				0.117	
HERAPDF1.0[48]	NLO	10	1.9	3.5	0.117 6	固定值
CT10[49]	NLO	26	1.69	4	0.118	固定值
NNPDF2.1[50–51]	LO	259	2	3	0.119,0.130	固定值
	NLO				0.119	
	NNLO				0.119	

PDF数据	m_c/GeV	m_b/GeV	重味方法	容差T 68%置信水平	容差T 90% 置信水平
JR09	1.3	4.2	FFNS(n_F=3)	4.54	
ABKM09	1.5	4.5	FFNS(n_F=3)	1	
MSTW08	1.4	4.75	GM-VFNS	≈1~6.5	≈2.5~11
HERAPDF1.0	1.4	4.75	GM-VFNS	1	
CT10	1.3	4.75	GM-VFNS		10
NNPDF2.1	1.414	4.75	GM-VFNS	–	–

μ_0 是演化的起始标度，$Q_{\min}$是用于拟合 DIS 数据所需的最小 Q 值（对各数据子集，此值可以更大）。m_c 和 m_b 应理解为极点质量。文中会给出这些量的进一步解释。

PDF 拟合的原理是在一个参考标度 μ_0 下给出一个试探性部分子密度函数 $f(x,\mu_0)$,这个标度也称为“起始标度”。然后,通过 DGLAP 演化方程给出其他标度 μ_F 下的 $f(x,\mu_F)$,所得到的 PDF 用于计算截面以与实验数据进行比较。按 PDF 拟合的惯例,先行选定分布 $f(x,\mu_0)$ 的函数形式,它们的参数值通过与数据的 χ^2 拟合来确定。另有一种为 NNPDF 合作组所钟爱的方法,这将在 9.5.1.3 节中介绍,则使用所谓**神经网络**的函数来表示 $f(x,\mu_0)$ 并用 MC 方法来确定它们的参数。有关神经网络的更为细致的介绍可见 5.3.4 节。

DGLAP 方程的一个重要特征是,在一个标度 μ_0 下固定了 $x \geqslant x_0$ 的 PDF 就意味着固定住了任何其他标度下 $x \geqslant x_0$ 的 PDF,道理见式(9.11)和式(9.12)。类似地,因子化公式(9.1)的卷积表明,在标度变量 x_0 处测量到的截面对 $x \geqslant x_0$ 的部分子分布非常敏感。这意味着在一给定的运动学区间,实验数据只对 x 高于(而非低于)某个定值的 PDF 敏感或产生约束。

PDF 的提取工作随拟合所用数据的不同而有所不同。所有提取工作背后的支柱是那些深度非弹散射的单举截面数据,测自 HERA 的 ep 碰撞实验,以及电子、μ 子和中微子束的固定靶实验。进一步相关的过程是 DIS 中的粲夸克和喷注产生,固定靶强子－强子碰撞时的 Drell-Yan 轻子对产生,还有 Tevatron 上 $p\bar{p}$ 碰撞时 W,Z 和喷注的产生过程。将来,LHC 上的 pp 对撞数据将会发挥突出的作用。表 9.1 里的 MSTW08,CT10 以及 NNPDF2.1 基于最大数量数据集的拟合,JR09 和 ABKM09 使用了具有较多限制的数据选择,而 HERAPDF1.0 仅使用了 HERA 的数据。需要注意的是,在一个拟合中包含更多的数据并不能自动保证得到一个更可靠的 PDF:假如有个特定的测量,其声称的不确定性不能真正反映其误差,或理论上一个特定的过程计算得不够精确,都会导致所得到的 PDF 变得不太精确,而非更为精确。

由实验数据中提取的部分子密度函数受到两种不同类型不确定性的影响。首先,人们用以拟合 PDF 的数据包含统计和系统的误差,它们会传递到描述 PDF 的那些参数的不确定性里去。现代的 PDF 数据库包含了这样的参数不确定性,这将在 9.5.1 节中讨论。第二,用来联系数据和 PDF 的理论中存在着各种各样的不确定性:

- 用于 PDF 演化和截面公式的微扰阶数。对于大部分的现代 PDF 数据库而言,这就是 NLO 或 NNLO,而 LO 精度的 PDF 则较少遇到。对一些可观测量而言,9.2.1.4 节讨论的重求和计算会被用到。

关于在 PDF、α_s 和因子化公式里使用不同阶的问题,我们可参照 9.2.1.3 节。我们特别注意到,PDF 的演化和 DIS 及 Drell-Yan 过程的单举截面都有完全的 NNLO 计算,而喷注产生过程并非如此。MSTW08 和 NNPDF2.1 的 NNLO 拟合包含了喷注产生数据,而喷注产生的描述是 NLO 阶的,仅在阈能区域有部分的 NNLO 修正[46,51]。

• 强相互作用耦合常数 α_s 的值(习惯引用参考标度为 M_Z 时的值)。在一些 PDF 拟合中,诸如表 9.1 中的 JR09 和 ABKM09,α_s 是数据拟合参数之一,也就是说它被当成一个输入 PDF 的寻常参数。相应的拟合不确定性包含在 PDF 的不确定性中。表中其他几个 PDF 库则被赋予了几个 α_s 的值,它们是据所示的偏好而做的特别选择。在 MSTW08 库中,这些首选值是从数据拟合中确定的,但在确定 PDF 参数误差时则把它们固定住了。有关从 PDF 拟合中提取 α_s 值及其与别的结果之间的比较的讨论可见文献[52－53]。

需注意的是,用于 PDF 拟合的 α_s 值与拟合得到的胶子分布函数 $g(x)$ 之间存在强的关联。这是因为胶子仅参与强相互作用,从而 $g(x)$ 在进入截面时至少会与一个 α_s 的因子相乘。与之相反,夸克和反夸克能直接与光子、W 或 Z 耦合,从而相应的截面在最低阶时可以与 α_s 无关。

• 重夸克质量 m_c 和 m_b 的值(m_t 的值不太重要,因为它比主导 PDF 拟合的大部分数据里的典型标度大得太多)。对于表 9.1 里所有的 PDF 库,拟合都是在夸克质量固定的情况下进行的。ABKM09 和 HERAPDF1.0 库在确定 PDF 不确定性时还包含了一些变动这些数值而导致的效应,相应的解释见[45,48]。MSTW08 和 NNPDF2.1 则在几个不同 m_c 和 m_b 取值的情况下给出 PDF 库。

如文献[54]中所指出的,与专门确定粲夸克质量的结果相比,用于当前 PDF 拟合的 m_c 的值系统性地偏低。随着理论的改进(尤其是针对 DIS 过程中的粲产生),希望这个矛盾会消失。

• 用于处理重夸克的不同方案。为确定起见,我们考虑粲夸克,类似的讨论可用于底夸克和顶夸克。

(1) 在**固定味道数方案**(FFNS)中,只有胶子和轻夸克和 u,d,s 被当作部分子并被赋予 PDF。粲夸克的产生是通过硬散射过程中它们与胶子的耦合(还有通过弱流与奇异夸克耦合)来计算的。这个方案最适合过程中硬标度 Q 具有 m_c 量级的情况。当 $Q \gg m_c$ 时,它会失效,因为在固定阶硬散射核中,缺了来自高阶的大对数项$[\alpha_s \ln(Q/m_c)]^i$。

(2) 在**零质量味道数可变方案**(ZM-VFNS)中,粲夸克被当作一个无质量的部分子,在某个标度(通常 $\mu_F = m_c$)下,其 PDF 被设为 0,并通过 DGLAP 演化得到更高标度下的值。刚刚提及的对数项通过演化得以重求和。该方案对 $Q \gg m_c$ 的过程是正确的,诸如大横动量转移下的粲产生。由于粲夸克的质量被忽略了,这个方案在 $Q \sim m_c$ 的情况下是不正确的。

(3) **通用质量味道数可变方案**(GM-VFNS)致力于平滑内插上述两个极端的方案。这个方案涉及几个技术性的选项,比如运动学变量里的 m_c 处理,还有三部分子味道描述到四部分子味道描述间的转换。各种不同的 GM-VFNS 方案都在使用中,它们以缩略词来标记,比如 ACOT,TR,FONLL,BMSN 等等。这些问题的详细讨论可见[45,47,50,55],不同方案间的数值比较可见文献[56]第 22 节。

• 幂率修正。在截面公式中有时会包含幂率压低项的简单方法,其中的参数是经过数据调节过的。然而,许多提取方法通过限定拟合数据运动学范围以期将幂率修正的重要性减小到最低。这对 DIS 过程尤其成立,在那里,实验测量常常包含传递给轻子的动量转移平方 $-Q^2$ 的很小值(这应该作为因子化公式里的硬标度)。需要注意的是,参与拟合的数据需超过的最小值 $Q_{\min}$,一般来说并不与演化的起始标度 μ_0 相同(见表 9.1)。

• 核子靶在某些测量中的使用。把原子核中的 PDF 与核子中的 PDF 发生相互关联需要进行核效应的修正。

PDF 拟合时一个可能的偏差来自输入分布 $f(x,\mu_0)$ 函数形式的选取,以及对于不同正、反夸克的输入分布函数间所设定的关系。后一点特别关系到奇异夸克。在表 9.1 的各组方案中,唯有 MSTW08 和 NNPDF2.1 容许 $s(x,\mu_0)$ 和 $\bar{s}(x,\mu_0)$ 存在差异,而其他所有方案都强制性地要求 $s(x,\mu_0)=\bar{s}(x,\mu_0)$。HERAPDF1.0额外限定奇异夸克的分布函数的形式满足 $\bar{s}(x,\mu_0)=c_s\ \bar{d}(x,\mu_0)$,其中 c_s 值是预先确定的。这个库提供了明确的"模型和参数化的不确定性",是通过变动参数 μ_0, $Q_{\min}$, c_s,夸克质量 m_c, m_b,还有参与 PDF 拟合的 11 个而非 10 个自由参数得到的。NNPDF 方法的一个主要目的是避免参数化的偏差,它通过使用极具灵活性的输入分布函数形式来实现,即神经网络。这导致了大量的自由参数(见表 9.1),这些参数不用传统的 χ^2 方法,而用 MC 方法来确定。

9.5.1　参数 PDF 的不确定性

现在,让我们更详细地讨论由 PDF 拟合所确定的参数的不确定性。这些通常称为"PDF 不确定性"或"PDF 误差",在所有现代方法中,它们会在拟合部分子密度函数的同时得到。HERAPDF1.0 库把这些不确定性归因为"实验的",因为它们的起源是拟合数据里的不确定性,此外还有"模型的"和"参数化的"不确定性。把这些都平方相加给出此 PDF 的总不确定性。

正如前一个分节里所提及的,JR09 和 ABKM09 拟合同时确定了 α_s 和 PDF。在这些情况下,PDF 的参数误差包含了强耦合系数的不确定性。表 9.1 里的其他拟合提供了 α_s 值处于某一范围内的部分子密度分布,这可用以计算 α_s 在一个给定范围内变化而导致的不确定性。有关不同 PDF 库的情况下如何做此计算的详细建议,还有如何得到联合的"PDF 和 α_s 的不确定性"问题,可在文献[41]里找到答案。当不同夸克质量取值(MSTW08 和 NNPDF2.1)的 PDF 都可获得时,人们可以用类似方法计算夸克质量所导致的不确定性。

刚刚讨论的 PDF 不确定性可以传递到诸如截面这样的物理可观测量的不确定性上。用于 PDF 的 α_s 和夸克质量取值理所应当应该与计算可观测量时用的一致。

在下面的两小节里,我们讨论传统 PDF 拟合里参数不确定性的某些方面,然后，我们简要介绍 NNPDF 合作组所使用的 MC 方法。

9.5.1.1　黑塞矩阵

说得简单一些，决定 PDF 的传统方法是在一个拟合里面使下面的量达到极小：

$$\chi^2(\boldsymbol{p}) = \sum_i^N \frac{[D_i - T_i(\boldsymbol{p})]^2}{\sigma_{i,\text{stat}}^2 + \sigma_{i,\text{syst}}^2}。\tag{9.17}$$

这个量对拟合所考虑的 N 个数据点进行求和，通常涉及好些不同的测量、可观测量和实验。数据点 i 有个测量值 D_i 以及统计的和系统的不确定性 $\sigma_{i,\text{stat}}$ 和 $\sigma_{i,\text{syst}}$。D_i 的理论预言值 T_i 依赖于一组 n 个由拟合确定的参数 $\boldsymbol{p}=(p_1,p_2,\cdots,p_n)$。根据上面的讨论，这组参数可以包含如同 α_s 那类的物理量，此外还有在演化起始标度确定 PDF 函数 $f(x,\mu_0)$ 的那些参数。

公式(9.17)适用于 N 个数据点间的系统误差不存在关联的情形。系统误差有关联时的处理更为复杂，会对式(9.17)做各种不同的修改(例如参见文献[46,48,57]中的讨论)。一个特别的例子是截面的总归一化不确定性，这对一个给定实验的所有数据是共同的量。文献[46,57-59]讨论了在 χ^2 定义中包含这个系统误差的几种不同方法。我们不在这里深究这些复杂问题，而是用式(9.17)的简单形式继续讨论。

通过极小化 χ^2 得到的 $\boldsymbol{p}$ 值提供了参数的一组估计值。让我们假定测量值 D_i 服从一个以物理真值为期望值的多维高斯分布，且数据点数 N 足够大，从而中心极限定理成立。那么我们有

$$\Delta\chi^2(\boldsymbol{p}) = \chi^2(\boldsymbol{p}) - \chi^2_{\min} = \sum_{i,j}^n (p - p_{\min})_i H_{ij} (p - p_{\min})_j,\tag{9.18}$$

这里 $\boldsymbol{p}_{\min}$是使 χ^2 极小时的一组参数，$\boldsymbol{H}$ 是黑塞矩阵。估计值 $\boldsymbol{p}_{\min}$服从协方差矩阵为 $\boldsymbol{V}=\boldsymbol{H}^{-1}$的多维高斯分布。现在考虑一个拟合参数的函数 $F(\boldsymbol{p})$，这可以是 PDF 或物理可观测量，比如截面。那么 $F(\boldsymbol{p}_{\min})$也服从高斯分布，且线性误差传递公式

$$\Delta F = T\sqrt{\sum_{i,j}^n \frac{\partial F}{\partial p_i}(\boldsymbol{H}^{-1})_{ij}\frac{\partial F}{\partial p_j}}\tag{9.19}$$

给出 F 的统计不确定性。这里容差 T 对应于 $\Delta\chi^2 = T^2$ 的一个值，在 68%的置信度下 $T=1$，在 90%的置信度下 $T=2.71$，等等。如果 F 是个截面，表达式(9.19)的估算是相当复杂的，因为人们需要偏微分$\partial F/\partial p_i$，而这些项并不存在闭合的解析形式。为避免估计(9.19)的不确定性，人们可以使用所谓的**黑塞方法**[46,60]。为此，人们需对角化黑塞矩阵 $\boldsymbol{H}$，并在参数空间里重新标度相应的本征矢量，从而得到一组$(p-p_{\min})_i$ 的线性组合 z_i，使得

$$\Delta\chi^2(\boldsymbol{z}) = \sum_i^n z_i^2。\tag{9.20}$$

F 的不确定性可用下式计算:

$$\Delta F = T\sqrt{\sum_i^n \left(\frac{\partial F}{\partial z_i}\right)^2} = \sqrt{\sum_i^n \left[\frac{F(S_i^+) - F(S_i^-)}{2}\right]^2}。\qquad (9.21)$$

在式(9.21)的第二步中,我们在 $z = \mathbf{0}$ 附近把 F 线性化了,并对每种部分子引入 $2n$ 个"PDF 的本征矢量"$\boldsymbol{S}_i^{\pm}$,它们对应于由参数 $z_i = \pm T$ 和 $j \neq i$ 时 $z_j = 0$ 的条件下估算出来的 PDF。人们因而可以针对一组给定的 PDF,通过估计 F 来计算 ΔF,正如我们从最佳拟合的 PDF(即所有 $z_i = 0$)计算 F 的中心值一样。

如果一个 PDF 拟合在操作时使用了太多的自由参数,以至于不能可靠地将它们从数据中确定出来,那么黑塞矩阵通常有一些很小的本征值,对应于 PDF 参数空间的一些"平坦方向"。这导致黑塞矩阵对角化和本征矢量 PDF 计算时会有严重的数值不稳定性。避免此问题的一种最好的方法是用大量的参数来实现最优拟合(从而获得更多形式灵活的 PDF),然后,在计算 PDF 的本征矢量时再固定其中的一些参数。比如,文献[47]中有这样的做法。

把黑塞方法推广到函数 $F_1, F_2, \cdots$是件直截了当的事情,例如文献[61]给出了用 PDF 的本征矢量表述的 $F_1, F_2, \cdots$不确定性和相互间的关联。

如果测量量 D_i 服从一个多维高斯分布,那么对一个编号为 m、数据点数为 N_m 的实验,我们预期它贡献 $\chi^2_{m,\min} \sim N_m$ 的值到拟合的总 $\chi^2_{\min}$ 中[62]。然而,一些(不是所有)拟合组发现,对有些特别的实验,它们的 $\chi^2_{m,\min}$ 比 N_m 会显著地小或显著地大。由此得到结论是,在此情况下,基于表达式(9.21)所估计出的不确定性(其中 T 采用 68%和 90%的置信水平所对应的正规值)是不可靠的。这可能归因于单个实验确定中心值或不确定性估计是出了问题,但也可能源自理论描述的缺陷或 PDF 参数化过于死板。作为一个补救手段,不同合作组把公式(9.20)中的容差 T 的值进行不同的修正。与一个给定的置信水平(按约定是 68%或 90%)相关联,我们选这样的容差值,使得拟合中单个实验对总 $\chi^2_{\min}$ 的贡献,与数据或理论不存在矛盾的理想情况下的预期是一样的。表 9.1 中列出了当前拟合所用的容差值,进一步的讨论可见[46,60,63]。MSTW08 合作组对每个不同的 PDF 本征矢量使用不同的 T 值,因而表中给出了它们的范围。

在 PDF 可为实验数据很好限定的运动学区域里,黑塞方法是正确的,因而它们的不确定性是小的。但当不确定性变大时,方法开始变得不太可靠,因而式(9.18)中 $\Delta\chi^2$ 对 $\boldsymbol{p}$ 的平方依赖关系的修正或对于线性误差传递关系的修正,以及不确定性公式(9.19)和(9.21)中差分对微分的替代都变得重要。下面两节所述的方法提供了这种情况下两种截然不同的补救方法。

9.5.1.2　拉格朗日乘子法

在**拉格朗日乘子法**中,人们可在 $F(\boldsymbol{p})$取某个特定值 ν 的约束条件下对 χ^2 做极小化拟合,文献[57]中有用此方法确定 PDF 的详尽阐述。如前一节所述,$F(\boldsymbol{p})$可以是截面或 PDF 的其他函数(包括 PDF 自身)。有约束的极小化可以用 7.3 节介绍过的拉格朗日乘子法来做，这也因此成为了方法的名称。

由此，让约束拟合的极小 χ^2 满足下面的公式，人们可以确定 ν 值，

$$\chi^2_{\min}\Big|_{F=\nu} = \chi^2_{\min} + T^2, \tag{9.22}$$

这里 $\chi^2_{\min}$是无约束拟合给出的极小 χ^2，T 是选定的容差值。由最大和最小的 ν 值相应地给出了 F 不确定性估计的上界和下界。不难看出，如果 $F(p)$是严格线性的且 $\Delta\chi^2(p)$对于 p 是严格的平方依赖关系，则该估算结果与黑塞矩阵方法是完全相同的。带约束拟合的极小值 $\chi^2_{\min}|_{F=\nu}$与 ν 是平方依赖关系。因此，这个函数的图像为判别黑塞方法何时开始失效提供了一个良好的依据。

由于拉格朗日乘子法需要对人们希望计算的每个 F 函数做专门的 PDF 拟合，这个方法并不被人经常用到。文献[57,63－64]中可以看到一些研究的例子，极化部分子密度拟合的例子则可见于文献[65]。

9.5.1.3 NNPDF 方法

我们现在简要地介绍一下 NNPDF 合作组所开创的用以确定 PDF 的方法，详细内容请读者参考文献[66]。正如以前提到过的，起始标度处的 PDF 是由神经网络方法给出的，它的自由参数个数比传统的拟合多出 10 倍，其用意是避免 PDF 里出现参数化偏差。然后，PDF 由下面的程序来决定：

(1) 用 MC 方法把待拟合的原始数据复制成多个样本。复制样本的数据点 D_i 按实测数据决定的中心值和不确定性分布。依据实际情况，通常样本的复制数量 $N_{\text{rep}} = 100$ 或 1 000。

(2) 对于每一个复制样本，构造一个最佳拟合的 PDF。这不是用简单的 χ^2 来做极小化的，因为相应于一个有几百个参数的拟合，χ^2 方法是无望得到确定答案的。相反，每个复制样本被随机地分为**训练样本**和**验证样本**。然后拟合算法致力于训练样本的 χ^2 极小化计算，但在发现验证样本的 χ^2 开始增大时，停止训练过程。这个步骤用于避免对数据做"噪声拟合"，即所得合理光滑的 PDF 是对数据点做内插描述，而不是穿过几乎每个数据点。更详细的讨论可见第 5 章。

(3) 人们因而获得了 PDF 的一个统计总体。函数 $F(p)$的平均值和方差可用如下标准的方法计算：

$$\bar{F} = \frac{1}{N_{\text{rep}}}\sum_{r}^{N_{\text{rep}}} F_r, \quad (\Delta F)^2 = \frac{1}{N_{\text{rep}}-1}\sum_{r}^{N_{\text{rep}}}(F_r - \bar{F})^2, \tag{9.23}$$

这里 F_r 是根据第 r 个复制样本最优拟合的 PDF 估算出来的。如果 F_r 服从高斯分布，那么 $\bar{F} - \Delta F < F < \bar{F} + \Delta F$ 定义了 68%的置信区间。另一个确定这个区间的方法是，人们可以从 $F < \bar{F} - \Delta F$ 和 $F > \bar{F} + \Delta F$ 条件先找出互补区间，它们各自对应于 16%的复制样本[67－68]。即便 F_r 不满足高斯分布，这个方法也可以给出一个正确的置信区间。

9.5.2　最新 PDF 库之间的比较

在图 9.8 中,我们比较了最新拟合得到的 NNLO 精度的胶子、上夸克和奇异夸克的密度分布。这里 HERAPDF1.5[69]是表 9.1 所列的 HERAPDF1.0 的后继版本,上一版本在[48]中有介绍。我们可以看到,在选定的因子化标度下,大 x 值的 PDF 可被很好地确定,然而随 x 值的变小,不确定性显著增大。在所有分布(还有图上未画的夸克和反夸克)中,s 和 $\bar{s}$ 的分布是最不准确的。我们注意到,由于演化效应,误差带的宽度通常随标度 μ_F 的增大而减小。

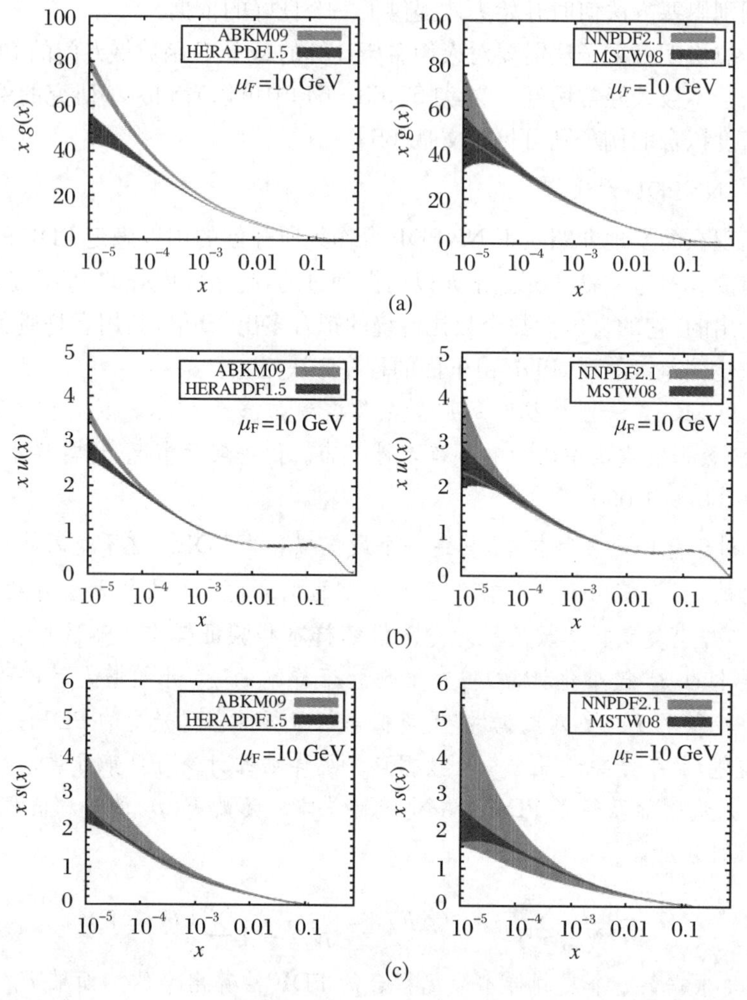

图9.8　在 $\mu_F = 10$ GeV 时,近期使用 NNLO 精度计算所确定的胶子密度(a)、上夸克密度(b)和奇异夸克密度(c)。带区对应于 68%的置信水平,在 NNPDF2.1 的情况下,带区由公式(9.23)得到。对于 HERAPDF1.5 而言,它们仅反映了 9.5.1 节开头提到的"实验"误差。ABKM09 分布是指对于 $n_F = 5$ 种夸克味道的分布。所有的数值计算结果都取自[70]

我们还看到,在 x 取较大值时,不同 PDF 在它们的不确定性带区范围内很好地一致,而在小 x 的时候并非如此。有一点认识很重要,这个小 x 时的不一致性并不意味着 PDF 的不确定性的估计不可靠。正如我们曾经详细讨论过的,不确定性带区反映了拟合数据的不确定性是如何传播到 PDF 参数的不确定性中去的。不同 PDF 带区间的不一致性可能源自 9.5 节里讨论过的任何一个其他的不确定性。

当我们比较不同的 PDF 时,我们也应该意识到它们不是直接的可观测量。它们依赖于不同的理论选择,常常称为"方案",每个方案都伴随着一个如何计算截面的特别配方。这里显示的所有 PDF 均用$\overline{\text{MS}}$重整化方案定义,但如上面讨论的,它们在处理重味时相应于不同的方案。

在图 9.9 中,我们比较了 LHC 上 $W^{\pm}$、Z 和希格斯玻色子的产生截面,它们是用 NNLO 精度的不同 PDF 计算得到的[71]。ABM10 库[74]是 ABM09[45]的升级版

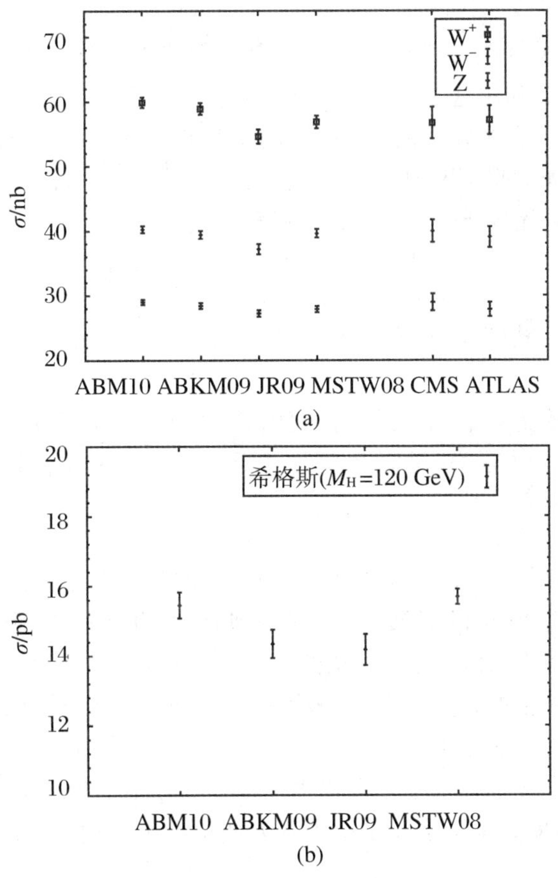

图 9.9　$\sqrt{s}=7$ TeV 时,pp 碰撞实验上单举 $W^{\pm}$ 和 Z 的产生截面(a)以及 $M_{\mathrm{H}}=120$ GeV 时希格斯玻色子的单举产生截面。NNLO 精度下用不同 PDF 库计算的理论预期可见[71];它们的误差棒代表了 68% 置信水平下参数化 PDF 的不确定性。在(a)中,我们包含了来自 CMS[72] 和 ATLAS[73] 的近期结果作为比较,这里我们已把实验结果用文献[2]给定的轻子分支比除过了[2]

本,使用了来自 H1 和 ZEUS[48] 的联合 DIS 数据,以及更为灵活的 PDF 参数化和 DIS 上关于重味产生的改进型高阶修正。在反映其 PDF 参数不确定性的误差棒范围内,我们清楚地看出不同 PDF 模型的预期并不重叠。这强化了我们上面的警告,即由于我们 PDF 知识的不完备,仅用这些不确定性不足以可靠地估计一个模型预期的总体不确定性。因而一个更适合的方式是比较各种不同 PDF 的预期,只要我们从理论和描述实验数据的角度可以判断这些 PDF 是足够地新。有关这类基本过程的详细比较可参见文献[3,41,71,75-76]。

9.6 习　题

习题 9.1　QCD 跑动耦合常数。把式(9.6)和式(9.8)扩展到高一阶的 α_s,即计算 $a_3(\mu_R/Q)$。利用这个结果数值计算 $\mu_R = m_t, M_Z/2$ 和 m_b 处的 $\alpha_s(\mu_R)$,取 $\alpha_s(M_Z) = 0.1184$ 作为输入值。β 函数的系数 b_i 可在[10]中找到。在文献[10]给定的适当阶数下,把结果与以 $1/\ln(\mu_R/\Lambda_{QCD})$ 展开的 $\alpha_s(\mu_R)$ 的结果相比较。

习题 9.2　微扰展开(Ⅰ)。通过计算微分式

$$\frac{dC}{d\ln\mu_R^2} = \frac{\partial C}{\partial\ln\mu_R^2} + \beta(\alpha_s)\frac{\partial C}{\partial\alpha_s} \tag{9.24}$$

验证直到 α_s^{k+3} 阶,式(9.5)和式(9.9)中的展开式与 μ_R 无关,式中 α_s 总是取标度为 μ_R 时的值。

习题 9.3　微扰展开(Ⅱ)。验证式(9.15)的关系并计算表达式(9.14)中的系数 C_2。把你的结果与式(9.9)合并起来,并用 $C_2(1,1)$ 和 $C_1(1,1)$ 表达

$$C_2\left(\frac{\mu_F}{Q},\frac{\mu_R}{Q}\right)。 \tag{9.25}$$

习题 9.4　演化方程。证明由式(9.2)定义的卷积具有结合律,即 $(f\otimes g)\otimes h = f\otimes(g\otimes h)$。这是由 PDF 演化方程推导硬散射核的演化方程(9.13)所必需的。

习题 9.5　重整化标度变化。从图 9.4 的不同曲线中读出给定 α_s 阶下,$\mu = M_H$ 时的 Γ 值,并通过在 1/2 到 2 的范围内变动 μ 来得出不确定性的估计值。在中心值 $\mu = M_H/2$ 下重复这个练习。

习题 9.6　拉格朗日乘子法与黑塞方法。证明在式(9.22)之后提到的条件下,无论是由拉格朗日乘子法还是由黑塞方法均给出表达式(9.19)中的不确定性估计值。

参考文献

［1］ Rossi G. Lattice Field Theory［C］. Proc., 28th Int. Symp., Lattice 2010, Villasimius, Italy, 14-19 June 2010. PoS, Lattice, 2010.

［2］ Nakamura K, et al. Review of particle physics［J］. J. Phys. G, 2010, 37: 075021.

［3］ Dittmaier S, et al. Inclusive observables［Z］// Handbook of LHC Higgs Cross Sections, 2011. arXiv: 1101. 0593.

［4］ Collins J C, Soper D E, Sterman G F. Factorization of hard processes in QCD［Z］// Mueller A. Perturbative Quantum Chromodynamics. World Scientific, 1989. arXiv: hep-ph/0409313.

［5］ Collins J. Foundations of Perturbative QCD［M］. Cambridge University Press, 2011.

［6］ Beneke M, et al. QCD factorization for exclusive, nonleptonic B meson decays: General arguments and the case of heavy light final states［J］. Nucl. Phys. B, 2000, 591: 313.

［7］ Beneke M, et al. QCD factorization in $B\to\pi K$, $\pi\pi$ decays and extraction of Wolfenstein parameters［J］. Nucl. Phys. B, 2001, 606: 245.

［8］ Peskin M E, Schroeder D V. An Introduction to Quantum Field Theory［M］. Perseus Books, 1995.

［9］ van Ritbergen T, Vermaseren J, Larin S. The four loop β function in quantum chromodynamics［J］. Phys. Lett. B, 1997, 400: 379.

［10］ Bethke S. The 2009 world average of α_s［J］. Eur. Phys. J. C, 2009, 64: 689.

［11］ Baikov P, Chetyrkin K. Higgs decay into hadrons to order $\alpha^5(s)$［J］. Phys. Rev. Lett., 2006, 97: 061803.

［12］ Grunberg G. Renormalization group improved perturbative QCD［J］. Phys. Lett. B, 1980, 95: 70.

［13］ Stevenson P M. Optimized perturbation theory［J］. Phys. Rev. D, 1981, 23: 2916.

［14］ Brodsky S J, Lepage G, Mackenzie P B. On the elimination of scale ambiguities in perturbative quantum chromodynamics［J］. Phys. Rev. D, 1983, 28: 228.

[15] Ellis R, Stirling W, Webber B. QCD and Collider Physics [M]. Cambridge University Press, 1996.

[16] Brock R, et al. Handbook of perturbative QCD [J]. Rev. Mod. Phys., 1995, 67: 157.

[17] Moch S, Vermaseren J, Vogt A. The three loop splitting functions in QCD: The nonsinglet case [J]. Nucl. Phys. B, 2004, 688: 101.

[18] Vogt A, Moch S, Vermaseren J. The three loop splitting functions in QCD: The singlet case [J]. Nucl. Phys. B, 2004, 691: 129.

[19] Anastasiou C, et al. High precision QCD at hadron colliders: Electroweak gauge boson rapidity distributions at NNLO [J]. Phys. Rev. D, 2004, 69: 094008.

[20] Anastasiou C, Melnikov K, Petriello F. Fully differential Higgs boson production and the di-photon signal through next-to-next-to-leading order [J]. Nucl. Phys. B, 2005, 724: 197.

[21] Laenen E. Resummation for observables at TeV colliders [J]. Pramana, 2004, 63: 1225.

[22] Amsler C, et al. Review of particle physics [J]. Phys. Lett. B, 2008, 667: 1.

[23] Maul M, et al. OPE analysis of the nucleon scattering tensor including weak interaction and finite mass effects [J]. Z. Phys. A, 1997, 356: 443.

[24] Politzer H. Power corrections at short distances [J]. Nucl. Phys. B, 1980, 172: 349.

[25] Ellis R, Furmanski W, Petronzio R. Unraveling higher twists [J]. Nucl. Phys. B, 1983, 212: 29.

[26] Forshaw J R, Ross D. Quantum Chromodynamics and the Pomeron [M]. Cambridge University Press, 1997.

[27] Andersson B, et al. Small x phenomenology: Summary and status [J]. Eur. Phys. J. C, 2002, 25: 77.

[28] Andersen J R, et al. Small x phenomenology: Summary of the 3rd Lund small x workshop in 2004 [J]. Eur. Phys. J. C, 2006, 48: 53.

[29] Jung H, et al. The CCFM Monte Carlo generator CASCADE version 2.2.03 [J]. Eur. Phys. J. C, 2010, 70: 1237.

[30] Diehl M, Schäfer A. Theoretical considerations on multiparton interactions in QCD [J]. Phys. Lett. B, 2011, 698: 389.

[31] Bartalini P, et al. Multiple partonic interactions at the LHC [C]. Proc.,

1st Int. Workshop, MPI'08, Perugia, Italy, 27-31 October 2008. arXiv: 1003. 4220.

[32] Bartalini P, et al. Multi-parton interactions at the LHC [Z]. arXiv: 1111. 0469.

[33] Sjöstrand T, Skands P Z. Transverse-momentum-ordered showers and interleaved multiple interactions [J]. Eur. Phys. J. C, 2005, 39: 129.

[34] Buttar C, et al. Standard Model handles and candles working group: Tools and jets summary report [R]. arXiv: 0803. 0678.

[35] Dasgupta M, Salam G P. Event shapes in e^+e^- annihilation and deep inelastic scattering [J]. J. Phys. G, 2004, 30: R143.

[36] Banfi A, Salam G P, Zanderighi G. Phenomenology of event shapes at hadron colliders [J]. JHEP, 2010, 1006: 038.

[37] Gehrmann T, Jaquier M, Luisoni G. Hadronization effects in event shape moments [J]. Eur. Phys. J. C, 2010, 67: 57.

[38] Gieseke S, Nagy Z. Monte Carlo generators and fixed-order calculations: Predicting the (un)predicted // Brock I, Schoerner-Sadenius T. Physics at the Terascale. John Wiley & Sons, 2011.

[39] Buckley A, et al. General-purpose event generators for LHC physics [J]. Phys. Rep., 2011, 504: 145.

[40] Forte S. Parton distributions at the dawn of the LHC [J]. Acta Phys. Pol. B, 2010, 41: 2859.

[41] Alekhin S, et al. The PDF4LHC Working Group Interim Report [Z]. arXiv: 1101. 0536.

[42] Durham PDF server. (2013-02-21). http: //hepdata. cedar. ac. uk/pdfs [OL].

[43] Les Houches Accord PDF Interface. (2013-02-21). http: // projects. hepforge. org/lhapdf[OL].

[44] Jimenez-Delgado P, Reya E. Dynamical NNLO parton distributions [J]. Phys. Rev. D, 2009, 79: 074023.

[45] Alekhin S, et al. The 3, 4, and 5-flavor NNLO parton from deep-inelasticscattering data and at hadron colliders [J]. Phys. Rev. D, 2010, 81: 014032.

[46] Martin A, et al. Parton distributions for the LHC [J]. Eur. Phys. J. C, 2009, 63: 189.

[47] Martin A, et al. Heavy-quark mass dependence in global PDF analyses and 3- and 4-flavour parton distributions [J]. Eur. Phys. J. C, 2010,

70: 51.

[48] Aaron F, et al. Combined measurement and QCD analysis of the inclusive $e^{\pm}p$ scattering cross sections at HERA [J]. JHEP, 2010, 1001: 109.

[49] Lai H L, et al. New parton distributions for collider physics [J]. Phys. Rev. D, 2010, 82: 074024.

[50] Ball R D, et al. Impact of heavy quark masses on parton distributions and LHC phenomenology [J]. Nucl. Phys. B, 2011, 849: 296.

[51] Ball R D, et al. Unbiased global determination of parton distributions and their uncertainties at NNLO and at LO [J]. Nucl. Phys. B, 2012, 855: 153.

[52] Blumlein J. The QCD coupling and parton distributions at high precision [J]. Mod. Phys. Lett. A, 2010, 25: 2621.

[53] Alekhin S, et al. $\alpha_s(M_Z^2)$ in NNLO analyses of deep-inelastic world data [Z]. arXiv: 1104. 0469, 2011.

[54] Alekhin S, Moch S. Heavyquark deep-inelastic scattering with a running mass [J]. Phys. Lett. B, 2011, 699: 345.

[55] Tung W K, et al. Heavy quark mass effects in deep inelastic scattering and global QCD analysis [J]. JHEP, 2007, 2: 53.

[56] Andersen J, et al. The SM and NLO multileg working group: Summary report [Z]. arXiv: 1003. 1241, 2010.

[57] Stump D, et al. Uncertainties of predictions from parton distribution functions. 1. The Lagrange multiplier method [J]. Phys. Rev. D, 2001, 65: 014012.

[58] Pumplin J, et al. New generation of parton distributions with uncertainties from global QCD analysis [J]. JHEP, 2002, 0207: 012.

[59] Ball R D, et al. Fitting parton distribution data with multiplicative normalization uncertainties [J]. JHEP, 2010, 1005: 75.

[60] Pumplin J, et al. Uncertainties of predictions from parton distribution functions. 2. The Hessian method [J]. Phys. Rev. D, 2001, 65: 014013.

[61] Nadolsky P M, et al. Implications of CTEQ global analysis for collider observables [J]. Phys. Rev. B, 2008, 78: 013004.

[62] Collins J C, Pumplin J. Tests of goodness of fit to multiple datasets [Z]. arXiv: hep-ph/0105207, 2001.

[63] Martin A, et al. Uncertainties of predictions from parton distributions. 1: Experimental errors [J]. Eur. Phys. J. C, 2003, 28: 455.

[64] Pumplin J, et al. Collider inclusive jet data and the gluon distribution [J]. Phys. Rev. D, 2009, 80: 014019.

[65] de Florian D, et al. Extraction of spin-dependent parton densities and their uncertainties [J]. Phys. Rev. D, 2009, 80: 034030.

[66] Ball R D, et al. A determination of parton distributions with faithful uncertainty estimation [J]. Nucl. Phys. B, 2009, 809: 1.

[67] Ball R D, et al. Precision determination of electroweak parameters and the strange content of the proton from neutrino deep-inelastic scattering [J]. Nucl. Phys. B, 2009, 823: 195.

[68] Ball R D, et al. A first unbiased global NLO determination of parton distributions and their uncertainties [J]. Nucl. Phys. B, 2010, 838: 136.

[69] HERAPDF table. (2013-02-21). www. desy. de/h1zeus/combined_results/herapdftable [OL].

[70] Durham PDF server. (2013-02-21). http: //hepdata. cedar. ac. uk/pdf/pdf3. html[OL].

[71] Alekhin S, et al. NNLO benchmarks for Gauge and Higgs boson production at TeV hadron colliders [J]. Phys. Lett. B, 2011, 697: 127.

[72] CMS Collab. Measurement of the inclusive W and Z production cross sections in pp collisions at $\sqrt{s}=7$ TeV with the CMS experiment [J]. JHEP, 2012, 1110: 132.

[73] ATLAS Collab. Measurement of the inclusive $W^{\pm}$ and Z/γ cross sections in the electron and muon decay channels in pp collisions at $\sqrt{s}=7$ TeV with the ATLAS detector [J]. Phys. Rev. D, 2012, 85: 072004.

[74] Alekhin S, Blümlein J, Moch S O. Update of the NNLO PDFs in the 3-, 4-, and 5-flavour scheme [Z]. PoS, DIS 2010, 021.

[75] Demartin F, et al. The impact of PDF and α_s uncertainties on Higgs production in gluon fusion at hadron colliders [J]. Phys. Rev. D, 2010, 82: 014002.

[76] Watt G. Parton distribution function dependence of benchmark Standard Model total cross sections at the 7 TeV LHC [J]. JHEP, 2011, 1109: 69.

(撰稿人：Markus Diehl)

第 10 章　高能物理中常用的统计方法

10.1　引　　言

本书前面各章介绍了各种各样的统计方法，对其中的某些方法已做了简要的介绍，某些方法则适用于非常具体的案例。将这些方法应用于数据分析工作的研究人员在这些方法的具体实现过程中可能会遇到各种问题。前面章节中提到过的总体检验就是一例，遇到的问题有：总体怎样建立？各个总体之间的关联对最终结果是否有影响？对于问题的研究，需要有多少个总体？

本章讨论数据分析中有时需要认真处理的某些细节，同时也介绍前面阐述过的常用统计方法的一些具体应用。这里的讨论包含总体检验的使用方法及其某些应用。作为贝叶斯推断的一个实例，介绍一种传统的拟合方法即样板拟合，阐述利用数据驱动方法估计物理量（效率和本底贡献）的两个实例。本章的末尾讨论数据分析中实验者的先入偏见，提供了实施盲分析的策略，后者有助于避免分析者自身的先入偏见导致的不易觉察的偏差。

从本章开始，本书最后三章着重介绍统计方法的应用而非统计方法的概念。第 11 章将所研发的各种策略组合起来，用以对两个有典型意义的分析（搜寻和测量）进行演练。第 12 章概要地介绍统计方法在天文学中的应用，给出关于天文统计学的入门知识。

10.2　效率的估计

效率的估计是高能物理实验中一项公用数据分析的工作，典型的例子包括研究对象（如电子或 μ 子）的鉴别效率、触发效率和某一类过程的选择效率。本节以触发效率作为例子。我们将描述估计触发效率的三种不同的方法，并进而讨论如何估计相应的不确定性。

10.2.1　动机

一般而言，对撞实验不可能对于所有可获取的数据进行记录、存储和处理，因为受限于有限的 CPU 资源、存储容量以及数据写入存储介质的速率限制。这些约束使得我们必须具有快速而高效的选择机制，即所谓的触发，将感兴趣的对撞事例从全部事例中区分出来。选择判据是根据事例的特征量决定的，诸如喷注、光子、带电轻子和丢失横能量的数量和能量。对于大多数的数据分析而言，触发效率的精确估计具有决定性的意义，因为那是被触发机制(trigger mechanism)实际选出的感兴趣事例占全部事例的比例。这对于截面的测量或新粒子的搜寻尤其重要。此外，触发失效的系统不确定性在一项分析的全过程中需要正确地处理。

触发模拟(trigger emulation)的用处是有限的，因为这种模拟可能建立在不精确的探测器描述的基础之上。同时，难以定量描述的加速器本底无法模拟，它会带来额外的不确定性或偏差。因此，需要直接从数据中提取触发效率。这类**数据驱动**方法的优点和局限性将在下面陈述。

10.2.2　触发效率及其估计

触发效率 $\varepsilon(T)$ 定义为一个对象(或一组对象)满足触发条件 T 的概率。$\varepsilon(T)$ 可用下式估计：

$$\hat{\varepsilon}(T) = \frac{n_{\mathrm{T}}}{n_{\mathrm{R}}}, \tag{10.1}$$

其中 n_{T} 是被触发的对象的数目，n_{R} 是被重建的对象的总数，即被触发机制探测到的、离线重建算法获得的对象的数目①。

通过触发决策的若干项触发条件可以加以组合，对于不同对象的触发条件也可以加以组合。组合触发的一个例子是双喷注触发需要满足两个喷注的横动量 p_{T} 都要大于某个阈值。一般说来，关于触发条件或对象的数目没有限制。因此，满足所有触发条件的事例的触发效率是满足单个触发条件的效率的某种组合。为了清晰和简单起见，以下的讨论针对单个对象的触发，但很容易扩展到更为复杂的触发条件的场合。

显然，触发效率的数据驱动估计只能基于已经触发了的事例自身。因此，对于触发效率的数据驱动估计的挑战在于怎样选择与所研究的触发相独立的(或无偏的)离线重建对象的子样本。

---

① 当选择离线重建算法时需要小心。它的定义应当接近于触发器硬件中使用的定义，例如，一个“离线电子”的定义应当接近于一个“触发电子”的定义。这两个对象之间过大的差异会导致触发效率的估计有偏。

10.2.3 计数法

计数法通过对某种触发机制（该触发机制与所研究的触发效率不相关联）所选定的事例进行分析，获得重建对象的无偏样本。触发效率可以利用重建对象的计数和触发对象的计数直接估计。

计数法提供了各种各样触发器的效率估计的简单方法。但是，不相关联的触发器的实际选择只是表面上看起来简单而已。通过选取一种随机的触发可以获得一个无疑义的无偏样本。这样一个触发器所选择的事例建立在数据获取系统随机地记录事例而不进行其他判选的基础之上。然而，这样一个样本通常只包含少量的感兴趣的事例（例如所研究的对象具有大横动量的"硬散射"事例）。

为了提高所选定样本中感兴趣事例的数量，随机触发通常用**最小偏差触发**来替代，后者只需要最低限度的探测器信息。利用一个真实的触发器（它的选择判据独立于所研究的触发器的选择判据）可以收集到比较大的子样本。这一类触发称为**正交**（orthogonal）触发。例如，μ 子触发效率可以利用电子触发选择的样本来加以估计。

应当强调指出，利用最小偏差触发或正交触发选取的样本可以改善统计性，但要付出一定的代价，因为所选择的对象可能并不与所研究的触发完全独立。例如，对于一种对象通常伴随着另一种对象同时出现这样的过程，效率估计就涉及关联性。一个这样的例子是 $W \to \nu e$ 事例，其中带电轻子的横动量与事例的丢失横能量相关联，这可能会导致触发效率估计产生偏差。

10.2.4 标记-探测法

标记-探测法（tag-and-probe method）提供了一种统计不确定性很小且无偏的触发效率估计的简捷方法。事例的判选与熟知的物理过程（其特征是存在同一类的两个对象）的事例判选相当。一个典型的例子是利用 Z 玻色子产生后衰变为两个电子或两个 μ 子的事例来确定 μ 子触发效率或电子触发效率。

这两个重建的轻子中的一个通过了触发要求，它称为**标记轻子**。另一个轻子则称为**探测轻子**。触发效率用通过触发的探测轻子数与探测轻子总数的比值作为估计。

原则上，该方法仅仅受限于 Z 玻色子事例数，因此，其精度随着积分亮度的增大而改善。然而，标记轻子与探测轻子是运动学相关联的。而且，估计的触发效率受到探测轻子（运动学）性质的限制。这会导致相空间覆盖范围受到限制，例如对于 Z 玻色子事例，轻子的相空间限于高 p_T 值的事例。将 J/ψ 介子衰变为两个轻子（电子或 μ 子）末态的事例包含到数据样本中可以将相空间覆盖范围扩展到低动量区域。

必须注意选出的数据样本中的本底数量是否不可忽略，因为对于不同的过程，标记轻子与探测轻子之间的关联会不相同。有若干种方法来压低本底的贡献，例如对事例判选利用较严的条件，或者应用信号和本底的样板来拟合数据样本的形状[1]。

虽然标记-探测法能够用来无偏地估计触发效率，但显然该方法不能应用于依据事例整体性质(比如丢失横能量)而决策的触发。标记-探测法的应用可以参见文献[2]。

10.2.5　自举法

自举法是估计触发效率的一种简捷方法①。该方法假定，低阈值触发条件 T_1(例如一个喷注的横动量或丢失横能量)所对应的触发效率已知。然后利用这一特定的触发来选择事例样本。在触发条件 T_1 已经通过的条件下，高阈值触发条件 T_2 的相对触发效率记为 $\varepsilon(T_2 | T_1)$，后者可以通过对既通过 T_1，也通过 T_2 的事例进行计数确定。我们假定，在高阈值触发条件 T_2 已经通过的条件下，满足触发条件 T_1 要求的条件概率等于 1。于是，T_2 的触发效率可以表示为

$$\varepsilon(T_2) = \varepsilon(T_2 \mid T_1) \cdot \varepsilon(T_1)。 \tag{10.2}$$

自举法的适用案例数量比较有限。但是，对于小的数据样本，该方法特别有用：早期的 LHC 数据样本所包含的 Z 玻色子事例的数量不足以利用标记-探测法来估计触发效率。但是利用大样本的 J/ψ 事例，就能够抽取通过低横动量阈值的 μ 子触发样本。基于这一样本，可应用自举法外推到较高的 p_T 值，并提取高阈值的触发效率。自举法的应用参见文献[3]。

10.2.6　触发效率不确定性的计算

上面描述的每一种方法都有其本身固有的系统不确定性，并且强烈地依赖于实验条件。其中的某些不确定性可以通过比较不同方法的结果加以估计。不过，这并不总能够做到。

获取的数据样本的统计量导致的不确定性可以按常规方法处理。在大多数情形下，触发过程可以诠释为一次伯努利试验②。于是，触发效率就是一次伯努利试验给出正结果(对应于正的触发决策)的概率。令 n_T 和 n_R 分别是触发的数目和重建对象的数目。出现 n_T 次正结果的概率由二项分布公式给出：

$$p(n_T;\varepsilon,n_R) = \frac{n_R!}{n_T!(n_R - n_T)!}\varepsilon^{n_T}(1-\varepsilon)^{n_R-n_T}, \tag{10.3}$$

触发效率的极大似然估计量由 $\hat{\varepsilon} = n_T/n_R$ 给定(参见式(10.1))。$\hat{\varepsilon}$ 的不确定性可根据二项分布的方差来估计：

$$\hat{\sigma}[\hat{\varepsilon}] = \sqrt{V(\hat{\varepsilon})} = \frac{\hat{\varepsilon}(1-\hat{\varepsilon})}{n_R}。 \tag{10.4}$$

---

① 注意：这里讨论的自举法不要与 10.5 节描述的重抽样方法相混淆。

② 一次**伯努利试验**或**伯努利过程**只有两种可能的结果。这类过程的典型例子是投掷一枚硬币。

将式(10.1)代入 $\hat{\varepsilon}$,立即得到

$$\hat{\sigma}[\hat{\varepsilon}] = \sqrt{\frac{n_{\mathrm{T}}(n_{\mathrm{R}} - n_{\mathrm{T}})}{n_{\mathrm{R}}^3}}。\tag{10.5}$$

在事例数很少,或者效率接近 0 或 1 的情况下,该近似不适用。特别是,对于 $n_{\mathrm{T}} = 0$ 和 $n_{\mathrm{T}} = n_{\mathrm{R}}$ 的极端情形,由式(10.5)算得的不确定性等于 0。文献 [4] 讨论了这种情形下如何利用贝叶斯定理来估计触发效率以及如何来选择适当的先验概率等问题。4.4.1 节和 4.3.3.3 节则详尽地讨论了二项分布不确定性的问题。

10.3 矩阵法估计多个过程对于数据集的贡献

在高能物理中,**矩阵法**广泛地用来估计多个不同的过程对于数据集的贡献。这是一种纯粹的**数据驱动方法**,完全不依赖于蒙特卡洛模拟。一种典型的应用实例是用来估计所选出的数据集中的本底污染,例如为研究顶夸克所选定的样本中 QCD 多喷注事例所占的比例。QCD 多喷注事例很难模拟,因此优先选用数据驱动方法。

10.3.1 数据样本中本底贡献的估计

下面我们来考察基于典型的截断值判选法进行截面测量的一项分析:一组截断值(记为 S)经过优化以增高信号事例数,将它应用于从一个数据集选出 $N(S)$ 个事例的情形。为了估计总的产生截面,必须知道产生的事例数 ν_S①。后者可以利用事例判选效率 ε_S 估计,即

$$\nu(S) = \varepsilon_S \nu_S,\tag{10.6}$$

$\nu(S)$是经过判选后的期望事例数,它的估计值是

$$\hat{\nu}(S) = N(S)。\tag{10.7}$$

方程(10.6)假设了样本纯粹是由信号事例构成的,这显然与实际情况不很相符。我们转而来考察下述情形:在事例判选之前,有 n 种不同的本底来源对期望事例数有贡献,记为 $\nu_{B_1},\cdots,\nu_{B_n}$。通常,事例选择判据 S 不可能排除所有的本底贡献。于是式(10.6)需要修改为

$$\nu(S) = \varepsilon_S \nu_S + \varepsilon_{S,B_1} \nu_{B_1} + \cdots + \varepsilon_{S,B_n} \nu_{B_n},\tag{10.8}$$

其中 ε_{S,B_i} 是本底源 i 的事例判选效率。事例选择判据 S 是按照信号事例能获得合理的判选效率这一要求选定的。如果不可能进一步收紧事例判选的要求,例如这

---

① 当然,ν_S 是按照泊松统计产生的、探测器基准区域内的期望事例数。此外,本例中忽略了探测器的接受度导致的无效测量效应。

一做法所导致的统计量的损失不可容忍，则需要估计剩余的本底贡献 $\varepsilon_{S,B_i}\nu_{B_i}$。这一点可通过引入另一组事例选择判据 B_i 来实现，该判据的设计使得它所选出的样本中来自本底过程 i 的事例的比例得以提高。于是方程(10.8)可以扩展为一个方程组：

$$
\begin{aligned}
\nu(S) &= \varepsilon_S\nu_S + \varepsilon_{S,B_1}\nu_{B_1} + \cdots + \varepsilon_{B,B_n}\nu_{B_n}, \\
\nu(B_1) &= \varepsilon_{B_1,S}\nu_S + \varepsilon_{B_1}\nu_{B_1} + \cdots + \varepsilon_{B_1,B_n}\nu_{B_n}, \\
&\cdots, \\
\nu(B_n) &= \varepsilon_{B_n,S}\nu_S + \varepsilon_{B_n,B_1}\nu_{B_1} + \cdots + \varepsilon_{B_n}\nu_{B_n}。
\end{aligned}
\tag{10.9}
$$

它可以写成矩阵的形式(这就是矩阵法名称的由来)：

$$
\begin{pmatrix} \nu(S) \\ \nu(B_1) \\ \vdots \\ \nu(B_n) \end{pmatrix} = \begin{pmatrix} \varepsilon_S & \varepsilon_{S,B_1} & \cdots & \varepsilon_{S,B_n} \\ \varepsilon_{B_1,S} & \varepsilon_{B_1} & \cdots & \varepsilon_{B_1,B_n} \\ \vdots & \vdots & & \vdots \\ \varepsilon_{B_n,S} & \varepsilon_{B_n,B_1} & \cdots & \varepsilon_{B_n} \end{pmatrix} \begin{pmatrix} \nu_S \\ \nu_{B_1} \\ \vdots \\ \nu_{B_n} \end{pmatrix},
\tag{10.10}
$$

或者写成更简洁的形式：

$$
\boldsymbol{\nu}_{\text{sel}} = \boldsymbol{\varepsilon}\boldsymbol{\nu}。
\tag{10.11}
$$

其中 $\boldsymbol{\nu}_{\text{sel}}$是利用不同的判据 S 和 B_i 选出的事例向量，$\boldsymbol{\nu}$ 是不同过程的事例数期望值向量，而 $\boldsymbol{\varepsilon}$ 是效率矩阵。对于完美的事例选择判据，矩阵 $\boldsymbol{\varepsilon}$ 是 $\varepsilon_{ii}=1$ 的对角矩阵。在实际情况中，$\boldsymbol{\varepsilon}$ 并不是对角矩阵，且不一定是对称矩阵。

现在我们可以来估计原始的信号和本底样本的贡献：

$$
\boldsymbol{\nu} = \varepsilon^{-1}\boldsymbol{\nu}_{\text{sel}}。
\tag{10.12}
$$

于是有

$$
\hat{\boldsymbol{\nu}} = \varepsilon^{-1}\boldsymbol{N}_{\text{sel}},
\tag{10.13}
$$

其中 $\boldsymbol{N}_{\text{sel}}$是包含不同事例选择判据所选出的观测事例数向量。

例 10.1　$t\bar{t}$对产生研究中的 QCD 多喷注本底。$t\bar{t}$对产生的单轻子衰变模式中最明显的本底来源是 QCD 多喷注产生和 W + 多喷注产生。第一个本底通常利用矩阵法估计。在单电子道中，顶夸克对产生的信号是利用单个的高 p_{T} 电子、4 个或 4 个以上的喷注以及大的丢失横动量来确定的。QCD 多喷注事例，如果其中一个喷注误鉴别为一个电子(**伪电子**)，则可能模仿这类信号。这类过程难以模拟，因此利用矩阵法根据数据来估计其贡献。包含一个真实电子的事例或者来源于 $t\bar{t}$ 对产生，或者来源于 W + 多喷注产生，对于这两种过程的区分也是分析的任务之一，但这里不做进一步的讨论。

顶夸克事例典型的选择判据包含对于电子鉴别的严格(“收紧”)的条件；这一“收紧”的样本中的选择事例数记为 N_{tight}。同时，利用“放松”的条件选出的样本则包含 N_{loose}个事例。这两个样本都含有**真实轻子**和**伪轻子**的事例，其期望事例数分别为

$$\nu_{\text{loose}} = \nu_{\text{lep}} + \nu_{\text{fake}}, \tag{10.14}$$

$$\nu_{\text{tight}} = \varepsilon_{\text{lep}}\nu_{\text{lep}} + \varepsilon_{\text{fake}}\nu_{\text{fake}}。 \tag{10.15}$$

这里 ν_{lep}和 ν_{fake}分别是“放松”的判据下选出的真实轻子和伪轻子的期望事例数;ε_{lep}和 $\varepsilon_{\text{fake}}$分别是真实轻子和伪轻子在已经满足“放松”判据并假设对 N_{loose}个事例的选择效率等于 1 的条件下同时满足“收紧”判据的概率。这些效率通常通过辅助测量利用标记-探测法(参见 10.2.4 节)估计。方程组可以对 ν_{fake}求解。于是,“收紧”样本中的多喷注事例数由下式给定:

$$\varepsilon_{\text{fake}}\nu_{\text{fake}} = \frac{\varepsilon_{\text{fake}}}{\varepsilon_{\text{fake}} - \varepsilon_{\text{lep}}}(\nu_{\text{tight}} - \varepsilon_{\text{lep}}\nu_{\text{loose}}), \tag{10.16}$$

这样,将 ν_{loose}和 ν_{tight}代之以 N_{loose}和 N_{tight}可以求得多喷注事例数的估计。ν_{fake}估计值的统计不确定性可以利用误差传递公式计算。这一应用的更详尽的描述可参见文献[5]。

10.3.2　推广到对分布的估计

由矩阵法可求得一个或多个过程对于一个数据集贡献的估计值,即归一化因子。然而,由上面陈述的方法并不能给出这些过程的分布的估计,例如伪电子横能量分布的估计。过程的分布可以利用广义矩阵法估计,广义矩阵法对数据集中每一个事例计算一个权值,利用加权分布作为感兴趣物理量分布的一种估计。

在例 10.1 中,利用式(10.16)分别计算每个事例的权值 w。如果一个事例出现在“放松”的样本中,但不出现在“收紧”的样本中,则其权值为

$$w = \varepsilon_{\text{fake}}\nu_{\text{fake}} = \frac{\varepsilon_{\text{fake}}\varepsilon_{\text{lep}}}{\varepsilon_{\text{lep}} - \varepsilon_{\text{fake}}}。 \tag{10.17}$$

如果一个事例同时出现在两个样本中,则其权值为

$$w = \frac{(\varepsilon_{\text{lep}} - 1)\varepsilon_{\text{fake}}}{\varepsilon_{\text{lep}} - \varepsilon_{\text{fake}}}。 \tag{10.18}$$

应当注意,效率 $\varepsilon_{\text{fake}}$和 ε_{lep}可能依赖于多个运动学变量,诸如所研究对象的 p_{T},η 或ϕ。权值的含义是:只观测到一个具有这些特定运动学性质的事例的条件下,(含伪轻子的)事例数的期望值。因此,它们可以理解为概率。这些权值可以用来估计任意事例或任意目标变量的分布。

10.3.3　矩阵法的局限性

尽管矩阵法表面上看起来很简单,但它有局限性。

首先,该方法要求不同的过程相互之间能足够明显地加以区分,否则的话矩阵 $\boldsymbol{\varepsilon}$ 将成为一个奇异矩阵。

其次,根据所研究问题的性质,矩阵 $\boldsymbol{\varepsilon}$ 的矩阵元可以利用数据的控制区域的辅助测量或蒙特卡洛模拟来求得。效率自身带有不确定性,它们可能与分析主流程中所考虑的系统不确定性来源相互关联,使得总的不确定性的估计更加复杂。

与辅助测量确定的效率相关的不确定性的一种可能来源是外推所导致的。不一定能够直接简单地从控制区域向信号区域外推而不产生额外的不确定性。如果这两个区域具有不同的运动学性质或利用了探测器的不同成分，这一点尤其显得重要。在这种情形下，建议确定第二个控制区域，或者利用完全不同的方法进行交叉检验。

10.4　通过分布形状的比较估计参数：样板法

估计不同过程对于数据集的贡献的一种强有力的替代方法是所谓的**样板法**（template method）。对于数据有贡献的一组过程，该方法利用的是各个过程的某一特定观测量分布形状的差异。这些分布通常以直方图的形式给出，称之为**样板**。一般而言，样板通过蒙特卡洛模拟或数据的控制区域求得。每个样板的归一化常数对应于其相应过程的贡献，它作为模型参数通过数据与样板的总和之间一致性的优化参与数据直方图的拟合过程。我们在下面将利用贝叶斯定理对样板法进行解释。样板法的性能可以利用 10.5 节讨论的总体检验进行评估。样板法可以通过 BAT 程序包[6]加以实施，本节的例子中用到了这个程序包。

假定一个实验测得了一组 n 个事例，这些事例已知来自 N^{p} 种不同的过程。过程 j 对于测得的数据集贡献了 n_j^{p} 个事例，故有 $\sum_{j=1}^{N^{\mathrm{p}}} n_j^{\mathrm{p}} = n$。在当前考虑的模型中，$n_j^{\mathrm{p}}$ 是从期望值为 ν_j^{p} 的泊松分布抽取的一个随机数。n_j^{p} 和 ν_j^{p} 都未知①。分析的目的在于估计各个过程的期望事例数 ν_j^{p}，它们即是所使用的统计模型的参数。

样板法的原理如下：对于所有测到的事例计算一个变量 x，x 的分布被填入一个子区间数为 N_{bins} 的直方图中。假定子区间 i 的事例数 n_i 按照泊松分布围绕其期望值 ν_i 而涨落，而且各个子区间中的涨落相互独立。此外，假定对于所有的过程 j，其变量 x 的概率密度 $f_j(x)$，即**样板**②都已知，它们通常取自蒙特卡洛的预期或通过数据驱动方法求得。子区间 i 的期望事例数可以表示为每种过程的期望事例数乘以该过程的一个事例出现在该子区间的概率，然后对所有过程的贡献求和：

$$\nu_i = \sum_{j=1}^{N^{\mathrm{p}}} \nu_j^{\mathrm{p}} \cdot \int_{\Delta x_i} f_j(x)\mathrm{d}x \approx \sum_{j=1}^{N^{\mathrm{p}}} \nu_j^{\mathrm{p}} \cdot f_j(\chi_i) \cdot \Delta x_i, \tag{10.19}$$

其中 x_i 是子区间 i 的中心值，Δx_i 是该子区间的宽度。

这一问题可以在贝叶斯统计架构下用公式来表示。在数据给定的情形下，参

① 需要利用先验知识（例如从辅助测量获得的知识）的情形，将在 10.4.2 节单独讨论。

② 术语样板既用于概率密度 $f_j(x)$，也用于子区间中心处的概率分布 $f_j(x_i)$。

数的**后验概率密度** $p(\boldsymbol{\nu}^{p};\boldsymbol{n})$可以用贝叶斯定理计算：

$$p(\boldsymbol{\nu}^{\mathrm{p}};n) = \frac{p(\boldsymbol{n};\boldsymbol{\nu}^{p}) \cdot \pi_0(\boldsymbol{\nu}^{\mathrm{p}})}{\int \mathrm{p}(\boldsymbol{n};\boldsymbol{\nu}^{\mathrm{p}}) \cdot \pi_0(\boldsymbol{\nu}^{\mathrm{p}})\mathrm{d}\boldsymbol{\nu}^{\mathrm{p}}}。\tag{10.20}$$

这里 $p(\boldsymbol{n};\boldsymbol{\nu}^{\mathrm{p}})$是给定 $\boldsymbol{\nu}^{\mathrm{p}}=(\nu_1^{\mathrm{p}},\cdots,\nu_{\mathrm{j}}^{\mathrm{p}},\cdots,\nu_{\mathrm{N_p}}^{\mathrm{p}})$条件下观测到 $\boldsymbol{n}=(n_1,\cdots,n_i,\cdots,n_{N_{\mathrm{bins}}})$个事例的概率密度(似然函数)。$\pi_0(\boldsymbol{\nu}^{\mathrm{p}})$是先验概率密度，它表示在当前数据的分析完成之前关于参数 $\boldsymbol{\nu}^{\mathrm{p}}$ 的所有知识。在目前情形下，似然函数定义为泊松分布的乘积：

$$p(\boldsymbol{n};\boldsymbol{\nu}^{\mathrm{p}}) = \prod_{i=1}^{N_{\mathrm{bins}}} \frac{\nu_i^{n_i}}{n_i!} \cdot \mathrm{e}^{-\nu_i}。\tag{10.21}$$

这里需要再次提醒(参见 2.5.3 节)，泊松分布的乘积可以从事例总数为 n、服从期望值 $\nu = \sum_{j=1}^{N^{\mathrm{p}}} \nu_j^{\mathrm{p}}$ 的泊松变量的多项分布推导出来：

$$p(\boldsymbol{n};\boldsymbol{\nu}^{\mathrm{p}}) = \left(\frac{n!}{\prod_{i=1}^{N_{\mathrm{bins}}} n_i!}\prod_{i=1}^{N_{\mathrm{bins}}}\left(\frac{\nu_i}{\nu}\right)^{n_i}\right) \cdot \frac{\nu^N}{n!}\mathrm{e}^{-\nu} = \prod_{i=1}^{N_{\mathrm{bins}}} \frac{\nu_i^{n_i}}{n_i!}\mathrm{e}^{-\nu_i}。\tag{10.22}$$

模型参数，即期望值 $\boldsymbol{\nu}^{\mathrm{p}}$ 的估计量是**全局最可几值**，也就是使得后验概率密度达到极大的一组参数值。单个模型参数的概率分布 $p(\nu_k^{\mathrm{p}})$可以通过计算后验概率密度的边沿分布求得：

$$p(\nu_k^{\mathrm{p}};\boldsymbol{n}) = \int p(\boldsymbol{\nu}^{\mathrm{p}};\boldsymbol{n}) \prod_{j\neq k}^{N^{\mathrm{p}}} \mathrm{d}\nu_j^{\mathrm{p}}。\tag{10.23}$$

ν_k^{p} 的常用估计量是边沿分布的最可几值、均值和中位数①。ν_k^{p} 的不确定性可以通过计算分布的 16%～84%分位数、标准差或包含 68% 概率的最小区间来求得。类似地，单个参数的限值(这里是 90% 概率的上限 $\nu_{k,90\%}^{\mathrm{p}}$)可以通过求解方程来求得：

$$0.9 = \int_{\nu_{k,\min}^{\mathrm{p}}}^{\nu_{k,90\%}^{\mathrm{p}}} p(\nu_k^{\mathrm{p}};\boldsymbol{n})\mathrm{d}\nu_k^{\mathrm{p}},\tag{10.24}$$

其中 $\nu_{k,\min}^{\mathrm{p}}$是参数容许值的下限。

例 10.2　利用神经网络输出搜寻新粒子。人工神经网络(artificial neural networks，ANN，参见第 5 章)可以用来区分信号和本底事例。我们来考虑搜寻一种假设的粒子的实验。对一种神经网络进行了训练，网络对于信号和本底的输出分布(面积归一化到 1)示于图 10.1(a)。图 10.1(b)则显示了数据观测到的输出分布。一种常用的策略是在某一输出值进行截断以得到纯的信号样本。不过，另一种方法是利用纯信号事例和纯本底事例所获得的神经网络输出分布作为样板，通过拟合整个输出谱型来求得信号和本底所占的比例。样板方法提高了探测可能存

① 注意，全局最可几值与一组边沿分布的最可几值并不一定相符。

在的信号的灵敏度。图 10.1(b)还显示了两个样板的总和,其中每一个样板板归一化为最优的拟合结果。可以看到来自信号过程的少量贡献($\hat{\nu}^{p}_{sgn}=8.7^{+5.1}_{-4.2}$)。不过,这并不足以宣称为一项发现,只能设定信号贡献的一个上限。

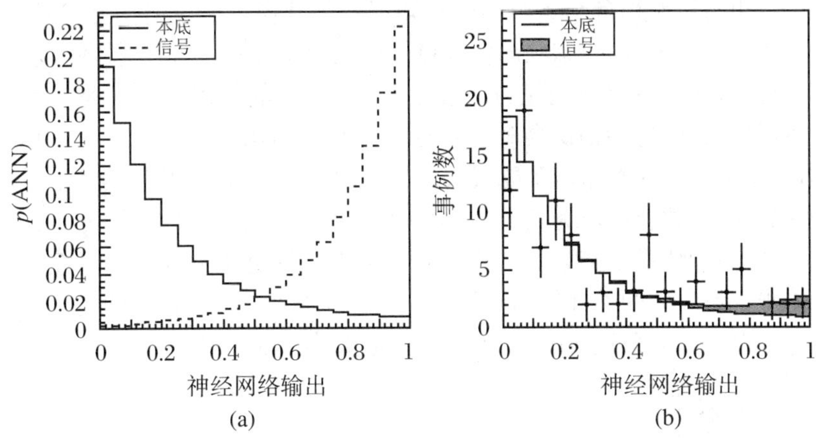

图 10.1　(a) 神经网络对于信号(虚线)和本底事例(实线)的输出分布(面积归一化为 1)。(b) 数据(点)观测到的分布以及信号样板与本底样板(都归一到参数的最优拟合值)之和

10.4.1　样板形状

在大多数情形下,概率密度 $f_j(x)$利用取自模拟或数据的频率分布作为近似。这些分布的统计不确定性通常假定可以忽略。如果这一假设不成立,作为另一种选项,应当考虑**核密度估计**(kernal density estimation)[7-8]或分布用参数的函数形式来表示。程序包 TFractionFitter[9-10]在高斯涨落的假设之下考虑了样板的统计不确定性。

如果一个分布包含 0 事例的子区间,那么由于在这些子区间中找到来自所研究过程的事例的概率等于 0,上述这些考虑是特别重要的。其结果是,如果在一个期望事例数等于 0 的子区间中观测到了数据,则样板拟合能够给出所有拟合参数值的概率将等于 0。

当对频率分布进行平滑化处理时必须十分小心,因为这种做法在模型参数的区间边界处会导致对于频率分布的大的偏差。此外,还应当考虑对于平滑化处理导致的样板变形设定一个相应的系统不确定性。

10.4.2　加入先验知识

单个过程贡献项的先验知识(式(10.20)中用 π_0 表示)可以来自辅助测量或理论约束。前者的一个例子是根据边带区的分布估计本底的贡献。理论约束可以是若干项贡献之间的相互关系。例如,某一过程中总的本底可能是知道的,但其中各种成分各自的贡献则未必知道。

各个过程的贡献应当约束为大于或等于 0,从而拟合的各个参数也应如此。这样一个约束可以利用各个参数的先验知识作为其模型。应当注意,当进行总体检验时,对于接近于 0 的贡献项的估计可能出现偏差,因为负值的贡献在产生总体时是不容许的,所以只可能向正方向涨落①。一种可能的解决方案是接受这种偏差。毕竟可以预期,先验知识会对参数的估计产生影响。但是,如第 1 章的讨论中提到的,一定要确保这种影响不能太大。另一种选择是,作为纯粹的数学处理而忽略其物理意义,参数容许取为负值。具体做法是似然函数中用高斯分布代替泊松分布。注意,这种情形下参数的不确定性和上下限的直接估计既不可能也没有意义。第二步是将参数的估计值(有可能为负值)映射到物理量的标绘上。如果将参数的负值尾巴切除后再进行映射,物理量的数值将出现偏差。

10.4.3 加入效率

如果我们感兴趣的是产生事例数的期望值(不同于产生并观察到的事例数期望值),那么必须考虑接受度效应和效率。例如,截面测量就属于这种情形;若干个感兴趣过程的贡献率的比例,例如极化性质不同的粒子的数量比例的测量也属于这种情形。不同过程 j 的效率 ε_j 可以是不同的数值,例如,原因可以是运动学性质和事例选择判据的差异。一般而言,效率依赖于所研究的变量 x,故有 $\varepsilon_j = \varepsilon_j^{\text{eff}}(x)$。将式(10.19)用下式代替可以将效率的效应加入拟合中去:

$$\nu_i = \sum_{j=1}^{N^{\text{p}}} \nu_j^{\text{p}} \cdot \int_{\Delta x_i} \varepsilon_j^{\text{eff}}(x) \cdot f_j(x) \mathrm{d}x。 \tag{10.25}$$

10.4.4 加入系统不确定性

系统不确定性可以理解为式(10.25)中函数 $f(x)$ 的不确定性,或者如我们下面的做法,处理为效率的不确定性。对于系统不确定性的每一种来源(用指标 k 表示),引入一个与之对应的**冗余参数** δ_k^{syst}。通常假定它的先验分布是均值为 0、标准差为 1 的高斯函数。效率的不确定性可以认为是 δ_k^{syst} 的线性函数,即对于过程 j,其效率变成

$$\varepsilon_j(x, \boldsymbol{\delta}^{\text{syst}}) = \varepsilon_j^{\text{eff}}(x) \cdot \left(1 + \sum_{k=1}^{N_{\text{syst}}} \delta_k^{\text{syst}} \cdot \Delta\varepsilon_{jk}^{\text{syst}}(x)\right), \tag{10.26}$$

其中 N_{syst} 是系统不确定性来源的个数,$\Delta\varepsilon_{jk}^{\text{syst}}(x)$ 是来源于第 k 项系统效应的、过程 j 的效率的不确定性。需要注意的是,虽然 $\Delta\varepsilon_{jk}^{\text{syst}}(x)$ 在 x 的某些区域可能为负值,

① 注意,这种偏差纯粹是频率统计意义上的概念,因为在它的计算中,实验需要在相同的条件下重复进行,即利用同样的先验知识。与此相反,在贝叶斯统计下,每一次实验之后,先验知识都得到更新,因而对于初始假设的依赖程度很弱。

但总的效率必须为正值。例如，若总的效率并不改变但所研究的分布的形状受到了影响，情况就是如此。

这时，方程(10.20)变成

$$p(\boldsymbol{\nu}^{\mathrm{p}};\boldsymbol{n})=\int\frac{p(\boldsymbol{n};\boldsymbol{\nu}^{\mathrm{p}},\boldsymbol{\delta}^{\mathrm{syst}})\cdot\pi_0(\boldsymbol{\nu}^{p})\cdot\pi_0(\boldsymbol{\delta}^{\mathrm{syst}})}{\int p(\boldsymbol{n};\boldsymbol{\nu}^{\mathrm{p}},\boldsymbol{\delta}^{\mathrm{syst}})\cdot\pi_0(\boldsymbol{\nu}^{\mathrm{p}})\cdot\pi_0(\boldsymbol{\delta}^{\mathrm{syst}})\mathrm{d}\boldsymbol{\delta}^{\mathrm{syst}}\mathrm{d}\boldsymbol{\nu}^{\mathrm{p}}}\mathrm{d}\boldsymbol{\delta}^{\mathrm{syst}}。\quad(10.27)$$

如果参数的不确定性是依据边沿分布求得的，那么已经包含了系统不确定性。在这种情形下，不可能将统计的和系统的不确定性分解开来，而在评审过程中通常会提出这一要求(“系统不确定性的各种来源对于结果有何种影响?”)。为了评估系统不确定性某一特定来源的影响，最好的做法是在“有/无”冗余参数两种情形下计算式(10.27)并比较两者的不确定性(以及估计量)。另一种选择是对包含了所有不确定性的分析和去除了待研究的那项系统不确定性的分析这两者的输出结果进行比较。后一种方法会提示我们，如果某一特定的不确定性不存在，结果将会有怎样的改善。这样能够帮助我们鉴别系统不确定性的主要来源，在下一轮的分析中可以重点研究。

到目前为止，我们假设了系统不确定性来源的影响只是线性地依赖于相应的冗余参数。这可能只在系统不确定性来源对效率的形状影响很小的情形下才是一种好的近似。但是，这一近似对于大的不确定性可能不适用。在这种情形下，效率可以参数化为冗余参数的某个适当的函数形式，例如高阶多项式。对于线性的参数化，斜率 $\Delta\varepsilon_{jk}^{\mathrm{syst}}(x)$ 通常利用包含某一参数(例如喷注能量标度)的系统性变化的蒙特卡洛样本求得。在这种情形下，应当将冗余参数 δ_k^{syst} 设定为 ±1，从“名义”分布恢复“重新标度”的分布。

对于非线性的参数化，必须考虑更复杂的方法，例如**样板变形术**(template morphing)[11]。文献[12]给出了对于泊松过程的系统不确定性的有兴趣的讨论。

例 10.3　系统不确定性和冗余参数。假定我们所研究的课题是一本底已知的双 μ 事例样本中某一特定过程的信号强度。由于蒙特卡洛样本统计量的限制，该过程的探测效率只知道到一定的水平，并将它处理为一个冗余参数。图 10.2(a)显示了在“有/无”不确定性条件下分析得到的后验概率密度函数(pdf)：当存在冗余参数时，信号强度的不确定性比较大(加上不确定性后，pdf 的标准差从 11 增加到 21)；均值从 59 移动到 72。图 10.2(b)显示了信号强度与冗余参数之间的关联性。图中实线表示包含后验概率 68%的最小区间。如预期的那样，所分析的数据集对于信号强度和冗余参数都有影响。

10.4.5　拟合导致的系统不确定性

拟合过程自身也存在若干系统不确定性。其中包括统计涨落和/或样板平滑化导致的偏差，如果可能的信号只是在分布的尾部被发现，本底样本的平滑化导致的偏差就会成为一个问题。在产生相应的蒙特卡洛样本的时候，应当记住这一点。

如果描述分布的模型很差,这又会是一个问题。这种很差的模型可能来自理论的系统不确定性(参见第 9 章的讨论)、很差的探测器模型或被忽略掉的本底过程。拟合优度检验(参见 3.8 节)可能(但不一定)对这些效应敏感。

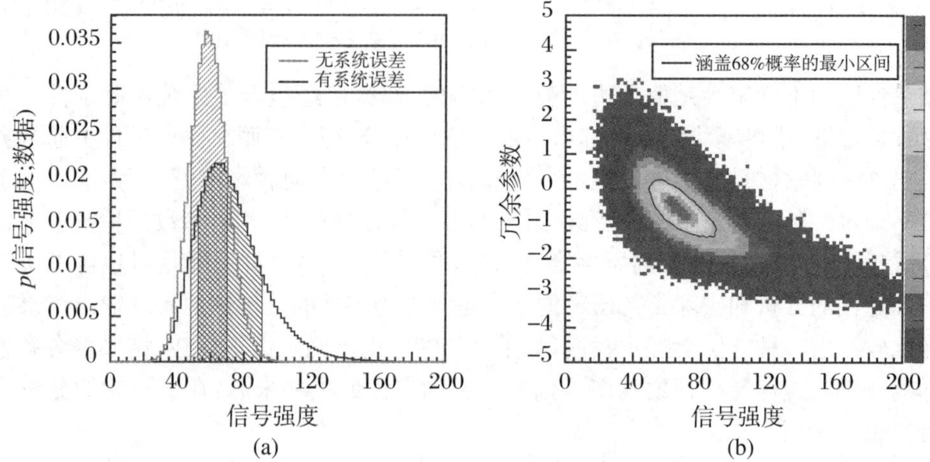

图 10.2　(a) 效率"有/无"系统不确定性情形下的后验概率密度。阴影区表示包含 68%概率的中心区间。(b) 信号强度与冗余参数之间的关联。实线表示涵盖 68%后验概率的最小区间

另一个经常讨论到的问题是所研究的变量的子区间宽度的选择。一方面,子区间宽度应当足够大,使得每一子区间中的统计涨落足够小;另一方面,子区间宽度应当足够小,使得整体分布的结构能够很好地确定,这将有助于鉴别不同的过程。最优的子区间宽度可以利用总体检验来发现,例如用期望灵敏度或总的不确定性表示的品质因数可以利用不同的子区间宽度所产生的总体来进行计算,然后选择其中最优的结果(详见 10.5 节)。根据 10.6 节关于实验者自身偏差的讨论,这种优化应当在查看实验数据**之前**进行。

10.4.6　备选的拟合方法和参数的选择

式(10.21)定义的似然函数有若干备选方案可用于样板拟合。如果泊松分布用高斯分布替代,则可得到经典的 χ^2 表达式。标准差通常选择为期望事例数或观测事例数的平方根(参见 2.5.4 节中皮尔逊[13]和奈曼[14]关于 χ^2 定义的讨论)。应当注意,如果有一个(及一个以上)子区间中的事例很少,则不推荐这样做,因为观测事例数的高斯分布假设(至少在该子区间)不适用。

在某些情形下,选择不同于期望事例数的一组变量作为参数看起来更为自然,例如研究不同子过程的相对贡献率就属于这种情形。我们可以选择所有过程贡献的总和 ν 以及各子过程的相对贡献率 f_j 作为参数。注意,考虑到整体归一化,只

有 $N^{\mathrm{p}}-1$ 个相对贡献率是自由参数。定义似然函数和选择拟合参数的时候必须小心。如果整体归一化和 $N^{\mathrm{p}}-1$ 个相对贡献率的先验概率假设为平分布，那么余下的那一项相对贡献率的概率分布需要利用误差传递公式计算，且不是平分布，这可能会引入偏差。

10.4.7　推广到多反应道和多维样板

前面描述的方法很容易推广到多个反应道同时拟合的情形。一个实例是在双电子谱和双 μ 子谱中同时搜寻共振态。一般而言，我们可以将这两项测量联合起来以提高整体灵敏度。如果这两个反应道不相关联，这种联合可以通过式(10.21)的似然函数相乘来实现：

$$p(\boldsymbol{n};\boldsymbol{\nu}^{\mathrm{p}}) = \prod_{i=1}^{N_{\mathrm{bins}}}\prod_{j=1}^{N_{\mathrm{ch}}} \frac{\nu_{ij}^{n_{ij}}}{n_{ij}!}\cdot \mathrm{e}^{-\nu_{ij}}, \tag{10.28}$$

式中 N_{ch}是反应道的数目，所有带下标 ij 的量表示子区间 i、反应道 j 的贡献。

样板方法也容易推广到多维分布的拟合。在这种情形下，式(10.21)中的指标 i 表示的是多维子区间。

10.5　总体检验

我们常常对于一个未来的实验会有什么样的结果产生兴趣。作为例子，我们可能希望估计未来的对撞机实验探测超对称粒子的灵敏度或测量某个粒子质量的预期精度。在实验的设计阶段，在不同的探测器技术的选择中，这类分析非常重要。由于某一种分析方法(例如第 2 章描述的最小方差界)并不总是可行的，在进行这类估计时通常采用数值方法。我们也可能希望将一个已经完成的实验的结果与其预期结果进行对比，并根据某个检验统计量的分布计算 p 值，以判断某个模型的有效性(参见第 3 章的讨论)。

上面提及的问题可以通过**总体检验**(ensemble test)来加以研究，所谓的总体检验即通过一个实验在相同的条件下重复进行多次模拟并分析这些模拟的结果。该过程由三步构成：

- 第一步：所研究的实验用统计模型 M 来表示。给定模型 $p(\boldsymbol{x};\boldsymbol{\theta},M)$的一组参数$\boldsymbol{\theta}$，该模型预期可能的数据输出为 $\boldsymbol{x}$。这里 $p(\boldsymbol{x};\boldsymbol{\theta},M)$的表达式与第 1 章定义的似然函数相同。

- 第二步：建立总体。所谓**总体**，指的是在相同条件下重复进行实验所获得的数据 $\boldsymbol{x}$ 的一组可能结果。这些结果也称为**赝数据**，因为它们是由虚拟的实验产生的。一个总体可能表示为一个数、一组模拟事例，或某个物理量的一个分布。在建立总体的时候,涵盖全部可获得的相空间是极其重要的。如果不是这样,那么根据总体检验得出的结论可能是有偏差的。

• 第三步:对所有的赝数据进行分析。接下来的一切,对这些赝数据的分析如同对真实数据的分析完全一样。在大多数情形下,不论是简单的还是复杂的观测量,都计算出根据它们导出的物理量,例如观测事例数、某种粒子的不变质量的估计或者截面与分支比乘积的一个限值。为简单起见,假定每一次虚拟实验的结果是一个数,大量虚拟实验的结果用 o 来标记,通常表示为一个直方图。这些频率分布 $\hat{f}(o)$ 是相应的概率密度函数 $f(o)$ 的一种估计。于是,它们可以用来直接计算期望值、方差和其他描述性的变量,或者在对该分布与真实实验数据进行对比时用来计算 p 值。典型的应用是检查一个估计量的偏差及其预期精度。

总体检验能够告诉我们什么?如果我们能够在相同条件下对实验进行多次的重复,则总体检验能够给出我们所获得结果的期望值。这与频率统计下的概率(密度)的定义直接相关。但是需要注意,总体检验不能用于实验数据直接估计参数①。此外,值得一提的是,不论是频率统计还是贝叶斯统计,都可以进行总体检验。

10.5.1 总体的生成

总体由什么构成?在简单的例子中,频率分布可以进行解析计算。一个实际的对撞机实验的建模通常极为困难,而通常利用的是由两部分组成的数值模拟程序:物理模型通过蒙特卡洛产生子实现,它所产生的是一组各类末态粒子构成的大量模拟事例。然后,这些粒子通过探测器并产生模拟径迹,继而模拟探测器的响应。根据这样一种模型,其预期值可以表示为

$$p(\boldsymbol{x};\boldsymbol{\theta},M) = \int \mathrm{d}\boldsymbol{y} p(\boldsymbol{x};\boldsymbol{y},\boldsymbol{\theta},M_{\mathrm{det}}) \cdot p(\boldsymbol{y};\boldsymbol{\theta},M_{\mathrm{phys}}), \tag{10.29}$$

式中 M_{det} 和 M_{phys} 分别是描述探测器和物理过程的模型。$\boldsymbol{y}$ 表示一组观测量的可能的(未知)“真值”。需要注意的是,参数 $\boldsymbol{\theta}$ 可以属于这两种模型中的任意一种。探测器参数通常作为冗余参数,在考虑系统不确定性时引入。归根到底,我们感兴趣的通常是物理模型的参数。这些模拟的结果代表了实际数据的一个完整的模型。

总体怎样建立?过程的模拟通常受 CPU 时间和存储空间的限制,所以只能模拟有限数量 N 的事例数。这些事例然后被分割为 M 个统计独立的总体,每个总体都包含 n 个事例。一个明显的缺点是,为了对于所服从的总体分布得出可信赖的描述,需要产生大量的模拟事例[15]。

① 译者注:总体检验基于多次重复的模拟给出参数估计量的分布,它告知我们的是一个真实实验的可能结果的概率分布,而不是实验结果本身。总体检验能够告知实验测得的参数值处于模拟确定的参数估计量分布的位置及对应的概率。

模拟事例的另一种分割方式如下:从蒙特卡洛样本的 N 个事例中随机地抽取 n 个事例构成一个总体。从一个有限样本中抽取若干个子样本的方法是所谓的**重抽样**,或称为**自举法**[16]。这里 n 可以是一个固定的数(即所有的总体具有的相同的事例数),也可以有上下的涨落,例如,可以固定运行时间或亮度。在后一种情形下,每个总体包含的事例数按照泊松分布变化。重要的是不要从蒙特卡洛样本中移去已经被抽到过的事例,即应当以**放回抽样**方式抽取事例以避免总体的成分发生偏差。如果 n 比 N 小很多,各个总体之间可以认为是相互独立的。相反,如果 n 与 N 具有同一量级,则各个总体之间相互不独立,因为一个特定的事例可能同时出现在若干个不同的总体之中,或者一个事例可能在一个总体中出现多次。这就会使得期望值和方差出现偏差。事实上,我们产生的蒙特卡洛样本总会包含若干个多次使用的观测(或期望)事例。当事例数 N 很大时,多次使用同样的事例所导致的偏差会消失。

在某些情形下,可以根据参数化公式来产生总体。例如,在计数实验这种简单情形下,如果探测效率已知,则不需要经过探测器的全模拟。不需要对每个总体(对应于亮度乘截面的某个确定值)中判选出的事例数进行计数,只需要以"效率×亮度×截面×分支比"作为期望值,按照泊松分布产生随机数就足够了。利用参数化的优点在于总体能够很容易产生,并且不受小统计量的限制。参数化必须足够好地描述数据所有的特征。参数化分布中呈现的特征,诸如小的突起或小的斜坡,不一定具有统计涨落的性质,而可能是来自参数化过程中没有考虑到的效应。因此,应当对模拟的分布与参数化的分布进行细致的对比。如果两者的一致性并不令人满意,应该设定与之对应的系统不确定性。

如果一个模型包含多个参数,在产生总体的时候这些参数应当取何种数值可能并不明确。如果这些参数(例如某种反应截面)是预期的或推断的,那么可以取固定值。相反,如果可以获得实验数据并用来推断参数,则可以利用参数的最优估计值。如果实验数据不可获得,那么在产生总体时,在贝叶斯推断的架构下,可以将参数按照其先验分布进行改变。在学术上,对于每一个总体按照先验概率设定一个权值是最好的方法。如果要检验不同的先验分布,这一权值应当相应地改变。这样,对先验概率求积分不仅仅给出了对于实验的模型描述,还给出了实验分析者对于该模型(及其相应的参数值)的信度。

10.5.2　总体检验的结果

总体检验的具体结果是什么? 总体检验能够用来检验一个估计量的性质,例如一致性、有效性和偏差。这种方法有时称为**闭合性检验**(closure test)。进行这类研究最适当的工具是**普尔分布**(pull distribution)以及估计量的线性 :对于利用参数值 θ_{gen} 产生的一组总体,**普尔量**(pull)定义为估计量 $\hat{\theta}$ 与 θ_{gen} 之差值除以估计

的不确定性 $\hat{\sigma}(\hat{\theta})$。对于具有高斯不确定性的估计量,预期普尔分布服从均值为0、标准差为1的高斯分布。如果均值偏离0,则估计量有偏。如果标准差偏离1,则估计量的方差与其统计涨落相比或者过小或者过大。不论是哪一种情况,重要的是需要研究导致这种行为的原因。值得注意的是,如果模型不是高斯型,普尔分布的预期形状很可能与高斯分布不同,详情可参见文献[17]。

对于估计量的**闭合性检验**或**线性检验**,可以利用不同的参数值 θ_{gen} 产生一组总体来计算估计量的期望值 $E(\hat{\theta})$。通常,该期望值标绘为 θ_{gen} 的函数,利用 $\hat{\theta}$ 均值的标准差作为不确定性。如果估计量无偏,对于一组数据点的拟合预期与一条截距为0、斜率为1的直线在误差范围内一致。对于这种行为的偏离应当进行研究和理解,并用来进行经验性的修正。对于这类标绘,需要着重注意,不同总体之间的关联可能导致预期结果的恶化。

例 10.4　估计量的性质。对两个不同估计量的性质进行了研究。图10.3(a)显示了均值估计量与 θ_{gen} 的函数关系。估计量1(圆点)无偏,而估计量2(方块)在大 θ_{gen} 处出现偏差。在实际分析中,这类偏差必须予以修正。图10.3(b)显示了 θ_{gen} 为相同定值情形下两个估计量的普尔分布。估计量1的普尔分布(黑线直方图)均值为 -0.02 ± 0.03,标准差是 0.98 ± 0.02,故估计量无偏且估计的统计涨落与在不同总体中观测到的统计涨落相一致。与此相反,估计量2的普尔分布均值为 0.50 ± 0.04,标准差是 1.22 ± 0.03,故估计量有显著的偏差,更严重的是,过低地估计了统计不确定性。

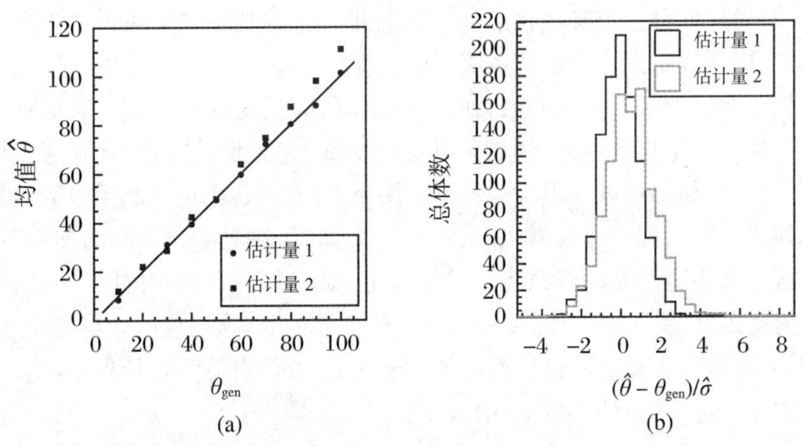

图 10.3　(a) 对于两个不同的估计量,均值估计量 $\hat{\theta}$ 与 θ_{gen} 的函数关系。图中画出了斜率为1、截距为0的直线。估计量1(圆点)无偏,估计量2(方块)在大 θ_{gen} 处出现偏差。(b) 两个估计量的普尔分布。估计量1的普尔分布(黑线直方图)均值为0,标准差为1;而估计量2的普尔分布(灰线直方图)均值大于0,标准差显著地大于1

当对参数进行推断时，通常希望对由数据得出的估计值 $\hat{\theta}(\boldsymbol{x}=\boldsymbol{D})$ 与可能结果的分布进行比较。这里 $\boldsymbol{x}$ 可以是任意的(赝)数据，$\boldsymbol{x}=\boldsymbol{D}$ 代表由真实实验获得的数据。分布通常用 $\theta=\hat{\theta}(\boldsymbol{D})$ 作为参数真值构建的总体通过计算求得，$\theta=\hat{\theta}(\boldsymbol{D})$ 是由真实数据找出的参数最优拟合值。对于零假设(即信号不存在)条件下产生的总体 $\boldsymbol{x}$，典型的分布包括估计量 $\hat{\theta}(\boldsymbol{x})$ 自身的分布、估计量不确定性 $\hat{\sigma}(\hat{\theta})$ 的分布，以及 θ 的限值(例如 90% 概率上限 $\hat{\theta}_{90}(\boldsymbol{x})$)的分布。通常，在这些分布中，由实验数据得出的值被特别指明。于是，可以将期望的分布与实验数据的结果通过肉眼或通过计算 p 值来进行比较。这将有助于判断估计量及其性质是否与预期的一致。如果情况不是如此，应当设法理解发生分歧的原因。这类偏离的一个例子是搜寻新粒子实验中观测到的限值与预期的限值之间出现显著的差异。这一差异可能提示了数据中存在模型产生的赝数据中没有模拟的贡献项。

例 10.5　搜寻新粒子。我们假定，某一理论预言了某个新粒子有一定的产生截面，该粒子衰变为两个 μ 子。构建了一个实验对这一理论进行检验，预期将有 10 个本底事例。在查看实验收集的数据之前，首先进行了总体检验：产生了只包含本底事例的赝数据集(依据期望事例数等于 10 的泊松分布随机抽取)，然后利用贝叶斯方法进行分析。对于所有的赝数据集，计算信号贡献 S 的限值，例如后验概率密度的 90%分位数，给出相应的直方图。图 10.4(a)显示了这样的一个分布。该分布的中位数(图中虚线所示)通常定义为**预期限值**(expected limit)。阴影带显示的是概率 68%中心区间，它表示不同总体限值的典型变化范围。在这个例子中，预期限值为$6.2^{+3.5}_{-1.6}$。然后，对于实验收集的数据(观测到的 14 个事例)重复相同的分析，根据图 10.4(b)所示的后验概率得出信号贡献的限值为 10.4 个事例。这一**观测限值**同样显示于图 10.4(a)(图中的竖直实线)，比本底假设的总体检验的预期略高。

当我们计划进行一项实验或分析的时候，对预期的统计精度进行估计通常非常有意义。与线性检验类似，我们通常会标绘出预期的不确定性 $E\left[\sqrt{\hat{V}(\hat{\theta})}\right]$，如果可能的话，标绘出不同实验条件(例如亮度、关于探测器性能的假设，或者参数 θ_{gen}的值)下参数 θ 的限值。通常将预期的系统不确定性和总的不确定性标绘在同一张图上，用来显示两者的相对重要性。通过比较不同估计量的分布以及这些分布的期望值，有助于找出其中最精确的估计量。对于限值而言，均值或中位数常常用来代表预期限值，标准差或一组适当的分位数则用来代表预期的涨落。文献[18] 给出了这类预期限值和总体检验的一个具体案例。

例 10.6　测量共振态的质量。我们假定，一个新建的对撞机发现了例 10.5 中搜寻的新粒子，现在需要测定它的质量。在发现该粒子之前，对于预期的不确定性与亮度的函数关系做了估计，如图 10.5(a)所示。阴影带指明了估计的不确定性。在这个例子中，(相当复杂的)质量估计量本身的期望值和不确定性的估计值无法解析地计算，因此代之以利用总体检验来加以估计。新对撞机收集了积分亮度等于 5 fb^{-1}的数据。图 10.5(b)显示了质量不确定性的可能观测值的分布及其中位数以及实际的观测值。看起来实验者很幸运,观测到的不确定性比预期值要小(不过两者的差别不至于令人担忧)。

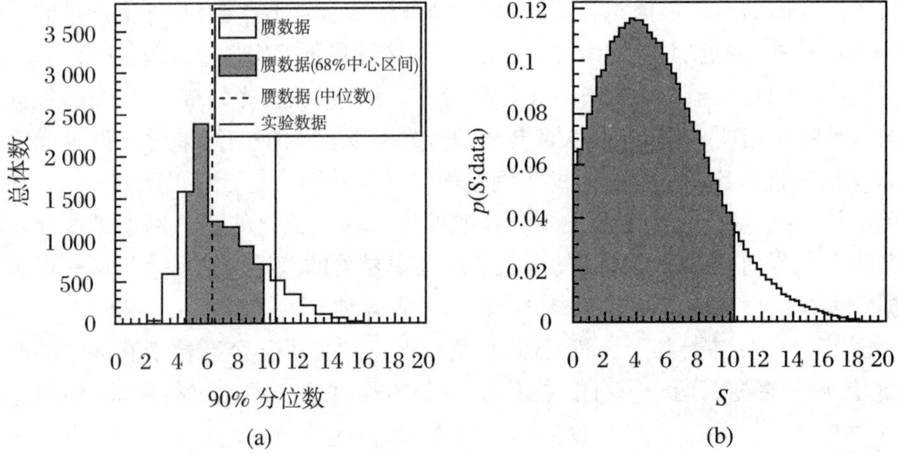

图 10.4　(a) 从 10 000 个赝数据集(只包含本底事例,期望值等于 10)求得的信号贡献 S 的 90%分位数的分布。信号的预期限值为$6.2^{+3.5}_{-1.6}$个事例。阴影带代表概率 68%中心区间,虚线指示的是中位数。观测限值用实线表示,且与预期值一致。(b) 对于 14 个观测事例,信号贡献 S 的后验概率 $p(S;\text{data})$。阴影带表示的区域包含 90%的后验概率,相应于 10.4 个事例

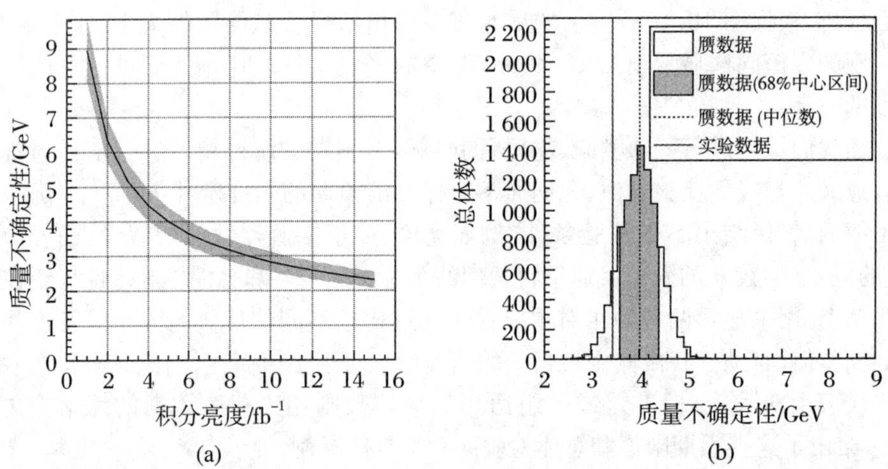

图 10.5　(a) 新粒子质量的预期不确定性与积分亮度的函数关系。阴影带表示预期值的统计不确定性。(b) 从 10 000 个总体求得的不确定性的分布,对应于积分亮度 5 fb^{-1}。阴影带表示 68%概率中心区间,虚线指示了中位数。观测到的不确定性用实线表示,在略大于 1 倍标准偏差范围内与预期值一致

总体检验的另一个重要的应用实例是系统不确定性的估计。一种可能的方法是对不同条件下产生的总体重新进行分析，例如利用不同的喷注能量标度，利用备选的信号模型，或利用不同的事例权值，等等。利用原先的和改变了的总体得到的估计量期望值之间的差异可以引证为(预期的)系统不确定性。

当对两个实验结果进行合并时，也可以利用总体检验来研究两个估计量之间的关联。如果两项分析所利用的两个数据集是统计地不相互独立的，例如，顶夸克产生截面的测量是分别利用有/无 b 标记的两个数据集进行分析的，则所得的结果是互相关联的。常用的合并方法如**最优线性无偏估计量**(BLUE)[19]将这一关联性作为输入量。对同一个赝数据集重复这两项分析，计算两个估计量的关联系数，可以作为这一关联性的估计。

10.6　实验者的偏见和实验数据的致盲

每一项测量的一个重要部分是统计和系统不确定性的评估。统计不确定性是由统计模型确定的，而系统不确定性则不那么容易认定并加以量化。第8章和第9章对于系统不确定性、如何规避或估计这种不确定性进行了详尽的讨论。本节则着重讨论一类独特的系统不确定性：由于实验者的先入偏见导致的**实验者偏差**。这类偏差(大多是无意的)可能是实验者知晓了结果或偏爱某一结果所引起的。例如，发表一项描述发现新现象的结果比设定一个限值对实验者的吸引力要大得多。与此相反，对一个测量得很好的物理量进行新的测量，如果所得的结果与世界平均值有明显的差别，则很可能不被直接发表。

规避实验者偏差的一种策略是进行**数据致盲**(或**数据隐蔽**)处理，或者对数据进行人为的更改。这种途径称为**盲分析**。不存在普适的盲分析方法，特定的盲分析方法的选择强烈地依赖于所分析问题本身的性质。

盲分析最为人所知的例子可能是医学科学中的药物测试。一种药物效果的测试通常是这样进行的：一组患者服用所测试的药物，另一组则服用安慰剂。如果患者不知道自己属于其中的哪一组，则称之为**单盲试验**。而在**双盲试验**中，不论是患者还是研究者，都不清楚所服用的到底是药物还是安慰剂。

本节描述数据致盲的几种方法，并列举了高能物理中盲分析的几个实例。

10.6.1　实验者的先入偏见

在高能物理中，可能遇到的实验者偏差的来源如下：

• 数据选择：截断值分析需要对截断值进行优化。如果这一优化是在数据进行了分析之后进行的，则这一过程注定可能引入实验者偏差。这类步骤可能包括直方图子区间的重新划分,它对结果的统计显著性会有明显的影响。

• 分析的交叉检验。

• 如果测量值与先前的实验结果相符或不相符,对系统不确定性进行省略或添加的处理。

• 对于不同的理论模型或计算方法持有偏见。

• 对某个实验的结果较之另一个实验的结果存有个人偏好或个人歧视。

下一节介绍高能物理中使用的、有助于规避这类偏差的几种不同的盲分析方法,并给出若干工作示例。

10.6.2　盲分析的不同形式

隐匿答案。最简单的,也许是最理想主义的盲分析方法是,在分析到达最后一步之前,不对结果进行计算。分析者还应当避免产生能够对最终结果进行预测的中间结果。**隐蔽信号区方法**是这类方法的特定典型。

隐蔽信号区方法。在稀有过程的搜寻实验中,信号应当出现的相空间区域可能是知道的。因此,对这一相空间区域(**信号区**)的数据可以致盲(即将这一区域的数据隐蔽起来)。分析方法的优化研究只利用模拟信号和本底样本,本底模拟的检验应当在无信号的边带区或控制区中进行。只有在分析流程完全冻结之后,才能打开信号区数据。

一个简单的例子是搜寻无中微子的双 β 衰变实验,如果中微子是它自身的反粒子,则预期能够发生这种稀有过程。在大多数这类搜寻实验中,衰变的 Q 值是已知量,预期出现的信号是在能谱中出现的一条单能谱线。因此,信号区可以定义为预期谱线的峰值周围的一个区域,其宽度等于探测器能量分辨率的数倍。

例如,XENON10 合作组[20]使用了隐蔽信号区方法。该实验的建立是为了搜寻**弱作用重粒子**(weakly interacting massive particles, WIMP),方法是同时测量 WIMP 与液氙中的原子核发生弹性散射所产生的闪烁光和电离。在实施分析之前,已经确定了一个二维的信号区,只有在分析流程确立之后才查看信号区的数据。

对于事先不知道信号位置的分析,隐蔽信号区方法不是一个选项,例如,在不变质量谱中寻找隆起的峰就属于这种情况。适用于这种情况的盲分析方法在下面描述。

将答案移位。在某些情形下,可以将问题的答案移动位置,从而使得数据的完全致盲没有必要,甚至没有可能。例如,精密测量就属于这类情形。在这种情形下,使数据的灵敏部分致盲的一种途径是,将所研究的参数的估计量位移一个分析者不知道的数值,即估计量加上一个常数偏置值。这一偏置值应当利用高斯伪随机数产生子和一个固定的随机数种子来产生,其中心值为 0,宽度接近于参数不确定性的估计值。这一方法容许利用数据来调整分析步骤。它也容许对结果没有去盲的两项独立的分析进行比较。

例 10.7　B^0 衰变中的 CP 破坏。这种方法的一个实例是 BABAR 合作组[21]测量 B^0 和 $\bar{B}^0$ 介子衰变到 CP 本征态的时间分布中的 CP 破坏不对称性，以及文献[22－23]的相关讨论。不对称性是根据 B^0 和 $\bar{B}^0$ 衰变率的差异与衰变时间 Δt 的函数关系来计算的。就其构建方法而言，Δt 也可能是负值，因为它定义为两个时间的差值，第一个时间是两个介子中衰变为 CP 本征态的那个 B 介子的衰变时间，第二个时间是另一个衰变为味标记态的 B 介子的衰变时间。当存在 CP 破坏时，B^0 和 $\bar{B}^0$ 衰变的 Δt 分布的中心不在 $\Delta t = 0$ 处，两者偏离 0 的距离近似相等，但符号相反。

在设计分析流程时，对 B^0 和 $\bar{B}^0$ 各自的衰变时间分布需要仔细研究，数据中可能的不对称性通过肉眼观察测得的两个 Δt 分布已经能够看出来。由于这可能引起我们不希望见到的实验分析者偏差，于是可以通过观测量 Δt 的以下更改来隐蔽不对称性：

$$\Delta t_{\text{blind}} = S_{\text{tag}} \cdot \Delta t_{\text{measured}} + x, \tag{10.30}$$

其中 S_{tag} 依据味标记可以取 $+1$ 或 -1。这一处理将两个分布中的一个分布反射到另一个分布上，从而显著地减小了测得的不对称性。在 B^0 和 $\bar{B}^0$ 各自的 Δt 分布中 CP 破坏的迹象通过增加一项偏置值 x 加以隐蔽，它使得 $\Delta t = 0$ 的标志移动到了一个任意的未知位置。

移除或添加部分数据。在某些数据分析中，信号的性质对于分析的优化起到至关重要的作用。上面介绍的盲分析方法在这种情况下无法工作。这时，对数据致盲的一种可能途径是添加或移除一部分数据。在 SNO 合作组对于太阳中微子通量的测量中，(对分析者保密的)一定比例的数据被移除[24]。以这样的方式，分析可以利用信号的信息来进行，而真实的结果(即最终的中微子事例计数)被隐蔽了起来。

10.7　习　　题

习题 10.1　估计量的性质。按照[0,1]区间均匀分布抽取一组 10 个随机数，共产生 100 000 组。在利用和不利用贝塞尔(Bessel)修正的条件下，估计均值(真值)和标准差(真值)。证明：为了求得标准差的无偏估计，需要用到贝塞尔修正。对于每组 100 个随机数，重复该习题，比较贝塞尔修正的效果。

习题 10.2　无中微子的双 β 衰变。无中微子的双 β($0\nu\beta\beta$)衰变是在中微子为其自身反粒子条件下预期会发生的一种稀有过程。它的实验信号是在两个末态电子总能量能谱中出现的一个尖峰。峰的位置是已知的,谱型通常是高斯型,宽度已知,一般比探测器能量分辨略大。因此,我们通常对出现绝大部分信号事例的一个固定的能量区域内的观测事例数进行计数。我们假定,一个假想的实验在该能量区域每个月预期观测到1.5个本底事例。

(a) 利用总体检验方法,计算一个月和五年观测期内信号过程的预期排除限值:总体在纯本底假设下建立,并假定观测事例数按泊松分布涨落。对于每一个总体,计算假设的信号过程的(贝叶斯)95% 概率限值,并确定这一限值的总体平均值、最可几值和标准差。

(b) 实验运行四年,观测到100个事例。计算假设的信号过程的95% 概率限的观测值。将观测事例数与本底事例数的分布进行比较。观测事例数是否与零假设(纯本底假设)一致? 计算 p 值。

(c) 假定预期本底的精度为10%,重新计算(b)的限值。以高斯先验概率的形式将这一不确定性在计数实验中加以考虑。信号与本底参数之间的关联性多大? 这一关联可以由二维后验概率进行估计。

习题 10.3 估计信号强度。现在我们想要估计上题中的信号强度。这可以利用信号和本底样板对数据进行拟合来求得。信号假定是均值为2 039 keV(^{76}Ge中 $0\nu\beta\beta$ 信号的位置)的高斯分布,标准差为5 keV,后者是锗探测器的典型能量分辨。本底假定是所分析的质量范围内的均匀分布,期望值是每月1.5个事例。同样,实验运行四年。各个5 keV子区间的观测事例数如表10.1所示。

表 10.1 各个 5 keV 子区间的观测事例数

子区间中心	2 014	2 019	2 024	2 029	2 034	2 039
事例数	2	7	5	11	3	5
子区间中心	2 044	2 049	2 054	2 059	2 064	
事例数	10	6	5	8	10	

假定本底不确定性为10%,试进行样板拟合。利用三种不同的似然函数进行拟合,并比较信号贡献的95%限值:

(a) 泊松分布的乘积,即 $L = \prod_i (\nu_i^{n_i}/n_i!)e^{-\nu_i}$。

(b) 最小二乘法,假定每个子区间事例数的不确定性为 $\sigma_i = \sqrt{\nu_i}$。

(c) 最小二乘法,假定每个子区间事例数的不确定性为 $\sigma_i = \sqrt{n_i}$。

参 考 文 献

[1] Straessner A, Schott M. A new tool for measuring detector performance in ATLAS [J]. J. Phys. Conf. Ser., 2010, 219: 032023.

[2] ATLAS Collab. Performance of the ATLAS muon trigger in 2011 [C]. ATLAS-CONF-2012-099, 2012.

[3] ATLAS Collab. Performance of the ATLAS electron and photon trigger in p-p collisions $\sqrt{s}=7$ TeV in 2011 [C]. ATLAS-CONF-2012-048, 2012.

[4] Casadei D. Estimating the selection efficiency [J]. JINST, 2012, 7: P08021.

[5] ATLAS Collab. Measurement of the charge asymmetry in top quark ppair production in p p collisions at $\sqrt{s}=7$ TeV using the ATLAS detector [C]. ATLAS-CONF-2011-106, 2011.

[6] Caldwell A, Kollar D, Kröinger K. BAT: The Bayesian Analysis Toolkit [J]. Comput. Phys. Commun., 2009, 180: 2197.

[7] Rosenblatt M. Remarks on some non-parametric estimates of a density function [J]. Ann. Math. Stat., 1956, 27: 832.

[8] Parzen E. On the estimation of a probability density function and mode [J]. Ann. Math. Stat., 1962, 33: 1065.

[9] Barlow R J, Beeston C. Fitting using finite Monte Carlo samples [J]. Comput. Phys. Commun., 1993, 77: 219-228. doi: 10. 1016/0010-4655 (93)90005-W.

[10] Brun R, Rademakers F. ROOT: An object oriented data analysis framework [J]. Nucl. Instrum. Methods A, 1997, 389: 81.

[11] Read A L. Linear interpolation of histograms [J]. Nucl. Instrum. Methods A, 1999, 425: 357.

[12] Conway J S. Incorporating nuisance parameters inlikelihoods for multisource spectra [Z]. arXiv: 1103. 0354, 2011.

[13] Pearson K. On the criterion that a given system of deviations from the probable in the case of a correlated system of variables is such that it can be reasonably supposed to have arised from random sampling [J]. Philos. Mag., 1900, 50: 157.

[14] Neyman J. Contribution to the Theory of the χ^2 Test [M]. Proc. Berkeley Symp. Math. Stat. Probab. Berkeley and Los Angeles: University of

California Press, 1949: 29.

[15] Barlow R. Application of the Bootstrap resampling technique to particle physics experiments [Z]. Manchester Part. Phys., MAN/HEP/99/4, 2000.

[16] Efron B. Bootstrap methods: Another look at the jackknife [J]. Ann. Stat., 1979, 7: 1.

[17] Lyons L, Demortier L. Everything you always wanted to know about pulls [Z]. CDF Note-5776, 2002.

[18] Caldwell A, Kröinger K. Signal discovery in sparse spectra: A Bayesian analysis [J]. Phys. Rev. D, 2006, 74: 092003.

[19] Lyons L, Gibaut D, Clifford P. How to combine correlated estimates of a single physical quantity [J]. Nucl. Instrum. Methods A, 1988, 270: 110.

[20] XENON Collab., Angle J, et al. First results from the XENON10 dark matter experiment at the Gran Sasso national laboratory [J]. Phys. Rev. Lett., 2008, 100: 021303.

[21] BABAR Collab., Aubert B, et al. Measurement of CP violating asymmetries in B^0 decays to CP eigenstates [J]. Phys. Rev. Lett., 2001, 86: 2515.

[22] Roodman A. Blind analysis in particle physics [C]. eConf, C030908, TUIT001, 2003.

[23] Klein J, Roodman A. Blind analysis in nuclear and particle physics [J]. Ann. Rev. Nucl. Part. Sci., 2005, 55: 141.

[24] SNO Collab., Aharmim B, et al. An independent measurement of the total active 8B solar neutrino flux using an array of ^{3}He proportional counters at the Sudbury neutrino observatory [J]. Phys. Rev. Lett., 2008, 101: 111301.

(撰稿人: Carsten Hensel, Kevin Kröninger)

第 11 章　分析演练

11.1　引　　言

本章的目的在于将前面各章阐述的分析理念应用于两个简单、半现实的分析案例：**寻找**一个假设的粒子，一旦粒子的存在得以确立，则对其性质进行**测量**。尽管对于分析进行了简化，但它提供了处理诸多统计问题的基本框架，并对前面各章讨论的较为复杂的概念提供了参照。我们希望，本章的讨论和习题能够有助于领会你的物理学家同行报告他们的测量结果时用到的统计学基本原理。

由于阅读关于统计学的知识不能替代具体案例的计算，因此每一章后面都附加了一组习题。它们通过对于正文中结果的重演来阐述基本原理，同时让你深入思考某些更复杂的问题。尽管高能物理中使用的大多数建模和统计学工具在 ROOT 分析程序包(特别是 ROOTFIT[1] 和 ROOSTATS[2])中已经编程，这里使用的例子是基于 ROOT 的宏指令。进行具体的编程工作使你能够领会 ROOFIT 的快速和功能的多样性。

11.2　寻找 Z' 玻色子到 μ 子的衰变

由**标准模型**(standard model, SM)的若干种扩展理论预期了一种新的规范群的存在[3]。这里呈现的分析的目的在于，通过数据的双 μ 不变质量 $m_{\mu^+\mu^-}$ 谱中寻找叠加在 SM 本底之上的 $Z'\to\mu^+\mu^-$ 共振来确定与之关联的规范玻色子的存在。为此目的，我们模拟产生了 SM 本底(略去 Z 玻色子的峰)加上不同质量的 Z' 信号的多个(赝)数据集①。与希格斯玻色子的情况类似，虽然 Z' 的质量未知，但它的产生截面与其质量的函数关系是知道的。我们在文中称这一截面为 Z' 的**名义截面** σ_{nom}。我们假定，Z' 玻色子的本征宽度与实验分辨相比是一个小量。图 11.1 中显示了假设 1 fb^{-1} 积分亮度情形下的模拟本底和三种不同 Z' 质量的模拟信号。除了

---

① 直方图可在文件 DataSample_search. root 中查到。

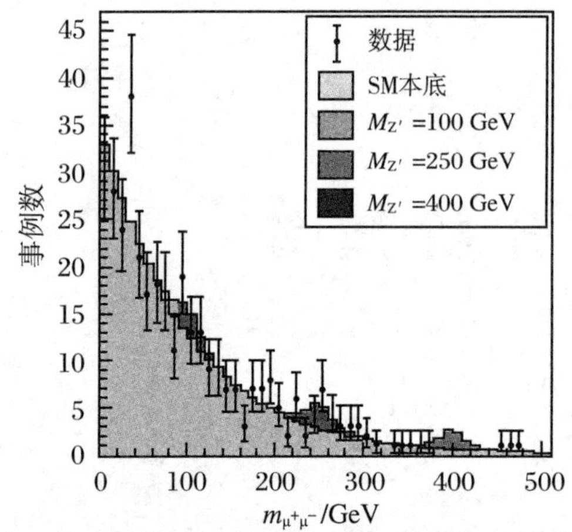

图 11.1　SM 过程和 100,250,400 GeV 的 Z′质量的假想信号的双 μ 不变质量谱分布

质量信息之外,当然事例附有其他特征(例如角度信息),后者将在 11.3 节和习题中进行研究。

下面各节将讨论如下的问题:怎样定量地确定数据与 SM(“纯本底”或“纯 b”)和 SM + Z′(“信号加本底”或“s + b”)假设的匹配程度?怎样才能对于可能存在的信号的探测灵敏度进行优化?我们怎样来诠释250 GeV处的事例数超出?我们能否排除其他质量 Z′存在的假设?怎样来概括这一搜寻实验的结果?

11.2.1　计数实验

如果数据中存在 250 GeV Z′玻色子信号,则可以预期在双 μ 不变质量谱 250 GeV 附近会出现事例数超出。作为第一步,我们假定这一质量是一个已知值,对它周围的一个质量窗内的事例进行计数。

11.2.1.1　探测灵敏度的定量化:*p* 值和显著性

判断观测事例数与纯本底假设预期值之间差异的一种测度是 *p* 值。它是在假定只有 SM 过程贡献的情形下,数据中观测到事例数为 n_{obs}的概率。在本底预期值 b 完全确定的计数实验中,p 值由下式给定:

$$p = \sum_{n = n_{\text{obs}}}^{\infty} f(n;b), \tag{11.1}$$

其中 $f(n;b)$是第 1 章中阐述过的泊松分布。习惯的做法是将 p 值转换为与标准高斯函数对应的**观测显著性** Z①:

$$\int_{Z}^{\infty} \frac{1}{\sqrt{2\pi}} e^{-t^2/2} dt = p。 \tag{11.2}$$

观测显著性以标准差 σ 为单位来表示,即高斯函数标准差 σ 的倍数。**期望显著性**,或者说信号与纯本底假设期望值之间的预期偏离值,定义为 s + b 假设下期望事例数的中位数所对应的显著性。可以利用这样一个数值来表示实验分辨两种假设的能力。作为例子,图 11.2(a)显示了期望事例数和观测事例数与双 μ 不变质量的

① 观测显著性的定义可能是单侧的或双侧的,即可能有时涉及一个数值为 2 的因子。这一点不易觉察,但当对不同的结果进行比较时,这一点很重要。这里,我们搜寻对于期望值的超出的例子中使用的是单侧的定义。

函数关系。在围绕 250 GeV 的 50 GeV 质量窗(用两条竖直虚线标出)内,预期平均各有 14.71 个本底事例和 7.84 个信号事例;观测到的数据有 25 个。下一步,利用纯本底假设和 s+b 假设的期望事例数产生**赝数据**(第 10 章中已经对赝数据和总体检验的概念做了诠释)。图 11.2(b)显示了这两种假设对应的事例数分布。s+b 假设的事例数的中位数是 22.55;这对应于 p 值等于 0.027 1(图中用阴影区标出),它转换成期望显著性为 1.92σ。

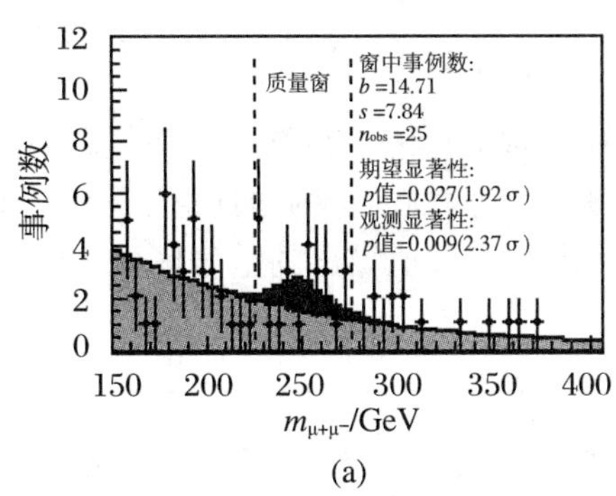

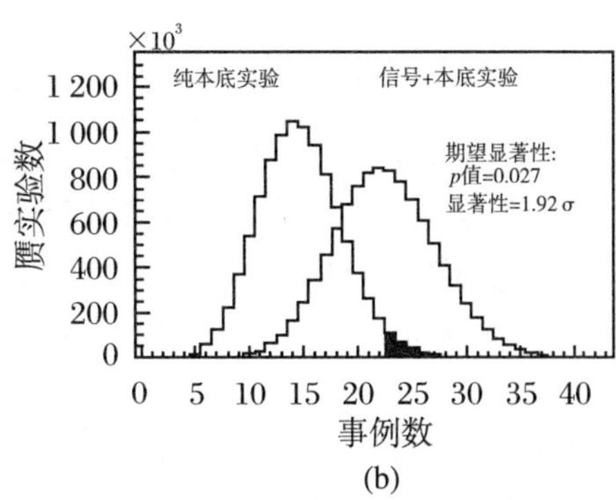

图 11.2　(a) 双 μ 不变质量分布。两条虚线标识了围绕 250 GeV 的质量窗。图中的文字列出了质量窗中期望事例数和观测事例数。(b) 根据赝数据导出的纯本底假设(实线)和 s+b 假设(虚线)的事例数分布。还给出了期望显著性的图形表示

如果信号存在,实验观测到的显著性将围绕这一中位数的数值而涨落。在我们的数据样本中,观测到 25 个事例,大于 250 GeV 处存在 Z′玻色子信号的预期值。由于这一涨落,观测显著性为 2.37σ,略高于期望显著性[①]。

11.2.1.2　质量窗的优化

在上述例子中,围绕 250 GeV Z′质量的 50 GeV 质量窗的选择带有任意性。利用信号和本底事例数的期望值,我们可以寻求使期望显著性得到优化的质量窗。质量窗大小的选择应当使得信号效率和本底排除率达到最优的平衡。这一最优质量窗取决于本底不确定性、亮度等因素。这里需要着重指出,最优质量窗应当在查看数据**之前**根据期望值确定并固定下来(参见 10.6 节的讨论)。习题 11.1 列举了寻找最优质量窗相关的若干问题。

11.2.1.3　利用边带区数据估计本底

预期的 Z′信号叠加在大的 SM 本底之上,SM 本底可以利用**蒙特卡洛**(MC)事例产生子来估计。但是,更可取的可能是根据数据自身来提取本底的估计,特别是

① 在计数实验中,给定本底期望值 b 和信号期望值 s,当观测事例数为 n_{obs} 时,观测显著性的估计值由 $Z=\sqrt{2n_{\mathrm{obs}}\ln(1+s/b)-2s}$ 给出。期望显著性则可将其中的 n_{obs} 代之以 $s+b$ 来计算("Asimov 数据值")。

模拟的不确定性很大或模拟不能足够好地描述数据的情形下更是如此。在我们的例子中,我们假定对于 SM 本底的形状有相当好的了解,但我们利用无信号区域($100<m_{\mu^+\mu^-}<200$(GeV)和 $300<m_{\mu^+\mu^-}<400$(GeV),参见图 11.3(a))的数据来估计其归一化因子。在我们的模型中,SM 贡献相对于 MC 期望值的比例因子用 α_{bgr} 表示。与此类似,信号的比例因子用 μ_{s} 表示。现在,如果我们信赖本底的形状,则通过边带区各子区间内观察事例数似然函数的极大化,我们可以求得 α_{bgr} 的估计值:

$$L(\mu_{\mathrm{s}},\alpha_{\mathrm{bgr}})=\prod_{\mathrm{bins}\ i}f(n_i;\alpha_{\mathrm{bgr}}b_i+\mu_{\mathrm{s}}s_i),\quad \mu_{\mathrm{s}}=0, \tag{11.3}$$

其中 f 是泊松分布,b_i 和 s_i 分别是子区间 i 中本底和信号事例数的期望值。利用式(11.3)边带区数据拟合的结果示于图 11.3(b)。比例因子的估计值 $\hat{\alpha}_{\mathrm{bgr}}=0.99\pm0.10$ 表明数据与预期值有很好的一致性。由这一数值导出的信号区内本底事例数期望值的估计为 $\hat{b}=14.50\pm1.53$。

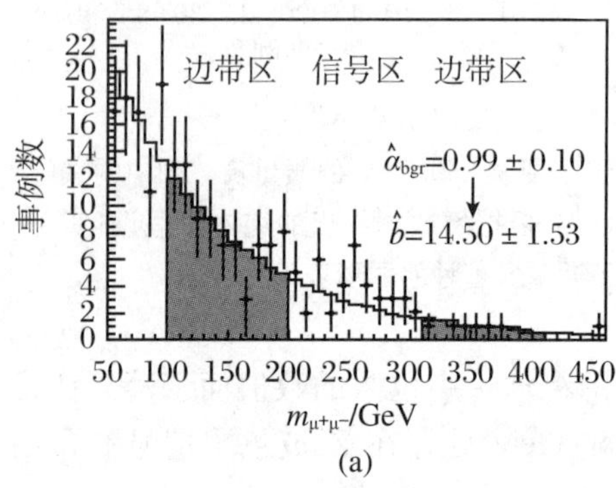

(a)

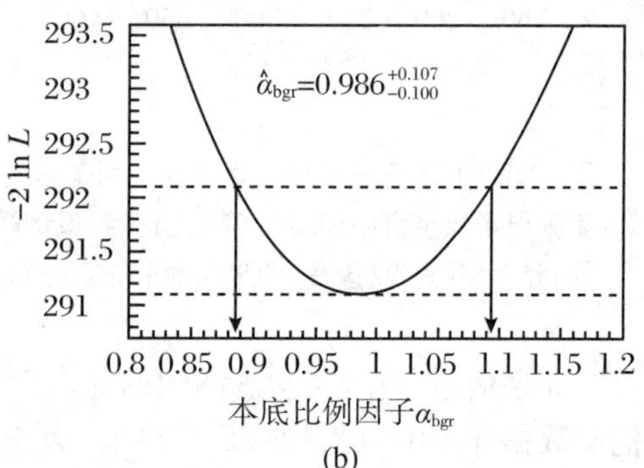

(b)

图 11.3　(a) 信号和边带区的双 μ 不变质量谱。(b) 似然函数极小值附近的 $-2\ln L$ 函数;还给出了 α_{bgr} 的估计值及其不确定性

本底事例数期望值的不确定性,与任意其他(系统)不确定性一样,都会转化为纯本底假设与 s+b 假设的分辨能力的下降。在我们的计数实验中,这两种假设下事例数的分布都服从泊松分布(如图 11.2(b)所示),但现在需要与高斯分布求卷积以将本底估计 10%的不确定性计算在内。现在,利用本底估计 $\hat{b}$ 计算得到的期望显著性和观测显著性分别下降为 1.63σ 和 2.24σ。

本底比例因子 α_{bgr} 的拟合结果非常接近于期望值 1,虽然统计不确定性比较大,但这一事实引起了有意义的讨论:应当搞清楚仅仅利用这种拟合结果是不是一种"明智的检验",还是应当信赖蒙特卡洛模拟的结果。数据驱动的本底估计的策略可以在第 10 章中找到。

真实案例的考虑。在真实的案例中,通常需要考虑更多的因素。其中之一是找出相空间的一个区域,其中只包含某个特定本底来源的事例,因而使得估计值可以转换为信号区内的本底事例数。此外,如果边带区并不是完全不含有信号事例,则估计值有偏。极为重要的是，这类偏差必须得到理解和控制（参见习题 11.2）。为了处理这一要求，我们将在 11.2.2 节进行信号区和边带区的同时拟合。

11.2.1.4 双 μ 质量区全量程扫描：look-elsewhere effect

当在一个质量区的某处寻找一个假想共振态的事例数超出时，最大的观测显著性必须修正：当对一个宽的质量区进行扫描时，必须考虑到不存在信号情形下由于观测事例数的正向随机涨落导致事例数超出的可能性。这就是所谓的 **look-elsewhere effect**。修正量可能是明显的，当引用观测显著性的数据时必须将它计算在内。文献［4］和本书 3.5.4 节对该效应进行了进一步的讨论。习题 11.1 试图让你对这一效应有一点体会。

11.2.2 侧向轮廓化似然比分析

在双 μ 质量谱中本底和信号有不同的形状（分别为下降的指数分布和共振曲线），我们可以利用这一知识来构建检验统计量，与质量窗内进行事例计数相比，该检验统计量有更强的功能。还可以通过类似的方式来利用质量信息以外的其他事例特征的差异，这将能够提高分辨本领。第 5 章和习题中讨论了信息组合的一般性方法。

11.2.2.1 侧向轮廓化似然函数检验统计量

检验统计量 t 在搜寻实验中起着关键性的作用。t 是数据的一个函数，它用单个数值来表征一个完整的数据集。对于一个给定的假设 H，t 的分布表示为 $g(t;H)$，它可以利用总体检验求得。在上一节中，检验统计量就是质量窗中的事例数。对于搜寻实验，$g(t;H)$ 的构建应当使得 $g(t;b)$ 与 $g(t;s+b)$ 的分布达到最大程度的分离。检验统计量也可以是多变量分析工具如决策树林法或人工神经网络的输出量（参见第 5 章）。这类分析工具原则上对于分辨不同的假设具有更强的能力，因为它们同时利用了更多的事例特征。在本节中，我们将利用双 μ 质量信息来定义称为**侧向轮廓化似然比**的检验统计量（参见 3.2 节），这里它定义为两种假设，即 s+b 假设和纯本底假设的似然函数的比值（不过下述内容对其他任意检验统计量都适用）：

$$t = -2\ln Q, \quad Q = \frac{L(\mu_s = 1, \hat{\hat{\alpha}}_{bgr(\mu_s=1)})}{L(\mu_s = 0, \hat{\hat{\alpha}}_{bsr(\mu_s=0)})}, \tag{11.4}$$

其中似然函数 L 见式(11.3)的定义，拟合的质量区包含了信号区和边带区：$100 < m_{\mu^+\mu^-} < 600$(GeV)。量 Q 称为侧向轮廓化似然比，它的含义是，对于 μ_s 的可能的两个数值（$\mu_s = 0,1$），对冗余参数 α_{bgr} 进行拟合并找出使似然函数达到极大的值 $\hat{\hat{\alpha}}_{bgr(\mu=\mu_s)}$。图 11.4 显示了 α_{bgr}-μ_s 平面上的似然函数等值轮廓，标出了似然函数的

全域极大以及信号比例因子 $\mu_s=0$ 和 $\mu_s=1$ 两种不同条件下的结果①。

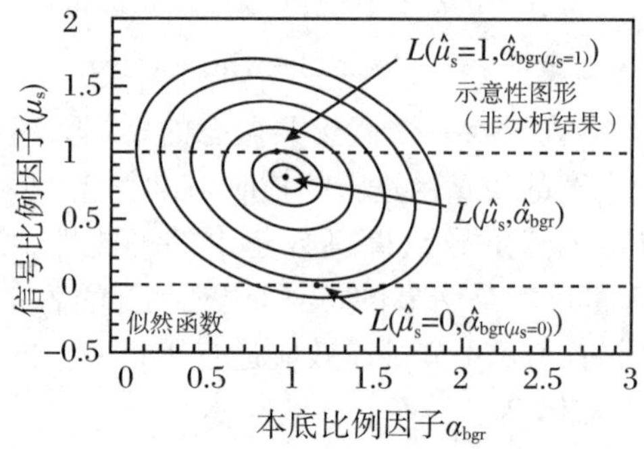

图 11.4　对于赝数据的拟合求得的极大值附近的似然函数等值轮廓。标出了 $\mu_s=0,1$两种不同条件下最可能的 α_{bgr}值以及似然函数的全域极大

值得注意的是,虽然本底比例因子 α_{bgr}在拟合中是一个自由参数,但通常的做法是将冗余参数的不确定性加入似然函数之中。不确定性的典型模型是高斯分布。

11.2.2.2　纯本底假设和信号+本底假设下检验统计量分布的性质

用来产生纯本底假设和 s+b 假设下检验统计量分布的赝数据集是利用图 11.1 所示的双 μ 质量样板通过事例的随机抽样获得的。每一个赝数据集中的事例数按泊松分布抽样确定。对于每一个赝数据样本,泊松分布的期望值是考虑了所有的不确定性之后分别确定的;在我们的例子中,考虑的是本底归一化因子的不确定性。在这一个阶段,也可以考虑更复杂(相互关联)的系统不确定性。在任何分析流程的性能评估中,赝数据集的产生是一个重要的因素。10.5 节对此进行了详尽的讨论,与我们的特定问题相关的一个真实案例则在习题 11.2 中作为一个部分加以陈述。

置信水平。为了评估一个数据集与某一特定假设的相容程度,需要计算观测到所求得的检验统计量数值的概率,或者更极端的是,认定所检验的假设为真的概率。图 11.5 显示了利用大量赝数据集产生的、纯本底假设和 s+b 假设的检验统计量的分布。该图还显示了数据所测量到的检验统计量数值 t_{obs}。t_{obs}与这两种假设的相容程度用两个**置信水平** $1-CL_b$ 和 CL_{s+b}定量地表示,它们的定义如下:

• $1-CL_b=\int_{-\infty}^{t_{obs}} g(t;b)\mathrm{d}t$ (本底 p 值):它是纯本底假设为真条件下,检验统计量 t 小于或等于观测检验统计量 t_{obs}的概率(更像是信号)。值得注意的是,这

① 在 LHC 的许多分析中,利用的是式(11.4)定义的检验统计量的变种,它们涉及 $L(\hat{\mu}_s,\hat{\alpha}_{bgr})$,即似然函数对于所有模型参数 μ_s 和 α_{bgr}的全域极大[5]。

就是11.2.1.1节中定义的 p 值①。

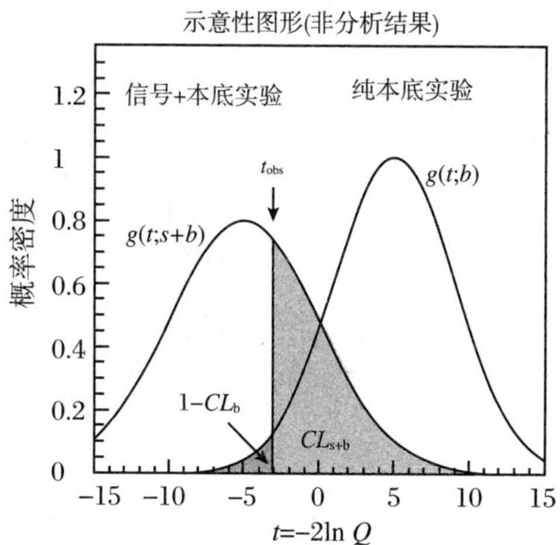

图11.5 纯本底假设(实线)和s+b假设(点线)检验统计量分布的图示，置信水平用来定量地表示观测值 t_{obs} 与这两种假设的相容程度

• $CL_{s+b} = \int_{t_{obs}}^{\infty} g(t;s+b)\mathrm{d}t$：它是s+b假设为真条件下，检验统计量 t 大于或等于观测检验统计量 t_{obs} 的概率(更像是本底)。

信号的期望显著性。对于我们在250 GeV的分析，通过研究两种不同假设(纯本底假设和s+b假设)的大量赝实验的分布(参见图11.6)，现在我们能够确定期望的置信水平。如前所述，它们定义为与这两种假设检验统计量的**中位数**相关联的置信水平。

例如，250 GeV Z′信号的**期望显著性**可以根据中位数s+b实验的 p 值(或 $1-CL_b$)来计算。在中位数s+b实验的检验统计量数值处($t=-3.57$)，$1-CL_b$ 的数值为0.027，它转换成期望显著性的数值是 1.93σ。与此类似，中位数纯本底实验的检验统计量数值是 $t=3.49$，它转换成信号+本底假设的期望置信水平(CL_{s+b})的数值是0.034。这意味着，当信号不存在时，典型的实验数据将与s+b假设很不相容。即：只有3.4%的s+b实验能够产生数值 $t_{obs}\geqslant 3.49$ 的检验统计量。图11.6显示了中位数纯本底假设和中位数s+b假设的一些特征数值，它们也列在表11.1之中。

11.2.2.3 发现信号和排除信号的规则

在根据数据计算检验统计量 t_{obs} 之前，我们需要依据与测量相关联的置信水平来确定一组“规则”，以帮助我们决定是否接受或排除一个特定的假设。

---

① 这仅在s+b假设 t 分布的中位数小于纯本底假设 t 分布的中位数的情形下才是正确的。因此，在11.2.1节讨论的例子中，积分限是 $t_{obs}=n_{obs}$ 和 $+\infty$。

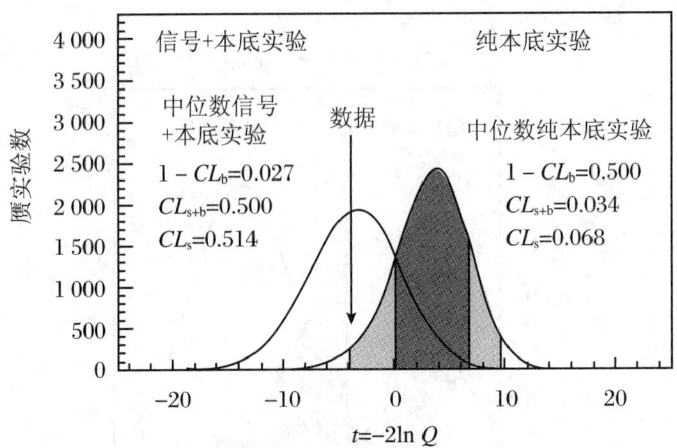

图 11.6　取自我们分析案例的大量纯本底(实线)和 s+b(点线)赝数据集的检验统计量分布。对于纯本底假设,1σ 和 2σ 区间分别用深色和浅色的阴影区表示。还标出了数据观测到的检验统计量,它接近于 s+b 实验的中位数期望值

表 11.1　中位数纯本底实验、中位数 $s+b$ 实验和实验数据的一些特征数值(置信水平和 CL_s 比值)

置信水平	中位数纯本底实验	中位数 s+b 实验	实验数据
$1-CL_b$	0.500	0.027	0.021
CL_{s+b}	0.034	0.500	0.542
CL_s	0.068	0.514	0.554

发现。要宣称发现了一个信号,必须要排除纯本底假设(前面提及的 SM)。因为我们需要十分确定观测到的效应不能被 SM 解释,高能物理通常的做法是,只有 p 值小于 5.73×10^{-7},即著名的"5σ 效应"①的情形下才能宣称有了一项发现。需要注意的是,11.2.1.4 节描述的 look-elsewhere effect 必须考虑在内。

排除。如果观测值与 s+b 假设的相容性很小,则可以排除信号假设。有若干种设限的方法,毫不夸张地说,这些方法在物理学家中引起了激烈的讨论(参见 4.6 节)。如果$CL_{s+b}<5\%$,则看起来很自然可以确定以 95%的置信水平排除信号的存在,但这一选择会导致某些不良的后果。在测量灵敏限附近,纯本底假设与 s+b 假设的检验统计量分布难以区分开来(因为信号很小或者分析方法不足以区分开信号和本底),数据(相对于纯本底假设期望值)向下的统计涨落会导致排除掉可能的信号,而分析方法对于这种效应不敏感。实验处理这一问题的常用解决方案是利用

① 注意这里的 p 值是双侧定义的,是搜寻实验中经常(但不总是)使用的一种约定。

所谓的CL_s方法来修正向下的统计涨落效应[6]，该方法认为，如果$CL_s<0.05$，则以95%置信水平排除信号的存在，这里$CL_s \equiv CL_{s+b}/CL_b$。需要注意的是，这里的$CL_s$不是经典意义下的置信水平，而是两种置信水平的比值，因此对于结果进行解释和与其他搜寻实验的结果进行比较时需要格外小心。另一种方式是利用所谓的**势约束限**(power-constrained limits，PCL)，在该方案中，若$CL_{s+b}<5\%$，则排除信号的存在，但如果存在明显的向下的涨落，则限值设定在更为保守的水平。

11.2.2.4　实验数据的结果

图11.6显示了纯本底假设(实线)和s+b假设(点线)的检验统计量分布，以及实验数据得到的结果。深色和浅色的阴影区分别表示纯本底假设的1σ和2σ涨落的区域(包含赝数据集68%和95%的事例)。测量只给出检验统计量的一个值t_{obs}，我们的例子中是$t=-3.99$。检验统计量这一数值的置信水平列于表11.1，表中同时给出了纯本底和s+b赝实验导出的置信水平。

虽然我们在数据中观测到事例数的超出($1-CL_b=0.021$，对应于2.03σ)，但超出的显著程度不足以排除纯本底假设。同样令人失望的是，我们也不能指望在这样的积分亮度下能够声称发现了信号，因为期望显著性$1-CL_b$只有0.027。由图11.6可以看到，数据的观测值与存在信号的假设相符，并且由于数据的CL_s大于0.05，我们不能排除信号假设。与处理一项发现的情形类似，在这样的积分亮度和信号截面下，我们无法指望能够排除这一信号，因为对于纯本底假设的期望CL_s值是0.068。观测到的数据超出与250 GeV Z′的预期相容，因此，有意义的做法是看一看利用更大的数据样本到底是能够排除信号，还是宣称发现了信号。

11.2.2.5　测试灵敏限：提高亮度和信号截面

利用我们获得的1 fb^{-1}数据集寻找250 GeV Z′粒子的结果是：既不能宣称发现了它，也不能排除它的存在。于是我们可以尝试看一看我们的分析方法的灵敏限在哪里，研究在多大的积分亮度下我们能够宣称发现了信号，以及我们能够排除多大的Z′信号截面。

提高亮度。当积分亮度增加到1 fb^{-1}以上时，两种假设的检验统计量分布之间的差别会变得更明显。图11.7(a)显示了积分亮度增加到原先值2倍时的分布。将我们的赝数据集的积分亮度人为地增加，我们可以研究Z′信号的期望显著性随着亮度变化的函数关系。这一函数关系示于图11.7(b)，它表明了，只有当数据集增加到当前值6倍时，我们才可指望能够宣称信号的发现。

提高信号截面。虽然利用当前的数据集我们不能排除Z′信号具有名义产生截面σ_{nom}这一假设，但我们可以确定我们**能够**排除的产生截面值。如果信号产生截面包含一个自由参数，那么这样的练习是非常有意义的。它还提供了另一种方式来概括实验的灵敏度和结果①。如果预期的信号截面 σ 增加,纯本底假设与 s+b 假设的区分就比较容易,这一点可以从图 11.8(a)得到佐证。该图显示了纯本底(实线)和 s+b(点线)假设下检验统计量的分布,这里信号截面增加到原先的 2 倍。进一步增加预期的信号截面,我们可以研究信号的 CL_s 比值对于 σ/σ_{nom} 的演化曲线,并确定在何种比例因子值下,中位数纯本底实验和实验数据的 CL_s 比值会下降到 0.05 以下。从图 11.8(b)我们看到,可以**预期**,$1.08\sigma_{nom}$ 的截面值将被排除。但是,由于我们在实验数据中看到了事例数的超出,所以我们只能排除大于或等于 $2.19\sigma_{nom}$ 的信号截面值。

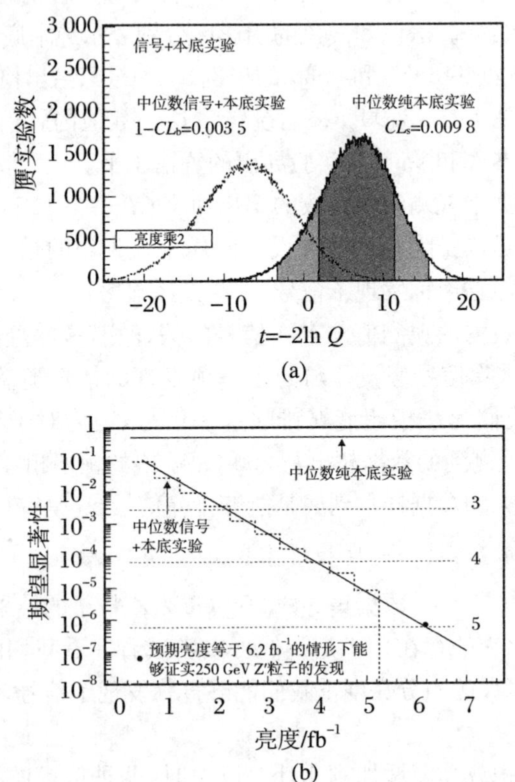

图 11.7　(a) 纯本底(实线)和 s+b(点线)假设下检验统计量的分布,积分亮度为前面例子中的 2 倍。对于纯本底假设,1σ 和 2σ 区间分别用深色和浅色的阴影区表示。(b) 期望显著性与积分亮度的函数关系

11.2.2.6　扫描质量区全量程

如前一节所述,在 $1\ \mathrm{fb}^{-1}$ 数据集的情形下,假定 $M_{Z'}=250$ GeV,则我们可以排除

① 例如,这一方法被用于概括 LEP,Tevatron 和 LHC 实验中寻找希格斯粒子的结果。

的期望和观测截面分别是 1.08 和 2.19(以名义截面 σ_{nom} 为单位)。但是,由于 Z′的质量是未知参数,我们瞄准寻找质量 250 GeV Z′的实例分析应当在 Z′质量的更宽阔的区域内进行扫描。为了避免遗漏掉信号,扫描的步长应当不大于质量分辨。

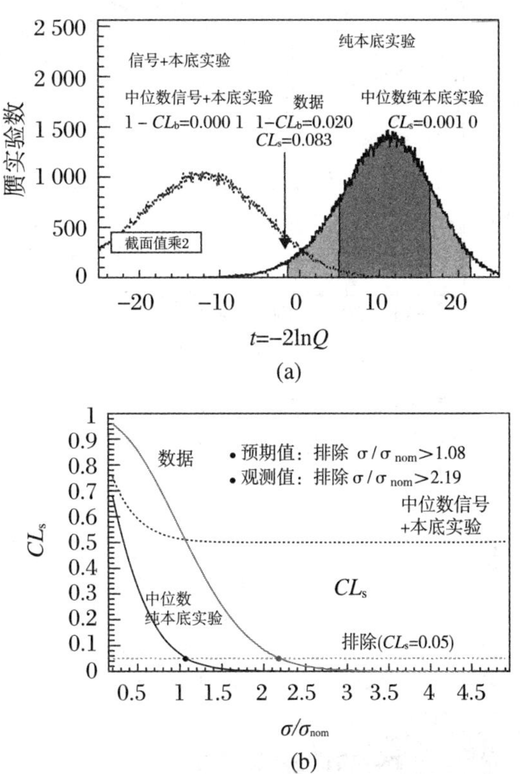

图 11.8　(a) 纯本底(实线)和 s+b(点线)假设下检验统计量的分布,信号截面增加到原先的 2 倍。对于纯本底假设,1σ 和 2σ 区间分别用深色和浅色的阴影区表示。注意,计算置信水平时,还考虑了 $-2\ln Q < -25$ 的赝实验(图中没有显示)。(b) 中位数纯本底实验、中位数 s+b 实验和实验数据的 CL_s 比对于 σ/σ_{nom} 的函数曲线

尽管我们保持乐观,但我们将首先来讨论发现的可能性,然后讨论排除 Z′质量和产生截面的可能性。

发现。图 11.9 显示了期望显著性与假设的 Z′质量之间的函数关系。实验数据中没有发现足够大的超出来宣称发现了任何质量的 Z′粒子($1 - CL_b < 5.73\times10^{-7}$)。观测到的最明显的超出在质量 260 GeV 处,甚至大于 260 GeV Z′粒子的期望值。

排除。类似于 $M_{Z'} = 250$ GeV 的情形,人为地增加 Z′信号的截面(以名义截面为单位),寻找 Z′粒子的观测(期望)结果可以表示为一个被排除的观测(期望)截面值。除了根据**中位数**纯本底实验求得的期望排除值之外,我们还可以计算本底 $\pm1\sigma$ 和 $\pm2\sigma$ 涨落(图 11.6 中深色和浅色阴影区的边界)的 CL_s 值。信号截面比

例因子值与$CL_s = 0.05$相交的这些特征点确定了图 11.10 中深色和浅色阴影区的边界。图 11.10 显示的是被排除的比例因子与$M_{Z'}$的函数关系。

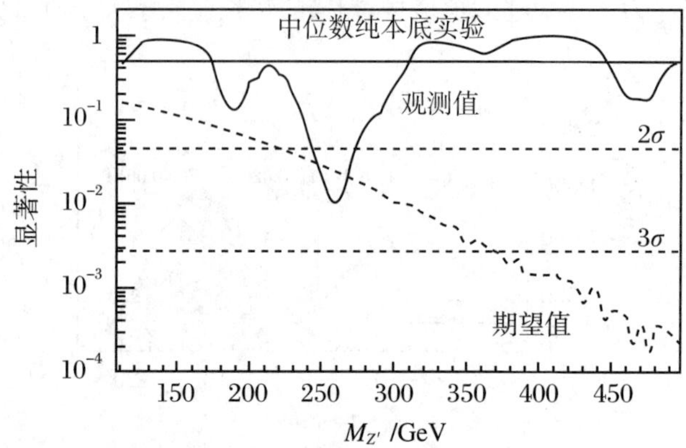

图 11.9　期望显著性和观测显著性与 Z′质量的函数关系。这里显示的局域 p 值没有对 look-elsewhere effect 做修正

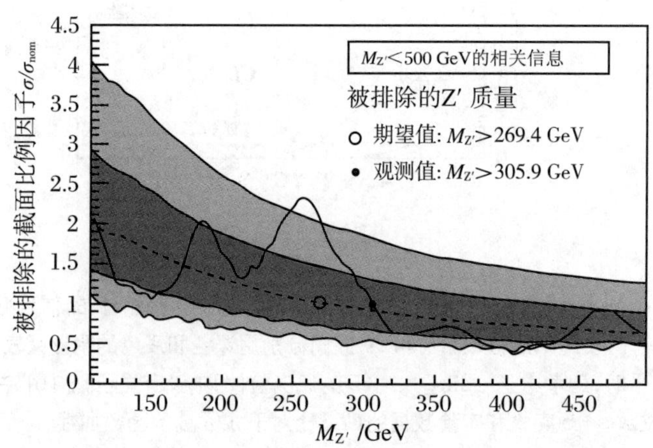

图 11.10　被排除的截面比例因子与 Z′质量的函数关系。点线(实线)表示被排除截面的期望(观测)值,深色带和浅色带表示本底的$\pm 1\sigma$和$\pm 2\sigma$涨落

在积分亮度 1 fb^{-1}的情形下,我们预期能够排除的质量区定义为如下的区间:中位数纯本底实验求得的被排除截面比例因子(σ/σ_{nom})小于或等于 1。在图 11.10中我们看到,这对应于 Z′质量大于或等于 269.4 GeV(图中用圆圈标出)。但是,由于实验数据观测到超出,被排除的质量区间明显变小(图中用黑圆点标出)。我们的测量可以概括为:如果 Z′存在且具有预期的产生截面,则以 95%置信水平排除 Z′质量位于 305.9 与 500 GeV 之间的区间。

11.3 测　　量

11.3.1 引言

一旦我们确认了信号的存在，我们就能够转而来研究如何确定它的性质。搜寻实验与测量性质的实验存在许多共同点：这两种实验中似然函数都具有决定性的作用。以下，我们将利用不分区的似然函数，它所用到的信息远远多于 μ 子对的不变质量。特别是，我们的事例特征并不仅仅用 μ 子对的不变质量来表征，还需要考虑不变质量的实验不确定性，对于各个事例，其不确定性可能有很大的差异。我们将利用这一信息来改善测量的精度。这里用到的实验数据与前一节用到的数据在另一方面也有差别：本节中我们假定，探测器接受度是事例质量的函数。这一点是用于事例收集时使用的触发判据的典型结果。因此，我们的数据集中没有质量很低的事例。同时，我们假定信号和本底的形状了解得很完美，但对于归一化因子则不清楚。图 11.11(a)显示了双 μ 质量的分布，以及信号和本底的概率密度函数(pdf) h^{sig} 和 h^{bgr}，后者可以用来产生信号和本底的双 μ 质量分布数据。所产生的数据包含 35 个信号事例和 300 个本底事例①。Z′质量设定为 250 GeV，并且我们假定，实验测量的宽度完全来源于质量测量的分辨率，即 Z′的本征宽度可以忽略。质量测量的这一不确定性是已知的②，并且我们假定，这一不确定性正确地描述了逐事例的真实分辨。在实际的实验中，这一点可以利用已知的(最好是窄的)共振态来进行检查。对于信号事例，质量分布服从标准差为 σ 的高斯函数，其中 σ 对每个事例是不同的。由于事例的拓扑形态和径迹品质存在差异，信号事例和本底事例的 σ 分布函数 f^{sig} 和 f^{bgr} 可以不同。两个假想的分布示于图 11.11(b)。

下一节中我们将安排一个实验来同时测量 Z′质量以及信号事例数 ν^{sig}。假定分支比、探测器接受度和事例判选效率都已经依据模拟得以确定，于是，ν^{sig} 的测量能够直接确定截面。

11.3.2 不分区似然函数

一项分析的重点同样也在于似然函数，它需要将出现观测到的数据集的发生概率定量地表述为我们感兴趣的参数的函数。我们利用**广义不分区的似然函数**(参见 2.5.2 节)，即对数似然函数表述为对于事例本身的求和，而不是对于某个特

① 测定性质参数的相关信息可以在文件 DataSample_measurement.root 中查到。

② 事例的质量分辨通常根据径迹动量的协方差利用误差传递公式计算。

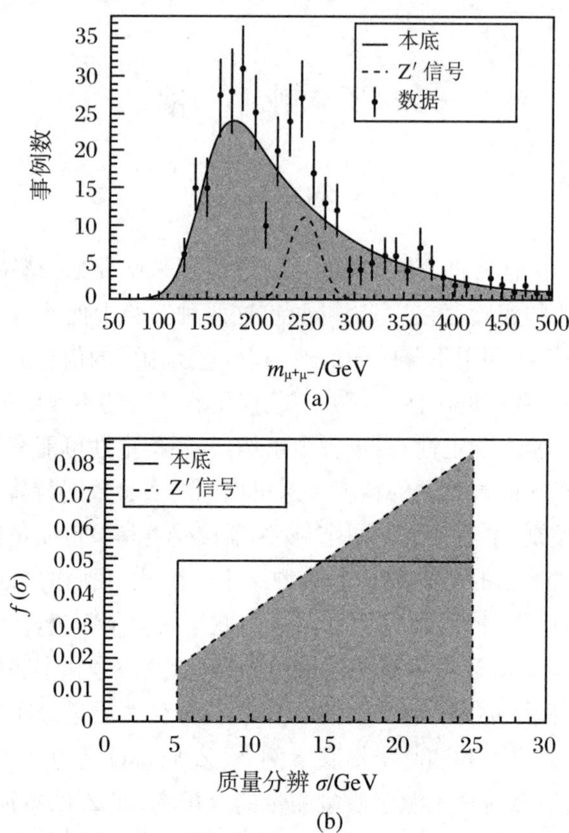

图 11.11　(a) 数据样本的双 μ 不变质量分布以及信号和本底的概率密度函数,后者用来产生数据样本和计算似然函数。(b) 信号和本底的质量分辨 σ 的分布函数 f^{sig} 和 f^{bgr}

征量直方图各子区间的求和:

$$\ln L(\text{events};\nu^{\text{sig}},\nu^{\text{bgr}},M_{Z'}) = -(\nu^{\text{sig}}+\nu^{\text{bgr}}) + \sum_i \ln(\nu^{\text{sig}}\cdot p_i^{\text{sig}} + \nu^{\text{bgr}}\cdot p_i^{\text{bgr}}), \tag{11.5}$$

式中 ν^{sig}和 ν^{bgr}分别表示信号和本底事例数的期望值;ν^{sig}与产生截面直接相关。在形式上,p_i^{sig} 和 p_i^{bgr} 分别表示观测量的多维概率密度函数,我们需要在分析中用到这些观测量,它们是利用事例 i 的各个特征变量计算得到的。在我们的数据集中,事例的特征变量是重建的双 μ 不变质量 m_i 及其分辨率 σ_i。在我们的例子中,似然函数有三个参数:信号和本底的归一化因子 ν^{sig}和 ν^{bgr},以及 Z′质量 $M_{Z'}$。

因为我们感兴趣的是 Z′质量的精确测量,我们希望利用每个事例的双 μ 不变质量不确定性已经知道这一信息。这一信息可以用于似然函数的构建,使得质量分辨较好的事例对于参数产生较强的约束。为达到此目的,我们假定:重建双 μ 不变质量的信号 pdf 的宽度是数据集中每个事例 i 实验地确定的质量分辨 σ_i 的函数：

$$p_i^{\mathrm{sig}} = p^{\mathrm{sig}}(m_i, \sigma_i; M_{Z'}) = h^{\mathrm{sig}}(m_i; M_{Z'}, \sigma_i) \cdot f^{\mathrm{sig}}(\sigma_i), \tag{11.6}$$

$$p_i^{\mathrm{bgr}} = p^{\mathrm{bgr}}(m_i, \sigma_i) = h^{\mathrm{bgr}}(m_i; \sigma_i) \cdot f^{\mathrm{bgr}}{}_{。}(\sigma_i)。 \tag{11.7}$$

值得注意的是，公式中的 $f^{\mathrm{sig}}(\sigma_i)$和$f^{\mathrm{bgr}}(\sigma_i)$一般情形下不能略去。$m_i$ 和σ_i 皆是随机变量，似然函数应当利用完整的 pdf 形式来反映这一点。信号事例和本底事例的 σ_i 有不同的分布，忽略这些因素会使参数的估计产生偏差。这些信息不仅对质量测量有帮助，还有助于更精确的截面测量。

11.3.2.1 似然函数的要素

构建似然函数的一个主要步骤在于获得不同的概率密度函数。在我们的例子中，我们很享受利用同样的一组简单函数来描写实际分布这一假设：高斯型信号叠加在指数型本底之上。虽然利用这样一组简单的函数通常是一种合理的选择，但信号质量分布也可能有复杂的形式，因而需要通过 MC 模拟来建模，即对于若干不同的 Z′质量值产生相应的样本，然后利用内插法给出各种 $M_{Z'}$ 值的似然函数。这一步骤称为**样板变形**(template morphing)，有不同的算法程序可以实施这类运算(例如参见文献［7］)。

11.3.3 存在冗余参数情形下测量值的提取

似然函数有三个参数：ν^{sig}，ν^{bgr}和 $M_{Z'}$。我们对于所谓的**冗余参数** ν^{bgr}(本底事例数)并不怎么感兴趣。冗余参数可以利用**侧向轮廓化似然函数**进行处理(参见第 2 章)。

为了说明似然函数的侧向轮廓化处理，我们首先在 $M_{Z'}$ 固定于真值的情形下根据数据来估计 ν^{sig}。图 11.12(a)显示了 ν^{bgr}-ν^{sig}平面上似然函数的等值轮廓。对于每一 ν^{sig}值，可以找出似然函数极大值与 ν^{bgr}的函数关系。通过这样的处理，二维似然函数被约化为 ν^{sig}的一维似然函数。由于图 11.12(a)显示的是 $-2\ln L$ 的等值轮廓，这意味着，我们沿着每一条 ν^{sig}等于常数的直线找出其极小值，它就对应于 ν^{bgr}的极大似然估计。图中的实线标记出以这种方式找到的点。这一结果就是侧向轮廓化似然函数 $-2\ln L^{\mathrm{prof}}$与 ν^{sig}的函数曲线，在图 11.12(b)中显示为一条实线。

依据侧向轮廓化似然函数曲线，通过找出 $-2\ln L^{\mathrm{prof}}$的极小值，我们提取到 ν^{sig}的极大似然估计。对于我们的数据集，该结果是 $\nu^{\mathrm{sig}} = 36.6^{+10.2}_{-9.3}$。其 1σ 置信区间对应于 $-2\ln L^{\mathrm{prof}}$与其极小值相差 1 的两个交点之间的区域。

我们可以将侧向轮廓化似然函数的结果与理想化(关于 ν^{bgr}有精确的知识)情形下的结果进行比较；后者相应于图 11.12(b)中的虚线，其似然函数仅略窄于侧向轮廓化似然函数，这一点表明，在这一特定的测量中，本底归一化因子的不确定性并不是一个严重的限制因素。

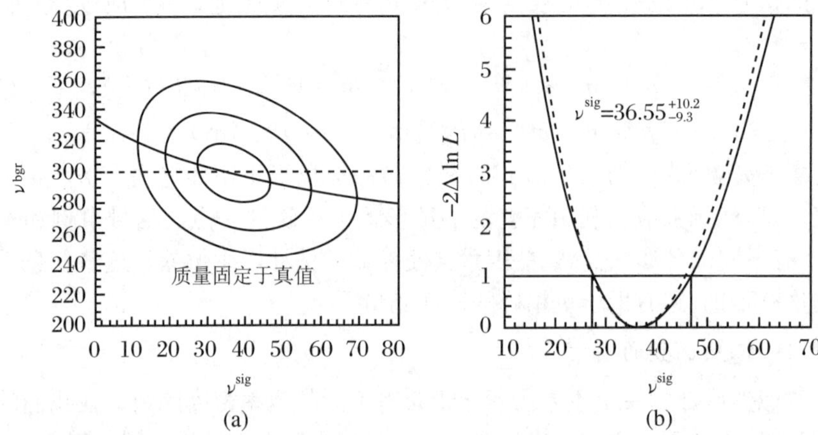

图 11.12　(a) ν^{sig}(信号事例数)与 ν^{bgr}(本底事例数)平面上的 $-2\ln L$ 的等值轮廓。三条实线标记的等值轮廓对应于 1σ,2σ 和 3σ 置信区间。虚线显示的是真实的本底事例数。(b) ν^{sig}的侧向轮廓化似然函数图形(实线)。虚线显示的是 $\nu^{bgr}=300$ 的似然函数

11.3.4　质量测量

引入了侧向轮廓化似然函数的概念之后,我们现在转向 Z'质量的测量问题。如前所述,对于每一个 ν^{sig}和 $M_{Z'}$值,通过计算 ν^{bgr}的极大似然估计处的似然函数求得侧向轮廓化似然函数。所得到的侧向轮廓化似然函数的等值轮廓示于图 11.13(a)。图中的虚线对应于不利用逐事例质量分辨信息的似然函数,而实线则对应于式(11.6)和式(11.7)的结果。图 11.13(b)显示了 $M_{Z'}$的侧向轮廓化似然函数。由图可以清楚地看到,利用逐事例质量分辨的信息显著地改善了 $M_{Z'}$的测量精度。我们得到的值是 $M_{Z'}=(247.8\pm2.5)$ GeV。由于似然函数相当对称,这里我们选择仅用一个数值表征不确定性。$M_{Z'}$测量值与其真值的偏差约为 1σ。如果不利用逐事例的质量分辨信息,不确定性将增大到 2 倍,这种情形下的结果是 $M_{Z'}=(247.2\pm4.8)$ GeV。

11.3.5　偏差和涵盖概率的检验

进行测量的方法和装置需要进行检验,以保证它们能够(平均地)重现输入的参数值并赋予适当的不确定性。如果测量的分析方法相当复杂,则这一点尤为重要。如第 10 章详细讨论过的,这样的检验可以通过对简化或完整的蒙特卡洛模拟产生的大量赝实验数据集进行相同的完整分析来实现。在每一个赝实验中,测得的质量和对应的置信区间可以与模拟时输入的质量真值进行对比。

通过这种方式,可以检验分析方法是否无偏,对我们的例子而言,分析方法无

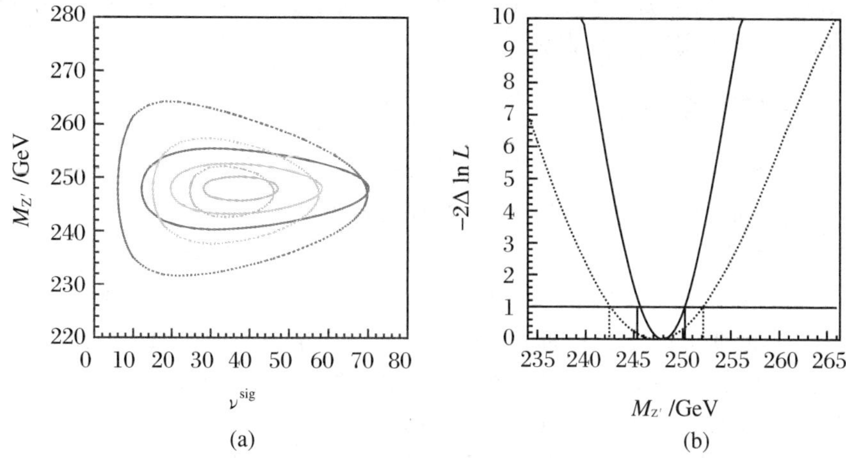

图 11.13 (a) 侧向轮廓化似然函数的等值轮廓与信号归一化因子 ν^{sig} 和质量 $M_{Z'}$ 的关系。利用平均质量分辨和逐事例质量分辨求得的 1σ,2σ 和 3σ 置信区间等值轮廓分别用三条虚线和三条实线标记。(b) 利用平均质量分辨(虚线)和逐事例质量分辨(实线)求得的侧向轮廓化似然函数与 $M_{Z'}$ 的关系曲线

偏意味着 Z′质量的测量值与真值之差值是以 0 为中心的分布。还应当检验置信区间包含有参数真值的实验次数是否符合要求,即 68% 的实验的 1σ 置信区间应当包含已知的真值。这称为**涵盖概率检验**。

如果似然函数对数的负值在极小值附近呈现为二次型,偏差和涵盖概率的检验通常利用**普尔分布**同时进行,**普尔量**定义为测量值与真值之差除以不确定性的估计值。若不确定性不对称,则可以根据普尔量的符号选择正的或负的不确定性。我们分析实例中的普尔分布示于图 11.14。一个无偏的普尔分布以 0 为中心,单位宽度的高斯型普尔分布表明,所给出的误差估计是可靠的。

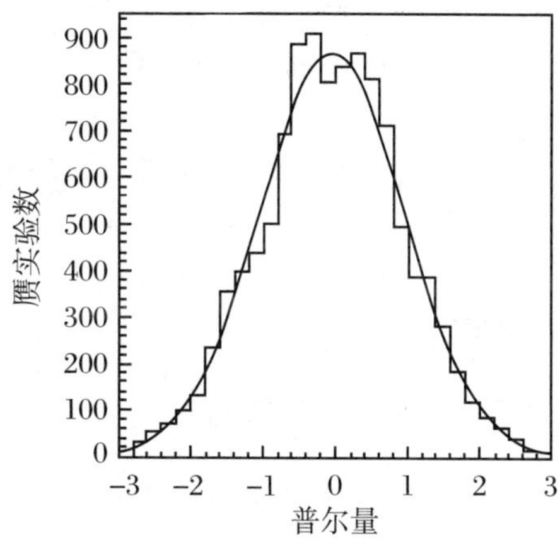

图 11.14 Z′质量测量的普尔分布

普尔分布出现偏差可能表明分析方法存在某些缺陷。原因之一可能是计算似然函数时使用的 pdf 不能完美地描述蒙特卡洛模拟,例如模拟中做了某些简化处理。通过将结果的中心值扣除偏差来对分析方法加以修正,是一种并不罕见的简单修正方法。对于分析方法得出的不确定性,情况亦是如此。如果普尔分布的宽度比 1 大不多,那么直接用这一宽度表示不确定性是可以接受的。但是,需要注意,不能用这种方法来掩盖分析方法中存

在的实际错误。对于似然函数的有价值的明智检验是,严格按照参数估计过程中使用的 pdf 来产生赝实验数据集。

11.3.6 系统不确定性

每一项测量都会因为对于输入量的知识不完备而受到损害。因此需要研究与测量结果相关的各种效应,并估计它们导致的**系统不确定性**。在第 8 章、第 9 章中已经对系统不确定性做了相当详尽的讨论。在我们对于 Z′质量测量的特定情形下,除了上述系统不确定性之外,还必须考虑双 μ 不变质量重建中是否存在系统不确定性。例如,质量标度的不确定性将直接影响质量测量的结果。假定我们的实验对于双 μ 不变质量的标度有 0.5% 的不确定性,那么 Z′质量测量的最终结果可表示为 $M_{Z'}=(247.8\pm2.5(\mathrm{stat})\pm1.2(\mathrm{syst}))$ GeV。

在大多数情形下,不确定性对于最终结果的影响不那么容易计算。在质量测量中,我们也许需要将探测器校准的不确定性传递到最终结果中。在这种情形下,结果的系统不确定性通常是这样确定的:产生多个(通常只是两个)蒙特卡洛数据集,将其中不那么确定的输入参数改变 1σ。这一不确定性导致的效应可以通过对模拟样本的测量分析并观察其输出结果的变化量来估计。

对于利用蒙特卡洛模拟作为直接输入的分析这种情形,例如截面测量中探测器接收度的计算,我们可以利用不同的模拟给出的不同输入值,重复进行测量的分析。

如果有充分的理由来认定两种系统不确定性是不相关的,则对它们进行平方相加的计算是正确的。否则的话,在产生蒙特卡洛数据集时,这两者应当相互关联地变化。

在某些情形下,输入量的改变缺乏充分的概率含义。例如,相当常见的做法是,当利用两种不同的蒙特卡洛模拟程序时,将两者结果的差异引用为系统不确定性。这一做法可能不那么严格,不过用来了解这种变化对于结果的影响究竟多大,还是有帮助的。

11.3.7 约束和测量值的合并

在原则上,不同测量的合并是一件简单的事情,只需要将各项测量的对数似然函数相加即可。为了说明这一点,我们假定,除了双 μ 末态之外,还利用正负电子对末态样本测量 Z′粒子。测得的电子对质量分布示于图 11.15(a)[①]。在该样本中,$M_{Z'}$ 的侧向轮廓化似然函数的推导方法与前面讨论过的双 μ 道相类似。结果在图 11.15(b)中用虚线表示。仅利用电子对样本测得的结果是 $M_{Z'}=(253.5\pm3.0)$ GeV。

① 电子对样本比双 μ 样本干净这么多不太现实,但作为举例还是可以的。

将这两项测量获得的侧向轮廓化似然函数的对数相加即可进行合并，所得的联合似然函数在图 11.15(b)中用实线表示。根据这一联合侧向轮廓化似然函数，我们求得 $M_{Z'}=250.2^{+2.1}_{-1.7}\,\mathrm{GeV}$。因此，由于增加了电子对样本，不确定性减小了约 20%。

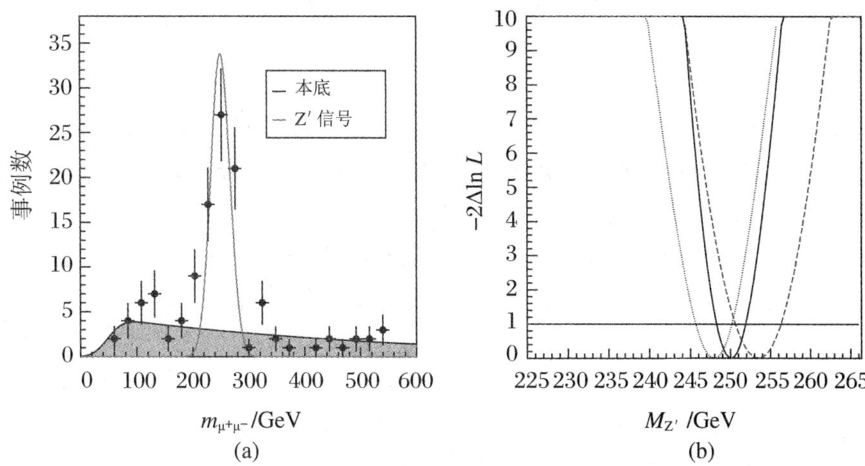

图 11.15　(a) 电子样本的电子对不变质量分布。(b) μ 子样本(点线)和电子样本(虚线)的侧向轮廓化似然函数曲线和联合似然函数曲线(实线)

需要注意，这里我们隐式地假设了两个样本中的 ν^{sig} 是独立的，即它们在侧向轮廓化处理中是独立的。例如，如果我们假定 Z′的分支比是未知的，则上面的假设成立。但是，如果 Z′的分支比已知，那么两个 ν^{sig} 参数是完全关联的，我们应当将两个样本的 $\alpha\nu^{\mathrm{sig}}$-$M_{Z'}$（α 是接受度，其值对于两个样本不相同）的二维似然函数的分布相加，然后根据这两个分布之和提取两个测量的合并结果。

如果两个似然函数中有多个公共参数，则用上述方式构造联合似然函数来对结果进行合并可能是不实际的，因为似然函数变为多维分布。在这种情形下，理解下列事实是有益的：我们还可以直接根据式(11.5)逐个事例地合并似然函数，对两个样本所有事例的似然函数求和。这一处理方式对于两个样本中需要有多个公共参数的情形也是适用的。

测量值合并这一课题与似然函数中的**约束**这一概念紧密相关。第 7 章对于约束已经做了广泛的讨论。在上面的例子中，我们可以将电子样本的测量视为对于 μ 子样本测量结果的一个约束。在两个测量的**合并**与一个测量对另一测量的**约束**这两者之间没有本质的区别(哪一项测量作为约束项对结果没有影响)。不过，当我们直接在似然函数公式中加上附加信息(而不是我们这里采用的经验推断)时，通常使用“约束”项。例如，电子样本的对数似然函数可以用抛物线描述：

$$\ln L^{(\mathrm{e})}=-\frac{1}{2}\cdot\left(\frac{M_{Z'}-253.5}{3.0}\right)^2。\qquad(11.8)$$

这一项可以直接加入式(11.5)作为对于 μ 子道测量结果的约束。如果似然函数曲线无法求得,通常可以设定为高斯型。

11.4 习　　题

习题 11.1 计算显著性和质量窗。在 11.2.1 节的计数实验中,我们假定本底 b 是明确地知道的,即它的不确定性为 $\Delta b = 0$,我们希望优化期望显著性。对于 250 GeV Z′信号搜寻,利用一个对称的质量窗:

(a) 找出最优质量窗并给出相应的 p 值和显著性。

(b) 找出 5 倍积分亮度情形下的最优质量窗。

(c) 找出**观测**显著性达到最优的质量窗。

(d) 画出期望显著性与积分亮度的函数关系图。为了获得 5σ 的信号发现,需要多大的积分亮度? 当 $\Delta b = 10\%$时,需要多大的积分亮度?

(e) 如果改变质量窗的大小,你预期能够宣称发现信号的最低积分亮度是多少?

(f) 对所有的质量窗数值和信号的质量值进行扫描,找出最明显的超出。如果将 look-elsewhere effect 考虑在内,在问题(a)中你找到的超出的显著程度多大?

习题 11.2 蒙特卡洛实验和边带区拟合。在 11.2.1.3 节中,我们利用边带区拟合来估计信号区中的本底事例数。

(a) 对实验数据进行边带区的拟合以估计信号区中的本底事例数及其不确定性。

(b) 对于纯本底假设和 s + b 假设,产生赝数据集。

(c) 画出普尔分布图,检查信号区中的本底事例数估计是否无偏,检查不确定性的估计是否正确。$Pull = (N_{\mathrm{fit}}^{\mathrm{predicted}} - N_{\mathrm{MC}}^{\mathrm{truth}})/\sigma_{N_{\mathrm{fit}}^{\mathrm{predicted}}}$。普尔分布的均值和标准差的数值等于多少? 它们告知你什么样的信息?

习题 11.3 赝数据集和检验统计量分布。在 11.2.2.1 节中,我们描述了检验统计量 t 以及设限的规则。

(a) 通过比较中位数 s + b 实验的 $1 - CL_{\mathrm{b}}$(或期望的 $\sigma/\sigma_{\mathrm{SM}}$排除限),检查积分亮度 10%的不确定性对于灵敏度的影响。

(b) 利用$CL_{\mathrm{s+b}} < 0.05$(而不是$CL_{\mathrm{s}} < 0.05$)来计算限值,$CL_{\mathrm{s+b}} < 0.05$ 的要求是否比$CL_{\mathrm{s}} < 0.05$ 的要求更严一些? 两者的差别有多大?

(c) 对 11.2.2.1 节提及的 LHC 检验统计量,通过比较中位数 s + b 假设的 $1 - CL_{\mathrm{b}}$(或期望的 $\sigma/\sigma_{\mathrm{SM}}$排除限),研究它的效应。

习题 11.4　数据点的泊松误差。不确定性的微妙差别会在一项分析的各个阶段显现它的效应：尽管通常的做法是对于 n 个事例的计数指定其不确定性为 $\sqrt{n}$，然而这并不是概括测量精度的最自然的方式。对于均值已知为 ν_b 的泊松过程而言，其观测事例数的期望涨落的尺度是 $\sqrt{\nu_b}$；观测事例产额的不确定性反映的是我们对于期望事例数推断的一种信息。尽管有许多种方式来确定一项测量的不确定性的范围，但在图 11.1 的数据点（以及 ROOTFIT 中的默认选择）中所指定的不确定性区间是根据下式所定义的区间（μ_{low}，μ_{up}）：

ν_{up}：满足条件 $P(n \geqslant n_{obs} | \nu) = 0.159$ 的最小 ν 值；

ν_{low}：满足条件 $P(n \leqslant n_{obs} | \nu) = 0.159$ 的最大 ν 值。

不确定性区间的其他构建方法是直接利用似然函数，或者将后验概率密度函数关于 ν 进行积分（贝叶斯方法），这两者都具有自身的特定性质。为了对这两种不同的选择获得一点概念，我们来计算 $n_{obs} = 3$ 情形下的几种置信水平区间的范围，它们呈现于文献 [8] 的表 1 之中。值得指出，不同计算方法的选择在 PoissonError.C 中也有相应的计算代码。

(a) 经典的中心区间（μ_{low}，μ_{up}）=（1.37，5.92）。

(b) 似然比方法（$\Delta \ln L = 1$）：（μ_{low}，μ_{up}）=（1.58，5.08）。

(c) 贝叶斯方法：利用似然函数和 μ 的平分布先验密度构建 μ 的后验概率密度函数（pdf），对该 pdf 积分求得置信区间；若是误差对称的贝叶斯中心区间则为（2.09，5.92），若是两端具有相等概率的边界值构成的区间，则为（1.55，5.14）。

(d) 在你的研究所喝咖啡时通过讨论这一问题来刺激和搅乱你的同事。

关于该习题的最后一点评论是，我们注意到，对于选择效率不确定性的估计[9]也会经常出现与此类似的讨论。

习题 11.5　一项测量的似然函数。

(a) 证明：如果改变式（11.5）中出现的概率密度所使用的单位，则其效果是使 $\ln L$ 加上一个常量。这意味着单位不影响结果。

(b) 证明：（对于一维情形）式（11.5）可以利用分区间对数似然函数在区间宽度趋于无穷小时的表达式推导出来。

(c) 产生一个大样本事例集，检查忽略式（11.6）和式（11.7）中的 $f(\sigma_i)$ 项的效应。质量和 N^{sig} 的测量值是否有偏？

(d) 假设另一个实验的测量值为 $M_{Z'} = (251 \pm 2)$ GeV。将该结果与我们的结果通过以下两种方法进行合并：① 将两项测量的似然函数相加；② 合并两项测量的似然函数曲线。假定这两种方法中另一实验的似然函数都是高斯型，试比较两种方法得出的结果。

参 考 文 献

［1］ Verkerke W，Kirkby D P. The RooFit toolkit for data modeling［C］. eConf C0303241，MOLT007，2003.

［2］ Moneta L，et al. The RooStats project［C］. PoS，ACAT2010，057，2010.

［3］ Erler J，et al. Improved Constraints on Z' Bosons from electroweak precision data［J］. JHEP，2009，0908：17.

［4］ Gross E，Vitells O. Trial factors or the look elsewhere effect in high energy physics［J］. Eur. Phys. J. C，2010，70：525.

［5］ Cowan G，et al. Asymptotic formulae for likelihood-based tests of new physics［J］. Eur. Phys. J. C，2011，71：1554.

［6］ Read A L. Presentation of search results：The CL_s technique［J］. J. Phys. G：Nucl. Part. Phys.，2002，28:2693.

［7］ Read A L. Linear interpolation of histograms［J］. Nucl. Instrum. Methods A，1999，425：357.

［8］ Cousins R D. Why isn't every physicist a Bayesian?［J］. Am. J. Phys.，1995，63：398.

［9］ Casadei D. Estimating the selection efficiency［Z］. JINST，7，P08021，2012.

（撰稿人：Aart Heijboer，Ivo van Vulpen）

第 12 章　天文学中的应用

12.1 引　　言

正如第 1 章中提及的，概率论部分地起因于赌徒们的需求。但是，根据 Tom Loredo 的研究[1]，有强烈的证据表明统计学的发展来自不那么生动有趣但更为崇高的需要：解决天文学中出现的问题[2]。这因而契合了一个事实，即在一个多世纪的相对忽视之后，天文学家开始发现：采用统计理论具有越来越重要的必要性。这可由天文学界不断增长的统计学会议的数量得到佐证，系列会议“**现代天文学中的统计学挑战**”就是其中的一例。

回归正规统计学意愿的一个原因得益于天文学界快速增长的数据量。比如，**大型综合巡天望远镜**(large synoptic survey telescope，LSST)所预期的数据量就是天文学家们——其实是每一个感兴趣的人，因为数据将开放给所有人——需要面对的一个最好例证。当 LSST 开始全面运行时，它将在 10 年间的每个晚上以每 20 秒 6 GB 的速度产生影像数据①！传统天文学方法仍然是可能的，即每个天体都会被仔细地加以研究。然而，人们普遍认为天文学、天体物理和宇宙学的根本进步将要求大量运用统计方法，极其类似高能物理界日常所做的那样。

在天文学、天体物理学和宇宙学中，统计分析问题的范畴很大，但大多可归于下面几个大类(不过也有所重叠)：

- **统计推断**。一个例子就是从几太字节(TB)的影像数据库里提取统计结论，或得出天体模型的参数，比如超新星核塌缩时的磁场强度。
- **多变量分析**。一个例子就是描述星系团在三维空间，抑或可能是频谱空间里的结构，且考虑到天文观测数据的异方差性质②，以及观测数据会倾向于亮源的偏差，这是由瑞典天文学家 Gunner Malmquist 最先注意到的。此外，天文数据也可能是不完备的，尤为典型的是观测光谱，因为所看的仅是光谱的一些频带。

---

① 最终，LSST 每晚将产生 30 TB 的数据量，可日常提供给任何希望得到的人。这无疑是**大科学**的未来。

② 在异方差数据中，这一次的测量方差可能与下一次的有所不同。相似的情况也发生在高能物理里粒子的固有衰变时间测量上。通常，测量误差被假定为具有高斯分布，而每一次寿命测量的方差都有所不同。

- **多变量时序分析**。一个重要性不断增加的例子是，通过多个光谱波段的Ⅰa型超新星光变曲线的时序，来限制超新星的模型。另一个例子，我们希望有朝一日可成为常态的，是用以分析周期性的和爆发性的引力波信号。
- **无似然函数分析**。与高能物理学家一样，天文学家已认可根据模型产生模拟的做法。当模型复杂且数据为多维时，有可能无法写出显性的似然函数。这导致了一些近似方法，一般称为**近似贝叶斯计算**(approximate Bayesian computation，ABC)，它们不要求显性计算似然函数。近似贝叶斯计算是一个更好的名称，无似然函数分析具有误导性，因为似然函数其实是隐含于实现模型的总体过程中的。这个近似方法遇到的挑战问题是，如何探索模型的参数空间，以及如何比较真实数据和模拟数据？

除时序分析外，天文学、天体物理学和宇宙学的各类问题显然与高能物理学的各类问题具有高度的重叠性。不过，仅一章的篇幅不可能对这些相关领域内广泛的统计学应用作出公正的评述。作为替代，我们讨论几个截然不同的案例，以描述出问题的多样性。我们所选问题的共同点是，每个例子中的统计方法要么可以直接用于高能物理，要么经过一些特定领域相关的修正后适用于高能物理。这些例子还具有明显的贝叶斯倾向，反映出贝叶斯方法在天文学中不断增长的重要性。为简化阐述，我们将用“天文学”作为天文学、天体物理学和宇宙学的简称。

12.2　应用的概述

天文学中的统计学，即逐渐为人所熟知的“**天文统计学**”，涵盖广泛范围内的统计学问题。它包括泊松点源过程分析(如典型的影像问题)、异方差测量、时序数据(常常是多光谱波段和多通道)、天体物理和宇宙学模型的参数估计、假设检验、模型挑选和天体分类。

当然，天文学数据与高能物理数据有很大的不同，用以描述的行话或术语也不尽相同。然而，从数学形式上看，潜在的统计方法常常是完全相同的。在这一节里，我们要检视三个应用，即**向源/背源问题**、**影像重建**和**宇宙学参数拟合**，后者是一个参数估计问题(第2章有详细讨论)。然后，我们有一个**嵌套抽样**方法的介绍，这是一个有趣且有用的算法，为宇宙学界所发展。

除非出现语义混淆的情况，否则我们用小写的字母 $p(\cdots)$ 代表概率密度，大写字母 $P(\cdots)$ 代表概率，希腊字母 $\pi(\cdots)$ 代表**验前概率密度**[①]。

---

① 本章中的“**验前概率密度**”和“**验后概率密度**”与前面各章中的“**先验概率密度**”和“**后验概率密度**”是同义词。

12.2.1　向源/背源问题

天文学的向源/背源问题[5]出于这样一个需求，即确定在源(比如一个潜在的伽马发射源)的方向上所观测到的光子计数 N_{on}，与离开源的另一个方向所观测到的光子计数 N_{off} 相比是否具有足够大的差别，以此判定源的方向上是否有统计显著的光子信号。向源计数 N_{on} 是在一个给定时间间隔 t_{on} 里的光子计数，而背源计数 N_{off} 则是在离开源的方向上一个 t_{off} 时间间隔里的光子计数。根据构造，比值 $\alpha = t_{\mathrm{on}}/t_{\mathrm{off}}$ 是已知的。基本的假设是，**在不出现信号的情况下**，向源区预期的计数是 $\mu = \alpha n_{\mathrm{off}}$，这里 n_{off} 是背源区光子计数的预期值，是未知量，而 N_{off} 可作为它的估计值。更为一般的是，假定信号是相加性的，向源区预期的计数由 $n_{\mathrm{on}} = s + \mu$ 给出，这里 s 是预期的信号。我们将遵守约定，用小写的符号，比如 s 和 μ 来标记参数，而用大写的符号来表示观测值①。

向源/背源问题在数学上等同于高能物理中的一类问题[6-7]，在那里一个信号区相当于向源方向，所得到的计数 N 将与边带(sideband)区的计数 B 相比较，边带则相当于背源方向。在这种情况下，$\tau = \mu/b$ 是信号区预期本底计数 μ 与边带区预期本底计数 b 的比值，我们假定边带区里的信号可以忽略。图 12.1 对此给出了说明。

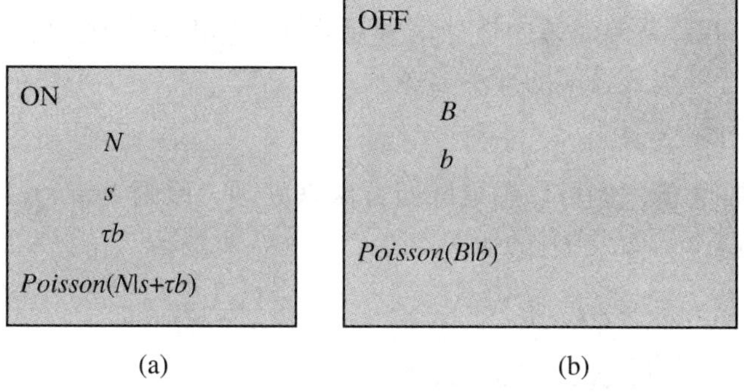

图 12.1　标准的向源/背源问题包含两个区域，用 ON(a)和 OFF(b)来标记，分别包含观测事例数 N 和 B，与之相应的是预期的(即平均值)计数 $s + \tau b$ 和 b。这里假定标度因子 τ 是精确的已知值。一个关键的假设是背源区域(即边带)的任何信号都是可以忽略不计的。另一个可使向源(即信号)区似然函数公式简化的写法是此区域预期的计数为 $s + \mu$，以及背源区域的计数为 $b = \beta\mu$，这里 $\beta = 1/\tau$

为了记号上的简洁，我们将用高能物理的记号和公式来讨论向源/背源问题。要从天文学的向源/背源问题变换到信号/边带问题，仅需要做如下的记号变换即

① 这与统计学家们使用的约定正相反。

可:$N_{\text{on}} \to N$,$N_{\text{off}} \to B$,$n_{\text{on}} \to n$,$n_{\text{off}} \to b$,以及 $\alpha \to \tau$。

正如早先几章中所强调的,似然函数是(或应该是)严谨统计分析的出发点(前述的所谓无似然函数方法是一个不当的名称)。向源/背源问题也不例外。假设计数符合泊松分布,向源/背源问题的似然函数是

$$p(D \mid s, b) = Poisson(N \mid s + \tau b) Poisson(B \mid b), \tag{12.1}$$

这里数据(N 和 B)一般用 D 来表示,其中 τ 被认为是一已知的常数①。

给定似然函数,我们的目标是定量地计算假想信号的统计显著性,在伽马天文的情况下,该问题已被李和马详细研究过[5]。李和马在求解此问题时使用了 Wilks 定理(见第 2 章),该定理在向源/背源问题中可作如下的陈述:如果(零)假设——这里指 $s=0$——是成立的,那么对于 $\Lambda = p(D|s, \hat{b}(s))/p(D|\hat{s}, \hat{b})$ 而言,量 $-2\ln\Lambda$ 将渐近地(即计数趋于无穷大)趋于自由度为 1 的 χ^2 变量的分布。在分子中,$\hat{b}(s)$ 代表了固定 s 时参数 b 的极大似然估计值(maximum-likelihood estimate,MLE),而分母中的 $\hat{s}$,$\hat{b}$ 是无限定条件下的极大似然估计值②。李和马建议用 $Z_L = \sqrt{-2\ln\Lambda}$ 来量化伽马事例统计显著性的计算。如果某人发现 $Z_L = 3$,这将被报告为"3 倍标准偏差事例"。对于一个具有已知常数 τ 的向源/背源问题,Z_L 的李和马的表达式可以写成

$$Z_L = \sqrt{2}\left\{N\ln\left(\frac{1+\tau}{\tau}\frac{N}{N+B}\right) + B\ln\left[(1+\tau)\frac{B}{N+B}\right]\right\}^{1/2}。 \tag{12.2}$$

方程(12.2)是向源/背源问题中估计信号显著性的标准频率统计解。文献[6-7]中可以看到关于频率统计解的详尽描述。

12.2.1.1 贝叶斯方法

当然,向源/背源问题可以用贝叶斯方法来处理。原则上讲,答案是直截了当的:人们计算 $s>0$ 的假设 H_1 的概率,

$$P(H_1 \mid D) = \frac{B_{10} P(H_1)}{B_{10} P(H_1) + P(H_0)}, \tag{12.3}$$

这里 H_0 代表 $s=0$ 的假设,B_{10} 是贝叶斯因子,

$$B_{10} = \frac{p(D \mid H_1)}{p(D \mid H_0)}, \tag{12.4}$$

---

① 如果标度因子 τ 不是精确已知的,但它本身基于一些辅助观测量 X,那么式(12.1)应加以扩展,使似然函数包含这些实验测量量。举例来说,假设 τ 由另外两个独立的整数 Q 和 M 的比值来估计,此过程的似然函数可写为 $p(Q, M|m, \tau) = Poisson(Q|\tau \cdot m) \cdot Poisson(M|m)$,那么,对这个更一般的问题,完整的似然函数是 $p(D|s, b, m, \tau) = p(N, B|s, b)p(Q, M|m, \tau)$,它依赖于四个参数 s,b,m 和 τ。标度因子 τ 有时可用与所感兴趣的样本并不相关的另一数据样本来估计,不过除此而外在运动学上必须与之完全相同。举例来说,假如某个任务是估计出信号区内 $t\bar{t} \to e^+e^- + X$ 的事例数,那么取决于所用选择条件的性质,应有可能用 $t\bar{t} \to e\mu + X$ 事例样本来计算它们中多少落入信号和边带区。

② 有时,限定条件下的极大似然估计值 $\hat{b}(s)$ 也记为 $\hat{\hat{b}}$。

且 $P(H_1)$和 $P(H_0)$是相关假设的验前概率①。如果有人愿意选择 $P(H_1)=P(H_0)$，那么概率 $P(H_1|D)$就约化为

$$P(H_1 \mid D) = \frac{B_{10}}{B_{10}+1}。\tag{12.5}$$

毫无疑义，这个选择不倾向于任何一个假设。困难在于如何计算贝叶斯因子 B_{10}，可用下面的两个函数来计算：

$$p(D \mid H_1) \equiv \int \mathrm{d}s \int \mathrm{d}b p(D \mid s,b)\pi(s,b),\tag{12.6}$$

$$p(D \mid H_0) \equiv \int \mathrm{d}b p(D \mid b)\pi(b)。\tag{12.7}$$

这里我们用 $\pi(s,b)$和 $\pi(b)$分别表示与假设 H_1和 H_0相关的参数的验前概率密度。要使贝叶斯因子有意义，从而概率 $P(H_1|D)$有意义的一个必要条件就是，它必须不依赖于随意选取的常数。为使之成立，验前概率密度 $\pi(s,b)$和 $\pi(b)$只要是正当的就可以了，正当的是指积分为 1。在理想情况下，$\pi(s,b)$和 $\pi(b)$应该是正当的**实证验前概率密度**②。如果有人使用**非正当验前概率密度**，即根据定义，积分不为 1，且有一个未知的随意标度因子③，则贝叶斯因子也同样存在一个随意的不确定因子。由此所导致的后果就是概率 $P(H_1|D)$一定是不确定的。

然而，在似然函数包含公共参数的情况下，对验前概率密度的正当性要求可以稍稍放宽，背源区的预期本底值 b 恰好是这样的例子。为看清这一点，较容易的方法是将 $\pi(s,b)$因子化，即 $\pi(s,b)=\pi(b|s)\pi(s)$，并计算边沿似然函数：

$$p(D \mid s) = \int_0^\infty p(D \mid s,b)\pi(b \mid s)\mathrm{d}b。\tag{12.8}$$

注意到 $p(D|b)=p(D|s=0,b)$。此外，在很多应用中，$\pi(b|s)$和 $\pi(b)$是相同的函数，在此情况下，我们可把式(12.6)和式(12.7)分别写作

$$p(D \mid H_1) = \int_0^\infty p(D \mid s)\pi(s)\mathrm{d}s,\tag{12.9}$$

$$p(D \mid H_0) = p(D \mid s=0),\tag{12.10}$$

这里使用 b 的非正当验前概率密度也是容许的，比如说，Jeffreys 验前概率密度 $\pi(b|s)=\pi(b)=C/\sqrt{b}$，因为这个验前概率密度会同时出现在 $p(D|H_1)$和 $p(D|H_0)$中，因而不定的标度因子会在 $B_{10}= p(D|H_1)/p(D|H_0)$这个比值中相互抵消掉。然而，由于信号的验前概率密度 $\pi(s)$只出现在 $p(D|H_1)$中，一个绝对基本的条件就是它不可包含随意的标度因子，也就是说，$\pi(s)$必须是正当的。

① 注意这些是概率，而非概率密度。

② 更为常用的词是“主观”验前概率密度。然而我们倾向于“实证”，因为这个词更准确地反映这些验前概率密度是如何在实际中构造出来的。

③ 不管名称如何，非正当的验前概率密度并没有什么内在的问题，它们可严格地融入概率理论，见[8]。

$p(D|H_i)(i=0,1)$常常称为**证据**。$p(D|H_i)$越大,它为假设 H_i 提供的支持证据也就越大。在下面的例子中,我们将把这些想法用到向源/背源问题中去。

例 12.1　向源/背源问题。这里,我们用式(12.1)定义的似然函数来计算标准向源/背源问题中的贝叶斯因子 B_{10}。这要求分别计算信号加本底和纯本底假设情况下的证据 $p(D|H_1)$和 $p(D|H_0)$。较容易的办法是先计算出边沿(或积分)似然函数

$$p(D \mid s,H_1) = \int_0^\infty Poisson(N \mid s + \tau b) Poisson(B \mid b)\pi(b)\mathrm{d}b$$
$$= C\frac{1}{(1+\tau)^2 B}\sum_{r=0}^{N} Beta\left(\frac{\tau}{1+\tau};N-r+1,B\right)Poisson(r \mid s), \tag{12.11}$$

其中

$$Beta(\theta;\alpha,\beta) \equiv \frac{\Gamma(\alpha+\beta)}{\Gamma(\alpha)\Gamma(\beta)}\theta^{\alpha-1}(1-\theta)^{\beta-1}, \tag{12.12}$$

且 $\Gamma(z)\equiv\int_0^\infty \mathrm{e}^{-t}t^{z-1}\mathrm{d}t$ 是伽马函数。为简便起见,我们使用了非正当的验前概率分布 $\pi(b)=C$,其中 C 是一任意常数,比如 $C=1$。(Jeffreys 验前概率密度其实更好。)C 的选择导致了一个有趣的求和规则

$$\sum_{N=0}^{\infty}\sum_{r=0}^{N} Beta\left(\frac{\tau}{1+\tau};N-r+1,B\right)Poisson(r \mid s) = (1+\tau)^2 B。\tag{12.13}$$

假设 H_0的证据:纯本底假设 H_0的证据由下式给出,

$$p(D \mid H_0) = p(D \mid s=0,H_1)$$
$$= C\frac{1}{(1+\tau)^2 B}Beta\left(\frac{\tau}{1+\tau};N+1,B\right)。\tag{12.14}$$

假设 H_1的证据:假若我们被告知信号的期待值为 $S\pm\delta S$。我们可以用伽马密度函数来对这个期待值建模,

$$\pi(s) = q\exp(-qs)(qs)^Q/\Gamma(Q+1), \tag{12.15}$$

其中 $Q\equiv(S/\delta S)^2$ 且 $q\equiv Q/S$。此模型可由如下方式推导出来:我们把贝叶斯定理用于模拟产生信号事例数。假如所产生的信号事例数为 Q,所满足的似然函数为 $Poisson(Q|a)$,其中参数 a 指平均计数。对于参数 a,使用平坦的或 Jeffreys 验前概率密度分布将导致其验后概率密度分布是伽马函数。然后,我们记 $qs=a$,其中 q 为一已知的标度因子(比如数据与模拟的积分亮度比),由此得到式(12.15)。注意当 Q 很大时,信号的验前概率密度 $\pi(s)$趋于一个高斯分布。把式(12.11)和式(12.15)代入式(12.9),我们得到信号的证据

$$p(D \mid H_1) = C\frac{q^2}{(1+q)^2 Q}\frac{1}{(1+\tau)^2 B}$$
$$\times\sum_{r=0}^{N} Beta\left(\frac{\tau}{1+\tau};N-r+1,B\right)Beta\left(\frac{1}{1+q};r+1,Q\right)。\tag{12.16}$$

正如我们所预期的，由于本底验前概率密度分布的不正当性，两种假设的证据均有一不确定的常数因子。然而由于常数 C 在两种假设下是一样的，不管怎样，贝叶斯因子 $B_{10}= p(D|H_1)/p(D|H_0)$ 总是有准确定义的。

为演示这些因子在实际中是如何工作的，这里考虑 D0 合作组所发表的用以支持其顶夸克发现的那些结果[9]。D0 观测到 $N=17$ 个事例，信号区的本底事例数估计为 $\hat{\mu}=3.8\pm0.6$。根据这个本底事例数，我们可以计算出有效的边带计数为 $B=(\hat{\mu}/\delta\hat{\mu})^2=(3.8/0.6)^2=40.1$ 个事例，有效的标度因子为 $\tau=\mu/b\approx\hat{\mu}/B=0.094\,7$。为简化起见，我们设 $C=1$ 且简单的信号假定有 $s=14$ 个事例。在简单信号假定的极限下，式(12.16)简化到式(12.11)，其中 s 设为 14。这导致 $p(D|H_0)=3.0\times10^{-6}$ 和 $p(D|H_1)=9.3\times10^{-2}$，即贝叶斯因子为 $B_{10}=3.1\times10^4$。

如果把贝叶斯因子对应到因子 $Z_{\mathrm{BF}}\equiv\sqrt{2\ln B_{10}}=4.5$，则我们可更容易地看到它的意义。$Z_{\mathrm{BF}}$ 这个量是“$n\sigma$”在贝叶斯方法里的相似量。图 12.2 描绘了以观测事例数 N 为变量的贝叶斯因子函数的一般行为以及因本底估计带来的不确定性。

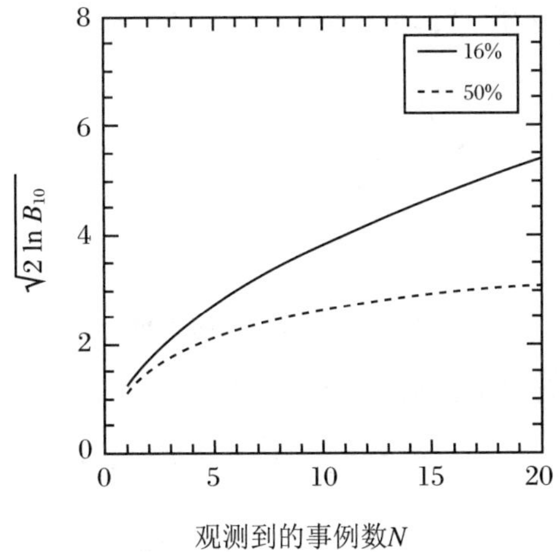

图 12.2　在本底的相对不确定性取 16% 和 50% 这两个值的情况下，以观测事例数 N 为变量时 $\sqrt{2\ln B_{10}}$ 的函数图。与预期的一致，本底不确定性越大，贝叶斯因子就越低。这里的信号假设取 $s=N-\hat{\mu}$

遗憾的是，在天文学的应用中，实证的验前概率分布常常并不可得。不过，在过去几十年里，统计学家已发展出几种用以构造适当验前概率密度分布的正规手续。由 Berger 及其同事[10]提出的**内禀验前概率密度**（或**预期的验后概率密度**）构造法就是这样的一种方法，它在向源/背源问题中按如下方式进行：

(1) 令 $p_0(s|D)=p(D|s)\pi_0(s)/p_0(D)$，这里

$$p_0(D)=\int p(D\mid s)\times\pi_0(s)\mathrm{d}s,$$

$p(D|s)$由式(12.11)给出,$\pi_0(s)$是验前概率密度分布,那种能很好地为参数估计提供所需性质(见[11]及其中的文献)的分布。

(2) 当 $p_0(D)<\infty$时,s 的内禀验前概率分布是

$$\pi_I(s) = \overline{p_0(s \mid D)} \equiv \sum_D p_0(s \mid D)p(D \mid s = 0)。$$

根据构造,这是一个正当的分布,其中的平均值针对纯本底(即零假设)分布 $p(D|s=0)$进行计算。直观上看,根据给定的辅助测量数据 D,再合适不过的就是用验后概率密度分布 $p(s|D)$来充作正当的实证验前概率密度分布函数 $\pi(s)$以计算 $p(D|H_1)$。然而,因为我们没有这样的数据,所以 D 事实上**并不知道**,我们遵从标准的贝叶斯实践并排除掉未知的 D。使用零假设分布 $p(D|s=0)$比使用备择假设的分布 $p(D|H_1)$要更为谨慎些。我们将通过下面的例子加以阐述。

例 12.2　向源/背源问题中的内禀验前概率密度。在向源/背源问题里计算内禀验前概率密度涉及对所有可能的观测空间进行边沿化处理,这必然要求对此空间,即总体作出限定。在这个例子中,我们假定总体具有固定不变的本底计数 B,进一步,为简便起见,我们还取 $\pi_0(s)=1$。我们发现

$$\begin{aligned} p_0(D) &= \int p(D \mid s)\pi_0(s)\mathrm{d}s \\ &= \frac{1}{(1+\tau)^2 B}\sum_{r=0}^{N} Beta\left(\frac{\tau}{1+\tau}; N-r+1, B\right) \end{aligned} \tag{12.17}$$

是有限的,且表达式

$$p_0(s \mid N) = \sum_{r=0}^{N} p_{N,r} Poisson(r \mid s) \tag{12.18}$$

可以作为用来估计信号的验后概率密度,其中

$$p_{n,r} \equiv \frac{Beta\left(\frac{\tau}{1+\tau}; n-r+1, B\right)}{\sum_{j=0}^{N} Beta\left(\frac{\tau}{1+\tau}; n-j+1, B\right)}。 \tag{12.19}$$

因此,向源/背源问题里的内禀验前概率密度由下式给出:

$$\begin{aligned} \pi_I(s) &= \overline{p_0(s \mid n)} = \sum_{n=0}^{\infty} p_0(s \mid n)p(n \mid s = 0) \\ &= \frac{1}{(1+\tau)^2 B}\sum_{n=0}^{\infty} p_0(s \mid n) Beta\left(\frac{\tau}{1+\tau}; n+1, B\right)。 \end{aligned} \tag{12.20}$$

根据构造,它满足$\int_0^\infty \pi_I(s)\mathrm{d}s = 1$。在假定 $B=40.1$ 个事例和 $\tau=0.094\,7$,即 D0 发现顶夸克结果中的本底情况下,图 12.3 显示了内禀验前概率密度分布。

12.2.1.2　结论

一件重要的事情是,指出并牢记上述向源/背源问题中频率统计与贝叶斯求解在概念上有根本的不同。前一种方法,从效果上讲,回答这样的问题:得到一个大

于或等于 N 计数的概率是多大？第二个方法则相反，回答的问题是：$s>0$ 的概率是多大？尽管这些问题差异很大，但找到一种标定这两种答案的方法仍然是很有帮助的。最简单的办法就是计算上面的例子中介绍过的数

$$Z_{\mathrm{BF}} = \sqrt{2\ln B_{10}}。 \quad (12.21)$$

在极限情况下，如果预期的向源本底 $\mu=\tau b$ 是精确已知的，且当向源区的信号与本底比值 s/μ 满足 $s/\mu \ll 1$ 时，我们就可以马上得到一个结论：Z_{BF} 和 Z_L 都趋于 $s/\sqrt{\mu}$。

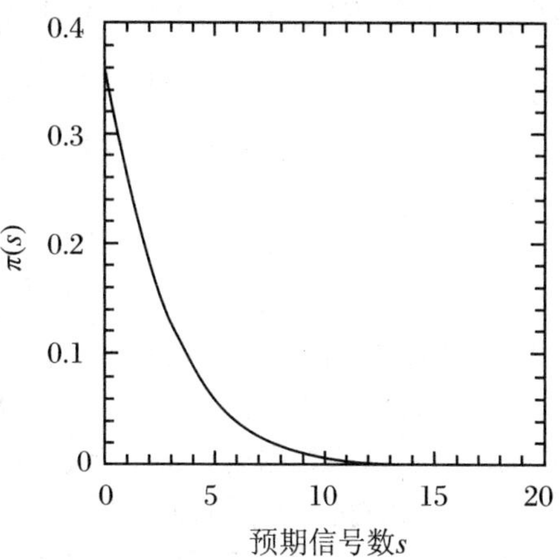

图 12.3　在边带计数 $B=40.1$ 及信号区与边带区本底计数比为 $\tau=0.0947$ 的情况下，式(12.20)描述的内禀验前概率密度的分布

12.2.2　影像重建

天文学数据经常表现为影像的形式，在今天来讲就是通过大画幅数码相机获得的照片。普遍的做法是利用相关望远镜的**点扩展函数**(point spread function, PSF)来去除仪器效应。点扩展函数描述了望远镜加之于进入望远镜的影像的模糊效应。对于地基望远镜而言，还有大气层因素导致的额外的模糊效应。在高能物理中与 PSF 相似的一种效应是粒子探测器的**喷注响应函数**，在简单但常见的情况下，它描述了探测器和喷注重建算法所致的横动量展宽。

在天文学领域，从影像中去除仪器效应称为**影像重建**，高能物理中的类似手续则叫作**去弥散**(参见第 6 章以及会议文集《PHYSTAT 2011》[12])。从数学上讲，它们是精确相同的过程。两个领域间的主要差别在于天文学无处不在地使用**最大熵方法**(maximum entropy method, MEM)，而高能物理中相对罕见。最大熵方法在影像重建方面取得了非常可观的成功，这不仅仅是天文学领域，还包含许多其他领域，比如医学成像领域。因此，它们也会让需要解决相同数学分析问题的粒子物理学家感兴趣。

下面我们将从问题的阐述和 MEM 的动机开始，并以一些实际问题的简单讨论结尾。

12.2.2.1　猴子和袋鼠的例子

考虑一幅由 M 个像素构成的影像。在通常的应用中，所有像素具有相同的大小。然而，在更为精细的方法中，依据给定影像部分的细节程度，像素大小可以变化。商用版本的高性能适应方案方法，即在[13]中描述的所谓 Pixon 方法就是这样的一个例子。

对于许多的天文学仪器(高能物理也一样)而言，预期的数据 $d(x)$、影像 $f(y)$

和点扩展函数 $R(x,y)$之间的关系可以用第一类 **Fredholm 方程**来描写：

$$d(x) = \int \mathrm{d}y R(x,y) f(y)。 \tag{12.22}$$

在通常情况下,式(12.22)可以用离散的方式来表达,即每个像素的预期平均值 d_i 由下式给出：

$$d_i = \sum_{j=1}^{N} R_{ij} f_j, \tag{12.23}$$

这里 N 是影像空间里的像素总数量。

现在的目标是由给定的观测数据 $D \equiv d_1, \cdots, d_M$ 推算出离散的影像值 $f \equiv f_1, \cdots, f_N$。由于这些数据由有限个计数构成而且总包含噪声,它们事实上和大量可能的影像 f 是相符合的,因而逆向问题是一个不适定问题。唯一得到可接受解的途径是使用一个验前概率密度,把足够多的条件加诸大量可与观测数据相容的影像集合。现在的问题是要确定这都是些什么条件。

既然使用验前概率密度是必需的,自然要从贝叶斯统计的视角来考虑影像重建。这个任务是计算

$$p(f \mid D) = p(D \mid f) \frac{\pi(f)}{\pi(D)}, \tag{12.24}$$

这里 $\pi(f)$用于限制影像的验前概率密度,$p(D|f)$是数据的似然函数。如果像素间的串扰可以忽略,那么 $p(D|f)$可以用 M 个泊松分布的乘积来建模：

$$p(D \mid f) = \prod_{i=1}^{M} Poisson(D_i \mid d_i)。 \tag{12.25}$$

如果光子计数足够大,这些泊松分布可以用高斯分布来代替。

我们现在考虑验前概率 $\pi(f)$。在 Gull 和 Daniell[14] 的先驱性工作中,一个影像的验前概率 $\pi(f)$正比于可以形成此影像的总方式数。有许多不同的方法可以证明此选择的合理性。Gull 和 Daniell 所做的证明涉及猴子和袋鼠的问题。

猴子问题。设想有一组画画的猴子,它们把 n 个小箭矢随机地扔到一个被分隔成M 个像素的屏幕上。每个像素里的箭矢数量就算为那一点上画的强度。一旦一幅画与数据符合就把它保留下来,否则就扔掉并让猴子们继续画。那么与数据相符的最可能的结果是能够以最多方式形成的画。得到猴子杰作的方式数是多项式系数

$$\Omega = \frac{n!}{\prod_{i=1}^{M} n_i!}, \tag{12.26}$$

这里 n_i是第i 个像素中的箭矢数。根据熵的定义,$S \propto \ln\Omega$,并在大 n 极限下,我们得到 **Shannon 熵**[15-16],

$$S \propto -\sum_{i=1}^{M} P_i \ln P_i。 \tag{12.27}$$

它与概率分布 P_i相关,这里 $P_i = f_i/n \approx n_i/n$。这个形式的熵首次被 Frieden 用

于光学影像的复原[17]。

袋鼠问题。假设有人告诉你下面的信息:1/3 的袋鼠有蓝眼睛(BE),1/3 的袋鼠是左撇子(LH)。仅根据这些信息,你需要估计出既是左撇子又有蓝眼睛的袋鼠的概率 P。我们用未知的概率 P 做参数,可以写出一个如表 12.1 所示的 2×2 列联表。

根据要求,左列的概率之和为 1/3;第一行也是类似的情况。Gull 和 Daniell 提议我们倾心于具有最大熵的解。表 12.1 里概率的熵可以写为

表 12.1　既是左撇子又有蓝眼睛的袋鼠的概率

	蓝眼睛	非蓝眼睛
左撇子	P	$1/3-P$
非左撇子	$1/3-P$	$1/3+P$

$$S \propto P\ln P + 2(1/3-P)\ln(1/3-P) + (1/3+P)\ln(1/3+P), \quad (12.28)$$

使熵最大化可以求得 $P=1/9$。

在所有可能的解当中,这可以被认为是最合理的,倒不是因为这是最可能的解,它也许是,也许不是。之所以说它最合理,是因为它是与所有信息相符合的情况下的最简单解,信息包括两个概率"$P(\mathrm{BE})=1/3$ 和 $P(\mathrm{LH})=1/3$",且有明确的限制 $P\leqslant 1/3$。需要注意的是,任何其他的解都需要用到蓝眼睛拥有性和左撇子拥有性之间的非零关联系数。然而,使用关联系数值是一个强加的且无依据的假设。

也许有人会反对说,我们其实假设了一个关联系数值,即 0。反驳的意见则是,事实上,这里没有做此假设;的确,可以做这样的假设,因为关联系数是一个无法依据所提供的信息加以确认的**额外的**参数。最终,很简单地,它没有进入到问题中。

12.2.2.2　实践中的最大熵方法

这些假想实验以及各种理由,都提示我们影像的验前概率密度应该取下面的形式:

$$\pi(f \mid \alpha) = \exp\left(-\alpha\sum_{j=1}^{N} f_j \ln f_j\right), \quad (12.29)$$

这里 α 是一个冗余参数,其验前概率分布为 $\pi(\alpha)$。因而影像 f 以及参数 α 的验后概率密度可以写成

$$p(f,\alpha \mid D) \propto \left[\prod_{i=1}^{M} Poisson\left(D_i \,\middle|\, \sum_{j=1}^{N} R_{ij} f_j\right)\right]\exp\left(-\alpha\sum_{j=1}^{N} f_j \ln f_j\right)\pi(\alpha)。 \quad (12.30)$$

用最大熵方法得到的影像解是密度 $p(f|D)=\int p(f,\alpha \mid D)\mathrm{d}\alpha$ 的最可几值。当然,这只是由验后概率密度 $p(f|D)$ 计算影像的几种不同估计值之一。但是,为计算 $p(f|D)$,必须确定验前分布 $\pi(\alpha)$。而通常情况下,α 的实证验前概率密度并不可得。有鉴于此,一个合理的趋近方法是通过对参数 f_i 进行积分先计算出边沿

似然函数 $p(D|\alpha)$。等把似然函数约化到只有一个参数 α 之后,我们再从 $p(D|\alpha)$ 计算 α 的 Jeffreys 验前概率密度。

最大熵方法求解的关键特征是,在与数据相符的前提下,它倾向于一个尽可能平坦的影像。因而,它趋于压低噪声并在无需有结构的地方消除结构,这是好的一面。但是平滑处理会在影像的每个部分均匀展开。因而富含结构的地方会像缺少结构的地方一样被平滑掉。这将使信息富集的区域平滑过度,而对细节相对缺乏的区域平滑不足。显然,我们需要根据数据中的"信息密度"调整像素大小。而这正是 Pixon 方法试图要做的[13]。

12.2.3 拟合宇宙学参数

在过去的十年里,贝叶斯方法的使用业已成为天文学里的常态[18]。的确无可辩驳,它们在天文学里的应用要比在高能物理里的更为广泛和精巧。

人们普遍认同贝叶斯方法为思考统计分析问题提供了一个和谐的框架。同时,它也提供了非常有用的解答。不过,如同任何纯粹的数学理论,它们不能代替缜密的科学思想过程,而这才是导致 1998 年宇宙加速膨胀发现[19-20]的原因,这个发现使得 Perlmutter,Schmidt 和 Riess 荣获 2011 年的诺贝尔物理学奖。有趣的是,贝叶斯方法在这些发现过程中被用以拟合宇宙学参数,很好地诠释了这些方法的本领和所面临的挑战。我们将以此为例来检视贝叶斯方法是如何被用于天文学中的。我们推荐 Trotta[18]的综述文章,它很好地给出了简明介绍。

为了讲解的完整性,我们从宇宙学标准模型的概述开始讲起。然后,我们考虑如何用频率统计和贝叶斯两种方法确定宇宙学的参数,对于后者,我们将聚焦于验前概率密度分布问题。

12.2.3.1 宇宙学简介

宇宙学标准模型做了两个重要假设:① 在一个足够大的尺度上,宇宙是各向同性和均匀的;② 爱因斯坦的广义相对论是正确(经典)的时空理论。对于**宇宙微波背景**(cosmic microwave background, CMB)而言,均匀性和各向同性假设具有令人惊奇的精确性,对于物质来讲,它们在大于 100 Mpc 的尺度上近似成立。基于爱因斯坦方程,在给定这两个假设后,人们可以得到一个优美简单的宇宙学[21],从中可以导出 Friedmann 方程

$$\left(\frac{\dot{a}}{a}\right)^2 = \frac{8\pi G}{3}\rho - \frac{Kc^2}{a^2} + \frac{\Lambda c^2}{3}, \tag{12.31}$$

能-动量守恒定律

$$\dot{\varepsilon} + 3(p + \varepsilon)\frac{\dot{a}}{a} = 0, \tag{12.32}$$

以及 Friedmann-Lemaître-Robertson-Walker(FLRW)时空度规

$$ds^2 = c^2dt^2 - a^2(t)\left[\frac{dr^2}{1 - Kr^2} + r^2(d\theta^2 + \sin^2\theta d\phi^2)\right], \tag{12.33}$$

这里 $a(t)$是无量纲的尺度因子，t 是从大爆炸开始算起的时间，$\dot{a}\equiv \mathrm{d}a/\mathrm{d}t$，$G$ 是引力常数，$\varepsilon=\rho c^2$ 是能量密度，$p=w\varepsilon$ 是压强，$-\infty<K<\infty$是空间曲率，Λ 是宇宙学常数。方程(12.33)是球坐标系(r,φ,θ)下的表达式，其中径向坐标 r 是这样定义的，即在当前时刻 $t=t_0$，以任意选定的原点为中心的球面固有面积为 $4\pi r^2$。按约定，下标为 0 的符号代表今天(即在 $t=t_0$ 时刻)的估计量。

固有距离 $d(t)$，即相同宇宙时刻两个空间分离点之间的距离与尺度因子的关系是

$$d(t)=a(t)\chi。\tag{12.34}$$

此处共动距离 χ 和径向坐标 r 的关系是

$$\chi=\int_0^r\frac{\mathrm{d}a}{\sqrt{1-Ka^2}}=\frac{\arcsin\sqrt{k}r}{\sqrt{k}},\tag{12.35}$$

也就是

$$r=\frac{\sin(\sqrt{K}\chi)}{\sqrt{K}}。\tag{12.36}$$

根据构造，χ 与两点之间今日的固有距离$d(t)$相同。如果空间的曲率 $K=0$，那么 $r=\chi$。对于 $K<0$，式(12.36)成为 $r=\sinh(\sqrt{|K|}\chi)/\sqrt{|K|}$。

根据临界密度的惯常定义[21]，$\rho_{c0}\equiv 3H_0^2/(8\pi G)$，宇宙学常数密度 $\rho_\Lambda\equiv\Lambda c^2/(8\pi G)$，今天的物质密度为 ρ_0，另外，哈勃参数的定义是 $H\equiv\dot{a}/a$，哈勃常数 H_0 为其今天的值，我们可以把 Friedmann 方程(12.31)写成标准的形式：

$$H^2=H_0^2\left(\frac{\Omega_M}{a^3}+\frac{\Omega_K}{a^2}+\Omega_\Lambda\right),\tag{12.37}$$

其中 $\Omega_M\equiv\rho_0/\rho_{c0}$，$\Omega_K\equiv-Kc^2/H_0^2$，$\Omega_\Lambda\equiv\rho_\Lambda/\rho_{c0}$且 $\Omega_M+\Omega_K+\Omega_\Lambda=1$①。

最后，由于光线沿测地线传播，定义 $c\mathrm{d}t=a(t)\mathrm{d}\chi$，共动距离 χ 与红移z 的关系是

$$\chi(z)=c\int_{1/(1+z)}^1\frac{\mathrm{d}a}{a\dot{a}}=\frac{c}{H_0}C(z;\Omega_M,\Omega_\Lambda)。\tag{12.38}$$

无量纲函数 C 由下式给出：

$$C\equiv\int_{1/(1+z)}^1\frac{\mathrm{d}x}{x^2\sqrt{\Omega_M/x^3+(1-\Omega_M-\Omega_\Lambda)/x^2+\Omega_\Lambda}},\tag{12.39}$$

这里我们已经把积分变量改成了 x 以避免与尺度因子 $a=1/(1+z)$发生可能的混淆。

超新星宇宙学。在对空间曲率不做任何假定的情况下，标准宇宙学模型由两个独立的参数 Ω_M 和Ω_Λ 来定义。如果假定 $\Omega_K=0=1-\Omega_M-\Omega_\Lambda$，那就是平坦宇宙，模型只依赖于单个参数，可以取为 Ω_M。在为他们赢得了诺贝尔奖的宇宙加速

① 我们已略去了辐射的贡献，因为它只在早期宇宙里重要。

膨胀的发现工作里,**高红移超新星搜寻组**[19]和**超新星宇宙学项目组**(SCP)[20]都独立地测出了这些参数。这些发现基于Ⅰa 型**超新星**的距离和红移测量的分析。这些统计分析工作,成为参数估计在一项令人瞩目的发现中发挥重要作用的一个有趣例证。

接收到的来自Ⅰa 超新星的能流可以表达成

$$f = \frac{L}{4\pi d_L^2} = f_0 10^{-2m/5}, \tag{12.40}$$

其中 L 是超新星的亮度,$d_L \equiv (1+z)r$ 是它的亮度距离,f_0 是来自零光度①的天体的流强,m 是表观亮度。如上所述,径向坐标 r 是这样定义的,即当前时刻(以超新星为中心的)球面固有面积是 $4\pi r^2$。绝对亮度 M 是用距离位于 10 pc 处天体的流强来定义的,$f_M = f_0\ 10^{-2M/5}$。给定 $f_M/f = 10^{2\mu/5} = (d_L/10^{-5})^2$,这里 $\mu = m - M$,是距离模数,由此我们可以得到距离模数-红移的关系

$$\begin{aligned}\mu &= 5\lg[(1+z)r(z)] + 25 \\ &= 5\lg[(1+z)H_0 r(z)/c] + 25 - 5\lg(H_0/c)。\end{aligned} \tag{12.41}$$

实际工作中,我们写为

$$\mu(z;\Omega_M,\Omega_\Lambda,Q) = 5\lg[(1+z)D_L(z;\Omega_M,\Omega_\Lambda)] + Q, \tag{12.42}$$

这里常数 Q 依赖于 μ 的各种修正效应,比如来自尘埃的消光和有限带宽的过滤效应。变量 $D_L \equiv H_0 r(z)/c$ 是一个与哈勃常数无关的无量纲函数。由式(12.38)和式(12.39),并注意到 $\mathrm{i}\sqrt{\Omega_K} = \sqrt{K}c/H_0$,我们可以把 D_L 写为

$$D_L = \frac{\sin(\mathrm{i}\sqrt{\Omega_K}C)}{\mathrm{i}\sqrt{\Omega_K}} = \frac{\sinh(\sqrt{\Omega_K}C)}{\sqrt{\Omega_K}}。 \tag{12.43}$$

方程(12.43)可以平滑过渡到 $\Omega_K = 0$ 的解,当 $\Omega_K = 1 - \Omega_M - \Omega_\Lambda < 0$ 时,则有 $D_L = \sin(\sqrt{|\Omega_K|}C)/\sqrt{|\Omega_K|}$。

12.2.3.2 *超新星数据的统计分析*

在发布加速膨胀发现的文章[19-20]中,Ⅰa 型超新星的数据是用频率统计和贝叶斯统计两种方法得到的。Perlmutter 等人用了 Feldman-Cousins 方法和贝叶斯两种方法拟合式(12.42),而 Riess 等人则用了贝叶斯一种方法。在两种方法中,似然函数是相同的——一组高斯分布的乘积

$$p(D \mid \Omega_M,\Omega_\Lambda,Q) = \left(\prod_i \frac{1}{\sigma_i\sqrt{2\pi}}\right)\exp\left(-\frac{\chi^2}{2}\right), \tag{12.44}$$

这里

$$\chi^2 = \sum_i [\mu_i - \mu(z_i;\Omega_M,\Omega_\Lambda,Q)]^2/\sigma_i^2, \tag{12.45}$$

且 D 代表数据点 $\mu_i \pm \sigma_i$ 和 z_i,分别是第 i 个超新星的距离模数和红移。图 12.4

① 译者注:光度可以是负数,光度越小流强越大。

显示了 557 颗Ⅰa 型超新星的距离模数-红移关系。不加限制条件,用 ROOT 对数据做极大似然函数拟合,可以得到结果

$$\Omega_M = 0.30 \pm 0.05, \quad \Omega_\Lambda = 0.77 \pm 0.09, \tag{12.46}$$

每个自由度的 χ^2 值是 0.979,这表明拟合得很好。这些结果暗示 $\Omega_K = -0.07 \pm 0.10$,与 $\Omega_K = 0$ 完美地一致。该拟合的残差可见于图 12.5。

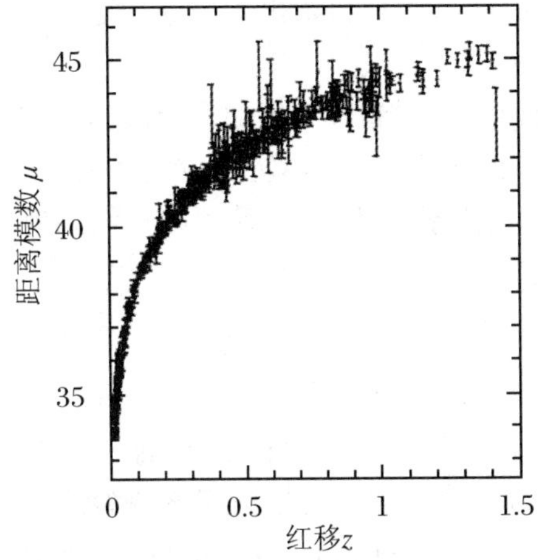

图 12.4　"联合 2"汇集的 557 颗Ⅰa 型超新星的距离模数与红移的关系

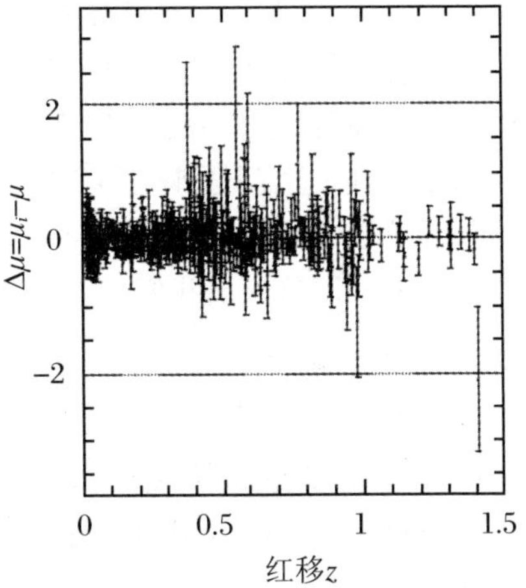

图 12.5　对"联合 2"汇集的 557 颗Ⅰa 型超新星数据进行极大似然函数拟合后的残差。每个自由度的 χ^2 值是 0.979

这些数据的极大似然函数分析是直截了当的。进一步,首先将似然函数对冗余参数 Q 进行侧向轮廓化处理,然后画出其 Ω_M-Ω_Λ 平面上的等值轮廓,我们对这一拟合会有更多的了解。不过,似然函数分析并不容许对这些等值轮廓图作出**直接的**概率解释。容许的解释通常要用**非直接的**频率统计方法:Ω_M-Ω_Λ 平面上一个 68%的区域是包含感兴趣参数真值的无限区域的一个部分;也就是说,Ω_M-Ω_Λ 平面上 68%的区域预期是一个大约为 68%的置信区域。需要提到的是,像众多区间一样,置信区域的定义不是唯一的。事实上,有无穷多个这样的区域可以被定义,这是一个有时会被忽略掉的数学事实。如早些时候提到的,应用特殊约定来选择区间和区域,即"排序"的 Feldman-Cousins 方法[22],即 SCP 分析中用到的方法之一。

为实现**直接的**概率解释,贝叶斯方法的思路是必须用到的,这看来是两个超新星组都喜欢的方法。不过,这种方法要求给出参数 Ω_M,Ω_Λ 和 Q 的确定的验前概率密度分布,而正是这一点导致常见的贝叶斯争论。

宇宙学验前概率密度分布。宇宙学参数的标准选择方案是平坦的验前概率密度分布,但有限制条件,即参数必须位于物理上容许的区域,比如 $\Omega_M>0$。对于这些感兴趣的参数,它们的平坦验前分布既被用于超新星数据分析,也被用于**威尔金森微波各向异性探测**(WMAP)[24]的宇宙微波背景分析。

这导致了一个矛盾的局面。一方面,选择多参数平坦验前概率密度分布要承受所有责难平坦验前的常见意见。一个平坦验前并不必然意味着只含微弱的验前信息;平坦验前并不必然保证合理的验后密度;且最主要的问题依然是:为什么应该是参数 Ω_M,Ω_Λ 和 Q 的验前平坦,而不是比如说,它们的对数?这些都是合理的批评。另一方面来讲,高红移、SCP、WMAP 合作组和其他诸如斯隆数字空间巡天项目(SDSS)的实验结果并不明显有错。恰恰相反,这些项目给出了美好和谐的宇宙学模型的图像。那么问题又是什么呢?

就参数估计而言,尽管许多不同实验组都使用了平坦验前,但他们所得到的结果看起来都是合理的。问题来自通过贝叶斯方法筛选宇宙学模型这个新兴产业中。在这种情况下,验前分布的选取更为重要,相比于参数估计,模型筛选结果对验前分布更为敏感。这导出我们的下一个主题。

12.2.3.3　模型的复杂性

一个放入了 10 个自由参数的模型是由 10 个自由参数构成的好像是一件不言而喻的事情。然而,假设实验数据,无论使用手边的哪种验前分布信息,都不能对其中的 8 个参数给出任何有用的信息,那么更为合情合理的看法则应该认为该模型是一个仅含 2 个有效参数的模型。Trotta[18] 给出了下面具启发性的例子:考虑测量一个通过下式描述的周期信号,

$$f(t) = A[1 + \theta\cos(t + \delta)]。\tag{12.47}$$

原则上,这是一个 3 参数的问题,参数是 A,θ 和 δ。但是,如果参数 θ 很小以至于振荡项根本不能突出于噪声之上会怎样呢?在这种情况下,我们几乎不能就 θ 值说出任何准确的意见,相角 δ 就更不足道了。基本上,只有平衡值 A 可以被测量到,因而模型只有一个自由参数。(至少在开始时)考虑单个有效参数的模型比 3 个参数的更简单是合乎情理的。但为把问题讲清楚,这个直觉的想法还需要精确地表达出来才行。

考虑一下 **Kullback-Leibler(KL)散度**[25]

$$\begin{aligned}\kappa(p,\pi) &\equiv \int p(\theta \mid D,M)\ln\frac{p(\theta \mid D,M)}{\pi(\theta \mid M)}\mathrm{d}\theta \\ &= -\ln p(D \mid M) + \overline{\ln p(D \mid \theta,M)}\end{aligned}\tag{12.48}$$

是如何描述验后密度 $p(\theta|D,M)$间的关系的,这里 D 代表数据,M 代表某个模型,$\pi(\theta|M)$是验前密度。其中 $p(D|M)$是模型M 的证据,由下式给出:

$$p(D \mid M) = \int p(D \mid \theta,M)\pi(\theta \mid M)\mathrm{d}\theta,\tag{12.49}$$

且平均值$\overline{\ln p(D|\theta,M)}$是相对于分布 $p(\theta|D,M)$计算出来的。

KL 散度有很多种解释。比如,当验后密度接近验前时,它可以解释为概率密度空间里密度分布间的距离。更为有益的是,它可以被认为是数据中**预期**信息量的一个度量。定义

$$\hat{\kappa} \equiv \ln p(D \mid \hat{\theta}, M) - \ln p(D \mid M)。 \tag{12.50}$$

这可以解释为数据中信息量的一个**估计**，Spiegelhalter 等[26]建议

$$k_{\text{eff}} \equiv \hat{\kappa} - \kappa(p, \pi) = \ln p(D \mid \hat{\theta}, M) - \overline{\ln p(D \mid \theta, M)} \tag{12.51}$$

作为模型复杂性的贝叶斯测度。这个量就是参数的有效个数，即可由数据很好确定的参数的个数。复杂性测度，加上证据 $p(D|M)$提供了模型筛选的有用诊断工具。举例来说，当两个模型的证据不足以清晰地区分谁比谁更优时，人们可以根据参数的有效个数来做一个决定。

除了诸如 k_{eff}这样的精确测度外，还有三种广泛使用的近似复杂性测度：AIC，SIC[18]和 DIC[26]：

- **Akaike 信息准则(AIC)**

$$\text{AIC} \equiv -2\ln p(D \mid \hat{\theta}, M) + 2k, \tag{12.52}$$

这里 D 代表了数据点，k 是参数的个数，$\hat{\theta}$ 是参数 θ 的极大似然函数估计，M 是参数赖以从属的模型；

- **Schwarz 信息准则(SIC)**（也称为**贝叶斯信息条件(BIC)**）

$$\text{SIC} \equiv -2\ln p(D \mid \hat{\theta}, M) + k\ln N, \tag{12.53}$$

这里 N 是数据点的个数；

- **异常信息准则(DIC)**

$$\text{DIC} \equiv -2\ln p(D \mid \hat{\theta}, M) - 2\ln p(D \mid M) + 2k_{\text{eff}}, \tag{12.54}$$

这里 k_{eff}是参数的有效个数。

模型筛选的陷阱。大体上讲，物理上模型筛选的目的是从一组有竞争性的模型中挑出一个来。但是，正如 Linder 和 Miquel 所强调的[27]，模型的筛选不能仅仅依赖于统计技术。物理的洞察力才是最关键的。统计是一个向导，但不可盲从。

有趣的是，如此睿智的忠告早已潜含在式(12.3)所示的概率公式里了，即在给定观测 $D=N$ 个事例时，假设 H_1 的概率为 $P(H_1|D)$。公式(12.3)提醒我们的是，一个模型的概率 $P(M|D)$不仅依赖于有待考虑的模型M_i 的证据$p(D|M_i)$，而且依赖于赋予模型的验前概率 $P(M_i)$。显然，后者关乎判断，可以说是通过物理直觉形成的判断。

贝叶斯因子的分析可能会认为模型 M_1 比模型 M_2 更有优势。然而，从物理上分析，模型 M_2 可能比模型 M_1 有更大的合理性，且极有可能在随后的观测中证明，忽略掉倾向于模型 M_1 的贝叶斯因子的确会是一个正确的选择。当前，标准的宇宙学模型依然是迄今为止最好的模型，远好于文献中所存在的其他无数模型，尽管对于已有的数据而言，其中有几个模型能给出一样好的拟合。

比如，考虑另类的 Dungan 和 Prosper 模型[28]，其中 $\Omega_M=1$，$\Omega_\Lambda=0$ 和 $\Omega_K=0$，且共动质量密度，或与之等价的引力强度，其变化规律是 $\exp[b(a-1)]$，这里 b 是一个无量纲的参数。此模型在下面的时刻出现“大撕裂”：

$$t(a \to \infty) = \frac{1}{H_0}\exp\left(\frac{b}{2}\right)\frac{\sqrt{2\pi/b}}{b}, \tag{12.55}$$

这是在一个有限时间里,宇宙尺度因子 $a(t)$ 发散至无穷的模型。此模型的极大似然函数拟合给出 $b=2.16\pm0.06$,对于 $H_0=70\ \mathrm{km/(s\cdot Mpc)}$ 而言,该结果预言从今往后 200 亿年后宇宙将遭遇灾变的一刻。这个另类的单参数模型和标准宇宙学模型均能同样好地拟合"联合 2"汇集的数据[23],两者的 χ^2/ndf 都是 0.98。因此,仅基于这些数据和统计证据 $p(D|M)$,无法从统计上区分两个模型的好坏。然而,从物理上讲,标准宇宙学模型是一个强很多的模型。

对于统计学陈述需要保持一定程度怀疑的重要性的一个绝好例证来自 **SCP** 的诺贝尔奖工作。在一篇发表于 1997 年的文章[29]中,基于七颗高红移Ⅰa 型超新星数据的分析,SCP 组得到结论:

在 95%的置信水平下,$\Omega_\Lambda<0.51$。

然而,15 年后,同样的实验组和其他人一起通过积累的证据和令人印象深刻的精度得以确认:$\Omega_\Lambda\sim0.70$!

我们要总结的一点很简单:科学家的工作是做科学。统计学是非常有用的工具,而且是不可或缺的,但是正像其他任何强大的工具一样,它应该在洞察力和常识的监督下小心地使用。像我们早先提到过的,特别是在模型筛选时,仔细考虑验前概率密度的选择且保证它们是适当地至关重要的,这是一个在当今实践中常为人忽视的问题。贝叶斯方法无与伦比,非常精巧。但我们应该牢记莱茵河妖女歌声优美的故事,以免它阻碍我们的怀疑思想。

12.3　嵌套抽样

贝叶斯方法之所以流行无疑部分源于其和谐与优美,以及广泛的应用性。然而,也部分得益于功能强大的算法的开发,这些算法使得贝叶斯方法可常规应用于多参数问题。诸如马尔可夫链蒙特卡洛模拟(MCMC)[30]这样的高效应用方法已革命化了大规模的贝叶斯计算。最近,由 Skilling[31]于 2004 年提出的**嵌套抽样**方法,是专门为提高计算贝叶斯证据 $p(D|M)$ 的速度而设计的。嵌套抽样是 MultiNest 的基础,这是由 Feroz,Hobson 和 Bridges[32]发展起来的贝叶斯推理工具。在这一节里,我们将综述贝叶斯嵌套抽样算法。

贝叶斯参数估计基于验后密度

$$p(\theta\mid D,M)=\frac{p(D\mid\theta,M)\pi(\theta,M)}{p(D\mid M)},\tag{12.56}$$

这里 D 代表数据,M 代表参数尚有待估计的模型,$\pi(\theta|M)$ 是验前密度。从参数估计的角度来讲,由式(12.49)给出的归一化因子 $p(D|M)$,通常是没有什么意义的。然而,如前一节里讨论的,证据 $p(D|M)$ 在贝叶斯模型筛选中起到了关键的

作用。嵌套抽样则从设计上提供了近似计算 $p(D|M)$的一种有效方法。

嵌套抽样基于这样的观察，即式(12.49)——普遍意义上的多维积分——可以借助验前加权体积 X 变换成一个一维积分，X 的定义是

$$\mathrm{d}X \equiv \pi(\theta \mid M)\mathrm{d}\theta, \tag{12.57}$$

以及

$$X = \int I[p(D \mid \theta, M) - \lambda]\pi(\theta \mid M)\mathrm{d}\theta, \tag{12.58}$$

这里，如果 $x>0$，则指示函数 $I(x)$是 1，否则为 0①。换句话说，X 是由方程 $p(D|\theta,M)-\lambda=0$ 定义的曲面所包围的区域内由验前概率密度加权的体积。假定验前概率密度已在 θ 参数空间的一个紧致区域里被归一化，则方程(12.49)能够写为

$$p(D \mid M) = \int_0^1 p(D \mid X, M)\mathrm{d}X, \tag{12.59}$$

因为这是一个一维积分，所以可以通过许多标准的积分算法近似。一种常用的方式是

$$p(D \mid M) \approx \sum_{i=1}^{M} L(\theta_i) w_i, \tag{12.60}$$

这里 $L(\theta)\equiv p(D|\theta,M)$，$w_i$ 是积分权重。

如果我们要处理一组由验前概率密度 $\pi(\theta|M)$抽取的点，则我们能够计算似然函数值 $L_i \equiv L(\theta_i)$并将它们降序排列。每个似然函数值 L_i 与 X 的一个值 X_i 相联系，然而不幸的是，这个 X_i 是未知的。然而，如果我们知道这些 X 值，我们就既可画出函数 $L(X)$，也可用式(12.60)近似得到它的积分值。图 12.6 以简图方式显示了曲面 $L(\theta)-\lambda=0$ 和函数 $L(X)$之间的关系，图中的曲面以二维等值轮廓表示，而函数 $L(X)$随 X 单调递减。

注意到我们能将多维证据积分(12.49)映射到一个一维积分上是个非常聪明的举动。但为了能使这个有用，我们还需要解决把每一个似然函数值与 X 值相关联起来的问题。

嵌套抽样由验前分布 $\pi(\theta|M)$的一组 N 个取样点开始。所有点在开始的时候都是激活的。把具有最小似然函数 L'的点 θ'从这一组激活点里移出放到开始为空的闲置集合里。由于 $L(X)$是 X 单调下降的函数，这个点有最大的 X 值，记为 $X_{(N)}$。根据定义，$X_{(N)}$是第 N 个顺序统计量②。因为我们是从验前分布取样的，X 的分布是均匀的，所以概率 $P(X_{(N)}\in(t,t+dt)) = Nt^{N-1}\mathrm{d}t$，此分布的平均值是 $N/(N+1)$。关键的一点是：我们可以用 $N/(N+1)$作为与 L'相关的 X'

---

① 函数 I 也称为 Heaviside 阶梯函数。

② 给定一组随机变量的顺序系列 $X_{(1)},X_{(2)},\cdots,X_{(k)},\cdots,X_{(N)}$，其中 $X_{(k)}$称为第 k 个顺序统计量。因为根据构造，X 服从(0,1)上的均匀分布，$N-1$ 个 X 值精确小于 t 但最大那个值位于$(t,t+\mathrm{d}t)$的概率是正比于 $t^{N-1}\mathrm{d}t$ 的。经归一化以后，这成为 $Nt^{N-1}\mathrm{d}t$。

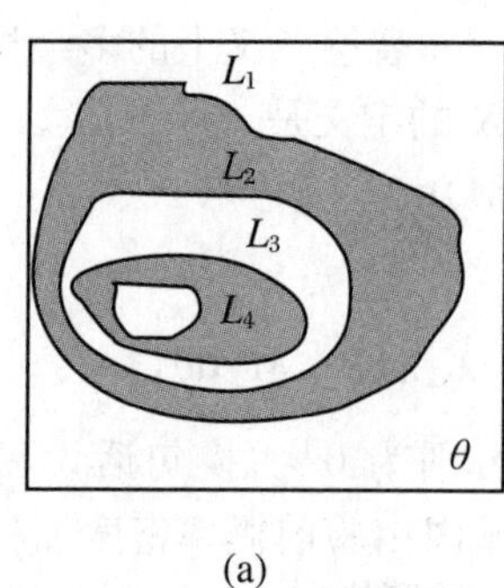

(a)

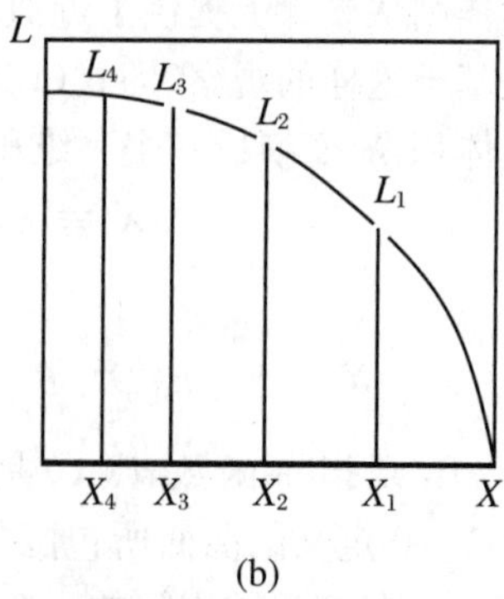

(b)

图 12.6　(a) 二维参数空间里似然函数的等值轮廓图。X_i 是第 i 个等值轮廓包围的区域内验前概率密度加权的体积。等值轮廓上的似然函数值为 $L_i \equiv p(D|\theta_i, M)$。(b) $L(X)$的图像,根据构造,为 X 单调下降的函数

$=X(N)$的**估计值**。因此我们得到了闲置集合里的第一个点(θ', L', X')。在 $L(\theta) > L'$的限定条件下,我们由验前分布 $\pi(\theta|M)$抽样新的点,仍取 N 个点,但此次限定在一个较小的验前分布加权体积内,这相当于区间$[0, X')$而非原先的$[0,1]$。因为现在的取样限制在区间$[0, X')$中,所以新的第 N 个顺序统计量的估计值将是$[N/(N+1)]^2$。一般地,对于第 i 次迭代,估计量将是$[N/(N+1)]^i \approx \exp(-i/N)$。这个过程一直重复直到整个空间都被历经过。通过公式(12.60),闲置集合中按顺序排列的点$(\theta', L'(\theta'), X')$可用来估计 $p(D|M)$。更进一步的是,用 $L(\theta_i)w_i/p(D|M)$为每一个点 θ_i 加权,我们可以用这些点近似得到验后概率密度 $p(\theta|D, M)$的任意阶矩。这个算法的伪代码如下:

```
L' = -1
points = generate(π(θ|M), N, L')
active = computeLikelihood(L(θ), points)
inactive = empty()
for  i in 1... K
    L' = minimumLikelihood(active)
    X' = exp(-i/N)
    inactive.append((θ', L', X'))
    evidence = computeEvidence(inactive)
    if error(evidence) < small break
    active.remove((θ', L'))
    point = generate(π(θ|M), 1, L')
    active.append(point)
```

当算法进展到"峰状似然函数"时,它会把相同数量的取样点压缩到山峰附近

更小的区域。这个算法因而把更多的点放到最需要的地方。为成功实现这个算法，比如 MultiNest[32]，关键需要做到两点：① 必须有一个很快的产生子函数 generate()，它要做的事情就是在 $L(\theta)>L'$ 的限制下，根据验前分布产生一到多个点；② 在多形态地貌情况下高效地定位出每个“山峰”的位置。Skilling 的聪明方法催生了整个嵌套抽样行业，它们为我们的统计分析工具箱增添了许多新的、强大的工具。

12.4　展望和总结

正如这个简单的概述所描述的：天文学里的统计方法使用正处于革命过程之中，这很大程度上是由需求驱动的：天文数据在体量上快速增加，在很多情况下，科学藏身于巨量天体的共同性质之中。趋势仍在继续，因为新的观测不断涌现。

曾有过这样的时光，天文学家得用望远镜来凝视。今天，与他们的高能物理伙伴的做法雷同，大多数人则凝视计算机的屏幕。另外一个令人震惊的趋势就是出现了一类新的天文学家，他们跨坐在天文学和统计学的边界上。的确，天文统计学作为一个定位明确的领域正在出现，它已经产生，并将继续产生可为其他领域科学家们感兴趣的想法和方法。称为**贝叶斯实验设计**（见[33]）的一组方法就是当前一个最好的例证，由天文统计学家正在积极发展的方法可被广泛应用。该方法是为了寻找太阳系外行星[34]而被发展的。其基本想法是把贝叶斯推理用于最优化动态寻找行星战略的设计。在高能物理的情况下，这类似于最优化新物理寻找战略的设计。如果要说实话，许多高能物理里面的称为优化的分析只能是，好吧，所谓的！这是因为高能物理里面的分析设计通常不够规范，不足以获得真正的优化。因此，了解天文统计学家们正努力开展的贝叶斯实验设计的实际内涵，并估计他们是否有些有用的知识可以教给我们，是非常有意义的。

在这一章里，我们通过综述一些完全不同的例子，试图表达出统计学在天文学里的应用非常丰富。每个例子都包含有价值的方法和思想，它们或可直接地或通过适当的修改后使用于高能物理。

12.5　习　　题

对这些习题，请使用 D0 发现顶夸克的数据[9]：$D \equiv N=17$，$B=40.1$ 以及 $\tau=0.0947$。

习题 12.1 计算似然函数;贝叶斯因子。编写一个程序,计算由公式(12.1)定义的 $p(D|s,H_1)$,并画出 $p(D|s,H_1)$以预期信号数 s 为变量的函数。另写一个程序,计算 $p(D|H_0)$。检查 $p(D|H_0)=p(D|s,H_1)$。核实例12.1中的贝叶斯因子计算。

习题 12.2 计算验前概率密度。编写一个程序,计算由公式(12.20)定义的内禀验前概率密度 $\pi_1(s)$,并画出它以 s 为变量的函数。

习题 12.3 比较贝叶斯因子。使用你的程序,计算用内禀验前概率密度 $\pi_1(s)$定义的信号证据 $p(D|H_1)$,然后再计算贝叶斯因子 B_{10}。比较此新值和例12.1中的计算值。研究这两个 B_{10}的计算值作为 N 的函数的行为。

你或许希望用一个类来构建你的程序并使用 ROOT 的积分类来计算关于信号 s 的数值积分,你可在文件 integrator.h 中找到一个适用的样板。

参考文献

[1] Loredo T J. The return of the prodigal: Bayesian inference in astrophysics [OL]. (1994) www. astro. cornell. edu/staff/ loredo/bayes/ return. pdf.

[2] Stigler S M. Statistics on the Table: The History of Statistical Concepts and Methods [M]. Harvard University Press, 2002.

[3] Feigelson E D, Babu G J. Statistical challenges in modern astronomy V [OL]. (2012). http: //astrostatistics. psu. edu.

[4] Wolff S. The large synoptic survey telescope [OL]. (2013). www. lsst. org/lsst/.

[5] Li T P, Ma Y Q. Analysis method for results in gamma-ray astronomy [J]. Astrophys. J., 1983, 272: 313.

[6] Linnemann J T. Measures of significance in HEP and astrophysics [C]// Lyons L, Mount R, Reitmeyer R. Proc. Conf. Stat. Probl. Part. Phys. Astrophys. Cosmol., SLAC, PHYSTAT, 2003.

[7] Cousins R D, Linnemann J T, Tucker J. Evaluation of three methods for calculating statistical significance when incorporating a systematic uncertainty into a test of the background-only hypothesis for a Poisson process [J]. Nucl. Instrum. Methods A, 2008, 595: 480.

[8] Taraldsen G, Lindqvist B H. Improper priors are not improper [J]. Am. Stat., 2010, 64: 154.

[9] D0 Collab., Abachi S, et al. Observation of the top quark [J]. Phys.

Rev. Lett., 1995, 74: 2632.

[10] Berger J. A comparison of testing methodologies [C]// Prosper H B, Lyons L, De Roeck A. Proc. PHYSTAT LHC Workshop Stat. Issues LHC Phys., CERN. CERN-2008-001 in PHYSTAT, 2007: 8.

[11] Demortier L, Jain S, Prosper H B. Reference priors for high energy physics [J]. Phys. Rev. D., 2010, 82: 034002.

[12] Prosper H B, Lyons L. Proc. PHYSTAT 2011 Workshop on Statistical Issues Related to Discovery Claims in Search Experiments and Unfolding, CERN [C]. Geneva, CERN-2011-006, 2011.

[13] Puetter R C, Amos Y. The pixon method of image reconstruction [C]// Mehringer D M, Plante R L, Roberts D A. Astronomical Data Analysis Software and Systems VIII, ASP Conference Series, vol. 172. Astronomical Society of the Pacific, ASP, 1999: 307.

[14] Gull S F, Daniell G J. Image reconstruction with incomplete and noisy data [J]. Nature, 1978, 272: 686.

[15] Shannon C E. A mathematical theory of communication [J]. Bell Syst. Tech. J., 1948, 27: 379.

[16] Shannon C E. A mathematical theory of communication [J]. Bell Syst. Tech. J., 1948, 27: 623.

[17] Frieden B R. Restoring with maximum likelihood and maximum entropy [J]. J. Opt. Soc. Am., 1972, 62 (4): 511.

[18] Trotta R. Bayes in the sky: Bayesian inference and model selection in cosmology [J]. Contemp. Phys., 2008, 49: 71.

[19] Riess A G, et al. Observational evidence from supernovae for an accelerating universe and a cosmological constant [J]. Astron. J., 1998, 116: 1009.

[20] Perlmutter S, et al. Meaurements of omega and lambda from 42 high-redshift supernovae [J]. Astrophys. J., 1999, 517: 565.

[21] Weinberg S. Cosmology [M]. Oxford University Press, 2008.

[22] Feldman G, Cousins R D. Unified approach to the classical statistical analysis of small signals [J]. Phys. Rev. D, 1998, 57: 3873.

[23] Amanullah R, et al. Spectra and light curves of six type Ia supernovae at $0.511<z<1.12$ and the union2 compilation [J]. Astrophys. J., 2010, 716: 712.

[24] Komatsu E, et al. Seven-Year Wilkinson Microwave Anisotropy Probe (WMAP) observations: Cosmological interpretation [J]. Astrophys. J. Suppl., 2011, 192 (18): 1.

[25] Kullback S, Leibler R A. On information and sufficiency [J]. Ann. Math. Stat., 1951, 22: 79.

[26] Spiegelhalter D J, et al. Bayesian measures of model complexity and fit [J]. J. R. Stat. Soc. B, 2002, 64: 583.

[27] Linder E V, Miquel R. Cosmological model selection: Statistics and physics [J]. Int. J. Mod. Phys. D, 2008, 17: 2315.

[28] Dungan R, Prosper H B. Varying-G Cosmology with type Ⅰ a supernovae [J]. Am. J. Phys., 2011, 79: 57.

[29] Perlmutter S, et al. Measurements of the cosmological parameters ω and λ from the first seven supernovae at $z \geqslant 0.35$ [J]. Astrophys. J., 1997, 483: 565.

[30] Berg B. Markov Chain Monte Carlo Simulations and Their Statistical Analysis [M]. World Scientific, 2004.

[31] Skilling J. Nested sampling // Fischer R, Preuss R, v. Toussaint U. Bayesian Inference and Maximum Entropy Methods in Science and Engineering [C]. AIP Conference Proceedings, vol. 735. AIP, 2004: 395.

[32] Feroz E, Hobson M P, Bridges M. Multinest: An efficient and robust Bayesian inference tool for cosmology and particle physics [J]. Mon. Not. R. Astron. Soc., 2009, 398: 1601.

[33] v. Toussaint U. Bayesian inference in physics [J]. Rev. Mod. Phys., 2011, 83: 943.

[34] Loredo T J, et al. Bayesian methods for analysis and adaptive scheduling of exoplanet observations [J]. Stat. Methods, 2012, 9: 101.

(撰稿人: Harrison B. Prosper)

撰稿人简介

Roger Barlow 第 1 章撰稿人。通过在最后一个气泡室上进行的实验研究获得剑桥大学博士学位,尔后从事 DESY 研究所的 TASSO 和 JADE 合作组的实验工作,从中意识到,为了正确地理解统计学,必须具备丰富的粒子物理知识。他持续地在 OPAL,BABAR 和 LHCb 实验中研发各种统计方法。曾在英国曼彻斯特大学工作多年,教授若干门统计课程并编写了一部大学本科教材。此后任职于英国哈德斯费尔德大学,并创办新的加速器物理学院。

Olaf Behnke 第 2 章撰稿人之一。在 DESY(汉堡)任职的物理学家。曾在汉堡大学学习物理学,在苏黎世联邦理工学院获得博士学位,尔后取得海德堡大学的任职资格。在 CERN 的 CP-LEAR 实验和 DESY 的 ARGUS,H1 和 ZEUS 实验中从事研究工作。目前,担任 ZEUS 合作组物理主席。

Volker Blobel 第 6 章撰稿人。在德国布伦瑞克大学和汉堡大学学习物理学,并于 1968 年获得汉堡大学博士学位。在汉堡大学和 DESY 完成博士后研究之后,于 1977 年晋升为汉堡大学教授。在 DESY 和 CERN 从事多项粒子物理实验(气泡室、多项储存环和中微子实验)研究。

Luc Demortier 第 4 章撰稿人。在比利时鲁汶大学和美国马萨诸塞州布兰迪斯大学学习物理学。曾参加费米实验室的 CDF 实验和 CERN 的 CMS 实验的合作研究,并在这两个合作组中担任统计学委员会主席。目前是纽约洛克菲勒大学副教授。

Markus Diehl 第 9 章撰稿人。在哥廷根、巴黎、海德堡和剑桥大学学习物理学。博士后研究在帕莱索、萨克莱、汉堡、斯坦福和亚琛完成。目前是 DESY 理论组成员。主要兴趣在量子色动力学领域。

Aart Heijboer 第 11 章撰稿人之一。2004 年在阿姆斯特丹大学获得博士学位。以宾夕法尼亚大学博士后身份参加 CDF 实验,负责将不同衰变道的结果合并为单一的 B_s振荡的精确测量值,并研发了该测量中统计显著性的计算方法,给出了计算结果。搜寻希格斯玻色子的分析沿用了这一方法。自 2008 年起,获得荷兰科学研究组织颁发的研究基金,并成为 Nikhef(国家亚原子研究所)的雇员,从事 ANTARES 中微子望远镜的数据分析工作。

Carsten Hensel　第 10 章撰稿人之一。在德国明斯特大学和汉堡大学学习物理学。以 DESY 和堪萨斯大学博士后身份参加 OPAL，ILC 和 D0 实验。目前，领导哥廷根大学 Emmy Noether 研究组（埃米 · 诺特，德国女数学家，获得以她的名字命名的基金资助的研究组）进行 ATLAS 和 D0 实验研究。

Kevin Kröninger　第 10 章撰稿人之一。在哥廷根大学、玻恩大学和美国波士顿的东北大学学习物理学。以搜寻无中微子双 β 衰变的 GERDA 实验中使用的锗探测器的新颖实验技术方面的工作获得博士学位。目前在哥廷根大学从事 ATLAS 实验研究，专注于顶夸克性质的测量。

Benno List　第 7 章撰稿人。在柏林技术大学和汉堡大学学习物理学。1997 年在汉堡大学获得博士学位。以 CERN，ETH（苏黎世联邦理工学院）和汉堡大学博士后身份参加 OPAL 和 H1 合作组的实验研究。目前是 DESY 的雇员，从事国际直线对撞机的总体设计工作。

Lorenzo Moneta　第 2 章撰稿人之一。在比萨大学和佛罗伦萨大学学习物理学。曾以 CERN（项目基金支持）研究人员（research fellow）身份参加 ALEPH 实验，随后，作为日内瓦大学的博士后参加 CDF 和 ATLAS 实验研究。自 2002 年起成为 CERN 的雇员，从事为物理实验提供公用科学软件方面的工作。在 ROOT 软件项目中负责数据分析的数学和统计学软件。

Harrison B. Prosper　第 12 章撰稿人。佛罗里达州立大学资深研究教授、Kirby W. Kemper 冠名物理学教授（科比 · 坎佩尔，核物理学家，以他的名字命名的基金资助的研究人员），自 1993 年以来在该大学任教。在曼彻斯特大学获得博士学位，美国物理学会会员。主要研究领域为强子对撞机中的实验高能物理、先进分析方法的研发和应用。

Thomas Schörner-Sadenius　本书编者之一。在汉堡大学和慕尼黑大学学习物理学。在慕尼黑大学、CERN 和汉堡大学进行博士后研究，参与许多不同的实验（OPAL，H1，ATLAS，ZEUS，CMS）。2008 年起加入 DESY，目前是德国亥姆霍兹联盟“Physics at the Terascale（德国高能对撞机物理项目联合体）”分析中心的领导人。

Gregory Schott　第 3 章撰稿人。德国卡尔斯鲁厄理工学院的物理学家。在法国萨克雷原子能委员会完成博士学业，在 BABAR 实验完成博士后研究之后，于 2007 年加入 CMS 实验，从事搜寻希格斯粒子的研究、将具有关联性的测量结果进行合并的可能性的研究，以及不同统计方法结果的比较和应用的研究。ROOSTATS 软件包的作者之一，ROOSTATS 是高能物理不同的数据分析方法的统计描述的通用工具。目前他是 CMS 合作组统计学委员会成员。

Ivo van Vulpen　第 11 章撰稿人之一。在从事 LEP 的 DELPHI 实验（搜寻希

格斯粒子和测量 ZZ 截面）之后获得阿姆斯特丹大学的博士学位。此后作为 CERN 的雇员参加 CMS 实验工作（ECAL 试验束），并以 Nikhef 博士后身份参加 ATLAS 实验工作（顶夸克物理）。他和他的研究组因顶夸克物理研究工作获得了荷兰科学研究组织的资助。目前任阿姆斯特丹大学讲师。

Helge Voss 第 5 章撰稿人。学习于玻恩大学，因参加 LEP 实验 OPAL 合作组关于三重规范玻色子耦合的分析而获得博士学位。他的博士后生涯经历了 CERN、洛桑联邦理工学院（EPFL-Lausanne）、苏黎世以及当前所在的海德堡马普学会核物理分部（MPI-K）等大学和研究单位。除了 LHCb 硅径迹探测器的设计、建造工作之外，他还是多变量数据分析工具包 TMVA 的创建成员。

Rainer Wanke 第 8 章撰稿人。在汉堡大学和美因茨大学学习物理学，参加 ARGUS 和 ALEPH 的实验工作。作为 $B^0\bar{B}^0$ 混合时间依赖的首次观测的研究者之一获得博士学位。以博士后身份参加康奈尔大学 CLEO 实验，尔后到海德堡马普学会从事 HERA-B 顶点探测器的工作。1999 年，其研究领域从 B 物理转向 K 物理，目前在美因茨大学工作，领导 NA48/NA62 实验组，近期还加入了 CALICE 合作组。

索　引

X

Y

Z